现代天文学基础丛书

现代宇宙学
（原书第二版）

MODERN COSMOLOGY
(SECOND EDITION)

〔美〕斯科特·多德尔森（Scott Dodelson）

〔德〕法比安·施密特（Fabian Schmidt） 著

于浩然 译

科学出版社

北 京

图字：01-2023-5655 号

内 容 简 介

本书提供了现代宇宙学领域的详细介绍. 开篇由 FLRW 度规描述均匀膨胀的宇宙学模型, 包括对暗能量、大爆炸核合成、氢复合和暗物质的细致处理. 由此出发, 本书引入了在均匀膨胀宇宙中的微扰——它们的演化如何由 Einstein-Boltzmann 方程组描述, 它们如何由宇宙早期的暴胀产生, 以及它们产生怎样的观测效应: CMB 中的声学峰、偏振分析中的 E/B 模式分解、CMB 中的弱引力透镜和宇宙大尺度结构, 以及 BAO 标准尺和星系成团性中的红移空间畸变效应. 第二版还涵盖了非线性结构形成内容, 包括微扰论和数值模拟方法. 本书结束于一个经大幅更新的数据分析章节.

本书展示了现代观测技术如何迅速刷新我们对宇宙的理解, 并提供给读者大量宇宙学研究所需的工具. 本书可供天文学、天体物理学和宇宙学等专业的研究生和高年级本科生学习, 也可作为宇宙学领域科研人员的参考用书.

审图号：GS 京(2024)1003 号

图书在版编目(CIP)数据

现代宇宙学：原书第二版 / （美）斯科特·多德尔森（Scott Dodelson），（德）法比安·施密特（Fabian Schmidt）著; 于浩然译. -- 北京: 科学出版社, 2024.11. -- ISBN 978-7-03-078693-7

Ⅰ. P159
中国国家版本馆 CIP 数据核字第 20244JF415 号

责任编辑: 陈艳峰　钱　俊　孔晓慧 / 责任校对: 彭珍珍
责任印制: 吴兆东 / 封面设计: 无极书装

科学出版社 出版
北京东黄城根北街 16 号
邮政编码: 100717
http://www.sciencep.com
涿州市般润文化传播有限公司印刷
科学出版社发行　各地新华书店经销
*
2024 年 11 月第 一 版　开本: 720×1000　1/16
2025 年 1 月第二次印刷　印张: 27 1/2
字数: 564 000
定价: 218.00 元
(如有印装质量问题, 我社负责调换)

注意

本书涉及领域的知识和实践标准在不断变化。新的研究和经验拓展我们的理解，因此须对研究方法、专业实践或医疗方法作出调整。从业者和研究人员必须始终依靠自身经验和知识来评估和使用本书中提到的所有信息、方法、化合物或本书中描述的实验。在使用这些信息或方法时，他们应注意自身和他人的安全，包括注意他们负有专业责任的当事人的安全。在法律允许的最大范围内，爱思唯尔、译文的原文作者、原文编辑及原文内容提供者均不对因产品责任、疏忽或其他人身或财产伤害及/或损失承担责任，亦不对由于使用或操作文中提到的方法、产品、说明或思想而导致的人身或财产伤害及/或损失承担责任。

原书作者简介

斯科特·多德尔森 (Scott Dodelson) 现任卡内基梅隆大学 (美国) 物理系主任. 他在哥伦比亚大学获得博士学位, 曾在哈佛大学担任研究员, 后任职于费米实验室、芝加哥大学和卡内基梅隆大学. 他在宇宙学领域发表 200 余篇论文, 大部分与宇宙微波背景辐射和宇宙大尺度结构研究相关. Dodelson 还担任 Dark Energy Survey (DES) 科学委员会的联合主席.

法比安·施密特 (Fabian Schmidt) 现任马克斯 - 普朗克天体物理研究所 (德国) 研究组组长. 他于 2009 年在芝加哥大学获得天文与天体物理学博士学位, 曾在加州理工学院和普林斯顿大学担任研究员, 后就职于马克斯 - 普朗克天体物理研究所. 他在宇宙学领域发表约 100 篇论文, 集中在理论、数值计算和宇宙大尺度结构的准线性和非线性分析, 以及对引力、暗能量和暴胀物理学的探究.

译 者 简 介

于浩然 天体物理学博士, 厦门大学天文学系教授, 博士生导师. 国家高层次人才特殊支持计划青年拔尖人才, 厦门市杰出青年人才. 本科和博士毕业于北京师范大学天文系, 后在科维理天文与天体物理研究所 (北京大学)、加拿大理论天体物理研究所 (CITA) (多伦多大学)、李政道研究所 (上海交通大学) 从事博士后研究工作, 之后任教于厦门大学. 主要研究领域: 宇宙学, 大尺度结构, 数值模拟和高性能计算. 在 *Physical Review Letters*, *Physical Review D*, *Nature Astronomy*, *The Astrophysical Journal* 等期刊发表学术论文. 研究成果获2017年度中国十大天文科技进展.

丛 书 序

在过去的半个多世纪, 天文学的发展突飞猛进, 诸多天体和天文现象被首次发现: 系外行星、黑洞、脉冲星、类星体、引力透镜、宇宙网络结构、微波背景辐射、引力波等等. 在二十世纪与二十一世纪之交, 由宇宙学常数作为暗能量、由冷暗物质作为物质主要成分、由单场慢滚暴胀作为原初微扰初始条件的 ΛCDM 模型被逐渐确立为宇宙起源和演化的 "标准" 理论, 为研究宇宙和各类天体的起源与演化提供了基本的理论框架.

现代天文学进展来自天文观测设备和技术方法的巨大进步 —— 包括地基和空间的覆盖电磁波全波段的望远镜, 已建成和计划建设的引力波探测器, 能够捕捉宇宙线、中微子的探测器, 主动光学、自适应光学和甚长基线干涉 (VLBI) 等等. 这些进展还来自天文学与其他学科的深度交叉 —— 天文学充分利用数学、物理学、化学等学科的成就, 形成了以天体物理为主的现代天文学框架和立体的知识体系. 这些进展还借助了前所未有的现代计算机技术, 高速处理海量天文观测数据, 高精度计算和模拟行星盘、恒星、致密天体、星系和整个可观测宇宙的演化.

天文学一直是世界各科技强国重点发展的学科, 世界各科技强国高度重视天文学人才培养、科研队伍建设、观测设备建造和创新科研环境的培育. 在本世纪的前二十几年里, 我国天文学快速发展, 越来越多的高等院校增设了天文学培养计划, 招收本科生和研究生, 天文学的科研人才队伍扩大, 科研成果的国际显示度和影响力显著提升, 建成和正在建设一批具有一定国际竞争力的天文观测设备.

在天文学快速发展的背景下, 出版高品质的前沿教材和专著对于天文学科建设尤为重要. 科学出版社出版的 "现代天文学基础丛书" 注重基础性和前沿性, 旨在集聚天文学领域系统的基础理论和前沿的研究成果, 搭建传播天文学领域系统科学知识的平台. 期待这套丛书能够让年轻的科研工作者和学生有机会更快地了解或系统学习该领域的基础知识、研究进展和未来发展方向, 吸引更多年轻人加入到天文学研究队伍, 进而推动天文学领域的发展.

景益鹏

中国科学院院士

2024 年 11 月 1 日

中译本序言

过去 20 年间, ΛCDM 这一可靠的宇宙学模型逐步建立和完善, 是 *Modern Cosmology* 第二版的核心内容. 目前, 宇宙学领域的很多问题仍然悬而未决, 同时现代观测实验还在持续产出新数据. 这意味着, 宇宙学还将继续蓬勃发展, 并成为一项需要全世界通力协作的事业. 因此, 我们非常高兴支持 *Modern Cosmology* 第二版的中译本面世. 我们对中译本的完成感到兴奋, 并希望此中译本为宇宙学领域的学生、教师和科研工作者提供有用资源.[①]

衷心感谢于浩然承担并完成了如此浩繁的工作!

Preface to the Chinese Edition

The last 20 years have seen the establishment of a fiducial cosmological model, ΛCDM, which also forms the core scenario for the Second Edition of *Modern Cosmology*. The fiducial model notwithstanding, many questions remain open, and the influx of data continues unabated from ever-larger experiments. In other words, cosmology continues to flourish, and has become a truly world-spanning endeavor. We were thus very happy to support the initiative to provide a Chinese translation for *Modern Cosmology*, Second Edition. We are exciting that this now exists, and hope that this book will serve as a useful resource to all Chinese-speaking students, lecturers, and researchers with interest in the current state of cosmology.

Huge thanks are due to Hao-Ran Yu for taking the initiative, and for completing this impressive amount of work!

Scott Dodelson

Fabian Schmidt

[①] 译者注: 原著的部分错误已在此中译本中修正. 请读者关注最新的勘误, 链接: https://gitlab.mpcdf.mpg.de/fabians/modcosmology-corrections.

序 一

宇宙学研究在过去 30 年里取得了令人振奋的进展, 大量的理论、数值模拟和天文观测研究成就了标准宇宙学模型 —— ΛCDM 模型的建立. ΛCDM 模型是一个简洁的理论, 模型参数不多, 但能够定量精确解释几乎所有的宇宙学尺度的天文观测结果: 小到星系的形成和结构, 大到可观测宇宙中的星系分布和宇宙微波背景. ΛCDM 模型也是一个优美的理论, 它建立在宇宙学原理和广义相对论、粒子物理、统计物理等近代物理理论的基础上, 将物质世界最小组成单元 —— 基本粒子与浩瀚宇宙之间建立了物理联系. 当然, ΛCDM 模型一定不是宇宙学的终极理论, 暗物质的物理性质、宇宙加速膨胀的本质、宇宙暴涨机理、星系形成等前沿问题还有待回答和研究. 此外, 当前有些观测似乎与该模型存在细小但重要的差异, 如哈勃危机和 S_8 扰动幅度危机, 这些危机也有待更多的理论研究和观测检验. 但毕竟 ΛCDM 模型已经成为宇宙学研究的基本理论框架, 新的研究和新的理论将基于这个基本理论之上.

《现代宇宙学》以爱因斯坦场方程和统计物理的玻尔兹曼方程作为基本物理方程, 以自成一体和科学严谨的方式, 讲述了宇宙早期的物理、各种物质成分 (如光子、原子、暗物质、暗能量等) 随时间的演化以及宇宙结构的起源和演化等主要物理概念和过程, 同时也介绍了这些理论的重要观测检验及其当前研究现状, 将宇宙学的基本框架和最新研究进展呈现给读者, 是一本难得的可供天文学、物理学本科生和研究生学习的宇宙学教材, 也是一本介绍最近研究成果的宇宙学参考书. 该中译本的出版, 将有助于中国学生和学者更加容易学习和掌握宇宙学及其最新进展.

景益鹏

中国科学院院士

2024 年 6 月 9 日于上海

序 二

在 20 世纪 90 年代初,我作为中国科学技术大学研究生首次接触宇宙学时,使用的是 S. Weinberg 的经典教材《引力论与宇宙论》(*Gravitation and Cosmology*). 这本书由邹振隆、张历宁等人翻译,旨在汇集和评价实验物理学及天文学数据,阐释广义相对论及宇宙学. 虽然该书影响深远,但由于其出版于 20 世纪 70 年代,无法反映近几十年的宇宙学新进展. 令我印象深刻的另一本参考书是 P. J. E. Peebles 的《物理宇宙学原理》(*Principles of Physical Cosmology*). 1993年出版的这本书涵盖了宇宙的大尺度结构、宇宙膨胀的动力学、热历史、星系和大尺度结构的形成,以及观测宇宙学和数据解释等多个重要领域,内容广泛,但系统性略显不足,也无法反映近三十年宇宙学的最新进展.

相比之下,Scott Dodelson 和 Fabian Schmidt 撰写的 *Modern Cosmology* 具有显著优势. 该书系统地总结了现代宇宙学的最新进展,从广义相对论及玻尔兹曼方程的角度,全面阐述了宇宙学的基本理论和观测结果. 该书不仅涵盖了宇宙微波背景辐射、暗物质和暗能量、宇宙膨胀历史、引力波等前沿领域,还提供了丰富的习题,帮助学生深入理解和掌握相关知识.

作为译者,于浩然教授在宇宙学领域有着深厚的学术背景. 在他加入厦门大学天文学系后,我们就在讨论请他给本科生开设一门宇宙学方面的核心课程. 考虑到 *Modern Cosmology* 的系统性和前沿性,我们不约而同想到以这本书作为教材. 在教学过程中,为进一步加强学生对现代宇宙学的理解和应用能力,于浩然教授萌生了将最新版翻译成中文的想法. 经过两年努力,我很高兴看到这本书中文版的最终出版.

于浩然教授的翻译不仅忠实于原著,还结合了中国学生的学习习惯,力求使内容更加清晰易懂. 我深信,这本 *Modern Cosmology* 中文版的出版,将为中国学生提供一个系统学习现代宇宙学的平台,帮助他们掌握这一领域的基础知识和最新进展. 宇宙学作为研究宇宙起源、演化和结构的科学,不仅具有重要的科学意义,还对推动相关学科的发展有着重要作用. 通过对本书的学习,希望更多的学生能投身于宇宙学研究,为推动这一领域的发展贡献力量.

感谢 Scott Dodelson 和 Fabian Schmidt 的杰出著作,以及于浩然教授为中

译本翻译付出的辛勤劳动. 愿本书成为中国学生探索宇宙奥秘的钥匙, 助力他们
在天文学的道路上取得更大的成就.

方陶陶

厦门大学天文学系

2024 年 7 月 15 日于厦门

原 书 前 言

自 2003 年 *Modern Cosmology* 第一版出版以来, 宇宙学在理论和观测方面取得了长足发展. 我们与很多同行都认为第一版的修订有益于反映这些变化. 例如, 当年仍存一线生机的 $\Omega_m = 1$ 平直宇宙学 ("sCDM") 模型现已基本被否定, 而第一版很多图表仍采用此模型; 弱引力透镜和偏振的观测在当年还处于起步阶段, 对探测到弱相互作用大质量粒子 (WIMP) 仍很乐观, 马尔可夫链蒙特卡罗 (MCMC) 采样方法未被广泛应用, 重子声学振荡 (BAO) 的观测证据还不确凿. 另外, 支撑起现代宇宙学的知识体系并未发生显著变化: 宇宙的演化仍由相同的方程组描述; 其整体图景仍是原初微扰导致的引力坍缩而最终形成大尺度结构; 宇宙微波背景辐射 (CMB) 和大尺度结构仍是宇宙学研究的主要内容; 统计分析仍是极其重要的研究方法.

本书对第一版的改进不仅在于更新图表和添加最新研究进展, 还包括重组和调整章节设置, 以符合本书两位作者的期待. 本书增加了三个全新章节, 其中最大的变化是增加了非线性结构形成 (第 12 章) —— 相关内容在过去十年间已成为宇宙学的研究重点. 同时, BAO、Sunyaev-Zel'dovich 效应、CMB 透镜以及 MCMC 等新增内容也同样值得关注.

本书修订要感谢诸多同事的贡献. Michael Blanton 提供了美妙的宇宙大尺度结构图片. Julien Lesgourgues 对第 8 章和第 9 章中利用 CLASS 代码画图提供了重要帮助. Giovanni Cabass 帮助制作了图 9.4. Florian Beutler 提供了图 11.7. Lindsey Bleem 提供了图 12.10.

我们还要感谢 Elisabeth Krause 对完善章节内容提供的反馈, 尤其是第 8 章和第 14 章. 感谢 Vincent Desjacques 和 Donghui Jeong 对第 12 章的评述. Fabian Schmidt 感谢 2019 年 Garching 读书会的成员 Alex Barreira、Philipp Busch、Chris Byrohl、Giovanni Cabass、Dani Chao、Daniel Farrow、Laura Herold、Jiamin Hou、Martha Lippich、Kaloian Lozanov、Leila Mirzagholi、Minh Nguyen、Yuki Watanabe 和 Sam Young 提出诸多建议和指出错误. Fabian Schmidt 非常感谢 Junge Akademie 促成的几次写作专门讨论. Scott Dodelson 感谢 Nianyi Chen、Biprateep Dey 和 Kuldeep Sharma 对习题 1.2 的提示及 Troy Raen 对第 2 章的评述.

感谢 Robert Smith 指出习题 7.7 中的错误, 感谢 Tom Crawford 回答了关于

目前地基 CMB 分析中使用的成图算法的问题, 感谢 Eiichiro Komatsu 关于计算能动张量的讨论, 感谢 Giovanni Cabass 和 Yuki Watanabe 对 Compton 碰撞项中系数 "2" 的正确推导提供帮助.

感谢读者们指出了第一版中的错别字等错误, 相关修正已反映在新版中. 欢迎读者来信指出和更正新版中的潜在错误, 联系邮箱: modcosmology@gmail.com.

最后, Fabian Schmidt 感谢 Scott Dodelson 提出担任共同作者的邀请. Scott Dodelson 也非常感谢最适合写本书的人同意成为共同作者.

Scott Dodelson

匹兹堡, 美国

Fabian Schmidt

加兴, 德国

2019 年 10 月 1 日

目　　录

第 1 章　标准宇宙学模型

20 世纪, 爱因斯坦 (Einstein) 对广义相对论的探索让我们首次得到了一个令人信服的、可被检验的宇宙学理论. 我们认识到宇宙在膨胀, 曾极度炽热和致密. 这些认识促使我们用现代化的方法重新探究 "我们为何在这里?" 以及 "我们如何到达这里?" 这些古老的难题. 这些难题在现代演变成了 "元素如何形成?", "宇宙为何如此均匀?", 以及 "星系如何在均匀的宇宙中形成?" 等问题. 通过基本物理理论和天文观测, 这些问题可以得到定量回答或被验证. 在深入探究之前, 本书第 1 章和第 2 章将回顾宇宙的历史.

大爆炸宇宙学的成功依赖于以下观测: 展现宇宙膨胀的哈勃 (Hubble) 图、与大爆炸核合成 (*Big Bang nucleosynthesis, BBN*) 理论相符的轻元素丰度、与理论相符的宇宙微波背景辐射 (*cosmic microwave background, CMB*) 温度和偏振的各向异性, 以及宇宙大尺度结构 (*large-scale structure, LSS*) 的观测. 然而, 我们不得不额外引入超越了粒子物理标准模型 (*the Standard Model of particle physics*, 见专题 1.1) 的理论:

- 暗物质 (*dark matter*) 和暗能量 (*dark energy*) —— 在宇宙演化的大部分时间里, 它们占据了宇宙的主要能量组分;
- 暴胀 (*inflation*) 理论 —— 作为当代最流行的理论模型, 提供了产生原初微扰的物理机制, 而这些原初微扰最终形成了宇宙大尺度结构.

1.1　宇 宙 简 史

充足的证据表明宇宙在膨胀, 这意味着在宇宙早期我们曾更靠近目前遥远的星系. 我们引入尺度因子 (*scale factor*) a 来描述此效应, 其现在时刻的取值为 $a = 1$, 而更早时期 $a < 1$. 我们可以将空间描述为图 1.1 中随时间膨胀的网格. 对于静止的观测者, 网格上的点的坐标值恒定不变. 两点之间坐标值之差, 即共动距离 (*comoving distance*), 亦保持不变. 两点之间的物理距离 (*physical distance*) 等于共动距离乘以尺度因子 a, 随时间演化.

这意味着一个直接的效应, 即遥远天体发出光的物理波长也被等比例拉伸.

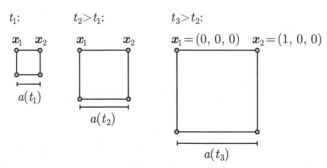

图 1.1 宇宙的膨胀. 随着宇宙膨胀, x_1 和 x_2 两点之间的共动距离作为坐标系统保持不变, 即图中 $|x_2 - x_1| = 1$. 它们之间的物理距离等于共动距离与尺度因子的乘积, 随时间演化而变大.

观测到的波长 λ_{obs} 大于光发出时的波长 λ_{emit}.[①] 这种拉伸效应可定义为 红移 (redshift) z,

$$1 + z \equiv \frac{\lambda_{obs}}{\lambda_{emit}} = \frac{a_{obs}}{a_{emit}} = \frac{1}{a_{emit}}. \tag{1.1}$$

除了尺度因子, 均匀、各向同性的宇宙还需引入其他参量来描述其几何形态. 有三种可能的几何形态: 平直 (flat) 的、开放 (open) 的、封闭 (closed) 的. 理解它们的方法之一是考虑两个平行运动的自由粒子. 在平直的, 或称为欧几里得 (Euclidean) 几何的宇宙中, 粒子的运动遵循欧几里得 (Euclid) 的描述: 两个粒子的运动轨迹一直保持平行. 而在封闭几何的宇宙中, 两个粒子逐渐会聚, 类似二维球面上所有经线会聚于南北极. 更深层的类比是, 封闭宇宙与球面均为恒定的正曲率空间, 只是空间维度分别为三维和二维. 在开放几何的宇宙中, 起初平行运动的粒子逐渐远离, 类似两个小球滚下马鞍面.

广义相对论将时空的几何与能量建立了联系: 宇宙的总能量密度决定它的几何. 若总能量密度高于一临界值 ρ_{cr} (约 $10^{-29}\,\mathrm{g\,cm^{-3}}$), 宇宙是封闭的; 若总能量密度低于 ρ_{cr}, 宇宙几何为开放. 平直宇宙的总能量密度严格等于 ρ_{cr}. 尽管第三种情况似乎不太可能发生, 但迄今为止所有在误差范围内的观测均表明宇宙是平直的. 本书后面会讨论暴胀理论如何对宇宙的平直性给出解释.

理解宇宙的历史需要确定尺度因子 a 随宇宙时间 t 的演化. 广义相对论给出了 $a(t)$ 与宇宙能量密度之间的联系. 如图 1.2 所示, 宇宙早期 $a \propto t^{1/2}$, 之后一段时期逐渐变为 $a \propto t^{2/3}$. 在这两个时期, 辐射和非相对论性的物质分别占据了宇宙的主要能量密度. 实际上, 探究宇宙能量组分的方法之一便是测量 $a(t)$. 观测发现, 更近期的宇宙正经历着比 $t^{2/3}$ 更快的加速膨胀, 这暗示了一种全新的能量组分正在主导宇宙.

---

① 译者注: 光线发出 (emit) 和被观测到 (observed) 时, 变量用下标 emit 和 obs 标记.

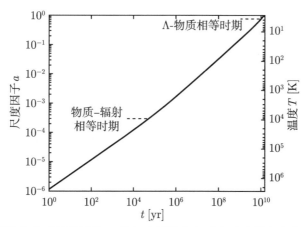

图 1.2　尺度因子随宇宙时间的演化. 现在时刻的宇宙对应于本图右上角 $a(t_0) = 1$, 温度 $T = 2.73\,\mathrm{K}$. 极早期的宇宙由辐射主导, $a \propto t^{1/2}$. 物质-辐射相等时期之后, 宇宙进入物质主导, $a \propto t^{2/3}$. 近期, 宇宙由于暗能量的作用进入指数膨胀.

为量化 $a(t)$ 与能量组分的关系, 定义 Hubble 膨胀率

$$H(t) \equiv \frac{1}{a}\frac{\mathrm{d}a}{\mathrm{d}t}, \tag{1.2}$$

表征尺度因子的相对变化率. 若宇宙平直且由物质主导, $a \propto t^{2/3}$, $H = (2/3)t^{-1}$. 本书常用下标 $_0$ 表示现在时刻的物理量. $H_0 \equiv H(t_0)$ 称为 Hubble 常数 (Hubble's constant). 对于平直且由物质主导的宇宙 (真实宇宙并非如此), $H_0 t_0 = 2/3$.

利用广义相对论能够推出弗里德曼 (Friedmann) 方程 (第 3 章),

$$H^2(t) = \frac{8\pi G}{3}\left[\rho(t) + \frac{\rho_{\mathrm{cr}} - \rho(t_0)}{a^2(t)}\right], \tag{1.3}$$

其中 G 是引力常数, $\rho(t)$ 是宇宙的总能量密度随时间的函数, 其在现在时刻取值 $\rho(t_0)$. ρ_{cr} 是前面提到的 临界密度 (critical density),

$$\rho_{\mathrm{cr}} \equiv \frac{3H_0^2}{8\pi G}. \tag{1.4}$$

方程 (1.3) 允许宇宙的几何是非平直的. 对于平直宇宙, 现在时刻的总能量密度等于临界密度, 方程 (1.3) 的最后一项为零. 对于非平直的宇宙, 这个曲率项的贡献正比于 $1/a^2$. 本书主要讨论平直宇宙, 因其在理论和观测上均有强有力的支持证据. 相关内容见第 2 章和第 7 章.

求解 Friedmann 方程需要了解能量密度随时间的变化. 这很复杂, 因为方程 (1.3) 中的 ρ 是不同组分的能量密度之和, 且每种组分有其各自随时间变化的规

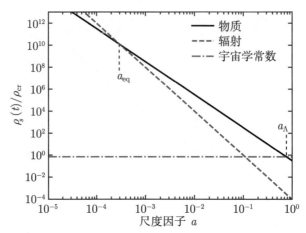

图 1.3 平直的基准宇宙学 (参数见附录 B.3) 模型中, 宇宙各组分的能量密度随尺度因子 a 的变化: 非相对论性物质 $\propto a^{-3}$, 辐射 $\propto a^{-4}$, 宇宙学常数不随时间变化. 单位为现在时刻的临界密度. 尽管物质和宇宙学常数是现在宇宙的主要组分, 但在早期, 辐射的能量密度占主导. 物质和辐射的能量密度相等时期记为 $a_{\rm eq}$. 物质和宇宙学常数的能量密度相等时期记为 a_Λ.

律. 首先考虑非相对论性物质. 一个非相对论性粒子的能量等于其静止质量 (下文简称 "静质量"), 不随时间变化. 由这类粒子构成的物质能量密度等于粒子静质量乘以其数密度. 当尺度因子很小时, 其能量密度必然很高. 由于数密度与体积成反比, 物质的能量密度正比于 a^{-3}.

　　除物质外, 宇宙还充满了静质量为零的光子 (1965 年发现). 这些光子在宇宙很早期就已开始自由穿行. 在现在时刻, 它们的波长主要位于微波波段, 故它们被称为宇宙微波背景辐射 (*cosmic microwave background, CMB*). CMB 辐射光谱是近乎完美的黑体谱, 如今测得其温度为 $T_0 = (2.726 \pm 0.001)\,{\rm K}$ (Fixsen, 2009). 利用红移关系式 (1.1) 可推出 CMB 温度如何随宇宙而演化. 由于 $\lambda = c/\nu \propto a$, 光子的频率 ν 随 $1/a$ 衰减. 又因黑体谱是 ν/T 的函数, 光子的红移等效为黑体谱的温度随时间的衰减

$$T(t) = \frac{T_0}{a(t)}. \tag{1.5}$$

第 2 章将用另外一种方法推导此结论. 由上式看出, 早期宇宙拥有更高的温度. 黑体辐射的总能量密度正比于 T^4, 即正比于 a^{-4}, 如图 1.3 所示. 又由方程 (1.3), Hubble 膨胀率在宇宙早期满足 $H \propto T^2$.

　　图 1.3 显示了方程 (1.3) 所含各种可能的能量组分 $\rho(t)$ 随尺度因子的变化. 在宇宙早期, 由于正比于 a^{-4}, 辐射主导了宇宙组分. 但接近现在, 宇宙由物质和暗能量 (宇宙学常数是可能的候选者) 主导. 关于暗能量的更多相关讨论会在后续介绍. 现在只需注意, 暗能量的能量密度是否如图 1.3 所示保持常数尚无定论.

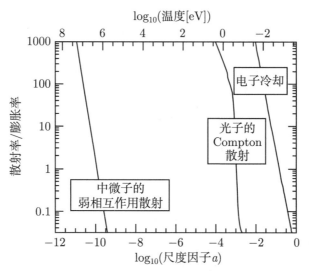

图 1.4 粒子相互作用速率 (散射率) 随尺度因子的变化. 相互作用速率低于宇宙膨胀率 H 时, 相互作用脱离平衡态. 此图顶部标度 (乘以 k_{B}) 为宇宙温度, 表征单个粒子的典型动能.

Hubble 膨胀率描述了宇宙膨胀的快慢, 可由遥远星系的退行速度除以其距离得到, 量纲为速度除以距离. 借助无量纲参数 h, Hubble 常数定义为

$$H_0 = 100\,h\,\mathrm{km\,s^{-1}Mpc^{-1}}$$
$$= \frac{h}{0.98 \times 10^{10}\,\mathrm{yr\,(年)}} = 2.13 \times 10^{-33}\,\frac{\mathrm{eV}}{\hbar}h. \tag{1.6}$$

注意区分 h 和 Planck 常数 $\hbar$. 1 兆秒差距 (Mpc) 等于 $3.0856 \times 10^{24}\,\mathrm{cm}$. h 的最新测量结果为 $h \simeq 0.7$. 然而, 自 1929 年哈勃 (Hubble) 的首次测量, h 的取值一直备受争议, 至今仍有约 5% 的不确定性. 正因如此, 宇宙学常使用 $\mathrm{Mpc}\,h^{-1}$ 作为长度单位. 利用与 h 相关的单位, 如含有 h^{-1} 的太阳质量 $M_\odot\,h^{-1}$, 许多计算和推导不再显含 Hubble 常数, 因而对 h 的误差不再敏感. 本书也沿用这一惯例.

对于平直、物质主导的宇宙, 其年龄的理论预言是 $(2/3)H_0^{-1}$, 约为 $6.5\,\mathrm{Gyr}\,h^{-1}$ (Gyr 为 10 亿年). 由习题 1.2, 对于固定的 h, 含有宇宙学常数 Λ 的宇宙学模型有更大的年龄. 事实上, 引入 Λ 的原因之一就是让宇宙年龄至少不低于观测到的最古老的恒星年龄, 后者超过 $10\,\mathrm{Gyr}$.

式 (1.4) 中的引力常数 $G \simeq 6.67 \times 10^{-8}\,\mathrm{cm^3\,g^{-1}\,s^{-2}}$. 将其代入式 (1.6), 得到临界密度

$$\rho_{\mathrm{cr}} = 1.88\,h^2 \times 10^{-29}\,\mathrm{g\,cm^{-3}}. \tag{1.7}$$

在高温高密度的早期宇宙, 粒子之间拥有更高的相互作用速率 (通常正比于密度的平方). 图 1.4 展示了一些重要的相互作用速率随尺度因子 a 的变化. 例如,

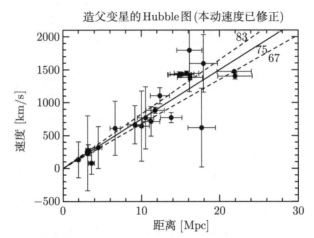

图 1.5   Hubble 图的现代版本 (Hubble Space Telescope Key project, Freedman *et al.*, 2001).
图中每点对应一个星系, 距离来自造父变星的光变估计. 星系的退行速度经银河系附近本动速
度场模型修正. 拟合直线展示了不同 H_0 给出的 Hubble-Lemaître 定律的预测.

当宇宙温度大于数倍的 MeV/k_B 时, 电子和中微子的散射速率大于宇宙膨胀率.
因而, 在宇宙成倍膨胀之前, 中微子与无处不在的电子频繁发生散射, 使得中微子
与宇宙等离子体维持在平衡态. 这个典型示例指出: 若某种粒子的散射率远大于
膨胀率, 则其处于平衡态; 否则, 这类粒子将与宇宙的其他组分脱离相互作用, 也
称退耦, 即 "冻结" 为退耦时刻的状态 (*freeze out*). 宇宙的早期致密而炽热, 相互
作用速率极高, 这使得早期宇宙的环境相对简单: 均匀, 大部分成分处于平衡态.
第 2 章集中讨论平衡态, 而第 4 章则会讨论一些脱离平衡态的情况, 即伴随宇宙膨
胀, 粒子相互作用速率最终低于膨胀率而导致的情况.

1.2   Hubble 图

若宇宙如图 1.1 所示膨胀, 星系会彼此远离, 我们因而能观测到星系退行现象.
Hubble (1929) 首次观测到这一现象, 即红移, 并发现星系退行速度随距离增加而
变大. 这一现象恰好印证了宇宙膨胀设想. 假设星系间的物理距离为 $d = ax$, 其
中 x 是它们的共动距离;[①] 设星系相对于共动坐标的运动速度为零, 即*本动速度*
(*peculiar velocity*) 为零时, $\dot{x} \equiv \mathrm{d}x/\mathrm{d}t = 0$, 星系间的退行速度为

$$v = \frac{\mathrm{d}}{\mathrm{d}t}\,(ax) = \dot{a}x = H_0 d \qquad (v \ll c). \tag{1.8}$$

---

① 严格来说, 这只在低红移情况下 (退行速度远小于光速 c 时) 成立. 章节 2.2 将详细讨论如何在膨胀宇宙
中定义距离.

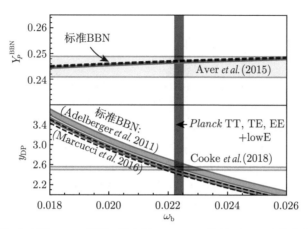

图 1.6 氦和氘原初丰度的 BBN 预测, 横坐标 $\omega_b = \Omega_b h^2$ 是以 ρ_{cr} 为单位的密度参量. 下标 $_P$ 表示这些量是原始丰度. Y_P 为氦的总质量与质子加中子总质量的比值, y_D 定义为氘-氢质量比的 10^5 倍. 水平和竖直方向的阴影分别表示通过直接观测和 CMB 各向异性 (Planck 卫星) 对这些丰度的限制. 氘丰度的预测受到某些核反应速率不确定性的影响. 尽管如此, 两种观测呈现出惊人的一致性. 此图取自 Planck Collaboration (2018b).

这里 "'" 表示对时间 t 求导. 因此, 退行速度与距离成正比 (低红移时) 且斜率为 H_0. 式 (1.8) 称为哈勃-勒梅特律 (*Hubble-Lemaître law*). H_0 的数值只需通过测量图 1.5 中 *Hubble* 图 (*Hubble diagram*) 的斜率来确定.

第 2 章将把距离-红移关系推广到更远的距离, 那时式 (1.8) 将不再适用. 相对于退行速度, 更加严格的推导方式是利用式 (1.1) 中波长的拉伸. 现只需注意, 距离-红移关系是依赖于宇宙学模型的, 即依赖于宇宙中各能量组分的比例. 当前各类观测指向一个最佳适用情景: 宇宙的几何是平直的, 70% 的能量组分为宇宙学常数或某种其他形式的暗能量.

1.3 大爆炸核合成

利用宇宙各组分的时间演化规律可反推早期宇宙的景象. 早期宇宙高温高密度, 温度达 MeV/k_B 量级. 此时无论是中性原子或原子核均无法稳定存在, 因它们一旦形成便被高能光子摧毁. 当宇宙温度下降至典型的原子核结合能时, 轻元素逐渐形成, 这一过程被称为 **大爆炸核合成** (*Big Bang nucleosynthesis, BBN*). 利用早期宇宙的环境条件和相关的核反应散射截面, 可计算各元素的原初丰度 (见第 4 章).

图 1.6 展示了 BBN 的理论预测: 氦和氘的丰度作为平均重子密度 (*baryon*

density) (即宇宙中的常规物质, 章节 2.4) ω_b 的函数, 后者以临界密度为单位. BBN 时期重子密度几乎只由质子和中子贡献所得. 氘的丰度基本取决于质子-中子比, 详见第 4 章.

图 1.6 中的水平阴影为当前测得的轻元素丰度. 氘丰度的测量依靠高红移的星际介质, 通过观测遥远类星体的光谱吸收线结构来实现 (详见 Burles & Tytler, 1998; Cooke *et al.*, 2018; 以及习题 1.3). BBN 提供了一种测量宇宙重子物质密度的方法. 最新结果指出, 重子物质密度不超过临界密度的 5% (图 1.6 中, 重子密度以临界密度为单位, 再乘以 $h^2 \simeq 0.5$). 鉴于总物质密度远大于重子密度, BBN 为非重子物质的存在提供了有力证据. 这类新型物质因其不产生电磁辐射而被称为 暗物质 (*dark matter*). 探究暗物质的本质是现代物理学的一个重大问题.

1.4　宇宙微波背景辐射

研究 CMB 的起源是另一种探究宇宙演化的方法. 宇宙早期的辐射温度降至 10^4 K 量级 (对应能量 eV 量级) 时, 自由电子和质子结合成为中性氢. 在此之前, 氢原子一旦形成便立即被高能光子电离. 而在这之后, 红移 $z \simeq 1100$ 起, CMB 光子几乎不再与其他粒子相互作用, 并在空间中 自由穿行 (*free-streaming*), 它们是携带了宇宙早期信息的使者, 是研究早期宇宙的重要探针. 本书将花大量篇幅阐述光子在 最后散射 (*last scattering*) 过程之前的物理细节和之后自由穿行过程中涉及的问题, 还会给出 CMB 如何独立限制重子密度并得到与图 1.6 所示的与 BBN 一致的结果.

最后散射前, 光子与电子频繁相互作用, 致使光子处于平衡态, 辐射为黑体谱 (Planck 分布). 黑体谱的辐射比强度为

$$I_\nu = \frac{4\pi\hbar\nu^3/c^2}{\exp\left[2\pi\hbar\nu/k_B T\right] - 1}. \tag{1.9}$$

图 1.7[①]展示了大爆炸的理论预言 (见习题 1.4) 与 COBE 卫星 FIRAS 探测器观测的一致性. CMB 是能够测量到的最完美的黑体谱. 教科书中常写到道:[②] 彭齐亚斯 (Penzias) 和威尔逊 (Wilson) 在 20 世纪 60 年代中期探测到 3 K 的背景辐射, 促使大爆炸宇宙学在与稳恒态宇宙学的辩论中胜出. 当初这两位科学家仅对 CMB 的单一波段进行了观测. 如果说当时的单频观测就足以击败稳恒态宇宙学, 那么如今图 1.7 这样完美的黑体谱无疑是大爆炸模型更强有力的证据.

---

① 译者注: 图中纵坐标的单位简写为 MJy/sr, 其中分子 MJy 是 10^6 Jansky, 分母 sr 是球面度 (steradian), 是立体角的国际单位. 全天空含 4π 球面度.

② 关于 CMB 发现历史的一手资料, 可参阅 Partridge (2007) 的 Chap.1.

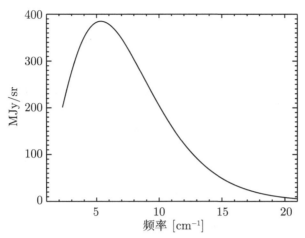

图 1.7 CMB 辐射强度随频率的变化. 曲线表示温度 $T_0 = 2.728\,\mathrm{K}$ 的黑体谱, 数据 (误差小于曲线宽度) 来自 COBE 卫星的远红外分光光度计 (Far InfraRed Absolute Spectrophotometer, FIRAS). 此图取自 Fixsen *et al.* (1996).

CMB 观测的最初 25 年呈现了一个重要结论, 即早期宇宙的均匀性, 从而巩固了均匀大爆炸理论. 直到 1992 年, COBE 卫星首次发现 CMB 的各向异性, 说明早期宇宙并非完全均匀. 当时的宇宙等离子体存在微小扰动, 对应于温度 10^{-5} 量级的相对涨落. 目前, 这些涨落已被精确绘制, 我们甚至还能观测到更加细微的效应, 如 CMB 偏振和 CMB 透镜效应. 为理解这些效应, 还需研究宇宙的非均匀性 (*inhomogeneities*), 即宇宙的大尺度结构.

1.5 宇宙大尺度结构

早于 CMB 各向异性发现之前, 人们就已经意识到宇宙存在结构. 众多星系巡天项目对近邻宇宙星系分布的研究指出, 宇宙并非均匀. 这些观测不断增加着其所覆盖的巡天体积和星系数量, 其中有两个具有开创性意义: Sloan 数字巡天 (Sloan Digital Sky Survey, SDSS, 图 1.8) 和 2dF 巡天 (Two Degree Field Galaxy Redshift Survey), 它们测定了超百万星系的红移/距离. 未来的星系巡天项目还将更深入和细致地描绘宇宙结构.

图 1.8 的星系分布展示出宇宙在大尺度上存在结构. 为理解这种结构, 我们需要各种数学工具来分析均匀背景上存在的扰动. 为将理论和观测对比, 我们要避免那些不能用微扰来描述的状态. 举个极端的例子, 研究地球上岩石的形成无法帮助我们理解宇宙; 乃至行星、恒星, 甚至星系的形成依然太过复杂. 因为在上述

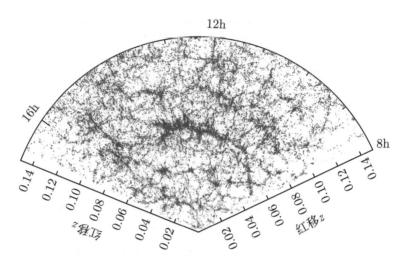

图 1.8　SDSS 巡天北天区一切片的星系分布. 观测者 $(z=0)$ 位于切片底部. 图中每点代表一个星系的位置, 颜色代表星系颜色, 比如红色点代表偏红的星系. 此图取自 Michael Blanton, Sloan Digital Sky Survey (SDSS) Collaboration.

状态, 宇宙学的线性微扰论无法与观测进行比较. 实际上, 在宇宙晚期, 微扰论已不适用于尺度小于 $10\,\mathrm{Mpc}$ 的扰动, 因为这些尺度的密度相对变化不再远小于 1, 已经进入 非线性演化 (*nonlinear growth*). 另一方面, 大尺度的扰动仍然很小 (线性), 只经历了较少的结构变化. 类似地, CMB 各向异性扰动也很小, 因它们起源于相对均匀的早期宇宙, 在传播至低红移的过程中不会聚集成团. 所以, 通过比较观测与理论来研究宇宙结构演化的最佳方法是: 探究 CMB 各向异性, 以及星系和物质在大尺度上的分布, 即 宇宙大尺度结构 (*large-scale structure, LSS*). 当然, 更小尺度结构和非线性演化也很有意义, 第 12 和第 13 章会介绍如何从这些尺度提取珍贵的宇宙信息和选择观测量.

　　为将类似图 1.8 的观测结果与理论比较, 通常要将所研究的分布进行 傅里叶 (*Fourier*) 变换, 以区分不同尺度的扰动. 在 CMB 各向异性和宇宙大尺度结构的分析中, 最重要的统计量称为 两点相关函数 (*two-point correlation function*), 在 Fourier 空间也被称为 功率谱 (*power spectrum*).

　　记星系巡天中的星系数密度分布 $n_{\mathrm{g}}(\boldsymbol{x})$, 其平均值为 $\bar{n}_{\mathrm{g}}$, 其非均匀性可定义为无量纲的 相对密度扰动 (*overdensity, density contrast*) $\delta_{\mathrm{g}}(\boldsymbol{x}) \equiv \left(n_{\mathrm{g}}(\boldsymbol{x}) - \bar{n}_{\mathrm{g}}\right)/\bar{n}_{\mathrm{g}}$, 其 Fourier 变换记为 $\tilde{\delta}_{\mathrm{g}}(\boldsymbol{k})$ (见专题 5.1). 由定义, $\delta_{\mathrm{g}}(\boldsymbol{x})$ 的平均值为零, 再定义星系分布的功率谱 $P_{\mathrm{g}}(k)$ 为

$$\left\langle \tilde{\delta}_{\mathrm{g}}(\boldsymbol{k})\tilde{\delta}_{\mathrm{g}}^{*}(\boldsymbol{k}') \right\rangle = (2\pi)^3 \delta_{\mathrm{D}}^{(3)}(\boldsymbol{k}-\boldsymbol{k}')P_{\mathrm{g}}(k), \qquad (1.10)$$

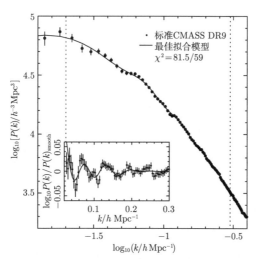

图 1.9　SDSS-III BOSS DR 9 星系巡天星系 (CMASS) 样本数据测得的星系分布功率谱 $P_g(k)$，与基准宇宙学模型 (章节 1.6) 给出的理论预言的比较. 理论功率谱包含了非线性修正，见第 12 章. 子图显示了功率谱中可作为 "宇宙标准尺" 的重子声学振荡 (BAO) 特征. 此图取自 Anderson *et al.* (2012).

其中〈〉是统计平均, * 是取复共轭; $\delta_D^{(3)}$ 是狄拉克 (Dirac) δ 函数, 当 $\boldsymbol{k} = \boldsymbol{k}'$ 时等于 1, 否则为零. 更多细节见第 11 章. 可见, 功率谱类似方差, 是描述分布弥散程度的统计量. 相对密度扰动越大, 则功率谱越大; 完全均匀的宇宙, 功率谱为零. 图 1.9 画出了 SDSS/BOSS 星系巡天测得的星系分布功率谱. 第 8 章将解释功率谱的形状, 以及在 $k \simeq 0.1\,h\,\mathrm{Mpc}^{-1}$ 尺度的波动结构.

　　CMB 的各向异性的统计也类似 (第 9 章), 但与三维的大尺度结构分布不同, CMB 温度场定义在二维球面,[①] 含两个角坐标. 典型方法是将 CMB 温度场作球谐展开 (而非 Fourier 变换), 使得 CMB 温度各向异性的功率谱不再是波数 k 的函数, 而是多极子 l 的函数. 自 1992 年 CMB 各向异性发现以来, 许多团队对其进行了细致测量. 早期的 COBE 卫星只能分辨较大尺度 (较低的 l) 的各向异性. 图 1.10 展示了 Planck 卫星测量的最新 CMB 各向异性.

　　CMB 与大尺度结构的功率谱幅度显著不同. 前者对应的早期宇宙非常均匀, 而图 1.8 中的星系分布展现出晚期宇宙显著的非均匀结构. 宇宙是如何从均匀状态演化至高度成团分布的? 一个简单解释是, 在引力不稳定性的作用下, 物质向高密度区持续会聚成团, 这也是现代宇宙学的基础. 哪怕起初某个区域的密度只比平均密度高万分之一, 其密度经过数十亿年的演化也会显著高于现在宇宙的平均密度, 并在其中形成星系. 在这样的过程中, 小尺度密度扰动率先进入非线性

---

① 译者注: 天球.

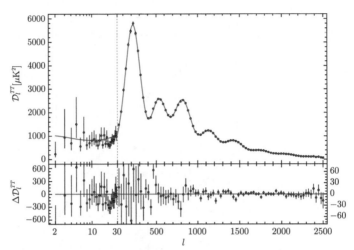

图 1.10　上图: Planck 卫星测得的 CMB 各向异性数据, 对比基于暴胀理论的标准宇宙学模型的最佳拟合. 该模型仅含六个自由参数, 几乎完美地拟合了数据. 横坐标是多极子 l, 例如 $l = 1, 2$ 分别代表偶极子和四极子, 较大的张角对应于较低的 l. 纵坐标是温度扰动的方差作为尺度 l 的函数. 其中 $\mathcal{D}_l \equiv l(l+1)C(l)T_0^2/2\pi$, 见第 9 章. 暴胀的典型特征表现为图中一系列波峰和波谷, 已被充分验证. 下图: 数据与模型间的残差. 注意, 纵坐标在区间 $l < 30$ 和 $l \geqslant 30$ 的变化. 此图取自 Planck Collaboration (2018b).

演化, 而后这些小尺度结构按 "层级" 形成更大尺度的结构, 也称为 hierarchical structure formation.

　　图 1.9 和图 1.10 的理论曲线是根据引力不稳定性和层级成团理论精确计算而得, 且与观测一致. 本书的一个主要目标便是构建第一性原理来理解这些理论预言. 对于当今的宇宙学, 理解宇宙结构已是主要目标. 宇宙结构的增长由引力的不稳定性决定, 即向内有坍缩趋势, 向外又受到宇宙膨胀的牵引. 因此, 宇宙结构变化与背景宇宙一样受到宇宙组成、演化和曲率这些物理因素的影响. 我们因此能发现背景宇宙的演化与结构增长的一致性. 这也进一步论证了宇宙学模型及其依赖的物理理论, 即广义相对论.

　　探究宇宙结构变化自然会产生一个问题: 什么产生了初始条件, 即促成宇宙结构形成的原初扰动是如何产生的. 这就引出了宇宙学中超越粒子物理标准模型的第三个问题 (前两个分别是暗物质和暗能量): 暴胀理论. 第 7 章介绍了这个理论: 宇宙在年龄仅为 10^{-35} s 时经历了一次剧烈的指数膨胀. 近二十年来的探索将暴胀从一个仅有美学意义的思想提升为一个可检验的理论. CMB 的观测已证实了暴胀理论的大多数基本预言, 包括平直的空间曲率.

专题 1.1   粒子物理标准模型 (the Standard Model)

粒子物理学的标准模型描述了自然界中已知的基本粒子以及它们的相互作用. 粒子可分为两类: 自旋为半整数的费米子和自旋为整数的玻色子.

费米子 (Fermion) 是物质的组成部分. 夸克、电子、中微子都是费米子. 已知的夸克有三代 (generation)、六味 (flavor), 记作上 (u), 下 (d); 奇 (s), 粲 (c); 底 (b), 顶 (t). 每一代夸克都与一对轻子相关联. 上下夸克对与电子 e^- 和电子中微子 ν_e 相关联. 另外两组轻子对是 μ^-, ν_μ 和 τ^-, ν_τ. 宇宙中大多数物质由第一代夸克和轻子组成, 但中微子由三代混合组成. 与轻子不同, 夸克本身不能单独存在, 需在强相互作用下形成束缚态. 作为重子物质主要成分的质子和中子均由三个夸克组成. 介子由夸克-反夸克对组成.

玻色子 (Boson) 包含自旋为 1 (矢量) 的力的载体, 其中最著名的是承载电磁力的光子. 有八种胶子 (gluon) (无质量, 如光子) 可以承载强相互作用力. 而弱相互作用力 (例如与中子衰变相关) 由三个有质量玻色子传输: Z 玻色子, W^+ 玻色子和 W^- 玻色子. 另有自旋为 0 (标量) 的希格斯 (Higgs) 玻色子, 与所有质量非零的费米子以及 W 玻色子和 Z 玻色子耦合. 作为背景场的 Higgs 粒子以这种耦合方式为粒子赋予了质量.

粒子物理标准模型自提出以来基本保持不变, 并不断被各种实验验证. 然而, 中微子被证实质量非零, 超越了标准模型. 此外, 宇宙学所需的暗物质、暗能量以及导致暴胀的新型未知物理机制表明: 标准模型并非粒子物理学的最终定论.

1.6   ΛCDM 宇宙学模型

标准宇宙学模型[①] (*concordance model of cosmology*) 可总结为: 现在时刻, 宇宙主要由非重子**冷暗物质**[②] (*cold dark matter, CDM*) 和宇宙学常数 Λ 构成, 宇宙的空间曲率平直, 原初扰动由极早期的暴胀产生. 由于将宇宙学常数 Λ 作为暗能量与所有观测相符, 标准宇宙学模型也被称为 (平直的) ΛCDM 模型. 值得一提的是, Λ、CDM、暴胀均不是粒子物理学标准模型 (专题 1.1) 的内容. 现简要介绍

[①] 译者注: 1990 年以前标准宇宙学模型常指 "sCDM" (参考原书前言), 而现在的标准模型指 ΛCDM. 这个历史演变正是说明标准模型不是绝对真理, 而是一个阶段最佳的理论 (参考序一). 另外, 若进一步利用观测数据给出参数限制 (例如附录 B.3), 也称为**基准** (*fiducial*) 宇宙学模型.

[②] 译者注: "cold dark matter" 常简称为 CDM. 如果不一定带有 "冷" 的性质, 则称暗物质, 简称 DM. 中微子具有质量, 在宇宙晚期充当暗物质, 但不具有 "冷" 的性质. 本书后续章节中常用下标 $_c$ 表示冷暗物质, 但原文中常称 "dark matter".

这三者的研究现状.

冷暗物质: 暗物质需要具有 "冷" 的性质, 才能使它们在宇宙早期有效地聚集成团. 相反, 热暗物质具有很大的速度弥散, 在早期宇宙无法有效形成结构. 这也排除了中微子作为全部暗物质的可能性. BBN 和 CMB 暗示了非重子物质的存在, 而宇宙大尺度结构的观测又独立地得到了暗物质存在的证据. 在没有暗物质的模型中, 宇宙的非均匀性无法匹配观测数据. 第 8 章将指出为什么只含有重子物质的宇宙会如此均匀. 暗物质研究由来已久, 其首次提出是来自 Zwicky (1933) 对星系团内星系速度弥散的研究. 此后, 星系旋转曲线的证据再次验证了暗物质的存在. 总之, 从星系到宇宙学尺度, 由引力探测到的物质均为重子物质的 5 倍左右.

至于什么是暗物质, 以及它们如何形成, 仍是未解之谜. 目前的主流设想是它们由宇宙早期的基本粒子组成, 当时的宇宙温度处于 $100\,\mathrm{GeV}/k_B$ 量级. 这种设想目前正在被实验严格验证. 第 4 章将具体探讨.

宇宙学常数: 各种证据表明, 宇宙还存在着被称为暗能量 (*dark energy*) 的能量形式, 其最著名的证据来自超新星 (Riess *et al.*, 1998; Perlmutter *et al.*, 1999). 与暗物质不同, 暗能量不会明显地聚集成团. 宇宙学常数 Λ 是暗能量一种可能的形式, 不随时间变化; 它由 Einstein 首先引入. 除宇宙学常数之外, 暗能量的其他可能形式也在被探讨, 详见章节 2.4.6.

引入宇宙学常数在刚开始会令人困惑: 宇宙膨胀会降低所有粒子的数密度, 这导致很难有某种基本粒子能够作为暗能量. 另一方面, 当真空本身能携带能量, 那么其能量密度就不会随宇宙膨胀而衰减. 这与海森伯 (Heisenberg) 的不确定性原理及量子力学一致 (根据量子力学, 空间可以创生虚粒子和其反粒子; 并在极短时间内湮灭, 从而提供了真空能). 然而, 利用量子场论和真空涨落得到的宇宙学常数的值远远大于解释宇宙学观测所需的值 (习题 1.5). 这意味着, 暗能量不只是一个用于拟合观测结果的参数那么简单, 而是一个极具挑战的物理难题. 暗能量的研究催生了数千个理论和相关文章, 至今尚无定论.

暴胀: 原初微扰产生机制的最合理解释被称为暴胀 (*inflation*). 类似于宇宙现在时刻所处的加速膨胀, 暴胀理论认为宇宙在极早期经历了短暂性的指数级膨胀. 因此, 这两个时代的膨胀具有相似性: 膨胀机制均来自未知的能量形式, 且伴随宇宙膨胀, 它的能量密度几乎不变. 但在能量规模上, 这两个膨胀相差迥异: 驱动暴胀的能量密度比现在驱动宇宙膨胀的暗能量大了至少 60 个数量级, 以及很难通过实验来探测. 有幸的是, 暴胀的某些特征有望在未来实验中得到证实, 这将为物理学在全新的能量尺度开辟新篇章.

1.7 总结与展望

本章旨在简单扼要地总结宇宙膨胀的特征, 为后续章节的详细讨论打下基础. 宇宙在某一时刻的特点可以通过诸多变量来描述, 包括宇宙年龄 t, 尺度因子 a, 该时刻的自由光子到达观测者所产生的红移 z, 该时刻 CMB 黑体辐射的温度 T 等. 例如, 现在时刻可描述为 $t \simeq 137$ 亿年, $a = 1$, $z = 0$, $T \simeq 2.73\mathrm{K} \simeq 2.35 \times 10^{-4}\mathrm{eV}/k_\mathrm{B}$. 图 1.11 利用时间和温度描述了宇宙的演变过程. 这一过程涉及多个重要节点, 包括可被解释的 BBN 和 CMB, 以及超越粒子物理标准模型的暴胀和暗能量.

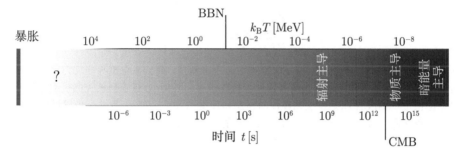

图 1.11　宇宙简史. 宇宙的任何时期都可以用温度 (上刻度) 或时间 (下刻度) 表示. 图中还标出了各时期占主导的能量组分. 极早期宇宙是否为辐射主导尚未确定.

图 1.11 还展示了宇宙在不同时期的主要能量组分. 暴胀结束后的极早期宇宙由目前仍未知的能量组分主导. 在 BBN 发生时宇宙由辐射主导. 在这之后, 伴随宇宙膨胀, 由于相对论性粒子的能量随 $1/a$ 衰减, 而非相对论性粒子的能量为静质量能保持不变, 物质的能量密度超过辐射. 到了宇宙的更近期, 暗能量由于能量密度不随膨胀衰减, 故其超过物质能量密度, 成为主导.

均匀膨胀的宇宙模型伴随一些经典结论: 宇宙年龄几分钟时, 轻元素形成; 宇宙年龄为约 38 万年, 温度下降至 $k_\mathrm{B}T \simeq 1/4\,\mathrm{eV}$ 时, 光子与物质解除耦合, 形成了 CMB. 如果暗物质由质量非零的基本粒子构成, 其丰度在极高温度 $k_\mathrm{B}T \gtrsim 100\,\mathrm{GeV}$ 时就已固定.

本书主要探讨均匀宇宙背景上的扰动. 原初扰动在暴胀时期产生, 并在宇宙进入物质主导时期开始增长. 暗物质受到引力作用逐渐成团. 当宇宙温度从 $1\,\mathrm{eV}$ 降至 $0.1\,\mathrm{eV}$ 时, 暗物质的相对密度起伏由千分之一增长至百分之一. 宇宙低红移时期物质密度扰动不再微小, 形成了我们所见的非线性结构. CMB 各向异性展示出微扰时期的早期宇宙图景, 是原初微扰性质的重要探针, 同时还提供了大尺度结构理论和数值模拟所需的初始条件. 本书将在后续章节深入探讨这些重要概念和相关计算方法, 如图 1.12 所示.

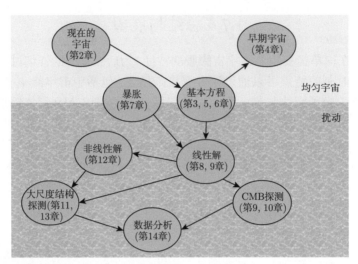

图 1.12　本书后续章节梗概. 第 2-4 章描述均匀宇宙模型. 第 5-6 章推导非均匀宇宙线性微扰论所需的公式. 第 7 章描述暴胀理论和原初微扰的产生. 第 8-10 章求解相关的扰动方程并得到大尺度结构形成的线性理论及 CMB 各向异性和偏振的预言. 第 11 章进一步探讨如何利用星系成团分布探测大尺度结构. 第 12 章介绍扰动的非线性演化. 第 13 章介绍引力透镜. 第 14 章介绍如何从数据中提取宇宙学信息. 箭头代表章节之间的联系.

以上关于宇宙演化的梳理可能存在纰漏. 最新数据有助于纠正或优化这些认知. 这也进一步说明研究 CMB 和大尺度结构对理解宇宙的特殊意义.

习　　题

1.1　假设温度为 $1.22 \times 10^{19}\,\mathrm{GeV}/k_\mathrm{B}$, 宇宙年龄为普朗克时间 (*Planck time*) 时, 辐射便主导宇宙, 即膨胀率正比于温度的平方, $H \propto T^2$. 再假设现今的暗能量形式为宇宙学常数 Λ, 能量密度 $\rho_\Lambda = 0.7\rho_\mathrm{cr}$ 且在整个宇宙历史中保持不变. 求 Planck 时期 $\rho_\Lambda/(3H^2/8\pi G)$ 的值. 此错误的假设是为了展示 Λ 的不合理性. 出于各种原因 (见习题 1.5), 我们期待 Λ 能有一个合理数值, 令能量密度与 Planck 时期的环境密度可比.

1.2　假设今天的宇宙是平直的, 包含物质和宇宙学常数, 后者的能量密度不随时间变化. 对式 (1.2) 进行积分求出宇宙现在的年龄 (由于辐射主导时期很短, 只考虑物质和宇宙学常数已是很好的近似). 也就是, 利用 $\rho(t_0) = \rho_\mathrm{cr}$ 和方程 (1.3) 得到

$$\mathrm{d}t = H_0^{-1}\frac{\mathrm{d}a}{a}\left[\Omega_\Lambda + \frac{1-\Omega_\Lambda}{a^3}\right]^{-1/2}, \tag{1.11}$$

其中 Ω_Λ 是宇宙学常数的能量密度与临界密度之比 [参见式 (2.71)]. 从 $a=0$ (即 $t=0$) 积分到现在 $a=1$ 得到今天宇宙的年龄. 以下两种情况积分存在解析形式:

(a) $\Omega_\Lambda = 0$.

(b) $\Omega_\Lambda > 0$. 提示: 定义新积分变量 $x \equiv \ln(1/a^3)$ 并利用

$$\int \frac{\mathrm{d}x}{\sqrt{1+\alpha e^x}} = -2\coth^{-1}\left(\sqrt{\alpha e^x + 1}\right). \tag{1.12}$$

(c) 对于固定 H_0, 比较以上两种情况宇宙年龄的大小.

1.3　利用氢 (H) 和氘 (D) 的约化质量, 并已知 Lyman-α ($n=1 \to n=2$) 跃迁对应的波长为 121.6 nm, 计算 D 相应跃迁发射的光子的波长. 通常利用 $c\Delta\lambda/\lambda$ 表征两条谱线的间隔, 求 H-D 这两条谱线的间隔.

1.4　将式 (1.9) 中的辐射比强度转化为图 1.7 的形式, 即单位面积、单位时间、单位频率和立体角的能量; 并表明 2.73 K 黑体谱的峰值位于 $1/\lambda = 5\,\mathrm{cm}^{-1}$ 处, 其所对应的频率和波段是什么?

1.5　设简谐振子的基态能量为 $\hbar\omega/2$. 在量子场论中, 真空中场的涨落导致的基态能量为

$$\rho_{\mathrm{vacuum}} = \int \frac{\mathrm{d}p}{(2\pi\hbar)^3}\frac{\hbar\omega}{2}. \tag{1.13}$$

此积分对应于所有可能的动量模式的总和, 且对于质量为 m 的粒子, $\hbar\omega = \sqrt{m^2c^4 + p^2c^2}$. 此积分的发散性反映了在某能级 $E_{\max} = p_{\max}c$ 之上可能存在的未知物理机制. 现分别取 $E_{\max} = 10\,m_ec^2$ (这是个保守数值, 已知物理学已超过此能级) 和 $E_{\max} = m_{\mathrm{Pl}}c^2 = 1.2 \times 10^{19}\,\mathrm{GeV}$ (在此能量尺度需考虑引力的量子修正) 进行积分, 并与现在的暗能量密度 $\rho_\Lambda \simeq 3 \times 10^{-11}\mathrm{eV}^4/(\hbar c)^3$ 进行比较. 注: 对于这种发散的处理是否正确仍存在分歧 (Martin, 2012), 但不影响该问题仍是学界公认的重要课题.

第 2 章　膨胀的宇宙

正如早期航海家借助复杂工具确定航线, 我们也需依靠现代技术理清宇宙膨胀的各种效应. 本章将利用广义相对论中的度规和统计力学中的分布函数, 推导膨胀均匀宇宙的基本概念: 光的红移、各种距离的概念、各能量组分随尺度因子的演化, 以及图 1.3 提到的物质-辐射相等时期 a_{eq}. 之后还会介绍在宇宙不同时期占主导地位的能量组分.

此处假设宇宙完全均匀, 即各能量组分 (物质、辐射等) 的密度不随空间变化. 再进一步假设宇宙中的所有成分都处于平衡态. 章节 2.3 将定义平衡态, 以及探讨平衡态假设的合理性.

上述均匀和平衡态的假设构成了宇宙学研究及微扰论的基本框架, 也由此可见此 "零阶宇宙" 模型的重要性. 后续章节还会介绍, 宇宙从均匀和平衡态的偏离造就了各种丰富多彩的景象.

从本章起将采用自然单位制: 设约化普朗克 (Planck) 常数、光速和玻尔兹曼 (Boltzmann) 常数为 1,

$$\hbar = c = k_{\mathrm{B}} = 1. \tag{2.1}$$

自然单位制是众多论文的通用方法. 习题 2.1 将帮助熟悉这种单位制.

2.1　空间的膨胀

广义相对论是探究宇宙膨胀和扰动的重要工具. 我们仅需掌握其中的关键部分, 便可用于宇宙学研究. 我们粗略地将广义相对论分成两个部分. 第一, 广义协变原理: 一切物理规律在任何参考系中保持不变. 这一原理需要弯曲的时间和空间 (狭义相对论统一了时间和空间, 即时空). 为描述弯曲的时空, 引入度规 (*metric*), 用于描述时空中两点间的间隔. 第二, 通过度规, 将各能量组分 (物质、辐射等) 与其所在的时空建立联系, 详见第 3 章介绍的 Einstein 场方程. 本章只探讨第一部分: 空间的膨胀, 以及描述它所用到的度规.

2.1.1 度规

度规定义了坐标系中两临近点之间的物理距离. 它是对膨胀宇宙进行定量预测的重要工具. 早在 Einstein 之前, 牛顿 (Newton) 和麦克斯韦 (Maxwell) 等物理学家就已隐含使用度规, 只是他们没有对空间和描述空间的坐标进行明确区分. 图 1.1 中, 即使两点间的坐标差是已知的, 我们仍需尺度因子 $a(t)$ 提供额外信息, 以得到它们的物理距离.

二维直角 (笛卡儿, Cartesian) 坐标系 (x, y) 中, 平面上两点距离的平方可用坐标差 $\mathrm{d}x$ 和 $\mathrm{d}y$ 表示, 即 $(\mathrm{d}x)^2 + (\mathrm{d}y)^2$. 然而, 若使用极坐标 (r, θ), 距离的平方不再是坐标差的平方和, 而是 $(\mathrm{d}r)^2 + r^2(\mathrm{d}\theta)^2$. 无论使用哪种坐标系, 计算得到的距离数值是 不变量 (*invariant*). 或者说, 度规在这里的作用是将观测者使用的不同坐标转换为不变量. 距离的平方作为不变量在数学上写为 $\mathrm{d}l^2 = \sum_{i,j=1,2} g_{ij}\mathrm{d}x^i\mathrm{d}x^j$, 度规 g_{ij} 是 2×2 的对称矩阵. 对于直角坐标系, 度规可写为单位矩阵

$$g_{ij} = \begin{pmatrix} 1 & 0 \\ 0 & 1 \end{pmatrix}, \tag{2.2}$$

对于极坐标系, 度规则写为

$$g_{ij} = \begin{pmatrix} 1 & 0 \\ 0 & r^2 \end{pmatrix}. \tag{2.3}$$

注意 g_{ij} 也可以取决于位置, 例如在极坐标系中依赖于 r. 以上两种坐标系和度规用不同的形式描述了相同的二维平面空间.

当空间弯曲时, 度规的作用更加凸显. 例如, 地球表面作为球面, 我们可用各种方法为其上的点赋予坐标. "地图法" 将这些点铺平在一个二维平面. 然而, 由于地表是弯曲的, 地图法无法同时精确地反映真实的距离、面积和角度. 如图 2.1 所示, 上方的 Mercator 坐标保留了真实角度,[①] 故对于导航有重要作用, 但其显著改变了距离和面积, 尤其是南北极的距离和面积被夸大; 下方的 Winkel-Tripel 坐标虽然大大减少了距离和面积的改变, 但角度却被扭曲. 不过这些问题均无大碍. 我们需要知道, 必须利用度规来计算距离、面积和角度. 尽管度规在不同坐标系的表现形式不同, 但其所测量的结果与坐标系无关.

物理学中使用度规的另一原因是在描述弯曲时空时可以纳入引力. 与其把引力看作一种外力, 探讨粒子在引力场中的运动, 不如把引力纳入度规, 而探讨粒子在弯曲时空中的自由运动. 此即广义协变性原理: 在均匀引力场和在加速参考系

---

① 连接地图中某点与其他两临近点的线段的夹角与真实地表所测得的角度相同.

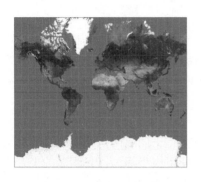 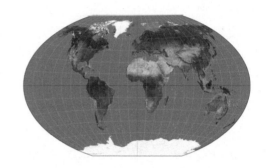

图 2.1　使用 Mercator 坐标 (左) 和 Winkel-Tripel 坐标 (右) 表示的地球表面. Mercator 坐标保持角度不变, 但改变了面积. 格陵兰岛实际面积不足澳大利亚的三分之一, 但在图中显得更大. Winkel-Tripel 坐标改善了这一点, 但其代价是扭曲了角度. 由于地表是弯曲的, 其任何平面投影都不可能同时维持面积和角度不变. 然而无论选择何种坐标, 利用度规都能正确计算距离、面积和角度. 此图取自 Daniel R. Strebe (2011), CC BY-SA 3.0. 本插图系原文插图.

中测得的物理规律应完全相同. 四维时空中, 时空间隔也是不变量, 因此

$$\mathrm{d}s^2 = \sum_{\mu,\nu=0}^{3} g_{\mu\nu} \mathrm{d}x^\mu \mathrm{d}x^\nu, \tag{2.4}$$

其中指标 μ 和 ν 取 0 到 3 (见专题 2.1[①]), 0 代表时间, 即 $x^0 = t$, 1 到 3 表示三维空间. 正如在狭义相对论中, 度规的时间-时间分量与纯空间分量的符号相反. 我们选择 "号差" 为正的度规习惯: 度规的空间分量为正. 式 (2.4) 明确写出了求和符号, 但下文将使用对重复指标求和的隐含求和约定. 度规 $g_{\mu\nu}$ 具有对称性, 含有 4 个对角元素和 6 个独立的非对角元素.

　　度规提供了时空坐标值与时空间隔 $\mathrm{d}s^2$ 的联系. 这个间隔通常被称为 固有时 (*proper-time*) 间隔. 设某观测者选择了一坐标系 $\{t, \boldsymbol{x}\}$ 并位于坐标原点, 时间坐标为其所戴手表显示的时间. 现定义两个时空中的事件, 分别为观测者的手表显示出 12:00:00 和 12:00:01. 由于观测者相对坐标系静止, $\mathrm{d}x^i = 0$, 则间隔不变量 $\mathrm{d}s^2 = g_{00}\mathrm{d}t^2 = -(1\mathrm{s})^2$. 因此, 固有时间隔正是观测者手表流逝的时间 (忽略负号). 再考虑另一位相对坐标系运动的观测者, 可能会得到不同的 $\mathrm{d}t$ 和 $\mathrm{d}x^i$, 但观测上述两个事件会计算出一个相同的固有时间隔 $\mathrm{d}s^2$. $\mathrm{d}s^2 < 0$ 说明两事件被类似时间的间隔分开, 称类时间隔; $\mathrm{d}s^2 > 0$ 说明两事件以类似空间的间隔分开, 称类空间隔; $\mathrm{d}s^2 = 0$ 称类光间隔, 代表两事件可被光线连接.

---

　　① 译者注: 专题 2.1 非常简洁. 关于指标、矢量、张量的逆变/协变性, 以及它们的意义, 向读者推荐:《微分几何入门与广义相对论》, 梁灿彬、周彬 著 (科学出版社).

专题 2.1 指标

一个三维空间中的矢量 $\boldsymbol{A}$ 有三个分量, 记为 A^i, 其中上标 i 取 $1,2,3$. 两个矢量的点乘定义为

$$\boldsymbol{A} \cdot \boldsymbol{B} = \sum_{i=1}^{3} A^i B^i \equiv A^i B^i, \tag{2.5}$$

其中引入了 Einstein 求和约定, 即当一个指标 (在此为 i) 出现两次时, 默认对它求和而不再写出求和符号. 类似地, 矩阵也可以用指标写成分量的形式. 矩阵的乘法可写为

$$(MN)_{ij} = M_{ik} N_{kj}, \tag{2.6}$$

这里对指标 k 求和.

在相对论中需要对指标进行推广. 第一, 引入了额外的时间分量, 用 0 表示, 依旧用 $1,2,3$ 表示空间分量. 方便起见, 拉丁字母 $(i,j,k,\cdots)$ 代表空间分量, 希腊字母代表全部分量, 即 $A^\mu = (A^0, A^i)$. 第二, 对上指标 (逆变指标) 和下指标 (协变指标) 进行区分, 带有逆变指标和协变指标的矢量分别被称为逆变矢量和协变矢量. 度规可用于矢量指标的升降

$$A_\mu = g_{\mu\nu} A^\nu; \qquad A^\mu = g^{\mu\nu} A_\nu. \tag{2.7}$$

逆变矢量和协变矢量可进行缩并, 得到一个不变量, 即标量. 例如, 一静质量为零的粒子的能动四矢 (4-动量) 平方为零, 写为

$$P^2 = P_\mu P^\mu = g_{\mu\nu} P^\mu P^\nu = 0. \tag{2.8}$$

度规同样可用于含有任意数量指标的张量的指标升降. 度规自身作为张量也可进行指标升降, 例如将协变度规张量变为逆变度规张量

$$g^{\mu\nu} = g^{\mu\alpha} g^{\nu\beta} g_{\alpha\beta}. \tag{2.9}$$

特别地, 当 $\alpha = \nu$ 时, 等式左边等于等式右边第一项

$$g^{\nu\beta} g_{\beta\alpha} = \delta^\nu_\alpha, \tag{2.10}$$

其中 δ^ν_α 是克罗内克 (Kronecker) δ 函数, 即单位矩阵, 当 $\alpha = \nu$ 时值为 1, 否则为 0. 可以看出 $g_{\mu\nu}$ 和 $g^{\mu\nu}$ 互为逆矩阵.

狭义相对论由闵可夫斯基时空 (*Minkowski spacetime*) 描述, 其度规记为

$$
\eta_{\mu\nu} = \begin{pmatrix} -1 & 0 & 0 & 0 \\ 0 & 1 & 0 & 0 \\ 0 & 0 & 1 & 0 \\ 0 & 0 & 0 & 1 \end{pmatrix},
\tag{2.11}
$$

是 Maxwell 推导电磁学方程时隐含使用的, 描述了没有弯曲的时空.

那如何写出描述膨胀宇宙的度规? 参考图 1.1, 网格上的两点相互远离, 它们间的物理距离正比于尺度因子 $a(t)$. 若现在时刻的坐标距离 (即共动距离) 为 x_0, 那么在较早时刻 t, 物理距离应为 $a(t)x_0$. 现在时刻 $a_0 = 1$. 至少在空间平直的宇宙中, 度规几乎可写为 Minkowski 度规, 只是空间坐标需乘以尺度因子. 这样, 在一个膨胀的、空间平直的均匀宇宙中, 度规可写为

$$
g_{\mu\nu} = \begin{pmatrix} -1 & 0 & 0 & 0 \\ 0 & a^2(t) & 0 & 0 \\ 0 & 0 & a^2(t) & 0 \\ 0 & 0 & 0 & a^2(t) \end{pmatrix},
\tag{2.12}
$$

称为平直宇宙的 Friedmann-Lemaître-Robertson-Walker (FLRW) 度规.

为确定 $a(t)$ 随时间的演化, 需要均匀宇宙各组分的比例和 Einstein 场方程, 见章节 3.1. 当在均匀宇宙中引入扰动时, 度规将变得比式 (2.12) 更复杂, 还将依赖于空间位置, 式 (2.12) 将被推广为时间和空间的函数, 从而量化了对空间均匀性的偏离. 度规的扰动部分由物质和辐射的非均匀性共同决定.

在此之前, 让我们先讨论物质和辐射在膨胀时空中的性质, 以及如何将无限小的时空间隔不变量推广为现实中的距离.

2.1.2　测地线方程

在 Minkowski 空间, 不受力的自由粒子做匀速直线运动. 弯曲空间中, 直线的概念推广为测地线 (*geodesic*), 即两点间的最短路径 (或在一般情况下, 长度取极值的路径). 根据广义相对论, 这正是粒子在不受除引力外的其他任何力作用下的运动轨迹. 为寻找其数学形式, 试将牛顿定律下自由运动粒子的运动方程 $\mathrm{d}^2\boldsymbol{x}/\mathrm{d}t^2 = 0$ 推广至更普适的时空.

考虑二维平面上的自由粒子, 其在直角坐系 $x^i = (x, y)$ 中的运动方程为

$$
\frac{\mathrm{d}^2 x^i}{\mathrm{d}t^2} = 0.
\tag{2.13}
$$

换用极坐标 $x'^i = (r, \theta)$, 运动方程将完全不同. 两坐标系的根本差别在于, 极坐标的基矢 $(\hat{\boldsymbol{r}}, \hat{\boldsymbol{\theta}})$ 具有空间位置依赖性. r 和 θ 并不满足 $\mathrm{d}^2 x'^i / \mathrm{d}t^2 = 0$.

为确定极坐标下的方程, 从直角坐标下的方程开始, 进行坐标变换

$$\frac{\mathrm{d}x^i}{\mathrm{d}t} = \frac{\partial x^i}{\partial x'^j} \frac{\mathrm{d}x'^j}{\mathrm{d}t}, \tag{2.14}$$

其中 $\partial x^i / \partial x'^j$ 为坐标变换矩阵 (*transformation matrix*). 此例中, 二维直角坐标变换为极坐标, $x^1 = x'^1 \cos x'^2$ 和 $x^2 = x'^1 \sin x'^2$, 变换矩阵为

$$\frac{\partial x^i}{\partial x'^j} = \begin{pmatrix} \cos x'^2 & -x'^1 \sin x'^2 \\ \sin x'^2 & x'^1 \cos x'^2 \end{pmatrix}. \tag{2.15}$$

测地线方程变为

$$\frac{\mathrm{d}}{\mathrm{d}t} \left[\frac{\mathrm{d}x^i}{\mathrm{d}t} \right] = \frac{\mathrm{d}}{\mathrm{d}t} \left[\frac{\partial x^i}{\partial x'^j} \frac{\mathrm{d}x'^j}{\mathrm{d}t} \right] = 0. \tag{2.16}$$

时间导数 $\mathrm{d}/\mathrm{d}t$ 作用于等式右边括号中的两项. 若坐标变换矩阵的时间导数为零, 则测地线方程化简为 $\mathrm{d}^2 x'^i / \mathrm{d}t^2 = 0$. 然而极坐标下并非如此, 变换矩阵的时间导数为

$$\frac{\mathrm{d}}{\mathrm{d}t} \left(\frac{\partial x^i}{\partial x'^j} \right) = \frac{\partial^2 x^i}{\partial x'^j \partial x'^k} \frac{\mathrm{d}x'^k}{\mathrm{d}t}, \tag{2.17}$$

在新坐标系中, 测地线方程变为

$$\frac{\mathrm{d}}{\mathrm{d}t} \left[\frac{\partial x^i}{\partial x'^j} \frac{\mathrm{d}x'^j}{\mathrm{d}t} \right] = \frac{\partial x^i}{\partial x'^j} \frac{\mathrm{d}^2 x'^j}{\mathrm{d}t^2} + \frac{\partial^2 x^i}{\partial x'^j \partial x'^k} \frac{\mathrm{d}x'^k}{\mathrm{d}t} \frac{\mathrm{d}x'^j}{\mathrm{d}t} = 0. \tag{2.18}$$

为得到更容易辨认的形式, 注意到乘以二阶导 $\mathrm{d}^2 x'^j / \mathrm{d}t^2$ 的一项是坐标变换矩阵. 在等式两边乘以其逆变换矩阵, 得到

$$\frac{\mathrm{d}^2 x'^l}{\mathrm{d}t^2} + \left[\left(\left\{ \frac{\partial x}{\partial x'} \right\}^{-1} \right)^l_i \frac{\partial^2 x^i}{\partial x'^j \partial x'^k} \right] \frac{\mathrm{d}x'^k}{\mathrm{d}t} \frac{\mathrm{d}x'^j}{\mathrm{d}t} = 0. \tag{2.19}$$

这个略显冗长的方程给出了任意坐标系中测地线方程的正确形式.

方程 (2.19) 中的方括号部分定义为克氏符 (*Christoffel symbol*),[①] 记为 Γ^l_{jk}. 根据定义可见其两下标具有对称性. 利用直角坐标描述平直空间时, 克氏符为零, 测地线方程简化为 $\mathrm{d}^2 x'^i / \mathrm{d}t^2 = 0$. 但更常见的情况是, 克氏符并非为零, 比如在膨胀的宇宙中. 这也说明了上述测地线方程的必要性.

---

① 译者注: 此处克氏符的 "定义" 来自给定坐标系与直角坐标系间的坐标变换. 在一般的弯曲空间, 不存在直角坐标系, 克氏符 (2.21) 也无需经坐标变换计算, 而是由度规直接求得. 这时, 克氏符代表与度规适配 (要求矢量的点乘随平移不变, 而平移的定义依赖导数的定义) 的导数算符与普通偏导数的差别. 仅当空间平直时, 才能找到直角坐标系, 使得克氏符全为零. 请参考: 《微分几何入门与广义相对论》, 梁灿彬、周彬 著 (科学出版社).

图 2.2　用参数 λ 表示的粒子路径 $x^\mu(\lambda)$. λ 从 λ_1 单调递增至 λ_2. 路径的切矢为 $\mathrm{d}x^\mu/\mathrm{d}\lambda$.

将方程 (2.19) 引入相对论时还需注意两点: 一是指标从 0 开始以纳入时间, 二是需引入参数 λ 替代时间 t 作为系统演化的参量. 如图 2.2 所示, λ 随粒子前进路径单调递增. 测地线方程变为

$$\frac{\mathrm{d}^2 x^\mu}{\mathrm{d}\lambda^2} + \Gamma^\mu_{\alpha\beta} \frac{\mathrm{d}x^\alpha}{\mathrm{d}\lambda} \frac{\mathrm{d}x^\beta}{\mathrm{d}\lambda} = 0. \tag{2.20}$$

此方程推导经平直空间的坐标变换, 克氏符由方程 (2.19) 中的方括号部分给出. 对于一般空间, 克氏符由度规直接求得:

$$\Gamma^\mu_{\alpha\beta} = \frac{g^{\mu\nu}}{2} \left[\frac{\partial g_{\alpha\nu}}{\partial x^\beta} + \frac{\partial g_{\beta\nu}}{\partial x^\alpha} - \frac{\partial g_{\alpha\beta}}{\partial x^\nu} \right], \tag{2.21}$$

其中 $g^{\mu\nu}$ 为逆变度规 (见专题 2.1). 平直的 FLRW 度规中, 逆变度规只需将 a^2 替换为 $1/a^2$.

现推导粒子在膨胀宇宙中的运动规律. 首先利用式 (2.21) 和 FLRW 度规 (2.12) 计算克氏符. 先计算上指标为 0 的分量 $\Gamma^0_{\alpha\beta}$. 由于度规为对角矩阵, $g^{0i} = 0$, $g^{00} = -1$, 故

$$\Gamma^0_{\alpha\beta} = -\frac{1}{2} \left[\frac{\partial g_{\alpha 0}}{\partial x^\beta} + \frac{\partial g_{\beta 0}}{\partial x^\alpha} - \frac{\partial g_{\alpha\beta}}{\partial x^0} \right]. \tag{2.22}$$

这里前两项简化为 g_{00} 的导数. 但 FLRW 度规中 g_{00} 为常数, 故这两项为零, 只剩下

$$\Gamma^0_{\alpha\beta} = \frac{1}{2} \frac{\partial g_{\alpha\beta}}{\partial x^0}. \tag{2.23}$$

仅当 α 和 β 都是空间指标时, 上式非零. 又因 $x^0 = t$,

$$\begin{aligned} \Gamma^0_{00} &= 0 \\ \Gamma^0_{0i} &= \Gamma^0_{i0} = 0 \\ \Gamma^0_{ij} &= \delta_{ij} \dot{a} a. \end{aligned} \tag{2.24}$$

类似可得 $\Gamma^i_{\alpha\beta}$ 的非零分量为

$$\Gamma^i_{0j} = \Gamma^i_{j0} = \delta_{ij} \frac{\dot{a}}{a}. \tag{2.25}$$

本节详细介绍了如何将测地线方程推广至弯曲时空, 并计算了描述膨胀宇宙的 FLRW 度规的克氏符. 现将它们应用于一个静质量为零的粒子, 以探究其能量随宇宙膨胀的变化. 静质量非零粒子的情况与此类似, 见习题 2.3.

首先考虑粒子的能动四矢 $P^\alpha = (E, \boldsymbol{P})$, 其时间分量是能量. 用能动四矢定义测地线方程 (2.20) 中的参数 λ, 可得

$$P^\alpha = \frac{\mathrm{d}x^\alpha}{\mathrm{d}\lambda}. \tag{2.26}$$

这是 λ 的一种隐含表达, 但我们无需直接求出 λ, 因为它可以被消去, 即通过

$$\frac{\mathrm{d}}{\mathrm{d}\lambda} = \frac{\mathrm{d}x^0}{\mathrm{d}\lambda} \frac{\mathrm{d}}{\mathrm{d}x^0} = E\frac{\mathrm{d}}{\mathrm{d}t}. \tag{2.27}$$

这种定义 λ 的方法便于我们统一处理静质量为零和非零的粒子. 静质量非零粒子可以使用固有时, 即随粒子一起运动的观测者的手表显示的时间; 但固有时并不适用于静质量为零的粒子, 因为对于后者 $\mathrm{d}s = 0$. 但无论哪种情况, 粒子的运动轨迹均与 λ 无关.

根据上述定义, FLRW 度规中测地线方程 (2.20) 的第 0 分量方程为

$$E\frac{\mathrm{d}E}{\mathrm{d}t} = -\Gamma^0_{ij} P^i P^j. \tag{2.28}$$

代入克氏符后, 等式右边变为 $-\delta_{ij} a\dot{a} P^i P^j$. 由于静质量为零粒子的能动四矢 $(E, \boldsymbol{P})$ 的绝对值为零:

$$g_{\mu\nu} P^\mu P^\nu = -E^2 + \delta_{ij} a^2 P^i P^j = 0. \tag{2.29}$$

方程 (2.28) 右边可写为 $-(\dot{a}/a)E^2$, 因而由测地线方程得出

$$\frac{\mathrm{d}E}{\mathrm{d}t} + \frac{\dot{a}}{a}E = 0. \tag{2.30}$$

此微分方程的解为

$$E = \frac{E_0}{a}. \tag{2.31}$$

可见, 静质量为零粒子的能量反比于尺度因子 a, 与第 1 章中给出的结论一致. 第 3 章还将利用 Boltzmann 方程独立得出此结论.

关于式 (2.29), 如果我们定义

$$p^i = aP^i, \tag{2.32}$$

则 $E^2 = \delta_{ij} p^i p^j$, 这样 $\boldsymbol{p}$ 即物理动量, 而 P^i 则是在共动坐标上定义的动量. 利用物理动量, 如

$$E = p \quad (p \equiv |\boldsymbol{p}|) \tag{2.33}$$

这样熟知的关系依然成立. 这也解释了为什么对于粒子, 我们更常用物理动量.

2.2　距　　离

在膨胀的宇宙测量距离需要细心和技巧. 如图 1.1 所示, 固定不变的共动距离和随宇宙膨胀的物理距离是定义距离的两种不同形式, 但它们通常不能准确描述宇宙中的距离. 例如, 当宇宙尺度只为现在的 1/4 时, 红移为 3 的某星系向我们发出一束光, 当这束光到达我们时, 宇宙已膨胀到了当时的四倍. 在这种情况下, 我们要用哪个距离来反映测得的星系亮度?

计算距离先从共动距离开始, 因其在数学上最容易定义, 也是定义其他距离的基准. 考虑一遥远光源和观测者间的共动距离. 在一小段时间间隔 $\mathrm{d}t$ 中, 光线行进的共动距离为 $\mathrm{d}x = \mathrm{d}t/a$ (设光速 $c = 1$). 对时间积分, 得到光线从发出到被接收行进的总的共动距离

$$\chi(t) = \int_t^{t_0} \frac{\mathrm{d}t'}{a(t')} = \int_{a(t)}^1 \frac{\mathrm{d}a'}{a'^2 H(a')} = \int_0^z \frac{\mathrm{d}z'}{H(z')}. \tag{2.34}$$

上式分别表达为对 t', a' 和 z' 的积分. 其中对 z' 积分的表达式说明, 低红移时 $\chi \simeq z/H_0$, 这与章节 1.2 曾简单讨论的 Hubble 图低红移处的结论一致. 红移更高时, 共动距离的变化如图 2.3 所示.

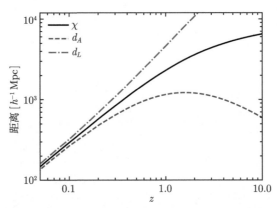

图 2.3　三种距离在平直的基准宇宙学模型中随红移的变化. 共动距离为 χ, 角直径距离为 d_A, 光度距离为 d_L.

在讨论共动距离和可观测量的关系前, 先考虑一个自由光子从宇宙初期 $t = 0$ 开始可行进的最大共动距离 η

$$\eta \equiv \int_0^t \frac{\mathrm{d}t'}{a(t')}. \tag{2.35}$$

其重要性在于, 自宇宙诞生起, 没有任何信息可以在共动坐标网格上传播超过 η 的距离. 从这个角度思考, 距离大于 η 的区域应没有因果联系. 我们将 η 称为共

动视界 (*comoving horizon*); 由于 η 单调递增, 我们也称其为 *共形时间* (*conformal time*). η 与时间 t, 温度 T, 红移 z, 尺度因子 a 可共同作为描述宇宙演化的时间变量. 事实上, 在描述宇宙扰动的演化时, η 比 t 更方便. 在一些简单的宇宙学模型中, η 可解析地表达为 a 的函数 (见习题 2.6). 例如, 对于物质主导和辐射主导的模型, 分别有 $\eta \propto a^{1/2}$ 和 $\eta \propto a$.

天文学中, 一种经典的测距方法是测量某已知物理尺度 l ("标准尺") 的天体对观测者呈现的张角 θ. 对于遥远天体, 这个张角通常很小, 距离可表达为

$$d_A = \frac{l}{\theta}, \tag{2.36}$$

称为 *角直径距离* (*angular diameter distance*). 计算膨胀宇宙中的角直径距离时, 首先考虑这一天体的共动尺度, 为 l/a, 其中 a 代表光线发出时的尺度因子. 设空间平直, 则天体的张角为 $\theta = (l/a)/\chi(a)$. 与式 (2.36) 比较, 得到角直径距离为

$$d_A^{\text{Euc}} = a\chi = \frac{\chi}{1+z}. \tag{2.37}$$

注意到角直径距离在低红移时近似等于共动距离, 但在高红移时随红移增加而减小 (图 2.3). 在平直空间的宇宙中, 天体在很高红移处看起来反而更大, 是因为整个宇宙在高红移时很小, 光线从天体出发时与观测者的物理距离相当接近.

上标 ^{Euc} ("Euclidean" 的简写) 表示式 (2.37) 仅在平直空间成立. 定义曲率密度参量

$$\Omega_K = 1 - \Omega_0, \tag{2.38}$$

Ω_0 为宇宙总密度 (包括物质、辐射、暗能量等, 见章节 2.4) 与临界密度之比. $\Omega_K \neq 0$ 时, 角直径距离的一般形式为

$$d_A = \frac{a}{H_0\sqrt{|\Omega_K|}} \begin{cases} \sinh\left[\sqrt{\Omega_K}H_0\chi\right] & \Omega_K > 0, \\ \sin\left[\sqrt{-\Omega_K}H_0\chi\right] & \Omega_K < 0. \end{cases} \tag{2.39}$$

$|\Omega_K| \to 0$ 时, 式 (2.39) 的两种情形均近似为式 (2.37). $\Omega_K > 0$ 时, 宇宙是开放的, d_A 比平直的情形更大; 反之, $\Omega_K < 0$ 时, 封闭的宇宙的 d_A 更小 (图 9.14 直观地展示了此效应).

天文学中另一常用的测距方法是测量已知光度天体 ("标准烛光", 同样适用于引力波源的 "标准汽笛") 的辐射流量. 对于已知光度 L 的天体, 在距离为 d 处观测所得的辐射流量 F 为

$$F = \frac{L}{4\pi d^2}. \tag{2.40}$$

如何将上式推广至膨胀的宇宙呢? 再次利用共动坐标, 将光源置于坐标原点, 观测到的流量为

$$F = \frac{L(\chi)}{4\pi\chi^2(a)}. \tag{2.41}$$

这里 $L(\chi)$ 是通过共动半径为 $\chi(a)$ 的球壳的光度. 为进一步简化, 只考虑单色辐射, 所有光子能量相同, 则 $L(\chi)$ 为光子能量乘以单位时间内穿过此球壳的光子数. 对于固定时间间隔, 光子在宇宙早期应经过更远的共动距离. 因而, 对于固定时间间隔, 在现在时刻穿过某球壳的光子数比在发射时刻少, 两者相差一个因子 a. 同样, 由于宇宙膨胀, 光子能量随 $1/a$ 衰减, 所以在单位时间来自光源的穿过共动距离 $\chi(a)$ (即光源到我们的距离) 的共动球壳的能量随 a^{-2} 衰减. 因此, 我们观测到的流量表示为

$$F = \frac{La^2}{4\pi\chi^2(a)}, \tag{2.42}$$

L 是光源光度.[①] 由式 (2.40) 定义平直宇宙中的 光度距离 (luminosity distance)

$$d_L^{\text{Euc}} \equiv \frac{\chi}{a}, \tag{2.43}$$

其随红移的变化如图 2.3 所示. 可见 $d_L = d_A/a^2$, 此关系在曲率非零的宇宙中同样成立, 因此式 (2.39) 除以 a^2 即 d_L 在 $\Omega_K \neq 0$ 时的表达式.

三种距离在含有暗能量的宇宙学模型中都更大. 因为暗能量导致加速膨胀, 若固定现在时刻的膨胀率 H_0, 暗能量的存在说明宇宙早期膨胀更加缓慢. 第 1 章提到, 暗能量的存在使宇宙拥有更大的年龄. 这也意味着暗能量的另一效应: 给定红移处发出的光经历更长的时间到达我们, 行进了更远的距离; 遥远天体看起来更加暗淡.

2.3　能量的演化

现讨论宇宙中的各类能量组分. 对于零阶均匀的宇宙, 各向同性的假设要求平均速度和动量为零, 仅平均密度和压强是与背景宇宙相关的物理量. 正如能动四矢描述了单个粒子的能量和动量, 现将能量密度和压强构造为 能量动量张量 (能动张量, energy-momentum tensor). 在均匀、各向同性的宇宙中, 能动张量取

$$T^\mu_\nu = \begin{pmatrix} -\rho & 0 & 0 & 0 \\ 0 & \mathcal{P} & 0 & 0 \\ 0 & 0 & \mathcal{P} & 0 \\ 0 & 0 & 0 & \mathcal{P} \end{pmatrix}, \tag{2.44}$$

其中 $\mathcal{P}$ 是压强. 正是由于 FLRW 度规的对称性, 能动张量才可表示为如此简约的形式. 尽管静止理想流体的能动张量也用上式表示, 但须注意, 宇宙中很多成分并非表现为流体的性质. 能动张量出现在 Einstein 场方程右侧, 可见其重要性.

---

① 这里还需要考虑光源辐射和探测器接收的波长依赖, 只是在这里我们假设了探测器可探测全波段的光子.

为得到能动张量的时间演化规律, 考虑静止的不受引力作用的流体, 其压强和能量密度的演化规律遵循连续性方程 $\partial\rho/\partial t = 0$ 和欧拉 (Euler) 方程 $\partial\mathcal{P}/\partial x^i = 0$. 它们可以推广至能动张量的四个分量的守恒方程, 即 $\partial T_\nu^\mu/\partial x^\mu = 0$, 见专题 2.2. 由专题 2.2, 张量的普通导数具有坐标系依赖, 因而在相对论中无物理意义. 我们需使用 协变导数 (covariant derivative),

$$\nabla_\mu T_\nu^\mu \equiv \frac{\partial T_\nu^\mu}{\partial x^\mu} + \Gamma_{\alpha\mu}^\mu T_\nu^\alpha - \Gamma_{\nu\mu}^\alpha T_\alpha^\mu = 0. \tag{2.45}$$

这是连续性方程和 Euler 方程在广义相对论中的推广, 即能量和动量的守恒性.

专题 2.2　张量和导数

弯曲空间中, 度规的重要性不仅体现在计算距离, 还在于计算导数; 遵循的原则是, 物理规律不会随坐标系的不同而变化. 在弯曲空间定义一个 标量场 (scalar field), 表示为 $\phi(x)$. 当坐标发生变换 $x^\mu \to \hat{x}^\mu$ 时, 标量场遵循简单的变换

$$\hat{\phi}(\hat{x}) = \phi(x[\hat{x}]). \tag{2.46}$$

标量场 ϕ 的值仅依赖于 x 或 $\hat{x}$ 在其各自坐标系的位置, 而与哪个坐标系无关.

由标量场 $\phi(x)$ 对坐标系求偏导 (普通导数) 可得协变矢量

$$A_\mu = \frac{\partial}{\partial x^\mu}\phi. \tag{2.47}$$

A_μ 指向 ϕ 变化最快的方向. 变换坐标系, 参考式 (2.14), 得到

$$\hat{A}_\mu = \frac{\partial}{\partial \hat{x}^\mu}\hat{\phi} = \frac{\partial x^\alpha}{\partial \hat{x}^\mu}\frac{\partial}{\partial x^\alpha}\phi = \frac{\partial x^\alpha}{\partial \hat{x}^\mu}A_\alpha. \tag{2.48}$$

此变换适用于任何带有下指标的协变矢量, 即使该矢量不由标量场求导得到. 对于带有两个指标的张量, 如度规,

$$\hat{g}_{\mu\nu} = \frac{\partial x^\alpha}{\partial \hat{x}^\mu}\frac{\partial x^\beta}{\partial \hat{x}^\nu}g_{\alpha\beta}. \tag{2.49}$$

那么, 我们是否可以通过对矢量求普通导数得到张量, 如 $M_{\mu\nu} = \partial_\mu A_\nu$? 答案是否定的. 因为对式 (2.48) 求普通导数的结果不再满足张量分量的变换规律. 然而, 利用度规构建的 协变导数 (covariant derivative) ∇_μ, $\nabla_\mu A_\nu$ 成了张量. 因此, 当我们想要通过对矢量和张量求导以构建新的具有物理意义的场时, 必须使用协变导数.

破坏矢量普通导数协变性的是 $\partial^2 x^\alpha / \partial \hat{x}^\mu \partial \hat{x}^\nu$, 这样必须引入章节 2.1.2 测地线方程中的克氏符作为修正项. 可以证明

$$\nabla_\mu A_\nu \equiv \partial_\mu A_\nu - \Gamma^\alpha_{\mu\nu} A_\alpha \tag{2.50}$$

满足张量变换率, 即式 (2.49). 对比方程 (2.19) 方括号中克氏符的 "定义", 此处的克氏符定义在一般的弯曲空间, 且已推广至四维. 类似地, 对于逆变矢量

$$\nabla_\mu A^\nu \equiv \partial_\mu A^\nu + \Gamma^\nu_{\mu\alpha} A^\alpha, \tag{2.51}$$

注意第二项符号的变化. 对于张量, 每个指标对应一次克氏符修正, 如

$$\nabla_\mu T^\kappa_\nu = \partial_\mu T^\kappa_\nu - \Gamma^\lambda_{\mu\nu} T^\kappa_\lambda + \Gamma^\kappa_{\mu\lambda} T^\lambda_\nu. \tag{2.52}$$

作为协变导数的应用实例之一, 利用式 (2.26) 可证, 测地线方程 (2.20) 可简洁地写为协变导数形式

$$P^\alpha \nabla_\alpha P^\nu = 0. \tag{2.53}$$

方程 (2.45) 包含四个分量方程 ($\nu = 0, 1, 2, 3$). 现将它们应用于 FLRW 度规和能动张量 (2.44) 描述的膨胀的均匀宇宙. $\nu = 0$ 的分量方程为

$$\frac{\partial T^\mu_0}{\partial x^\mu} + \Gamma^\mu_{\alpha\mu} T^\alpha_0 - \Gamma^\alpha_{0\mu} T^\mu_\alpha = 0. \tag{2.54}$$

由各向同性, $T^i_0 = 0$, 故上式第一项 μ 和第二项 α 只需取 0, 得到

$$-\frac{\partial \rho}{\partial t} - \Gamma^\mu_{0\mu} \rho - \Gamma^\alpha_{0\mu} T^\mu_\alpha = 0. \tag{2.55}$$

再代入克氏符 (2.24, 2.25), $\Gamma^\alpha_{0\mu}$ 中只需同时取相同的空间维度, 得到 $\dot{a}/a$, 上式化为膨胀宇宙中的守恒定律

$$\frac{\partial \rho}{\partial t} + \frac{\dot{a}}{a} [3\rho + 3\mathcal{P}] = 0. \tag{2.56}$$

分离变量后得到

$$a^{-3} \frac{\partial [\rho a^3]}{\partial t} = -3 \frac{\dot{a}}{a} \mathcal{P}. \tag{2.57}$$

利用守恒定律可立即得到物质和辐射随宇宙膨胀的演化算式. 非相对论性物质的等效压强为零,[①] 故

$$\frac{\partial [\rho_m a^3]}{\partial t} = 0. \tag{2.58}$$

———————————————
① 光速 c 设为 1; 我们实际比较的是 $\mathcal{P}$ 和 ρc^2.

这意味着物质的能量密度 $\rho_{\mathrm{m}} \propto a^{-3}$, 与第 1 章推测所得结论一致. 对于辐射, $\mathcal{P}_{\mathrm{r}} = \rho_{\mathrm{r}}/3$ (习题 2.9), 方程 (2.56) 可写为

$$\frac{\partial \rho_{\mathrm{r}}}{\partial t} + \frac{\dot{a}}{a} 4\rho_{\mathrm{r}} = a^{-4} \frac{\partial[\rho_{\mathrm{r}} a^4]}{\partial t} = 0. \tag{2.59}$$

可见辐射能量密度 $\rho_{\mathrm{r}} \propto a^{-4}$, 额外包含了粒子能量随膨胀衰减的效应.

现将物质和辐射两种情况合并为统一的方程, 并推广至其他能量组分. 定义状态方程 (equation of state) 参数 w_s,

$$w_s \equiv \frac{\mathcal{P}_s}{\rho_s}, \tag{2.60}$$

其中 s 表示宇宙中任一组分. 对于物质, $w = 0$; 对于辐射, $w = 1/3$; 对于宇宙学常数, $w = -1$. 状态方程可具有时间依赖性. 对于任一组分 s 和以时间 a 为函数的状态方程 $w_s(a)$, 对方程 (2.56) 积分可得其能量演化规律

$$\rho_s(a) \propto \exp\left\{-3\int^a \frac{\mathrm{d}a'}{a'}\left[1 + w_s(a')\right]\right\} \overset{w_s=\text{Const.}}{\propto} a^{-3(1+w_s)}, \tag{2.61}$$

其中第二步只在 w_s 不随时间变化时[①]成立.

方程 (2.45) $\nu = i$ 的分量方程在均匀各向同性的宇宙中, 左右两边均为零. 其原因是度规的空间部分各向同性. 当宇宙开始形成结构时, 此方程将包含额外信息. 到目前为止, 我们一直在利用平均密度和压强来描述宇宙中不同组分的 宏观 (macroscopic) 性质. 而从微观视角, 对于给定位置的体积微元, 物质和辐射均由许多具有相互作用 (或相互作用可忽略) 的各种粒子组成. 利用 分布函数 (distribution function) 可对它们进行统计描述. 在 t 时刻, $\boldsymbol{x}$ 处的体积微元是 $\mathrm{d}^3 x$, 分布函数 $f_s(\boldsymbol{x}, \boldsymbol{p}, t)$ 表征在动量空间微元 $\mathrm{d}^3 p$ 中的 s 成分的粒子数.[②] 为得到该组分的总能量密度, 对所有相空间微元加权求和, $\sum f_s(\boldsymbol{x}, \boldsymbol{p}, t) E_s(p)$, 其中 $E_s(p) = \sqrt{p^2 + m_s^2}$. 六维的相空间微元 $\mathrm{d}^3 x \mathrm{d}^3 p$ 拥有多少相空间元素呢? 根据 Heisenberg 不确定性原理, 粒子在相空间测量精度的极限是 $(2\pi\hbar)^3$, 故该体积是相空间的基本体积元. 因此, 在 $\mathrm{d}^3 x \mathrm{d}^3 p$ 中的相空间元素为 $\mathrm{d}^3 x \mathrm{d}^3 p/(2\pi\hbar)^3$ (参考图 2.4). 再除以体积 $\mathrm{d}^3 x$ 得到 s 的能量密度

$$\rho_s(\boldsymbol{x}, t) = g_s \int \frac{\mathrm{d}^3 p}{(2\pi)^3} f_s(\boldsymbol{x}, \boldsymbol{p}, t) E_s(p), \tag{2.62}$$

其中 g_s 是简并数 (例如, 光子有两个自旋态, 取 2). 注意上式中已设 $\hbar = 1$.

---

① 译者注: 本书中用 "Const." 表示公式中的任意常数.

② 这里 p 表示式 (2.32) 中定义的物理动量, 而非式 (2.26) 中共动坐标动量.

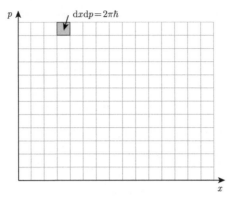

图 2.4　一维空间的相空间. 图中相空间基本微元为 $2\pi\hbar$, 是限制单一粒子的最小相空间体积 (Heisenberg 不确定性原理).　为计算相空间基本单元的数量, 每个空间维度上的积分为 $\int \mathrm{d}x\mathrm{d}p/(2\pi\hbar)$.

　　在宏观尺度, 压强表现为单位体积微元内粒子的弹性碰撞对体元虚拟边界所施加的力. 简单起见, 设体积 V 有 N 个非相对论性粒子, 则 x 方向的压强为

$$\mathcal{P} = \frac{N}{V}mv_x^2 = \frac{1}{3}\frac{N}{V}m|\boldsymbol{v}|^2, \tag{2.63}$$

其中 v_x 为粒子在 x 方向的均方根 (root-mean-square, RMS) 速度, 且假设此速度弥散 (即压强) 是各向同性的. 因此, 压强等于体元内粒子总动能的 2/3. 进行适当推广以同样适用于相对论性的粒子: $m|\boldsymbol{v}|^2 \to p^2/E_s(p)$, 压强可表示为对分布函数的积分

$$\mathcal{P}_s(\boldsymbol{x}, t) = g_s \int \frac{\mathrm{d}^3 p}{(2\pi)^3} f_s(\boldsymbol{x}, \boldsymbol{p}, t)\frac{p^2}{3E_s(p)}. \tag{2.64}$$

　　宇宙早期, 各类粒子间的反应速度很快, 这使它们保持在平衡态, 也具有相同温度. 用这个共同温度来表示能量密度和压强. 在温度 T 的平衡态, 玻色子 (如光子) 服从玻色-爱因斯坦 (Bose-Einstein) 分布 $f_s(\boldsymbol{x}, \boldsymbol{p}, t) = f_{\mathrm{BE}}(E_s(p))$, 其中

$$f_{\mathrm{BE}}(E) = \frac{1}{e^{(E-\mu)/T} - 1}. \tag{2.65}$$

而费米子 (如电子) 服从费米-狄拉克 (Fermi-Dirac) 分布

$$f_{\mathrm{FD}}(E) = \frac{1}{e^{(E-\mu)/T} + 1}, \tag{2.66}$$

其中 μ 是化学势. 平衡态分布与位置 $\boldsymbol{x}$ 和动量方向 $\hat{\boldsymbol{p}}$ 无关, 仅与能量 $E_s(p)$ 或动量大小 p 有关.

对于光子和中微子, 化学势远小于温度. 光子数并非守恒, 例如宇宙早期频繁的双康普顿 (Compton) 散射就会改变光子数. 对于中微子, 正反粒子间存在不对称性的可能性很小. 在这些情况下, 分布函数只依赖于 E/T. 由习题 2.9 可知

$$\frac{\partial \mathcal{P}_s}{\partial T} = \frac{\rho_s + \mathcal{P}_s}{T}. \tag{2.67}$$

利用此关系可得到宇宙的熵密度随 a^{-3} 衰减. 将连续性方程 (2.57) 写为

$$a^{-3}\frac{\partial[(\rho + \mathcal{P})a^3]}{\partial t} - \frac{\partial \mathcal{P}}{\partial t} = 0. \tag{2.68}$$

均匀宇宙中, 压强对时间的导数可改写为压强对温度的导数 $(\mathrm{d}T/\mathrm{d}t)(\partial P/\partial T)$, 且在多种组分同时存在时也适用, 故

$$a^{-3}\frac{\partial[(\rho + \mathcal{P})a^3]}{\partial t} - \frac{\mathrm{d}T}{\mathrm{d}t}\frac{\rho + \mathcal{P}}{T} = a^{-3}T\frac{\partial}{\partial t}\left[\frac{(\rho + \mathcal{P})a^3}{T}\right] = 0. \tag{2.69}$$

这样, 熵密度[①]

$$s \equiv \frac{\rho + \mathcal{P}}{T}, \tag{2.70}$$

正比于 a^{-3}. 无论对于单一组分, 还是共处平衡态的所有组分 (即温度相同) 的总熵密度, 以上结论均成立. 事实上, 即使两不同组分温度不同, 它们的熵密度之和依然正比于 a^{-3}. 在计算宇宙中微子和光子温度比时, 将用到此结论.

2.4　宇宙的能量组分

利用能量密度表达式 (2.62) 及其演化规律 (2.57) 可计算宇宙各组分对总能量密度的贡献. 这里需注意的是, 某组分可由多种粒子构成 (如电子和各种原子核均属于重子物质), 但它们具有相同的状态方程 (如相对论或非相对论性的).

各组分的能量密度由统一的无量纲单位表示. 将各组分的能量密度除以现在时刻的临界密度 [定义 (1.4)], 定义 密度参量 (density parameter)[②]

$$\Omega_s \equiv \frac{\rho_s(t_0)}{\rho_{\mathrm{cr}}}, \tag{2.71}$$

其中下标 s 表示宇宙中的各组分: 冷暗物质 (c), 重子物质 (b), 光子 (γ), 中微子 (ν), 宇宙学常数 (Λ) 或暗能量. 下标 r 表示所有辐射组分 (光子和相对论性中微

---

① 严格来讲, 熵密度中还有一项, 且该项正比于化学势, 但通常与宇宙学无关. 不过即使化学势非零, 熵密度仍正比于 a^{-3}.

② 当把式 (1.4) 中的 H_0 替换为 $H(t)$ 时, 此处定义的临界密度 $\Omega_s(t)$ 会随时间变化. 本书除第 12 章之外, 都沿用现在时刻 t_0 的定义: $\rho_{\mathrm{cr}} \equiv \rho_{\mathrm{cr},0}$, $\Omega_s \equiv \Omega_{s,0}$ 且省略下标 $_0$.

子); m 表示所有非相对论性物质组分, 即 $\Omega_m = \Omega_b + \Omega_c$. 这样, 对于不随时间变化的状态方程 w_s, 组分 s 的能量密度随尺度因子的演化可写为

$$\rho_s(a) = \Omega_s \rho_{cr} a^{-3(1+w_s)}. \tag{2.72}$$

由于 $\rho_{cr} = 3H_0^2/8\pi G$, 其中 H_0^2 仍有误差. 这意味着, 对重子物质的物理密度 ρ_b 的限制实际上是在限制参数组合 $\Omega_b h^2$. 因而, 文献中常用 $\omega_s \equiv \Omega_s h^2$ 来表述, 正如图 1.6 的横坐标.

2.4.1　光子

CMB 贡献了宇宙中大部分的辐射能量密度. 由于其具有黑体辐射的特性, 利用 Bose-Einstein 分布函数, 该辐射的能量密度为

$$\rho_\gamma = 2 \int \frac{\mathrm{d}^3 p}{(2\pi)^3} \frac{p}{e^{p/T} - 1}, \tag{2.73}$$

其中积分前的系数 2 来自光子的两个自旋态. 由于光子静质量为零, 其能量即动量 p. 理论上设定光子的化学势为零: 在宇宙早期光子数不守恒, 同时在观测中, CMB 的光谱已被精确测量; COBE 卫星 FIRAS 的数据对化学势的限制为 $\mu/T < 9 \times 10^{-5}$ (Fixen $et\,al.$, 1996), 故 μ 可忽略. 此外, 正如第 1 章提到的, FIRAS 对 CMB 的温度作出了极好的限制: $T_0 = (2.726 \pm 0.001)\,\mathrm{K}$ (Fixsen, 2009). 由于式 (2.73) 的积分中无角度依赖, 对全天空积分得到系数 4π, 还剩一单重积分. 换积分变量为 $x = p/T$ 得

$$\rho_\gamma = \frac{8\pi T^4}{(2\pi)^3} \int_0^\infty \mathrm{d}x \frac{x^3}{e^x - 1}. \tag{2.74}$$

此积分可用黎曼 (Riemann) ζ 函数 (C.29) 表示, 即 $6\zeta(4) = \pi^4/15$, 最终得到

$$\rho_\gamma = \frac{\pi^2}{15} T^4. \tag{2.75}$$

由式 (2.59) 知辐射的能量密度正比于 a^{-4}, 联立上式可见 CMB 温度必正比于 a^{-1}. 实际上, 由于 $E \propto 1/a$ 及 $T \propto 1/a$, 对比 Bose-Einstein 分布函数 (2.65) 可见, 随着宇宙膨胀, 辐射仍保持为平衡态.

由以上结果计算出现在时刻的光子能量密度参量为

$$\Omega_\gamma h^2 = 2.47 \times 10^{-5}. \tag{2.76}$$

这里用到了温度单位开尔文 (Kelvin, K) 和能量单位电子伏特 (eV) 之间的关系: $11605\,\mathrm{K} = 1\,\mathrm{eV}$. 可见, 光子只占现在宇宙总能量的一小部分. 最后注意式 (2.75) 中 ρ_γ 只依赖于时间, 这是因为我们只用到了光子的零阶 Bose-Einstein 分布函数. 实际上还存在这个零阶分布函数上的微扰, 具有空间和方向的依赖性, 对应于 CMB 的各向异性.

2.4.2 重子

宇宙学中, 我们把包括原子核和电子在内的常规物质统称为重子 (*baryon*), 尽管物理学中, 电子被归为轻子 (*lepton*). 不管怎样, 原子核的质量实际上远大于电子, 几乎包含了所有重子的质量. 不同于 CMB, 重子不能简单地由一平衡态分布函数描述, 因为重子以多种形式存在: 弥散的中性气体、电离的等离子体、恒星和行星、致密天体等, 这使重子物质总量的测量更具挑战.

许多研究试图直接测量重子物质总量 (Fukugita *et al.*, 1998; Shull *et al.*, 2012). 其一是测量星系和星系群中恒星和弥散气体中的重子总量, 但电离热气体 (温度小于 1 eV) 的探测非常困难, 误差很大. 其二是通过遥远类星体 (明亮的活动星系核) 的光谱, 即利用光谱中的氢吸收线作为研究重子物质的探针. 然而, 单位氢原子造成的平均吸收强度取决于星际介质的热学性质, 而我们对其认知有限.

利用早期宇宙可测量重子物质, 即利用 BBN 和 CMB 中的核物理和原子物理学. BBN 时期合成的轻元素丰度 (章节 1.3) 依赖于重子的总物理密度, 因而能够限制 $\Omega_b h^2$ [见图 1.6 和式 (2.72) 后的讨论], 具体见第 4 章. 氘的丰度对重子密度最为敏感, 利用 BBN 结合高红移吸收线系统对氘相对丰度的测量得到 $\Omega_b h^2 = 0.0222 \pm 0.0005$ (Cooke *et al.*, 2018).

重子密度还会影响早期宇宙等离子体的振荡, 其效应见图 1.10 中 CMB 的各向异性, 以及第 9 章. Planck 团队对重子密度给出的限制为 $\Omega_b h^2 = 0.0225 \pm 0.0003$ (Planck Collaboration, 2018b). 此限制只微弱地依赖于给定的宇宙学模型.

鉴于当今对 Hubble 常数的最佳限制 $h \simeq 0.7$, 以上两种方法精确吻合, 并限制重子物质 Ω_b 约为 5%. 值得注意的是, 这些基于早期宇宙的方法并不会遗漏在宇宙晚期难以探测到的重子物质, 如已坍缩的宁静黑洞和中子星等. 总之, 各类方法所测得的重子物质总量在误差范围内基本一致. 由于宇宙中总物质密度约为重子物质的 6 倍, 可推测出超过 80% 的物质以非重子的形式存在.

2.4.3 暗物质

非重子暗物质存在的证据遍布银河系, 本星系群, 以及其他星系和星系团. 与利用核物理和原子物理测量重子物质不同, 暗物质总量的测定必须依靠引力.

利用 CMB 的各向异性 (第 9 章) 可以测量总物质物理密度 $\Omega_m h^2$, 因物质会影响早期宇宙的膨胀历史, 以及物质产生的引力势对 CMB 各向异性的影响. 根据标准宇宙学模型, Planck 团队对总物质密度的限制为 $\Omega_m h^2 = 0.1431 \pm 0.0025$ (Planck Collaboration, 2018b). 根据当今 Hubble 常数, CMB 观测与 $\Omega_m \simeq 0.3$ 吻合.

利用标准烛光和标准尺测得晚期宇宙的距离-红移关系也可单独限制 Ω_m. 与 CMB 观测的联合限制给出了更精确的结果: $\Omega_m = 0.311 \pm 0.006$.

第 11 和 13 章中, 利用星系本动速度和引力透镜效应, 测量大尺度结构的引力势, 可限制物质的总密度. 其中, 本动速度场的测量利用了三维空间星系计数统计特有的扭曲效应, 引力透镜使星系的投影形状分布具有特殊的统计效应. 利用 DES (Dark Energy Survey) 首年度数据, 弱引力透镜和星系成团性联合给出了 $\Omega_m = 0.27^{+0.03}_{-0.02}$ 的限制 (Abbott $et\,al.$, 2018), 基本符合 CMB 得到的 Ω_m 结果, 但存在微小偏差. 一方面, 它们可靠地给出了 $\Omega_c \simeq 30\%$ 的结论. 另一方面, 不同观测手段给出具有一定偏差的参数时有发生. 这些偏差也许仅仅是统计起伏, 也许反映了当前基准模型的本质缺陷. 解开这些谜题是现代宇宙学令人期待的问题.

另一种方法是利用对 Ω_b/Ω_m 敏感的可观测量, 通过 BBN 或 CMB 给出的 Ω_b 来间接推断 Ω_m. 大质量星系团中大部分重子物质以热气体形式存在, 可通过 X 射线或 Sunyaev-Zel'dovich (SZ) 效应观测 (见章节 12.5 和 11.3). 如果这个比例适用于整个宇宙 (这确实是一个很好的假设), 则宇宙中的重子-物质比为 $\Omega_b/\Omega_m = (0.089 \pm 0.012)h^{-3/2}$ (Mantz $et\,al.$, 2014). 由于 Ω_b 约为 5%, 可推出 $\Omega_m \simeq 0.3$.

总之, 目前各类观测一致表明 $\Omega_m \simeq 0.3$, 其中的 80% 为非重子暗物质.

2.4.4　中微子

与光子和重子不同, 宇宙中微子还未被直接观测到, 它们对能量密度的贡献还停留在理论层面. 然而, 基于对物理原理的透彻理解, 这些理论非常可信. CMB 各向异性可以限制早期宇宙相对论性粒子的总密度 $\Omega_r h^2$. Planck 卫星等观测实验已发现了非光子相对论性粒子存在的证据, 且与预期的中微子贡献一致.

对中微子粒子的认识总结如下:

- 中微子有三代.[①]
- 每代中微子和反中微子有一个自旋自由度.
- 中微子是费米子, 在平衡态时服从 Fermi-Dirac 分布.

利用这些信息可估计宇宙中微子的能量密度. 方便起见, 将中微子能量密度与光子的能量密度比较. 根据以上信息, 中微子的简并数为 6, 且在式 (2.73) 的积分中应使用 $e^{p/T} + 1$. 结果表示, Fermi-Dirac 分布的能量积分是 Bose-Einstein 分布的能量积分的 7/8 倍. 另外, 由于静质量为零的粒子的能量密度正比于 T^4, 得到

$$\rho_\nu = 3 \times \frac{7}{8} \times \left(\frac{T_\nu}{T}\right)^4 \rho_\gamma. \tag{2.77}$$

现只需确定 T_ν 与光子温度 T 的比.

[①] 还有可能存在另外一种惰性 (sterile) 中微子, 与粒子物理标准模型中的其他粒子无相互作用. 即便它们存在, 在许多模型中它们与常规中微子的相互作用极其微弱, 且在宇宙中丰度很低, 故在此忽略惰性中微子.

为此, 考虑中微子在早期宇宙的产生机制. 基于对中微子相互作用的理解 (图 1.4), 中微子曾与宇宙等离子体共同处于平衡态. 随着宇宙膨胀, 由于中微子的相互作用很弱, 它们从宇宙等离子体中退耦. 确定中微子温度的关键在于正负电子湮灭 (e^+e^- 湮灭), 这时宇宙温度量级为电子质量. 中微子湮灭稍早于正负电子湮灭, 故几乎未从此过程中获得能量. 相反, 光子从此过程获得了大部分能量, 因此具有比中微子更高的温度.

利用式 (2.70) 中总熵密度 s 正比于 a^{-3} 这一关系[①]来解释正负电子的湮灭. 静质量为零的玻色子的每个自旋态贡献总熵密度的 $2\pi^2 T^3/45$, 而静质量为零的费米子的贡献为此数值的 $7/8$, 同时, 对于质量大于宇宙该时刻温度的粒子, 忽略其贡献 (习题 2.11). 在正负电子湮灭之前, 费米子包括电子和正电子 (各有两个自旋态), 以及中微子和反中微子 (共六个自旋态), 玻色子包含光子 (两个自旋态), 所以湮灭之前的 $a = a_1$ 时刻

$$s(a_1) = \frac{2\pi^2}{45}T_1^3\left[2 + \frac{7}{8}(4+6)\right] = \frac{43\pi^2}{90}T_1^3, \tag{2.78}$$

其中 T_1 为 a_1 时刻的平衡态温度. 湮灭后的 a_2 时刻, 正负电子消失, 光子和中微子温度不再相同, 故必须区分它们. 另外, 可忽略其他更大质量粒子的贡献. 因此熵密度为

$$s(a_2) = \frac{2\pi^2}{45}\left[2T^3 + \frac{7}{8}6T_\nu^3\right]. \tag{2.79}$$

令 $s(a_1)a_1^3 = s(a_2)a_2^3$, 得

$$\frac{43}{2}(a_1T_1)^3 = 4\left[\left(\frac{T}{T_\nu}\right)^3 + \frac{21}{8}\right][T_\nu(a_2)a_2]^3. \tag{2.80}$$

忽略来自正负电子 $e^\pm$ 的微小能量贡献, 又因中微子温度始终正比于 a^{-1}, 故 $a_1T_1 = a_2T_\nu(a_2)$, 得到温度比

$$\frac{T_\nu}{T} = \left(\frac{4}{11}\right)^{1/3}. \tag{2.81}$$

此比例一直维持至现在时刻. 利用式 (2.77), 得到中微子能量密度为

$$\rho_\nu = 3 \times \frac{7}{8}\left(\frac{4}{11}\right)^{4/3}\rho_\gamma. \tag{2.82}$$

利用此结果和式 (2.76) 推断出现在时刻的中微子能量密度为 $\Omega_\nu h^2 = 1.68 \times 10^{-5}$. 然而, 基于 1998 年的中微子振荡实验 (Fukuda *et al.*, 1998), 中微子静质量非

---

① 正如章节 2.3 中脚注所述, 即使中微子的化学势存在不确定性, 此关系同样适用.

零. 这肯定了先前太阳中微子观测结果 (Bahcall, 1989) 的猜测. 这些测量指出各代中微子的质量总和至少为 $0.06\,\mathrm{eV}$.[①] 早期宇宙 (直到 氢复合[②]时期), 中微子质量确实可忽略不计, 式 (2.82) 成立. 随着宇宙膨胀, 中微子温度衰减至其质量以下, 中微子从相对论性粒子转换为非相对论性粒子. 尽管此过程发生于一切静质量非零的粒子, 但中微子在宇宙的相对晚期才转为非相对论性粒子, 因而对大尺度结构形成产生了不可忽略的影响.

由于中微子静质量非零, 需进一步确定其现在时刻的能量密度. 对于某一代质量为 m_{ν_i} 的中微子, 其能量密度为

$$\rho_{\nu_i} = 2 \int \frac{\mathrm{d}^3 p}{(2\pi)^3} \frac{1}{e^{p/T_\nu} + 1} \sqrt{p^2 + m_{\nu_i}^2}, \tag{2.83}$$

这与光子能量密度的表达式类似, 但非零静质量被包含在内, 且分布函数为 Fermi-Dirac 形式. 这里注意, 此分布并非严格的 Fermi-Dirac 分布, 因 e 指数的参数为 p 而非能量. 这是因为中微子退耦之后不再通过散射保持平衡态, 而是维持了它们的初始分布 (在其质量远小于温度时已确定), 同时粒子的动量发生红移, 见习题 3.9. 当温度很高时, 式 (2.83) 化为式 (2.82) 的 1/3, 故在早期宇宙, 使用式 (2.82) 即可. 章节 2.4.5 将把此式应用于宇宙的物质-辐射相等时期. 在宇宙晚期, $T_\nu \ll m_\nu$ 时, 每代中微子的能量密度为 $m_{\nu_i} n_{\nu_i}$, 与重子物质和暗物质具有相同的形式, 这里 $n_{\nu_i} = 3n_\gamma/11$ (习题 2.12). 由图 2.5, 中微子-光子能量密度比的转变发生于 $T_\nu \sim m_{\nu_i}$. 数值上, 现在时刻中微子的总能量密度为

$$\Omega_\nu h^2 = \frac{\sum_i m_{\nu_i}}{94\,\mathrm{eV}}, \tag{2.84}$$

其中 $\sum_i$ 表示对三代中微子求和.

早年, 从事天体物理和粒子物理的科学家们 (Gershtein & Zel'dovich, 1966; Szalay & Marx, 1976; Cowsik & McClelland, 1972) 意识到, 宇宙总能量密度不可能远大于临界密度, 相比于当年物理实验更好地限制了中微子质量. 当宇宙学模型需要非重子暗物质时, 宇宙学家们 (如 Gunn et al., 1978) 提出了中微子作为暗物质候选的想法. 后续的宇宙大尺度结构研究 (Bond et al., 1980; White et al., 1983) 发现, 中微子作为暗物质主要成分所导致的结构形成与宇宙学观测具有明显的偏差 (见第 12 章). 到了 20 世纪 90 年代, 科学家们再次考虑中微子可作为总能量密度的一小部分, 期待观测到中微子对大尺度结构的细微影响, 探测到质量小于 $1\,\mathrm{eV}$ 的中微子 (见第 8 章).

---

① 中微子振荡实验精确地测量中微子质量平方差 $m_2^2 - m_1^2$, 故振荡实验实际给出的限制为 $10^{-3}\mathrm{eV}^2$ 量级的质量平方差.

② 译者注: 这是本书首次出现术语 "氢复合" (recombination). 氢复合指宇宙早期, 宇宙中的质子和电子结合形成中性氢原子. 氢复合的正式定义和介绍见章节 4.3.

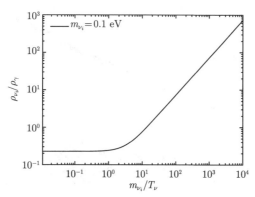

图 2.5 中微子-光子能量密度比随宇宙的演化. 对于某一代中微子, 当温度大于其静质量时, 此比例维持为常数; 当温度降低至静质量以下时, 此代中微子表现为非相对论性粒子, 能量密度的演化为 $\rho_{\nu_i} \propto a^{-3}$, 逐渐超过光子的能量密度 ($\rho_\gamma \propto a^{-4}$).

2.4.5 物质-辐射相等时期

物质的能量密度与辐射的能量密度相等所对应的时期称为 *物质-辐射相等时期* (*matter-radiation equality*). 它对大尺度结构及 CMB 各向异性的形成具有特殊意义, 因为扰动在此时期前后以不同速率增长 (对于大尺度结构还存在另一时期, 即晚期宇宙的暗能量主导时期, 见习题 2.14). 现计算物质和辐射各自的能量密度, 并求出它们相等时对应的尺度因子.

由式 (2.76, 2.82), 当 T_ν 远大于中微子质量时, 辐射的总能量密度为

$$\frac{\rho_{\mathrm{r}}}{\rho_{\mathrm{cr}}} = \frac{4.15 \times 10^{-5}}{h^2 a^4} \equiv \frac{\Omega_{\mathrm{r}}}{a^4}. \tag{2.85}$$

为求物质-辐射相等时期, 令式 (2.85) 等于式 (2.72), 得

$$a_{\mathrm{eq}} = \frac{4.15 \times 10^{-5}}{\Omega_{\mathrm{m}} h^2}. \tag{2.86}$$

另一种表达物质-辐射相等时期的形式是通过红移,

$$1 + z_{\mathrm{eq}} = 2.38 \times 10^4 \Omega_{\mathrm{m}} h^2. \tag{2.87}$$

可见, 若宇宙中物质总量 $\Omega_{\mathrm{m}} h^2$ 增加, z_{eq} 也将更大.

2.4.6 暗能量

宇宙能量密度中还有另一种组分: 暗能量 (*dark energy*), 其状态方程 w 约为 -1, 不参与引力坍缩. 多种证据独立暗示了暗能量的存在. 首先, 我们十分确定宇

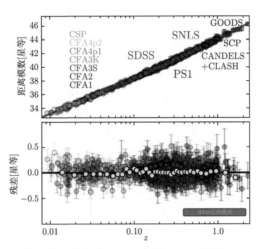

图 2.6 Pantheon Ia 型超新星数据给出的 Hubble 图. 上图横坐标为红移, 纵坐标为距离模数 $m - M$, 即视星等与超新星标准化绝对星等之差 [式 (2.88)]. 下图为观测数据与平直 ΛCDM 最佳拟合模型间的残差. 数据显然要求暗能量的存在. 此图取自 Scolnic *et al.* (2018).

宙空间的平直性, 即总密度参量接近 1. 由于 $\Omega_{\mathrm{m}} \simeq 0.3$, Ω_{r} 可忽略不计, 必须存在某种非成团性的能量组分来弥补总能量密度的不足. 其次, 来自标准烛光和标准尺的观测数据表明宇宙正在加速膨胀. 由第 3 章可知, 加速膨胀 ($\ddot{a} > 0$) 时, 宇宙必须被某种状态方程为负 (拥有负压强) 的组分所主导.

1980 年以来, 越来越多的证据支持 $\Omega_{\mathrm{m}} \simeq 0.3$, 且同一时期提出的暴胀理论指出总能量密度应为临界密度, 并在 20 世纪 90 年代被 CMB 的观测进一步证实 (第 9 章). 观测超新星的两团队 (Riess *et al.*, 1998, Perlmutter *et al.*, 1999) 给出了宇宙加速膨胀的证据, 并恰好可通过暗能量的存在来解释. 该观测证据基于光度距离的测量. 根据章节 2.2 的讨论, 光度距离取决于宇宙的膨胀历史, $d_L \propto \int \mathrm{d}z / H(z)$. 在加速膨胀的宇宙中, 早期膨胀率较低, 对应更大的光度距离, 因而形如超新星的标准烛光会看起来更加暗淡.

更具体而言, 式 (2.43) 中的光度距离可用于计算绝对星等为 M 的天体的视星等 m. 星等、辐射流量和光度的关系为 $m = -(5/2) \log F + \mathrm{Const.}$, 以及 $M = -(5/2) \log L + \mathrm{Const.}$ 由于流量 $F \propto d_L^{-2}$, 视星等 $m = M + 5 \log d_L + \mathrm{Const.}$ 约定

$$m - M = 5 \log \left(\frac{d_L}{10 \, \mathrm{pc}} \right) + K, \tag{2.88}$$

其中 K 将光谱进行宇宙膨胀效应的修正 ("K-correction"), $m - M$ 称为距离模数 (*distance modulus*).

两支团队测量了一批 Ia 型超新星的视星等. Ia 型超新星可作为标准烛光, 它

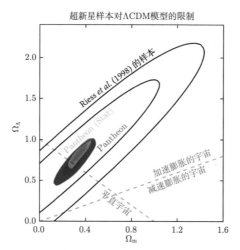

图 2.7　由图 2.6 中 Ia 型超新星的距离-红移数据给出的宇宙能量密度 $(\Omega_{\mathrm{m}}, \Omega_{\Lambda})$ 参数空间的限制. 这里允许宇宙空间是弯曲的, 而平直宇宙由图中虚线 (平直宇宙) 表示. 超新星数据显然要求宇宙加速膨胀及 $\Omega_{\Lambda} > 0$. 图中还画出了最早一批数据 (Riess *et al.*, 1998) 给出的限制. 此图取自 Scolnic *et al.* (2018).

们的绝对星等可由其他观测手段独立得到, 特别是其光度在达到峰值后衰减的特征时间. 事实上, 这是一套相当复杂的分析, 需要精确的测光和校准. 其中一批近期的数据结果如图 2.6 所示. 通过细致考虑光度距离计算中的统计和系统误差, 可以得到宇宙膨胀历史的最佳拟合参数. 如图 2.7 所示, 假设暗能量为宇宙学常数, 但不限于平直宇宙, 则两自由参数为 Ω_{m} 和 Ω_{Λ}. 显然, $\Omega_{\Lambda} = 0$ 的宇宙学模型与观测不符. 超新星数据给出的限制为 $\Omega_{\Lambda} \simeq 0.7$. 图中还画出了第一批超新星数据给出的限制. 当前数据对参数的限制已有了很大的提高.

　　作为暗能量存在的另一独立证据, 重子声学振荡[①] (*Baryon Acoustic Oscillation, BAO*) 作为标准尺 (图 1.9) 提供了给定红移的角直径距离和给定红移间隔所对应的距离间隔, 二者之比给出了共动距离随红移的变化率 $\mathrm{d}\chi/\mathrm{d}z = 1/H(z)$; 第 11 章描述了 BAO 如何给出相关限制. 图 2.8 显示了测量结果和平直基准宇宙学模型给出的预测. 此观测数据不仅可以独立限制暗能量, 还可以直接展示宇宙的加速膨胀. 在仅有物质和辐射 (或任何非负压强的成分) 的宇宙中, $H(z)/(1 + z) = aH = \dot{a}$ 随时间单调递减. 图 2.8 中高红移数据确实满足这一点. 同时, aH 在低红移必须随时间增长从而与近邻宇宙所测得的 Hubble 膨胀率相符. 可见, 标准烛光和标准尺可以直接推测出暗能量的存在.

　　论证暗能量的存在不单可以通过测量宇宙的膨胀历史得到 (称为几何方法),

[①] 译者注: 也译为重子声波振荡.

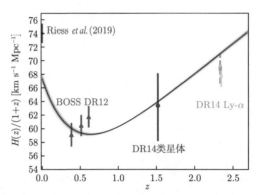

图 2.8   利用低红移的标准烛光数据和高红移星系分布的 BAO 标准尺数据测得的 $\dot{a} = aH = H(z)/(1+z)$. 图中实线为利用 $z < 1$ 的 CMB 和 BAO 数据得到的平直 ΛCDM 模型的最佳拟合. 显然, 膨胀率在高红移随时间下降 (物质主导宇宙的预期结果), 而在低红移反而增加 (需要暗能量的存在). 此图取自 Planck Collaboration (2018b).

还可以通过探测宇宙的大尺度结构得到, 因加速膨胀直接影响了宇宙结构的形成. 第 9 章和第 11 章将讨论这种效应及其对观测的影响. 大尺度结构的探测独立支持了 $\Omega_\Lambda \simeq 0.7$ 的平直基准宇宙学模型. 对均匀背景宇宙的几何探测和大尺度结构的动态探测均与基准宇宙学模型相符, 它们都是暗能量存在的证据.

目前我们仅讨论了宇宙学常数 Λ 作为暗能量的可能性, 它仅有唯一的自由参数 Ω_Λ (图 2.7). 这只是暗能量最简单的模型, 将其设为常数的假设也存在一些问题 (见习题 1.5). 这便是我们一直采用 "暗能量" 而非 "宇宙学常数" 来命名的原因. 一个简单的推广便是动态暗能量, 如将与 Λ 相关的能量密度设为一标量场的势 $V(\phi)$, 称为精质 (quintessence). 暗能量的另一替代理论是修改广义相对论本身, 从而宇宙的加速膨胀来自修改引力的效应. 对模型理论感兴趣的读者可以了解 Mortonson et al. (2014) 和 Frieman et al. (2008) 对暗能量综合性的探讨, 以及 Joyce et al. (2016) 和 Clifton et al. (2012) 对修改引力的探讨. 那么, 如何利用数据来区分以上各种暗能量模型? 是否需要针对每种模型重复开展超新星和 BAO 的分析?

不必如此. 如章节 2.3 开头所述, 能动张量的形式 (2.44) 是普适的, 由 FLRW 时空的对称性决定. 通过状态方程 $w_{\text{DE}}(a)$ 定义压强, 给定连续性方程 (2.57), 求解得式 (2.61), 可见进行推广后的暗能量模型对膨胀历史的影响可由 $w_{\text{DE}}(a)$ 完全确定.[①] 章节 3.1 将会介绍, 宇宙学常数的存在相当于在 Einstein 场方程中加入了一项 $\Lambda\delta^\mu_\nu$. 对比能动张量 (2.44) 可见, 宇宙学常数对应于理想流体的能动张量形

---

① 若对广义相对论进行修正, 则需要更加谨慎的处理. 不论怎样, 总能推导出暗能量在修改引力理论中的状态方程, 给出对应的膨胀历史.

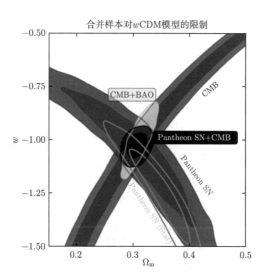

图 2.9 设空间平直, 各类观测数据对物质能量密度 Ω_{m} 和暗能量状态方程 $w = w_{\mathrm{DE}}$ 的限制结果. 宇宙学常数对应于 $w = -1$. 来自超新星、BAO 标准尺和 CMB 给出的联合限制结果为 w_{DE} 接近 -1. 此图取自 Scolnic *et al.* (2018).

式, $\mathcal{P} = -\rho \propto \Lambda$, 即 $w_\Lambda = -1$. 而对于动态暗能量, 例如 "精质", $w_{\mathrm{DE}} \geqslant -1$ (但仍显著小于 0). 通过测量暗能量的能量密度随红移的变化可以限制 w_{DE}, 从而区分不同暗能量模型.

图 2.9 给出了平直空间假设下, 当前数据对 w_{DE} 的限制. 宇宙学常数模型符合当今所有观测结果, w_{DE} 明显偏离 -1 的模型都被排除. 可见, Λ 依然是基准 ΛCDM 模型的默认配置. 另外, 不同类型的观测数据对两宇宙学参数的限制能力并不相同, 且具有参数简并 (*parameter degeneracy*). 参数简并也出现在图 2.9 未画出的其他参数中, 如 H_0. 利用不同观测数据对多参数进行联合限制尤为重要.

2.5 小 结

均匀、各向同性的宇宙可由 FLRW 度规 (2.12) 描述. 物理距离等于共动坐标距离乘以尺度因子 $a(t)$. 根据 FLRW 度规推出的测地线方程, 粒子的物理动量随 $1/a$ 衰减. 静质量为零的粒子 (如光子) 的能量也随 $1/a$ 减小, 体现为红移.

在膨胀的宇宙中测量距离并非易事. 所有相关的距离定义均依赖于观测者到某红移 z 的天体的共动距离

$$\chi(z) = \int_0^z \frac{\mathrm{d}z'}{H(z')}. \tag{2.89}$$

其中一重要定义是光子从时间为零的时刻起, 在宇宙中可穿行的最大距离, 也称为共形时间

$$\eta = \int_0^t \frac{\mathrm{d}t'}{a(t')} = \int_z^\infty \frac{\mathrm{d}z'}{H(z')}. \tag{2.90}$$

以上二者的关系为

$$\chi(z) = \eta_0 - \eta(z), \tag{2.91}$$

其中 $\eta_0 \equiv \eta(z = 0)$. 共形时间是研究扰动演化的一个自然的时间变量.

宇宙中的光子服从化学势为零的 Bose-Einstein 分布, 其能量密度取决于温度. 中微子的数密度与光子大致相同, 但由于它们的质量未知 (质量总和的下限为 $0.06\,\mathrm{eV}$, 上限不超过 $1\,\mathrm{eV}$), 其总能量密度具有不确定性. 早期宇宙中, 中微子温度远大于质量, 表现为相对论性粒子, 其静质量的不确定性无关紧要, 不影响温度在 $1\,\mathrm{MeV}$ 量级时发生的大爆炸核合成, 也不影响温度在 $1\,\mathrm{eV}$ 量级时的物质-辐射相等时期. 中微子温度是光子温度的 $(4/11)^{1/3}$ 倍, 考虑到中微子为 Fermi-Dirac 分布所造成的差别, 早期宇宙中每一代静质量为零的中微子的能量密度为光子能量密度的 0.23 倍. 宇宙晚期, $T_\nu \ll m_{\nu_i}$ 时, 每一代质量为 m_{ν_i} 的中微子在 $\Omega_\nu h^2$ 中所贡献的能量密度为 $m_{\nu_i}/0.94\,\mathrm{eV}$. 除光子和中微子, 宇宙还包含重子 ($\Omega_\mathrm{b} \simeq 0.05$)、冷暗物质 ($\Omega_\mathrm{c} \simeq 0.25$)、暗能量 ($\Omega_\mathrm{DE} \simeq 0.7$). 暗能量具有负压强, 宇宙学常数作为暗能量的模型与目前所有观测数据相符.

现在时刻, 非相对论性物质和暗能量所占能量密度远高于辐射. 物质和辐射的能量密度分别正比于 a^{-3} 和 a^{-4}. 在宇宙极早期, 辐射主导. 物质和辐射具有相同的能量密度时, 称为物质-辐射相等时期, 对应 $a_\mathrm{eq} = 4.15 \times 10^{-5}/\Omega_\mathrm{m}h^2$.

习   题

2.1 引入适当的因子 $c, \hbar, k_\mathrm{B}$ 完成单位转换

(a) $T_0 = 2.726\,\mathrm{K} \to \mathrm{eV}$

(b) $\rho_\gamma = \pi^2 T_0^4/15 \to \mathrm{eV}^4 \to \mathrm{g\,cm}^{-3}$

(c) $1/H_0 \to \mathrm{cm}$

(d) $m_\mathrm{Pl} \equiv \sqrt{\hbar c/G} = 1.2 \times 10^{19}\mathrm{GeV} \to \mathrm{K\,cm}^{-1}\,\mathrm{s}^{-1}$

2.2 推导极坐标下自由粒子运动的测地线方程.

(a) 通过式 (2.19), 或利用度规

$$g_{ij} = \begin{pmatrix} 1 & 0 \\ 0 & r^2 \end{pmatrix} \tag{2.92}$$

和式 (2.21), 求得克氏符的非零分量为

$$\Gamma_{12}^2 = \Gamma_{21}^2 = 1/r; \quad \Gamma_{22}^1 = -r. \tag{2.93}$$

其中指标 $1,2$ 对应于坐标 r, θ.

(b) 利用克氏符写出测地线方程的两分量方程.

2.3 求静质量非零的非相对论性粒子在膨胀的宇宙中的能量. 注意, 在静质量为零时的 $g_{\mu\nu} P^\mu P^\nu = 0$ 将变为 $g_{\mu\nu} P^\mu P^\nu = -m^2$.

2.4 证明静质量为零的粒子在平直空间的测地线方程为

$$\mathrm{d}^2 \boldsymbol{x} / \mathrm{d} \eta^2 = 0, \tag{2.94}$$

其中 η 是共形时间. 此重要结论说明在坐标 $(\eta, \boldsymbol{x})$ 中光子做匀速直线运动.

2.5 早期宇宙中, 宇宙学常数可忽略. 利用此近似, 对式 (1.3) 积分并求得平直宇宙的 $a(t)$. 利用 $T(t) = T_0/a(t)$, 求宇宙温度分别为 $0.1\,\mathrm{MeV}$ 和 $1/4\,\mathrm{eV}$ 所对应的时间. 在第 4 章, 这两个温度对应 BBN 和氢复合两个重要时期.

2.6 推导以下情形中, 共形时间 η 和 a 的关系式.

(a) 物质主导的宇宙中, $\eta \propto a^{1/2}$; 辐射主导的宇宙中, $\eta \propto a$.

(b) 考虑平直的标准宇宙学模型, 设物质-辐射相等时期为 a_{eq}, 并考虑宇宙早期, Λ 可忽略. 证明

$$\eta = \frac{2}{\sqrt{\Omega_{\mathrm{m}} H_0^2}} \left[\sqrt{a + a_{\mathrm{eq}}} - \sqrt{a_{\mathrm{eq}}} \right]. \tag{2.95}$$

求 $z = 1100$ 时的共形时间.

2.7 考虑一物理尺度为 $5\,\mathrm{kpc}$ 的星系. 分别设星系的红移为 0.1 和 1, 求星系的角直径. 在计算时分别考虑物质主导的平直宇宙, 以及基准宇宙学模型.

2.8 对于具有黑体谱的光子构成的气体, 求其能量密度 ρ_γ 与式 (1.9) 中定义的辐射比强度 I_ν 的关系.

2.9 (a) 计算平衡态下温度为 T 的相对论性物质的压强. 证明 Fermi-Dirac 统计和 Bose-Einstein 统计下的结果均为 $\mathcal{P} = \rho/3$.

(b) 设分布函数只依赖于 E/T (即处于平衡态下且化学势为零的情形), 求 $\mathrm{d}\mathcal{P}/\mathrm{d}T$. 一个简单的方法是将积分中的 $\mathrm{d}f/\mathrm{d}T$ 写为 $-(E/T)\mathrm{d}f/\mathrm{d}E$, 并对式 (2.64) 进行分部积分.

2.10　在以下模型中画出 $d_L(z)$、$d_A(z)$、$m - M$ 随红移的变化. 宇宙学模型取: 平直的物质主导的宇宙 (存在解析表达式)、平直的基准宇宙学模型 (需求数值积分). 忽略 $m - M$ 中的 "K-correction". 将结果与图 2.6 比较.

2.11　考虑式 (2.70) 中定义的熵密度 s. 对于一个静质量为零的粒子, 在习题 2.9 中已得证 $\mathcal{P} = \rho/3$, 故 $s = 4\rho/3T$. 对于平衡态的、化学势为零的玻色子和费米子 (假定静质量为零), 分别求 $s(T)$. 证明处于平衡态的、静质量非零的粒子 $(T \ll m, \mu = 0)$ 的熵密度指数衰减.

2.12　证明现在时刻宇宙中任意一代中微子和反中微子的数密度为

$$n_{\nu_i} = \frac{3}{11} n_\gamma = 112 \, \mathrm{cm}^{-3}.$$

为求得此结论, 需先得到光子数密度. n_{ν_i} 和 n_γ 均可由 Riemann ζ 函数 [式 (C.30)] 表达出. 利用此结果, 进一步证明式 (2.84).

2.13　考虑两种宇宙学模型. 它们的总能量密度都为临界密度, 且由冷暗物质和中微子构成, 中微子具有标准的数密度和温度. 两种模型的唯一差别是中微子的静质量为零或 $0.06 \, \mathrm{eV}$. 画出两种模型的能量密度随尺度因子的变化. 注意, 两模型的能量密度在宇宙很早期 (两种模型均为相对论性的中微子主导) 和很晚期应一致, 区别只存在于它们的衔接处.

2.14　设暗能量为宇宙学常数, 求暗能量-物质相等时期.

第 3 章　宇宙学的基本方程

　　宇宙学的本质是利用广义相对论和统计力学来解决宇宙尺度的问题. 引力作为唯一有效的长程力, 确定了均匀各向同性的零阶背景时空, 以及物质和辐射在此零阶背景中的运动和演化. 宇宙学并非关心个别粒子的性质和运动轨迹, 而是通过统计力学研究物质和辐射在宇宙尺度上集体性的统计性质. 因此, 宇宙学的基本结论, 由描述引力的 Einstein 场方程和描述物质与辐射的统计力学的 Boltzmann 方程联合得出.

　　本章介绍宇宙学中这两个基本方程. 首先给出 Einstein 场方程和 Boltzmann 方程的一般形式和物理含义. 将它们应用于均匀各向同性的零阶背景宇宙, 可得到 Friedmann 方程 (1.3). 本章和第 4 章中还会讨论宇宙的膨胀历史和热历史. 本章的理论框架和推导经验有助于理解后续章节将要讨论的扰动.

3.1　Einstein 场方程

　　第 2 章对引力的处理仅通过引入度规来实现, 这种方法根据广义协变性原理, 理清了一般时空中距离和直线 (测地线) 的概念. 广义相对论的另一主要结论是建立了度规与宇宙中的各能量组分的关系, 即通过 Einstein 场方程, 把描述时空几何的 Einstein 张量与描述物质[①]的能动张量等同, 表现为以下张量等式 (图 3.1)

$$G_{\mu\nu} + \Lambda g_{\mu\nu} = 8\pi G T_{\mu\nu}. \tag{3.1}$$

$G_{\mu\nu}$ 称为 Einstein 张量, 定义为

$$G_{\mu\nu} \equiv R_{\mu\nu} - \frac{1}{2} g_{\mu\nu} R. \tag{3.2}$$

$R_{\mu\nu}$ 是里奇张量 (*Ricci tensor*), 它只依赖于度规和度规的导数; R 是里奇标量 (*Ricci scalar*), 是 Ricci 张量的缩并 ($R \equiv g^{\mu\nu} R_{\mu\nu}$). Λ 是宇宙学常数, G 是引力常数. $T_{\mu\nu}$ 是能动张量, 章节 2.3 已给出其在均匀背景宇宙中的形式. 可见, 场方程 (3.1) 等式左边是度规的函数, 右边是宇宙中各类组分的函数. 场方程将它们等同.

　　[①] 相对论领域常把场方程等号右边统称 "物质", 实际上也包括辐射等组分. 本书偶尔也使用此术语.

图 3.1 荷兰莱顿 (Leiden) 一栋大楼墙壁上绘制的 Einstein 场方程和引力透镜 (对比图 3.4).
绘画: Jan-Willem Bruins (TegenBeeld); 摄影: Vysotsky-Own work, CC BY-SA 4.0.

这个简洁的方程蕴含深刻的物理含义. 它决定了均匀宇宙背景的膨胀及宇宙中结构的增长和演化. 本书不涉及黑洞, 场方程在较小空间尺度还原为牛顿引力 (章节 3.3). 后续章节还将涉及场方程蕴含的另一纯广义相对论效应: 引力波.

Ricci 张量可用克氏符写为

$$R_{\mu\nu} = \Gamma^{\alpha}_{\mu\nu,\alpha} - \Gamma^{\alpha}_{\mu\alpha,\nu} + \Gamma^{\alpha}_{\beta\alpha}\Gamma^{\beta}_{\mu\nu} - \Gamma^{\alpha}_{\beta\nu}\Gamma^{\beta}_{\mu\alpha}, \tag{3.3}$$

这里逗号表示普通导数, 例如 $\Gamma^{\alpha}_{\mu\nu,\alpha} \equiv \partial\Gamma^{\alpha}_{\mu\nu}/\partial x^{\alpha}$.

现设定度规为 FLRW 度规, 求解 Einstein 场方程 (3.1). FLRW 度规的空间均匀性使得它成为均匀宇宙普适的度规形式. 尽管 FLRW 度规可进一步推广到空间曲率非零的形式, 在这里的推导仍仅针对平直空间假设, 原因是它已能反映出核心结论. 空间曲率非零时的场方程推导见习题 3.5. 回到式 (3.3), 虽然它形式繁琐, 但我们在章节 2.1.2 已计算了 FLRW 度规克氏符, 完成了大部分工作.

开始后续计算之前, 我们先分析预期结果, 以便于检查计算结果的物理意义. 由式 (2.21) 可见, 克氏符为度规对坐标的一阶导数; 由式 (3.3), Ricci 张量包含度规的二阶导数和度规一阶导数的二次型; 又因 FLRW 度规仅引入了时间 t 的函数 $a(t)$, $R_{\mu\nu}$ 各项应正比于 $\ddot{a}$ 或 $\dot{a}^2$. 再考虑 Ricci 标量 R. 标量不依赖于坐标系, 然而如果将空间坐标乘以某一常数, $a(t)$ 的取值显然会发生变化 [我们曾选取

$a(t_0) = 1$], 因此 R 应含 $\ddot{a}/a$ 或 $(\dot{a}/a)^2 = H^2$. 基于以上分析, 相关的计算即确定以上各项的系数.

经数学推导发现, 仅有两种情形能使 Ricci 张量的分量非零: $\mu = \nu = 0$ 或 $\mu = \nu = i$. 首先考虑时间-时间分量

$$R_{00} = \Gamma^\alpha_{00,\alpha} - \Gamma^\alpha_{0\alpha,0} + \Gamma^\alpha_{\beta\alpha}\Gamma^\beta_{00} - \Gamma^\alpha_{\beta 0}\Gamma^\beta_{0\alpha}. \tag{3.4}$$

当两下指标均为零时, 克氏符为零, 故消去上式第一和第三项. 类似地, 剩余两项中 α 和 β 只需取空间指标, 故

$$R_{00} = -\Gamma^i_{0i,0} - \Gamma^i_{j0}\Gamma^j_{0i}. \tag{3.5}$$

将克氏符 (2.25) 代入, 得到

$$
\begin{aligned}
R_{00} &= -\delta_{ii}\frac{\partial}{\partial t}\left(\frac{\dot{a}}{a}\right) - \left(\frac{\dot{a}}{a}\right)^2\delta_{ij}\delta_{ij} \\
&= -3\left[\frac{\ddot{a}}{a} - \frac{\dot{a}^2}{a^2}\right] - 3\left(\frac{\dot{a}}{a}\right)^2 \\
&= -3\frac{\ddot{a}}{a}.
\end{aligned}
\tag{3.6}
$$

第二行中的系数 3 来自 $\delta_{ij}\delta_{ij} = \delta_{ii} = 3$. Ricci 张量的空间-空间分量的推导留为习题, 这里先给出其结果

$$R_{ij} = \delta_{ij}\left[2\dot{a}^2 + a\ddot{a}\right]. \tag{3.7}$$

进一步求 Ricci 标量

$$
\begin{aligned}
R &\equiv g^{\mu\nu}R_{\mu\nu} \\
&= -R_{00} + \frac{1}{a^2}R_{ii}.
\end{aligned}
\tag{3.8}
$$

对 i 求和再次得到系数 3, 故

$$R = 6\left[\frac{\ddot{a}}{a} + \left(\frac{\dot{a}}{a}\right)^2\right]. \tag{3.9}$$

正如预期, Ricci 标量仅含 $\ddot{a}/a$ 和 $(\dot{a}/a)^2$. Ricci 标量有助于检验度规是否描述了一弯曲空间, 或者只是用某种奇怪的坐标系描述了平直空间 (习题 3.1).[①]

① 这里注意, 的确存在一些著名的弯曲空间, 其 Ricci 标量 R 恰好为零. 例如, 施瓦西 (Schwarzschild) 黑洞场方程的解在除中心奇点外, 处处满足 $R = 0$.

求解 Einstein 场方程之前, 我们还要对宇宙学常数做简单处理. 将 Λ 移至场方程 (3.1) 等式右边, 同时也定义了宇宙学常数对能动张量的贡献

$$T_{(\Lambda)}{}^{\mu}_{\nu} = \frac{\Lambda}{8\pi G}\,\delta^{\mu}_{\nu} = \begin{pmatrix} -\rho_{\Lambda} & 0 & 0 & 0 \\ 0 & -\rho_{\Lambda} & 0 & 0 \\ 0 & 0 & -\rho_{\Lambda} & 0 \\ 0 & 0 & 0 & -\rho_{\Lambda} \end{pmatrix}, \tag{3.10}$$

其中 $\rho_\Lambda \equiv \Lambda/8\pi G$ 为宇宙学常数的等效能量密度. 根据能动张量的定义, 式 (2.44) 可见 $\mathcal{P} = -\rho_\Lambda$, $w_\Lambda = -1$, 宇宙学常数的状态方程恰好为 -1. 由式 (2.61) 也可见, 当且仅当状态方程为 -1 时, 暗能量的能量密度是常数. 将 Λ 移至场方程等式右边的好处是, 易于将结论推广至动态暗能量的情形.

为推导出均匀宇宙尺度因子的演化, 只需考虑场方程的时间-时间分量

$$R_{00} - \frac{1}{2}g_{00}R = 8\pi G T_{00}. \tag{3.11}$$

左边各项结果为 $3\dot{a}^2/a^2$, 而能动张量的时间-时间分量 T_{00} 即能量密度 ρ, 故

$$\left(\frac{\dot{a}}{a}\right)^2 = \frac{8\pi G}{3}\rho, \tag{3.12}$$

其中 ρ 应包含宇宙学常数的能量密度 ρ_Λ (或暗能量的能量密度 ρ_{DE}). 方程 (3.12) 称为弗里德曼第一方程 (*the first Friedmann equation*). 在习题 3.4 中, 我们将推导弗里德曼第二方程 (*the second Friedmann equation*).

为了将方程 (3.12) 化为与方程 (1.3) 类似的形式, 注意到 $H^2 = (\dot{a}/a)^2$ 及临界密度的定义 $\rho_{\mathrm{cr}} \equiv 3H_0^2/8\pi G$, 将方程 (3.12) 等号两边除以 H_0^2, 得到

$$\frac{H^2(t)}{H_0^2} = \frac{\rho}{\rho_{\mathrm{cr}}} = \sum_{s=\mathrm{r,m},\nu,\mathrm{DE}} \Omega_s\,[a(t)]^{-3(1+w_s)}. \tag{3.13}$$

这里能量密度 ρ 计入了宇宙中的所有组分: 辐射、物质、中微子、暗能量. 第二步等式用到了定义 (2.71), 并假设所有组分的状态方程为常数 (对于中微子需要适当推广). 由于以上推导过程是基于平直空间的假设, 方程 (3.13) 不含曲率项. 基于方程 (1.3), 定义 $\Omega_{\mathrm{K}} \equiv 1 - \Omega_0 \equiv 1 - \sum_s \Omega_s$, 得到

$$\frac{H^2(t)}{H_0^2} = \frac{\rho}{\rho_{\mathrm{cr}}} = \sum_{s=\mathrm{r,m},\nu,\mathrm{DE}} \Omega_s\,[a(t)]^{-3(1+w_s)} + \Omega_{\mathrm{K}}\,[a(t)]^{-2}. \tag{3.14}$$

此方程是均匀宇宙演化的完整表达.

章节 3.3.1 将在均匀宇宙模型的基础上引入扰动, 从而探究宇宙的引力成团效应, 包括在膨胀的宇宙中牛顿引力的推广.

3.2 Boltzmann 方程

在推导出均匀宇宙的引力方程后, 我们还需探讨物质和辐射所满足的方程. 宇宙学关心的是粒子的统计行为, 故考虑某空间区域的粒子集合 (章节 2.3). 经典物理学中, 这些粒子可以由它们的位置和动量 $\{\boldsymbol{x}_i, \boldsymbol{p}_i\}$ 描述. 章节 2.3 定义了分布函数, 即相空间 $(\boldsymbol{x}, \boldsymbol{p})$ 处粒子的数密度

$$N(\boldsymbol{x}, \boldsymbol{p}, t) = f(\boldsymbol{x}, \boldsymbol{p}, t)(\Delta x)^3 \frac{(\Delta p)^3}{(2\pi)^3}. \tag{3.15}$$

当相空间微元中的粒子数量足够多时, $f(\boldsymbol{x}, \boldsymbol{p}, t)$ 趋于一连续函数, 无需再追踪单个粒子. 在自然单位下的积分度量可取为 $\mathrm{d}^3 x \mathrm{d}^3 p / (2\pi)^3$. 能量 E 可由 $(\boldsymbol{x}, \boldsymbol{p})$ 完全确定, 无需作为一个独立变量.

现通过粒子的运动方程推导分布函数的演化方程. 首先忽略粒子间的相互作用, 那么作用在粒子上的力仅有长程力 (如引力和电磁力等), 可由一加速度场 $\boldsymbol{a}(\boldsymbol{x}, \boldsymbol{p}, t)$ 描述. 若考虑引力, 则 $\boldsymbol{a} = -\nabla \Psi(\boldsymbol{x}, t)$, 其中的引力势 Ψ [定义见下文中的式 (3.49)] 不依赖于粒子动量. 粒子的运动方程写为

$$\dot{\boldsymbol{x}} = \frac{\boldsymbol{p}}{m}; \quad \dot{\boldsymbol{p}} = m\boldsymbol{a}(\boldsymbol{x}, \boldsymbol{p}, t). \tag{3.16}$$

由粒子数守恒, 分布函数 f 的时间全导数为零,

$$\frac{\mathrm{d} f(\boldsymbol{x}, \boldsymbol{p}, t)}{\mathrm{d} t} = 0, \tag{3.17}$$

其中 $\mathrm{d}/\mathrm{d} t = \partial/\partial t + \dot{\boldsymbol{x}} \cdot \nabla_x + \dot{\boldsymbol{p}} \cdot \nabla_p$ 是对时间的全导数 (非偏导数), ∇_x 和 ∇_p 分别表示在 $\boldsymbol{x}$ 和 $\boldsymbol{p}$ 空间的梯度算符. 将运动方程代入得到

$$\begin{aligned} \frac{\partial f(\boldsymbol{x}, \boldsymbol{p}, t)}{\partial t} &= -\dot{\boldsymbol{x}} \cdot \nabla_x f(\boldsymbol{x}, \boldsymbol{p}, t) - \dot{\boldsymbol{p}} \cdot \nabla_p f(\boldsymbol{x}, \boldsymbol{p}, t) \\ &= -\frac{\boldsymbol{p}}{m} \cdot \nabla_x f(\boldsymbol{x}, \boldsymbol{p}, t) - m\boldsymbol{a}(\boldsymbol{x}, \boldsymbol{p}, t) \cdot \nabla_p f(\boldsymbol{x}, \boldsymbol{p}, t). \end{aligned} \tag{3.18}$$

可见, 分布函数的时间变化率 $\partial f / \partial t$ 由进入和离开相空间微元的粒子数所决定, 或者说, 一粒子集合所占据的相空间体积是守恒的 (图 3.2). 然而, 粒子在相空间的运动相当复杂, 实际问题其实比方程 (3.17) 更难解决.

此外, 若粒子间存在相互作用, 则方程 (3.17) 等式右边需加入碰撞项 (*collision term*), 用来描述粒子如何由一相空间微元移动至另一相空间微元 (通常在同一位置 $\boldsymbol{x}$),

$$\frac{\mathrm{d} f}{\mathrm{d} t} = C[f]. \tag{3.19}$$

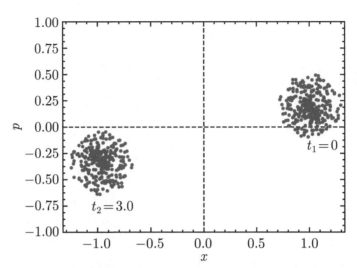

图 3.2　一组无碰撞粒子组成的集合在谐振子势阱中的分布. t_1 时刻的初始分布在 t_2 时刻移至相空间的另一区域. 粒子所占相空间体积随演化守恒, 但其形状一般会发生改变.

章节 3.2.3 中将推导此碰撞项.

　　分布函数可帮助我们推导粒子的所有宏观属性, 如章节 2.3 已经讨论过的密度和压强. 场方程 (3.1) 等式右边的能动张量 $T_{\mu\nu}$ 尤为重要. 给定分布函数 $f(\boldsymbol{x}, \boldsymbol{p}, t)$, 能动张量的相对论表达式为

$$T^\mu_\nu(\boldsymbol{x}, t) = \frac{g}{\sqrt{-\det[g_{\alpha\beta}]}} \int \frac{\mathrm{d}P_1 \mathrm{d}P_2 \mathrm{d}P_3}{(2\pi)^3} \frac{P^\mu P_\nu}{P^0} f(\boldsymbol{x}, \boldsymbol{p}, t), \tag{3.20}$$

这里的简并数 g 是分布函数 f 所描述的粒子状态数. $P^\mu = \mathrm{d}x^\mu/\mathrm{d}\lambda$ 是式 (2.26) 定义的 *共动动量 (comoving momentum)*, 且满足 $P_\mu = g_{\mu\nu}P^\nu$; 而 *物理动量 (physical momentum)* $\boldsymbol{p}$ 由 P^i 和式 (2.32) 给出. 将 $P^\mu P_\nu$ 与度规缩并可进行指标的升降. 式 (3.20) 的推导涉及诸多细节 (Ma & Bertschinger, 1995), 现仅作简单介绍. 能动张量本质上是由 f 描述的粒子的四维动量流密度. 对 f 进行动量积分可得到粒子的数密度, 以 P_ν 作为权重则得到四维动量密度. 类比电流 $\boldsymbol{j} = n\boldsymbol{v}$, 为得到动量流需再乘以速度 P^μ/P^0. 积分前含度规行列式的系数为一几何因子, 保证 T^μ_ν 满足正确的守恒方程 $\nabla_\mu T^\mu_\nu = 0$. 由习题 3.7, 式 (3.20) 在均匀宇宙中会得到章节 2.3 讨论的能量密度与压强的关系.

3.2.1　谐振子的 Boltzmann 方程

　　在一维情形, 形如 x^2 的势阱中非相对论性粒子的 Boltzmann 方程数学形式简单, 物理意义清晰, 还展现了广义相对论形式的 Boltzmann 方程的重要性质.

自由粒子在一维谐振子势阱中的能量为

$$E = \frac{p^2}{2m} + \frac{1}{2}kx^2, \tag{3.21}$$

k 为弹性系数. 粒子的分布函数是以三个标量为自变量的函数 $f = f(x, p, t)$. 图 3.2 展示了一组粒子在相空间的运动 (我们始终假定无碰撞, 即 $C[f] = 0$). 时间的全导数为零, 即 $\mathrm{d}f/\mathrm{d}t = 0$. 从 t_1 至 t_2 时刻, 粒子数不随时间变化; 随时间变化的是粒子在相空间的位置. 我们可以将 x 和 p 作为独立变量 (不依赖于 t) 进而求 f 对 t, x, p 的偏导. 这些偏导数非零, 但它们的加权求和为零 [方程 (3.17)].

为求方程 (3.17) 中的系数 $\dot{x}$ 和 $\dot{p}$, 我们需利用粒子的运动方程, 即方程 (3.16) 的一维形式. 根据牛顿定律得出

$$\dot{x} = \frac{p}{m}; \quad \dot{p} = -kx. \tag{3.22}$$

推广至相对论情形时, 这些方程替换为章节 2.1.2 中的测地线方程. 此时, 无碰撞 Boltzmann 方程写为

$$\frac{\partial f}{\partial t} + \frac{p}{m}\frac{\partial f}{\partial x} - kx\frac{\partial f}{\partial p} = 0. \tag{3.23}$$

等式左边第二项反映了粒子在实空间中的运动速度, 其系数即速度 $v = p/m$; 第三项反映了粒子丢失或获得动量的速率.

此时的 Boltzmann 方程为三个变量 t, x, p 的偏微分方程, 其求解需要分布函数的初始条件, 但即便没有初始条件, 我们仍能从中提取有用的物理信息. 定义一静态分布, 用 $\partial f/\partial t = 0$ 表示. 它也称为**平衡态分布**(*equilibrium distribution*), 意味着给定动量 p, 在空间任一位置 x, 粒子数量在统计上保持不变. 当然, 这并不意味着粒子没有运动. 平衡态分布的解一般可表示为

$$f(p, x) = f_{\mathrm{EQ}}(E[p, x]). \tag{3.24}$$

也就是说, f 仅为能量 E 的函数. 代入 Boltzmann 方程,

$$\frac{p}{m}\frac{\partial f(E)}{\partial x} - kx\frac{\partial f(E)}{\partial p} = \frac{\mathrm{d}f}{\mathrm{d}E}\left[\frac{p}{m}\frac{\partial E}{\partial x} - kx\frac{\partial E}{\partial p}\right] = 0. \tag{3.25}$$

其中第二步用到了式 (3.21). 可见, 平衡态分布确实是 Boltzmann 方程的解. 在无碰撞的条件下, 分布函数取哪种平衡态分布完全取决于初始条件. 然而, 即使存在粒子间的相互作用, 平衡态也需满足 $C[f_{\mathrm{EQ}}] = 0$. 一般而言, 这样的条件驱使非平衡态分布逐渐变为章节 2.3 已讨论的平衡态分布.

3.2.2　膨胀宇宙中的 Boltzmann 方程

上述讨论为 Minkowski 空间的 Boltzmann 方程, 现将其推广至膨胀宇宙的时空. 由章节 2.1.2, 运动方程 (3.16) 需推广为测地线方程, 三维动量 $\boldsymbol{p}$ 推广为能动四矢

$$P^\mu \equiv \frac{\mathrm{d}x^\mu}{\mathrm{d}\lambda}, \tag{3.26}$$

其中 λ 将粒子轨迹参数化 [方程 (2.20)]. 然而分布函数定义在六维相空间, 因此我们仍以时间作为独立变量, 而利用质量关系约束能动四矢

$$P^2 \equiv g_{\mu\nu}P^\mu P^\nu = -m^2, \tag{3.27}$$

其中 m 是粒子的静质量 (可为零). 对式 (2.32) 进行适当推广, 通过

$$p^2 \equiv g_{ij}P^i P^j. \tag{3.28}$$

定义三维动量大小, 则式 (3.27) 在 FLRW 度规下写为

$$E^2 \equiv (P^0)^2 = p^2 + m^2. \tag{3.29}$$

这样便用 $\boldsymbol{p}$ 消去了 P^0, 相对论下的 Boltzmann 方程仍可保留 $f(\boldsymbol{x}, \boldsymbol{p}, t)$ 的形式. 为方便后续的计算, 将 $\boldsymbol{p}$ 写为其大小 $p \equiv \sqrt{p^2}$ 乘以其单位矢量 $\hat{p}^i = \hat{p}_i$, 其中根据单位矢量的定义, $\delta_{ij}\hat{p}^i\hat{p}^j = 1$. $\hat{p}^i$ 应与共动动量 P^i 平行, 设常数 C 使

$$P^i = C\hat{p}^i. \tag{3.30}$$

为确定常数 C, 利用式 (3.28), 得到

$$\begin{aligned}
p^2 &= g_{ij}\hat{p}^i\hat{p}^j C^2 \\
&= a^2\delta_{ij}\hat{p}^i\hat{p}^j C^2 \\
&= a^2 C^2.
\end{aligned} \tag{3.31}$$

由式 (3.31) 可见 $C = p/a$. 故每当遇到 P^i 时, 可以用 p 和 $\hat{p}^i$ 将其消去:

$$P^i = \frac{p}{a}\hat{p}^i. \tag{3.32}$$

现在, 方程 (3.17) 可写为

$$\frac{\mathrm{d}f}{\mathrm{d}t} = \frac{\partial f}{\partial t} + \frac{\partial f}{\partial x^i}\cdot\frac{\mathrm{d}x^i}{\mathrm{d}t} + \frac{\partial f}{\partial p}\frac{\mathrm{d}p}{\mathrm{d}t} + \frac{\partial f}{\partial \hat{p}^i}\cdot\frac{\mathrm{d}\hat{p}^i}{\mathrm{d}t}. \tag{3.33}$$

目前我们仅在膨胀的均匀宇宙中推导 Boltzmann 方程. 由章节 2.1.2, 粒子的动量方向在均匀宇宙中保持不变. 因此方程 (3.33) 中正比于 $\mathrm{d}\hat{p}^i/\mathrm{d}t$ 的最后一项可设为零.

下面对正比于 $\mathrm{d}x^i/\mathrm{d}t$ 的一项进行改写. 利用 $P^i \equiv \mathrm{d}x^i/\mathrm{d}\lambda$ 和 $P^0 \equiv \mathrm{d}t/\mathrm{d}\lambda$, 得到

$$
\begin{aligned}
\frac{\mathrm{d}x^i}{\mathrm{d}t} &= \frac{\mathrm{d}x^i}{\mathrm{d}\lambda}\frac{\mathrm{d}\lambda}{\mathrm{d}t} \\
&= \frac{P^i}{P^0} = \frac{p}{E}\frac{\hat{p}^i}{a},
\end{aligned}
\tag{3.34}
$$

其中还用到了式 (3.29, 3.32). 接下来需要计算 $\mathrm{d}p/\mathrm{d}t$. 由于测地线方程 (2.20) 的时间分量方程可写为

$$
\frac{\mathrm{d}P^0}{\mathrm{d}\lambda} = -\Gamma^0_{\alpha\beta}P^\alpha P^\beta.
\tag{3.35}
$$

将对 λ 的导数改为对时间的导数, 并乘以 $\mathrm{d}t/\mathrm{d}\lambda = P^0$; 根据 FLRW 度规克氏符表达式 (2.21), 得到

$$
P^0\frac{\mathrm{d}P^0}{\mathrm{d}t} = -\Gamma^0_{ij}P^i P^j.
\tag{3.36}
$$

再将式 (3.29) 改写为 $P^0\mathrm{d}P^0/\mathrm{d}t = (1/2)\mathrm{d}E^2/\mathrm{d}t$, 并利用式 (2.24), 得

$$
p\frac{\mathrm{d}p}{\mathrm{d}t} = -Hp^2 \quad \Rightarrow \quad \frac{\mathrm{d}p}{\mathrm{d}t} = -Hp.
\tag{3.37}
$$

此方程说明, 在一个膨胀的均匀宇宙中, 粒子的物理动量以 $1/a$ 衰减, 这与第 2 章的结论是一致的. 最终, 我们得到了膨胀的均匀宇宙中的 Boltzmann 方程

$$
\frac{\partial f}{\partial t} + \frac{p}{E}\frac{\hat{p}^i}{a}\frac{\partial f}{\partial x^i} - Hp\frac{\partial f}{\partial p} = C[f].
\tag{3.38}
$$

这里保留 $\partial f/\partial x^i$ 是为了之后处理宇宙中的扰动; 在均匀宇宙中该项为零.

方程 (3.38) 适用于所有粒子. 然而我们经常讨论两种极端情况. 一是相对论性 (relativistic) 极限, $p \gg m$, 故 $E \simeq p$, Boltzmann 方程 (3.38) 变成

$$
\frac{\partial f}{\partial t} + \frac{\hat{p}^i}{a}\frac{\partial f}{\partial x^i} - Hp\frac{\partial f}{\partial p} = C[f].
\tag{3.39}
$$

它适用于光子和相对论性的中微子. 二是非相对论性 (non-relativistic) 极限, $p \ll m$, 故 $E \simeq m$, Boltzmann 方程 (3.38) 变成

$$
\frac{\partial f}{\partial t} + \frac{p}{m}\frac{\hat{p}^i}{a}\frac{\partial f}{\partial x^i} - Hp\frac{\partial f}{\partial p} = C[f],
\tag{3.40}
$$

特别注意, 等式左边第二项的系数 $|\boldsymbol{v}| = p/m$ 很小.

现在, 利用 Boltzmann 方程计算各组分粒子数密度的演化. 数密度 $n(\boldsymbol{x}, t)$ 即 $f(\boldsymbol{x}, \boldsymbol{p}, t)$ 对动量空间的积分. 将方程 (3.38) 对 $\boldsymbol{p}$ 积分, 由均匀性 $\partial f/\partial x^i = 0$, 得

$$\int \frac{\mathrm{d}^3 p}{(2\pi)^3} \frac{\partial f}{\partial t} - H \int \frac{\mathrm{d}^3 p}{(2\pi)^3} p \frac{\partial f}{\partial p} = \int \frac{\mathrm{d}^3 p}{(2\pi)^3} C[f]. \tag{3.41}$$

对等式左边第二项的三重积分进行改写, 利用分部积分, 得

$$\int \frac{\mathrm{d}^2 \hat{p}}{(2\pi)^3} \int_0^\infty p^2 \mathrm{d}p \, p \frac{\partial f}{\partial p} = -3 \int \frac{\mathrm{d}^2 \hat{p}}{(2\pi)^3} \int_0^\infty p^2 \mathrm{d}p f(\boldsymbol{p}). \tag{3.42}$$

在 $p = 0$ 和 $p = \infty$ 时 $p^3 f(\boldsymbol{p})$ 都为零. 将 (3.42) 代入方程 (3.41), 得到

$$\frac{\mathrm{d}n(t)}{\mathrm{d}t} + 3Hn(t) = \int \frac{\mathrm{d}^3 p}{(2\pi)^3} C[f]. \tag{3.43}$$

上式表明, 若碰撞项为零, 粒子数密度随 a^{-3} 衰减, 这符合我们的预期. 共动坐标格点内的粒子数守恒, 宇宙膨胀使格点体积随 a^3 膨胀, 则粒子数密度随 a^{-3} 衰减. 当存在碰撞时, 上面方程中, 对碰撞项的积分不一定为零. 接下来考虑这一项.

3.2.3 Boltzmann 方程中的碰撞项

Boltzmann 方程中粒子间的直接相互作用称为 "碰撞", 包括粒子的散射、粒子对的产生与湮灭、粒子的衰变. 这些常见的过程可表述为粒子 1 和粒子 2 反应, 生成粒子 3 和粒子 4,

$$(1)_{\boldsymbol{p}} + (2)_{\boldsymbol{q}} \longleftrightarrow (3)_{\boldsymbol{p}'} + (4)_{\boldsymbol{q}'}, \tag{3.44}$$

其中下标表示粒子的动量. 对于电子和光子的散射, $(1) = (3) = (e^-)$, $(2) = (4) = (\gamma)$; 对于电子对湮灭, $(1) = (e^-)$, $(2) = (e^+)$, $(3) = (4) = (\gamma)$. 另外, 所有微观物理过程满足动量守恒和能量守恒,

$$\boldsymbol{p} + \boldsymbol{q} = \boldsymbol{p}' + \boldsymbol{q}', \quad E_1(\boldsymbol{p}) + E_2(\boldsymbol{q}) = E_3(\boldsymbol{p}') + E_4(\boldsymbol{q}'), \tag{3.45}$$

其中 $E_s(p) = \sqrt{p^2 + m_s^2}$ 是粒子 s 的能量-动量关系式 (3.29). 每种粒子有其各自的分布函数 $f_s(\boldsymbol{x}, \boldsymbol{p}, t)$, $s = 1, 2, 3, 4$. 宇宙学中, 不同的量子态 (如自旋态) 具有相同的分布函数, 我们无需单独给出各量子态的分布函数, 只需赋予分布函数以统计权重系数 g_s.

粒子间的反应 (3.44) 如何影响各分布函数 f_s 呢? 首先仅考虑空间和时间 $(\boldsymbol{x}, t)$ 处的反应, 我们只需确定动量的改变. 例如, 对于 $f_1(\boldsymbol{x}, \boldsymbol{p}, t)$, 因反应式

(3.44), 我们需扣除正向反应中从动量 $\boldsymbol{p}$ 处散射掉的粒子 1, 再加上逆向反应中被散射至动量 $\boldsymbol{p}$ 处的粒子数 (图 3.3 所示). 因此, 需要对所有影响 $f_1(\boldsymbol{p})$ 的动量 $(\boldsymbol{q}, \boldsymbol{q}', \boldsymbol{p}')$ 求和. 碰撞项形式上写为

$$
\begin{aligned}
C[f_1(\boldsymbol{p})] = \sum_{\boldsymbol{q}, \boldsymbol{q}', \boldsymbol{p}'}^{\boldsymbol{p}+\boldsymbol{q}=\boldsymbol{p}'+\boldsymbol{q}'} & \delta_{\mathrm{D}}^{(1)}\left(E_1(p) + E_2(q) - E_3(p') - E_4(q')\right) |\mathcal{M}|^2 \\
& \times \left\{ f_3(\boldsymbol{p}') f_4(\boldsymbol{q}') - f_1(\boldsymbol{p}) f_2(\boldsymbol{q}) \right\},
\end{aligned} \tag{3.46}
$$

其中 Dirac δ 函数 $\delta_{\mathrm{D}}^{(1)}$ 确保能量守恒; $|\mathcal{M}|^2$ 表征散射强度, 对于正向和逆向反应取相同值, 具体值依赖于相互作用的微观物理, 且可由费曼图 (Feynman diagram) 计算. 对于两个粒子的相互作用, 正、逆向反应的散射率分别正比于 $f_1 f_2$ 和 $f_3 f_4$. 因为反应只在局部的空间和时间 $\boldsymbol{x}, t$ 进行, 此处和下文中将不再列出分布函数的自变量 $\boldsymbol{x}, t$.

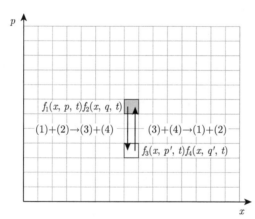

图 3.3 碰撞效应对粒子 (1) 相空间分布函数的影响 $C[f_1(x, p, t)]$ 的示意图 (一维空间). 考虑在 x, p 处的蓝色网格, 反应式 (3.44) 的正向反应降低 $f_1(x, p, t)$, 速率正比于 $f_1 f_2$, 并转换为下方黄色网格粒子 (3) 和 (4) 的分布函数的增量. 相反, 逆向反应使 $f_1(x, p, t)$ 增加, 其增量正比于黄色网格粒子 (3) 和 (4) 的丰度 $f_3 f_4$. 所有碰撞在 x 发生. 这里假设所示动量在运动学上的合理性, 且为简单起见, 忽略受激辐射和泡利 (Pauli) 阻塞效应.

碰撞项 (3.46) 原则上还要考虑量子效应. 根据反应终态的量子态占据数, 受激辐射导致的玻色凝聚 (Bose enhancement) 和泡利不相容原理导致的泡利阻塞 (Pauli blocking) 分别会增加和抑制反应速率. 考虑这些效应时, 正向反应速率 $f_1 f_2$ 需乘以 $(1 \pm f_3)(1 \pm f_4)$, 逆向反应速率 $f_3 f_4$ 乘以 $(1 \pm f_1)(1 \pm f_2)$; 其中粒子为玻色子时取正号, 为费米子时取负号. Pauli 阻塞效应容易理解: 如果费米子 1 的动量 $\boldsymbol{p}$ 量子态已被占据, $1 - f_1(\boldsymbol{p}) = 0$ 使逆向反应无法进行. 相反, 如果 1 是玻色子, 由玻色子倾向于占据同一量子态, 反应速率将有所提升.

最后一步, 将式 (3.46) 积分. 首先, 由图 2.4, 相空间体积微元为 $\mathrm{d}^3p/(2\pi)^3$ [实际上为 $\mathrm{d}^3p/(2\pi\hbar)^3$]. 其次, 在相对论中相空间应对三维动量和一维能量积分, 然而由式 (3.29), 能量被限制在 $E_s = (p^2 + m_s^2)^{1/2}$. 因而, 积分可写为

$$\int \mathrm{d}^3p \int_0^\infty \mathrm{d}E \delta_{\mathrm{D}}^{(1)}(E^2 - p^2 - m^2) = \int \mathrm{d}^3p \int_0^\infty \mathrm{d}E \frac{\delta_{\mathrm{D}}^{(1)}(E - \sqrt{p^2 + m^2})}{2E}. \quad (3.47)$$

δ 函数对 E 积分得到系数 $1/2E$. 总而言之, 对每种粒子 i 的相空间积分的体积微元为 $\mathrm{d}^3p_i/[(2\pi)^3 2E_i(p_i)]$. 这样, 碰撞项写为

$$\begin{aligned}
C[f_1(\boldsymbol{p})] = {} & \frac{1}{2E_1(p)} \int \frac{\mathrm{d}^3q}{(2\pi)^3 2E_2(q)} \int \frac{\mathrm{d}^3p'}{(2\pi)^3 2E_3(p')} \int \frac{\mathrm{d}^3q'}{(2\pi)^3 2E_4(q')} \, |\mathcal{M}|^2 \\
& \times (2\pi)^4 \, \delta_{\mathrm{D}}^{(3)}[\boldsymbol{p} + \boldsymbol{q} - \boldsymbol{p}' - \boldsymbol{q}'] \, \delta_{\mathrm{D}}^{(1)}[E_1(p) + E_2(q) - E_3(p') - E_4(q')] \\
& \times \{f_3(\boldsymbol{p}')f_4(\boldsymbol{q}') \, [1 \pm f_1(\boldsymbol{p})] \, [1 \pm f_2(\boldsymbol{q})] \\
& \quad - f_1(\boldsymbol{p})f_2(\boldsymbol{q}) \, [1 \pm f_3(\boldsymbol{p}')] \, [1 \pm f_4(\boldsymbol{q}')]\} .
\end{aligned} \quad (3.48)$$

两个 δ 函数保证了能量和动量守恒. 此结论适用于反应 (3.44) 中任意两粒子参与的相互作用, 其中粒子 $1, 2, 3, 4$ 可为同种粒子. 这种相互作用的微观物理细节都蕴含在散射强度 $|\mathcal{M}(\boldsymbol{p}, \boldsymbol{q}, \boldsymbol{p}', \boldsymbol{q}')|^2$ 中, 原则上依赖于粒子的动量. 当把式 (3.48) 直接推广到更少粒子参与的过程, 如衰变, 只需将碰撞项写为反应过程的强度、分布函数的乘积和对动量的积分. 第 4 和第 5 章将给出实例.

3.3 非均匀宇宙中的 Boltzmann 方程

以上, 我们推导了均匀宇宙的 Einstein 场方程和 Boltzmann 方程: 可用于计算宇宙的热历史, 包括暗物质的产生、大爆炸核合成和中性氢原子的形成 (可先阅读第 4 章, 再学习此部分). 现在, 我们进入本书的主要内容: 非均匀的宇宙.

对于非均匀的宇宙, Einstein 场方程和 Boltzmann 方程的推导需要进行近似处理, 其中一项重要的近似是: 非均匀宇宙的时空相对于 FLRW 时空的偏离很小. 幸运的是, 这项近似在宇宙学领域仍是相当精确的.

3.3.1 时空的微扰

首先, 我们以 FLRW 度规 (2.12) 描述的均匀宇宙为基础, 定义带有扰动的度规. 均匀宇宙的度规仅依赖于时间, 即 $a(t)$; 带有扰动的宇宙需引入额外的两个函

数 Ψ 和 Φ, 它们与时间和空间均有关. 这种情况下, 度规写为

$$
\begin{aligned}
g_{00}(\boldsymbol{x}, t) &= -1 - 2\Psi(\boldsymbol{x}, t), \\
g_{0i}(\boldsymbol{x}, t) &= 0, \\
g_{ij}(\boldsymbol{x}, t) &= a^2(t)\delta_{ij}[1 + 2\Phi(\boldsymbol{x}, t)].
\end{aligned}
\tag{3.49}
$$

$\Psi = \Phi = 0$ 时, 式 (3.49) 还原为平直的 0 阶均匀宇宙的 FLRW 度规. 若忽略宇宙膨胀, 即 $a(t) = 1$ 时, 此度规描述了一个弱引力场. 度规的扰动项 Ψ 对应于牛顿引力势, 支配着慢速 (非相对论性) 物体的运动规律; Φ 对应于空间曲率的扰动, 在式 (3.49) 中也可理解为局部尺度因子的扰动: $a(t) \to a(\boldsymbol{x}, t) = a(t)\sqrt{1 + 2\Phi(\boldsymbol{x}, t)}$. 一般情况下, Ψ 和 Φ 紧密关联, 见后续分析.

真实宇宙中, $|\Psi|$ 和 $|\Phi|$ 的典型取值小于 10^{-4}. 忽略这些扰动的二阶和更高阶项是一个精确的近似, 称为 线性 (linear) 近似. 线性近似能显著简化计算.

式 (3.49) 还有两个要点 (第 6 章讨论非均匀宇宙的引力时将会具体展开). 第一, 在三维坐标变换下, 我们可以把度规扰动分解成标量、矢量、张量性质的扰动. 目前, 式 (3.49) 只含标量扰动, 但其他形式的扰动也可能存在, 如张量扰动对应于引力波. 考虑这些扰动需在度规 $g_{\mu\nu}$ 中引入除 Ψ 和 Φ 之外的其他函数. 现只关注于标量扰动, 因为它是宇宙大尺度结构起源和演化最重要的扰动成分.

式 (3.49) 的第二个要点是, 该式的具体形式取决于坐标系, 或 规范 (gauge). 为理解规范自由度, 我们可用电磁学中的矢势 A_μ 类比. 矢势及其导数完备地描述了电磁场. 由于对 A_μ 附加一标量场的导数 $\partial_\mu \varphi$ 并不改变电场 $\boldsymbol{E}$ 和磁场 $\boldsymbol{B}$, 所以存在选择矢势的自由度. 例如, 常选择 $A_0 = 0$ 或 $\partial_\mu A^\mu = 0$. 描述扰动的度规也存在着类似的自由度. 即使只考虑标量扰动, 描述扰动的变量仍有多种自由度. 由于物理结果独立于坐标系和规范, 我们可以选择与式 (3.49) 截然不同的规范来描述相同的物理现象. 作为一种特定的规范, 式 (3.49) 称为 共形牛顿规范 (conformal Newtonian gauge).

对于 FLRW 度规 (2.12), 我们计算了克氏符: 结果为式 (2.24, 2.25). 现在我们需要针对扰动的度规重新计算克氏符, 并保留至一阶项, 即保留至与 Ψ, Φ 线性相关的部分. 首先, 计算上指标为时间坐标的克氏符 $\Gamma^0_{\mu\nu}$, 用度规的形式表示为

$$
\Gamma^0_{\mu\nu} = \frac{1}{2}g^{0\alpha}\left[g_{\alpha\mu,\nu} + g_{\alpha\nu,\mu} - g_{\mu\nu,\alpha}\right],
\tag{3.50}
$$

其中 $_{,\alpha}$ 表示对 x^α 求普通导数. $g^{0\alpha}$ 唯一的非零项 $g^{00} = g_{00}^{-1} = (-1 - 2\Psi)^{-1}$. 在一阶近似下, $g^{00} = -1 + 2\Psi$, 故

$$
\Gamma^0_{\mu\nu} = \frac{-1 + 2\Psi}{2}\left[g_{0\mu,\nu} + g_{0\nu,\mu} - g_{\mu\nu,0}\right].
\tag{3.51}
$$

分别考虑 $\Gamma^0_{\mu\nu}$ 的几个分量. $\mu = \nu = 0$ 时, 括号中的三项相等, 相加后等于 $g_{00,0} = -2\dot{\Psi}$. 由于只保留至一阶项, 括号外的 2Ψ 一项可忽略, 故

$$\Gamma^0_{00} = \dot{\Psi}. \tag{3.52}$$

下一种情况是 $\Gamma^0_{\mu\nu}$ 中的 μ, ν 其一为空间, 另一为时间坐标 (克氏符两下指标对称). 这时, 式 (3.51) 括号中非零项仅 $g_{00,i} = -2\Psi_{,i}$. 这又是一个一阶项, 故括号外依然只保留零阶项, 得到

$$\Gamma^0_{0i} = \Gamma^0_{i0} = \Psi_{,i}. \tag{3.53}$$

最后一种情况是 $\Gamma^0_{\mu\nu}$ 下指标均为空间坐标. 因 $g_{0i} = 0$, 式 (3.51) 括号中前两项为零, 只保留最后一项, 得到

$$\Gamma^0_{ij} = \frac{1 - 2\Psi}{2} \frac{\partial}{\partial t} \left[\delta_{ij} a^2 (1 + 2\Phi) \right]. \tag{3.54}$$

其中包含一个零阶项, 与式 (2.24) 一致, 另含三个一阶项,

$$\Gamma^0_{ij} = \delta_{ij} a^2 \left[H + 2H(\Phi - \Psi) + \dot{\Phi} \right]. \tag{3.55}$$

其中 $H = \dot{a}/a$.

上指标为空间坐标的克氏符 $\Gamma^i_{\mu\nu}$ 的推导留作习题, 结果为

$$\begin{aligned}
\Gamma^i_{00} &= \frac{1}{a^2} \Psi_{,i} \\
\Gamma^i_{j0} &= \Gamma^i_{0j} = \delta_{ij}(H + \dot{\Phi}) \\
\Gamma^i_{jk} &= [\delta_{ij}\partial_k + \delta_{ik}\partial_j - \delta_{jk}\partial_i]\Phi.
\end{aligned} \tag{3.56}$$

可见仅 $\Gamma^i_{j0} = \Gamma^i_{0j}$ 含零阶项, 与式 (2.25) 一致. 另外, 由于 δ_{ij} 和 ∂_k 均作用在平直空间, 它们可自由升降指标.

由以上结果可继续推出带扰动度规的 Ricci 张量, 与带扰动的能动张量联合可得到 Einstein 场方程, 见第 6 章. 现将以上结果用于 Boltzmann 方程.

3.3.2　测地线方程的微扰

Boltzmann 方程的推导需要用到粒子在带扰动的时空中的测地线方程 (章节 2.1.2). 这时的测地线方程将包含扰动 Ψ 和 Φ 的效应. 最终需要求得方程 (3.33) 中的 $\mathrm{d}x^i/\mathrm{d}t$, $\mathrm{d}p/\mathrm{d}t$ 和 $\mathrm{d}\hat{p}^i/\mathrm{d}t$.

对于静质量为 m 的粒子,

$$g_{\mu\nu}P^\mu P^\nu = -(1 + 2\Psi)(P^0)^2 + p^2 = -m^2, \tag{3.57}$$

其中

$$p^2 \equiv g_{ij}P^iP^j. \tag{3.58}$$

能量依然定义为 $E(p) \equiv \sqrt{p^2 + m^2}$. 静质量为零时, $E = p$. 为消去 P^0, 我们利用

$$P^0 = \frac{E}{\sqrt{1+2\Psi}} = E(1-\Psi). \tag{3.59}$$

因 $|\Psi| \ll 1$, 利用一阶近似, 上式第二步成立. 我们可用类似方法利用式 (3.58) 推导 P^i, 最终得到带扰动的 FLRW 度规下粒子的能动四矢

$$P^\mu = \left[E(1-\Psi), p^i\frac{1-\Phi}{a} \right], \tag{3.60}$$

式中 p^i 定义为

$$p^i = p\hat{p}^i, \tag{3.61}$$

其中 $\hat{p}^i = \hat{p}_i$ 依然是满足 $\delta_{ij}\hat{p}^i\hat{p}^j$ 的单位矢量. 利用式 (3.60) 可将 P^0 和 P^i 表示为 $E(p), p, \hat{p}^i$. 将上述结果代入式 (3.20), 得到能动张量的表达式 (习题 3.12).

下一步, 由式 (3.26), $P^i \equiv \mathrm{d}x^\mu/\mathrm{d}\lambda$, $P^0 \equiv \mathrm{d}t/\mathrm{d}\lambda$, 在一阶近似下

$$\begin{aligned}
\frac{\mathrm{d}x^i}{\mathrm{d}t} &= \frac{\mathrm{d}x^i}{\mathrm{d}\lambda}\frac{\mathrm{d}\lambda}{\mathrm{d}t} \\
&= \frac{P^i}{P^0} = \frac{\hat{p}^i}{a}\frac{p}{E}(1-\Phi+\Psi).
\end{aligned} \tag{3.62}$$

接下来需要计算 $\mathrm{d}p^i/\mathrm{d}t$, 从而得到 $\mathrm{d}p/\mathrm{d}t$ 和 $\mathrm{d}\hat{p}^i/\mathrm{d}t$. 推导过程类似章节 3.2.2 中均匀宇宙的情形, 唯一的区别是需要考虑扰动度规的克氏符, 并在计算中保留至一阶项. 首先考虑 p^i 沿测地线的变化

$$\begin{aligned}
\frac{\mathrm{d}p^i}{\mathrm{d}\lambda} &= \frac{\mathrm{d}}{\mathrm{d}\lambda}\left[(1+\Phi)aP^i\right] \\
&= P^i\frac{\mathrm{d}}{\mathrm{d}\lambda}[(1+\Phi)a] + (1+\Phi)a\frac{\mathrm{d}P^i}{\mathrm{d}\lambda}.
\end{aligned} \tag{3.63}$$

第二行第一项由 $\mathrm{d}/\mathrm{d}\lambda = P^\mu\partial/\partial x^\mu$, 得[①]

$$\frac{\mathrm{d}}{\mathrm{d}\lambda}[(1+\Phi)a] = P^0a[(1+\Phi)H + \dot{\Phi}] + aP^k\Phi_{,k}. \tag{3.64}$$

第二行第二项由测地线方程得

$$\frac{\mathrm{d}P^i}{\mathrm{d}\lambda} = -\Gamma^i_{\alpha\beta}P^\alpha P^\beta$$

---

① 译者注: 原文等式右边方括号中 H 前遗漏了系数 $(1+\Phi)$. 已更正.

$$= - \left[\Gamma^i_{00} P^0 P^0 + 2\Gamma^i_{0j} P^0 P^j + \Gamma^i_{jk} P^j P^k \right]. \tag{3.65}$$

第二行第一项和第三项克氏符只含一阶项, 故可只乘以 P^0 和 P^i 的零阶项, 而 $2\Gamma^i_{0j} P^0 P^j$ 含有零阶项. 将克氏符 (3.56) 代入得

$$\frac{\mathrm{d}P^i}{\mathrm{d}\lambda} = -E \left\{ \frac{E}{a^2}\Psi_{,i} + 2\left(H + \dot{\Phi}\right)\frac{p^i}{a}(1 - \Psi - \Phi) + \frac{2}{a^2}\frac{p^i}{E}p^k\Phi_{,k} - \frac{p^2}{a^2 E}\Phi_{,i} \right\}. \tag{3.66}$$

利用式 (3.60), 方程 (3.63) 化为

$$\frac{\mathrm{d}p^i}{\mathrm{d}\lambda} = E(1 - \Psi)\left\{ \left(H + \dot{\Phi}\right)p^i + p^k\Phi_{,k}\frac{p^i}{aE} \right\}$$
$$- E\left\{ \frac{E}{a}\Psi_{,i} + 2\left(H + \dot{\Phi}\right)p^i(1 - \Psi) + \frac{2}{a}\frac{p^i}{E}p^k\Phi_{,k} - \frac{p^2}{aE}\Phi_{,i} \right\}. \tag{3.67}$$

最后, 利用 $\mathrm{d}p^i/\mathrm{d}t = (P^0)^{-1}\mathrm{d}p^i/\mathrm{d}\lambda$, 将对 λ 的全导数换为对 t 的全导数

$$\frac{\mathrm{d}p^i}{\mathrm{d}t} = \left(H + \dot{\Phi}\right)p^i + p^k\Phi_{,k}\frac{p^i}{aE}$$
$$- \left\{ \frac{E}{a}\Psi_{,i} + 2\left(H + \dot{\Phi}\right)p^i + \frac{2}{a}\frac{p^i}{E}p^k\Phi_{,k} - \frac{p^2}{aE}\Phi_{,i} \right\}. \tag{3.68}$$

将其简化得

$$\frac{\mathrm{d}p^i}{\mathrm{d}t} = -\left(H + \dot{\Phi}\right)p^i - \frac{E}{a}\Psi_{,i} - \frac{1}{a}\frac{p^i}{E}p^k\Phi_{,k} + \frac{p^2}{aE}\Phi_{,i}. \tag{3.69}$$

这便是 p^i 随测地线演化的方程. 现在起, 可使用物理动量和能量 $\{E, p, \hat{p}^i = \hat{p}_i\}$ 代替共动坐标的 P^μ. 对于动量的绝对值, 利用

$$\frac{\mathrm{d}p}{\mathrm{d}t} = \frac{\mathrm{d}}{\mathrm{d}t}\sqrt{\delta_{ij}p^i p^j} = \delta_{ij}\frac{p^i}{p}\frac{\mathrm{d}p^j}{\mathrm{d}t}, \tag{3.70}$$

又可得到推论

$$\frac{\mathrm{d}p}{\mathrm{d}t} = -\left(H + \dot{\Phi}\right)p - \frac{E}{a}\hat{p}^i\Psi_{,i} - \frac{1}{a}\frac{p^2}{E}\hat{p}^k\Phi_{,k} + \frac{p^2}{aE}\hat{p}^i\Phi_{,i}$$
$$= -\left(H + \dot{\Phi}\right)p - \frac{E}{a}\hat{p}^i\Psi_{,i}. \tag{3.71}$$

方程 (3.71) 描述了在扰动的 FLRW 度规中, 粒子动量大小的变化率. 尽管计算过程繁琐, 但物理意义清晰: 第一项对应于由 Hubble 膨胀导致的动量损失, 等同于光子的宇宙学红移和粒子本动速度的衰减; 由于 $H \equiv \dot{a}/a$, 将 Φ 理解为尺度因子 a 在局部的微扰, 那么 $H + \dot{\Phi}$ 即局部的膨胀率; 因此该式前两项包含了带有局部

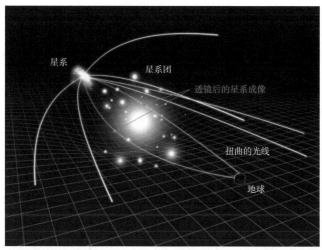

图 3.4 引力透镜示意图. 大质量星系团造成时空弯曲, 进而扭曲了附近的光线. 时空曲率对星系团内星系的运动轨道也有影响. 这些效应都服从方程 (3.72). 此图取自 www.cfhtlens.org.

扰动的宇宙学红移; 第三项则表示粒子进入引力势时 ($\hat{p}^i \partial \Psi / \partial x^i < 0$) 获得能量, 离开引力势时损失能量. 对于非相对论性粒子, 此即我们熟悉的牛顿力学; 对于相对论性的光子, 此效应依然适用, 对应于引力红移效应. 引力红移效应在地球附近进行的原子物理实验中得到了精确验证.

注意到方程 (3.69) 中含 $\Phi_{,i}$ 和 $p^k \Phi_{,k}$ 的两项在方程 (3.71) 中相互抵消, 这说明在线性近似下粒子的动量大小不变, 仅方向改变. 为验证这一点, 我们可由式 (3.69) 推导出 $\hat{p}^i$ 的时间导数

$$
\begin{aligned}
\frac{\mathrm{d}\hat{p}^i}{\mathrm{d}t} &= \frac{1}{p}\frac{\mathrm{d}p^i}{\mathrm{d}t} - \frac{p^i}{p^2}\frac{\mathrm{d}p}{\mathrm{d}t} \\
&= \frac{E}{ap}\left[\delta^{ik} - \hat{p}^i\hat{p}^k\right]\left(\frac{p^2}{E^2}\Phi - \Psi\right)_{,k}.
\end{aligned}
\tag{3.72}
$$

可见不论静质量是否为零, 粒子的运动轨迹都会因引力势的空间梯度而发生变化. 回到公式背后的物理意义: 在弯曲空间, 测地线将直线的概念进行了推广, Ψ 和 Φ 刻画了宇宙大尺度结构产生的额外曲率, 其几何意义见图 3.4. 大质量星系团引发时空弯曲, 进而扭曲了附近的光线, 同时也改变了星系团内星系的运动轨迹.

由于非相对论性粒子 $p \ll E$, 方程 (3.69) 中含 Φ 导数的两项可忽略, 度规微扰仅剩下 $\Psi_{,i}$ 项. 这时, 方程 (3.69) 还原为牛顿力学, 即 $\mathrm{d}\boldsymbol{p}/\mathrm{d}t = -m\nabla\Psi$, 附加一个系数 $1/a$ 的修正. 修正系数的来源为: 对空间的梯度是共动坐标 x^k 的导数, 而牛顿力学的框架为物理坐标 $a\boldsymbol{x}$, 故修正系数为 $1/a$. 对于光子, $p/E = 1$, 这时 Φ 和 Ψ 均对光线偏折有贡献. 大多数情况下, $\Phi = -\Psi$, 这使光线偏折的效应是经典

牛顿力学预言的两倍. 这个著名的系数 "2" 在 1919 年日全食观测中得到证实 (利用太阳对背景恒星光线的引力偏折效应). 另外, 方程 (3.72) 第二行最前面的系数 $E/p \gg 1$, 标志着弯曲时空对非相对论性粒子的偏折远大于对光线的偏折, 这是因为时空曲率有更多时间去改变慢速运动物体的轨迹.

3.3.3 辐射的无碰撞 Boltzmann 方程

利用测地线方程, 我们已能写出带微扰时空中的 Boltzmann 方程. 例如, 在含微扰的宇宙中, 辐射 (相对论性粒子) 的 Boltzmann 方程是章节 3.2.2 中方程 (3.39) 的直接推广. 将方程 (3.62) 中 dx^i/dt 和方程 (3.69) 中 dp^i/dt 的结果应用至 $m = 0$, 即 $E = p$ 的情形, 方程 (3.33) 可写为

$$\frac{df}{dt} = \frac{\partial f}{\partial t} + \frac{\partial f}{\partial x^i}\frac{\hat{p}^i}{a}(1 - \Phi + \Psi) - \frac{\partial f}{\partial p}\left\{\left[H + \dot{\Phi}\right]p + \frac{1}{a}p^i\Psi_{,i}\right\}$$
$$+ \frac{\partial f}{\partial \hat{p}^i}\frac{1}{a}\left[(\Phi - \Psi)_{,i} - \hat{p}^i\hat{p}^k(\Phi - \Psi)_{,k}\right]. \tag{3.73}$$

这便是辐射的 Boltzmann 方程等式左边保留至一阶的全部成分. 我们可借助零阶分布函数 $f(\boldsymbol{x}, \boldsymbol{p}, t)$ 对其进行简化. 在均匀宇宙中, 分布函数取 Bose-Einstein 分布 (2.65). 此分布均匀各向同性, 不依赖于位置 $\boldsymbol{x}$ 和动量方向 $\hat{\boldsymbol{p}}$. 现作出假设: 非均匀宇宙中辐射的分布函数对其平衡态的偏离与 Φ 和 Ψ 具有相同的数量级. 我们在后续章节会看到, 这个假设不仅正确, 还能显著简化计算.

以此假设为前提, $\partial f/\partial \hat{p}^i$ 为一阶项, 方程 (3.73) 中与之相乘的部分也为一阶项, 它们的乘积为二阶项, 可忽略.

同理可见, $\partial f/\partial \hat{x}^i$ 为一阶项, 故 $(1 - \Phi + \Psi)$ 取 1 即可. 辐射的 Boltzmann 方程简化为

$$\frac{df}{dt} = \frac{\partial f}{\partial t} + \frac{\hat{p}^i}{a}\frac{\partial f}{\partial x^i} - \left[H + \dot{\Phi} + \frac{1}{a}\hat{p}^i\Psi_{,i}\right]p\frac{\partial f}{\partial p}. \tag{3.74}$$

利用方程 (3.74) 能够直接推导出 CMB 各向异性的方程.

3.3.4 静质量非零粒子的无碰撞 Boltzmann 方程

对于非相对论性粒子, 将方程 (3.62, 3.71, 3.72) 代入方程 (3.33), 得到

$$\frac{df}{dt} = \frac{\partial f}{\partial t} + \frac{\partial f}{\partial x^i}\frac{\hat{p}^i}{a}\frac{p}{E}(1 - \Phi + \Psi) - p\frac{\partial f}{\partial p}\left[H + \dot{\Phi} + \frac{E}{ap}\hat{p}^i\Psi_{,i}\right]$$
$$+ \frac{\partial f}{\partial \hat{p}^i}\frac{E}{ap}\left[\left(\frac{p^2}{E^2}\Phi - \Psi\right)_{,i} - \hat{p}^i\hat{p}^k\left(\frac{p^2}{E^2}\Phi - \Psi\right)_{,k}\right]. \tag{3.75}$$

同样假设它们的零阶分布函数不依赖于位置 $\boldsymbol{x}$ 和动量方向 $\hat{\boldsymbol{p}}$, 得到非相对论性粒子的线性 Boltzmann 方程

$$\frac{\mathrm{d}f}{\mathrm{d}t} = \frac{\partial f}{\partial t} + \frac{p}{E}\frac{\hat{p}^i}{a}\frac{\partial f}{\partial x^i} - \left[H + \dot{\Phi} + \frac{E}{aP}\hat{p}^i\Psi_{,i}\right]p\frac{\partial f}{\partial p}. \tag{3.76}$$

在静质量为零的极限下, 方程 (3.76) 化为方程 (3.74). 它们的主要区别在于速度系数 p/E; 相对论情形下 $p/E \to 1$. 另外, 对于非相对论性物质, 分布函数的一阶近似在晚期宇宙不再成立. 第 12 章将给出 Boltzmann 方程的非线性推广.

3.4　　小　　　结

本章介绍了宇宙学中两个基本的方程: 描述引力的 Einstein 场方程以及描述物质和辐射的统计力学的 Boltzmann 方程, 并将它们应用于膨胀的均匀宇宙. 本章还引入了宇宙时空的微扰, 得到了含一阶微扰的 Boltzmann 方程.

Einstein 场方程 写为

$$G_{\mu\nu} \equiv R_{\mu\nu} - \frac{1}{2}g_{\mu\nu}R = 8\pi G\,T_{\mu\nu}, \tag{3.77}$$

其中宇宙学常数 Λ 或暗能量的其他形式包含在等式右边的能动张量中. 设度规为空间平直的 FLRW 度规, 求解场方程, 得到尺度因子 $a(t)$ 的 Friedmann 方程

$$\frac{H^2(t)}{H_0^2} = \frac{\rho(t)}{\rho_{\mathrm{cr}}} = \sum_{s=\mathrm{r,m,\nu,DE}} \Omega_s\,[a(t)]^{-3(1+w_s)}. \tag{3.78}$$

后续章节将深入研究带扰动的宇宙. 以均匀宇宙为背景, 度规的微扰写为

$$g_{00}(\boldsymbol{x},t) = -1 - 2\Psi(\boldsymbol{x},t),$$
$$g_{0i}(\boldsymbol{x},t) = 0,$$
$$g_{ij}(\boldsymbol{x},t) = a^2(t)\delta_{ij}\left[1 + 2\Phi(\boldsymbol{x},t)\right], \tag{3.79}$$

并在后续计算中保留至 Ψ 和 Φ 的一阶项. 带扰动度规的 Einstein 场方程的推导见第 6 章. 本章推导了带扰动的测地线方程, 共动动量写为

$$P^\mu = \left[E(1-\Psi), p^i\frac{1-\Phi}{a}\right], \tag{3.80}$$

其中 $E(p) = \sqrt{p^2 + m^2}$ 为固有能量, $\boldsymbol{p}$ 为物理动量. 由测地线方程可以推出

$$\frac{\mathrm{d}p^i}{\mathrm{d}t} = -\left(H + \dot{\Phi}\right)p^i - \frac{E}{a}\Psi_{,i} - \frac{1}{a}\frac{p^i}{E}p^k\Phi_{,k} + \frac{p^2}{aE}\Phi_{,i}. \tag{3.81}$$

此方程包含了牛顿力学、引力透镜等诸多物理定律, 后续章节还会反复遇到.

Boltzmann 方程 包含两部分: 等式左边的时间全导数 $\mathrm{d}f/\mathrm{d}t$ 代表无碰撞条件下分布函数 $f(\boldsymbol{x}, \boldsymbol{p}, t)$ 的守恒规律, 其中包含了引力效应. 均匀宇宙中, 等式左边写为

$$\frac{\mathrm{d}f}{\mathrm{d}t} = \frac{\partial f}{\partial t} + \frac{p}{E}\frac{\hat{p}^i}{a}\frac{\partial f}{\partial x^i} - Hp\frac{\partial f}{\partial p}. \tag{3.82}$$

考虑宇宙中的结构, 根据度规 (3.49), 一阶微扰近似下, Boltzmann 方程变为

$$\frac{\mathrm{d}f}{\mathrm{d}t} = \frac{\partial f}{\partial t} + \frac{p}{E}\frac{\hat{p}^i}{a}\frac{\partial f}{\partial x^i} - \left[H + \dot{\Phi} + \frac{E}{ap}\hat{p}^i\Psi_{,i}\right]p\frac{\partial f}{\partial p}. \tag{3.83}$$

Boltzmann 方程的第二部分体现为等式右边的碰撞项 $C[f]$, 描述了粒子散射、粒子对的产生和湮灭、衰变等微观物理过程. 对于双粒子散射过程

$$(1)_{\boldsymbol{p}} + (2)_{\boldsymbol{q}} \longleftrightarrow (3)_{\boldsymbol{p}'} + (4)_{\boldsymbol{q}'}, \tag{3.84}$$

可推导出碰撞项

$$
\begin{aligned}
C[f_1(\boldsymbol{p})] = &\frac{1}{2E_1(p)} \int \frac{\mathrm{d}^3q}{(2\pi)^3 2E_2(q)} \int \frac{\mathrm{d}^3p'}{(2\pi)^3 2E_3(p')} \int \frac{\mathrm{d}^3q'}{(2\pi)^3 2E_4(q')} |\mathcal{M}|^2 \\
&\times (2\pi)^4 \delta_{\mathrm{D}}^{(3)}[\boldsymbol{p} + \boldsymbol{q} - \boldsymbol{p}' - \boldsymbol{q}'] \delta_{\mathrm{D}}^{(1)}[E_1(p) + E_2(q) - E_3(p') - E_4(q')] \\
&\times \{f_3(\boldsymbol{p}')f_4(\boldsymbol{q}')[1 \pm f_1(\boldsymbol{p})][1 \pm f_2(\boldsymbol{q})] \\
&\quad -f_1(\boldsymbol{p})f_2(\boldsymbol{q})[1 \pm f_3(\boldsymbol{p}')][1 \pm f_4(\boldsymbol{q}')]\}. \tag{3.85}
\end{aligned}
$$

能动张量 可由分布函数得到, 并出现在 Einstein 场方程等式右边. 能动张量在带扰动的宇宙中的一般形式为 (3.20). 在习题 3.12 中, 通过式 (3.20, 3.80) 可推出, 在带扰动的宇宙中, 简并数为 g 的某组分的能动张量有如下形式

$$
\begin{aligned}
T_0^0(\boldsymbol{x}, t) &= -g \int \frac{\mathrm{d}^3p}{(2\pi)^3} E(p) f(\boldsymbol{x}, \boldsymbol{p}, t), \\
T_i^0(\boldsymbol{x}, t) &= g\, a(1 + \Phi - \Psi) \int \frac{\mathrm{d}^3p}{(2\pi)^3} p_i f(\boldsymbol{x}, \boldsymbol{p}, t), \\
T_j^i(\boldsymbol{x}, t) &= g \int \frac{\mathrm{d}^3p}{(2\pi)^3} \frac{p^i p_j}{E(p)} f(\boldsymbol{x}, \boldsymbol{p}, t). \tag{3.86}
\end{aligned}
$$

注意此表达式中能动张量的其中一个指标已被提升为上指标. 另外, T_i^0 表达式中对 $p_i f(\boldsymbol{x}, \boldsymbol{p}, t)$ 的积分为一阶项, 故积分前的系数 $(1 + \Phi - \Psi)$ 取 1 即可.

习　题

3.1　利用习题2.2的结果, 计算二维平直空间极坐标系的 Ricci 标量.

3.2　考虑以 r 为半径的球面上的 $2+1$ 维时空, 计算其度规、克氏符、测地线方程、Ricci 标量.

(a) 取坐标 t, θ, ϕ, 证明度规的形式为

$$g_{\mu\nu} = \begin{pmatrix} -1 & 0 & 0 \\ 0 & r^2 & 0 \\ 0 & 0 & r^2\sin^2\theta \end{pmatrix}. \tag{3.87}$$

证明非零克氏符为 $\Gamma^\theta_{\phi\phi}, \Gamma^\phi_{\phi\theta}, \Gamma^\phi_{\theta\phi}$, 并由 θ 表示.

(b) 利用此结果和测地线方程, 求非相对论性粒子的运动方程.

(c) 求 Ricci 张量, 证明其缩并为

$$R \equiv g^{\mu\nu}R_{\mu\nu} = \frac{2}{r^2}. \tag{3.88}$$

3.3　完成 Einstein 场方程中, 平直空间 FLRW 度规剩余的推导.

(a) 计算克氏符 $\Gamma^i_{\alpha\beta}$.

(b) 计算 Ricci 张量的空间-空间分量 R_{ij}, 并证明时间-空间分量 $R_{0i} = 0$.

3.4　证明平直宇宙中 Einstein 场方程的空间-空间分量方程为

$$\frac{\ddot{a}}{a} + \frac{1}{2}\left(\frac{\dot{a}}{a}\right)^2 = -4\pi G\mathcal{P}, \tag{3.89}$$

其中 $\mathcal{P} = \delta^j_i T^i_j / 3$ 为总压强. 与式 (3.12) 联立求得 *Friedmann 第二方程*

$$\frac{\ddot{a}}{a} = -\frac{4\pi G}{3}[\rho + 3\mathcal{P}]. \tag{3.90}$$

3.5　求解开放宇宙的 Einstein 场方程. 开放宇宙的时空间隔为[①]

$$ds^2 = -dt^2 + a^2(t)\left\{\frac{dr^2}{1 + \Omega_K H_0^2 r^2} + r^2\left(d\theta^2 + \sin^2\theta d\phi^2\right)\right\}, \tag{3.91}$$

其中 r, θ, Φ 为三维球坐标, Ω_K 为曲率密度参量.

(a) 证明克氏符的非零分量为

$$\Gamma^i_{0j} = H\delta^i_j; \quad \Gamma^0_{ij} = g_{ij}H; \quad \Gamma^i_{jk} = \frac{g^{il}}{2}\left[g_{lj,k} + g_{lk,j} - g_{jk,l}\right]. \tag{3.92}$$

---

① 此表达式同样适用于封闭宇宙 ($\Omega_K < 0$), 但此坐标系未覆盖整个宇宙, 故这里设宇宙是开放的.

(b) 证明 Ricci 张量为

$$R_{00} = -3\frac{\ddot{a}}{a}$$

$$R_{ij} = g_{ij}\left[\frac{\ddot{a}}{a} + 2H^2 - \frac{2\Omega_{\text{K}}H_0^2}{a^2}\right]. \tag{3.93}$$

(c) 求 Ricci 标量和场方程时间-时间分量方程, 并与式 (3.14) 比较.

3.6 将式 (2.60) 代入式 (3.90), 并求在何种条件下宇宙为加速膨胀. 分别考虑宇宙为单一组分和宇宙为多组分 (状态方程 w_s).

3.7 式 (3.20) 给出了能动张量的广义相对论表达式. 结合式 (2.62) 和式 (2.64) 推出均匀宇宙的能动张量表达式 (2.44).

(a) 利用 P^{μ} 推出 P_{μ}, 并证明空间分量 P_i 为常数.

(b) 证明式 (3.20) 的时间-时间分量与能量密度表达式 (2.62) 一致.

(c) 用类似方法证明式 (2.64).

3.8 取方程 (3.23) 的多阶矩 (*moment*), 推导在一维谐振子势阱中无碰撞粒子集合的流体方程. 具体做法是, 将方程对 $\mathrm{d}p/(2\pi)$ 进行积分得到 0 阶矩, 结果为粒子数密度 n 的变化率对流体速度① u 所依赖的方程. 其中

$$n(x,t) \equiv \int_{-\infty}^{\infty} \frac{\mathrm{d}p}{2\pi}f(x,p,t); \quad u(x,t) \equiv \frac{1}{n(x,t)}\int_{-\infty}^{\infty} \frac{\mathrm{d}p}{2\pi}\frac{p}{m}f(x,p,t). \tag{3.94}$$

再将方程 (3.23) 乘以 p, 积分得到 1 阶矩, 描述了流体速度 u 的演化, 包含对速度弥散 (2 阶矩) 的依赖. 若忽略速度弥散项, 可得到完备的 Boltzmann 方程组. 请记住这个具有普适性的推导过程: 在取 Boltzmann 方程的多阶矩时, 第 n 阶矩的演化规律依赖于第 $n+1$ 阶矩.

3.9 利用零阶 Boltzmann 方程 (3.38), 同时假设早期宇宙时 (中微子已退耦) 的中微子的初始分布为 Fermi-Dirac 分布, 推导静质量非零的中微子的零阶分布函数随时间的演化.

(a) 证明形式为 $f(p,t) = f\left(E_{\nu}[p_0 a(t)]\right)$ 的分布函数是 Boltzmann 方程的解.

(b) 设初始条件时的尺度因子 a_{dec}, 证明 $p_0 = p/a_{\text{dec}}$, 以及

$$f_{\nu}^{(0)}(p,t) = f_{\text{FD}}\left[E_{\nu}(a(t)p/a_{\text{dec}})/T_{\text{dec}}\right], \tag{3.95}$$

其中 T_{dec} 为中微子在 a_{dec} 时的温度.

---

① 译者注: 这是本书中首次出现流体速度 (fluid velocity) 这一概念, 与本书后续章节中出现的体速度 (bulk velocity) 一致, 并同样适用于冷暗物质. 参考式 (5.19) 和其之前的阐述, 以及定义 (12.12).

(c) 取 $a_{\rm dec} = 10^{-9}$, $T_{\rm dec} = T_{\nu,0}/a_{\rm dec}$, 其中 $T_{\nu,0}$ 为现在时刻预测的中微子温度 [见式 (2.81)]. 在红移 $z = 100, 10, 1, 0$ 处, 分别画出中微子质量为 $m_\nu = 0.06\,{\rm eV}$ 和 $m_\nu = 0$ 两种情况的分布函数.

(d) 对于此 $a_{\rm dec}$ 的取值, 证明对于现实的中微子质量取值满足 $T_{\rm dec} \gg m_\nu$, 并证明其分布函数符合式 (2.83). 这里, 因 $\mu_\nu \ll T_{\rm dec}$, 中微子化学势可忽略.

3.10 通过式 (3.75) 推出式 (3.76).

3.11 证明在无碰撞条件下, 非相对论性粒子的温度 $\propto a^{-2}$. 利用式 (3.38) 并设 $f_{\rm c} \propto e^{-(E-\mu)/T} \propto e^{-p^2/2mT}$, 证明此假设. 注意此结论不适用于有碰撞的情况: 例如, 当电子和质子与光子紧密耦合时, 它们的温度 $\propto a^{-1}$.

3.12 推导式 (3.86). 利用带扰动的度规 (3.49) 并将式 (3.60) 代入式 (3.20).

3.13 证明共形牛顿规范的空间曲率为[①]$-4\nabla^2\Phi/a^2$. 方法是计算度规 (3.49) 三维空间部分 g_{ij} 的 Ricci 标量.

---

① 译者注: 原文中写为 $4k^2\Phi/a^2$, 是 Fourier 空间中的对应. Fourier 变换参见章节 5.3 中的专题 5.1. 此处将曲率写为实空间中的微分表示.

第 4 章 宇宙组分的起源

　　极早期的宇宙处于高温、高密度的状态, 粒子间的相互作用远比现在频繁. 以光子为例. 如今, 可见光波段光子的平均自由程可达 10^{28} cm, 能自由穿行整个宇宙. 然而, 当宇宙年龄只有 1 s 时, 光子的平均自由程仅有原子大小. 那时, 在宇宙成倍膨胀所需的时间里, 光子能够进行多次相互作用. 频繁的相互作用使宇宙大多组分处于平衡态. 随着宇宙膨胀, 反应速率逐渐下降, 各组分逐渐脱离平衡态. 这些脱离平衡态的时刻对于宇宙学研究具有特殊意义.

　　本章将重点探讨三种脱离平衡态的现象: 大爆炸核合成 (BBN) 时期轻元素的形成, 电子和质子结合形成中性氢 (氢复合), 以及宇宙极早期暗物质可能的产生机制. 它们都可由非平衡态的物理方法进行研究, 即章节 3.2 讨论的均匀宇宙的 Boltzmann 方程. 章节 4.2 - 4.4 是这个普适方法的具体应用.

4.1　回顾均匀宇宙的 Boltzmann 方程

　　设粒子种类 1 的数密度为 n_1. 简单起见, 假定影响 n_1 变化的唯一原因是粒子 1 与粒子 2 反应形成粒子 3 和粒子 4, 以及其逆过程, 即 $1+2 \leftrightarrow 3+4$. 在膨胀的宇宙中, 此相互作用的 Boltzmann 方程已在章节 3.2.2 中推导, 并在章节 3.2.3 中给出了对应的碰撞项. 联立方程 (3.43) 和 (3.48), 得到 n_1 的演化方程

$$
\begin{aligned}
a^{-3}\frac{\mathrm{d}\left(n_1 a^3\right)}{\mathrm{d}t} = \int & \frac{\mathrm{d}^3 p_1}{(2\pi)^3 2E_1} \int \frac{\mathrm{d}^3 p_2}{(2\pi)^3 2E_2} \int \frac{\mathrm{d}^3 p_3}{(2\pi)^3 2E_3} \int \frac{\mathrm{d}^3 p_4}{(2\pi)^3 2E_4} \\
& \times (2\pi)^4 \delta_{\mathrm{D}}^{(3)}(\boldsymbol{p}_1 + \boldsymbol{p}_2 - \boldsymbol{p}_3 - \boldsymbol{p}_4)\, \delta_{\mathrm{D}}^{(1)}(E_1 + E_2 - E_3 - E_4)|\mathcal{M}|^2 \\
& \times \{f_3 f_4[1 \pm f_1][1 \pm f_2] - f_1 f_2[1 \pm f_3][1 \pm f_4]\}.
\end{aligned}
\tag{4.1}
$$

这里 $E_i = E_i(p_i)$, $f_i = f_i(p_i, t)$. 方程 (4.1) 是关于相空间分布的积分微分方程. 原则上, 它的求解需要与其他组分的方程联立. 但在应用中, 我们可以对其简化. 首先, 频繁的散射过程使系统趋向 *动态平衡 (kinetic equilibrium)*: 各组分拥有相同的温度 T 并服从 Bose-Einstein 分布 (2.65) 或 Fermi-Dirac 分布 (2.66). 这样一来, 分布函数的自由度减少, 仅与 T, μ 相关. 对于处于平衡态的湮灭过程, 化学势的总和也守恒. 例如正负电子对湮灭 $e^+ + e^- \leftrightarrow \gamma + \gamma$ 中有 $\mu_{e^+} + \mu_{e^-} = 2\mu_\gamma$. 对

于非平衡态, 系统不处于化学平衡 (*chemical equilibrium*), 需求解 μ 的微分方程. 也就是说, 动态平衡将原本复杂的方程 (4.1) 简化为常微分方程的形式.

通常我们只关注温度小于 $E - \mu$ 的系统, 这样 Bose-Einstein/Fermi-Dirac 分布表达式中的 e 指数远大于分母中的 "± 1" 量子效应修正. 分布函数简化为经典低密度气体的 *Boltzmann* 分布

$$f(E) \to e^{\mu/T} e^{-E/T}. \tag{4.2}$$

式 (4.2) 中 $f(E) \ll 1$, Boltzmann 方程中 Pauli 阻塞和 Bose 凝聚项也可忽略.

根据以上近似及能量守恒 $E_1 + E_2 = E_3 + E_4$, 方程 (4.1) 最后一行简化为

$$\begin{aligned} f_3 f_4 [1 \pm f_1][1 \pm f_2] &- f_1 f_2 [1 \pm f_3][1 \pm f_4] \\ &\to e^{-(E_1+E_2)/T} \left\{ e^{(\mu_3+\mu_4)/T} - e^{(\mu_1+\mu_2)/T} \right\}. \end{aligned} \tag{4.3}$$

现将数密度 n_s 作为时间的函数求解. 对于组分 s, n_s 与 μ_s 的关系为

$$n_s = g_s e^{\mu_s/T} \int \frac{\mathrm{d}^3 p}{(2\pi)^3} e^{-E_s(p)/T}, \tag{4.4}$$

其中 g_s 是简并数. 再定义 $\mu_s = 0$ 时组分 s 的数密度

$$n_s^{(0)} \equiv g_s \int \frac{\mathrm{d}^3 p}{(2\pi)^3} e^{-E_s(p)/T} = \begin{cases} g_s \left(\dfrac{m_s T}{2\pi} \right)^{3/2} e^{-m_s/T} & m_s \gg T, \\ g_s \dfrac{T^3}{\pi^2} & m_s \ll T. \end{cases} \tag{4.5}$$

对于光子有 $n_\gamma^{(0)} = 2T^3/\pi^2$. 由上述定义, $e^{\mu_i/T}$ 改写为 $n_i/n_i^{(0)}$, 根据式 (4.4) 有

$$e^{(\mu_3+\mu_4)/T} - e^{(\mu_1+\mu_2)/T} = \frac{n_3 n_4}{n_3^{(0)} n_4^{(0)}} - \frac{n_1 n_2}{n_1^{(0)} n_2^{(0)}}. \tag{4.6}$$

这些近似极大简化了 Boltzmann 方程. 再定义热平均散射截面

$$\begin{aligned} \langle \sigma v \rangle \equiv \frac{1}{n_1^{(0)} n_2^{(0)}} &\int \frac{\mathrm{d}^3 p_1}{(2\pi)^3 2E_1} \int \frac{\mathrm{d}^3 p_2}{(2\pi)^3 2E_2} \int \frac{\mathrm{d}^3 p_3}{(2\pi)^3 2E_3} \int \frac{\mathrm{d}^3 p_4}{(2\pi)^3 2E_4} e^{-(E_1+E_2)/T} \\ &\times (2\pi)^4 \delta_{\mathrm{D}}^{(3)} (\boldsymbol{p}_1 + \boldsymbol{p}_2 - \boldsymbol{p}_3 - \boldsymbol{p}_4) \delta_{\mathrm{D}}^{(1)} (E_1 + E_2 - E_3 - E_4) |\mathcal{M}|^2, \end{aligned} \tag{4.7}$$

其一般依赖于温度 T. 这样 Boltzmann 方程变为

$$a^{-3} \frac{\mathrm{d}(n_1 a^3)}{\mathrm{d}t} = n_1^{(0)} n_2^{(0)} \langle \sigma v \rangle \left\{ \frac{n_3 n_4}{n_3^{(0)} n_4^{(0)}} - \frac{n_1 n_2}{n_1^{(0)} n_2^{(0)}} \right\}, \tag{4.8}$$

简化为一个常微分方程. 尽管其细节根据具体问题略有不同 (见表 4.1), 我们总是可以由方程 (4.8) 出发来探讨各组分的丰度演化.

表 4.1 本章所探讨的粒子反应. X 为暗物质粒子, ψ 是暗物质粒子对湮灭所产生的轻子.

	粒子 1	粒子 2	$\leftrightarrow$	粒子 3	粒子 4
中子-质子比	n	ν_e 或 e^+	$\leftrightarrow$	p	e^- 或 $\bar{\nu}_e$
氢复合	e	p	$\leftrightarrow$	H	γ
暗物质产生	X	X	$\leftrightarrow$	ψ	ψ

方程 (4.8) 中, 等式左边量纲为 n_1/t, 即 $n_1 H$ (因为典型的宇宙年龄为 H^{-1}). 等式右边的量纲为 $n_1 n_2 \langle \sigma v \rangle$. 若粒子 1 的反应速率 $n_2 \langle \sigma v \rangle$ 远大于宇宙膨胀率, 方程 (4.8) 的成立必须满足

$$\frac{n_3 n_4}{n_3^{(0)} n_4^{(0)}} = \frac{n_1 n_2}{n_1^{(0)} n_2^{(0)}}. \tag{4.9}$$

这等价于 $\mu_1 + \mu_2 = \mu_3 + \mu_4$. 我们将这种关系称为**化学平衡** (*chemical equilibrium*), 有时也被称为**核统计平衡** (*nuclear statistical equilibrium*) 和**萨哈方程** (*Saha equation*).

4.2 大爆炸核合成

大爆炸核合成 (BBN) 是宇宙演化的一个重要节点, 当时形成的轻元素被用来限制宇宙学模型. BBN 时代, 温度降至 1 MeV, 宇宙等离子体包含:

- **处于平衡态的相对论性粒子: 光子和正负电子.** 它们通过电磁相互作用紧密耦合, 如 $e^+ e^- \leftrightarrow \gamma\gamma$. 除量子统计造成的微小差别, 它们的丰度几乎相同.
- **已退耦的相对论性粒子: 中微子.** 当温度稍高于 1 MeV 时, 中微子与宇宙等离子体耦合所需的反应 ($\nu e \leftrightarrow \nu e$) 速率降至膨胀速率以下, 因而中微子和其他相对论性粒子有相似的温度 (见章节 2.4.4) 和丰度, 但已退耦.
- **非相对论性粒子: 重子.** 若重子和其反粒子的丰度严格相等, 在 1 MeV 时它们将全部湮灭. 然而它们的丰度不能相等, 否则我们将无法观测到含有重子的宇宙. 现在时刻, 重子-光子的丰度比为 $n_b/s \sim 10^{-10}$.[①] 由于这个比值不随宇宙膨胀而变化 (只要重子数密度守恒), 它能表征早期宇宙中重子-反重子的不对称性. 由习题 4.6 有

$$\eta_b \equiv \frac{n_b}{n_\gamma} = 6.0 \times 10^{-10} \left(\frac{\Omega_b h^2}{0.022} \right). \tag{4.10}$$

---

① s 是第 2 章提及的熵密度, 正比于 a^{-3}.

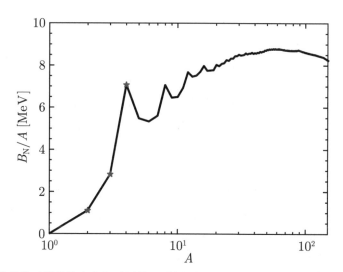

图 4.1 原子核单位质量的结合能与质量数 A 的关系 (数据取自 Audi *et al.*, 2003). 图中五角星标出了与 BBN 最相关的三种原子核: D $(A = 2)$, ^{3}He $(A = 3)$, ^{4}He $(A = 4)$. 所有轻元素中, ^{4}He 的结合能为局部极大值. 因缺少 A 在 5 至 7 区间的稳定原子核, BBN 基本止步于 ^{4}He. 在恒星中心的致密环境中, 三个 ^{4}He 可进一步聚变为 ^{12}C, 然而 BBN 的重子数密度不足以激发此聚变反应.

可见, 宇宙中的重子丰度远小于相对论性粒子的丰度.

本节的任务是计算质子和中子将会形成哪些原子核, 以及它们的最终丰度. 若平衡态永久维持, 终态将完全由热力学决定, 所有重子终将形成铁元素, 因铁元素单位核子数的结合能最高 (图 4.1). 然而, 随着宇宙膨胀, 核反应速率过小 (正比于重子数密度的平方或更高次方), 不足以维持平衡态. 所以原则上, 我们需要对每种原子核写出 Boltzmann 方程 (4.8), 并求解一组耦合的微分方程组. 为了定性理解相关结论, 作两个简化.

第一, 考虑到比氦更重的元素的形成微乎其微, 我们只追踪氢元素和氦元素, 包括它们的同位素氘 ^{2}H、氚 ^{3}H, 以及 ^{3}He. 第二, 将核合成分为两个阶段: 第一阶段, $T \simeq 0.1\,\text{MeV}$, 只存在质子和中子, 忽略其他元素形成, 只需计算质子-中子比; 第二阶段, 利用质子-中子比继续计算核合成 (参考专题 4.1).

专题 4.1 核物理简介

原子核可由两个数字描述: 原子序数 (*atomic number*) Z, 即质子数, 决定了元素种类; 质量数 (*mass number*) A, 即核子数, 是质子和中子数之和. Z 相同但 A 不同的原子核称为同位素 (*isotope*). 核子数以上标的形式出现在元素名称左侧. 例如, 质了 p 可写作氢原子核 ^{1}II. 氘 (重氢) 含一个质子和一个中子, 写为 ^{2}H 或 D; 氚 (超重氢) 由一个质子和两个中子构成, 写为 ^{3}H. $Z = 2$ 的元素为氦, 同位素可以为一个中子 (^{3}He) 或两个中子 (^{4}He).

含 Z 个质子和 $A - Z$ 个中子的原子核的质量, 并不等于独立存在的 Z 个质子和 $A - Z$ 个中子质量之和. 它们的质量差称为结合能

$$B_{\mathrm{N}} \equiv Zm_p + (A - Z)m_n - m_{\mathrm{N}}, \tag{4.11}$$

其中 m_{N} 为原子核的质量. 例如, 氘核的质量为 $1875.62\,\mathrm{MeV}$, 而一个质子和一个中子的质量之和为 $1877.84\,\mathrm{MeV}$, 故氘核的结合能 $B_{\mathrm{D}} = 2.22\,\mathrm{MeV}$. 原子核的典型结合能为 MeV 量级, 这也说明了为什么尽管原子核质量为 GeV 量级, 但 BBN 时代的温度却略小于 $1\,\mathrm{MeV}$.

中子和质子通过弱相互作用相互转化:

$$p + \bar{\nu} \leftrightarrow n + e^+; \quad p + e^- \leftrightarrow n + \nu; \quad n \leftrightarrow p + e^- + \bar{\nu}. \tag{4.12}$$

这些反应均可逆. 轻元素由核聚变反应得到. 如通过 $p + n \to \mathrm{D}$, $\mathrm{D} + \mathrm{D} \to n + {}^3\mathrm{He}$, ${}^3\mathrm{He} + \mathrm{D} \to p + {}^4\mathrm{He}$ 最终产生 ^{4}He. 聚变形成的终态原子核通常处于某激发态, 之后再通过辐射单个或多个光子回到基态.

以上两种简化基于相同的物理事实: 当温度高至原子核的结合能时, 原子核一旦形成, 便立即被高能光子分解. 为说明这一点, 我们将平衡态方程 (4.9) 应用于氘核的形成反应 $n + p \leftrightarrow \mathrm{D} + \gamma$. 对于光子有 $n_\gamma = n_\gamma^{(0)}$ (因光子化学势 μ_γ 可忽略), 平衡态方程写为

$$\frac{n_{\mathrm{D}}}{n_n n_p} = \frac{n_{\mathrm{D}}^{(0)}}{n_n^{(0)} n_p^{(0)}}. \tag{4.13}$$

将式 (4.5) 代入等式右边, 得到

$$\frac{n_{\mathrm{D}}}{n_n n_p} = \frac{3}{4} \left(\frac{2\pi m_{\mathrm{D}}}{m_n m_p T} \right)^{3/2} e^{[m_n + m_p - m_{\mathrm{D}}]/T}, \tag{4.14}$$

其中系数 3/4 来自自旋态的个数 (氘核为 3, 质子和中子均为 2). e 指数前面的系数中, m_{D} 可近似为 $2m_n = 2m_p$. 但在 e 指数中 $m_n + m_p$ 与 m_{D} 的差别不可忽略, 即氘核的结合能 $B_{\mathrm{D}} = 2.22\,\mathrm{MeV}$ (参考专题 4.1). 因此, 在平衡态条件下

$$\frac{n_{\mathrm{D}}}{n_n n_p} = \frac{3}{4} \left(\frac{4\pi}{m_p T} \right)^{3/2} e^{B_{\mathrm{D}}/T}. \tag{4.15}$$

质子和中子的数密度均正比于重子数密度, 因此利用 $n_n \simeq n_p \simeq n_b = \eta_b n_\gamma^{(0)}$, 得

$$\frac{n_D}{n_b} \sim \eta_b \left(\frac{T}{m_p}\right)^{3/2} e^{B_D/T}. \tag{4.16}$$

由于重子-光子比 η_b 非常小 [式 (4.10)], 只要 B_D/T 不大, 上式结果会很小.

可见, 极低的重子-光子比 η_b 抑制了核聚变, 直到温度显著低于结合能. 这点的物理解释为: 尽管能量达到 B_D 级别的光子比例很少 (位于 Bose-Einstein 分布右侧尾端), 由于光子总数远超重子数, 这些高能光子还是能够瓦解每一个新形成的核子, 直至温度进一步降低. 因此, 当宇宙温度大于 0.1 MeV 时, 重子只以自由质子和中子的形式存在; 温度降至 0.1 MeV 以下时, 氘核和氦核形成, 但还是无法形成更重的元素, 参考图 4.1. 由于缺少核子数为 5 的同位素, 形如 $^4\text{He} + p \to X$ 的聚变反应无法发生. 尽管在恒星中的 $3\text{-}\alpha$ 过程 $^4\text{He} + ^4\text{He} + ^4\text{He} \to ^{12}\text{C}$ 能够进一步形成重元素, 但在 BBN 时期, 虽然 ^4He 可以形成, 但其数密度过小, 远不足以使三个氦核相遇形成碳核.

4.2.1 中子丰度

本节求解质子-中子比. 质子和中子通过弱相互作用相互转化, 如 $p + e^- \leftrightarrow n + \nu_e$. 这样的反应使质子和中子始终处于平衡态, 直到温度降低至 $T \sim$ MeV. 温度更低时, 需求解方程 (4.8) 才能得到中子丰度的变化.

由式 (4.5), 平衡态时, 质子-中子比在非相对论性的极限时 [此时 $E_i(p) = m_i + p^2/2m_i$] 为

$$\frac{n_p^{(0)}}{n_n^{(0)}} = \frac{e^{-m_p/T} \int dp\, p^2 e^{-p^2/2m_p T}}{e^{-m_n/T} \int dp\, p^2 e^{-p^2/2m_n T}}. \tag{4.17}$$

等式右边两积分均正比于 $m^{3/2}$, 两积分之比 $(m_p/m_n)^{3/2}$ 几乎为 1, 可忽略它们的质量差. 然而, 对于 e 指数, 它们的质量差起决定作用. 上式写为

$$\frac{n_p^{(0)}}{n_n^{(0)}} = e^{Q/T}, \tag{4.18}$$

其中 $Q \equiv m_n - m_p = 1.293\,\text{MeV}$. 可见, 高温时质子和中子数相等. 当温度降至 1 MeV 以下时, 中子比例下降. 在弱相互作用效率无穷大的极限下, 系统永久维持于平衡态, 中子丰度将降为零 (即使自由中子稳定). 现实情况, 弱相互作用的效率有限. 我们定义中子占总核子数的比为

$$X_n \equiv \frac{n_n}{n_n + n_p}, \tag{4.19}$$

平衡态下,

$$X_n \to X_{n,\text{EQ}} \equiv \frac{1}{1 + n_p^{(0)}/n_n^{(0)}}. \tag{4.20}$$

为得到 X_n 的演化, 利用方程 (4.8), 设 1 为中子, 3 为质子, 2,4 为处于平衡态的轻子 $(n_l = n_l^{(0)})$, 得到

$$a^{-3}\frac{\mathrm{d}(n_n a^3)}{\mathrm{d}t} = n_l^{(0)}\langle\sigma v\rangle \left\{ \frac{n_p n_n^{(0)}}{n_p^{(0)}} - n_n \right\}. \tag{4.21}$$

我们已知 $n_n^{(0)}/n_p^{(0)} = e^{-\mathcal{Q}/T}$, 并且可以把 $n_l^{(0)}\langle\sigma v\rangle$ 写为中子转化为质子的速率 λ_{np}. 同样, 把等式左边的 n_n 写为 $(n_n + n_p)X_n$, 则总密度乘以 a^3 可以移到导数的外面, 得到

$$\frac{\mathrm{d}X_n}{\mathrm{d}t} = \lambda_{np} \left\{ (1 - X_n)e^{-\mathcal{Q}/T} - X_n \right\}. \tag{4.22}$$

这是 $X_n(t)$ 的微分方程. 定义新的演化变量 x 为

$$x \equiv \frac{\mathcal{Q}}{T}. \tag{4.23}$$

方程 (4.22) 左边变为 $\dot{x}\,\mathrm{d}X_n/\mathrm{d}x$, 则 $\dot{x} = -x\dot{T}/T$. 由 $T \propto a^{-1}$ 得到

$$\frac{1}{T}\frac{\mathrm{d}T}{\mathrm{d}t} = -H = -\sqrt{\frac{8\pi G\rho}{3}}, \tag{4.24}$$

其中等式第二步来自方程 (3.12). BBN 处于辐射主导时期, 能量密度 ρ 的贡献来自相对论性粒子. 由第 2 章可得

$$\rho = \frac{\pi^2}{30}T^4 \left[\sum_{s=\text{玻色子}} g_s + \frac{7}{8} \sum_{s=\text{费米子}} g_s \right] \quad (s \text{ 是相对论性粒子种类})$$

$$\equiv g_* \frac{\pi^2}{30}T^4. \tag{4.25}$$

这里定义的相对论性粒子的有效自由度 g_* 是温度的函数. 当温度为 $\sim 1\,\text{MeV}$ 时, 有贡献的粒子包括光子 $(g_\gamma = 2)$、中微子 $(g_\nu = 6)$、正负电子 $(g_{e^+} = g_{e^-} = 2)$. g_* 由求和得到, $g_* \simeq 10.75$, 且在我们讨论的时期基本守恒. 方程 (4.22) 变为

$$\frac{\mathrm{d}X_n}{\mathrm{d}x} = \frac{x\lambda_{np}}{H(x=1)} \left\{ e^{-x} - X_n(1 + e^{-x}) \right\}. \tag{4.26}$$

习题 4.5 将此方程进行数值积分得到中子丰度的演化. 事实证明, 当温度 $T = \mathcal{Q}(x = 1)$ 时, 转化速率为 $5.5\,\text{s}^{-1}$, 略大于宇宙膨胀率. 然而, 当温度降至 $1\,\text{MeV}$

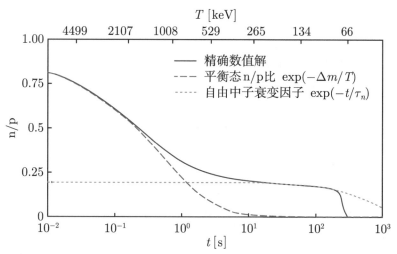

图 4.2 宇宙早期中子-质子比 $n_n/n_p = X_n/(1 - X_n)$ 的演化. 实线表示精确数值解. 长虚线表示平衡态假设下的预测 ($\Delta m \equiv \mathcal{Q}$). 短虚线表示衰变因子 $\exp(-t/\tau_n)$. 中子丰度在 $T \sim 1\,\mathrm{MeV}$ 偏离平衡态的预测. BBN 始于 $T \sim 0.1\,\mathrm{MeV}$, 它导致了中子丰度急剧降低. 此图取自 Steigman (2007).

以下时, 转化速率随 T^3 衰减, 膨胀率随 T^2 衰减, 转化效率因而变低, 平衡态给出的结果不再准确.

图 4.2 给出了中子丰度 X_n 的演化 (包含更精确的统计、电子质量、g_* 随时间的变化). 可见, X_n 在 $T \sim 1\,\mathrm{MeV}$ 时脱离平衡态的预测, 而在 $T \lesssim 0.5\,\mathrm{MeV}$ 时固定在 0.15 附近 (对应于 y 轴的 0.18). 温度继续降低至 $T \lesssim 0.1\,\mathrm{MeV}$ 时, 两个反应开始变得显著, 即中子衰变 $n \to p + e^- + \bar{\nu}$ 和氘核形成 $n + p \to D + \gamma$, 这也是 BBN 的开端. 氘核形成将在章节 4.2.2 探讨, 它的形成使中子丰度急剧下降.

考虑中子衰变的效应只需将中子丰度乘以因子 e^{-t/τ_n}, 其中 $\tau_n = (885.7 \pm 0.8)\,\mathrm{s}$. 中子衰变效应变显著时, 正负电子早已湮灭, 故式 (4.25) 中 $g_* = 3.36$. 时间-温度关系取 (见习题 2.5)

$$t = 132\,\mathrm{s} \left(\frac{0.1\mathrm{MeV}}{T}\right)^2. \tag{4.27}$$

当 $T_{\mathrm{nuc}} \sim 0.07\,\mathrm{MeV}$ 时, 氦和其他轻元素开始形成. 届时, 中子衰变使得中子丰度要再乘以 $\exp[-(132/886)(0.1/0.07)^2] = 0.74$. 因此, BBN 开始时, 中子丰度为 0.15×0.74, 即

$$X_n(T_{\mathrm{nuc}}) = 0.11. \tag{4.28}$$

下面从轻元素的形成来理解这个数值的意义.

4.2.2　轻元素丰度

假设温度 T_nuc 时轻元素的形成瞬间完成. 以氘核为例, 当方程 (4.16) 等式右边量级为 1 时, 平衡态的氘核丰度与重子丰度同量级. 也就是说, 如果宇宙保持平衡态, 所有质子和中子都将形成氘核, 即

$$\ln \eta_\mathrm{b} + \frac{3}{2}\ln(T_\mathrm{nuc}/m_p) \sim -\frac{B_D}{T_\mathrm{nuc}}.\qquad(4.29)$$

此方程说明氘核在 $T_\mathrm{nuc} \sim 0.07\,\mathrm{MeV}$ 时形成, 且对 η_b 有微弱的对数依赖.

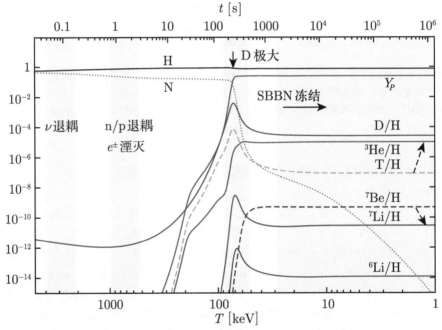

图 4.3　BBN 时期轻元素质量分数的演化 (SBBN 代表 "标准 BBN", standard BBN). 上方和下方的横坐标轴分别表示时间和温度. 氘丰度在 BBN 时期达到极大, 之后由于氘进一步形成氦及少量其他元素, 其丰度衰减. 此图取自 Pospelov & Pradler (2010).

由于氦核具有更高的结合能, 指数 $e^{B/T}$ 使得 BBN 倾向于形成氦. 如图 4.3 所示, 氦核确实在氘核之后立即形成. 实际上 $T \sim T_\mathrm{nuc}$ 时, 剩余中子几乎都形成了 $^4\mathrm{He}$. 由于 $^4\mathrm{He}$ 含两个中子, 在 T_nuc 时 $^4\mathrm{He}$ 丰度为中子丰度的一半. 此结果通常用质量分数表示:

$$Y_P \equiv \frac{4n(^4\mathrm{He})}{n_\mathrm{b}} = 2X_n(T_\mathrm{nuc}),\qquad(4.30)$$

上式得到氦的质量分数为 0.22. 上述简单的微分方程求解近似结果与精确的数值

解相吻合, 后者可拟合为 (Olive, 2000)

$$Y_P = 0.2262 + 0.0135 \ln(\eta_b/10^{-10}). \tag{4.31}$$

可见, 与式 (4.29) 一致, Y_P 仅对数依赖于 η_b. 读者可能会认为, 中子衰变指数对 T_{nuc} 的依赖表现为线性. 事实是, T_{nuc} 时仅有小部分中子发生衰变, 描述中子衰变的 e 指数项只线性依赖于宇宙时间. 这使得最终的氦丰度仅对数依赖于重子密度 $\Omega_b h^2$. 图 1.6 展示了这个微弱的依赖关系, 同时也展示了理论预测与观测 (水平方向的阴影条形区域) 的一致性. 原初氦丰度的最佳观测证据来自于宇宙原始状态的气体, 其含有与 BBN 预测相近的元素构成, 且几乎不含比氦更重的元素.

图 4.3 还表明仍有少量氘未转化为氦, 原因是反应 $D + p \rightarrow^3 \text{He} + \gamma$ 的效率有限, 最终剩余的氘丰度停留在 3×10^{-5}. 低重子密度使得反应效率降低, 最终导致更多的剩余氘. 此相关性在图 1.6 中有体现. 观测遥远类星体光谱的吸收线来探究高红移气体云的氘含量, 可以有效限制宇宙中重子的密度.

4.3 氢 复 合

BBN 结束后, 宇宙常规物质由质子、电子、光子、氦核和少量其他原子核组成 (此时已退耦的中微子不再参与作用). 随温度进一步降低, 宇宙进入下一个重要时期. 当温度降为约 $1\,\text{eV}$ 时, 自由电子数量急剧减少, 光子与电子间的 Compton 散射不足以使它们维持在平衡态 [电子和重子仍由库仑 (Coulomb) 散射紧密耦合], 这一时期为退耦 (decoupling). 而当 $T \gtrsim 1\,\text{eV}$ 时, 仍有极少量中性氢存在. 中性氢的结合能为 $\epsilon_0 = 13.6\,\text{eV}$, 由于光子数比重子数高十个数量级, 处于 Bose-Einstein 分布右侧尾端的少部分高能光子仍足以电离中性氢原子. 此现象与 BBN 的时间推迟效应类似, 只是氢复合发生在原子尺度, 而 BBN 发生在原子核尺度. 随着温度降低和光子红移, 能量大于 ϵ_0 的光子终将不足, 中性氢得以形成. 这个时期称为氢复合 (recombination). 需要注意的是, 该叫法并非指质子和电子的再次结合, 这个时期是宇宙首次形成中性原子.[①]

在定量计算前, 还需提及氦复合 (helium recombination). 氦原子捕获第一个电子的结合能为 $Z^2 \epsilon_0 = 54.4\,\text{eV}$, 故氦核先于氢核捕获电子. 氦的第二电子的结合能为 $24\,\text{eV}$, 仍大于 $13.6\,\text{eV}$. 故完整的氦复合早于氢复合. 然而, 由于氦原子数相对较少, 氦复合后仍有大部分电子处于自由态. 所以氦复合对光子退耦的影响很小, 后续计算将其忽略. 但在精度优于 1% 级别的 CMB 各向异性的预测中还是需要考虑氦复合的.

---

① 译者注: recombination 也经常翻译为 "再复合". 为了有别于以下氦复合的概念, 我们采用 "氢复合" 这个术语. 其中 "复合" 应理解为结合, 没有 "再" ("re-") 的意思.

当反应 $e^- + p \leftrightarrow \mathrm{H} + \gamma$ 处于平衡态时, 方程 (4.9) 取 $1 = e, 2 = p, 3 = \mathrm{H}$ 得[①]

$$\frac{n_e n_p}{n_{\mathrm{H}}} = \frac{n_e^{(0)} n_p^{(0)}}{n_{\mathrm{H}}^{(0)}}, \tag{4.32}$$

称为 *Saha* 方程. 由宇宙的电中性可知 $n_e = n_p$. 定义自由电子比

$$X_e \equiv \frac{n_e}{n_e + n_{\mathrm{H}}} = \frac{n_p}{n_p + n_{\mathrm{H}}}, \tag{4.33}$$

其中分母等于总质子数 (忽略氦). 将式 (4.5) 代入方程 (4.32) 等式右侧, 得到

$$\frac{X_e^2}{1 - X_e} = \frac{1}{n_e + n_{\mathrm{H}}} \left[\left(\frac{m_e T}{2\pi} \right)^{3/2} e^{-[m_e + m_p - m_{\mathrm{H}}]/T} \right], \tag{4.34}$$

其中前面系数作了 $m_{\mathrm{H}} = m_p$ 的近似, e 指数写为 $e^{-\epsilon_0/T}$, 分母 $n_e + n_{\mathrm{H}}$ (或 $n_p + n_{\mathrm{H}}$) 等于重子数密度 $\eta_{\mathrm{b}} n_\gamma \sim 10^{-9} T^3$. 当 $T \sim \epsilon_0$ 时, 等式 (4.34) 右边的量级为 $10^9 (m_e/T)^{3/2} \simeq 10^{15}$. 为使等式成立, X_e 必须非常接近 1, 即几乎所有的氢原子都被电离. 可见, 只有当 $T \ll \epsilon_0$ 时氢复合才有可能发生. 随着 X_e 的降低, 氢复合速率也随之降低, 平衡态难以维持. 这正如章节 4.2 对 X_n 的求解所示, 我们需求解 Boltzmann 方程才能得到准确的自由电子比 X_e.

在此情况下, Boltzmann 方程 (4.8) 写为

$$a^{-3} \frac{\mathrm{d}(n_e a^3)}{\mathrm{d}t} = n_e^{(0)} n_p^{(0)} \langle \sigma v \rangle \left\{ \frac{n_{\mathrm{H}}}{n_{\mathrm{H}}^{(0)}} - \frac{n_e^2}{n_e^{(0)} n_p^{(0)}} \right\}$$

$$= n_{\mathrm{b}} \langle \sigma v \rangle \left\{ (1 - X_e) \left(\frac{m_e T}{2\pi} \right)^{3/2} e^{-\epsilon_0/T} - X_e^2 n_{\mathrm{b}} \right\}, \tag{4.35}$$

其中第二步等式成立是因为 $n_e^{(0)} n_p^{(0)} / n_{\mathrm{H}}^{(0)}$ 等于方程 (4.34) 方括号的部分. 同时, 利用 $n_e = n_{\mathrm{b}} X_e$, 将不随时间变化的 $n_{\mathrm{b}} a^3$ 移出时间导数, 得到

$$\frac{\mathrm{d} X_e}{\mathrm{d}t} = \left\{ (1 - X_e) \beta - X_e^2 n_{\mathrm{b}} \alpha^{(2)} \right\}, \tag{4.36}$$

其中电离率定义为

$$\beta \equiv \langle \sigma v \rangle \left(\frac{m_e T}{2\pi} \right)^{3/2} e^{-\epsilon_0/T}, \tag{4.37}$$

氢复合速率定义为

$$\alpha^{(2)} \equiv \langle \sigma v \rangle. \tag{4.38}$$

[①] 此后, p 代表自由质子, H 代表中性氢 (一个质子和一个电子的结合).

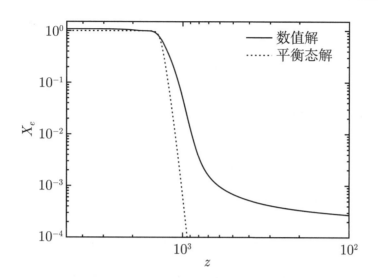

图 4.4 自由电子比 X_e 随红移的演化. 实线代表基于基准宇宙学模型的精确数值解 (由 CLASS 代码计算), 点线代表 Saha 近似 (4.34) 的平衡态解. 氢复合发生于 $z \sim 1000$, $T \simeq 0.23\,\text{eV}$. 平衡态近似能够准确预测氢复合发生时的红移, 但无法预测 X_e 的后续演化. X_e 的演化对 CMB 各向异性的计算十分重要.

这里使用上标 $^{(2)}$ 的原因是氢复合速率与氢原子的基态 ($n=1$) 无关. 自由电子直接跃迁至氢原子基态所产生的光子可立即电离另一中性氢原子, 其对氢复合总效益为零. 氢复合发生的唯一途径是氢原子俘获电子变为某激发态的中性氢. 习题 4.7 给出了氢复合速率的近似

$$\alpha^{(2)} = 9.78 \frac{\alpha^2}{m_e^2} \left(\frac{\epsilon_0}{T}\right)^{1/2} \ln\left(\frac{\epsilon_0}{T}\right). \tag{4.39}$$

Saha 近似 (4.34) 较为准确地预测了氢复合的红移, 但当自由电子比下降, 系统脱离平衡态时失效. X_e 的精确演化需由方程 (4.36) 的数值积分得到, 见习题 4.7 和图 4.4.

正如中子丰度 X_n 影响着轻元素的丰度, 自由电子丰度 X_e 的演化对观测宇宙学有深刻影响. 在红移 $z_* \sim 1000$ 处的氢复合与光的退耦[1]直接相关. 光的退耦也直接影响了 CMB 各向异性. 如今 CMB 各向异性的理论预测已优于 1% 的精度, 其计算过程十分依赖 $X_e(t)$ 的准确性.

理解了 X_e 演化后, 我们开始计算退耦时刻. 退耦大致发生在光子和电子

---

① 留意图 1.4, 尽管从 $z \sim 1000$ 起光子几乎不再被电子散射, 但由于光子数远大于电子数, 电子仍会在相当长的一段时间内被光子散射.

Compton 散射的速率小于宇宙膨胀速率之时,[①] 其中散射速率为

$$n_e \sigma_{\mathrm{T}} = X_e n_{\mathrm{b}} \sigma_{\mathrm{T}}, \tag{4.40}$$

这里 $\sigma_{\mathrm{T}} = 0.665 \times 10^{-24} \mathrm{cm}^2$ 是汤姆孙 (Thomson) 散射截面. 当我们忽略氦元素时, 氢原子核 (电离氢 + 中性氢) 总数等于总重子数. 由于重子密度-临界密度比 $m_p n_{\mathrm{b}} / \rho_{\mathrm{cr}} = \Omega_{\mathrm{b}} a^{-3}$, 方程 (4.40) 中的 n_{b} 用 Ω_{b} 表示为

$$n_e \sigma_{\mathrm{T}} = 7.477 \times 10^{-30} \mathrm{cm}^{-1} X_e \Omega_{\mathrm{b}} h^2 a^{-3}. \tag{4.41}$$

上式除以 Hubble 膨胀率, 得到

$$\frac{n_e \sigma_{\mathrm{T}}}{H} = \frac{n_e \sigma_{\mathrm{T}}}{H_0} \frac{H_0}{H} = 0.0692 a^{-3} X_e \Omega_{\mathrm{b}} h \frac{H_0}{H}. \tag{4.42}$$

等式最右边的分式取决于膨胀率, 可由方程 (1.3) 给定. 如图 1.3, 早期宇宙主要由物质和辐射主导, 故 $H/H_0 = \Omega_{\mathrm{m}}^{1/2} a^{-3/2} [1 + a_{\mathrm{eq}}/a]^{1/2}$. 因此

$$\frac{n_e \sigma_{\mathrm{T}}}{H} = 123 X_e \left(\frac{\Omega_{\mathrm{b}} h^2}{0.022} \right) \left(\frac{0.14}{\Omega_{\mathrm{m}} h^2} \right)^{1/2} \left(\frac{1+z}{1000} \right)^{3/2} \left[1 + \frac{1+z}{3600} \frac{0.14}{\Omega_{\mathrm{m}} h^2} \right]^{-1/2}. \tag{4.43}$$

红移 $z \gg 10^3$ 时, $X_e = 1$, 散射率远大于膨胀率. z 降为 10^3 时, X_e 迅速下降. 当 $X_e \lesssim 10^{-2}$ 时, 散射率降至膨胀率以下, 此时光子退耦. 由图 4.4, X_e 从 1 骤降至 10^{-3}, 氢复合时期光子退耦.

让我们考虑一种极端情况, 即宇宙始终保持电离态会发生什么? 若如此, X_e 恒为 1, 求解方程 (4.43) 可得光子退耦时的红移

$$1 + z_{\mathrm{decouple}} = 39 \left(\frac{0.022}{\Omega_{\mathrm{b}} h^2} \right)^{2/3} \left(\frac{\Omega_{\mathrm{m}} h^2}{0.14} \right)^{1/3} \quad (\text{无氢复合}). \tag{4.44}$$

可见, 即便宇宙中的所有气体始终保持电离态, 宇宙的膨胀使电子数密度降低, 光子退耦迟早会发生.

低红移宇宙的大部分弥散气体处于电离态, 由此推知宇宙历史上一定发生了氢的 再电离 (reionization). 通过观测遥远类星体, 我们可知再电离发生在 $z > 6$ (Bouwens et al., 2015); 利用再电离后光子 Compton 散射在 CMB 各向异性观测所留下的效应 (第 9 章和第 10 章), 我们推测出了再电离发生在 $z < 10$ (Planck Collaboration, 2018b). 宇宙再电离至今仍有许多未解问题, 是研究热点之一.

---

① 第 9 章将借助 能见度函数 (visibility function) 更精确地定义退耦: 给定红移光子经历最后散射的概率. 根据能见度函数, 我们会发现观测到的 CMB 光子的最后散射红移略高于此处计算.

4.4 暗 物 质

诸多证据表明宇宙中非重子暗物质的存在, 且其密度参量为 $\Omega_{\rm c} \simeq 0.26$. 这些证据虽然很有说服力, 但由于来自引力, 无法解答何为暗物质的问题. 理论学家因而对暗物质候选体提出了诸多设想, 不同设想下的候选体质量横跨了约 90 个数量级! 当然, 不少实验也在寻找暗物质候选体. 受篇幅限制, 本章仅讨论一种暗物质候选体模型, 即弱相互作用大质量粒子 (weakly interacting massive particle, WIMP). 过去几十年间, WIMP 曾是最热门的暗物质候选体, 但由于缺乏相关质量范围内新型粒子的证据, 科学家们也开始寻找其他候选体. 本章对 WIMP 的介绍便于理解它为什么曾如此受欢迎.

一般认为, 代表 WIMP 的 "X" 粒子产生于极早期高温的宇宙, 那时 X 还与宇宙等离子体处于平衡态. 之后当湮灭反应速度小于膨胀率时, 它们经历了 冻结 (*freeze-out*) 过程. 若 X 永久处于平衡态, 其丰度会随 $e^{-m_X/T}$ 衰减至零. 本节通过 X 粒子的 Boltzmann 方程探究其冻结时刻和残余丰度, 并通过其最终丰度 $\Omega_X \simeq 0.26$ 推测 X 的一些基本性质, 如质量 m_X 和散射截面. 这些信息有望用于探测这些粒子的相关实验中.

根据一般 WIMP 理论, 两个 X 粒子湮灭产生两轻子 ψ, 后者属于粒子物理标准模型 (如光子、中微子、夸克), 且与宇宙等离子体紧密耦合, 以 $n_\psi = n_\psi^{(0)}$ 保持完全平衡态 (化学平衡以及运动学平衡). 利用 Boltzmann 方程 (4.8) 求解唯一的未知数 n_X

$$a^{-3}\frac{\mathrm{d}(n_X a^3)}{\mathrm{d}t} = \langle\sigma v\rangle \left\{ \left(n_X^{(0)}\right)^2 - n_X^2 \right\}. \tag{4.45}$$

由于 $T \propto a^{-1}$, 对等式左边时间导数中的 $n_X a^3$ 乘以再除以 T^3, 再把 $(aT)^3$ 移至导数外, 留下 $T^3\mathrm{d}(n_X/T^3)/\mathrm{d}t$. 定义

$$Y \equiv \frac{n_X}{T^3}, \tag{4.46}$$

得到 Y 的微分方程

$$\frac{\mathrm{d}Y}{\mathrm{d}t} = T^3\langle\sigma v\rangle \left(Y_{\rm EQ}^2 - Y^2 \right), \tag{4.47}$$

其中 $Y_{\rm EQ} \equiv n_X^{(0)}/T^3$. 类似章节 4.2, 定义时间变量

$$x \equiv m_X/T, \tag{4.48}$$

这里 m_X 确定了相关的温度量级. 极高温时 $x \ll 1$, 反应速率足够快使得 $Y \simeq Y_{\rm EQ}$. 由于在此时期 X 为相对论性粒子, 式 (4.5) 在 $m \ll T$ 情况下得 $Y \simeq 1$. x 很大时, 平衡态丰度 $Y_{\rm EQ}$ 随指数 e^{-x} 衰减. 最终, 宇宙中缺少总能量至少为 $2m_X$ 的

ψ 粒子对以产生新的 X 粒子对, X 冻结. 为将时间变量换为 x, 需求 $\mathrm{d}x/\mathrm{d}t = Hx$. 对于 GeV 及更高能级的 WIMP, 暗物质形成发生在辐射主导时期, 能量密度正比于 T^4, 故 $H = H(m_X)/x^2$. 演化方程变为

$$\frac{\mathrm{d}Y}{\mathrm{d}x} = -\frac{\lambda}{x^2}\left(Y^2 - Y_{\mathrm{EQ}}^2\right), \tag{4.49}$$

其中, 湮灭速率与膨胀速率的比可用 λ 进行参数化

$$\lambda \equiv \frac{m_X^3 \langle \sigma v \rangle}{H(m_X)}. \tag{4.50}$$

多数理论中 λ 为常数. 但某些理论中, 热平均截面依赖于温度, 这种情况会对后续计算的数值造成微小影响, 但不影响定性结论.

方程 (4.49) 为里卡蒂 (Riccati) 方程的形式之一, 一般没有解析解. 然而利用对冻结过程的理解, 可得到最终冻结丰度 $Y_\infty \equiv Y(x = \infty)$ 的解析表达式. 思考方程 (4.49) 的物理背景: 对于 $x \sim 1$, 等式左边量级为 Y, 右边量级为 $Y^2\lambda$. 可见 λ 一般很大, 故只要 Y 不是很小, 必有 $Y = Y_{\mathrm{EQ}}$ 使等式右边为零. 随时间推移, 当 Y_{EQ} 迅速下降时, 等式右边项不再远大于左边. 实际上在冻结发生很久以后, $Y \gg Y_{\mathrm{EQ}}$ 确实成立, 因 X 粒子无法高效湮灭以保持平衡态. 因此在这段时期

$$\frac{\mathrm{d}Y}{\mathrm{d}x} \simeq -\frac{\lambda Y^2}{x^2} \quad (x \gg 1). \tag{4.51}$$

从冻结时期 x_f 到足够晚的某时期 $x = \infty$ 对上式积分, 得到

$$\frac{1}{Y_\infty} - \frac{1}{Y_f} = \frac{\lambda}{x_f}. \tag{4.52}$$

这里冻结时期的 Y 记为 Y_f, $Y_f \gg Y_\infty$, 作一简单近似

$$Y_\infty \simeq \frac{x_f}{\lambda}. \tag{4.53}$$

由此能够得到 X 的约化丰度表达为冻结温度 (还未给定) 的形式. 尽管存在更准确的表达式 (习题 4.8), 这里先给出一个数量级上的估计: $x_f \sim 20$.

图 4.5 展示了方程 (4.49) 的数值解. 直至 $m_X/T \sim 10$, X 的丰度与平衡态近似保持一致; 脱离平衡态后, 两数值解分别趋近两个不同常数. $Y_\infty \sim x_f/\lambda$ 的确是 X 残余丰度的一个较好近似. 另外, 散射截面较大的粒子 (如图中 $\lambda = 10^9$) 更晚冻结, 且残余丰度更低.

为确定现在时刻这些残余粒子的丰度, 我们还需要一些物理背景. 冻结发生后, 粒子密度随 a^{-3} 下降. 因此现在时刻 ($a_0 = 1$) 的能量密度是 $m_X(a_1/a_0)^3$ 乘

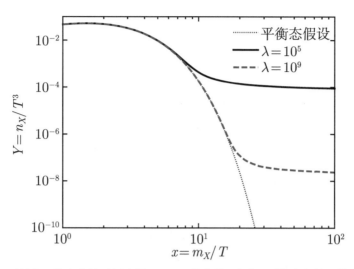

图 4.5 WIMP 粒子 X 的丰度随时间变量 m_X/T 的变化. 点线: 平衡态假设下的丰度; 实线和虚线: 假设不同 λ (湮灭速率与膨胀率的比值) 情况下 X 丰度演化的数值解.

以 a_1 时的数密度. 其中 a_1 对应一足够晚的时间, 以至于 Y 已趋于一常数 Y_∞. 设那时的数密度是 $Y_\infty T_1^3$, 则

$$\rho_{X,0} = m_X Y_\infty T_0^3 \left(\frac{a_1 T_1}{a_0 T_0}\right)^3 \simeq \frac{m_X Y_\infty T_0^3}{30}. \tag{4.54}$$

第二步等式的推出并不容易. 我们或许认为 aT 不随时间变化, 则 $a_1 T_1/a_0 T_0 = 1$. 但事实并非如此, 原因类似于 CMB 与中微子具有不同温度: 光子被正负电子对 $e^\pm$ 的湮灭加热, 而那时的中微子已退耦, 未被加热; 同理, 随宇宙膨胀, 光子被 $1\,\mathrm{MeV}$ 至 m_X (m_X 被认为大于 $100\,\mathrm{GeV}$) 质量范围的粒子的湮灭所加热, 故 T 并非简单地随 a^{-1} 下降. 由习题 4.9 可知 $(a_1 T_1/a_0 T_0)^3 \simeq 1/30$. 最终, 为得到现在时刻 X 的密度参量, 将以上结果除以 ρ_{cr} 得到

$$\Omega_X = \frac{x_f}{\lambda}\frac{m_X T_0^3}{30\rho_{\mathrm{cr}}} = \frac{H(m_X) x_f T_0^3}{30 m_X^2 \langle\sigma v\rangle \rho_{\mathrm{cr}}}. \tag{4.55}$$

为了得到 X 现在时刻的密度, 还需计算温度为 X 质量时的膨胀率 $H(m_X)$. 辐射时期的能量密度见式 (4.25), 其中 g_* 是温度的函数, 得到

$$\Omega_X = \left[\frac{4\pi^3 G g_*(m_X)}{45}\right]^{1/2} \frac{x_f T_0^3}{30\langle\sigma v\rangle \rho_{\mathrm{cr}}}. \tag{4.56}$$

可见 Ω_X 并不明显依赖于 X 粒子的质量,[①] 而是主要依赖于散射截面.

---

① 冻结温度 x_f 和简并数 g_* 对 m_X 有微弱的依赖, $T = m_X$ 时需对它们进行计算.

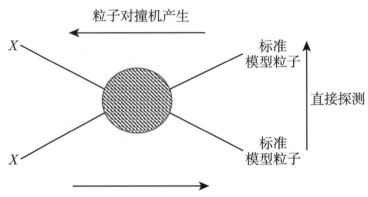

图 4.6 WIMP 粒子 (X) 可在早期宇宙发生湮灭形成粒子物理标准模型粒子. 本节根据此反应计算了 X 的残余丰度. 在宇宙空间观测此反应的湮灭产物可 间接探测暗物质粒子. 此湮灭由未知的基本相互作用 (图中阴影区域) 介导. 第二种探测暗物质粒子的方法是利用其逆反应, 即标准模型粒子反应生成 WIMP 粒子对. 对撞机实验正在寻找这样的粒子. 第三种是 直接探测法, 即寻找被 WIMP 击中的原子核.

现推导如何才能得到现在宇宙中的暗物质含量 $\Omega_X h^2 \simeq 0.1$. 暗物质产生时的温度 $T \sim 100\,\mathrm{GeV}$, $g_*(m_X)$ 包括粒子物理标准模型中的所有粒子的贡献 (三代夸克和轻子、光子、胶子、弱相互作用玻色子、Higgs 玻色子), 量级为 100. 以 $g_*(m) = 100$ 和 $x_f = 20$ 为标准, 得到

$$\Omega_X h^2 = 0.1 \left(\frac{x_f}{20}\right) \sqrt{\frac{g_*(m)}{100}} \frac{2 \times 10^{-26}\,\mathrm{cm}^3\,\mathrm{s}^{-1}}{\langle \sigma v \rangle}, \tag{4.57}$$

上式还代入光速以确保 $\langle \sigma v \rangle$ 的量纲正确. 此结果估计出的 $\langle \sigma v \rangle = 10^{-26}\,\mathrm{cm}^3\,\mathrm{s}^{-1}$, 这是个好信号, 因为许多理论模型预测存在散射截面在该量级的粒子.

暗物质的另一重要性质是其现在时刻的温度. 通过习题 4.10 将会看到, 暗物质的温度很低: WIMP 是冷暗物质模型. 宇宙大尺度结构需要用冷暗物质模型来解释.

WIMP 湮灭形成标准模型粒子为探测暗物质粒子提供了三种可能性, 如图 4.6 所示. 第一种是利用湮灭过程. 两暗物质粒子湮灭产生的标准模型粒子在探测器上留下信号, 其特征取决于模型细节. 比如, 若湮灭产生正反夸克则最终产生大量轻子和光子, 可被 γ 射线望远镜 (如 Fermi Large Area Telescope) 探测. 这种方法称为 间接探测. 图 4.7 显示了 Fermi 数据的六个湮灭通道的限制. 这些数据来自近邻宇宙的矮星系, 由它们所包含恒星的速度弥散推测出它们具有较高的暗物

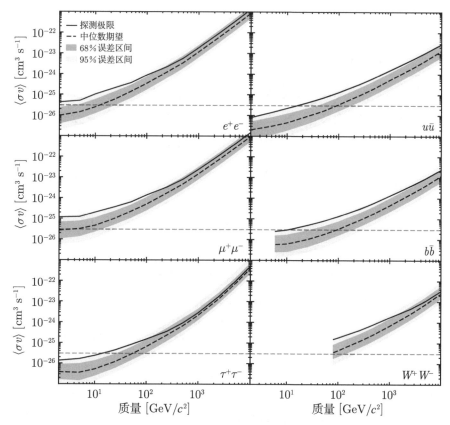

图 4.7　Fermi 卫星数据对暗物质湮灭散射截面的限制. 横轴为暗物质粒子质量, 各湮灭通道对应的终态粒子标于六幅图的右下角. 实线上方的区域已被排除, 水平虚线表示暗物质丰度 [式 (4.57)] 所需的散射截面. 此图取自 Ackermann *et al.* (2014).

质丰度. 这类间接探测方法可以有效排除低质量暗物质粒子模型 (对于给定暗物质密度, 相互作用速率 $n_X^2 \propto 1/m_X^2$). 很多湮灭通道中 $m_X \lesssim 10\,\mathrm{GeV}$ 的区域已被排除.

　　图 4.6 还展示了另外两种探测暗物质的方法. 一种是利用粒子对撞机中的逆反应, 即高能质子碰撞可能产生的暗物质粒子对. 另一种方法是 *直接探测*, 即银河系中的暗物质粒子可能会有部分动能传递给大型探测器中的原子核. 直接探测法极具挑战, 因为反应速率极低, 不易被探测或易被背景噪声干扰. 尽管如此, 该领域在过去几十年取得了不少进展, 包括开发新技术来区分信号和背景噪声, 建设大型探测器, 并将它们安置在深层地表之下以进一步减少背景噪声干扰.

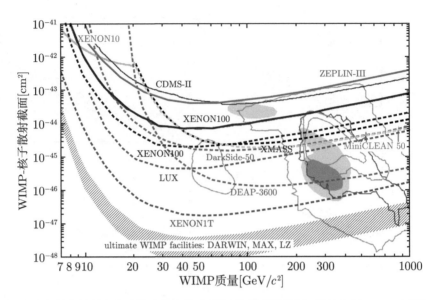

图 4.8　由多个低背景噪声实验给出的暗物质-核子散射截面限制. 横轴表示 WIMP 质量. 实线上方区域的参数空间被排除. 等高线代表某些含有 WIMP 候选体的超对称模型所预期的合理参数空间 (Buchmueller *et al.*, 2012). 虚线代表最初绘制此图时对限制能力的预测, 如今已基本实现. 由此可见, 该领域进展飞速. 此图取自 Schumann (2012).

　　图 4.8 展示了这些进展. 本书曾在第一版展示过与图 4.8 类似的散射截面[①]限制, 当时 (图 4.8 制作的 10 年前) 限制为 $10^{-41}\,\mathrm{cm^2}$. 仅十年后, 限制能力已提高近三个数量级. 图 4.8 中等高线表示 Schumann (2012) 预测值, 由 LUX 和 XENON 等实验联合给出. 2019 年这些实验结果确实接近了先前预测, 并逐渐接近底部虚线阴影区域. 比此区域更低的参数空间是直接探测 WIMP 散射截面的下限, 由宇宙中微子背景给出.

　　目前, 由于直接探测实验在不断排除各种 WIMP 模型, 同时对撞机实验仍缺少更大质量粒子存在的证据, 该领域正在寻找其他暗物质候选体, 作为 WIMP 的替代. 热力学冻结模型对暗物质粒子的质量和散射截面给出了严格限制, 然而非热力学效应也可产生暗物质. 例如, 轴子作为一种玻色子, 来源于夸克凝聚为重子时的相变时刻产生的一种基本粒子. 轴子可作为暗物质候选体, 尽管其质量可能很小 ($\ll 1\,\mathrm{eV}$). 许多实验正在试图寻找其存在的证据. 宇宙学中, 暗物质候选体可轻至 $10^{-21}\,\mathrm{eV}$, 重至恒星级黑洞. WIMP 模型种种可预见的困难在不断激发科学思考, 以及探究新型暗物质候选体的可能性.

[①] 由直接探测实验限制的暗物质-核子散射截面与由残余丰度限制的暗物质湮灭散射截面不同, 尽管两者均能由给定的暗物质模型计算得出.

4.5　小　　结

当宇宙等离子体温度约为 $0.1\,\mathrm{eV}$ 时, 轻元素开始形成. BBN 结束时, 约 1/4 质量的重子形成 ^{4}He, 其余为自由质子、少量氘核、^{3}He 核和锂核.

随后的宇宙保持着电离态, 直至温度显著低于氢原子电离能. 在红移 $z_*\sim1100$, 温度 $T_*\sim0.25\,\mathrm{eV}$ 时, 宇宙进入氢复合时期, 自由质子和电子形成中性氢. 氢复合前, 电子通过 Compton 散射和 Coulomb 散射与光子和质子紧密耦合; 氢复合后, 光子在宇宙中自由穿行. CMB 是宇宙在 z_* 时刻最好的 "快照".

BBN 和氢复合的物理本质都是各自涉及的反应速率低于宇宙膨胀率, 这有可能也是暗物质起源的物理机制. 本章探讨了暗物质的 WIMP 模型: 当温度远低于其质量时, WIMP 停止湮灭并保留成为今天的暗物质, 其丰度由散射截面确定, 见式 (4.57). 截面越大对应更有效的湮灭过程和越低的丰度. 为了与暗物质丰度吻合, 其热平均散射截面需要是 $\langle\sigma v\rangle\sim2\times10^{-26}\mathrm{cm^3\,s^{-1}}$. 这样的散射截面和必要的稳定中性粒子是粒子物理标准模型扩展的自然结果, 如超对称性理论. 除引力效应外, 迄今为止实验室、加速器、天体物理等领域尚未发现这种粒子存在的任何证据. 因此, 科学家们也不能忽视对非热力学方式产生暗物质的研究, 如轴子.

尽管暗物质模型众多, 后续章节的宇宙学理论和观测效应的推导并不依赖于暗物质的微观性质, 只要求暗物质是 "冷" 的, 且不能有明显的相互作用. 只要满足上述性质, 所有宇宙学理论预测只依赖于暗物质的密度参量 Ω_c.

习　　题

4.1　计算质量为 m, 简并数 $g=2$, 化学势为零的粒子的平衡态数密度. 分别取 m/T 很大和很小的极限. 分别考虑玻色子和费米子. 对于高温 Bose-Einstein 和 Fermi-Dirac 极限, 利用式 (C.29) 和式 (C.30).

4.2　假设 $n_{e^\pm}=n_{e^\pm}^{(0)}$, 通过湮灭过程追踪 $e^\pm$ 的密度. 此假设在 BBN 时期成立是因为电磁相互作用 (如 $e^++e^-\leftrightarrow\gamma+\gamma$) 令其维持在平衡态. 计算密度在何时降为光子能量密度的 1%. 若 $\eta_b\simeq6\times10^{-10}$, n_{e^-} 偏离 $n_{e^-}^{(0)}$ 时的温度是多少?

4.3　假设重子和反重子完全对称, 即重子数严格等于反重子数. 求解最终的残余重子密度 (重子和反重子), 以及其密度渐近不变时的温度是多少.

4.4　由以下步骤计算中子-质子转化率 λ_{np}. λ_{np} 取决于两反应: $n+\nu_e\to p+e^-$ 和 $n+e^+\to p+\bar{\nu}_e$. 假设所有粒子都可以由 Boltzmann 统计描述, 且忽略电子质量, 那么以上两反应速率相等.

(a) 利用式 (4.7) 写出反应 $n + \nu_e \to p + e^-$ 的速率. 对动量积分得到

$$\lambda_{np} = n_{\nu_e}^{(0)} \langle \sigma v \rangle = \frac{\pi}{4m^2} \int \frac{\mathrm{d}^3 p_\nu}{(2\pi)^3 2p_\nu} e^{-p_\nu/T} \int \frac{\mathrm{d}^3 p_e}{(2\pi)^3 2p_e} \delta_{\mathrm{D}}^{(1)}(\mathcal{Q} + p_\nu - p_e)|\mathcal{M}|^2. \quad (4.58)$$

(b) 振幅平方 $|\mathcal{M}|^2 = 32G_F^2(1+3g_A^2)m_p^2 p_\nu p_e$, 其中 g_A 是核子的轴向-矢量耦合, 通过中子衰变时标得到 $\tau_n^{-1} = \lambda_0 G_F^2(1+3g_A^2)m_e^5/(2\pi^3)$. 相空间积分写为

$$\lambda_0 \equiv \int_1^{\mathcal{Q}/m_e} \mathrm{d}x\, x(x-\mathcal{Q}/m_e)^2(x^2-1)^{1/2} = 1.636. \quad (4.59)$$

对式 (4.58) 积分, 将 λ_{np} 表达为 τ_n 的形式. 注意因存在两种反应过程, 需乘以 2. 最终得到 (Bernstein, 2004)

$$\lambda_{np} = \frac{255}{\tau_n x^5}(12 + 6x + x^2). \quad (4.60)$$

4.5　对方程 (4.26) 进行数值求解得到中子比随温度的变化. 忽略中子的衰变, 利用习题 4.4 中得到的 λ_{np} [式 (4.60)]. 证明 $x=1$ 时的 Hubble 膨胀率为

$$H(x=1) = \sqrt{\frac{4\pi^3 G \mathcal{Q}^4}{45}} \times \sqrt{10.75} = 1.13\,\mathrm{s}^{-1}. \quad (4.61)$$

数值求解常微分方程 (4.26). 另外可根据 Bernstein *et al.* (1989) 得到半解析近似. 对比图 4.3 和正文中的结论 $X_n(x=\infty) = 0.15$.

4.6　证明式 (4.10).

4.7　根据基准 ΛCDM 宇宙学模型求解氢复合时期的自由电子比. 完成下面的 **(d)** 后再与图 4.4 比较.

(a) 在方程 (4.36) 中用 $x \equiv \epsilon_0/T$ 作为时间变量, 将方程写为 x 和 $T = \epsilon_0$ 处的 Hubble 膨胀率的形式.

(b) 根据章节 4.4 的方法, 求冻结时自由电子比例 $X_e(x=\infty)$.

(c) 对 **(a)** 的结果从 $x=1$ 到 $x=1000$ 进行数值积分, 求冻结时的 X_e.

(d) Peebles (1968) 曾指出将电子俘获至氢的激发态也可忽略, 除非 $n=2$ 跃迁辐射为两个光子, 或宇宙膨胀使 Lyman-α 光子 ($n=2 \to 1$) 红移至无法激发基态氢原子的波长. 故在方程 (4.36) 等式右边乘一修正因子

$$C = \frac{\Lambda_\alpha + \Lambda_{2\gamma}}{\Lambda_\alpha + \Lambda_{2\gamma} + \beta^{(2)}}, \quad (4.62)$$

其中双光子衰变速率 $\Lambda_{2\gamma} = 8.227\,\mathrm{s}^{-1}$; Lyman-$\alpha$ 产生率 $\beta^{(2)} = \beta e^{3\epsilon_0/4T}$; 以及

$$\Lambda_\alpha = \frac{H(3\epsilon_0)^3}{n_{\mathrm{H}}(8\pi)^2}, \quad (4.63)$$

式中 H 为膨胀率, n_H 为氢原子数密度 [可设为 $n_b(1 - X_e)$]. 计算此修正造成的影响. 将 **(c)** 的结果与图 4.4 比较.

4.8　调节 x_f 使得 $n^{(0)}(x_f)\langle\sigma v\rangle = H(x_f)$ 成立, 求大质量粒子湮灭冻结温度的近似值.

4.9　宇宙等离子体温度一般随 a^{-1} 冷却, 然而等离子体可从粒子湮灭获取能量, 从而减慢冷却过程. 利用熵密度 [式 (2.70)] 随 a^{-3} 衰减, 计算温度 $T = 10\,\mathrm{GeV}$ 时和现在时刻 $(aT)^3$ 取值的比.

4.10　由习题 3.11 可知, 无碰撞非相对论性粒子分布函数的温度 $\propto a^{-2}$, 而相对论性粒子为 $\propto a^{-1}$, 故 $T_\mathrm{dm} \propto T^2$. 设温度为暗物质粒子质量, $T_\mathrm{dm} = T$, 当暗物质粒子质量为 $100\,\mathrm{GeV}$, 光子温度分别为 $1\,\mathrm{eV}$ 和 $2.7\,\mathrm{K}$ 时, 求暗物质粒子的典型热运动速度.

第 5 章　非均匀的宇宙: 物质和辐射

　　本章将开启对宇宙物质分布的非均匀性和辐射的各向异性的探讨. 第 3 章介绍了 Einstein 场方程和 Boltzmann 方程组. 第 4 章求解了各组分的平均 (零阶) 数密度演化. 本章将考虑分布函数 $f(\boldsymbol{x}, \boldsymbol{p}, t)$ 对空间位置和方向的依赖. 基于这些工具, 我们会更加系统地处理复杂的数学计算, 最终得到清晰的物理结论.

　　光子受引力和与自由电子 Compton 散射的影响. 电子与质子紧密耦合, 同样也受到引力场制约. 而决定引力场的度规则受到了以上所有组分, 外加暗物质和中微子的共同影响. 可见, 求解任一组分的演化需同时考虑其他所有组分.

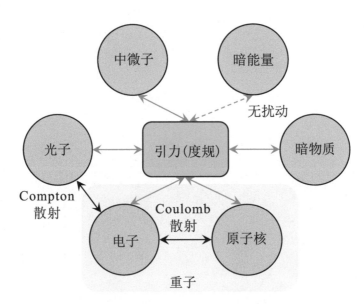

图 5.1　宇宙各组分间的相互作用, 由 Einstein-Boltzmann 方程组描述. 电子与原子核通过 Coulomb 散射紧密耦合, 可共同视为重子. 暗能量的非均匀性暂不考虑 (暗能量为宇宙学常数时, 无扰动), 其贡献只出现在背景度规中.

　　图 5.1 描述了宇宙中不同组分之间相互作用. 本章内容涉及宇宙中各组分的扰动演化方程, 其中关于 Boltzmann 方程组中出现的度规扰动将在第 6 章讨论. 本章主要讨论物质、光子、中微子在带扰动的膨胀宇宙中的演化.

如果暗能量表现为非宇宙学常数的其他模型, 原则上还要考虑暗能量的能量密度扰动. 但在大多数暗能量模型中, 这种扰动很小, 且在宇宙很晚期才出现. 在此我们忽略暗能量对度规扰动的贡献.

本章首先讨论光子的 Boltzmann 方程, 包括碰撞项的详细推导. 按照类似方法, 还将得到暗物质、重子、中微子的 Boltzmann 方程.

5.1 光子的无碰撞 Boltzmann 方程

光子的 Boltzmann 方程等式左边扰动的线性部分见方程 (3.74),

$$\frac{\mathrm{d}f}{\mathrm{d}t} = \frac{\partial f}{\partial t} + \frac{\hat{p}^i}{a}\frac{\partial f}{\partial x^i} - p\frac{\partial f}{\partial p}\left[H + \dot{\Phi} + \frac{\hat{p}^i}{a}\Psi_{,i}\right]. \tag{5.1}$$

下一步, 将光子的零阶 Bose-Einstein 分布作一阶微扰, 写为

$$f(\boldsymbol{x}, p, \hat{\boldsymbol{p}}, t) = \left[\exp\left\{\frac{p}{T(t)\left[1 + \Theta(\boldsymbol{x}, \hat{\boldsymbol{p}}, t)\right]}\right\} - 1\right]^{-1}, \tag{5.2}$$

其中温度 T 为零阶量. 零阶宇宙中, 光子的分布函数具有均匀和各向同性的性质, T 与位置 $\boldsymbol{x}$ 和光的传播方向 $\hat{\boldsymbol{p}}$ 无关. 上式定义了 Θ, 为光子分布函数的微扰, 即 $\delta T/T$, 依赖于 $\boldsymbol{x}$ 和 $\hat{\boldsymbol{p}}$. 所谓 CMB 各向异性, 就是在 t_0 时刻, 从地球 $\boldsymbol{x}_{\mathrm{Earth}}$ 位置上观测到的微扰 Θ 随接收光子传播方向 $\hat{\boldsymbol{p}}$ 而变化, 即 $(\delta T/T)(\hat{\boldsymbol{p}}) = \Theta(\boldsymbol{x}_{\mathrm{Earth}}, \hat{\boldsymbol{p}}, t_0)$.

这里还假设了 Θ 不依赖于动量大小 p, 原因是在光子受到的主要相互作用 Compton 散射中, 光子的动量大小保持不变.[①]

因 Θ, Ψ, Φ 均为微扰, 将式 (5.2) 对 Θ 作一阶展开,

$$f(\boldsymbol{x}, \boldsymbol{p}, t) \simeq \frac{1}{e^{p/T(t)} - 1} + \left(\frac{\partial}{\partial T}\left[\exp\left\{\frac{p}{T(t)}\right\} - 1\right]^{-1}\right)T(t)\Theta(\boldsymbol{x}, \hat{\boldsymbol{p}}, t)$$

$$= f^{(0)}(p, t) - p\frac{\partial f^{(0)}(p, t)}{\partial p}\Theta(\boldsymbol{x}, \hat{\boldsymbol{p}}, t). \tag{5.3}$$

上式第二行中, 将零阶分布函数设为了化学势为零的 Bose-Einstein 分布

$$f^{(0)} \equiv \left[\exp\left\{\frac{p}{T}\right\} - 1\right]^{-1}, \tag{5.4}$$

且利用了此分布函数 $T\partial f^{(0)}/\partial T = -p\partial f^{(0)}/\partial p$ 的性质.

[①] 这里仅考虑光子和电子的完全弹性散射 (Thomson 散射), 但仍称之为 Compton 散射. 章节 11.3 将考虑非弹性散射.

现将 Boltzmann 方程 (5.1) 分解为一个描述 $f^{(0)}$ 的零阶方程和一个描述 Θ 的一阶方程. 其中零阶方程即方程 (3.39) (去掉与零阶无关的 $\hat{p}^i \partial f / \partial x^i$):

$$\left. \frac{\mathrm{d}f}{\mathrm{d}t} \right|_{\mathrm{0th}} = \frac{\partial f^{(0)}}{\partial t} - H p \frac{\partial f^{(0)}}{\partial p} = 0. \tag{5.5}$$

这里我们将 $\mathrm{d}f/\mathrm{d}t$ 设为零, 即方程 (3.39) 等式右侧的碰撞项为零. 这等价于设碰撞项正比于 Θ 和其他扰动项. 原因在于: 系统达到零阶分布函数需要碰撞项为零. 任何碰撞项都包含给定的反应及其逆反应. 若分布函数达到平衡态, 双向反应速率相等. 若某种组分处于非平衡态, 碰撞会使之演化趋向平衡态分布. 这也是为什么我们一开始就预期系统处于 Bose-Einstein 分布.

回到方程 (5.5), 将时间导数改写为

$$\frac{\partial f^{(0)}}{\partial t} = \frac{\partial f^{(0)}}{\partial T} \frac{\mathrm{d}T}{\mathrm{d}t} = -\frac{\mathrm{d}T/\mathrm{d}t}{T} p \frac{\partial f^{(0)}}{\partial p},$$

这样零阶 Boltzmann 方程变为

$$\left[-\frac{\mathrm{d}T/\mathrm{d}t}{T} - \frac{\dot{a}}{a} \right] \frac{\partial f^{(0)}}{\partial p} = 0. \tag{5.6}$$

即 $\mathrm{d}T/T = -\mathrm{d}a/a$, 或 $T \propto 1/a$, 此结论与章节 2.4.1 一致.

现提取 Boltzmann 方程 (5.1) 的一阶部分. 将式 (5.3) 代入得

$$\left. \frac{\mathrm{d}f}{\mathrm{d}t} \right|_{\mathrm{1st}} = -p \frac{\partial}{\partial t} \left[\frac{\partial f^{(0)}}{\partial p} \Theta \right] - p \frac{\hat{p}^i}{a} \frac{\partial \Theta}{\partial x^i} \frac{\partial f^{(0)}}{\partial p} + H \Theta p \frac{\partial}{\partial p} \left[p \frac{\partial f^{(0)}}{\partial p} \right]$$
$$- p \frac{\partial f^{(0)}}{\partial p} \left[\dot{\Phi} + \frac{\hat{p}^i}{a} \frac{\partial \Psi}{\partial x^i} \right]. \tag{5.7}$$

考虑等式右边第一项. $f^{(0)}$ 对时间的导数可写为对温度的导数

$$-p \frac{\partial}{\partial t} \left[\frac{\partial f^{(0)}}{\partial p} \Theta \right] = -p \frac{\partial f^{(0)}}{\partial p} \frac{\partial \Theta}{\partial t} - p \Theta \frac{\mathrm{d}T}{\mathrm{d}t} \frac{\partial^2 f^{(0)}}{\partial T \partial p}$$
$$= -p \frac{\partial f^{(0)}}{\partial p} \frac{\partial \Theta}{\partial t} + p \Theta \frac{\mathrm{d}T/\mathrm{d}t}{T} \frac{\partial}{\partial p} \left[p \frac{\partial f^{(0)}}{\partial p} \right]. \tag{5.8}$$

其中第二步利用了 $\partial f^{(0)}/\partial T = -(p/T) \partial f^{(0)}/\partial p$. 上式第二行第二项与方程 (5.7) 等式右边第三项抵消, 得

$$\left. \frac{\mathrm{d}f}{\mathrm{d}t} \right|_{\mathrm{1st}} = -p \frac{\partial f^{(0)}}{\partial p} \left[\dot{\Theta} + \frac{\hat{p}^i}{a} \frac{\partial \Theta}{\partial x^i} + \dot{\Phi} + \frac{\hat{p}^i}{a} \frac{\partial \Psi}{\partial x^i} \right]. \tag{5.9}$$

方程等式右边的前两项对应于均匀宇宙中沿光线 (类光测地线) 的导数, 描述了分布函数在无碰撞情况下的演化, 也称为自由穿行; 后两项则对应扰动的引力效应.

注意到方程每次出现 x 时都有尺度因子 a 与之相乘, 这是因为 x 是共动距离, 而 ax 才是物理距离. 上述关于 Θ 的方程还不完整, 因为在考虑一阶扰动时碰撞项不可忽略.

5.2   碰撞项: Compton 散射

本节的目标是确定 Compton 散射对光子分布函数的影响. 借助章节 3.2.3 的推导, 我们把第 4 章的应用再做推广, 但要考虑分布函数的扰动. 第 4 章考虑了脱离化学平衡但仍处于动态平衡的系统, 而现在我们要考虑失去动力学平衡的情况, 从而计算出直至氢复合时期的光子分布和 CMB 各向异性的理论预测.

考虑散射过程

$$e^-(\boldsymbol{q}) + \gamma(\boldsymbol{p}) \leftrightarrow e^-(\boldsymbol{q}') + \gamma(\boldsymbol{p}'). \tag{5.10}$$

我们希望得到动量为 $\boldsymbol{p}$ (动量大小 p, 方向 $\hat{\boldsymbol{p}}$) 的光子分布. 类似章节 3.2.3, 我们需要对动量 $(\boldsymbol{q}, \boldsymbol{q}', \boldsymbol{p}')$ 积分. 由式 (3.48) 写出碰撞项

$$\begin{aligned}
C[f(\boldsymbol{p})] = {} &\frac{1}{2E(p)} \int \frac{\mathrm{d}^3 q}{(2\pi)^3 2E_e(q)} \int \frac{\mathrm{d}^3 q'}{(2\pi)^3 2E_e(q')} \int \frac{\mathrm{d}^3 p'}{(2\pi)^3 2E(p')} \sum_{3\,\mathrm{spins}} |\mathcal{M}|^2 \\
&\times (2\pi)^4 \delta_{\mathrm{D}}^{(3)}[\boldsymbol{p} + \boldsymbol{q} - \boldsymbol{p}' - \boldsymbol{q}']\, \delta_{\mathrm{D}}^{(1)}[E(p) + E_e(q) - E(p') - E_e(q')] \\
&\times \{f_e(\boldsymbol{q}')f(\boldsymbol{p}') - f_e(\boldsymbol{q})f(\boldsymbol{p})\}.
\end{aligned} \tag{5.11}$$

其中, 求和符号明确写出了对入射电子、出射电子和出射光子的自旋态 ("3 spins") 的求和. 与章节 4.1 不同, 这里未对出射光子 $\boldsymbol{p}$ 进行积分, 这是因为需要理解不同方向的光子如何发生相互作用, 即碰撞项对方向 $\hat{\boldsymbol{p}}$ 的依赖.

碰撞项 (5.11) 忽略了自发辐射和 Pauli 阻塞效应, 考虑这两种效应需对光子和电子的动量分别引入因子 $1 + f$ 和 $1 - f_e$. 在正负电子对湮灭后, 量子占据数 f_e 非常小, 故 Pauli 阻塞效应可忽略 (见章节 4.2). 下面将说明自发辐射也可忽略. 式 (5.11) 中光子的能量为 $E(p) = p$ 和 $E(p') = p'$. 另外, 从氢复合时期起, 典型的电子能量 ($\sim T$) 远小于电子质量, 电子为非相对论性粒子, 所以有

$$E(p) = p \sim T,$$
$$E_e(q) - m_e = q^2/(2m_e) \sim T \quad \Rightarrow \quad q \sim T\sqrt{\frac{2m_e}{T}}. \tag{5.12}$$

即接近平衡态时, 典型的光子能量和电子动能均为 T 量级. 因 $m_e/T \gg 1$, 电子的动量远大于光子的动量.

现利用三维动量的 δ 函数对式 (5.11) 中 $\boldsymbol{q}'$ 积分,

$$
\begin{aligned}
C[f(\boldsymbol{p})] = {} & \frac{\pi}{2m_e p} \int \frac{\mathrm{d}^3 q}{(2\pi)^3 2m_e} \int \frac{\mathrm{d}^3 p'}{(2\pi)^3 2p'} \delta_{\mathrm{D}}^{(1)} \left[p + E_e(q) - p' - E_e(|\boldsymbol{q} + \boldsymbol{p} - \boldsymbol{p}'|) \right] \\
& \times \sum_{3\,\mathrm{spins}} |\mathcal{M}|^2 \left\{ f_e(\boldsymbol{q} + \boldsymbol{p} - \boldsymbol{p}') f(\boldsymbol{p}') - f_e(\boldsymbol{q}) f(\boldsymbol{p}) \right\}.
\end{aligned}
\tag{5.13}
$$

下一步需要理解非相对论性 Compton 散射. 此过程中仅很少的能量被转移, 即

$$
p - p' = E_e(q) - E_e(\boldsymbol{q} + \boldsymbol{p} - \boldsymbol{p}') = \frac{q^2}{2m_e} - \frac{(\boldsymbol{q} + \boldsymbol{p} - \boldsymbol{p}')^2}{2m_e} \simeq \frac{(\boldsymbol{p} - \boldsymbol{p}') \cdot \boldsymbol{q}}{m_e}, \tag{5.14}
$$

其中通过式 (5.12), q 远大于 p 和 p', 故上式最后一步近似成立. 由于 p 和 p' 同量级, 等式右边量级为 $2pq/m_e$ (如果 $\boldsymbol{p}' \simeq -\boldsymbol{p}$). 由式 (5.12) 可见, 光子能量几乎不变, $|p' - p|/p \lesssim 2q/m_e \sim 2\sqrt{2T/m_e} \ll 1$. 因此, 非相对论性 Compton 散射几乎是完全弹性散射, $p' \simeq p$. 以上说明了 Θ 只依赖于 $\hat{\boldsymbol{p}}$ 而不依赖于 p 的合理性. 下一步, 对出射电子的动能 $(\boldsymbol{q} + \boldsymbol{p} - \boldsymbol{p}')^2/2m_e$ 在其零阶取值 $q^2/2m_e$ 处展开, δ 函数展开为

$$
\begin{aligned}
& \delta_{\mathrm{D}}^{(1)} \left[p - p' + E_e(q) - E_e(|\boldsymbol{q} + \boldsymbol{p} - \boldsymbol{p}'|) \right] \\
& \simeq \delta_{\mathrm{D}}^{(1)}(p - p') + \frac{(\boldsymbol{p}' - \boldsymbol{p}) \cdot \boldsymbol{q}}{m_e} \frac{\partial}{\partial p} \delta_{\mathrm{D}}^{(1)}(p - p') \\
& = \delta_{\mathrm{D}}^{(1)}(p - p') + \frac{(\boldsymbol{p} - \boldsymbol{p}') \cdot \boldsymbol{q}}{m_e} \frac{\partial}{\partial p'} \delta_{\mathrm{D}}^{(1)}(p - p'),
\end{aligned}
\tag{5.15}
$$

其中第二步成立的原因是, 对两变量之差的函数 f, 有 $\partial f(x - y)/\partial x = -\partial f(x - y)/\partial y$. 式 (5.15) 可看作对 p' 积分的一部分. 进行积分时, δ 函数的导数由分部积分计算. 再利用 $f_e(\boldsymbol{q} + \boldsymbol{p} - \boldsymbol{p}') \simeq f_e(\boldsymbol{q})$ (因 $p, p' \ll q$), 碰撞项变为

$$
C[f(\boldsymbol{p})] = \frac{\pi}{8m_e^2 p} \int \frac{\mathrm{d}^3 q}{(2\pi)^3} f_e(\boldsymbol{q}) \int \frac{\mathrm{d}^3 p'}{(2\pi)^3 p'} \sum_{3\,\mathrm{spins}} |\mathcal{M}|^2 \tag{5.16}
$$

$$
\times \left\{ \delta_{\mathrm{D}}^{(1)}(p - p') + \frac{(\boldsymbol{p} - \boldsymbol{p}') \cdot \boldsymbol{q}}{m_e} \frac{\partial \delta_{\mathrm{D}}^{(1)}(p - p')}{\partial p'} \right\} \left\{ f(\boldsymbol{p}') - f(\boldsymbol{p}) \right\}.
$$

这解释了忽略自发辐射的原因: 引入自发辐射后上式等号右边最后一个括号变为 $\{ f(\boldsymbol{p}')[1 + f(\boldsymbol{p})] - f(\boldsymbol{p})[1 + f(\boldsymbol{p}')] \}$, 化简后与原形式完全相同.

下一步, 推导 Compton 散射的强度. 在我们所讨论的低能量极限下, 教科书中[①]给出的结果是

$$
\frac{1}{2} \sum_{4\,\mathrm{spins}} |\mathcal{M}|^2 = 24\pi \sigma_{\mathrm{T}} m_e^2 \left(1 + \left[\hat{\boldsymbol{p}} \cdot \hat{\boldsymbol{p}}' \right]^2 \right), \tag{5.17}
$$

---

① 如 Srednicki (2007) 中的 exercise 11.2.

其中 $\sigma_{\rm T}$ 为 Thomson 散射截面. 若我们对光子的偏振态作积分平均, 那么上式可直接用于 $\sum_{3\,{\rm spins}}|\mathcal{M}|^2$. 再进行简化, 将式 (5.17) 对角度进行积分, 那么等式右边括号得到 4/3. 经以上操作可得

$$\sum_{3\,{\rm spins}}|\mathcal{M}|^2 = 32\pi\sigma_{\rm T}m_e^2 \qquad \text{(取偏振平均和角平均)}. \tag{5.18}$$

忽略角度依赖性仅会给碰撞项造成微小偏差 (见习题 5.4), 故我们暂时将其忽略.

对光子的入射和出射自旋态取平均, 等效于忽略辐射场的偏振. 然而在现实中, Compton 散射的强度确实存在偏振依赖性, 这使得 CMB 中存在偏振成分 (Bond & Efstathiou, 1984; Polnarev, 1985). CMB 的偏振场功率谱富含宇宙学信息, 见第 10 章. Compton 散射使偏振和温度微扰耦合, 这意味着温度场微扰的精确计算需要对偏振进行处理. 但在此, 我们先暂时忽略偏振带来的微小效应.

假设 $\sum_{\rm spins}|\mathcal{M}|^2$ 与动量无关, 计算式 (5.16) 并只保留能量传递中的一阶项. 对于不依赖于 q 的部分, 对 q 积分得到 $n_e/2$ (其中 2 来自电子的两自旋态, $g_e = 2$). 含 q/m_e 的一项积分得到 $n_e\boldsymbol{u}_{\rm b}/2$, 其中 $\boldsymbol{u}_{\rm b}$ 是电子的体速度 (bulk velocity), 也是重子的体速度 (见下文). 所以,

$$\begin{aligned}
C[f(\boldsymbol{p})] &= \frac{2\pi^2 n_e\sigma_{\rm T}}{p}\int\frac{{\rm d}^3 p'}{(2\pi)^3 p'}\left\{\delta_{\rm D}^{(1)}(p-p') + (\boldsymbol{p}-\boldsymbol{p}')\cdot\boldsymbol{u}_{\rm b}\frac{\partial\delta_{\rm D}^{(1)}(p-p')}{\partial p'}\right\}\\
&\quad \times\left\{f^{(0)}(p') - f^{(0)}(p) - p'\frac{\partial f^{(0)}}{\partial p'}\Theta(\hat{\boldsymbol{p}}') + p\frac{\partial f^{(0)}}{\partial p}\Theta(\hat{\boldsymbol{p}})\right\}\\
&= \frac{n_e\sigma_{\rm T}}{4\pi p}\int_0^\infty{\rm d}p'p'\int{\rm d}\Omega'\left[\delta_{\rm D}^{(1)}(p-p')\left(-p'\frac{\partial f^{(0)}}{\partial p'}\Theta(\hat{\boldsymbol{p}}') + p\frac{\partial f^{(0)}}{\partial p}\Theta(\hat{\boldsymbol{p}})\right)\right.\\
&\quad \left.+ (\boldsymbol{p}-\boldsymbol{p}')\cdot\boldsymbol{u}_{\rm b}\frac{\partial\delta_{\rm D}^{(1)}(p-p')}{\partial p'}\left(f^{(0)}(p') - f^{(0)}(p)\right)\right],
\end{aligned} \tag{5.19}$$

其中 Ω' 是单位矢量 $\hat{\boldsymbol{p}}'$ 所呈立体角. 这里 Θ 只表现出对方向 $\hat{\boldsymbol{p}}$ 和 $\hat{\boldsymbol{p}}'$ 的依赖. 因为碰撞在局部发生, $\boldsymbol{x}$ 和 t 不出现在碰撞项的推导中. 另外, 我们在上式中将 $f(\boldsymbol{p}') - f(\boldsymbol{p})$ 分解为零阶项和一阶项,[①] 其中零阶项与 δ 函数相乘贡献为零, 而一阶项与速度项 (同为一阶项) 相乘可忽略.

式 (5.19) 中仅有两项依赖于 $\hat{\boldsymbol{p}}'$, 需考虑它们对立体角 Ω' 的积分. 其一是分布函数的扰动 $\Theta(\hat{\boldsymbol{p}}')$. 定义分布函数扰动的单极子 (monopole)

$$\Theta_0(\boldsymbol{x},t) \equiv \frac{1}{4\pi}\int{\rm d}\Omega'\Theta(\hat{\boldsymbol{p}}',\boldsymbol{x},t), \tag{5.20}$$

---

① 我们正同时展开微扰和能量转移这两个微小量. 微扰背景下, 我们将 $f(\boldsymbol{p}') - f(\boldsymbol{p})$ 分解为零阶和一阶项.

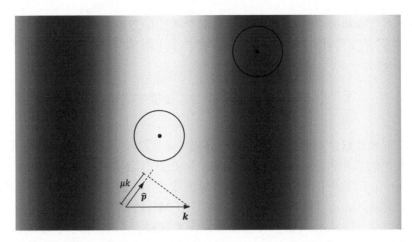

图 5.2　平面波温度扰动示意图, 其中波矢 k 为水平方向. 深色区域表示高电子温度, 浅色代表低电子温度. 若 Compton 散射效率足够高, 光子的最后散射面 (图中圆圈) 距观测者 (图中的点) 很近. 最后散射面上的温度几乎均匀, 观测所得分布函数几乎为单极子. 然而, 由于扰动, 不同观测者观测到不同单极子, 对应不同温度, 随空间位置而变化.

Θ_0 是对空间某点扰动在所有方向的积分, 相当于给定位置 x 和时间 t, 经过角平均的光子流量的相对扰动, 并以 Bose-Einstein 分布中温度的相对变化为基准. 后续我们会利用分布函数乘以 $\hat{p}$ 的函数并积分 [式 (5.66)], 把此概念推广至 多极子 (*multipole*). 请注意, 单极子和零阶温度的概念不同, 如图 5.2[①]所示. 零阶温度还需对全空间作平均, 在全空间取相同数值.

　　式 (5.19) 中依赖于 $\hat{p}'$ 的另一项为 $\hat{p}' \cdot u_\mathrm{b}$. 由于 u_b 不依赖于 p 和 p', 对其积分为零. 现在对立体角的积分可写为

$$C[f(\boldsymbol{p})] = \frac{n_e \sigma_\mathrm{T}}{p} \int_0^\infty \mathrm{d}p' p' \left[\delta_\mathrm{D}^{(1)}(p-p') \left(-p' \frac{\partial f^{(0)}}{\partial p'} \Theta_0 + p \frac{\partial f^{(0)}}{\partial p} \Theta(\hat{\boldsymbol{p}}) \right) \right.$$
$$\left. + \boldsymbol{p} \cdot \boldsymbol{u}_\mathrm{b} \frac{\partial \delta_\mathrm{D}^{(1)}(p-p')}{\partial p'} \left(f^{(0)}(p') - f^{(0)}(p) \right) \right]. \quad (5.21)$$

再对 p' 积分: 第一行即对 δ 函数积分, 第二行进行分部积分, 得到

$$C[f(\boldsymbol{p})] = -p \frac{\partial f^{(0)}}{\partial p} n_e \sigma_\mathrm{T} \left[\Theta_0 - \Theta(\hat{\boldsymbol{p}}) + \hat{\boldsymbol{p}} \cdot \boldsymbol{u}_\mathrm{b} \right]. \quad (5.22)$$

我们已经能够看出 Compton 散射对光子分布的影响. 当电子的体速度 u_b 为零时, 碰撞项使 Θ 趋于 Θ_0. 也就是说, 若 Compton 散射效率很高, 扰动仅剩下单极子, 多极子扰动被抹平 (图 5.2). 更直观的理解是, 强烈的散射使光子具有很小的

　　[①] 译者注: 原文中图 5.2 关于 μk 的标注有误. 我们在此重新绘制了图 5.2.

平均自由程, 因而空间某一位置能接收到的光子与周围很近的电子进行了最后散射. 由于附近这些电子的温度几乎相同, 来自各个方向的光子都具有了相同温度, 所以得到 $\Theta(\boldsymbol{x}, \hat{\boldsymbol{p}}, t) = \Theta_0(\boldsymbol{x}, t)$.

然而, $\boldsymbol{u}_b$ 不为零时, 光子的分布含偶极子, 其方向和大小取决于 $\boldsymbol{u}_b$, 而更高阶多极子仍为零. 可见 Compton 散射使光子分布仅存在非零的单极子和偶极子, 类似于流体. 事实上, 高效的散射效应所造成的强耦合使光子和电子表现为同一种流体. 光子退耦后, Compton 散射减少, 光子不再表现为流体. 然而此时, Boltzmann 方法依然奏效, 能有效描述光子退耦后自由穿行的物理特征.

5.3　光子的 Boltzmann 方程

基于前两节, 我们现在开始推导光子 Boltzmann 方程的完整形式. 根据方程 (5.9, 5.22), 得到

$$\dot{\Theta} + \frac{\hat{p}^i}{a}\frac{\partial \Theta}{\partial x^i} + \dot{\Phi} + \frac{\hat{p}^i}{a}\frac{\partial \Psi}{\partial x^i} = n_e \sigma_{\mathrm{T}} \left[\Theta_0 - \Theta + \hat{\boldsymbol{p}} \cdot \boldsymbol{u}_b\right]. \tag{5.23}$$

将式 (2.35) 定义的共形时间 η 作为时间变量, 并约定用 "′" 表示对 η 求导 (上方加点 "·" 仍表示对物理时间 t 求导). 方程 (5.23) 改写为

$$\Theta' + \hat{p}^i \frac{\partial \Theta}{\partial x^i} + \Phi' + \hat{p}^i \frac{\partial \Psi}{\partial x^i} = n_e \sigma_{\mathrm{T}} a \left[\Theta_0 - \Theta + \hat{\boldsymbol{p}} \cdot \boldsymbol{u}_b\right]. \tag{5.24}$$

专题 5.1　Fourier 空间

设随时间变化的标量场 $\delta(\boldsymbol{x}, t)$ 满足线性偏微分方程

$$\frac{\partial^2}{\partial t^2}\delta + f(t)\frac{\partial}{\partial t}\delta + g(t)\nabla^2 \Psi = 0. \tag{5.25}$$

其中 $\Psi(\boldsymbol{x}, t)$ 为另一标量场. 此方程除线性特征外, 另一特征是所有系数都只是时间 t 的函数. 这正是研究均匀宇宙背景下的一阶微扰所满足的性质: 对 $\boldsymbol{x}$ 的依赖对应于扰动, 通常只关心它的一阶项. 形如式 (5.25) 的偏微分方程非常适合在 Fourier 空间求解. 定义 Fourier 变换和其逆变换 [注: 式 (5.26) 为逆变换]

$$\delta(\boldsymbol{x}) = \int \frac{\mathrm{d}^3 k}{(2\pi)^3} e^{i\boldsymbol{k}\cdot\boldsymbol{x}} \tilde{\delta}(\boldsymbol{k}), \tag{5.26}$$

$$\tilde{\delta}(\boldsymbol{k}) = \int \mathrm{d}^3 x e^{-i\boldsymbol{k}\cdot\boldsymbol{x}} \delta(\boldsymbol{x}). \tag{5.27}$$

这样, $\delta(\boldsymbol{x})$ 对 $\boldsymbol{x}$ 的导数运算变为 Fourier 空间的代数运算

$$\frac{\partial \delta(\boldsymbol{x}, t)}{\partial x^i} \to i k_i \tilde{\delta}(\boldsymbol{k}, t). \tag{5.28}$$

其中 k^i 是平直空间的三维矢量 (度规为单位矩阵), 故 $k_i = k^i$, 对于导数也有 $\partial^i = \partial_i$, 并适用于一切三维空间矢量, 如 u_b^i. 对于一给定波矢 $\boldsymbol{k}$, $\tilde{\delta}(\boldsymbol{k})$ 描述的波动称为 Fourier 模式 [*Fourier mode*, 也称 $\boldsymbol{k}$-模式 (*k-mode*)], 常用波矢的绝对值 $k = |\boldsymbol{k}|$ 描述其波数.

简洁起见, 本书不再用 "~" 标识 Fourier 空间的变量:

$$\tilde{\delta}(\boldsymbol{k}) \to \delta(\boldsymbol{k}). \tag{5.29}$$

这也是大部分文献的表示方法. 因 Fourier 空间的变量和方程含有波矢 $\boldsymbol{k}$, 这种表示方法几乎不会造成混淆.

根据以上定义和性质, 方程 (5.25) 在 Fourier 空间可写为

$$\frac{\partial^2}{\partial t^2} \delta + f(t) \frac{\partial}{\partial t} \delta - g(t) k^2 \Psi = 0. \tag{5.30}$$

由此, 偏微分方程变为常微分方程. 这带来一个便利: 在宇宙学的线性近似下, 各 Fourier 模式的方程没有相互耦合, 即各 Fourier 模式 独立演化. 我们可以单独求解某 $\delta(\boldsymbol{k})$ 的方程, 无需得知其他模式 $\delta(\boldsymbol{k}')$ 的解.

线性偏微分方程 (5.24) 将 Θ 与 Ψ, Φ, $\boldsymbol{u}_b$ 耦合, 这些微扰量都是一阶小量, 其演化满足线性方程的性质. CMB 的微扰在宇宙所有时期都满足线性微扰. 物质的扰动只在早期宇宙保持微扰的性质, 它们最终会进入非线性并坍缩形成星系等结构. 第 12 章会介绍解决这类问题的非线性方法.

借助专题 5.1, 我们将在 Fourier 空间求解方程 (5.24). 先补充两个定义. 第一, 将波矢 $\boldsymbol{k}$ 与光子行进方向 $\hat{\boldsymbol{p}}$ 的夹角余弦记为 μ,

$$\mu \equiv \frac{\boldsymbol{k} \cdot \hat{\boldsymbol{p}}}{k}. \tag{5.31}$$

这样 μ 便成为描述光子传播方向的变量.[①] 图 5.2 可以帮助理解 μ 的意义: 水平方向的波矢 $\boldsymbol{k}$ 平行于温度梯度. $\Theta(k, \mu = 1)$ 表示光子沿 $\boldsymbol{k}$ 方向传播; 而 $\Theta(k, \mu = 0)$ 表示光子垂直于 $\boldsymbol{k}$ 方向传播 (即垂直于温度梯度, 温度不变). 由专题 5.1, 在 Fourier 空间的方程中出现的 μ 自动表示其 Fourier 变换.

---

　　① 下文和后续章节不再出现化学势 μ.

宇宙学中, 速度场一般是 纵向的 (*longitudinal*), 即速度沿波矢 $\boldsymbol{k}$ 方向

$$\boldsymbol{u}_{\mathrm{b}}(\boldsymbol{k}, \eta) = \frac{\boldsymbol{k}}{k} u_{\mathrm{b}}(\boldsymbol{k}, \eta), \tag{5.32}$$

即 无旋 (*irrotational*) 场 (实空间中, $\nabla \times \boldsymbol{u} = 0$). 故 $\boldsymbol{u}_{\mathrm{b}} \cdot \hat{\boldsymbol{p}} = u_{\mathrm{b}} \mu$.

第二, 定义 光深 (*optical depth*),

$$\tau(\eta) \equiv \int_\eta^{\eta_0} \mathrm{d}\eta' n_e \sigma_{\mathrm{T}} a. \tag{5.33}$$

晚期宇宙中自由电子数密度很小, $\tau \ll 1$; 而早期宇宙对光深的贡献很大. 上式的积分下限的定义使得

$$\tau' \equiv \frac{\mathrm{d}\tau}{\mathrm{d}\eta} = -n_e \sigma_{\mathrm{T}} a. \tag{5.34}$$

由以上定义, 光子的 Boltzmann 方程最终写为

$$\Theta' + ik\mu\Theta + \Phi' + ik\mu\Psi = -\tau' \left[\Theta_0 - \Theta + \mu u_{\mathrm{b}} \right]. \tag{5.35}$$

由于各 $\boldsymbol{k}$-模式独立演化, 我们可对 k 和 μ 独立求解.

5.4 冷暗物质的 Boltzmann 方程

借鉴章节 5.3 的方法, 我们可以推导其他组分的 Boltzmann 方程, 包括在宇宙演化中具有重要作用的冷暗物质. 冷暗物质在宇宙结构形成的引力效应中起着主导作用, 而 Boltzmann 方程可帮助我们描述冷暗物质演化.

冷暗物质与光子存在诸多不同. 第一, 对应 "暗" 的定义, 暗物质在产生之后不再与其他组分发生作用, 无需考虑碰撞项.[①] 第二, 对应 "冷" 的性质, 冷暗物质是非相对论性的, 其粒子的典型速度远小于光速.

因而, 章节 3.3.4 中的无碰撞、静质量非零粒子的 Boltzmann 方程 (3.76) 写为

$$\frac{\partial f_{\mathrm{c}}}{\partial t} + \frac{p}{E} \frac{\hat{p}^i}{a} \frac{\partial f_{\mathrm{c}}}{\partial x_i} - \left[H + \dot{\Phi} + \frac{E}{ap} \hat{p}^i \Psi_{,i} \right] p \frac{\partial f_{\mathrm{c}}}{\partial p} = 0. \tag{5.36}$$

其与辐射的主要区别在于速度因子 p/E. 速度因子压制了暗物质的自由穿行.

对于辐射, 后续步骤要求我们对已知的零阶分布函数 Bose-Einstein 分布进行一阶微扰. 但对于冷暗物质, 我们无需零阶分布, 只需利用其非相对论性的性质, 保留 $(p/m)^0$ 和 $(p/m)^1$, 忽略 $(p/m)^2$ 和更高阶项. 这意味着我们保留了暗物质的

---

① 除非暗物质有很强的自身相互作用. 这在近年研究中有探讨 (Tulin & Yu, 2018), 但本书暂不考虑.

体速度, 忽略其速度弥散, 将暗物质视为流体. 第 12 章会详细讨论这一近似的合理性.

基于此, 我们不再假设 f_c 的形式, 而是直接取方程 (3.76) 的各阶矩 (见习题 3.8). 首先求零阶矩. 将等式两边同乘以相空间体积 $\mathrm{d}^3p/(2\pi)^3$, 然后积分得到

$$\frac{\partial}{\partial t}\int\frac{\mathrm{d}^3p}{(2\pi)^3}f_c + \frac{1}{a}\frac{\partial}{\partial x^i}\int\frac{\mathrm{d}^3p}{(2\pi)^3}f_c\frac{p\hat{p}^i}{E(p)} - \left[H+\dot\Phi\right]\int\frac{\mathrm{d}^3p}{(2\pi)^3}p\frac{\partial f_c}{\partial p}$$
$$-\frac{1}{a}\frac{\partial\Psi}{\partial x^i}\int\frac{\mathrm{d}^3p}{(2\pi)^3}\frac{\partial f_c}{\partial p}E(p)\hat{p}^i = 0. \tag{5.37}$$

考虑到各个变量是独立的, 对 p 的积分与对 x^i, t 的偏导可交换顺序. 最后一项进行分部积分后结果为零. 为进一步简化, 定义暗物质密度[①]

$$n_c = \int\frac{\mathrm{d}^3p}{(2\pi)^3}f_c, \tag{5.38}$$

以及体速度

$$u_c^i \equiv \frac{1}{n_c}\int\frac{\mathrm{d}^3p}{(2\pi)^3}f_c\frac{p\hat{p}^i}{E(p)}. \tag{5.39}$$

注意, 区别于粒子速度, 我们用 $\boldsymbol{u}$ 表示体速度. 体速度代表物质整体的平均速度, 是对足够多的粒子作平均后所得的结果, 可能远小于单个粒子的速度.

方程 (5.37) 前两项可简化为密度项和速度项. 第三项可进行分部积分

$$\int\frac{\mathrm{d}^3p}{(2\pi)^3}p\frac{\partial f_c}{\partial p} = \frac{1}{(2\pi)^3}\int_0^\infty\mathrm{d}p\,p^3\frac{\partial}{\partial p}\int\mathrm{d}\Omega f_c$$
$$= -3\frac{1}{(2\pi)^3}\int_0^\infty\mathrm{d}p\,p^2\int\mathrm{d}\Omega f_c$$
$$= -3n_c. \tag{5.40}$$

可见 Boltzmann 方程的零阶矩是流体连续性方程在宇宙学中的推广:

$$\frac{\partial n_c}{\partial t} + \frac{1}{a}\frac{\partial(n_c u_c^i)}{\partial x^i} + 3\left[H+\dot\Phi\right]n_c = 0, \tag{5.41}$$

前两项来自标准流体力学的连续性方程. 第三项来自 FLRW 度规及其微扰, 尤其是空间膨胀带来的暗物质密度衰减 ($H+\dot\Phi$ 为局部含微扰的膨胀率).

下面提取方程 (5.41) 的零阶和一阶部分. 由于速度和 $\dot\Phi$ 都是一阶项, 零阶项只剩

$$\frac{\partial\bar{n}_c}{\partial t} + 3H\bar{n}_c = 0. \tag{5.42}$$

---

① 此处将自旋简并数 g_c 归入分布函数 f_c.

其中 $\bar{n}_c$ 是零阶密度. 此方程的解为

$$\frac{\mathrm{d}\left(\bar{n}_c a^3\right)}{\mathrm{d}t} = 0 \quad \Rightarrow \quad \bar{n}_c \propto a^{-3}.$$ (5.43)

此结论与第 2 章中利用能动张量守恒得到的结论一致.

对于方程 (5.41) 的一阶部分, 利用

$$n_c(\boldsymbol{x}, t) = \bar{n}_c(t)\left[1 + \delta_c(\boldsymbol{x}, t)\right]$$ (5.44)

定义一阶项为 $\bar{n}_c \delta_c$. 其中 $\delta_c \equiv \delta\rho_c / \rho_c$ 也称为暗物质的 *相对密度扰动* (*overdensity, density contrast*). 等式两边除以 $\bar{n}_c$, 一阶项方程写为

$$\frac{\partial\delta_c}{\partial t} + \frac{1}{a}\frac{\partial u_c^i}{\partial x^i} + 3\dot{\Phi} = 0.$$ (5.45)

以上, 我们引入了暗物质的两个扰动量, 即相对密度扰动 δ_c 和体速度 $\boldsymbol{u}_c$. 方程 (5.45) 是描述这两个扰动量的其中一个方程, 另一个方程由求解 Boltzmann 方程 (5.36) 的一阶矩得到. 将方程 (5.36) 等式两边乘以 $[\mathrm{d}^3 p / (2\pi)^3]\, p\hat{p}^j / E$, 然后积分得到

$$\frac{\partial}{\partial t}\int\frac{\mathrm{d}^3 p}{(2\pi)^3}f_c\frac{p\hat{p}^j}{E} + \frac{1}{a}\frac{\partial}{\partial x^i}\int\frac{\mathrm{d}^3 p}{(2\pi)^3}f_c\frac{p^2}{E^2}\hat{p}^i\hat{p}^j - \left[H + \dot{\Phi}\right]\int\frac{\mathrm{d}^3 p}{(2\pi)^3}\frac{\partial f_c}{\partial p}\frac{p^2\hat{p}^j}{E}$$
$$-\frac{1}{a}\frac{\partial\Psi}{\partial x^i}\int\frac{\mathrm{d}^3 p}{(2\pi)^3}\frac{\partial f_c}{\partial p}p\hat{p}^i\hat{p}^j = 0.$$ (5.46)

第一项是 $n_c u_c^i$ 的时间导数. 第二项因 $(p/E)^2$ 为高阶可忽略. 第三项需分部积分

$$\int\frac{\mathrm{d}^3 p}{(2\pi)^3}\frac{\partial f_c}{\partial p}\frac{p^2\hat{p}^j}{E} = \int\frac{\mathrm{d}\Omega}{(2\pi)^3}\hat{p}^j\int_0^\infty\mathrm{d}p\frac{p^4}{E}\frac{\partial f_c}{\partial p}$$
$$= -\int\frac{\mathrm{d}\Omega}{(2\pi)^3}\hat{p}^j\int_0^\infty\mathrm{d}p f_c\left(\frac{4p^3}{E} - \frac{p^5}{E^3}\right).$$ (5.47)

含 $4p^3/E$ 的一项积分后得 $-4n_c u_c^j$, 另一项 $\propto p^5/E^3 = (p^2/E^2)(p^3/E)$ 可忽略. 用类似方法对方程 (5.46) 最后一项进行积分, 并利用

$$\int\mathrm{d}\Omega\,\hat{p}^i\hat{p}^j = \delta^{ij}\frac{4\pi}{3},$$ (5.48)

得到 Boltzmann 方程的一阶矩

$$\frac{\partial\left(n_c u_c^j\right)}{\partial t} + 4H n_c u_c^j + \frac{n_c}{a}\frac{\partial\Psi}{\partial x^j} = 0.$$ (5.49)

显然, 一阶矩方程不含零阶项, 只需提取此方程的一阶项. 可令 $n_c \to \bar{n}_c$, 并利用式 (5.43) 的结果, 得到

$$\frac{\partial u_c^j}{\partial t} + H u_c^j + \frac{1}{a}\frac{\partial \Psi}{\partial x^j} = 0. \tag{5.50}$$

至此, 我们得到了描述冷暗物质密度和速度演化的方程组 (5.45, 5.50), 其中动量守恒方程 (5.50) 并未保留流体力学中的 $(\boldsymbol{u}\cdot\nabla)\boldsymbol{u}$, 这是因为两个一阶项 $\boldsymbol{u}$ 的乘积是二阶项 (第 12 章讨论非线性扰动时, 此项会出现). 由以上推导可见, Boltzmann 方程积分得到流体方程, 且第 l 阶矩的方程求解依赖于第 $(l+1)$ 阶矩, 如密度 (零阶矩) 演化方程依赖于速度 (一阶矩). 这种依赖关系需要无限层级的方程, 这也是求解光子 Boltzmann 方程 (5.35) 的方法之一. 对于冷暗物质, 将方程的二阶矩设为零, 即忽略 $(p/E)^2$ 及更高阶项, 可使 Boltzmann 方程组 (5.45, 5.50) 完备.[①] 但对于具有更高速度弥散的粒子, 如中微子, 更高阶矩需要保留.

在 Fourier 空间, 以 η 为时间变量, 连续性方程 (5.45) 变为

$$\delta_c' + iku_c + 3\Phi' = 0, \tag{5.51}$$

其中速度场被设为无旋场, $u_c^i = (k^i/k)u_c$. 动量守恒方程 (5.50) 变为

$$u_c' + \frac{a'}{a}u_c + ik\Psi = 0. \tag{5.52}$$

可见 $\boldsymbol{u}_c$ 产生于引力势 Ψ 的梯度, 这也佐证了 $\boldsymbol{u}_c$ 为无旋场的假设. 速度场如果有旋度, 应体现在宇宙速度场的初始条件中.

5.5　重子的 Boltzmann 方程

宇宙学中, 质子、中子和电子统称为重子, 其中, 质子和中子贡献了主要的能量密度, 构成了宇宙中的氢和氦原子核. 简单起见, 下文主要讨论质子.

电子和质子通过 Coulomb 散射 $(e+p \to e+p)$ 耦合. Coulomb 散射速率在宇宙各个时期都大于膨胀率, 因而电子和质子的密度扰动相等, 即

$$\frac{\rho_e - \bar{\rho}_e}{\bar{\rho}_e} = \frac{\rho_p - \bar{\rho}_p}{\bar{\rho}_p} \equiv \delta_b, \tag{5.53}$$

共同记为 δ_b. 类似地, 它们的体速度也相等, 即

$$\boldsymbol{u}_e = \boldsymbol{u}_p \equiv \boldsymbol{u}_b. \tag{5.54}$$

---

① 还需描述引力势 Ψ 和 Φ 的方程 (来自 Einstein 场方程), 见第 6 章.

氢复合后, 电子和原子核首次结合为中性原子. 因它们紧密耦合, 有极小的平均自由程, 且具有非相对论性的性质 $T \ll m_e$, 电子和原子核可统一看作非相对论性流体. 与章节 5.4 讨论的冷暗物质类似, 我们只取 Boltzmann 方程的零阶和一阶矩, 但要考虑 Compton 散射.

类比冷暗物质的 Boltzmann 零阶矩方程 (5.51), 对于重子物质, 得到

$$\delta_{\rm b}' + iku_{\rm b} + 3\Phi' = 0. \tag{5.55}$$

氢复合后可忽略正负电子对湮灭和核反应. 尽管存在碰撞项, 电子和质子数守恒, 方程 (5.55) 等式右侧依然为零. 连续性方程意味着重子数守恒.

为得到重子物质的动量守恒方程, 取电子和质子 Boltzmann 方程的一阶矩并相加. 类似于暗物质方程, 乘以 $\boldsymbol{p}/E$ 之后对动量积分. 这里无需引入 $1/E$, 因为所有粒子均为非相对论性. 直接引入暗物质满足的方程并乘以粒子质量. 比如, 对于电子, 积分后方程等式左边为方程 (5.49) 等式左边乘以 m_e; 对于质子则乘以 m_p. 因质子质量远大于电子, 两方程相加后所满足的方程被质子主导, 故由方程 (5.49), 得到

$$m_p \frac{\partial(n_{\rm b}u_{\rm b}^j)}{\partial t} + 4Hm_pn_{\rm b}u_{\rm b}^j + \frac{m_pn_{\rm b}}{a}\frac{\partial\Psi}{\partial x^j} = F_{e\gamma}^j(\boldsymbol{x}, t). \tag{5.56}$$

这里的碰撞项 $\boldsymbol{F}_{e\gamma}$ 不再为零. Boltzmann 方程的一阶矩描述了动量的守恒性. 尽管电子和核子的数量依然守恒, 但动量不再守恒. 这是因为 Compton 散射使光子和电子之间存在动量传递, 由 $\boldsymbol{F}_{e\gamma}$ 表示; 电子又将动量传递给原子核.[①] 等式两边同除以 $\rho_{\rm b} = m_p\bar{n}_{\rm b}$, 得到

$$\frac{\partial u_{\rm b}^j}{\partial t} + Hu_{\rm b}^j + \frac{1}{a}\frac{\partial\Psi}{\partial x^j} = \frac{1}{\rho_{\rm b}}F_{e\gamma}^j(\boldsymbol{x}, t). \tag{5.57}$$

最后, 推导等式右侧碰撞项的积分形式. 由于光子和电子的散射过程中总动量守恒, $\boldsymbol{F}_{e\gamma}$ 应与光子动量守恒方程中出现的碰撞项的积分大小相等, 方向相反, 故在这里我们可以转而对光子 Boltzmann 方程的碰撞项 (5.22) 求一阶矩.

在 Fourier 空间来考虑该问题. 设 $\boldsymbol{F}_{e\gamma}$ 沿波矢 $\boldsymbol{k}$ 的方向, 将式 (5.22) 的 Fourier 变换乘以 $\hat{k}^j$ 然后取一阶矩. 另因电子的动量 $n_eu_e^i$ 包含两自旋态, 即分布函数一阶矩的二倍, 需将碰撞项乘以 2. 再考虑因动量守恒所引入的负号, 我们将式 (5.22) 乘以 $-2p\mu$ 再对光子动量 $\boldsymbol{p}$ 积分, 得到

$$\frac{1}{\rho_{\rm b}}\hat{k}^iF_{e\gamma}^i(\boldsymbol{x}, t) = -\frac{n_e\sigma_{\rm T}}{\rho_{\rm b}}\int\frac{{\rm d}^3p}{(2\pi)^3}p\mu\left[-p\frac{\partial f^{(0)}}{\partial p}\right][\Theta_0 - \Theta(\mu) + \mu u_{\rm b}]$$

---

① 实际上光子也与原子核发生散射, 但由于 $m_e^2/m_p^2 < 10^{-6}$, 此散射过程可忽略.

$$= \frac{2n_e\sigma_{\mathrm{T}}}{\rho_{\mathrm{b}}} \int_0^\infty \frac{\mathrm{d}p}{2\pi^2} p^4 \frac{\partial f^{(0)}}{\partial p} \int_{-1}^1 \frac{\mathrm{d}\mu}{2} \mu \left[\Theta_0 - \Theta(\mu) + \mu u_{\mathrm{b}}\right]. \quad (5.58)$$

因背景光子的能量密度 ρ_γ 是 $pf^{(0)}(p)$ 动量积分的二倍, 对 p 分部积分得 $-2\rho_\gamma$. 对 μ 的积分第一项为零, 第三项为 $u_{\mathrm{b}}/3$, 而对第二项的积分得到 Θ 的一阶矩. 类似 (5.20) 曾定义分布函数扰动的单极子 Θ_0, 此处再定义其偶极子 (*dipole*)

$$\Theta_1(k,\eta) \equiv i \int_{-1}^1 \frac{\mathrm{d}\mu}{2} \mu\Theta(\mu,k,\eta), \quad (5.59)$$

其中虚数单位 i 的引入来自定义的惯例. 碰撞项 (5.58) 变为

$$\frac{1}{\rho_{\mathrm{b}}} \hat{k}^i F_{e\gamma}^i(\boldsymbol{x},t) = -n_e\sigma_{\mathrm{T}} \frac{4\rho_\gamma}{\rho_{\mathrm{b}}} \left[i\Theta_1 + \frac{1}{3}u_{\mathrm{b}}\right]. \quad (5.60)$$

光子分布函数的偶极子出现在了重子的动量守恒方程中, 这与光子和电子的动量传递有关. 对于各向同性的光子分布, 动量传递的净效果为零. 若偶极子非零, 某一方向传来的光子具有更高能量, 电子会受到一方向相反的阻力. 此效应称为 Compton 拖曳 (*Compton drag*). 更确切的表述是, $F_{e\gamma}^i$ 是光子散射对电子施加的 "压力密度" (类似于压强梯度), 正比于碰撞率 $n_e\sigma_{\mathrm{T}}$、碰撞产生的平均动量转移、光子数密度和偶极子.

将碰撞项代入方程 (5.57), 以 η 为时间变量并写为 Fourier 空间的形式, 得到

$$u_{\mathrm{b}}' + \frac{a'}{a}u_{\mathrm{b}} + ik\Psi = \tau'\frac{4\rho_\gamma}{\rho_{\mathrm{b}}}\left[3i\Theta_1 + u_{\mathrm{b}}\right]. \quad (5.61)$$

既然光子和电子散射, 为何 ρ_{b} 出现在方程 (5.61) 右侧的分母中? 这是因为电子通过 Coulomb 散射与原子核紧密耦合, 改变它们的动量非常困难. $\rho_{\mathrm{b}} \to \infty$ 时, Compton 散射无法改变电子的动量, 不会影响重子的动量守恒方程. 此外, 我们推导方程 (5.61) 时, 进行了 $n_e = n_p = n_{\mathrm{b}}$ 的设定, 即氢处于电离态. 不过, 即便存在中性氢 ($n_e < n_{\mathrm{b}}$), 方程 (5.61) 仍然成立. 氢复合后, 大多数质子被束缚在中性氢原子中; 氢复合前也有小部分质子存在于氦或其他离子中. 由于中性氢和氦与电子和质子紧密耦合 (见习题 5.6), 方程 (5.61) 适用于所有类型的重子.

5.6 中微子的 Boltzmann 方程

下面讨论中微子的分布函数 $f_\nu(\boldsymbol{x},\boldsymbol{p},t)$. 在温度 $T_\nu(a)$ 时, 中微子服从一平衡态分布 (见章节 2.4.4 和习题 3.9), 且在早期宇宙中为相对论性粒子, 其分布的扰动可用温度扰动 $\mathcal{N}(\boldsymbol{x},\boldsymbol{p},t)$ 来描述. 类似于章节 5.1 对光子的处理, 对于中微子有

$$f(\boldsymbol{x},\boldsymbol{p},t) = \left[\exp\left\{\frac{p}{T_\nu(t)\left[1+\mathcal{N}(\boldsymbol{x},\hat{\boldsymbol{p}},t)\right]}\right\} + 1\right]^{-1}$$

$$= \left[1 - \mathcal{N}(\boldsymbol{x}, \boldsymbol{p}, t) p \frac{\mathrm{d}}{\mathrm{d}p} \right] f_\nu^{(0)}(p), \tag{5.62}$$

其中 $f_\nu^{(0)}(p) = [e^{p/T_\nu(a)} + 1]^{-1}$ 是中微子的零阶分布函数; 上式第二行利用 $\mathcal{N}$ 将其进行了一阶微扰展开. 中微子退耦后, 不受除引力以外的任何其他相互作用, 故中微子满足无碰撞 Boltzmann 方程 (3.76),

$$\frac{\mathrm{d}f_\nu}{\mathrm{d}t} = \frac{\partial f_\nu}{\partial t} + \frac{p}{E_\nu(p)} \frac{\hat{p}^i}{a} \frac{\partial f_\nu}{\partial x^i} - \left[H + \dot\Phi + \frac{E_\nu(p)}{aP} \hat{p}^i \Psi_{,i} \right] p \frac{\partial f_\nu}{\partial p} = 0. \tag{5.63}$$

将式 (5.62) 代入, 取方程的一阶项, 得到

$$\frac{\partial \mathcal{N}}{\partial t} + \frac{p}{E_\nu(p)} \frac{\hat{p}^i}{a} \frac{\partial \mathcal{N}}{\partial x^i} - Hp \frac{\partial \mathcal{N}}{\partial p} + \dot\Phi + \frac{E_\nu(p)}{ap} \hat{p}^i \Psi_{,i} = 0. \tag{5.64}$$

利用共形时间 η 做时间变量, 并写为 Fourier 空间的形式[①]

$$\mathcal{N}'(\boldsymbol{k}, p, \mu, \eta) + ik\mu \frac{p}{E_\nu(p)} \mathcal{N} - \frac{a'}{a} p \frac{\partial}{\partial p} \mathcal{N} = -\Phi' - ik\mu \frac{E_\nu(p)}{p} \Psi, \tag{5.65}$$

这是中微子一阶微扰的 Boltzmann 方程. 它与光子的区别体现在碰撞项和因子 $p/E_\nu(p)$. 中微子的碰撞项为零. 此外, 当中微子为相对论性粒子时, $p/E_\nu(p) \to 1$. 在宇宙晚期, 温度低于 m_ν 时, 方程 (5.65) 等式左边第二项中的 p/E 反映了中微子在自由穿行效应中的减速; 等式右边第二项中的 E/p 则反映出慢速中微子在引力势阱中的时间更长, 因而受到引力影响更大.

　　另一个区别是, 光子的微扰 Θ 不依赖于 p, 只依赖于 $\hat{\boldsymbol{p}}, \boldsymbol{x}, \eta$; 而对于中微子, $\mathcal{N}$ 依赖于 p, 方程 (5.65) 多了等式左边第三项. 原因是, 当中微子不再是相对论性粒子时, 不同动量的中微子行为不同. 对于三种中微子, 原则上要单独列出不同质量对应的 Boltzmann 方程. 不过, 若只考虑氢复合前的情形, 方程 (5.65) 可设 $p/E_\nu(p) = 1$, 同时忽略等式左边第三项, 简化为光子的形式; 三种中微子便可用同一 Boltzmann 方程描述. 但到了宇宙晚期, 中微子的质量变得非常重要. 后续章节将进一步讨论.

5.7　小　　结

　　为描述宇宙各组分的非均匀性、各向异性, 以及这些扰动的演化规律, 本章推导了它们的 Boltzmann 方程组. 对于非相对论性的冷暗物质和重子物质, 通过取分布函数关于动量的多极子, Boltzmann 方程组得到了极大的简化. 本章只考

---

① 译者注: 原文中方程 (5.65) 第三项的系数 a'/a 误写为 H. 已更正.

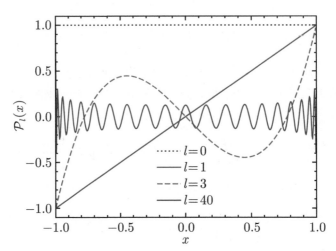

图 5.3   Legendre 多项式. 高阶 Legendre 多项式有更多小尺度特征. 一般来说, $\mathcal{P}_l$ 在 -1 和 1 之间变化并穿过横坐标轴 l 次.

虑了单极子和偶极子, 分别对应于密度扰动 $\delta_c(\boldsymbol{x},t)$, $\delta_b(\boldsymbol{x},t)$ 和体速度 $\boldsymbol{u}_c(\boldsymbol{x},t)$, $\boldsymbol{u}_b(\boldsymbol{x},t)$. 专题 5.1 介绍了将扰动的线性演化方程进行 Fourier 变换, 得到 Fourier 空间中独立演化的 $\boldsymbol{k}$-模式. 另外, 用共形时间 η 作为时间变量, 得到了 $\delta_c(\boldsymbol{k},\eta)$, $\delta_b(\boldsymbol{k},\eta)$, $u_c(\boldsymbol{k},\eta)$, $u_b(\boldsymbol{k},\eta)$ 的演化方程. 这里速度表示为标量, 是因为一阶微扰论中, 速度场为无旋场, 与波矢 $\boldsymbol{k}$ 平行.

相对论性的光子和中微子需要更多信息来描述. 它们的扰动除单极子和偶极子外, 还含有四极、八极等高阶矩. 也就是说, 光子的分布不仅取决于时间和位置, 还取决于传播方向 $\hat{\boldsymbol{p}}$. 在 Fourier 空间中, 光子分布不仅取决于 k 和 η, 还取决于 $\mu \equiv \hat{\boldsymbol{p}} \cdot \hat{\boldsymbol{k}}$, 故光子的扰动变量是 $\Theta(k,\mu,\eta)$. 中微子扰动记为 $\mathcal{N}(k,p,\mu,\eta)$ (原则上每种中微子应采用单独的分布函数), 中微子质量非零, 需引入额外的变量 p. 幸运的是, 氢复合前, 可以忽略中微子质量及 $\mathcal{N}$ 对 p 的依赖.

式 (5.20, 5.59) 定义了光子扰动的单极子 $\Theta_0(k,\eta)$ 和偶极子 $\Theta_1(k,\eta)$, 但它们并不能完备地描述光子分布, 我们还需要定义分布的多极子

$$\Theta_l(k,\eta) \equiv \frac{1}{(-i)^l} \int_{-1}^{1} \frac{\mathrm{d}\mu}{2} \mathcal{P}_l(\mu)\Theta(\mu,k,\eta), \tag{5.66}$$

其中 $\mathcal{P}_l$ 是 l 阶勒让德 (Legendre) 多项式 [式 (C.2)], $l=2,3$ 分别对应四极子和八极子. 由于更高阶 Legendre 多项式拥有更小尺度的结构 (图 5.3), 温度分布的高阶矩描述了辐射场更小尺度的各向异性. 光子扰动不仅可以用 $\Theta(k,\mu,\eta)$ 描述, 也可用多极子序列 $\Theta_l(k,\eta)$ 描述. 这样的多极展开同样适用于中微子.

章节 5.2 指出, 为了精确的计算出温度的各向异性, 我们必须考虑偏振效应

(详见第 10 章). 在给出正式定义之前, 记光子偏振场为 Θ_P. 经 Fourier 变换, Θ_P 依赖于 k, μ, η, 将其 Legendre 多极展开记为 $\Theta_{P,l}$.

现总结所有组分的扰动演化方程. 首先是光子的 Boltzmann 方程

$$\Theta' + ik\mu\Theta = -\Phi' - ik\mu\Psi - \tau' \left[\Theta_0 - \Theta + \mu u_{\mathrm{b}} - \frac{1}{2}\mathcal{P}_2(\mu)\Pi \right], \tag{5.67}$$

其中

$$\Pi = \Theta_2 + \Theta_{P,2} + \Theta_{P,0}. \tag{5.68}$$

方程 (5.67) 在之前推导出的光子 Boltzmann 方程基础上进行了一项修正: $\mathcal{P}_2\Pi/2$. 该项正比于二阶 Legendre 多项式 $\mathcal{P}_2(\mu) = (3\mu^2 - 1)/2$. 根据式 (5.68), 该项含有 $\mathcal{P}_2\Theta_2/2$, 即章节 5.2 中曾忽略的 Compton 散射的角度依赖. 此外, Π 中另外两项表示温度场与偏振场耦合. Θ_P 的相关讨论见后续章节. 在此仅强调 Θ_P 只产生于温度扰动的四极子 Θ_2, 与其他多极子无关.

其他组分的 Boltzmann 方程为

$$\delta_{\mathrm{c}}' + iku_{\mathrm{c}} = -3\Phi' \tag{5.69}$$

$$u_{\mathrm{c}}' + \frac{a'}{a}u_{\mathrm{c}} = -ik\Psi \tag{5.70}$$

$$\delta_{\mathrm{b}}' + iku_{\mathrm{b}} = -3\Phi' \tag{5.71}$$

$$u_{\mathrm{b}}' + \frac{a'}{a}u_{\mathrm{b}} = -ik\Psi + \frac{\tau'}{R}\left[u_{\mathrm{b}} + 3i\Theta_1\right] \tag{5.72}$$

$$\mathcal{N}' + ik\mu\frac{p}{E_\nu(p)}\mathcal{N} - Hp\frac{\partial}{\partial p}\mathcal{N} = -\Phi' - ik\mu\frac{E_\nu(p)}{p}\Psi. \tag{5.73}$$

重子速度方程 (5.72) 中, 光子和重子的能量密度比 $1/R$ 定义为[①]

$$\frac{1}{R(\eta)} \equiv \frac{4\rho_\gamma(\eta)}{3\rho_b(\eta)}. \tag{5.74}$$

本章的推导基于 Ma & Bertschinger (1995) 开创性的工作. 该论文可作为重要的参考资料 (论文还探讨了共形牛顿规范和同步规范, 见习题 5.1).

---

① 勿与光子和重子的数密度比 η_{b} 混淆, η_{b} 不随时间变化且远小于 1.

习　题

5.1　同步 (*synchronous*) 规范下的度规写为

$$g_{00}(\boldsymbol{x}, t) = -1,$$
$$g_{0i}(\boldsymbol{x}, t) = 0,$$
$$g_{ij}(\boldsymbol{x}, t) = a^2(t)[\delta_{ij} + h_{ij}(\boldsymbol{x}, t)], \tag{5.75}$$

其中在 Fourier 空间的扰动项

$$\tilde{h}_{ij}(\boldsymbol{k} = k\hat{\boldsymbol{e}}_z, t) = \begin{pmatrix} -2\tilde{\mathfrak{n}}(\boldsymbol{k}, t) & 0 & 0 \\ 0 & -2\tilde{\mathfrak{n}}(\boldsymbol{k}, t) & 0 \\ 0 & 0 & \tilde{h}(\boldsymbol{k}, t) + 4\tilde{\mathfrak{n}}(\boldsymbol{k}, t) \end{pmatrix}. \tag{5.76}$$

本习题中我们明确写出 Fourier 空间变量的 "~" 记号. 波矢 $\boldsymbol{k}$ 沿 z 方向. 根据章节 3.3 的步骤, 推导方程 (5.35) 在同步规范下的形式

$$\tilde{\Theta}' + ik\mu\tilde{\Theta} + \frac{1}{2}\mu^2\tilde{h}' + 2\mathcal{P}_2(\mu)\tilde{\mathfrak{n}}' = -\tau'\left[\tilde{\Theta}_0 - \tilde{\Theta} + \mu u_{\mathrm{b}}\right]. \tag{5.77}$$

5.2　对 Boltzmann 方程 (5.5) 的动量积分并证明粒子数密度随 a^{-3} 衰减.

5.3　证明从 BBN 至氢复合时期, Pauli 阻塞因子 $1 - f_e$ 可设为 1. 首先利用章节 4.1 中的近似 (假设 $T_e \ll m_e$) 将 f_e (依赖于 T_e 和 μ_e) 写成温度和数密度函数, 然后证明 $f_e \ll 1$.

5.4　考虑 Compton 散射的角度相关性. 由式 (5.16) 起, 不再取角度平均后的散射强度 [式 (5.18)], 而是取偏振平均后的表达式 (5.17). 证明: 考虑此效应后将导出方程 (5.67) 中的 $\mathcal{P}_2(\mu)\Theta_2/2$.

5.5　利用 Boltzmann 方程推导出连续性方程, 再次论证章节 2.3 中利用能动张量推导出的结果. 将方程 (3.76) 的零阶部分乘以 $\mathrm{d}^3p E(p)/(2\pi)^3$ 并积分, 证明方程 (2.56).

5.6　证明在氢复合时期, 电子、原子核和原子紧密耦合.

(a) 计算 Coulomb 散射率与膨胀率的比值. 可设电子和质子处于完全电离态.

(b) 证明即使在电离率为 10^{-4} 量级时, 中性氢对自由质子的散射率仍远大于膨胀率 (参考图 4.4).

第 6 章　非均匀的宇宙: 引力

第 5 章探讨了引力和非引力作用对粒子分布函数的影响, 得到了 Boltzmann 方程 (5.67-5.73). 本章将利用广义相对论的 Einstein 场方程, 探究扰动对引力场的影响. 第 3 章曾对均匀宇宙的 Einstein 场方程求解, 而本章将对场方程做线性微扰. Einstein 场方程包含 10 个独立的分量方程. 本章将会讨论如何分解这些方程, 以及选定坐标系.

6.1　标量-矢量-张量分解

第 5 章中, 利用 Fourier 变换, 把扰动分解为各自独立演化的 $\boldsymbol{k}$-模式, 显著简化了 Boltzmann 方程. Einstein 场方程是一个张量方程, 是一系列耦合的方程组. 不过我们依旧有方法将这些方程分解为独立演化的模式. 实际上, 该方法在度规的微扰 (3.49) 中已得到应用.

考虑受到微扰的 FLRW 时空度规

$$
\begin{aligned}
g_{00}(t, \boldsymbol{x}) &= -1 + h_{00}(t, \boldsymbol{x}), \\
g_{0i}(t, \boldsymbol{x}) &= a(t) h_{0i}(t, \boldsymbol{x}) = a(t) h_{i0}(t, \boldsymbol{x}), \\
g_{ij}(t, \boldsymbol{x}) &= a^2(t) \left[\delta_{ij} + h_{ij}(t, \boldsymbol{x}) \right],
\end{aligned}
\tag{6.1}
$$

其中度规扰动 h_{00}, h_{0i}, h_{ij} 是时间和空间的函数, 是一阶小量. 本章将主要使用物理时间 t. 物理时间 t 和共形时间 η 可由 $\mathrm{d}t = a\mathrm{d}\eta$ 进行相互转换, 该转换与扰动和下文中的坐标变换均无关.

章节 3.3 讨论的度规扰动实际上是 $h_{\mu\nu}$ 的一个特殊形式

$$
\begin{aligned}
h_{00} &= -2\Psi, \\
h_{0i} &= 0, \\
h_{ij} &= 2\Phi\delta_{ij},
\end{aligned}
\tag{6.2}
$$

称为共形牛顿规范. 当我们系统地研究 FLRW 度规的扰动时, 会发现: 它可以把带扰动的度规的场方程分解为不同成分; 为描述引力, 仅使用 Ψ 和 Φ 是不完备的.

根据空间旋转后的性质, 对度规微扰 (6.1) 的分量进行区分. 时间-时间扰动分量是三维空间中的标量, 在空间旋转后保持不变. 为使讨论更加普适 (不仅限于共形牛顿规范), 定义这一标量为 $h_{00} = -2A$ (负号和系数 2 来自惯例). 时间-空间扰动分量 h_{0i} 是三维空间中的矢量, 可分解为纵向 (*longitudinal*) 和横向 (*transverse*) 部分, 分别由函数 B 和 B_i 表示,

$$h_{0i} = -\frac{\partial B}{\partial x^i} - B_i, \quad \text{其中 } B_{i}{}^{,i} \equiv \frac{\partial B_i}{\partial x^i} = 0. \tag{6.3}$$

式中逗号表示对坐标求普通导数 (非协变导数), $B_{,i} \equiv \partial B / \partial x^i$. 注意, 由零阶度规的空间平直性, 可利用 δ_{ij} 进行指标升降, 重复指标具有隐含求和约定. 因而, 上式 h_{0i} 的第一项可表示为一个三维空间标量场 $B(t, \boldsymbol{x})$ 的梯度, 而第二项是一个三维空间的无散矢量场 $B_i(t, \boldsymbol{x})$. 简单起见, 这两项分别称为 "标量" 部分和 "矢量" 部分. 在 Fourier 空间, 式 (6.3) 简化为

$$h_{0i}(t, \boldsymbol{k}) = -ik_i B(t, \boldsymbol{k}) - B_i(t, \boldsymbol{k}), \quad \text{其中 } k^i B_i = 0. \tag{6.4}$$

接下来处理三维二阶对称张量 h_{ij}. 式 (6.2) 中的 Kronecker δ 函数贡献为标量成分, 后面将记作 D; 另外, 对任一标量场 E 求两次空间导数也可得到对称张量场. 求无散矢量场 V_i 的导数可得到 h_{ij} 中的 "矢量" 部分. 依据以上分析写出

$$h_{ij} = 2D\delta_{ij} - 2E_{,ij} + V_{i,j} + V_{j,i} \quad (\text{标量和矢量部分}), \tag{6.5}$$

其中 $V_i{}^{,i} = 0$, 以及矢量部分关于指标 i, j 对称. 但以上对 h_{ij} 的描述还不完备. h_{ij} 中还有一种成分无法表示为标量或矢量的导数. 四维二阶对称张量 $h_{\mu\nu}$ 有 16 个分量, 根据对称性有 10 个自由度, 因而需要 10 个函数来描述. 目前, 我们仅定义了 4 个标量场 (A, B, D, E) 和两个切向 (无散) 矢量场 (B_i, V_i), 每个无散场含自由度 2, 以上共计 8 个自由度. 剩下 2 个自由度是张量自由度, 记为 h_{ij}^{TT}. 张量扰动描述了引力波的传播 (详见章节 6.4).

综上所述, 在 Fourier 空间, 度规在空间部分的扰动可分解为

$$h_{ij} = 2D\delta_{ij} - 2k_i k_j E + ik_i V_j + ik_j V_i + h_{ij}^{\mathrm{TT}}. \tag{6.6}$$

以上分解不仅适用于度规 $h_{\mu\nu}$, 还适用于任一对称张量, 如能动张量. 相对论中的 模式分解定理 (*decomposition theorem*) 指出: 标量、矢量、张量三种不同类型的扰动在线性近似下独立演化.[①] 例如, 若宇宙早期的某种机制产生了张量扰动, 其在后续演化中不会产生标量扰动; 同样, 为了研究标量扰动的演化, 我们也无需

[①] 此分解特指三维空间的标量、矢量和张量, 勿与四维时空中的标量 (如标量场 ϕ)、矢量 (如能动四矢 P^μ) 和张量 (如度规 $g_{\mu\nu}$) 混淆.

考虑矢量或张量扰动. 这便是目前为止忽略矢量和张量扰动的原因. 模式分解定理成立的根本原因是背景 FLRW 度规在空间各向同性. 因此, 当我们在 Fourier 空间 (由于 FLRW 度规的均匀性, 已将不同模式的扰动分解, 见专题 5.1) 把扰动分解为标量、矢量和张量成分时, 我们已充分利用了 FLRW 度规的对称性.

读者或许已注意到度规扰动 (6.2) 与刚刚推导出的一般形式并不相同. 若仅考虑标量扰动, 为何不引入 $B_{,i}, E_{,ij}, h_{ij}$? 回答这一问题需要先讨论坐标变换.

6.2 规范的选择

专题 2.2 曾介绍坐标变换对时空标量、矢量和张量的影响. 相对论微扰理论也会频繁涉及坐标系的变换, 我们将后者称为 规范 (*gauge*). 宇宙学扰动的处理时常需要选择和转换规范. 不同规范各有优势. 某些方程在特定规范下更加简洁, 如计算暴胀时期的扰动常用 空间平直 (*spatially flat slicing*) 规范 (见章节 7.4.3); 而一些可观测量的描述又会选用其他规范.

现让我们考虑一标量场 $\phi(x)$. 本节出现的 x 泛指时空坐标 $(t, \boldsymbol{x})$. 第 7 章的暴胀理论就会遇到这样的标量场. 为研究均匀宇宙的微扰, 我们将 ϕ 分解为背景项和扰动项

$$\phi(x) = \bar{\phi}(t) + \delta\phi(t, \boldsymbol{x}). \tag{6.7}$$

考虑到空间均匀性, 背景场只依赖于 t. 接下去推导式 (6.7) 在坐标变换 $x \to \hat{x}(x)$ 下的变化. 讨论微扰时我们只需考虑微小程度的坐标变换, 否则变换后的场可能产生较大 (但无物理意义) 的扰动. 将 $\hat{x}(x)$ 在 x 处进行泰勒 (Taylor) 展开, 并只保留零阶项, 即坐标系的平移

$$\begin{aligned} t &\to \hat{t} = t + \zeta(t, \boldsymbol{x}), \\ x^i &\to \hat{x}^i = x^i + \xi^{,i}(t, \boldsymbol{x}), \end{aligned} \tag{6.8}$$

其中时间坐标的平移为 ζ; 由于我们现在考虑的是标量扰动, 空间坐标的平移可写为另一标量场 ξ 的梯度 (详见后续说明).

将 $\delta\phi, \xi, \zeta$ 视为一阶微扰, 标量变换率 (专题 2.2)

$$\hat{\phi}(\hat{x}) = \phi(x[\hat{x}]) = \phi(\hat{t} - \zeta, \hat{\boldsymbol{x}} - \nabla\xi) \tag{6.9}$$

变为 (见习题 6.3)

$$\delta\hat{\phi}(t, \boldsymbol{x}) = \delta\phi(t, \boldsymbol{x}) - \frac{\mathrm{d}\bar{\phi}(t)}{\mathrm{d}t}\zeta(t, \boldsymbol{x}). \tag{6.10}$$

简洁起见, 我们在上式省略了坐标的 "ˆ" 记号. 可见, 尽管 $\phi(x)$ 在坐标变换下保持不变, 但其微扰 $\delta\phi$ 不再守恒. 这是因为微扰的定义需要一背景场的值, 而如果此背景场随时间变化, 则微扰的定义也依赖于时间坐标.

基于以上讨论, 我们可将一般形式的度规标量扰动进行微小的坐标变换 (6.8). 利用章节 6.1 的模式分解定理, 可写出

$$
\begin{aligned}
g_{00} &= -(1 + 2A) \\
g_{0i} &= -aB_{,i} \\
g_{ij} &= a^2 \left(\delta_{ij}[1 + 2D] - 2E_{,ij} \right).
\end{aligned}
\tag{6.11}
$$

根据专题 2.2 的式 (2.49), 坐标变换 $x \to \hat{x}(x)$ 下的度规变换为

$$
\hat{g}_{\mu\nu}(\hat{x}) = \frac{\partial x^\alpha}{\partial \hat{x}^\mu} \frac{\partial x^\beta}{\partial \hat{x}^\nu} g_{\alpha\beta}(x).
\tag{6.12}
$$

或等价于[①]

$$
\hat{g}_{\alpha\beta}(\hat{x}) \frac{\partial \hat{x}^\alpha}{\partial x^\mu} \frac{\partial \hat{x}^\beta}{\partial x^\nu} = g_{\mu\nu}(x).
\tag{6.13}
$$

现推导度规的变换. 考虑式 (6.13) 的 $_{00}$ 分量

$$
\hat{g}_{\alpha\beta}(\hat{x}) \frac{\partial \hat{x}^\alpha}{\partial t} \frac{\partial \hat{x}^\beta}{\partial t} = -[1 + 2A].
\tag{6.14}
$$

注意, 由于坐标系之间的差别是一阶量, 我们无需指定微扰 A 的坐标为 x 或 $\hat{x}(x)$. 现在我们试图证明: 仅 $\alpha = \beta = 0$ 对上式等号左边有贡献. 考虑情形 $\alpha = 0$, $\beta = i$: 度规的非对角元 $\hat{g}_{0i} \propto \hat{B}_{,i}$ 及 $\partial \hat{x}^i / \partial t \propto \xi$ 均为一阶量; 它们的乘积为二阶量, 可忽略. 另一情形 $\alpha = i$, $\beta = j$ 也类似. 因而, 上式等号左边简化为

$$
\begin{aligned}
-[1 + 2\hat{A}] \left(\frac{\partial \hat{t}}{\partial t} \right)^2 &= -[1 + 2\hat{A}](1 + \dot{\zeta})^2 \\
&\simeq -1 - 2\hat{A} - 2\dot{\zeta}.
\end{aligned}
\tag{6.15}
$$

令上式等于 g_{00}, 得到

$$
-2\hat{A} - 2\dot{\zeta} = -2A.
\tag{6.16}
$$

可见坐标变换 (6.8) 下

$$
A \to \hat{A} = A - \frac{1}{a}\zeta'.
\tag{6.17}
$$

与此类似, 其他分量变换 (见习题 6.2) 为

$$
\hat{B} = B - a^{-1}\zeta + \xi',
$$

---

① 坐标变换的变换矩阵行列式 $|\partial x / \partial \hat{x}|$ 应非零, 故其逆矩阵存在.

$$\hat{D} = D - H\zeta$$
$$\hat{E} = E + \xi. \tag{6.18}$$

式 (6.17, 6.18) 描述了微小坐标变换下度规标量微扰的变换规律. 正如模式分解定理所描述的, 坐标变换并未给标量微扰带来非标量形式的扰动, 新的微扰仍可由 A, B, D, E 描述.

实际上, 我们可以只用两个函数来描述度规的标量扰动. 例如, 对于某度规有 $E \neq 0$, 设 $\xi = -E$ 使得 $\hat{E} = 0$. 这样, 标量扰动就只有 $4 - 2 = 2$ 个物理自由度. 这也是共形牛顿规范中可以消去 B 和 E 的原因. 我们也可通过取度规扰动的线性组合而令其在式 (6.17, 6.18) 的变换下成为不变量, 如 (Bardeen, 1980)

$$\Phi_A \equiv A + \frac{1}{a}\frac{\partial}{\partial \eta}\left[a(E' - B)\right],$$
$$\Phi_H \equiv -D + aH\left(B - E'\right). \tag{6.19}$$

对于共形牛顿规范, $E = B = 0$, 则 $\Phi_A = \Psi$, $\Phi_H = -\Phi$. 这样的规范不变量非常有用: 若某方程在特定规范下形式简洁, 我们可以先在此规范下计算规范不变量, 然后将它们转换到另一规范下计算扰动变量 (章节 7.4.3 将会讨论). Φ_A 和 Φ_H 正是进行规范变换的有效捷径.

以上推导不仅限于度规, 同样适用于能动张量 $T_{\mu\nu}$. 对于共形牛顿规范下的物质组分 s, $T_{\mu\nu}$ 中两标量扰动自由度对应于密度扰动 δ_s 和纵向速度 u_s.

对于非标量扰动, 我们可以预设: 坐标变换会带来额外的自由度, 即横向矢量 ξ^i. 我们可通过变换消去度规的矢量扰动变量 B_i (或 V_i), 因而剩余 2 个矢量扰动自由度. 另外, 标量和矢量扰动在微小的坐标变换下不改变张量扰动 h_{ij}^{TT}. 那么, 度规扰动的 10 个自由度可由坐标变换 (6.8) 消去 4 个, 留下的 6 个分别是标量、矢量和张量各自的 2 个自由度.

6.3 标量扰动的 Einstein 场方程

现计算 Einstein 场方程的线性扰动. 我们采用共形牛顿规范下的标量扰动

$$g_{00}(\boldsymbol{x}, t) = -1 - 2\Psi(\boldsymbol{x}, t),$$
$$g_{0i}(\boldsymbol{x}, t) = 0,$$
$$g_{ij}(\boldsymbol{x}, t) = a^2(t)\delta_{ij}[1 + 2\Phi(\boldsymbol{x}, t)]. \tag{6.20}$$

Einstein 场方程 (3.1) 左边部分可分三步计算:

- 计算扰动度规 (6.20) 的克氏符 $\Gamma^{\mu}_{\alpha\beta}$, 见章节 3.3.1.
- 利用式 (3.3) 求 Ricci 张量 $R_{\mu\nu}$.
- 缩并 Ricci 张量得到 Ricci 标量 $R \equiv g^{\mu\nu} R_{\mu\nu}$.

我们在 Fourier 空间进行计算, 将空间导数换为 $i\boldsymbol{k}$. 两个扰动变量 Ψ, Φ 需要两个独立的方程, 而 $_{00}$ 分量方程、$_{ij}$ 分量方程的标量成分恰好提供了有用信息.

6.3.1　Ricci 张量

Ricci 张量可由克氏符表示. 首先考虑式 (3.3) 的时间-时间分量

$$R_{00} = \Gamma^{\alpha}_{00,\alpha} - \Gamma^{\alpha}_{0\alpha,0} + \Gamma^{\alpha}_{\beta\alpha}\Gamma^{\beta}_{00} - \Gamma^{\alpha}_{\beta 0}\Gamma^{\beta}_{0\alpha}. \tag{6.21}$$

以上各项均为一阶项. $\alpha = 0$ 时, 前两项和后两项分别相等抵消. 只需考虑 α 为空间指标时的情况. 下面我们对式 (6.21) 各项逐一考虑.

- 第一项由式 (3.56) 在 Fourier 空间变为

$$\Gamma^{i}_{00,i} = -\frac{k^2}{a^2}\Psi. \tag{6.22}$$

- 第二项写为

$$-\Gamma^{i}_{0i,0} = -3\left(\frac{\ddot{a}}{a} - H^2 + \Phi_{,00}\right), \tag{6.23}$$

其中系数 3 来自 δ_{ii} 中的隐含求和.

- 对于第三项 $\Gamma^{i}_{i\beta}\Gamma^{\beta}_{00}$, 注意到 Γ^{β}_{00} 为一阶项, 故只需要提取 $\Gamma^{i}_{i\beta}$ 的零阶项, 即 $\beta = 0$. 故

$$\begin{aligned}
\Gamma^{i}_{i\beta}\Gamma^{\beta}_{00} &= \Gamma^{i}_{i0}\Gamma^{0}_{00} \\
&= 3H\Psi_{,0}. \tag{6.24}
\end{aligned}$$

- 对于最后一项 $-\Gamma^{i}_{\beta 0}\Gamma^{\beta}_{0i}$, 当 $\beta = 0$ 时两个克氏符都为一阶项, 可忽略. β 只需取空间分量,

$$\begin{aligned}
-\Gamma^{i}_{\beta 0}\Gamma^{\beta}_{0i} &= -\Gamma^{i}_{j0}\Gamma^{j}_{0i} \\
&= -3\left(H^2 + 2H\Phi_{,0}\right). \tag{6.25}
\end{aligned}$$

综上所述

$$R_{00} = -3\frac{\ddot{a}}{a} - \frac{k^2}{a^2}\Psi - 3\Phi_{,00} + 3H\left(\Psi_{,0} - 2\Phi_{,0}\right). \tag{6.26}$$

上式的零阶项与式 (3.6) 一致. Ricci 分量的空间分量为 (习题 6.5)

$$R_{ij} = \delta_{ij}\left[\left(2a^2H^2 + a\ddot{a}\right)\left(1 + 2\Phi - 2\Psi\right)\right.$$

$$+a^2 H \left(6\Phi_{,0} - \Psi_{,0}\right) + a^2 \Phi_{,00} + k^2 \Phi\big] + k_i k_j \left(\Phi + \Psi\right). \quad (6.27)$$

对 Ricci 张量的指标进行缩并得到 Ricci 标量

$$R \equiv g^{\mu\nu} R_{\mu\nu} = g^{00} R_{00} + g^{ij} R_{ij}$$

$$= (-1 + 2\Psi) \left[-3\frac{\ddot{a}}{a} - \frac{k^2}{a^2}\Psi - 3\Phi_{,00} + 3H\left(\Psi_{,0} - 2\Phi_{,0}\right)\right]$$

$$+ \frac{1 - 2\Phi}{a^2} \Big[3 \big\{ \left(2a^2 H^2 + a\ddot{a}\right)\left(1 + 2\Phi - 2\Psi\right)$$

$$+ a^2 H \left(6\Phi_{,0} - \Psi_{,0}\right) + a^2 \Phi_{,00} + k^2 \Phi\big\} + k^2 \left(\Phi + \Psi\right)\Big]. \quad (6.28)$$

上式的零阶项为 $6\left(H^2 + \ddot{a}/a\right)$, 与式 (3.9) 一致. 计算一阶项 δR:

$$\delta R = -6\Psi\frac{\ddot{a}}{a} + \frac{k^2}{a^2}\Psi + 3\Phi_{,00} - 3H\left(\Psi_{,0} - 2\Phi_{,0}\right)$$

$$-6\Psi\left(2H^2 + \frac{\ddot{a}}{a}\right) + 3H\left(6\Phi_{,0} - \Psi_{,0}\right) + 3\Phi_{,00} + 4\frac{k^2 \Phi}{a^2} + \frac{k^2 \Psi}{a^2}, \quad (6.29)$$

其中第一行来自 R_{00}, 其余项来自 R_{ij}. 继续化简得到

$$\delta R = -12\Psi\left(H^2 + \frac{\ddot{a}}{a}\right) + \frac{2k^2}{a^2}\Psi + 6\Phi_{,00} - 6H\left(\Psi_{,0} - 4\Phi_{,0}\right) + 4\frac{k^2 \Phi}{a^2}. \quad (6.30)$$

6.3.2 场方程的两个分量方程

现推导标量微扰 FLRW 度规下 Φ 和 Ψ 的演化方程. Einstein 场方程

$$G^{\mu}_{\nu} = 8\pi G T^{\mu}_{\nu} \quad (6.31)$$

包含 10 个分量方程, 而我们仅需其中 2 个.[①]

首先考虑时间-时间分量方程, 需计算

$$G^0_0 = g^{00}\left(R_{00} - \frac{1}{2}g_{00}R\right) = (-1 + 2\Psi)R_{00} - \frac{R}{2}. \quad (6.32)$$

上式将 G_{00} 与 g^{00} $(g^{0i} = 0)$ 缩并, 把一个下指标提升为上指标. 这样做可以将场方程等式右侧的能动张量简化 (见章节 3.4 和习题 3.12). 上式的第二步利用了 $g^{00}g_{00} = 1$. 将式 (6.26, 6.30) 代入得到

$$\delta G^0_0 = -6\Psi\frac{\ddot{a}}{a} + \frac{k^2}{a^2}\Psi + 3\Phi_{,00} - 3H\left(\Psi_{,0} - 2\Phi_{,0}\right)$$

---

① 这是因为这里只考虑标量扰动. 章节 6.4 中的张量扰动将用到额外的分量方程.

$$+6\Psi\left(H^2+\frac{\ddot{a}}{a}\right)-\frac{k^2}{a^2}\Psi-3\Phi_{,00}+3H\left(\Psi_{,0}-4\Phi_{,0}\right)-2\frac{k^2\Phi}{a^2}. \quad (6.33)$$

化简得到

$$\delta G_0^0 = -6H\Phi_{,0} + 6\Psi H^2 - 2\frac{k^2\Phi}{a^2}. \quad (6.34)$$

现需计算能动张量分量 T_0^0 的一阶部分. 章节 2.3 指出, $-T_0^0$ 是宇宙中所有粒子的能量密度总和, 是各组分的分布函数对动量积分. 第 3 章指出, 即使存在扰动, 式 (2.62) 依然成立 [即式 (3.86)],

$$T_0^0(\boldsymbol{x},t) = -\sum_s g_s \int \frac{\mathrm{d}^3p}{(2\pi)^3} E_s(p) f_s(\boldsymbol{p},\boldsymbol{x},t), \quad (6.35)$$

其中求和部分针对宇宙各组分 s, 它们的简并数为 g_s, 分布函数为 f_s, 能量-动量关系为 $E_s(p) = \sqrt{p^2+m_s^2}$. 能动张量的一阶部分对应分布函数的一阶微扰, 即第 5 章定义的光子、中微子、暗物质和重子物质的各扰动变量.

非相对论性的暗物质和重子物质满足 $E_s(p) \simeq m_s$, 对 T_0^0 的贡献正比于 $-mn(t,\boldsymbol{x})$, 其中 n 是暗物质或重子的粒子数密度. 因此, 我们得到

$$T_0^0\big|_{s=\mathrm{b,c}} = -\rho_s(1+\delta_s). \quad (6.36)$$

对于光子, 利用式 (5.3) 得到

$$T_0^0\big|_\gamma = -2\int \frac{\mathrm{d}^3p}{(2\pi)^3} p\left[f^{(0)} - p\frac{\partial f^{(0)}}{\partial p}\Theta\right]. \quad (6.37)$$

其中第一项为光子的零阶能量密度 ρ_γ. 对于第二项, 先对立体角积分, 从 Θ 中提出单极子 Θ_0; 再对 p 进行分部积分, 因 $\partial p^4/\partial p = 4p^3$, 得到

$$T_0^0\big|_\gamma = -\rho_\gamma\left(1+4\Theta_0\right). \quad (6.38)$$

其中系数 4 的物理意义非常清晰: 扰动变量 Θ 代表温度的相对起伏, 而能动张量的扰动正比于能量密度的扰动 $\delta\rho_\gamma$; 由 $\rho_\gamma \propto T^4$, 可知 $\delta\rho_\gamma/\rho_\gamma = 4\delta T/T$. 值得注意的是, 某些文献会利用 $\delta\rho_\gamma/\rho_\gamma$ 来定义 Θ, 因而能动张量表达式不含系数 4. 回到上式, 静质量为零的中微子与光子贡献相同

$$T_0^0\big|_{\nu,m_\nu=0} = -\rho_\nu\left(1+4\mathcal{N}_0\right). \quad (6.39)$$

若考虑中微子质量, 动量的积分将无解析形式. 故后续章节的解析计算忽略了中微子质量. 中微子质量的影响只能基于数值求解. 这里继续设暗能量的扰动为零.

将式 (6.34) 和上述能动张量时间-时间分量的一阶微扰代入场方程, 得

$$-3H\Phi_{,0} + 3\Psi H^2 - \frac{k^2\Phi}{a^2} = -4\pi G \left(\rho_c \delta_c + \rho_b \delta_b + 4\rho_\gamma \Theta_0 + 4\rho_\nu \mathcal{N}_0 \right). \quad (6.40)$$

利用共形时间作为时间变量, 这样每次对时间求导都会引入系数 $1/a$, 得到

$$k^2\Phi + 3\frac{a'}{a} \left(\Phi' - \Psi\frac{a'}{a} \right) = 4\pi G a^2 \left(\rho_c \delta_c + \rho_b \delta_b + 4\rho_\gamma \Theta_0 + 4\rho_\nu \mathcal{N}_0 \right). \quad (6.41)$$

至此, 我们得到了第一个 Φ 和 Ψ 的演化方程. 在无宇宙膨胀的情况下 (a 为常数), 方程 (6.41) 退化为 Fourier 空间的泊松 (Poisson) 方程, 等式两边分别对应 $-\nabla^2\Phi$ 和 $4\pi G a^2 \delta\rho$. 左边正比于 a' 的部分来自宇宙膨胀的效应, 对于物理尺度 $a/k \gtrsim H^{-1}$ 的扰动, 此项不可忽略. 又因所有 Fourier 模式的尺度都曾大于 Hubble 半径, 在讨论扰动的演化时, 确实需要考虑此相对论效应, 详见第 7 章.

现利用 G^μ_ν 的空间分量推导另一个演化方程,

$$G^i_j = g^{ik} \left(R_{kj} - \frac{g_{kj}}{2} R \right) = \frac{\delta^{ik}(1 - 2\Phi)}{a^2} R_{kj} - \frac{\delta^i_j}{2} R. \quad (6.42)$$

由式 (6.27) 可见, R_{kj} 的大多数分量正比于 δ_{kj}. 当其与 δ^{ik} 缩并时, 会得到一系列正比于 δ_{ij} 的项, 而上式最后一项正比于 R. 所以式 (6.42) 可写为

$$G^i_j = F(\Phi, \Psi)\delta^i_j + \frac{k^i k_j (\Phi + \Psi)}{a^2}, \quad (6.43)$$

其中 $F(\Phi, \Psi)$ 包含很多正比于 δ^i_j 的项, 这里不必详细写出. 它们只对 G^i_j 的迹有贡献. 为避免处理这些项, 我们将 G^i_j 与投影算符 $\hat{k}_i\hat{k}^j - \delta^j_i/3$ 缩并, 提取出 G^i_j 中纵向、无迹 的部分 (见习题 6.1)

$$\left(\hat{k}_i\hat{k}^j - \frac{1}{3}\delta^j_i \right) G^i_j = \left(\hat{k}_i\hat{k}^j - \frac{1}{3}\delta^j_i \right) \frac{k^i k_j (\Phi + \Psi)}{a^2} = \frac{2}{3a^2} k^2 (\Phi + \Psi). \quad (6.44)$$

下面计算能动张量纵向、无迹的部分. 由章节 3.4 得到

$$T^i_j(\boldsymbol{x}, t) = \sum_s g_s \int \frac{\mathrm{d}^3 p}{(2\pi)^3} \frac{p^i p_j}{E_s(p)} f_s(\boldsymbol{x}, \boldsymbol{p}, t). \quad (6.45)$$

与上述投影算符缩并, 得到

$$\left(\hat{k}_i\hat{k}^j - \frac{1}{3}\delta^j_i \right) T^i_j = \sum_s g_s \int \frac{\mathrm{d}^3 p}{(2\pi)^3} \frac{p^2\mu^2 - p^2/3}{E_s(p)} f_s(\boldsymbol{p}), \quad (6.46)$$

这里用到了 $\hat{\boldsymbol{k}} \cdot \boldsymbol{p} = \mu p$. 我们发现式中 $\mu^2 - 1/3$ 可表达为二阶 Legendre 多项式 $2\mathcal{P}_2(\mu)/3$. 可见此积分提取出了分布函数的四极子. 分布函数的零阶部分不含四

极子, 故上式为一阶项且仅对光子和中微子不为零, 即正比于 Θ_2 和 $\mathcal{N}_2$. 对于光子, 式 (6.46) 的积分为

$$-2\int \frac{\mathrm{d}p\, p^2}{2\pi^2} p^2 \frac{\partial f^{(0)}}{\partial p} \int_{-1}^{1} \frac{\mathrm{d}\mu}{2} \frac{2\mathcal{P}_2(\mu)}{3}\Theta(\mu) = 2\frac{2\Theta_2}{3}\int \frac{\mathrm{d}p\, p^2}{2\pi^2} p^2 \frac{\partial f^{(0)}}{\partial p} = -\frac{8}{3}\rho_\gamma \Theta_2,$$

$$(6.47)$$

其中第一步等式成立利用了四极子的定义, 第二步利用了分部积分. 能动张量的这一部分称为 各向异性应力 (*anisotropic stress*). 非相对论性粒子由于在式 (6.45) 中 $p/E_s(p) \ll 1$, 对各向异性应力无贡献.

由光子和中微子 (静质量为零) 的各向异性应力, 以及方程 (6.44), 得到

$$k^2(\Phi + \Psi) = -32\pi G a^2 (\rho_\gamma \Theta_2 + \rho_\nu \mathcal{N}_2). \tag{6.48}$$

这是第二个 Einstein 场方程的分量方程. 当光子或中微子具有明显的四极子时, 此方程非零; 否则, $\Phi = -\Psi$. 实际上, 光子的四极子很小. 因为在宇宙早期光子有足够大的能量密度时, 其与重子紧密耦合, 四极子很小 [参考式 (5.22) 后的讨论]. 在辐射主导时期, 只有中微子可能具有足够大的四极子.

至此, 方程 (6.41, 6.48) 便是描述度规扰动 Φ, Ψ 演化的 Einstein 场方程. 作为它们的共同点, Φ 和 Ψ 不含二阶时间导数, 即不具有传播特性 (牛顿引力亦是如此). 这与章节 6.4 讨论的张量微扰有明显区别.

6.4 张 量 扰 动

目前为止, 我们讨论了 FLRW 度规的标量扰动. 它与宇宙的密度扰动耦合, 是大尺度结构形成最重要的扰动模式. 此外, 由模式分解定理, 我们可单独研究标量扰动, 这为我们此前的讨论提供了便利.

章节 6.1 指出其他扰动模式可能存在, 特别是 张量扰动. 在第 7 章中会看到, 暴胀理论在解释标量扰动起源的同时也预言了张量扰动. 自激光干涉引力波天文台 (LIGO) 合作组首次探测到引力波, 引力波成为多类天体物理现象的有力探针. LIGO 有效探测的波长在百公里尺度, 但我们现在讨论的是几千 Mpc 尺度的引力波. 尽管在波长上有数量级的差别, 它们的产生和传播机制遵循相同的方程.

探测宇宙学引力波的最佳方法是利用引力波对 CMB 的扭曲作用, 尤其在较大尺度. 本书有许多与张量扰动有关的习题, 也有一些与第三种扰动模式有关: 矢量扰动. 然而, 矢量扰动的习题较少, 是因为大多数宇宙学模型没有引发矢量扰动的机制, 且矢量扰动产生后会快速衰减. 不过, 矢量和张量扰动的研究方法与标量扰动是一致的.

为描述张量扰动, 参考式 (6.1), 设扰动项 $h_{00} = h_{0i} = 0$,[①] 且[②]

$$\delta g_{ij}(t, \boldsymbol{x}) = a^2(t) h_{ij}^{\mathrm{TT}}(t, \boldsymbol{x}), \quad h_{ij}^{\mathrm{TT}} = \begin{pmatrix} h_+ & h_\times & 0 \\ h_\times & -h_+ & 0 \\ 0 & 0 & 0 \end{pmatrix}. \tag{6.49}$$

这说明, 张量扰动由两个微扰函数 $h_+, h_\times$ 所描述. 上式定义的扰动发生在 x-y 平面, 相当于波矢 $\boldsymbol{k}$ 沿 z 轴方向. 更加普适的表达为: $h_+, h_\times$ 是无散、无迹的对称张量的两个分量, 其中无散指 $k^i h_{ij}^{\mathrm{TT}} = k^j h_{ij}^{\mathrm{TT}} = 0$.[③] 上式 h_{ij}^{TT} 的 $\hat{\boldsymbol{k}} = \hat{\boldsymbol{e}}_z$ 分量为零, 显然满足无散条件. 扰动矩阵对角项求和为零, 无迹. 接下来的大部分推导仅利用了 h_{ij}^{TT} 横向 (无散) 和无迹的特性, 仅在最后描述结论时采用了 $\hat{\boldsymbol{k}} = \hat{\boldsymbol{e}}_z$ 的特例.

首先按步骤推导度规的克氏符、Ricci 张量和 Einstein 张量. 与此同时, 我们也将看到张量扰动模式的几何意义.

6.4.1 张量扰动的克氏符

首先考虑 $\Gamma^0_{\alpha\beta}$. 度规 (6.49) 中 g_{00} 为常数, g_{0i} 为零. 由于克氏符取决于度规的导数, 只需考虑空间分量 $g_{ij,\alpha}$, 故

$$\Gamma^0_{00} = \Gamma^0_{i0} = 0. \tag{6.50}$$

两个下指标均为空间指标的克氏符为

$$\Gamma^0_{ij} = -\frac{g^{00}}{2} g_{ij,0} = \frac{1}{2} g_{ij,0}. \tag{6.51}$$

又因 $g_{ij} = a^2 \left(\delta_{ij} + h_{ij}^{\mathrm{TT}} \right)$, 有

$$g_{ij,0} = 2H g_{ij} + a^2 h_{ij,0}^{\mathrm{TT}}. \tag{6.52}$$

得到第一类非零克氏符

$$\Gamma^0_{ij} = H g_{ij} + \frac{a^2 h_{ij,0}^{\mathrm{TT}}}{2}. \tag{6.53}$$

现考虑上指标为空间的分量. 显然 $\Gamma^i_{00} = 0$, Γ^i_{0j} 和 Γ^i_{jk} 非零,

$$\Gamma^i_{0j} = \frac{g^{ik}}{2} g_{jk,0}. \tag{6.54}$$

---

① 译者注: 英文原文中误写为 $h_{00} = -1$. 这里已更正.

② 译者注: (6.49) 中, h_{ij}^{TT} 的上标记为 TT 的原因参见章节 10.1 式 (10.4) 后的探讨.

③ h_{ij} 的散度部分包含在式 (6.6) 的标量和矢量扰动 D, E, V_i 中.

式 (6.52) 中, g_{jk} 的时间导数作用于尺度因子 a 和扰动 $h_{+,\times}$, 故

$$\Gamma^i_{0j} = \frac{g^{ik}}{2}\left[2Hg_{jk} + a^2 h^{\mathrm{TT}}_{jk,0}\right].\tag{6.55}$$

由于 $g^{ik}g_{jk} = \delta_{ij}$, 上式第一项为零阶背景项 $\delta_{ij}H$. 为了得到上式第二项, 可只取 g^{jk} 的零阶部分 δ_{jk}/a^2, 乘以一阶项 $h^{\mathrm{TT}}_{jk,0}$. 又由 $h^{\mathrm{TT}}_{ij,0}$ 的对称性, 最终得到

$$\Gamma^i_{0j} = H\delta_{ij} + \frac{1}{2}h^{\mathrm{TT}}_{ij,0}.\tag{6.56}$$

克氏符 Γ^i_{jk} 经习题 6.8 计算得到:

$$\Gamma^i_{jk} = \frac{i}{2}\left[k_k h^{\mathrm{TT}}_{ij} + k_j h^{\mathrm{TT}}_{ik} - k_i h^{\mathrm{TT}}_{jk}\right].\tag{6.57}$$

6.4.2 张量扰动的 Ricci 张量

现求 Ricci 张量. 首先考虑 R_{00}. 在计算中涉及 h^{TT}_{ij} 与 δ^{kl}, k^i 或其自身的缩并; 由于其无散和无迹的性质, 这些缩并对 R_{00} 均无一阶项贡献. 此结论验证了模式分解定理. 同理, 张量扰动对 Ricci 标量 R 也无一阶项贡献.

考虑 Ricci 张量的空间分量

$$R_{ij} = \Gamma^\alpha_{ij,\alpha} - \Gamma^\alpha_{i\alpha,j} + \Gamma^\alpha_{\alpha\beta}\Gamma^\beta_{ij} - \Gamma^\alpha_{\beta j}\Gamma^\beta_{i\alpha}.\tag{6.58}$$

因 $\alpha = 0$ 对 $\Gamma^\alpha_{i\alpha,j}$ 无贡献 [参考式 (6.50)], 上式前两项展开得

$$\Gamma^\alpha_{ij,\alpha} - \Gamma^\alpha_{i\alpha,j} = \Gamma^0_{ij,0} + \Gamma^k_{ij,k} - \Gamma^k_{ik,j}.\tag{6.59}$$

其中第一项含多个时间导数, 较为繁琐. 因 $\Gamma^0_{ij} = g_{ij,0}/2$, 此项暂记为 $g_{ij,00}/2$. 因 $\Gamma^k_{ik} = 0$, 上式最后一项为零. 整理其他项得

$$\Gamma^\alpha_{ij,\alpha} - \Gamma^\alpha_{i\alpha,j} = \frac{g_{ij,00}}{2} + \frac{1}{2}\left(-k_i k_k h^{\mathrm{TT}}_{jk} - k_j k_k h^{\mathrm{TT}}_{ik} + k^2 h^{\mathrm{TT}}_{ij}\right).\tag{6.60}$$

因 h^{TT}_{ij} 具有横向的性质, 括号中前两项为零, 故

$$\Gamma^\alpha_{ij,\alpha} - \Gamma^\alpha_{i\alpha,j} = \frac{g_{ij,00}}{2} + \frac{k^2}{2}h^{\mathrm{TT}}_{ij}.\tag{6.61}$$

式 (6.58) 中第三项 $\Gamma^\alpha_{\alpha\beta}\Gamma^\beta_{ij}$ 仅在指标 α 为空间项时非零, 故

$$\Gamma^\alpha_{\alpha\beta}\Gamma^\beta_{ij} = \Gamma^k_{k0}\Gamma^0_{ij} + \Gamma^k_{kl}\Gamma^l_{ij}.\tag{6.62}$$

上式第二项中两克氏符均为一阶项, 它们的乘积可忽略. 第一项中, 对 k 求和无一阶项, $\Gamma_{k0}^k = 3H$, 故

$$\Gamma_{\alpha\beta}^{\alpha}\Gamma_{ij}^{\beta} = \frac{3}{2}Hg_{ij,0}. \tag{6.63}$$

式 (6.58) 中最后一项留作习题, 结果为

$$\Gamma_{\beta j}^{\alpha}\Gamma_{i\alpha}^{\beta} = 2H^2 g_{ij} + 2a^2 H h_{ij,0}^{\mathrm{TT}}. \tag{6.64}$$

根据以上推导, 式 (6.58) 可写为

$$R_{ij} = \frac{g_{ij,00}}{2} + \frac{k^2}{2}h_{ij}^{\mathrm{TT}} + \frac{3}{2}Hg_{ij,0} - 2H^2 g_{ij} - 2a^2 H h_{ij,0}^{\mathrm{TT}}. \tag{6.65}$$

还需将度规的时间导数做展开. 利用式 (6.52),

$$g_{ij,00} = 2g_{ij}\left(\frac{\ddot{a}}{a} + H^2\right) + 4a^2 H h_{ij,0}^{\mathrm{TT}} + a^2 h_{ij,00}^{\mathrm{TT}}. \tag{6.66}$$

由上, 我们得到 Ricci 张量

$$R_{ij} = g_{ij}\left(\frac{\ddot{a}}{a} + 2H^2\right) + \frac{3}{2}a^2 H h_{ij,0}^{\mathrm{TT}} + a^2\frac{h_{ij,00}^{\mathrm{TT}}}{2} + \frac{k^2}{2}h_{ij}^{\mathrm{TT}}. \tag{6.67}$$

可见, 我们同时也再次推导了 Ricci 张量的零阶部分. 另外, Ricci 标量

$$R = g^{00}R_{00} + g^{ij}R_{ij}, \tag{6.68}$$

其一阶项的确没有 h_{ij}^{TT} 的贡献. 我们还将在场方程中看到, 在 Einstein 张量的一阶部分, 张量和标量扰动模式并不耦合.

6.4.3 张量扰动的 Einstein 场方程

由于 Ricci 标量未受张量扰动影响, Einstein 张量的一阶微扰为

$$\delta G_j^i = \delta R_j^i. \tag{6.69}$$

为得到 R_j^i, 需进行缩并: $g^{ik}R_{kj}$. 其中第一项正比于 $g^{ik}g_{kj} = \delta_j^i$, 无一阶项; 其余项均含 h^{TT}, 故可以只取 g^{ik} 的零阶项 δ^{ik}/a^2, 得到

$$\delta G_j^i = \delta^{ik}\left[\frac{3}{2}H h_{kj,0}^{\mathrm{TT}} + \frac{h_{kj,00}^{\mathrm{TT}}}{2} + \frac{k^2}{2a^2}h_{kj}^{\mathrm{TT}}\right]. \tag{6.70}$$

现仅针对 $\hat{\boldsymbol{k}} = \hat{\boldsymbol{e}}_z$ 的情形推导 $h_+, h_\times$ 的演化方程 (不过最终结论仍然普适).

为得到 h_+ 的方程, 需计算 $\delta G_1^1 - \delta G_2^2$,

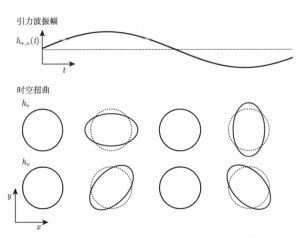

图 6.1 引力波传播导致的时空扰动. 波矢 $\boldsymbol{k}$ 沿 z 轴, 垂直于纸面向外. 上图: 振幅随时间的演化 (在单个周期中忽略宇宙膨胀造成的振幅衰减); 下图: 单周期内不同相位处的时空扭曲.

$$\delta G_1^1 - \delta G_2^2 = 3H h_{+,0} + h_{+,00} + \frac{k^2 h_+}{a^2}. \tag{6.71}$$

以共形时间 η 为时间变量, 因 $h_{+,0} = h'_+/a$, 以及 $h_{+,00} = h''_+/a^2 - (a'/a^3)h'_+$, 得

$$a^2[\delta G_1^1 - \delta G_2^2] = h''_+ + 2\frac{a'}{a}h'_+ + k^2 h_+. \tag{6.72}$$

在无各向异性应力的情况下, Einstein 场方程此分量方程等式右边为零 (习题 6.9). 这说明引力波不会产生于第 5 章描述的物质扰动. 辐射的四极子确实产生各向异性应力. 章节 6.3 曾指出, 由于辐射主导时期光子与重子的相互作用, 光子的四极子非常小, 因而可能对等式右侧有贡献的是中微子产生的各向异性应力, 它导致小尺度上张量扰动的衰减. 不过本书忽略此效应, 仅考虑大尺度的张量扰动.

由习题 6.11, $h_\times$ 与 h_+ 满足同一方程. 这样, 张量模式的演化统一描述为

$$h''_t + 2\frac{a'}{a}h'_t + k^2 h_t = 0, \tag{6.73}$$

其中 $t = +, \times$. 方程 (6.73) 是一个波动方程, 它的解称为 引力波 (*gravitational wave*). 若无宇宙膨胀, 方程 (6.73) 第二项为零, 其解为 $h_t \propto e^{\pm ik\eta}$. 在实空间, 对应于度规扰动:

$$h_t(\boldsymbol{x}, \eta) = \int \frac{\mathrm{d}^3 k}{(2\pi)^3} e^{i\boldsymbol{k}\cdot\boldsymbol{x}} \left[A(\boldsymbol{k})e^{ik\eta} + B(\boldsymbol{k})e^{-ik\eta}\right] \quad (\text{无宇宙膨胀}). \tag{6.74}$$

以上两种模式沿 $\pm z$ 方向以光速传播. 它们对时空的扰动示意图见图 6.1 下图, 其中空间的 "扭曲" (椭圆) 垂直于波矢方向. 这是张量扰动和标量扰动的基本区别之一 (参考习题 6.14). 标量扰动引发的时空扰动关于波矢方向有对称性.

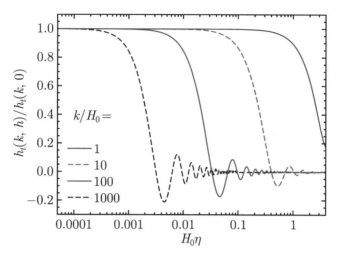

图 6.2 不同波长模式的引力波振幅随时间的演化. 图中对引力波进入视界时的振幅进行了归一化. 各模式进入视界 ($k\eta = 1$) 后开始振荡并衰减. 小尺度模式更早进入视界, 更早发生衰减.

方程 (6.73) 描述了膨胀宇宙中引力波的演化方程. 由习题 6.12, 辐射主导或物质主导的宇宙学模型中, 方程 (6.73) 存在解析解. 它们形如式 (6.74), 具有波动的性质, 但振幅随时间衰减. 图 6.2 展示了四种不同波长的 h_t 的演化. 宇宙早期, 当它们的波长大于视界 ($k\eta < 1$) 时, h_t 保持常数. 第 7 章将解释大于视界的确切含义. 现在至少可以看出, $k \to 0$ 时, h_t 为常数确实是方程 (6.73) 的一个解. 一旦波长不再大于视界, 其振幅以频率 $k/2\pi$ 进行振荡并衰减. 此衰减 ($\propto 1/a$) 使得引力波的能量密度 $\propto a^{-4}$, 与辐射组分一致. 当 $k\eta = 1$ 时, 我们称该 k-模式 进入视界 (enter the horizon). 由于小尺度的模式 (如图 6.2 中 $k/H_0 = 1000$) 更早进入视界, 它们比大尺度的张量扰动模式经历了更多衰减.

6.4.4 模式分解定理的验证

我们已计算出标量和张量扰动对 Einstein 张量 $G_{\mu\nu}$ 的贡献. 现通过这两种扰动验证模式分解定理. 在标量扰动的方程推导中, 我们用到了 Einstein 张量的两个分量

$$G_0^0 \quad \text{和} \quad \left(\hat{k}_i \hat{k}_j - \frac{1}{3} \delta_{ij} \right) G_j^i. \tag{6.75}$$

将这两个分量代入 Einstein 场方程可得方程 (6.41, 6.48). 若能证明张量扰动对这两个分量无贡献, 至少可验证模式分解定理的部分结论.

张量扰动不影响 G_0^0, 这是因为 G_0^0 依赖于 R_0^0 和 R, 我们已求得它们与 h_+ 和 $h_\times$ 无关. 还需证明 $\left(\hat{k}_i \hat{k}_j - \delta_{ij}/3 \right) G_j^i$ 也不受张量扰动影响. 将式 (6.70) 乘以横

向、无迹投影算符, 得到

$$\left(\hat{k}_i\hat{k}_j - \frac{1}{3}\delta_{ij}\right)\delta G^i_j = \left(\hat{k}^i\hat{k}^j - \frac{1}{3}\delta^{ij}\right) \times \left[\frac{3}{2}H h^{\mathrm{TT}}_{ij,0} + \frac{h^{\mathrm{TT}}_{ij,00}}{2} + \frac{k^2}{2a^2}h^{\mathrm{TT}}_{ij}\right]. \quad (6.76)$$

等式右侧各项均为零: 它们包含形如 $\hat{k}^i h^{\mathrm{TT}}_{ij}$ 的缩并 (以及其时间导数), 因扰动的横向性, 缩并为零; 其他则包含迹为零的 h^{TT}_{ij}. 可见, 在存在张量扰动的情况下, 标量扰动的方程保持不变. 这确实是模式分解定理的内容之一.

6.5　小　　结

Einstein 场方程将度规的扰动表达为物质和辐射的扰动. 根据扰动在空间旋转下满足的性质, 我们对其进行了标量-矢量-张量分解. 标量、矢量和张量三种扰动模式在线性微扰近似下独立演化. 对于标量扰动, 取 Einstein 场方程的两分量, 得到描述度规扰动 Φ, Ψ 的两个方程, 在 Fourier 空间写为

$$k^2\Phi + 3\frac{a'}{a}\left(\Phi' - \Psi\frac{a'}{a}\right) = 4\pi G a^2 \left(\rho_{\mathrm{m}}\delta_{\mathrm{m}} + 4\rho_{\mathrm{r}}\Theta_{\mathrm{r},0}\right), \quad (6.77)$$

$$k^2\left(\Phi + \Psi\right) = -32\pi G a^2 \rho_{\mathrm{r}}\Theta_{\mathrm{r},2}. \quad (6.78)$$

其中下标 $_{\mathrm{m}}$ 包含所有物质, 如重子和暗物质; 下标 $_{\mathrm{r}}$ 包含所有辐射, 如相对论性中微子和光子. 它们满足

$$\begin{aligned}
\rho_{\mathrm{m}}\delta_{\mathrm{m}} &\equiv \rho_{\mathrm{c}}\delta_{\mathrm{c}} + \rho_{\mathrm{b}}\delta_{\mathrm{b}}, \quad \rho_{\mathrm{r}}\Theta_{\mathrm{r},0} \equiv \rho_{\gamma}\Theta_0 + \rho_{\nu}\mathcal{N}_0, \\
\rho_{\mathrm{m}}u_{\mathrm{m}} &\equiv \rho_{\mathrm{c}}u_{\mathrm{c}} + \rho_{\mathrm{b}}u_{\mathrm{b}}, \quad \rho_{\mathrm{r}}\Theta_{\mathrm{r},1} \equiv \rho_{\gamma}\Theta_1 + \rho_{\nu}\mathcal{N}_1.
\end{aligned} \quad (6.79)$$

场方程的其他分量方程是冗余的, 因其不包含 Φ, Ψ 演化相关的额外信息 (类似于零阶均匀宇宙, 场方程的所有分量方程只得到 Friedmann 方程组). 例如, 由习题 6.6 可知, 场方程的时间-空间分量方程是冗余的. 然而, 场方程的某些形式更加方便使用. 例如, 通过习题 6.7, 推导出引力势的代数方程

$$k^2\Phi = 4\pi G a^2 \left[\rho_{\mathrm{m}}\delta_{\mathrm{m}} + 4\rho_{\mathrm{r}}\Theta_{\mathrm{r},0} + \frac{3aH}{k}\left(i\rho_{\mathrm{m}}u_{\mathrm{m}} + 4\rho_{\mathrm{r}}\Theta_{\mathrm{r},1}\right)\right]. \quad (6.80)$$

场方程的其他分量方程尽管没有包含标量扰动 Φ, Ψ 的信息, 但包含了矢量和张量扰动的信息. 矢量扰动若没有持续的产生机制, 则会快速衰减. 张量扰动描述了原初引力波. 第 7 章指出, 暴胀会产生张量扰动, 因而利用场方程描述张量扰动的演化非常重要. 函数 h_+ 和 $h_\times$ 描述了张量扰动, 它们独立演化, 并满足

$$h''_t + 2\frac{a'}{a}h'_t + k^2 h_t = 0, \quad (6.81)$$

其中 $t = +, \times$. 在膨胀的宇宙中, 方程 (6.81) 描述了进入视界后, 引力波振幅的衰减.

很多文献比本书更细致地探讨了规范选择和模式分解定理. *Cosmological Inflation and Large Scale Structure* (Liddle & Lyth, 2000) 揭示了规范选择的物理意义; 另外两篇综述文章也值得参考, 分别是 Mukhanov *et al.*(1992) 和 Kodama & Sasaki (1984). 此外, Bardeen (1980) 简洁而清晰地描述了度规不变量, 有奠基意义.

<h1 style="text-align:center">习　题</h1>

6.1　设三维二阶张量 $G_{ij}(\boldsymbol{k}) = (\hat{k}_i\hat{k}_j - \delta_{ij}/3)G^L(\boldsymbol{k})$. 证明其在实空间满足无迹性: $\epsilon_{ijk}G_{kl,jl} = 0$, 其中 ϵ_{ijk} 是莱维-齐维塔 (Levi-Civita) 符号 (三阶反对称矩阵).

6.2　证明式 (6.18). 证明 Φ_A 和 Φ_H 在坐标变换下保持不变.

6.3　利用 $\delta\phi$ 和位移矢量 ξ^μ 为一阶微扰量, 在线性扰动情况下推导式 (6.10).

6.4　推出式 (3.56) 中的克氏符 $\Gamma^i_{\mu\nu}$. 计算会用到 $g^{ij} = \delta^{ij}(1-2\Phi)/a^2$.

6.5　推出 R_{ij}, 即式 (6.27).

6.6　计算 Einstein 张量的时间-空间分量. 证明在 Fourier 空间,

$$G^0_i = 2ik_i\left(\frac{\Phi'}{a} - H\Psi\right). \tag{6.82}$$

与式 (3.86) 给出的能动张量联立得到

$$\Phi' - aH\Psi = \frac{4\pi Ga^2}{ik}\left[\rho_c u_c + \rho_b u_b - 4i\rho_\gamma\Theta_1 - 4i\rho_\nu\mathcal{N}_1\right]. \tag{6.83}$$

注意, 在 T^0_i 中对分布函数的积分是一阶量, 故可忽略式 (3.86) 中积分前系数中的 Φ, Ψ. 正文中我们已得到 Einstein 场方程的两个分量方程, 场方程的时间-空间分量方程 (6.83) 不含额外信息. 实际应用中我们可选择更方便使用的方程.

6.7　由时间-时间分量方程 (6.41) 和时间-空间分量方程 (6.83) 得到引力势的代数 (无时间导数) 方程 (6.80). 证明当波长远小于视界 ($k/aH \gg 1$) 时, 方程化简为 Poisson 方程 (含因子 a), 即场方程的牛顿近似.

6.8　完成张量扰动中的推导:
(a) 证明张量扰动中 Γ^i_{jk} 满足式 (6.57).

(b) 证明式 (6.58) 中最后一项为式 (6.64).

6.9 我们利用式 (5.2) 定义了光子分布函数的扰动. 现证明, 若 Θ 只依赖于 $\mu \equiv \hat{\boldsymbol{k}} \cdot \hat{\boldsymbol{p}}$, 取 $\hat{\boldsymbol{k}}$ 为 z 轴方向, 则 $T_1^1 - T_2^2 = 0$. 这是之前推导所用的假设, 也是模式分解定理的另一验证: 与标量扰动有关的量不影响张量扰动.

6.10 取 $\hat{\boldsymbol{k}}$ 为 z 轴方向, 证明标量扰动 Φ, Ψ 对 $G_1^1 - G_2^2$ 和 G_2^1 均无贡献. 至此, 我们完成了对标量和张量扰动模式分解定理的推导演示.

6.11 取场方程的 $\frac{1}{2}$ 分量方程, 证明 $h_\times$ 满足与 h_+ 一样的演化方程.

6.12 分别在物质主导和辐射主导的宇宙学模型中求解波动方程 (6.73).

6.13 定义引力波演化的**转移函数** (*transfer function*) 为

$$T(k, \eta) \equiv \frac{h_t(k, \eta)}{h_t(k, \eta = 0)} \left(\frac{k\eta}{3j_1(k\eta)} \right). \tag{6.84}$$

其中括号中表达式的倒数即习题 6.12 中物质主导时引力波的解. 根据基准宇宙学模型, 对方程 (6.73) 进行数值求解, 并计算 $\eta = \eta_0$ 时的转移函数.

6.14 存在张量扰动 (6.49) 的情况下, 推导光子的分布函数. 与标量扰动不同, 张量扰动在 Θ_l 中产生一角度依赖, 故需要将张量扰动造成的各向异性分解为

$$\Theta^{\mathrm{T}}(k, \mu, \phi) = \Theta_+^{\mathrm{T}}(k, \mu)(1 - \mu^2) \cos 2\phi + \Theta_\times^{\mathrm{T}}(k, \mu)(1 - \mu^2) \sin 2\phi. \tag{6.85}$$

证明分量 $+, \times$ 均满足

$$\frac{\mathrm{d}\Theta_t^{\mathrm{T}}}{\mathrm{d}\eta} + ik\mu\Theta_t^{\mathrm{T}} + \frac{1}{2}h_t' = \tau' \left[\Theta_t^{\mathrm{T}} - \frac{1}{10}\Theta_{t,0}^{\mathrm{T}} - \frac{1}{7}\Theta_{t,2}^{\mathrm{T}} - \frac{3}{70}\Theta_{t,4}^{\mathrm{T}} \right], \tag{6.86}$$

其中 $t = +, \times$. 多极子 $\Theta_{t,l}^{\mathrm{T}}$ 的定义类似式 (5.66).

6.15 设 $\hat{\boldsymbol{k}} = \hat{\boldsymbol{e}}_z$, 度规的矢量扰动可由两函数 h_{xz} 和 h_{yz} 描述, 且仅度规的空间项被影响 (由章节 6.2, 规范的选择可消去两横向矢量之一, 此情况下消去了 B_i). 这样, 扰动表示为

$$h_{ij}^V = \begin{pmatrix} 0 & 0 & h_{xz} \\ 0 & 0 & h_{yz} \\ h_{xz} & h_{yz} & 0 \end{pmatrix}. \tag{6.87}$$

试推出 h_{xz}, h_{yz} 与 V_i 的关系并证明 V_i 是横向的. 再证明 h_{xz}, h_{yz} 对标量扰动的演化方程 (6.41, 6.48) 和张量扰动的演化方程 (6.73) 无贡献. 这是模式分解定理的又一验证.

第 7 章 初 始 条 件

我们在前几章推导出了扰动的演化方程, 但它们的求解还需要初始条件. 这也引入了一个新理论: 暴胀. 最初, 暴胀的提出是为了解决视界疑难 (Guth, 1981; Sato, 1981; Linde, 1982; Starobinsky, 1982; Albrecht & Steinhardt, 1982): 为何看似从未有过接触的区域 (图 7.1) 恰巧具有相同的温度? 又或者说, 为何宇宙在大尺度如此均匀? 在这个理论提出后不久, 科学家们发现, 暴胀还可以用来研究宇宙扰动的起源, 可以帮助我们得到宇宙的初始条件, 从而求解 Einstein-Boltzmann 方程组. 直接验证暴胀理论极其困难, 因其涉及的能量远大于人类建设的粒子加速器所能达到的量级. 尽管如此, 暴胀依旧是解释宇宙结构起源最合理的理论. 其理论预测已有验证: 宇宙的初始条件是高斯的 (Gaussian)、绝热的 (adiabatic), 功率谱几乎是尺度无关谱 (谱指数略小于 1). 本章将对它们作出解释. 未来, CMB 和大尺度结构观测数据还将更严格地检验暴胀理论.

7.1 视界疑难的解决

正如其他物理问题的求解需要初始条件或边界条件, Einstein-Boltzmann 方程组的求解需要整个宇宙的初始条件. 初始条件一旦确定, 宇宙的演化便也确定. 不过在此之前还需解释一个问题, 即 *视界疑难* (*horizon problem*): 宇宙为何如此巨大和均匀?

第 1 章曾指出, 宇宙在年龄 38 万年时非常均匀, 当时的非均匀性仅为十万分之一 (CMB 各向异性典型的温度涨落); 我们能够直接观测到的光子和重子都接近于热平衡分布. 这使得我们可以方便地对 FLRW 度规进行微扰, 研究宇宙结构. 同时我们也不禁发问, 宇宙如此均匀的根本原因是什么? 假设某时空区域对应可观测的宇宙, 在此区域的每个位置随机设置初始物质和辐射密度, 不同位置处的最终密度可能各不相同. 为了解释宇宙的均匀性, 我们首先想到热平衡: 非均匀的宇宙进行了充分的热交换后, 达到了整体的平衡态, 温度几乎相同. 这类似于不同温度的气体在某个容器中进行了充分的接触. 然而, 这一解释对于我们的宇宙并不适用. CMB 的不同区域在氢复合时期似乎并未有过接触 (图 7.1), 即便是光子也来不及完成各区域间的穿行. 这些区域似乎无法达到热平衡.

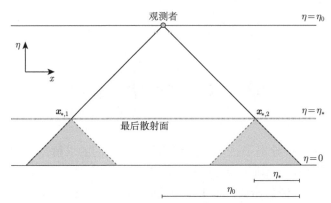

图 7.1 视界疑难示意图. 观测者位于图上方中心点, 接收来过去光锥的两束光线 (斜实线). CMB 光子产生于光锥与最后散射面 $\eta = \eta_*$ (水平虚线) 的交点 $x_{*,1}$ 和 $x_{*,2}$, 温度相同. 仅 $x_{*,1}$ 和 $x_{*,2}$ 的过去光锥 (阴影区域) 可对它们各自产生影响. 因共动视界 η_* 远小于现在的共动视界 η_0, 两阴影区域无重叠. 如果它们初始温度不同, 那么没有机制可将它们的温度调为相同.

为量化视界疑难, 我们先计算氢复合时期的 *共动视界* (*comving horizon*) η_*, 即从 $\eta = 0$ 至 η_* 光线可以行进的距离 [参考式 (2.35) 后的讨论], 并将其与 CMB 不同天区间隔的共动距离比较. 根据基准宇宙学模型, 氢复合时期的共动视界 $\eta_* = \eta(a_*) \simeq 190\,h^{-1}\mathrm{Mpc}.$[①] 对应观测者张角为 θ (设 θ 较小) 的两天区之间的共动距离为

$$\chi(\theta) \simeq \chi_* \theta = (\eta_0 - \eta_*)\theta. \tag{7.1}$$

现在时刻 $\eta_0 \simeq 9590\,h^{-1}\mathrm{Mpc}.$[②] 设两块天区的角间隔

$$\theta \geqslant \frac{\eta_*}{\eta_0 - \eta_*} \simeq 1.2°, \tag{7.2}$$

则它们在氢复合时期似乎还没有任何物理关联. 真实宇宙中 η_0 与 η_* 相差约 50 倍, 远大于图 7.1 示意的情况.

为进一步理解这个问题, 将式 (2.35) 写为对尺度因子 a 的积分,

$$\eta(a) = \int_0^a \mathrm{d}\ln a' \frac{1}{a'H(a')}. \tag{7.3}$$

可见, 共动视界 η 是 *共动 Hubble 半径* $1/aH$ 的对数积分. 共动 Hubble 半径约为宇宙膨胀 e 倍时间内光线可穿行的最大距离, 可用来判断相距一定距离的粒子是否可在这段时间内发生相互作用. 物质或辐射主导的宇宙中, H 分别正比于 $a^{-3/2}$ 及 a^{-2}, 共动 Hubble 半径随时间增加, η 主要来自宇宙晚期的贡献.

---

① 译者注: 原文为 $281\,h^{-1}\mathrm{Mpc}$, 实际应为 $281\,\mathrm{Mpc} \simeq 190\,h^{-1}\mathrm{Mpc}$. 已更正.

② 译者注: 原文为 $14200\,h^{-1}\mathrm{Mpc}$, 实际应为 $14200\,\mathrm{Mpc} \simeq 9590\,h^{-1}\mathrm{Mpc}$. 已更正.

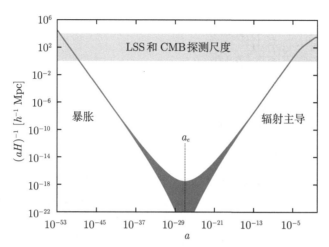

图 7.2 共动 Hubble 半径随尺度因子的变化. 宇宙在 $a \simeq a_e$ 时由暴胀 ($H = H_{\text{inf}}$ 为常数) 转为辐射主导, 在 $a \gtrsim 10^{-4}$ 时转为物质主导, 在 $a \gtrsim 0.5$ 时转为暗能量主导, 共动 Hubble 半径增长变缓. 在 $a \lesssim 10^{-5}$ 时, 可观测的宇宙学尺度 (水平方向的阴影区域) 曾大于共动 Hubble 半径. 这些尺度在晚期进入视界, 可被观测. 在暴胀所处的极早时期, 这些尺度均在 Hubble 视界内, 有因果联系. 暴胀末期 (a_e), 即便 Hubble 半径的演化有不确定性 (深色阴影), 但由于此时可观测的宇宙学尺度都在视界之外, 这些细节无关紧要.

这为解决视界疑难提供了一个思路. 若在某段时期, 共动 Hubble 半径随时间减小, 那么 η_* 的贡献主要来自宇宙极早期, 彼时的共动 Hubble 半径非常大. 这种情况下, 能达到热平衡的区域的尺度远大于现在时刻的共动视界. 设某时期 $(aH)^{-1} = \dot{a}^{-1}$ 随时间减小, 则 $\dot{a}$ 随时间增加, 即 $\ddot{a} > 0$, 即加速膨胀. 可见, **宇宙早期的加速膨胀可以解决视界疑难**. 这个假定的时代称为 暴胀 (*inflation*).

图 7.2 展示了在这种情形下, 共动 Hubble 半径随尺度因子的变化. 图右半部分显示, 我们可观测到的共动尺度在早期远大于 $1/aH$. 在图左半部分的暴胀时期, 共动 Hubble 半径急剧减小. 暴胀极早期, 共动 Hubble 半径非常大, 足够容纳今天能观测到的所有尺度.

图 7.3 用另一种方式描述了暴胀对因果联系的影响. 左右两图均使用同一物理尺度, 圆圈代表共动 Hubble 半径. 左图表示在暴胀时期的某时刻, 圈内粒子通过充分的相互作用达到热平衡. 右图表示暴胀结束时, 尺度因子膨胀了 8 倍, 导致共动 Hubble 半径缩小, 仅有少数粒子仍留在 Hubble 半径内继续发生相互作用. 然而由左图可知, 有过因果接触的粒子其实更多. 也就是说, 暴胀结束后, 有过因果接触的宇宙远大于当时的共动 Hubble 半径.

对此我们可以理解为, 暴胀时期的指数膨胀大幅稀释了宇宙中的粒子, 正如图 7.3 左右两侧相同圆圈内的粒子数所示. 假设某种机制使暴胀时期的 Hubble 膨

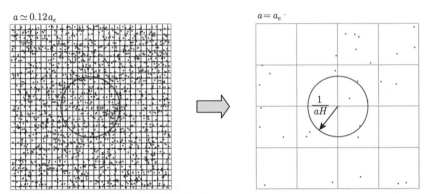

图 7.3 暴胀时期 (左) 和暴胀结束时期 (右) 粒子在共动网格上的分布. 左右两图使用相同的物理 (非共动) 尺度. 图中的圆圈表示 Hubble 半径. 暴胀时期, 共动 Hubble 半径很大, 容纳了图中上百个粒子. 暴胀结束时, 物理 Hubble 半径 (H^{-1}) 几乎不变, 但 共动 Hubble 半径只包含一个格点和少数几个粒子. 图中, 尺度因子增长 8 倍, 而真实暴胀的尺度因子增长至少 e^{60} 倍. 共动 Hubble 半径的收缩使得曾有过因果联系的粒子无法再发生相互作用.

胀率 $H = H_{\text{inf}}$ 几乎为常数 (此结论已有数据支持), 那么 $\mathrm{d}\ln a = H\mathrm{d}t$, 尺度因子的演化表示为

$$a(t) = a_e e^{H_{\text{inf}}(t-t_e)} \quad (t < t_e),\tag{7.4}$$

其中 t_e 是暴胀结束的时刻. 暴胀时期, 宇宙受某种均匀介质驱动加速膨胀, 这使宇宙中原本混乱且不均匀的某块区域 (图 7.4 左下图) 膨胀成更大、空旷而均匀的空间. 无论这块区域曾有过何种组分 (重子、轻子或磁单极子), 它们都将被快速稀释; 粒子数密度随 $n(t) \propto a^{-3} \propto \exp(-3H_{\text{inf}}t)$ 衰减, 但驱动暴胀的能量组分却几乎保持常数 (图 7.4 左上图). 物质、辐射和时空扰动一并被抹平. 这就像一个被充气的气球, 原本皱褶的表面随气球膨胀变得十分均匀 (参考习题 7.1).

暴胀结束时, 宇宙已 "空无一物". 如今的物质和辐射从何而来? 这也可以用暴胀理论来解释. 暴胀理论包含了产生热大爆炸宇宙的机制: 驱动宇宙指数膨胀的介质均匀分布在宇宙空间中, 它们随后转化为常规粒子并迅速达到热平衡, 这使得宇宙各处的温度几乎相同.

所谓 "几乎" 相同, 实则并非 "完全" 相同. 暴胀同样产生了微小扰动. 微扰论常把扰动按照尺度进行分类. 在辐射和物质主导时期 [共动 Hubble 半径 $(aH)^{-1}$ 随时间增加], 对于在共动坐标波数为 k 的扰动, 其尺度从 $k^{-1} \gg (aH)^{-1}$ 逐渐变为 $k^{-1} < (aH)^{-1}$ (参考图 7.2 右半部分). 当 $k \ll aH$ 变为 $k \gtrsim aH$ 时, 我们称此模式进入视界 (enter the horizon). 进入视界后, 此模式变为可观测量, 是影响该 Fourier 模式演化的关键时期. 在这些扰动进入视界之前 (也称为在视界之外), 我们依然能用前面几章推导的方程来追踪它们的演化.

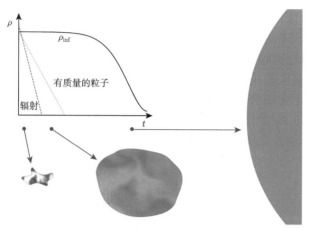

图 7.4 暴胀稀释并抹平了宇宙. 左上图以任意对数单位表示了各组分能量密度的变化. 伴随宇宙暴胀, 辐射和粒子均被稀释, 仅剩下驱动暴胀的介质 ($\rho_{\rm inf}$ 表示其能量密度, 在暴胀时期为常数). 暴胀结束后, 该介质衰变成辐射和有质量的粒子 (图中未画出). 右下图表示可观测宇宙在暴胀不同阶段所处状态, 以物理距离为单位, 非真实比例. 这一时空区域起初并非均匀和平直, 但随着指数式的暴胀变得几乎均匀和平直.

暴胀类似于以上过程的时间反演 (图 7.2 左半部分): 各模式起初 $k \gg aH$, 随着 $(aH)^{-1}$ 的指数收缩而 **离开视界** (*leave the horizon*), 如今宇宙学中所有可观测的模式均在暴胀结束时满足 $k \ll aH$. 图 7.2 所示, 可观测宇宙的最大尺度较晚进入视界, 同时在暴胀时期最早离开视界. 相反, 小尺度模式在暴胀后很早进入视界, 但较晚离开. 理解暴胀时期扰动的产生对于解释宇宙结构十分重要.

探讨暴胀物理模型之前, 我们先计算暴胀需要持续多久才能解决视界疑难. 共动 Hubble 半径需要在暴胀前大于现在的 Hubble 半径 H_0^{-1}. 暴胀结束时刻 t_e 的共动 Hubble 半径记为 $1/a_e H_e$, 其中 $H_e \equiv H(t_e)$. 粗略估计, 设暴胀后的温度为 $T_e = 10^{14}\,{\rm GeV}$, 忽略相对短暂的物质和暗能量主导时期, 采用辐射主导时期的关系式 (习题 7.3 对此近似进行了修正). 因而得到, $H \propto a^{-2}$, 暴胀结束时期和现在时刻共动 Hubble 半径之比为 $a_0 H_0 / a_e H_e = a_e/a_0$. 因 $T \propto a^{-1}$, $a_e/a_0 \simeq T_0/10^{14}\,{\rm GeV} \simeq 10^{-27}$, 暴胀结束时期的共动 Hubble 半径比现在小 27 个数量级. 可见, 暴胀需使尺度因子膨胀至少 $10^{27} \simeq e^{62}$ 倍, 才能令现在时刻的共动 Hubble 半径小于暴胀开始时的共动 Hubble 半径.

注意一个细节: 引入暴胀后, 共动视界的定义 (7.3) 不再是一个方便使用的时间变量. 因为暴胀前 η 已经很大, 而之后的辐射和物质主导时期对 η 的影响反而很小. 处理这一问题的常用方法是将 $\eta = 0$ 定义为暴胀结束时刻,

$$\eta(t) = \int_{t_e}^{t} \frac{{\rm d}t'}{a(t')}, \tag{7.5}$$

相当于在暴胀结束前, $t < t_e$, $\eta < 0$, 但 η 依然随时间单调增加. 此定义的方便之处在于, 我们只需考虑暴胀结束时期 $\eta = 0$, 无需再确定暴胀何时开始 (暴胀持续的时间完全有可能远超上述需求).

综上所述, 暴胀解决了视界疑难. 暴胀结束后, 驱动暴胀的均匀介质转化为其他粒子, 令整个宇宙炽热而均匀, 充满了物质和辐射. 同时, 根据 Heisenberg 不确定性原理, 暴胀在均匀宇宙的背景下产生了微小扰动. 本章的主要目标便是描述暴胀产生的扰动的性质及其演化规律.

7.2 暴   胀

由章节 2.4.6 可知, 驱动宇宙加速膨胀的暗能量具有负的等效压强. 暴胀似乎也需要类似能量形式, 即 $\mathcal{P} < 0$. 然而负压强并不常见. 非相对论性物质有很小的正压强, 而相对论性物质的压强 $\mathcal{P} = \rho/3$, 仍大于零. 它们均无法驱动暴胀和宇宙晚期的加速膨胀. 宇宙学常数 Λ 同样如此, 其常数的性质会令暴胀始终持续, 而我们需要的是暴胀在某时刻停止, 宇宙自此进入辐射和物质主导状态.

暴胀的一种可能的简单解释是, 来自某标量场的势能驱动了这短暂的加速膨胀 (这也是 精质 暗能量模型依赖的解释). 然而, 目前我们已知的标量场都无法驱动暴胀. 自然界存在的一种标量场, Higgs 玻色子 (参考专题 1.1), 其相互作用和各种性质也无法解释暴胀. 尽管如此, 如今大部分暴胀理论仍基于一个或多个标量场, 如同很多基本粒子物理理论 (如弦论) 也包含了额外的标量场. 在此, 我们不将驱动暴胀的标量场与任何物理学已知的标量场建立联系.[①] 当然, 暴胀也有可能是被某种非标量场的机制所驱动.

作为替代, 火劫 (ekpyrosis) 宇宙模型更加激进, 它指出宇宙经历了一个缓慢收缩的过程, 而非剧烈的加速膨胀. 该理论提出, 在宇宙过渡到如今观测到的膨胀状态前, 需要经历一个使膨胀率 H 变号的反弹过程. 然而, 这个反弹过程非常难以控制, 本书不予探讨. 不过, 火劫模型计算扰动的方法与暴胀理论非常相似.

我们将暴胀对应的标量场记为 $\phi(\boldsymbol{x}, t)$, 满足 $\rho + 3\mathcal{P} < 0$. 首先写出 ϕ 对应的能动张量, 可通过一个具有势的典型标量场的拉格朗日量 (Lagrangian) 推出 (见习题 7.4):

$$T_\beta^\alpha = g^{\alpha\nu} \frac{\partial \phi}{\partial x^\nu} \frac{\partial \phi}{\partial x^\beta} - \delta_\beta^\alpha \left[\frac{1}{2} g^{\mu\nu} \frac{\partial \phi}{\partial x^\mu} \frac{\partial \phi}{\partial x^\nu} + V(\phi) \right]. \tag{7.6}$$

其中 $V(\phi)$ 是标量场的势. 例如, 一个质量为 m 的自由场的势能为 $V(\phi) = m^2\phi^2/2$. 注意, 不同文献因度规号差的选择, 式 (7.6) 可能存在符号差异. 在此

---

① 建立这种联系是留给未来诺贝尔奖获得者的 "家庭作业".

我们沿用宇宙学常用的 $(-,+,+,+)$ 度规号差. 设零阶均匀的标量场 ϕ, 其含有零阶项和一阶扰动项 $\delta\phi(\boldsymbol{x},t)$. 本节推导标量场的零阶、均匀部分 $\phi(t)$ 的能量密度和压强随时间的演化, 之后将考虑标量场的扰动 $\delta\phi$ 及其产生机制.

对于零阶均匀标量场, 只需考虑 ϕ 的时间导数, 能动张量 (7.6) 中第一项的指标 ν, β 和第二项的指标 μ, ν 只需取 0, 化简为

$$T_{\beta}^{\alpha} = -\delta_0^{\alpha}\delta_{\beta}^0\dot{\phi}^2 + \delta_{\beta}^{\alpha}\left[\frac{1}{2}\dot{\phi}^2 - V(\phi)\right]. \tag{7.7}$$

由 $T_0^0 = -\rho$, 能量密度为

$$\rho = \frac{1}{2}\dot{\phi}^2 + V(\phi). \tag{7.8}$$

这两项分别对应标量场的动能密度和势能密度. 可见, 一均匀标量场的动力学性质类似于一个在势阱中运动的粒子: $\phi(t)$ 看作粒子的位置 $x(t)$, $\dot{\phi}$ 看作粒子的速度 $\dot{x}$. 描述暴胀常用到这种类比. 均匀标量场的压强 $\mathcal{P} = T_i^i$ (这里无需对空间指标 i 求和), 故

$$\mathcal{P} = \frac{1}{2}\dot{\phi}^2 - V(\phi). \tag{7.9}$$

可见, 负压强需要标量场的势能大于动能, 用状态方程可等效表述为

$$w = \frac{\mathcal{P}}{\rho} = \frac{\dot{\phi}^2 - V(\phi)}{\dot{\phi}^2 + V(\phi)} \tag{7.10}$$

的取值接近 -1.

最主流的暴胀图景是设标量场缓慢地 "滚动" 至其真实基态 (Linde, 1982; Albrecht & Steinhardt, 1982). 此标量场的势能变化非常缓慢, 从而场的势能远大于动能 (以及任何其他粒子的能量). 如图 7.5, 当标量场达到其势能的最低点时, 暴胀结束, 随后标量场在势能最低点振荡并最终衰变为粒子物理标准模型中的粒子. 各类暴胀模型给出了各种不同的标量场势的形式, 详见 Martin *et al.* (2014). 无论是否是一种 "幸运", 这些模型大多能很好地符合观测数据. 受篇幅所限, 本书不详细探讨各模型的细节.

为得到 ϕ 在任一给定的势 $V(\phi)$ 中的演化, 利用能动张量的守恒方程

$$\nabla_{\mu}T_{\nu}^{\mu} = \frac{\partial T_{\nu}^{\mu}}{\partial x^{\mu}} + \Gamma_{\alpha\mu}^{\mu}T_{\nu}^{\alpha} - \Gamma_{\nu\mu}^{\alpha}T_{\alpha}^{\mu} = 0. \tag{7.11}$$

空间均匀标量场的能动张量形式与式 (2.44) 相同, 由方程 (2.56) 得

$$\frac{\partial\rho}{\partial t} + 3H\left[\rho + \mathcal{P}\right] = 0. \tag{7.12}$$

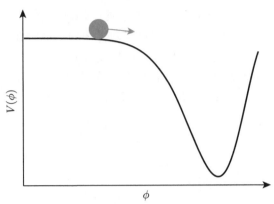

图 7.5　一标量场沿势 $V(\phi)$ 缓慢滚动. 由 "慢滚" 特性, 标量场具有很小的动能, 小于势能, 故
　　　　等效压强为负. 标量场达到势的最低点时, 暴胀结束.

代入标量场的能量密度和压强得到

$$\dot{\phi}\ddot{\phi} + V_{,\phi}\dot{\phi} + 3H\dot{\phi}^2 = 0, \tag{7.13}$$

其中 $V_{,\phi} \equiv \mathrm{d}V/\mathrm{d}\phi$. 等式两边除以 $\dot{\phi}$ 得到

$$\ddot{\phi} + 3H\dot{\phi} + V_{,\phi}(\phi) = 0. \tag{7.14}$$

利用共形时间 η 作为时间变量, 得到 (习题 7.5)

$$\phi'' + 2aH\phi' + a^2 V_{,\phi} = 0. \tag{7.15}$$

值得一提的是, 以上结论也适用于由典型标量场描述的暗能量 "精质" 模型.

　　大多数暴胀模型都包含这样的零阶均匀的标量场和缓慢变化的 Hubble 膨胀
率. 此类模型称为慢滚 (slow-roll) 暴胀模型. 基于这样的慢滚近似可得到膨胀率
和共形时间的简单关系. 在暴胀时期

$$\eta \equiv \int_{a_e}^{a} \frac{\mathrm{d}a}{Ha^2} \simeq \frac{1}{H}\int_{a_e}^{a} \frac{\mathrm{d}a}{a^2} \simeq -\frac{1}{aH}. \tag{7.16}$$

上式两步近似成立的原因分别是 H 近似为常数, 以及暴胀结束时的尺度因子远大
于暴胀发生时 $(a_e \gg a)$. 通常定义两个慢滚参数来量化慢滚近似, 它们在 ϕ 为常
数的极限下均为零 (尽管还存在其他定义方式, 但这里给出的定义与可观测量的
关联更加直接; 习题 7.7 和 7.8 可推导慢滚参数各种定义方式之间的关系). 首先定
义第一个慢滚参数 ϵ_{sr},

$$\epsilon_{\mathrm{sr}} \equiv \frac{\mathrm{d}}{\mathrm{d}t}\frac{1}{H} = -\frac{H'}{aH^2}, \tag{7.17}$$

它是暴胀时期膨胀率的相对时间变化率, 其中下标 sr 是慢滚 (slow-roll) 的缩写. 因 H 随时间减小, $\epsilon_{\rm sr} > 0$. 暴胀时期, $\epsilon_{\rm sr} \ll 1$, 而在辐射主导时期此参数等于 2. 实际上, 暴胀时期也可由 $\epsilon_{\rm sr} < 1$ 定义. 一个仅含正宇宙学常数 (无其他组分) 的宇宙学模型称为德西特 (de Sitter) 时空. 严格来讲, $\epsilon_{\rm sr}$ 量化了膨胀的时空与 de Sitter 时空的偏离.

第二个慢滚参数 $\delta_{\rm sr}$ 量化了标量场的滚动速度,

$$
\begin{aligned}
\delta_{\rm sr} \equiv \frac{1}{H}\frac{\ddot{\phi}}{\dot{\phi}} &= -\frac{1}{aH\phi'}\left[aH\phi' - \phi''\right] \\
&= -\frac{1}{aH\phi'}\left[3aH\phi' + a^2 V_{,\phi}\right]. \tag{7.18}
\end{aligned}
$$

其中第二行利用了方程 (7.15). 很多文献把这两个慢滚参数记为 ϵ, δ. 为避免与其他变量混淆, 本书保留下标, 仍记为 $\epsilon_{\rm sr}, \delta_{\rm sr}$. 多数暴胀模型中 $\delta_{\rm sr}$ 也非常小. 我们将会看到, 这两个慢滚参数可以精确描述慢滚暴胀的图景. 它们量化了暴胀理论的关键预言, 如功率谱指数和原初引力波.

慢滚暴胀不能无限持续. 如图 7.5, 标量场势的斜率逐渐变陡, 标量场最终达到势能最低点, 暴胀停止. 这时, 慢滚近似不再成立, 标量场具有足够大的动能, 在势能最低点附近振荡, 状态方程 (7.10) 从 -1 变为接近 0, 宇宙进入减速膨胀. 最终, 经过标量场的一系列衰变, 宇宙进入均匀的辐射主导状态. 宇宙由暴胀转变为减速膨胀的过程称为 *再加热* (*reheating*). 这一过程的细节还非常不确定. 暴胀结束时, 如今可观测的尺度都在视界之外, 故这些不确定性并不影响宇宙中扰动的演化. 我们称扰动在再加热过程中被 *冻结*.

7.3 原初引力波的产生

暴胀不仅能解决视界疑难, 还能提供扰动的产生机制. 这些扰动在各个尺度还具有因果联系时就已产生, 并保留至暴胀结束后相当长的一段时间.

标量扰动与物质、辐射耦合, 这是与宇宙大尺度结构紧密相关的一种扰动模式. 暴胀除产生标量扰动外, 还产生了张量扰动, 即原初引力波. 张量扰动不与密度扰动耦合, 并非大尺度结构产生的机制, 但会对 CMB 各向异性产生影响. 通过探测张量扰动的性质可以检验暴胀理论, 这是宇宙学重要的研究内容. 张量扰动是规范不变量 (章节 6.2), 而标量扰动的表现形式依赖于坐标系. 与标量扰动相比, 张量扰动相对简单, 故本节首先处理张量扰动. 章节 7.4 将探讨标量扰动的产生.

暴胀时期, 宇宙主要包含空间均匀的标量场和度规, 它们在均匀的背景下发生微小的量子微扰. 在任一时刻, 场的取值在有些区域大于平均值, 有些区域小于平均值. 统计上, 扰动的平均值为零, 但扰动平方的平均值 (方差) 非零. 我们需要计算出这些方差, 以及它们随暴胀演化的规律. 这些结果可作为宇宙结构形成和演化的初始条件.

宇宙学是基于统计的科学, 利用相关函数和功率谱研究扰动的统计性质. 目前没有任何理论能够预测宇宙空间任一给定位置的具体扰动取值. 在暴胀情景中, 不确定性是根本: 暴胀抹除了 "暴胀之前发生了什么?" 的线索, 取而代之的是量子力学的真空微扰. 根据量子力学原理, 这些微扰的具体数值根本无法预测. 暴胀能够预测的是这些扰动来自哪个概率分布.

本书仅本章涉及量子场论. 尽管场论有难度, 但暴胀所涉及的场论仅与普通量子力学相关. 在此, 我们首先考虑一维谐振子的量子化.

7.3.1 谐振子的量子化

为计算度规的量子扰动, 需将场进行量子化. 无论是张量还是标量扰动, 我们都需要将其写成谐振子形式. 如下, 我们首先给出量子谐振子的性质.[1]

- 频率为 ω 的谐振子服从方程

$$\frac{\mathrm{d}^2 x}{\mathrm{d}t^2} + \omega^2 x = 0. \tag{7.19}$$

- 量子化后, x 变为量子算符

$$\hat{x} = v(\omega, t)\hat{a} + v^*(\omega, t)\hat{a}^\dagger, \tag{7.20}$$

其中 $\hat{a}$ 是湮灭算符 (*annihilation operator*),[2] v 是方程 (7.19) 的一个频率为正的解, $v \propto e^{-i\omega t}$, 符号 $\dagger$ 表示厄米共轭 (Hermitian conjugate).

- $\hat{a}$ 与真空态 (*vacuum state*) $|0\rangle$ 湮灭 (不含任何粒子). 另外, $\hat{a}$ 满足对易关系

$$[\hat{a}, \hat{a}^\dagger] \equiv \hat{a}\hat{a}^\dagger - \hat{a}^\dagger\hat{a} = 1. \tag{7.21}$$

其他对易关系为零: $[\hat{a}, \hat{a}] = [\hat{a}^\dagger, \hat{a}^\dagger] = 0$. $\hat{a}^\dagger$ 是创生算符 (*creation operator*),[3] 作用于真空态生成一个包含单一粒子的量子态. 由习题 7.10 易证这些对易关系等价于位置和动量算符间的对易关系

$$[\hat{x}, \hat{p}] = i, \tag{7.22}$$

其中 v 满足归一化关系

$$v(\omega, t) = \frac{e^{-i\omega t}}{\sqrt{2\omega}}. \tag{7.23}$$

---

① 采用量子力学中的 Heisenberg 绘景: 量子态是固定的, 算符随时间演化.

② 译者注: 即阶梯算符中的降算符 (lower operator).

③ 译者注: 即阶梯算符中的升算符 (upper operator).

由这些性质, 计算出算符 $\hat{x}$ 在基态 $|0\rangle$ 的量子涨落

$$\langle |\hat{x}|^2 \rangle \equiv \langle 0|\hat{x}^\dagger \hat{x}|0\rangle = \langle 0|(v^* \hat{a}^\dagger + v\hat{a})(v\hat{a} + v^* \hat{a}^\dagger)|0\rangle. \tag{7.24}$$

稍后会将 $\hat{x}$ 认同为标量场 ϕ, 表现为势阱中粒子的位置. 注意: 此处记号 $\langle \hat{X} \rangle$ 表示算符 $\hat{X}$ 的真空态期望值 (*vacuum expectation value*), 但在后续章节此记号表示可观测量的 系综平均 (*ensemble average*), 即在无限大的宇宙体积中测得的可观测量的期望值. 根据暴胀模型, 可观测的宇宙是一块广袤时空区域经历暴胀后的一小部分, 因而上述两者可视作等同. 现代宇宙学依赖于这种微妙的等同关系.

借助升降算符的性质, $\hat{a}|0\rangle = 0$, 以及 $\langle 0|\hat{a}^\dagger = (a|0\rangle)^\dagger = 0$, 式 (7.24) 化简为

$$\langle |\hat{x}|^2 \rangle = |v(\omega,t)|^2 \langle 0|\hat{a}\hat{a}^\dagger|0\rangle = |v(\omega,t)|^2 \langle 0|[\hat{a},\hat{a}^\dagger] + \hat{a}^\dagger \hat{a}|0\rangle. \tag{7.25}$$

再利用对易关系 (7.21) 和 $\hat{a}|0\rangle = 0$, 得到

$$\langle |\hat{x}|^2 \rangle = |v(\omega,t)|^2 = \frac{1}{2\omega}. \tag{7.26}$$

在开展后续计算之前, 我们先直观理解暴胀时期扰动如何产生. 暴胀中, 我们将处理无穷多个谐振子组成的系统. 每个 Fourier 模式 $\boldsymbol{k}$ 对应一个谐振子, 包含其对应的升降算符 $\hat{a}_{\boldsymbol{k}}^\dagger$ 和 $\hat{a}_{\boldsymbol{k}}$. 这些算符的时间演化由一系列正负频率的组合描述, 在 Minkowski 空间中即 $v(\boldsymbol{k},t), v^*(\boldsymbol{k},t) \propto \exp(\pm i\omega(\boldsymbol{k})t)$. 故 Minkowski 空间中真空态期望值 [式 (7.26)] 不依赖于时间和空间, 可以通过重设能量零点而被减除, 相当于没有真正的粒子产生.

在极速膨胀的宇宙中, 情况有所不同. 对于给定 $\boldsymbol{k}$-模式, $v(\boldsymbol{k},\eta)$ 包含的两个独立解具有截然不同的时间依赖属性. 其物理意义是真空态随膨胀演化, 暴胀初期的真空态在之后的时期不再不含粒子. 对于张量模式, 此效应产生的 引力子 (*graviton*) 构成了原初引力波, 而扰动的方差对应于引力波的功率谱.

7.3.2 张量扰动

度规的张量扰动 $h_+, h_\times$ 满足方程

$$h'' + 2\frac{a'}{a}h' + k^2 h = 0 \qquad (h = h_+, h_\times). \tag{7.27}$$

下面只考虑张量扰动的一种偏振模式 h_+ 或 $h_\times$, 简洁起见略去下标.

现需要将此方程改写为谐振子的形式以对 h 进行量子化. 定义

$$\mathfrak{h} \equiv \frac{ah}{\sqrt{16\pi G}}. \tag{7.28}$$

引入系数 a 是为了让 $\mathfrak{h}$ 的方程更接近于谐振子的形式. 为了得到额外的系数 $1/\sqrt{16\pi G}$, 需推导 Minkowski 空间中张量扰动的作用量; 此推导还需进行二阶微扰分析. 因相关细节不影响下文的物理意义, 此处略去.

h 对共形时间的导数写为

$$\frac{h'}{\sqrt{16\pi G}} = \frac{\mathfrak{h}'}{a} - \frac{a'}{a^2}\mathfrak{h} \tag{7.29}$$

和

$$\frac{h''}{\sqrt{16\pi G}} = \frac{\mathfrak{h}''}{a} - 2\frac{a'}{a^2}\mathfrak{h} - \frac{a''}{a^2}\mathfrak{h} + 2\frac{(a')^2}{a^3}\mathfrak{h}. \tag{7.30}$$

代入方程 (7.27) 得到

$$\frac{\mathfrak{h}''}{a} - 2\frac{a'}{a^2}\mathfrak{h} - \frac{a''}{a^2}\mathfrak{h} + 2\frac{(a')^2}{a^3}\mathfrak{h} + 2\frac{a'}{a^2}\left(\frac{\mathfrak{h}'}{a} - \frac{a'}{a^2}\mathfrak{h}\right) + k^2\frac{\mathfrak{h}}{a}$$
$$= \frac{1}{a}\left[\mathfrak{h}'' + \left(k^2 - \frac{a''}{a}\right)\mathfrak{h}\right] = 0. \tag{7.31}$$

此方程只包含 $\mathfrak{h}''$ 和 $\mathfrak{h}$, 类似于方程 (7.19). 我们可以立即写出量子算符

$$\hat{\mathfrak{h}}(\boldsymbol{k},\eta) = v(k,\eta)\hat{a}_{\boldsymbol{k}} + v^*(k,\eta)\hat{a}_{\boldsymbol{k}}^\dagger, \tag{7.32}$$

其中升降算符的系数满足

$$v'' + \left(k^2 - \frac{a''}{a}\right)v = 0. \tag{7.33}$$

在求解此方程前, 先思考最终的解如何确定张量扰动的功率谱. 类比谐振子的方差 (7.26), 写出 $\mathfrak{h}$ 场扰动的方差

$$\langle\hat{\mathfrak{h}}^\dagger(\boldsymbol{k},\eta)\hat{\mathfrak{h}}(\boldsymbol{k}',\eta)\rangle = |v(\boldsymbol{k},\eta)|^2 (2\pi)^3\delta_{\mathrm{D}}^{(3)}(\boldsymbol{k}-\boldsymbol{k}'). \tag{7.34}$$

同样, 这是一个量子算符在真空态的期望值, 之后我们需将其认同为一个经典场的系综平均. 如前所述, 量子场定义在全空间, 由一系列谐振子构成. 每个空间位置对应一谐振子. 在 Fourier 空间中, 每个 $\boldsymbol{k}$-模式也对应一谐振子, 线性微扰近似下它们独立演化: 当 $\boldsymbol{k} \neq \boldsymbol{k}'$ 时, $\hat{\mathfrak{h}}(\boldsymbol{k})$ 与 $\hat{\mathfrak{h}}(\boldsymbol{k}')$ 无相关性, 表现为式 (7.34) 中的 δ 函数. 式中的系数 $(2\pi)^3$ 使之在连续的极限下成立. 又因 $\mathfrak{h} = ah/\sqrt{16\pi G}$, 得到

$$\left\langle\hat{h}^\dagger(\boldsymbol{k},\eta)\hat{h}(\boldsymbol{k}',\eta)\right\rangle = \frac{16\pi G}{a^2}|v(k,\eta)|^2(2\pi)^3\delta_{\mathrm{D}}^{(3)}(\boldsymbol{k}-\boldsymbol{k}')$$
$$\equiv P_h(k,\eta)(2\pi)^3\delta_{\mathrm{D}}^{(3)}(\boldsymbol{k}-\boldsymbol{k}'). \tag{7.35}$$

上式第二行定义了原初张量扰动 (两偏振模式 $h_+, h_\times$ 之一) 的 **功率谱** P_h. 与之相关的另一常用定义是 **无量纲功率谱**

$$\Delta_h^2(k, \eta) \equiv \frac{k^3}{2\pi^2} P_h(k, \eta), \tag{7.36}$$

其给出了单位对数 k 区间内张量扰动模式的方差. 由式 (7.35) 得到

$$P_h(k, \eta) = 16\pi G \frac{|v(k, \eta)|^2}{a^2}. \tag{7.37}$$

我们已将暴胀产生的张量扰动功率谱问题简化为求解 $v(k, \eta)$ 的二阶微分方程 (7.33) 的问题. 首先求暴胀时期的 a''/a. 由式 (7.16), $a' = a^2 H \simeq -a/\eta$, 故方程 (7.33) 中

$$\frac{a''}{a} \simeq -\frac{1}{a} \frac{\mathrm{d}}{\mathrm{d}\eta} \frac{a}{\eta} \simeq \frac{2}{\eta^2}. \tag{7.38}$$

代入方程 (7.33), 得

$$v'' + \left(k^2 - \frac{2}{\eta^2}\right) v = 0. \tag{7.39}$$

为了得到此方程的初始条件, 考虑暴胀发生前, $k|\eta| \gg 1$ (各 **k**-模式的尺度远小于视界), $k^2 \gg 2/\eta^2$, 方程 (7.39) 化简为谐振子的形式. 由式 (7.23), 其归一化的解为 $e^{-ik\eta}/\sqrt{2k}$. 由习题 7.12 可知方程 (7.39) 的一般解为

$$v = \frac{e^{-ik\eta}}{\sqrt{2k}} \left[1 - \frac{i}{k\eta}\right]. \tag{7.40}$$

经过了一段时期的暴胀, **k**-模式将离开视界 (超视界),[①] 这时 $k|\eta| \ll 1$, 式 (7.40) 变为

$$\lim_{-k\eta \to 0} v(k, \eta) = \frac{e^{-ik\eta}}{\sqrt{2k}} \frac{-i}{k\eta}. \tag{7.41}$$

以上结论对应 $\mathfrak{h} \propto ah$ 的演化. 当 **k**-模式仍处于视界内 (亚视界) 时, $h \propto v/a$, 暴胀使振幅随 $1/a$ 衰减. 一旦 $-k\eta$ 小于 1, 该模式离开视界, 由于 $1/\eta \propto a$, h 不再演化, 直到再次进入视界, 成为可观测量. 这种引力波的产生机制是波动方程的两个解在指数膨胀的时空中分离成一个常数模式和一个衰减模式.

超视界引力波功率谱正比于 $|v|^2/a^2$, 不随时间变化. 此常数确定了原初引力波 $h_{+,\times}$ 的初始条件, 直至它们再次进入视界. 利用式 (7.37, 7.41),

$$P_h(k) = \frac{16\pi G}{a^2} \frac{1}{2k^3\eta^2} = \left.\frac{8\pi G H^2}{k^3}\right|_{k|\eta|=1}, \tag{7.42}$$

---

① 译者注: 参考章节 8.1.1 的脚注.

其中等式第二步利用了式 (7.16). 这便是原初引力波功率谱的最终表达式. 在计算中, 我们假设 H 为常数, 而实际上 H 在暴胀时期缓慢变化; 不过, 即便 H 取模式离开视界时 $(k|\eta| = 1)$ 的值, 以上结果依然准确. 另外, 式 (7.42) 只来自 $h_+, h_\times$ 之一对功率谱的贡献, 因两者相关性为零, 张量扰动的总功率谱应再乘以 2 (章节 7.6 将再次讨论这个问题).

探寻原初引力波和其功率谱 $P_h(k)$ 有助于直接测量暴胀时期的膨胀率 H 和标量场的势能 V. 这是对超过 $10^{15}\,\mathrm{GeV}$ 的能级前所未有的探索, 比现今粒子加速器能达到的能量还高 11 个数量级. 然而, 我们并不能保证一定探测到暴胀产生的原初引力波. 由于 $H^2 \propto \rho/m_{\mathrm{Pl}}^2$ (其中 $m_{\mathrm{Pl}}^2 = 1/G$), 其功率谱 $\propto \rho/m_{\mathrm{Pl}}^4$, 即以 Planck 质量为单位的暴胀时期的能量密度. 假如暴胀发生尺度远小于 Planck 尺度, 则原初引力波无法被探测. 本书后续还将讨论探测原初引力波的能力极限.

扰动 h 的另一特性 (尚未推导) 是接近高斯分布 (或称 高斯性, *Gaussian*, 正态分布). 这是量子谐振子及近似自由量子场普遍满足的性质. 暴胀理论预言宇宙中的扰动非常接近高斯性, 这在 CMB 各向异性和宇宙大尺度结构中均得到了证实, 它们对宇宙的 原初非高斯性 (*primordial non-Gaussianity*) 给出了严格的上限. 探寻原初非高斯性是探究暴胀的另一个独特切入口.

7.4　标量扰动的产生

本章主要目标是求暴胀产生的标量扰动的功率谱. 原则上我们需要分别给出各个组分的原初密度和速度扰动. 幸运的是, 由单个标量场驱动的暴胀 (单场暴胀) 预言了 绝热扰动 (*adiabatic perturbation*): 宇宙中给定位置处不同组分的相对密度扰动相同, 即

$$\frac{\delta\rho_s}{\bar{\rho}_s} = \frac{\delta\rho}{\bar{\rho}}, \tag{7.43}$$

以及它们的初始速度也相同. 其根本原因是, 唯一的标量场决定了暴胀何时结束, 因而宇宙给定位置处的性质完全取决于 $\phi(\boldsymbol{x}, t)$. 宇宙中扰动的绝热性已被 CMB 观测证实. 各组分初始密度扰动的差别称为 等曲率扰动 (*isocurvature perturbations*), 其与绝热扰动的比值被限制在 1% 以下.

在绝热扰动的情况下, 只需推出 $\delta\rho$. 这等价于在 Einstein 场方程中只需使用 Ψ 确定初始条件, 因为绝大多数情况下, 可设定 $\Phi = -\Psi$. 章节 7.5 将推导如何由 Ψ 确定各组分的扰动. 相比张量扰动, Ψ 的计算更加繁琐, 因为标量场 ϕ 与引力势 Ψ 耦合, 我们需要确定扰动 $\delta\phi$ 如何转化为 Ψ.

与其陷入标量场和 Ψ 的耦合问题, 我们不如先将其忽略. 章节 7.4.1 遵循这一思路, 计算了在忽略 Ψ 的情况下标量场 ϕ 的功率谱, 此计算与张量扰动类似. 章

节 7.4.2 和章节 7.4.3 分别论证了忽略 Ψ 的合理性, 以及如何将 $\delta\phi$ 转化为 Ψ. 章节 7.4.2 指出, Ψ 在亚视界时非常小, 而在超视界时可找到一个 Ψ 和 $\delta\phi$ 的线性组合为守恒量, 以便将原初 $\delta\phi$ 的功率谱表示为 Ψ 的功率谱. 章节 7.4.3 则利用了空间平直规范 (spatially flat slicing), 即度规的空间项未被扰动. 在此规范下, 章节 7.4.1 的推导严格成立, 剩下的问题便是如何变回共形牛顿规范. 规范不变量可以解决此问题: 首先, 我们在空间平直规范中找到一个正比于 $\delta\phi$ 的规范不变量, 然后在共形牛顿规范中找到这个不变量, 从而将共形牛顿规范中的 Ψ 与空间平直规范中的 $\delta\phi$ 建立联系. 这两种方法均解决了 ϕ 与 Ψ 耦合的问题. 前者包含更多计算, 后者依赖于规范变换.

7.4.1 均匀背景下的标量场扰动

将标量场分解为零阶均匀的部分和微扰部分,

$$\phi(\boldsymbol{x}, t) = \bar{\phi}(t) + \delta\phi(\boldsymbol{x}, t), \tag{7.44}$$

其中 $\bar{\phi}$ 代表标量场的均匀部分. 相比于暴胀效应, 引力效应可忽略不计. 故我们试图在均匀膨胀的宇宙中 [度规 $g_{00} = -1, g_{ij} = \delta_{ij} a^2(\eta)$] 找到一个关于 $\delta\phi$ 的方程.

再次利用能动张量的守恒方程 (7.11), 将 $\nu = 0$ 的分量方程作一阶展开, 得到 $\delta\phi$ 的方程. 忽略度规的扰动项, 所有一阶微扰都来自能动张量. 提取能动张量的扰动部分 δT^μ_ν, 取 $\nu = 0$ 的分量方程, 代入零阶克氏符, 得到

$$0 = \frac{\partial}{\partial t} \delta T^0_0 + i k_i \delta T^i_0 + 3H \delta T^0_0 - H \delta T^i_i. \tag{7.45}$$

接下来将能动张量的扰动表示成标量场扰动的形式.

首先计算 δT^i_0. 由于度规的时间-空间分量都为零, 根据式 (7.6) 得到

$$T^i_0 = g^{i\nu} \phi_{,\nu} \phi_{,0}, \tag{7.46}$$

其中 $_{,\nu} \equiv \partial/\partial x^\nu$. 由 $g^{i\nu} = a^{-2}\delta_{i\nu}$, 指标 ν 只需取 i. 由 $\bar{\phi}$ 的均匀性, $\bar{\phi}_{,i} = 0$. 可见 T^i_0 不含零阶项. 为提取出一阶项, 将 $\phi_{,i}$ 设为 $\delta\phi_{,i}$, 即 $ik_i\delta\phi$. 再将其他项只保留零阶, 得到

$$\delta T^i_0 = \frac{ik_i}{a^3} \bar{\phi}' \delta\phi. \tag{7.47}$$

能动张量的时间-时间分量

$$T^0_0 = g^{00}(\phi_{,0})^2 - \frac{1}{2} g^{\alpha\beta} \phi_{,\alpha} \phi_{,\beta} - V. \tag{7.48}$$

设 $\phi(\boldsymbol{x}, t) = \bar{\phi}(t) + \delta\phi(\boldsymbol{x}, t)$, 得到

$$T^0_0 = -\frac{1}{2}(\bar{\phi}_{,0} + \delta\phi_{,0})^2 - \frac{1}{2a^2} \delta\phi_{,i} \delta\phi_{,i} - V(\bar{\phi} + \delta\phi). \tag{7.49}$$

上式右边第二项为两一阶项相乘, 可忽略. 势 V 展开成一个零阶项 $V(\bar{\phi})$ 和一个一阶修正 $V_{,\phi}\delta\phi$, 其中 $V_{,\phi}$ 只需在 ϕ 处求导, 故

$$\delta T_0^0 = -\bar{\phi}_{,0}\delta\phi_{,0} - V_{,\phi}\delta\phi = -\frac{\bar{\phi}'\delta\phi'}{a^2} - V_{,\phi}\delta\phi. \tag{7.50}$$

用类似方法, 能动张量的空间-空间分量的一阶项为[1]

$$\delta T_j^i = \delta_j^i \left(\frac{\bar{\phi}'\delta\phi'}{a^2} - V_{,\phi}\delta\phi \right). \tag{7.51}$$

守恒方程 (7.45) 变为

$$\left(\frac{1}{a}\frac{\partial}{\partial\eta} + 3H\right)\left(\frac{-\bar{\phi}'\delta\phi'}{a^2} - V_{,\phi}\delta\phi\right) - \frac{k^2}{a^3}\bar{\phi}'\delta\phi - 3H\left(\frac{\bar{\phi}'\delta\phi'}{a^2} - V_{,\phi}\delta\phi\right) = 0. \tag{7.52}$$

对时间求导 (较复杂的一项为 $\partial V_{,\phi}/\partial\eta = V_{,\phi\phi}\bar{\phi}'$), 等式两边同乘 a^3, 得到

$$-\bar{\phi}'\delta\phi'' + \delta\phi'\left(-\bar{\phi}'' - 4aH\bar{\phi}' - a^2V_{,\phi}\right) + \delta\phi\left(-a^2V_{,\phi\phi}\bar{\phi}' - k^2\bar{\phi}'\right) = 0. \tag{7.53}$$

这里 $V_{,\phi\phi}$ 一般很小, 正比于慢滚参数 $\epsilon_{\rm sr}$ 和 $\delta_{\rm sr}$ (习题 7.8), 可忽略. 利用 ϕ 的零阶方程 (7.15), 上式中与 $\delta\phi'$ 相乘的括号等于 $-2aH\bar{\phi}'$. 再将等式两边除以 $-\bar{\phi}'$, 得

$$\delta\phi'' + 2aH\delta\phi' + k^2\delta\phi = 0. \tag{7.54}$$

此方程与度规的张量扰动方程 (7.27) 形式相同: 通过设 $V_{,\phi\phi} = 0$, 我们将暴胀标量场的 "质量" 设为零, 因而 $\delta\phi$ 如同零质量引力子, 满足零质量场在膨胀宇宙中的演化方程. 参考章节 7.3.2 中的结果可立即写出 $\delta\phi$ 的功率谱

$$P_{\delta\phi} = \frac{H^2}{2k^3}. \tag{7.55}$$

上式与张量扰动的结果 (7.42) 比较, 仅差一系数 $16\pi G$. 在张量扰动中引入此系数 (虽然章节 7.3.2[2]未涉及严格推导) 是为了将无量纲的 h 变为有质量量纲的场, 而 $\delta\phi$ 已有正确的量纲, 故无需此系数.

这里注意: 能动张量一阶微扰的空间部分 (7.51) 正比于 δ_j^i, 具有对角性. 由第 6 章可知, 这意味着各向异性应力为零, 即 Einstein 场方程中 $\Phi = -\Psi$. 可见, 我们只需一个引力势微扰量, 不妨使用 Ψ.

---

① 译者注: 原书中指标不平衡. 已更正.

② 译者注: 见式 (7.28) 后的阐释.

7.4.2 超视界扰动

本节考虑度规扰动, 这是前述讨论尚未涉及的. 我们会发现, 当扰动的尺度远小于视界时, 忽略度规扰动的近似是合理的; 但到暴胀结束时, 度规扰动将不可忽略. 所以, 尽管暴胀产生的扰动一开始只含 $\delta\phi$, 但在离开视界后我们应考虑 Ψ 和 $\delta\phi$ (即能动张量) 的某种线性组合, 其在视界外守恒. 此守恒量由穿越视界时的 $\delta\phi$ 确定; 暴胀结束后, 扰动仅为 Ψ 的函数. 所得方程的形式为 $\Psi \propto \delta\phi$, 其中等式左边表示暴胀后的度规扰动, 右边表示离开视界时的标量场扰动. 最终, 我们需要由 $P_{\delta\phi}$ [式 (7.55)] 得到 P_Ψ.

首先写出带有度规扰动的能动张量守恒方程, 方程 (7.45) 变为

$$\frac{\partial}{\partial t}\delta T_0^0 + ik_i\delta T_0^i + 3H\delta T_0^0 - H\delta T_i^i + 3(\rho+\mathcal{P})\dot{\Psi} = 0, \tag{7.56}$$

其中 $\mathcal{P}$ 和 ρ 分别为零阶压强和能量密度, 并令 $\dot{\Phi} = -\dot{\Psi}$. 那章节 7.4.1 对 Ψ 的忽略是否合理呢?

答案是肯定的. 暴胀时期, 方程 (7.56) 等式左边最后一项远小于其他项. 我们将会验证 Einstein 场方程可得到 $\Psi \sim \delta T_0^0/\rho$, 这说明方程 (7.56) 等式左边除最后一项外, 均是 $\rho\Psi$ 量级. 另一方面, 慢滚暴胀满足的条件之一是 $|\rho+\mathcal{P}| \ll \rho$, 或由慢滚参数表述为 $(\rho+\mathcal{P})/\rho \simeq 2\epsilon_{\rm sr}/3$. 可见, 方程 (7.56) 等式左边除最后一项确实可以忽略.

以上关系只在暴胀时期成立, 我们还需追踪各模式的扰动离开视界后的演化, 直至暴胀结束. 不可避免地, $|\rho+\mathcal{P}| \ll \rho$ 在暴胀结束前的某时起将不再成立. 其物理意义是, 暴胀标量场终将经过一系列复杂过程衰变为常规粒子, 我们必须将标量场的扰动 $\delta\phi$ 转化为引力势的扰动 Ψ. 可以预期, Ψ 已足够描述绝热扰动.

为处理度规扰动和能量密度扰动的耦合, 定义 **曲率扰动** (*curvature perturbation*) $\mathcal{R}$ 为

$$\mathcal{R}(\boldsymbol{k},\eta) \equiv \frac{ik_i\delta T_0^i(\boldsymbol{k},\eta)a^2H(\eta)}{k^2[\rho+\mathcal{P}](\eta)} - \Psi(\boldsymbol{k},\eta). \tag{7.57}$$

暴胀时期, 我们已知等式右边第二项 Ψ 远小于第一项, 故可忽略. 又由式 (7.8, 7.9) 得 $\rho+\mathcal{P} = (\bar{\phi}'/a)^2$, 再借助式 (7.47) 得到

$$\mathcal{R} = -\frac{aH}{\bar{\phi}'}\delta\phi \qquad (\text{暴胀时期}). \tag{7.58}$$

暴胀结束后的辐射主导时期,[①] $ik_i\delta T_0^i = -4k\rho_{\rm r}\Theta_1/a$, 正比于辐射的偶极子 [参考式 (3.86) 及章节 7.5]. 由于辐射组分的压强等于其能量密度的 $1/3$,

$$\mathcal{R} = -\frac{3aH\Theta_1}{k} - \Psi = -\frac{3}{2}\Psi \qquad (\text{暴胀结束后的辐射主导时期}). \tag{7.59}$$

---

① 为确保精确性, 在此假设暴胀已结束很久, 宇宙完全由辐射主导.

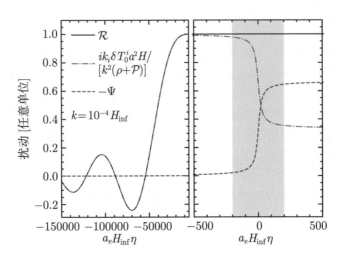

图 7.6　暴胀时和暴胀后的曲率扰动 $\mathcal{R}$ 演化 (H_{inf} 表示慢滚暴胀时期的膨胀率). 暴胀时, $\mathcal{R}$ 发生振荡 (左图), 并在 $k\eta \simeq -1$ 时离开视界, 冻结为一个常数. 图中还示意了式 (7.57) 中 $\mathcal{R}$ 两种成分的演化. 暴胀时期 Ψ 可忽略, 直至暴胀结束后 (右图) 和再加热发生 (阴影区域). 暴胀结束后, 两种成分随时间演化, 其细节依赖于微观物理模型. 然而在这一时期, 视界外的 $\mathcal{R}$ 保持常数, 且我们已知辐射主导时期 $\mathcal{R}$ 与 Ψ 的关系. 至于阴影区域发生的细节已无关紧要.

等式第二步的推导见章节 7.5. 暴胀时期和暴胀后的 $\mathcal{R}, \Psi$ 等变量的演化见图 7.6.

曲率扰动 $\mathcal{R}$ 在离开视界后 (图 7.6 中 $a_e H_{\mathrm{inf}}\eta \gtrsim -10^{-4}$) 是守恒量, 稍后将给出证明. 由于暴胀结束后 $\mathcal{R} = -3\Psi/2$, 我们可立即写出暴胀后扰动 Ψ 和视界穿越时期 $\delta\phi$ 的关系式

$$\Psi\bigg|_{\text{暴胀后}} = \frac{2}{3}aH\frac{\delta\phi}{\bar{\phi}'}\bigg|_{\text{穿越视界}}, \tag{7.60}$$

以及对应的功率谱关系

$$P_\Psi(k)\bigg|_{\text{暴胀后}} = \frac{4}{9}\left(\frac{aH}{\bar{\phi}'}\right)^2 P_{\delta\phi}(k)\bigg|_{aH=k} = \frac{2}{9k^3}\left(\frac{aH^2}{\bar{\phi}'}\right)^2\bigg|_{aH=k}, \tag{7.61}$$

其中第二步代入了式 (7.55). 功率谱的另一种表述方法是用慢滚参数 ϵ_{sr} 替代 $\bar{\phi}'$. 由习题 7.7 可知 $(aH/\bar{\phi}')^2 = 4\pi G/\epsilon_{\mathrm{sr}}$, 故

$$P_\Psi(k) = P_\Phi(k) = \frac{8\pi G}{9k^3}\frac{H^2}{\epsilon_{\mathrm{sr}}}\bigg|_{aH=k}. \tag{7.62}$$

其中第一步成立是因为 $\Psi = -\Phi$. 对比式 (7.42) 可见, 标量与张量扰动的比在 $1/\epsilon_{\mathrm{sr}}$ 量级, 标量扰动占主导. 另外, 我们还可将功率谱表示为标量场和其导数的形

式 (习题 7.8):

$$P_\Psi(k) = P_\Phi(k) = \frac{128\pi^2 G^2}{9k^3}\left(\frac{HV}{V_{,\phi}}\right)^2\Bigg|_{aH=k}. \tag{7.63}$$

此表达式有助于进一步理解暴胀时期标量扰动的产生. $\delta\phi$ 的扰动振幅只依赖于暴胀时期的膨胀率 (张量扰动亦如此), 但最终我们需要的是引力势的振幅, 其依赖于标量场势的斜率. 只需令 $V_{,\phi}/V$ 足够小, 便可抵消膨胀率很小的影响, 并保持 $P_\Psi(k)$ 不变; 这同时也降低了张量-标量扰动的比例 (张标比).

从另一角度理解, Φ 描述了对尺度因子的扰动, $\Phi = \delta a/a$, 其中 $\delta a > 0$ 表示某区域在暴胀时期的膨胀率略大于平均膨胀率. 对尺度因子的扰动对应于时间的扰动, $\delta a = \dot{a}\delta t = aH\delta t$. δt 也可以表示为标量场的扰动, $\delta\phi = \dot{\phi}\delta t$, 即标量场 ϕ 的取值提供了暴胀时期的物理时钟, 是坐标变换下的不变量 (而 t 则依赖于坐标变换). 由以上结论可知

$$\Phi \sim H\frac{\delta\phi}{\dot{\phi}}. \tag{7.64}$$

这与式 (7.61) 中的转换关系在量级上一致. 因此 $P_\Phi \propto 1/\dot{\phi}^2$. 另一方面, 慢滚标量场的运动方程 [忽略式 (7.15) 第一项] 指出场在斜率更陡的势中运动速度更快, 也就是 $\dot{\phi} \propto V_{,\phi}$, 因此 P_Φ 与 $V_{,\phi}$ 反相关.

接下来证明 $\mathcal{R}$ 在超视界尺度的守恒性, 需要利用守恒方程 (7.56). 在大尺度, $k_i\delta T_0^i \propto k^2$, 可忽略, 则

$$\frac{\partial}{\partial t}\delta T_0^0 + 3H\delta T_0^0 - H\delta T_i^i = -3(\rho+\mathcal{P})\dot{\Psi} \quad (\text{超视界}). \tag{7.65}$$

在大尺度, 能动张量还满足 (习题 7.13)

$$\frac{ik_i\delta T_0^i a^2 H}{k^2} = -\frac{\delta T_0^0}{3}. \tag{7.66}$$

因此在大尺度上

$$\mathcal{R} = -\Psi - \frac{1}{3}\frac{\delta T_0^0}{\rho+\mathcal{P}}. \tag{7.67}$$

利用 $\mathcal{R}$ 消去守恒方程中的 Ψ, 得到

$$\frac{\partial}{\partial t}\delta T_0^0 + 3H\delta T_0^0 - H\delta T_i^i = 3(\rho+\mathcal{P})\frac{\partial\mathcal{R}}{\partial t} + (\rho+\mathcal{P})\frac{\partial}{\partial t}\left[\frac{\delta T_0^0}{\rho+\mathcal{P}}\right]. \tag{7.68}$$

右边作用于 δT_0^0 的偏导数与等式左边第一项抵消, 得到

$$\delta T_0^0\left[3H + \frac{\dot{\rho}+\dot{\mathcal{P}}}{\rho+\mathcal{P}}\right] - H\delta T_i^i = 3(\rho+\mathcal{P})\frac{\partial\mathcal{R}}{\partial t}. \tag{7.69}$$

由方程 (2.56), $\dot{\rho} = -3H(\rho + \mathcal{P})$, 以及 $-\delta T^0_0$, $\delta T^i_i/3$ 分别是对能量密度和压强的扰动, 等式左边写为

$$3H\left[\frac{\dot{\mathcal{P}}}{\dot{\rho}}\delta\rho - \delta\mathcal{P}\right] = 3(\rho + \mathcal{P})\frac{\partial\mathcal{R}}{\partial t}. \tag{7.70}$$

可见, 若我们要证明 $\dot{\mathcal{R}} = 0$, 只需证明

$$\delta\mathcal{P} = \frac{\dot{\mathcal{P}}}{\dot{\rho}}\delta\rho. \tag{7.71}$$

对于零阶背景宇宙, $\bar{\phi}$ 可作为时间变量, 故有 $\dot{\mathcal{P}} = (\mathrm{d}\mathcal{P}/\mathrm{d}\bar{\phi})\,\dot{\bar{\phi}}$ 以及 $\dot{\rho} = (\mathrm{d}\rho/\mathrm{d}\bar{\phi})\,\dot{\bar{\phi}}$. 对于单场暴胀模型, ρ 和 $\mathcal{P}$ 均只依赖于标量场 ϕ [式 (7.8, 7.9)], 故同样可写出 $\delta\mathcal{P} = (\mathrm{d}\mathcal{P}/\mathrm{d}\bar{\phi})\,\delta\phi$ 和 $\delta\rho = (\mathrm{d}\rho/\mathrm{d}\bar{\phi})\,\delta\phi$. 由以上结果可见, 单场暴胀模型满足式 (7.71), 即 $\mathcal{R}$ 在大尺度守恒. 然而, 对于更加复杂的多场暴胀模型, $\mathcal{R}$ 在超视界时会发生演化.

7.4.3　空间平直规范

虽然章节 7.4.2 对暴胀产生标量扰动进行了完整推导, 但该方法并非最佳方式. 更简便的方法是利用规范变换和章节 6.2 中介绍的规范不变量. 下面将简述这种方法, 其中部分计算细节留作习题.

共形牛顿规范的复杂之处在于标量场扰动 $\delta\phi$ 与引力势 Ψ 的耦合. 我们希望找到另一种规范, 使它们不再耦合. 在空间平直规范 (*spatially flat slicing*) 中, 度规的空间分量满足平直性, $g_{ij} = \delta_{ij}a^2$, 线元完整表示为

$$\mathrm{d}s^2 = -\left[1 + 2A(\boldsymbol{x}, t)\right]\mathrm{d}t^2 - 2a(t)B_{,i}(\boldsymbol{x}, t)\mathrm{d}x^i\mathrm{d}t + a^2(t)\delta_{ij}\mathrm{d}x^i\mathrm{d}x^j, \tag{7.72}$$

其中函数 A, B 描述了标量扰动. 此情况下, $\delta\phi$ 严格满足方程 (7.54) 且不与 A, B 耦合. 这样, 我们无需考虑任何耦合项便可直接得到 $\delta\phi$ 的功率谱 (7.55).

下一步是找到一个规范不变量. Bardeen (1980) 发现了很多这样的不变量, 其中两个刻画度规的标量扰动, 另外两个刻画物质的扰动. 规范不变量的线性组合显然也是规范不变量. 我们应在空间平直规范下找到一个正比于 $\delta\phi$ 的线性组合.

这些不变量之一, 记为 $\mathcal{V}$, 其定义是

$$\mathcal{V}(\boldsymbol{k}, t) \equiv B(\boldsymbol{k}, t) + \frac{ik_i}{k^2}\frac{a\delta T^i_0(\boldsymbol{k}, t)}{\rho + \mathcal{P}}. \tag{7.73}$$

共形牛顿规范中, 对于物质, $\mathcal{V}$ 体现为物质的速度场, $\boldsymbol{u}_{\mathrm{m}} = ik\mathcal{V}$; 对于辐射体现为偶极子, $ik\mathcal{V} = -3i\Theta_{\mathrm{r},1}$. 在空间平直规范中, 借助式 (7.47), 式 (7.73) 又可写为

$$\mathcal{V} = B - \frac{\bar{\phi}'\delta\phi}{(\rho + \mathcal{P})a^2} \quad (\text{空间平直规范}). \tag{7.74}$$

这样, 式 (6.19) 中的 Φ_H 在空间平直规范中等于 aHB (在此规范中 $D = E = 0$). 又因 $\Phi_H, \mathcal{V}$ 均为规范不变量, 它们的线性组合

$$\mathcal{R} \equiv -\Phi_H + aH\mathcal{V} \tag{7.75}$$

也是不变量. 在空间平直规范中, 其表达式为

$$\mathcal{R} = -\frac{aH}{\bar{\phi}'}\delta\phi \quad (\text{空间平直规范}). \tag{7.76}$$

于是, $\mathcal{R}$ 的功率谱为

$$P_{\mathcal{R}}(k) = \left(\frac{aH}{\bar{\phi}'}\right)^2 P_{\delta\phi}(k). \tag{7.77}$$

已知 $P_{\delta\phi}(k)$ 的表达式 (7.55) 和系数 $4\pi G/\epsilon_{\mathrm{sr}}$, 得到

$$P_{\mathcal{R}}(k) = \left.\frac{2\pi G H^2}{\epsilon_{\mathrm{sr}} k^3}\right|_{aH=k}. \tag{7.78}$$

式 (7.78) 的重要性在于它描述了一个规范不变量的功率谱. 原初标量扰动的功率谱常用 $P_{\mathcal{R}}(k)$ 来表述. 尽管以上结果是在空间平直规范下得到的, 一旦有了此结果, 我们可在任意其他规范下计算 $\mathcal{R}$, 并将该规范下相关的扰动变量的功率谱表示为 $P_{\mathcal{R}}$ 的形式.

本书采用共形牛顿规范, 此规范下 $\Phi_H = -\Phi, B = 0$, 所以由式 (7.75) 定义的 $\mathcal{R}$ 满足式 (7.57). 章节 7.4.2 曾指出, 在共形牛顿规范中, 暴胀结束后有 $\mathcal{R} = 3\Phi/2$, 即 $P_\Phi = 4P_{\mathcal{R}}/9$, 或利用式 (7.78),

$$P_\Phi(k) = \left.\frac{8\pi G H^2}{9k^3 \epsilon_{\mathrm{sr}}}\right|_{aH=k}, \tag{7.79}$$

与先前得到的功率谱 (7.62) 形式完全一致.

Bardeen 等学者指出, Φ_H 与特定规范下的 $\mathcal{R}$ 具有清晰的几何意义. 由习题 3.13, 在固定时刻, 三维空间的曲率等于 $4k^2\Phi_H/a^2$, 因此 Φ_H 的扰动代表曲率扰动: 即使空间在零阶是平直的, 扰动依然能够产生与空间位置有关的曲率. 在共形牛顿规范和空间平直规范中, $\mathcal{R}$ 是 Φ_H 与速度的组合, 看似与 $\mathcal{R}$ 无关. 然而, 利用共动规范 (comoving gauge), 速度为零, 我们得到 $\mathcal{R} = -\Phi_H$, 即对应曲率扰动. 实际上, 暴胀产生的标量扰动常常就被称为曲率扰动 $\mathcal{R}$, 它是描述暴胀产生的绝热扰动最方便的方式.

7.5　早期宇宙的 Einstein-Boltzmann 方程

本章剩余部分是将 Ψ 与前两章的各个扰动变量进行联系. 由于暴胀产生绝热扰动, 这些变量的初始条件相对简单: 各组分的相对扰动量相同, 且可表示为 Ψ. 我们还将证明前几节提出的 Ψ 与 Φ, Θ₁ 等变量间的关系.

首先, 我们在宇宙早期 (暴胀结束后, $\eta > 0$ 但仍很小) 考虑 Boltzmann 方程 (5.67-5.73). 这时所有 k-模式满足 $k\eta \ll 1$, 即 $k/aH \ll 1$. 考虑方程 (5.67),

$$\Theta' + ik\mu\Theta = -\Phi' - ik\mu\Psi - \tau'\left[\Theta_0 - \Theta + \mu u_{\rm b} - \frac{1}{2}\mathcal{P}_2(\mu)\Pi\right], \tag{7.80}$$

左边两项的量级分别是 Θ/η 和 $k\Theta$, 由于 $1/(k\eta) \gg 1$, 第一项远大于第二项. 类似可知, Boltzmann 方程中与 k 相乘的部分在宇宙早期可忽略 (以及 $u_{\rm b}, \Pi$, 下面将给出解释). 其物理意义是: 在早期宇宙, 一切扰动的波长 ($\sim k^{-1}$) 远大于视界. 相当于, 任一观测者在其视野范围内看到的天空 (光子) 是各向同性的. 多极子扰动 ($\Theta_1, \Theta_2, \cdots$) 远小于单极子 Θ_0. 这样, 光子和中微子温度扰动的演化方程化简为

$$\Theta_0' + \Phi' = 0,$$
$$\mathcal{N}_0 + \Phi' = 0. \tag{7.81}$$

同理, 物质的演化方程化简为

$$\delta_{\rm c}' = -3\Phi',$$
$$\delta_{\rm b}' = -3\Phi'. \tag{7.82}$$

在共动视界外, 引力是唯一的作用力, 暗物质和重子物质满足相同方程. 它们的速度是相对密度扰动的 $\sim k\eta \ll 1$ 倍, 可忽略.

再考虑早期的 Einstein 场方程. 方程 (6.41) 中, $k^2\Phi$ 含 k^2, 可忽略 [注意, 这里与忽略宇宙膨胀、取牛顿近似的极限 ($k \gg aH$) 恰好相反]; 又因宇宙为辐射主导, 等式右边与物质相关的扰动可忽略. 方程化简为

$$3\frac{a'}{a}\left(\Phi' - \frac{a'}{a}\Psi\right) = 16\pi Ga^2\rho_{\rm r}\Theta_{\rm r,0}, \tag{7.83}$$

其中辐射单极子由式 (6.79) 定义. 辐射主导时期, $a \propto \eta$, $a'/a = aH = 1/\eta$. 故

$$\frac{\Phi'}{\eta} - \frac{\Psi}{\eta^2} = \frac{16\pi G\rho a^2}{3}\Theta_{\rm r,0} = \frac{2}{\eta^2}\Theta_{\rm r,0}, \tag{7.84}$$

其中第二步等号成立是利用了零阶 Einstein 场方程 (即 Friedmann 方程). 等式两边乘 η^2 得到

$$\Phi'\eta - \Psi = 2\Theta_{\rm r,0}. \tag{7.85}$$

对方程 (7.85) 等式两边求导, 再借助辐射单极子与引力势导数的关系 (7.81) 得到

$$\Phi''\eta + \Phi' - \Psi' = -2\Phi'. \tag{7.86}$$

Einstein 场方程的另一分量方程 (6.48) 描述了光子和中微子的四极子产生非零的 $\Psi + \Phi$. 在此忽略它们,[①] 设 $\Psi = -\Phi$, 方程 (7.86) 变为

$$\Phi''\eta + 4\Phi' = 0. \tag{7.87}$$

设微分方程的解为 $\Phi = \eta^p$, 得到代数方程

$$p(p-1) + 4p = 0, \tag{7.88}$$

解得 $p = 0, -3$, 其中 $p = -3$ 为衰减模式. 即使宇宙早期存在此模式, 它也会快速衰减, 因此很难在现今宇宙中被探测到, 而模式 $p = 0$ 一旦被激发便不会衰减.

因此, 我们仅探讨 $p = 0$ 的模式. 这时方程 (7.85) 变为

$$\Phi = 2\Theta_{\mathrm{r},0}. \tag{7.89}$$

可见 $\Theta_{\mathrm{r},0}$ 及它所含的成分 Θ_0, $\mathcal{N}_0$ 不随时间变化. 对于绝热扰动, 式 (7.43) 指出

$$\Theta_0(\boldsymbol{k}, \eta_i) = \mathcal{N}_0(\boldsymbol{k}, \eta_i), \tag{7.90}$$

即

$$\Phi(\boldsymbol{k}, \eta_i) = 2\Theta_0(\boldsymbol{k}, \eta_i). \tag{7.91}$$

这里明确了所有变量对 $\boldsymbol{k}$ 的依赖关系, 以及我们需要在时间 η_i 设定初始条件.

在绝热扰动的条件下, 物质组分 δ_{c} 和 δ_{b} 的扰动形式也相对简单. 由方程组 (7.81, 7.82), 对于冷暗物质

$$\delta_{\mathrm{c}}(\boldsymbol{k}, \eta) = 3\Theta_0(\boldsymbol{k}, \eta) + \mathrm{Const}(\boldsymbol{k}). \tag{7.92}$$

重子物质的密度扰动取相同形式. 我们将证明上式中的常数 $\mathrm{Const}(\boldsymbol{k}) = 0$. 由绝热扰动的性质, 物质和辐射的能量密度之比应处处相同, 写为

$$\frac{n_{\mathrm{c}}}{n_\gamma} = \frac{\bar{n}_{\mathrm{c}}}{\bar{n}_\gamma}\left[\frac{1 + \delta_{\mathrm{c}}}{1 + 3\Theta_0}\right]. \tag{7.93}$$

其中系数 $\bar{n}_{\mathrm{c}}/\bar{n}_\gamma$ 显然不随时间和空间变化. 那么, 上式括号 (线性近似下为 $1 + \delta - 3\Theta_0$) 也应与空间无关, 故为零, 因此

$$\delta_{\mathrm{c}} = \delta_{\mathrm{b}} = 3\Theta_0. \tag{7.94}$$

---

① 中微子四极子的详细处理见习题 7.16; Compton 散射使光子的四极子很小, 对方程 (6.48) 无贡献.

我们还需要物质的初始速度场和辐射的偶极子作为初始条件. 由习题 7.17,

$$\Theta_1(\boldsymbol{k},\eta) = \mathcal{N}_1(\boldsymbol{k},\eta) = \frac{iu_{\mathrm{b}}(\boldsymbol{k},\eta)}{3} = \frac{iu_{\mathrm{c}}(\boldsymbol{k},\eta)}{3} = -\frac{k}{6aH}\Phi(\boldsymbol{k},\eta). \tag{7.95}$$

由上, 在辐射主导时期, 超视界尺度的 $\mathcal{R}$ 满足 [证明了 (7.59) 的第二步等式]

$$\mathcal{R} = -\frac{3}{2}\Psi. \tag{7.96}$$

7.6 小   结

暴胀理论的提出解决了视界疑难, 以及基准宇宙学模型中的一些精细调节问题 (如平直疑难, 习题 7.1). 更重要的是, 暴胀提供了原初扰动的产生机制.

暴胀模型预测: 当相关的尺度还处于视界内, 且具有因果相互作用时, 扰动通过量子力学效应产生. 随后, 这些尺度在暴胀时期离开视界, 直至晚期宇宙才重新进入视界, 成为宇宙结构形成的初始条件. 在 Fourier 空间能够更方便地描述这些扰动的统计性质. 例如, 对于某 Fourier 模式, 引力势的期望为零

$$\langle\Phi(\boldsymbol{k})\rangle = 0. \tag{7.97}$$

不同 $\boldsymbol{k}$-模式的互相关 (协方差) 为零, 自方差非零:

$$\langle\Phi(\boldsymbol{k})\Phi^*(\boldsymbol{k}')\rangle = P_\Phi(k)(2\pi)^3\delta_{\mathrm{D}}^{(3)}(\boldsymbol{k}-\boldsymbol{k}'). \tag{7.98}$$

等式右边的三维 Dirac δ 函数确保了不同模式的独立性. 另外, 原初扰动的分布应接近高斯分布, 更高阶的相关函数 (如三个或更多的 Φ 相乘) 趋于零.

原初标量扰动的功率谱见式 (7.62). 原初张量扰动的期望为零, 具有高斯性, 功率谱见式 (7.42). 标量扰动的功率谱依赖于慢滚参数 ϵ_{sr}, 正比于膨胀率的时间变化率. 由于暴胀期间, 标量场的势能占主导, 膨胀率接近常数, ϵ_{sr} 一般很小.

$k^3 P_\Phi(k)$ 为常数的功率谱称为尺度无关谱 (scale-invariant spectrum 或 scale-free spectrum). 慢滚参数的存在令标量和张量扰动的功率谱相对于尺度无关谱有微小偏离. 暴胀期间, 标量场沿势能缓慢向下 "滚动", Hubble 膨胀率随时间缓慢变小. 作为暴胀的另一理论预言, 更大尺度的扰动更早离开视界, 其功率谱略高于小尺度, 这种偏红 (red-tilted)[①] 的功率谱已被 CMB 观测证实.

---

① 译者注: 将扰动的功率谱与电磁波 (可见光) 的光谱类比. 若波长更长处的光谱更强, 那么合成的可见光将偏红, 故有此术语.

暴胀产生的标量扰动常用具有规范不变性的曲率扰动 $\mathcal{R}$ 的功率谱来参数化. 其优点是扰动在超视界尺度守恒. 由式 (7.78),

$$P_{\mathcal{R}}(k) = \frac{2\pi}{k^3}\frac{H^2}{m_{\mathrm{Pl}}^2 \epsilon_{\mathrm{sr}}}\bigg|_{aH=k} \equiv 2\pi^2 \mathcal{A}_s k^{-3}\left(\frac{k}{k_{\mathrm{p}}}\right)^{n_s-1}, \tag{7.99}$$

其中 $\mathcal{A}_s$ 是在某一基准尺度 (*pivot scale*) k_{p} 处, 单位对数波数区间内的曲率扰动方差; $\mathcal{A}_s$ 常称为标量扰动的功率谱振幅 (*scalar amplitude*).[①] n_s 是标量扰动的谱指数 (*scalar spectral index*). k_{p} 的选择具有任意性, 在 CMB 各向异性的研究中, Planck 团队选用 $k_{\mathrm{p}} = 0.05\,\mathrm{Mpc}^{-1}$, 我们也采用此值. 基准宇宙学模型中

$$\mathcal{A}_s = \frac{k_{\mathrm{p}}^3}{2\pi^2}P_{\mathcal{R}}(k_{\mathrm{p}}) \simeq 2.1 \times 10^{-9}. \tag{7.100}$$

可见, 在 k_{p} 尺度, 典型的曲率扰动振幅为 $\sqrt{\mathcal{A}_s} \simeq 4.6 \times 10^{-5}$, 与 CMB 温度各向异性的扰动 (第 9 章) 在同一量级. 这并非巧合. 对于张量扰动, 单个偏振模式的功率谱见式 (7.42). 原初张量扰动常被参数化为视界外的总功率谱 $P_{\mathrm{T}}(k)$,

$$\left\langle h_{ij}^{\mathrm{TT}}(\boldsymbol{k})\left(h_{ij}^{\mathrm{TT}}\right)^*(\boldsymbol{k}')\right\rangle\bigg|_{\eta=0} \equiv (2\pi)^3 \delta_{\mathrm{D}}^3(\boldsymbol{k}-\boldsymbol{k}')P_{\mathrm{T}}(k). \tag{7.101}$$

对张量扰动的两偏振模式求和, 上式等式左边为 $2\left\langle h_+ h_+^*\right\rangle + 2\left\langle h_\times h_\times^*\right\rangle$, 故

$$P_{\mathrm{T}}(k) = 4P_h(k) = \frac{32}{k^3}\frac{H^2}{m_{\mathrm{Pl}}^2}\bigg|_{aH=k} \equiv 2\pi^2 \mathcal{A}_{\mathrm{T}} k^{-3}\left(\frac{k}{k_{\mathrm{p}}}\right)^{n_{\mathrm{T}}}, \tag{7.102}$$

其中 $\mathcal{A}_{\mathrm{T}}$ 是张量扰动的功率谱振幅 (*tensor amplitude*), n_{T} 是张量扰动的谱指数 (*tensor spectral index*). 注意, 标量扰动和张量扰动的尺度无关谱分别对应 $n_s = 1$ 和 $n_{\mathrm{T}} = 0$, 如此定义已成惯例. 另外, 定义张量扰动和标量扰动的功率比, 简称张标比 (*tensor-to-scalar ratio*) r,

$$r(k) \equiv \frac{P_{\mathrm{T}}(k)}{P_{\mathcal{R}}(k)} \stackrel{k=k_{\mathrm{p}}}{=} \frac{\mathcal{A}_{\mathrm{T}}}{\mathcal{A}_s}. \tag{7.103}$$

由功率谱 (7.99, 7.102) 得到

$$r(k) = 16\epsilon_{\mathrm{sr}}\bigg|_{aH=k}. \tag{7.104}$$

因张量和标量扰动的谱指数不同, r 应依赖于 k, 但实际上这种依赖关系非常微弱.

---

① 译者注: 一般而言, 波动的幅度 (波动的平衡点至波峰/波谷, 或波峰到波谷的一半) 称为振幅 (有些场合称为半振幅), 而功率正比于振幅的平方, 即物质功率谱正比于物质密度扰动的平方. 但此处的 $\mathcal{A}_s$ 正比于功率谱, 有别于波动的振幅.

现可将谱指数 n_s, n_{T} 表示为慢滚参数 $\epsilon_{\mathrm{sr}}, \delta_{\mathrm{sr}}$. 首先考虑张量扰动, 由式 (7.99),

$$\frac{\mathrm{d}\ln P_{\mathrm{T}}(k)}{\mathrm{d}\ln k} = n_{\mathrm{T}} - 3. \tag{7.105}$$

其中对数导数含两项, $\mathrm{d}\ln k^{-3}/\mathrm{d}\ln k$ 与 -3 抵消, 剩下 $n_{\mathrm{T}} = 2\mathrm{d}(\ln H)/\mathrm{d}(\ln k)$. 在穿越视界时

$$\left.\frac{\mathrm{d}\ln H}{\mathrm{d}\ln k}\right|_{aH=k} = \frac{k}{H}\frac{\mathrm{d}H}{\mathrm{d}\eta}\left.\frac{\mathrm{d}\eta}{\mathrm{d}k}\right|_{aH=k}. \tag{7.106}$$

由定义 (7.17), $H' = -aH^2\epsilon_{\mathrm{sr}}$, 且 $\mathrm{d}\eta|_{aH=k}/\mathrm{d}k = -\mathrm{d}(aH)^{-1}|_{aH=k}/\mathrm{d}k = 1/k^2$, 得

$$\left.\frac{\mathrm{d}\ln H}{\mathrm{d}\ln k}\right|_{aH=k} = -\frac{k}{H}\left.\frac{aH^2\epsilon_{\mathrm{sr}}}{k^2}\right|_{aH=k} = -\epsilon_{\mathrm{sr}}. \tag{7.107}$$

因此, 我们得到暴胀产生的张量扰动的谱指数为

$$n_{\mathrm{T}} = -2\epsilon_{\mathrm{sr}}. \tag{7.108}$$

类似可推导标量扰动谱的谱指数. 取 P_Φ 的对数导数得到

$$n_s - 1 = \frac{\mathrm{d}}{\mathrm{d}\ln k}\left(\ln H^2 - \ln \epsilon_{\mathrm{sr}}\right). \tag{7.109}$$

H 的对数导数为 $-2\epsilon_{\mathrm{sr}}$. 由习题 7.7, ϵ_{sr} 的对数导数是 $-2(\epsilon_{\mathrm{sr}} + \delta_{\mathrm{sr}})$. 故

$$n_s = 1 - 4\epsilon_{\mathrm{sr}} - 2\delta_{\mathrm{sr}}. \tag{7.110}$$

暴胀理论预言, 谱指数 n_{T} 与 ϵ_{sr} 存在正比关系 (参考习题 7.14). 各种暴胀模型对 ϵ_{sr} 和 δ_{sr} 提出了不同预言, 不过这些模型中的张标比 ($\propto \epsilon_{\mathrm{sr}}$) 都与 n_{T} 直接相关. 本书后面还将探讨结构的形成和它们的宇宙学探测, 届时我们可以继续思考上述关键问题可否被观测验证.

暴胀理论的另一个核心预言是慢滚参数. 然而, 我们还需要进一步探索其依赖的物理学原理. 比如, 我们需要理解这些参数如何与标量场的势 V 相关联. 通过习题 7.8, 我们可将这些慢滚参数表示为 V 及其导数的形式. 在观测数据中限制参数 ϵ_{sr} 和 δ_{sr} 对于标量场势的研究至关重要. 标量场势的能级可达 $10^{15}\,\mathrm{GeV}$ (习题 7.18), 在此能级的探测将会是物理学突破性的进展.

暴胀理论并不简单. 通过不同的角度有助于更好地理解这个理论, 以下文献供参考. Guth (1981) 作为暴胀理论的一个开山之作, 介绍了导致暴胀理论的疑难, 并提出了最初的解决思路 (旧暴胀理论). *Physical Foundations of Cosmology*[①] (Mukhanov, 2005) (作者是暴胀理论的开创者之一) 对现代暴胀理论和扰动的产生给出了清晰描述. Birrell & Davies (1984) 描述了膨胀的宇宙中量子扰动的产生.

[①] 译者注: 向读者推荐本书的中文译作《宇宙学的物理基础》, 皮石译 (科学出版社).

习　　题

7.1　暴胀理论同时解决了平直性疑难 (*flatness problem*), 即宇宙的总能量密度为何如此接近临界密度.

(a) 设

$$\Omega(t) \equiv \frac{8\pi G\rho(t)}{3H^2(t)} \tag{7.111}$$

在现在时刻等于 0.3, 其中 ρ 包括物质和辐射的能量密度 (忽略宇宙学常数). 由方程 (3.14) 画出 $\Omega(t) - 1$ 随尺度因子的变化, 分析 $\Omega(t)$ 在 Planck 时代与 1 的接近程度 (假设没有发生暴胀, Planck 时代尺度因子的量级为 10^{-32}). 这种精细调节初始条件的问题称为平直性疑难. 在此模型中, 若没有这种精细调节, 一个开放宇宙在现在时刻的 Ω 几乎为零; 而封闭宇宙早已由膨胀转为收缩.

(b) 证明暴胀解决了平直性疑难. 设暴胀时期经历了 e^{60} 倍的指数膨胀, 分别计算暴胀前后的 $\Omega(t) - 1$. 此问题阐述了暴胀如何令宇宙变得平直 (参考图 7.4).

7.2　计算 Hubble 体积中的熵总量. 熵正比于 Hubble 视界中的总粒子数. 计算现在时刻 Hubble 体积内的总光子数, 并解释暴胀如何产生了如此大的熵.

7.3　若宇宙早期由物质和辐射组成, 则 a_e 很小时的共动视界是现在时刻共动视界的 $a_0 H_0/a_e H_e$ 倍. 现考虑物质-辐射相等时期 $a = a_{\text{eq}}$, 计算温度为 10^{15} GeV 时 $a_0 H_0/a_e H_e$ 的值.

7.4　经典标量场的拉格朗日作用量为

$$\mathcal{L}_\phi = -\frac{1}{2}g^{\mu\nu}\frac{\partial\phi}{\partial x^\mu}\frac{\partial\phi}{\partial x^\nu} - V(\phi), \tag{7.112}$$

求标量场的能动张量. 拉格朗日作用量是动能和势能的差, 但由于 $g^{00} < 0$, 动能带负号. 能动张量来自作用量对度规的变分

$$T_{\mu\nu} = -2\frac{\delta\mathcal{L}_\phi}{\delta g^{\mu\nu}} + g_{\mu\nu}\mathcal{L}_\phi. \tag{7.113}$$

利用上述结论推出式 (7.6).

7.5　利用方程 (7.14) 推出方程 (7.15).

7.6　考虑一个自由、均匀, 质量为 m 的标量场, 场的势能为 $V = m^2\phi^2/2$. 证明: 若 $m \gg H$, 此标量场以 m 为频率振荡, 其能量密度随 a^{-3} 衰减, 表现为常规非相对论性物质. 利用此结论阐述暴胀时期我们为何可以忽略 $m \gg H$ 的场.

7.7　推导出暴胀时期慢滚参数的以下关系式.

(a)

$$\frac{\mathrm{d}}{\mathrm{d}\eta}\left(\frac{1}{aH}\right) = \epsilon_{\mathrm{sr}} - 1.$$

(b)

$$4\pi G(\bar{\phi}')^2 = \epsilon_{\mathrm{sr}} a^2 H^2. \tag{7.114}$$

(c) 利用 ϵ_{sr} 和 δ_{sr} 的定义证明

$$\frac{\mathrm{d}\epsilon_{\mathrm{sr}}}{\mathrm{d}\eta} = -2aH\epsilon_{\mathrm{sr}}\left(\epsilon_{\mathrm{sr}} + \delta_{\mathrm{sr}}\right). \tag{7.115}$$

并用此结论证明

$$\left.\frac{\mathrm{d}\ln\epsilon_{\mathrm{sr}}}{\mathrm{d}\ln k}\right|_{aH=k} = 2\left(\epsilon_{\mathrm{sr}} + \delta_{\mathrm{sr}}\right). \tag{7.116}$$

7.8   在一阶近似情况下, 将慢滚参数 $\epsilon_{\mathrm{sr}}, \delta_{\mathrm{sr}}$ 表示为势 V 和其对 ϕ 导数的形式

$$\epsilon_{\mathrm{sr}} = \frac{1}{16\pi G}\left(\frac{V_{,\phi}}{V}\right)^2, \quad \delta_{\mathrm{sr}} = \epsilon_{\mathrm{sr}} - \frac{1}{8\pi G}\frac{V_{,\phi\phi}}{V}.$$

其中 " $_{,\phi}$ " 表示在 $\bar{\phi}$ 对 ϕ 求导.

7.9   我们可用多种方法描述压强与能量密度的关系. 如利用 状态方程

$$w \equiv \frac{\mathcal{P}}{\rho}. \tag{7.117}$$

另一方法是利用 声速的平方

$$c_s^2 \equiv \frac{\mathrm{d}\mathcal{P}}{\mathrm{d}\rho}. \tag{7.118}$$

在均匀宇宙中, 计算 c_s^2 的方法是将 $\mathcal{P}$ 和 ρ 都对时间求导再取商, $c_s^2 = \dot{\mathcal{P}}/\dot{\rho}$. 第三种方法是利用压强和能量密度的扰动比

$$\frac{\delta\mathcal{P}}{\delta\rho} = -\frac{\delta T_i^i}{3\delta T_0^0}. \tag{7.119}$$

上式的负号是因能动张量的时间-时间分量等于能量密度的负值; 系数 3 来自对空间指标的求和. 对于绝热扰动, $\delta\mathcal{P}/\delta\rho = c_s^2$. 证明上式在以下三种情况下成立: 物质主导、辐射主导, 以及暴胀时期正在穿越视界的单一标量场. 对于最后一种情况, 证明 $\delta\mathcal{P}/\delta\rho - c_s^2$ 为慢滚参数 ϵ_{sr} 和 δ_{sr} 的量级.

7.10   推导以下量子谐振子的性质.

(a) 单位质量谐振子的动量为 $p = \mathrm{d}x/\mathrm{d}t$. 证明 $[\hat{x}, \hat{p}] = i$. 算符 $\hat{p}$ 可以由 $\hat{x}$ [式 (7.20)] 对时间求导得到.

(b) 计算单位质量的量子谐振子的基态能量. 首先对能量

$$E = \frac{p^2}{2} + \frac{\omega^2 x^2}{2}$$

进行量子化, 然后计算其基态的期望值: $\langle 0|\hat{E}|0\rangle$.

7.11 证明暴胀的标量扰动模式不产生引力波. 设 $h = h_+$, 方程 (7.27) 等式右侧为

$$\delta T_1^1 - \delta T_2^2,$$

其中 δT 是由 ϕ 主导的能动张量的扰动. 类似方程 (6.73) 的推导, 选 $\boldsymbol{k}$ 为 z 方向. 证明上式对于标量场确实为零.

7.12 证明式 (7.40) 是方程 (7.39) 的解.

(a) 令 $\tilde{v} = v/\eta$, 将方程 (7.39) 写成 $\tilde{v}$ 的形式.

(b) 上一步得到的方程是球贝塞尔方程 (spherical Bessel equation), 其通解为 $k\eta$ 的两个函数的线性组合.

(c) 利用 Minkowski 空间 $(k|\eta| \gg 1)$ 谐振子的解作为初始条件, 确定上一步通解中的系数, 得到式 (7.40).

7.13 证明式 (7.66) 在大尺度成立. 方法之一是利用 Einstein 场方程的时间-时间分量方程 (6.41) 和空间-空间分量方程 (习题 6.6), 并取大尺度的极限.

7.14 利用章节 7.6 中的结论计算张量扰动谱指数 $n_{\rm T}$ 与张标比 r 的关系. 这是单场暴胀模型的一个有力预言.

7.15 计算中微子和辐射的能量密度比 $f_\nu \equiv \rho_\nu/\rho_{\rm r}$, 取正负电子对湮灭后的时刻 (参考章节 2.4.4), 忽略中微子质量.

7.16 在辐射主导时期考虑中微子 (忽略其质量) 的四极子.

(a) 利用方程 (5.73), 设 $E_\nu(p) = p$, 此方程将不含 p, 于是 $\mathcal{N} = \mathcal{N}(k, \eta, \mu)$. 把方程写为一系列中微子多极子 $\mathcal{N}_l(k, \eta)$ 的方程, 并保留至 $\mathcal{N}_2$:

$$\mathcal{N}_0' + k\mathcal{N}_1 = -\Phi'$$
$$\mathcal{N}_1' - \frac{k}{3}(\mathcal{N}_0 - 2\mathcal{N}_2) = \frac{k}{3}\Psi$$
$$\mathcal{N}_2' - \frac{2}{5}k\mathcal{N}_1 = 0. \tag{7.120}$$

其中中微子多极子的定义与光子多极子的定义 (5.66) 相同. 分别将方程 (5.73) 乘以 $\mathcal{P}_0, \mathcal{P}_1, \mathcal{P}_2$ 然后对 μ 积分得到以上三个方程, 详见章节 9.3 对光子多极子的处理. 在上面第三个方程中, 证明 $\mathcal{N}_3$ 比 $\mathcal{N}_2$ 小 $k\eta$ 的量级, 因而可忽略 $\mathcal{N}_3$.

(b) 利用以上方程组消去 $\mathcal{N}_1$, 证明可得到

$$\mathcal{N}_2'' = \frac{2k^2}{15}\left(\Psi + \mathcal{N}_0 - 2\mathcal{N}_2\right). \tag{7.121}$$

此方程等式右边的 $\mathcal{N}_2 \ll \Psi + \mathcal{N}_0$, 可忽略.

(c) 证明方程 (6.48) 可写为

$$\mathcal{N}_2 = -(k\eta)^2 \frac{\Phi + \Psi}{12\mathfrak{f}_\nu}, \tag{7.122}$$

其中 $\mathfrak{f}_\nu$ 定义见习题 7.15. 这里忽略了光子的四极子, 因 Compton 散射 $\Theta_2 \ll \mathcal{N}_2$.

(d) 将上一步得到的方程进行两次微分, 得到 $\mathcal{N}_2''$ 的表达式. 对比方程 (7.121) (可以忽略 Φ 和 Ψ 的导数, 因为我们只需关注 $p=0$ 的常数模式), 将 $\mathcal{N}_0$ 表达成 Φ, Ψ 的形式.

(e) 设 $\Theta_0 = \mathcal{N}_0$, 利用方程 (7.85) 证明

$$\Phi = -\Psi\left(1 + \frac{2\mathfrak{f}_\nu}{5}\right). \tag{7.123}$$

7.17 证明物质、辐射的偶极子和初始速度的初始条件 (7.95).

7.18 由以下二次形式的势能形式计算暴胀模型的理论预言:

$$V(\phi) = \frac{1}{2}m^2\phi^2. \tag{7.124}$$

(a) 利用 ϕ 写出慢滚参数 $\epsilon_{\mathrm{sr}}, \delta_{\mathrm{sr}}$. 试推出张标比 r 和谱指数 n_s.

(b) 设暴胀结束时 $\epsilon_{\mathrm{sr}} = 1$, 计算暴胀结束时刻的标量场取值 ϕ_e.

(c) 为计算扰动的功率谱, 需在 $-k\eta = 1$ 时刻求出 $\epsilon_{\mathrm{sr}}, \delta_{\mathrm{sr}}$ 和 ϕ. 取 $k = k_{\mathrm{p}}$, 通过 k_{p} 离开 (和再次进入) 视界时刻 aH 的值、暴胀结束时刻的 $a_e H_e$ 计算出 ϕ. 设离开视界至暴胀结束宇宙膨胀了 e^N 倍, 并假设暴胀时 H 为常数, 以及宇宙在暴胀结束后一直由辐射主导.

(d) 将此模型预测的 $n_s, \mathcal{A}_s$ 与基准宇宙学模型比较, 并推测 $m/H_e, N$ 的数值. 最终, 在 k_{p} 离开视界时刻求 $m/m_{\mathrm{Pl}}, \phi/m_{\mathrm{Pl}}$. 求此模型中的张量谱振幅, 并与图 10.11 比较.

此模型展示了 **大数值标量场** (*large-field*) 暴胀模型的特性: 标量场的数值等于或甚至大于 m_{Pl} 的量级, 而能标 V 则远小于 m_{Pl}^4.

第 8 章　大尺度结构的形成: 线性理论

通过前面几个章节, 我们已经得到了扰动的初始条件, 以及驱动扰动演化的方程组. 利用它们可以求解出物质的非均匀性和辐射的各向异性. 本章着重求解冷暗物质的密度扰动 δ_c 和速度场 u_c, 它们仅通过引力与宇宙的其他组分相互作用, 几乎不依赖于辐射的扰动: 在宇宙晚期, 宇宙由物质主导, Φ, Ψ 可完备地描述引力, 与辐射无关. 宇宙早期由辐射主导, 其扰动也相对简单, 只需考虑单极子和偶极子. 第 9 章探讨辐射的各向异性时, 必须同时考虑物质的扰动.

本章的最终目标是得到各个红移处线性物质功率谱的理论预测. 具体做法是: 由暴胀给出的初始功率谱为起点, 对每个 Fourier 模式的演化方程单独求解. 在较大尺度, 此线性功率谱可直接与星系成团性和引力透镜观测相比较, 见第 11 章和第 13 章. 在更小尺度, 尽管线性理论不能与观测数据直接比较, 但线性功率谱依然是利用解析和数值方法研究非线性结构形成 (第 12 章) 的出发点.

针对以上问题, 许多开源的代码[①]在几秒钟的时间内就可以对前几章所列出的方程组进行数值求解并达到 1% 的精度. 然而, 在章节 8.2 和 8.3 中我们依然介绍解析近似的方法, 其有助于理解结构形成的物理图景. 首先, 通过章节 8.1 简要介绍这些计算得到的主要结论.

8.1　引　　言

引力不稳定性 (*gravitational instability*) 是宇宙大尺度结构形成的根本原因. 受引力的吸引作用, 物质不断向初始密度稍高于平均密度的区域聚集. 即使初始相对密度涨落不到万分之一, 在经历了宇宙年龄时间的积累后, 它们最终形成了宇宙中显著的结构.

除了引力的吸引, 两种效应减缓结构的形成: 宇宙膨胀、压强. 首先是宇宙的膨胀. 膨胀率越高, 结构形成越缓慢. 在一个没有膨胀的宇宙中, 略高于平均密度的区域的密度进行指数增长 (忽略压强的影响); 在膨胀的宇宙中, 这种指数增长减缓为幂律增长, 甚至对数增长. 例如, 物质主导时期的结构增长速度快于辐射主导时期, 而当暗能量主导时, 宇宙的加速膨胀使得结构增长再次减缓.

---

① 如 CAMB (Lewis *et al.*, 2000) 和 CLASS (Blas *et al.*, 2011).

压强的效应来自重子物质和光子. 压强与密度正相关, 气体趋于向低压强 (压强梯度的反方向)处移动. 由于高压强区域会减缓气体的内流, 重子物质的结构增长慢于冷暗物质.

本章将分别处理超视界 (*super-horizon*) $(k\eta \ll 1)$ 和亚视界 (*sub-horizon*) $(k\eta \gg 1)$ 情况[①]的结构演化, 以及分情况考虑或忽略辐射组分的扰动. 随着后续探讨涉及越来越多的数学推导, 请记住引力、膨胀、压强这三者对结构形成的共同影响.

8.1.1　扰动演化的三个阶段

扰动的演化大致分为三个阶段. 为了说明这一点, 不妨先根据图 8.1 提前预览一下扰动演化的解. 图中选择了四个不同波长的 Fourier 模式, 展示了它们的引力势 Φ 的扰动随尺度因子 a 的演化. 第一阶段, 这些模式在视界之外 $(k\eta \ll 1$, 暴胀结束后 $\eta > 0)$, 这时引力势为常数. 第二阶段有两件重要的事情发生: 各模式进入视界、宇宙由辐射主导 $(a \ll a_{eq})$ 转为物质主导 $(a \gg a_{eq})$. 它们发生的先后顺序取决于扰动的波长. 如图 8.1, 这四个模式分别在 a_{eq} 之前或之后进入视界, 导致引力势呈现出不同的演化方式. 第三阶段, 各模式均在物质主导时期保持常数, 直至暗能量主导时期再次经历一定程度的衰减.

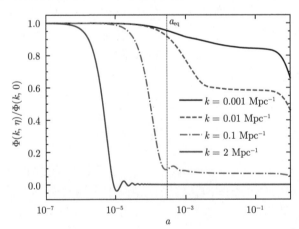

图 8.1　在基准 ΛCDM 宇宙学模型中不同波长的引力势扰动 $\Phi(k, \eta)$ 随时间的线性演化. 这些模式的振幅在较早时期进行了归一化.

---

① 译者注: 若扰动的某 Fourier 模式的 (共动) 波长远大于 (共动) 视界, 简称模式 在视界之外, 或超视界 (*super-horizon*); 扰动的波长远小于视界, 称为 在视界内, 或 亚视界 (*sub-horizon*). 它们之间的转换过程称为视界穿越 (*horizon crossing*), 如扰动的波长从大于视界变为小于视界, 称为进入视界 (*enter the horizon*), 反之称为离开视界 (*leave the horizon*). 但请注意, 扰动的共动波长是固定的, "进入" 或 "离开" 视界, 实际上是因为视界的共动尺度变化导致的.

　　我们主要观测到物质在宇宙晚期 (即第三阶段) 的分布, 这时各模式的演化规律相似. 根据此规律, 先尝试将此阶段的引力势表达为暴胀产生的原初曲率扰动 $\mathcal{R}$, 并形式地将尺度 k 和时间 a 进行变量分离:

$$\Phi(\boldsymbol{k}, a) = \frac{3}{5}\mathcal{R}(\boldsymbol{k}) \times \left\{ 转移函数\, T(k) \right\} \times \left\{ 增长因子\, D_+(a) \right\}. \qquad (8.1)$$

稍后将对上式中的系数 3/5 给出解释. 这里的 转移函数 (transfer function) $T(k)$ 描述了扰动在进入视界和经历物质-辐射相等时期的演化, 而 增长因子 (growth factor) $D_+(a)$ 描述了各模式在宇宙晚期的独立增长. 转移函数和增长因子的定义中遵从两个惯例. 第一, 注意到图 8.1 中, 即使是最大尺度的模式, 在经历物质-辐射相等时期后, 也衰减了一些. 此衰减需要从转移函数的定义中移除, 使得最大尺度的转移函数等于 1. 这样, 转移函数定义为

$$T(k) \equiv \frac{\Phi(\boldsymbol{k}, a_{\text{late}})}{\Phi_{\text{large-scale}}(\boldsymbol{k}, a_{\text{late}})}, \qquad (8.2)$$

其中 a_{late} 表示某 $a \gg a_{\text{eq}}$ 的时期, 而 $\Phi_{\text{large-scale}}$ 表示最大尺度模式的 Φ 演化的解. 更严格地说, $\Phi_{\text{large-scale}}$ 在 $a \gg a_{\text{eq}}$ 时才进入视界. 根据章节 8.2 的推导结果, 在忽略各向异性应力的条件下, 这个衰减因子等于 9/10. 第二个惯例, 增长因子 D_+ 定义为

$$\frac{\Phi(\boldsymbol{k}, a)}{\Phi(\boldsymbol{k}, a_{\text{late}})} \equiv \frac{D_+(a)}{a} \quad (a > a_{\text{late}}). \qquad (8.3)$$

在物质主导时期, 引力势为常数, 此时 $D_+(a) = a$. 借助以上定义,

$$\Phi(\boldsymbol{k}, a) = \frac{3}{5}\mathcal{R}(\boldsymbol{k})T(k)\frac{D_+(a)}{a} \quad (a > a_{\text{late}}). \qquad (8.4)$$

　　冷暗物质跟随 Φ 的演化而演化. 图 8.2 中展示了四种不同波长模式的冷暗物质密度扰动 δ_c 的演化. 最明显的特征是: 在模式进入视界后 $(a > a_{\text{late}})$, 引力势扰动保持为常数, 而密度扰动随时间增长, 即 $\delta_c(\boldsymbol{k}, a) \propto D_+(a)$. 这便解释了上文中略显奇怪的命名方式 (引力势 Φ 不变, 为何 D_+ 还称为 "增长" 因子?). 原来, D_+ 描述了 $a > a_{\text{late}}$ 时期物质密度扰动的增长. 这种增长与我们的直觉一致: 高密度区不断吸引物质, 相对密度扰动 δ_c 随时间不断增长.

　　晚期宇宙中, 重子物质与冷暗物质的行为十分类似, 故常用总物质密度扰动 δ_m 描述它们的共同演化. 现将 δ_m 的功率谱表达为暴胀产生的原初扰动、转移函数、增长因子的形式. 利用 Poisson 方程 (6.80), 取小尺度近似, 忽略辐射组分,

$$k^2\Phi(\boldsymbol{k}, a) = 4\pi G \rho_m(a)a^2 \delta_m(\boldsymbol{k}, a) \quad (a > a_{\text{late}}, k \gg aH). \qquad (8.5)$$

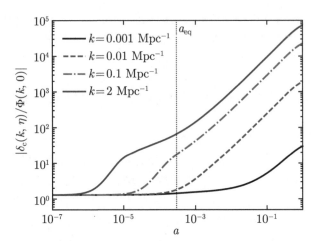

图 8.2　在 ΛCDM 宇宙学模型中冷暗物质密度扰动的演化. 类似图 8.1, 这些模式的振幅在较早时期进行了归一化. 各模式的振幅依次在进入视界后增长. $a \gg a_{\rm eq}$ 时, 各亚视界模式均以 $\propto D_{+}(a)$ 演化. 物质主导时期, $D_{+}(a) = a$, 暗能量引起的宇宙加速膨胀使 $D_{+}(a)$ 的增长变缓.

此方程只在 $k \gg aH$ 时成立. 大尺度结构的研究中, 绝大多数可被精确测量的模式均满足此条件.[①]

代入零阶背景物质密度 $\rho_{\rm m} = \Omega_{\rm m} \rho_{\rm cr} / a^3$ 及 $4\pi G \rho_{\rm cr} = 3H_0^2/2$ 得到

$$\delta_{\rm m}(\boldsymbol{k}, a) = \frac{2k^2 a}{3\Omega_{\rm m} H_0^2} \Phi(\boldsymbol{k}, a) \quad (a > a_{\rm late}, k \gg aH). \tag{8.6}$$

再代入引力势 (8.4), 最终将晚期宇宙的密度扰动表达为原初标量扰动势的形式:

$$\delta_{\rm m}(\boldsymbol{k}, a) = \frac{2}{5} \frac{k^2}{\Omega_{\rm m} H_0^2} \mathcal{R}(\boldsymbol{k}) T(k) D_{+}(a) \quad (a > a_{\rm late}, k \gg aH). \tag{8.7}$$

上式对任何原初绝热扰动 $\mathcal{R}$ 均成立, 无论 $\mathcal{R}$ 如何产生. 由第 7 章, $\mathcal{R}(\boldsymbol{k})$ 服从期望为零的高斯分布, 功率谱为 $P_{\mathcal{R}}(k) = (2\pi^2/k^3)\mathcal{A}_s(k/k_{\rm p})^{n_s - 1}$ [式 (7.99)]. 因此, 晚期宇宙的线性物质功率谱为

$$P_{\rm L}(k, a) = \frac{8\pi^2}{25} \frac{\mathcal{A}_s}{\Omega_{\rm m}^2} D_{+}^2(a) T^2(k) \frac{k^{n_s}}{H_0^4 k_{\rm p}^{n_s - 1}}. \tag{8.8}$$

功率谱 $P_{\rm L}$ 的量纲为 [长度]^3. 在较大尺度, $T(k) = 1$, $P_{\rm L}(k) \propto k^{n_s}$.

图 8.3 展示了基准 ΛCDM 宇宙学模型各红移的线性物质功率谱. 在较大尺度, $P_{\rm L}(k) \propto k^{n_s}$, P_k 随 k 的增加单调上升, 在某尺度达到最大值并开始随 k 的增加而

[①] 另外, 若 $\delta_{\rm m}$ 定义与同步-共动规范 (synchronous-comoving gauge), 则方程 (8.5) 在所有尺度成立 (参见习题 5.1). 相比于共形牛顿规范, 在同步-共动规范中的密度变量与可观测量及数值模拟更加相关.

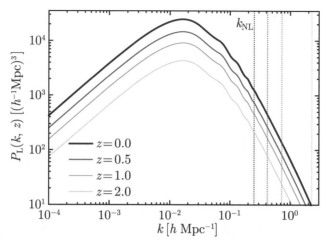

图 8.3　基准 ΛCDM 宇宙学模型中, 不同红移处的线性物质功率谱. 竖线表示各红移的非线性
尺度 $k_{\mathrm{NL}}(z)$. 在给定红移, $k \lesssim k_{\mathrm{NL}}$ 的尺度仍进行线性演化.

下降. 为理解此效应, 回顾图 8.1, 其中的小尺度模式 ($k = 2\,h\,\mathrm{Mpc}^{-1}$) 在物质-辐射相等时期之前就早已进入视界, 在这段辐射主导时期, 引力势发生衰减, 导致转移函数在此尺度远小于 1. 这种效应同样体现在图 8.2 中, 该尺度的 δ 从进入视界 ($a \simeq 10^{-5}$) 起, 至物质主导 ($a \simeq 10^{-4}$) 时期前, 增长非常缓慢. 越小尺度的模式越早进入视界, 经历了越多的衰减, 故功率谱在小尺度区间随 k 的增加而降低. 根据以上分析, 我们期待线性物质功率谱在某尺度达到最大值, 该尺度 k_{eq} 大致在 a_{eq} 时刻进入视界. 对 k_{eq} 的测量可以限制宇宙中物质的总量.

　　另一重要问题是非线性尺度 (*nonlinear scale*) k_{NL}. 当 $k > k_{\mathrm{NL}}$ 时, 非线性效应不可忽略. 为估计非线性的程度, 取尺度 k 附近, 单位对数波数 ($\mathrm{d}\ln k$) 区间内线性密度扰动的方差 $\Delta_{\mathrm{L}}^2(k)$,

$$
\begin{aligned}
\Delta_{\mathrm{L}}^2(k,a) &= \frac{1}{\epsilon} \int_{|\ln k' - \ln k| < \epsilon} \frac{\mathrm{d}^3 k'}{(2\pi)^3} P_{\mathrm{L}}(k',a) \\
&= \frac{1}{\epsilon} \int_{|\ln k' - \ln k| < \epsilon} k'^3 \frac{\mathrm{d}k'}{k'} \int \frac{\mathrm{d}\Omega'}{(2\pi)^3} P_{\mathrm{L}}(k',a) \\
&= \frac{k^3 P_{\mathrm{L}}(k,a)}{2\pi^2}.
\end{aligned}
\tag{8.9}
$$

其中对 $\mathrm{d}\Omega'$ 的积分得到系数 4π, 最后一步等式成立是因为积分在无穷小 k 区间进行. 微扰对应于 $\Delta_{\mathrm{L}}^2 \ll 1$, 而 $\Delta_{\mathrm{L}}^2 \gtrsim 1$ 对应于非线性扰动. 通过画出 $\Delta_{\mathrm{L}}^2(k)$ 的曲线, 我们可以预期在哪些尺度会发生显著的非线性密度扰动 (参考图 12.1, 利用类似的思想画出了密度场的方差随尺度的变化). 通过求解 $\Delta_{\mathrm{L}}^2(k_{\mathrm{NL}},a) \simeq 1$ 得到现在时刻的非线性尺度 $k_{\mathrm{NL}}(a = 1) \simeq 0.25\, h\, \mathrm{Mpc}^{-1}$. 在稍早期的宇宙中, 结构形成程度略低, 非线性尺度较小, 等价于 k_{NL} 在更高的红移取更大的值 (参考图 8.3 中的几条竖线). 图 8.3 中展示的是线性功率谱. 在 k_{NL} 及更小尺度, 线性功率谱 $P_{\mathrm{L}}(k, a)$ 不能与宇宙中的物质分布直接比较. 第 12 章将重点讨论此问题.

8.1.2　求解思路

我们应该如何求解冷暗物质的演化呢? 原则上应使用第 5 章中一系列完整的 Boltzmann 方程组和第 6 章中的两个 Einstein 场方程. 为定性理解结构形成的物理意义, 并不需要全部方程. 在光子退耦 $(a = a_*)$ 前, 光子分布函数只需考虑单极子 Θ_0 和偶极子 Θ_1, 更高阶矩由于光子与重子物质的耦合可忽略. 退耦后, 尽管光子的分布函数需考虑更高阶矩, 但宇宙早已进入物质主导, 引力势由物质分布决定. 综上所述, 只有光子的单极子和偶极子会影响物质的演化.

下面的讨论同样忽略中微子的高阶矩, 因为对它们的解析处理相当困难. 中微子并非与物质紧密耦合, 而是体现为自由穿行的现象. 忽略中微子的高阶矩并非严谨, 但仍比完全忽略中微子更精确. 我们暂时统一用 $\Theta_{\mathrm{r},0}, \Theta_{\mathrm{r},1}$ 来表示总辐射组分的单极子和偶极子 [见定义 (6.79)] (勿与光子分布函数的扰动 Θ_0, Θ_1 混淆). 这样, 光子和中微子的 Boltzmann 方程形式相同, 又因绝热扰动的条件, 它们的初始条件相同. 基于章节 5.7 和上述假设, Boltzmann 方程组写为

$$\Theta_{\mathrm{r},0}' + k\Theta_{\mathrm{r},1} = -\Phi', \tag{8.10}$$

$$\Theta_{\mathrm{r},1}' - \frac{k}{3}\Theta_{\mathrm{r},0} = -\frac{k}{3}\Phi, \tag{8.11}$$

$$\delta_{\mathrm{c}}' + iku_{\mathrm{c}} = -3\Phi', \tag{8.12}$$

$$u_{\mathrm{c}}' + \frac{a'}{a}u_{\mathrm{c}} = ik\Phi. \tag{8.13}$$

即使只保留单极子和偶极子, 从方程 (5.67) 推出方程 (8.10, 8.11) 仍需假设重子与光子的紧密耦合以忽略重子的扰动 (章节 8.6 将阐述重子的效应). 由习题 8.1 可完成相关推导. 这些假设仅在本章讨论冷暗物质的扰动时成立. 第 9 章还需考虑完整的光子扰动演化方程.

为求解暗物质密度扰动的演化, 还需引力势 Φ 的方程. 实际上方程 (8.10) 中已设 $\Psi \to -\Phi$, 即辐射的四极子 [方程 (6.48)] 为零. 由于 Einstein 场方程的很多分量方程是冗余的, 我们有多种选择来建立 Φ 与物质辐射扰动的关系. 例如, 可以应用时间-时间分量方程 (6.41) 和以上近似得到

$$k^2\Phi + 3\frac{a'}{a}\left(\Phi' + \frac{a'}{a}\Phi\right) = 4\pi G a^2 \left(\rho_{\mathrm{c}}\delta_{\mathrm{c}} + 4\rho_{\mathrm{r}}\Theta_{\mathrm{r},0}\right). \tag{8.14}$$

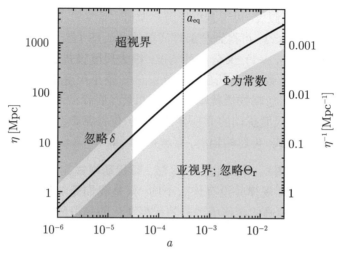

图 8.4　转移函数在不同时代和扰动尺度的性质. 章节 8.2 和 8.3 将推导出阴影所覆盖区域存在的解析解. 图中未被覆盖的区域不存在解析解, 图中的曲线为共动视界 $\eta(a)$, 其对应的尺度和波数标注于图两侧纵坐标轴. 给定时刻穿越视界的扰动模式满足 $k(a) = 1/\eta(a)$.

另一种选择是利用不含时间导数的代数方程 (6.80):

$$k^2\Phi = 4\pi G a^2 \left[\rho_c \delta_c + 4\rho_r \Theta_{r,0} + \frac{3aH}{k}\left(i\rho_c u_c + 4\rho_r \Theta_{r,1}\right)\right]. \tag{8.15}$$

以上两方程根据情况只需其一便可以构建完备的 Einstein-Boltzmann 方程组, 求解出五个变量: $\delta_c, u_c, \Theta_{r,0}, \Theta_{r,1}, \Phi$.

　　此时, 最直接的方法便是进行数值求解 (习题 8.2). 选择 Einstein 场方程的分量方程 (8.14) 更方便数值计算, 相关程序在一秒钟的时间内便可求得 (不含重子物质的) 转移函数.

　　得到冷暗物质演化的解析解非常困难, 因为并不存在一个适用于所有宇宙时代 (a) 和所有扰动尺度 (k) 的普适解析解. 下面将分几种情况对方程组进行简化, 但它们将只适用于特定的宇宙时代和扰动尺度. 最终, 这些特定情况下的解析解可拼接为适用于所有尺度 k 的转移函数. 尽管数值解法更加快捷和精确, 但解析推导可以帮助我们认识其中清晰的物理意义.

　　图 8.4 展示了在章节 8.2 和 8.3 解析求解过程中, 宇宙时代和扰动尺度的划分. 图中的曲线画出了共动视界 (即共形时间 η) 随时间 a 的增长, 在基准宇宙学模型中的物质-辐射相等时期其取值约为 113 Mpc. 任一扰动模式的共动尺度 (共用图 8.4 中的纵坐标[①]) 不随时间变化. 将 "时代 (η)-共动尺度 (k)" 划分为如下几个

---

　　① 译者注: 图中纵坐标更适合标为 k, 代表扰动模式的共动波数. 在接下来的区域划分中, 横坐标代表宇宙时代, 反而用 "η" 表示, 实际上指的是共动视界取值为 $\eta(a)$ 时所对应的时代 a.

区域, 作出相应的物理假设, 可得到近似解析解:

- **超视界区域**, $k\eta \ll 1$, 可得到全部时间段的解析解 (章节 8.2.1).
- **进入视界**时期 ($k\eta \sim 1$), 又分两种情况: **很大尺度模式进入视界**时, 宇宙为物质主导, Φ 保持常数, 有解析解 (章节 8.2.2); **很小尺度模式进入视界**时, 宇宙仍为辐射主导, 可忽略物质扰动 δ, 有解析解 (章节 8.3.1).
- **亚视界区域**. 大尺度扰动的亚视界模式, Φ 保持常数, 即章节 8.2.2. 小尺度扰动的亚视界模式, 可忽略辐射, 有解析解 (章节 8.3.2).

这些近似未覆盖图 8.4 中间的空白区域, 即扰动模式在物质-辐射相等时期进入视界. 此情况的物理规律并没有什么不同, 只是我们无法找到可以简化问题的近似. 章节 8.4 可见, 精确的转移函数是随尺度变化的光滑函数.

8.2   大尺度求解

大尺度扰动模式先经历物质-辐射相等时期, 再进入视界. 章节 8.2.1 和 8.2.2 分别探讨这两个时期. 首先考虑模式在视界之外经历物质-辐射相等时期, 其结论是引力势降为 a_{eq} 前的 9/10.

8.2.1   超视界解

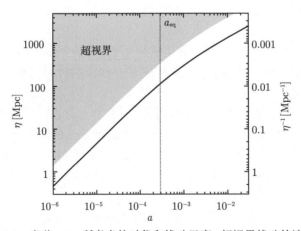

图 8.5   章节 8.2.1 所考虑的时代和扰动尺度: 超视界扰动的演化.

图 8.5 所示的时代和扰动尺度为超视界情形, $k\eta \ll 1$, 可忽略演化方程中依赖于 k 的成分, 根据方程 (8.10, 8.12), 方程组不再含 $\Theta_{\mathrm{r,1}}$ 和 u_{c}, 方程数目从 5 个减至 3 个. 至于 Einstein 场方程的选择, 我们发现方程 (8.15) 含正比于 k^{-1} 的成分,

不易处理, 不妨选用方程 (8.14) 并忽略含 k^2 的部分. 这样,

$$\Theta'_{r,0} = -\Phi', \tag{8.16}$$

$$\delta'_c = -3\Phi', \tag{8.17}$$

$$3\frac{a'}{a}\left(\Phi' + \frac{a'}{a}\Phi\right) = 4\pi G a^2 \left(\rho_c \delta_c + 4\rho_r \Theta_{r,0}\right). \tag{8.18}$$

对比方程 (8.16, 8.17) 可见 $\delta_c - 3\Theta_{r,0}$ 应为常数, 又由初始绝热扰动的假设可知此常数为 0. 利用方程 (8.17) 并将 $\Theta_{r,0}$ 替换为 $\delta_c/3$, 方程 (8.18) 变为

$$3\frac{a'}{a}\left(\Phi' + \frac{a'}{a}\Phi\right) = 4\pi G a^2 \rho_c \delta_c \left(1 + \frac{4}{3y}\right), \tag{8.19}$$

其中, 定义了以 a_{eq} 为单位的尺度因子

$$y \equiv \frac{a}{a_{eq}} = \frac{\rho_m}{\rho_r}, \tag{8.20}$$

可作为替代 η 或 a 的时间变量. 由于忽略重子物质, 方程 (8.20) 中的 ρ_m 可换为 ρ_c, 这样可略微提高解析近似解的精度.

方程 (8.17, 8.19) 是关于 δ_c 和 Φ 的一阶微分方程组, 可化为一个二阶微分方程求解. 首先采用新的时间变量 y, 对 η 的导数写为

$$\frac{d}{d\eta} = \frac{dy}{d\eta}\frac{d}{dy} = aHy\frac{d}{dy}, \tag{8.21}$$

其中第二步等式成立借助了 y 的定义以及 $a' = a^2 H$. 方程 (8.19) 变为

$$y\frac{d\Phi}{dy} + \Phi = \frac{y}{2(y+1)}\delta_c\left(1 + \frac{4}{3y}\right) = \frac{3y+4}{6(y+1)}\delta_c. \tag{8.22}$$

其中等式第一步成立利用了 $8\pi G\rho_c/3 = (8\pi G\rho/3)y/(y+1) = H^2 y/(y+1)$.

为求解一阶微分方程组, 首先将方程 (8.22) 表达为 δ_c 的形式, 对 y 求导, 再利用方程 (8.17) 有 $d\delta_c/dy = -3d\Phi/dy$, 得到

$$-3\frac{d\Phi}{dy} = \frac{d}{dy}\left[\frac{6(y+1)}{3y+4}\left(y\frac{d\Phi}{dy} + \Phi\right)\right], \tag{8.23}$$

求导, 进一步得到

$$\frac{d^2\Phi}{dy^2} + \frac{21y^2 + 54y + 32}{2y(y+1)(3y+4)}\frac{d\Phi}{dy} + \frac{\Phi}{y(y+1)(3y+4)} = 0. \tag{8.24}$$

Kodama & Sasaki (1984) 找到了方程 (8.24) 的一解析解. 引入变量

$$u \equiv \frac{y^3}{\sqrt{1+y}}\Phi, \tag{8.25}$$

方程 (8.24) 变为 (习题 8.4)

$$\frac{\mathrm{d}^2 u}{\mathrm{d}y^2} + \frac{\mathrm{d}u}{\mathrm{d}y}\left[-\frac{2}{y} + \frac{3/2}{1+y} - \frac{3}{3y+4}\right] = 0. \tag{8.26}$$

我们发现方程只含 u 的二阶和一阶微分项, 无 u 项. 这样此关于 Φ 的二阶微分方程可写为关于 $\mathrm{d}u/\mathrm{d}y$ 的一阶微分方程, 其存在解析解. 暂记 $u' \equiv \mathrm{d}u/\mathrm{d}y$, 可得

$$\frac{\mathrm{d}u'}{u'} = \mathrm{d}y\left[\frac{2}{y} - \frac{3/2}{1+y} + \frac{3}{3y+4}\right], \tag{8.27}$$

积分得

$$\ln u' = 2\ln y - \frac{3}{2}\ln(1+y) + \ln(3y+4) + \text{Const}. \tag{8.28}$$

等式两边取 e 指数得

$$u' = \frac{\mathrm{d}u}{\mathrm{d}y} = A\frac{y^2(3y+4)}{(1+y)^{3/2}}, \tag{8.29}$$

其中 A 为待定常数.

为得到引力势的演化还需一次积分. 利用 u 的定义 (8.25), 积分得

$$\frac{y^3}{\sqrt{1+y}}\Phi = A\int_0^y \mathrm{d}\tilde{y}\frac{\tilde{y}^2(3\tilde{y}+4)}{(1+\tilde{y})^{3/2}}. \tag{8.30}$$

注意, 这里本应有另外一个积分常数 $u(0)$. 然而, 由于宇宙早期 $y^3\Phi \to 0$, 这个积分常数为 0. 类似地也可确定积分常数 A. 当 $y \to 0$ 时, 被积函数为 $4\tilde{y}^2$, 式 (8.30) 变为 $\Phi = 4A/3$. 可见 $A = 3\Phi(0)/4$. 积分得到解析解 (习题 8.4):

$$\Phi(\boldsymbol{k}, y) = \frac{1}{10y^3}\left[16\sqrt{1+y} + 9y^3 + 2y^2 - 8y - 16\right]\Phi(\boldsymbol{k}, 0). \tag{8.31}$$

我们终于得到了引力势在超视界尺度的演化规律. 尽管不明显, 但可以验证: y 较小时确实使 $\Phi = \Phi(0)$, 保持常数, 这恰恰是我们适当选择两个积分常数所预期的结果. $y \gg 1$ 时, 宇宙进入物质主导, 上式括号中的 y^3 起主导作用, 使 $\Phi \to (9/10)\Phi(0)$. 可见, 即使是最大尺度的引力势扰动模式, 在经历物质-辐射相等时期后, 也衰减为初始值的 9/10.

将结果与曲率扰动 $\mathcal{R}$ 比较. 章节 7.5 给出辐射主导时期 $\Phi \simeq -\Psi = (2/3)\mathcal{R}$, 而以上结果给出物质主导时期 Ψ 降为初始值的 9/10. 由于 $\mathcal{R}$ 在视界外守恒, 在物质主导时期有 $\Phi = (9/10)(2/3)\mathcal{R}$, 故

$$\Phi(\boldsymbol{k}, \eta)\Big|_{\text{超视界}} = \begin{cases} 2\mathcal{R}(\boldsymbol{k})/3, & \text{辐射主导时期} \\ 3\mathcal{R}(\boldsymbol{k})/5, & \text{物质主导时期} \end{cases} \tag{8.32}$$

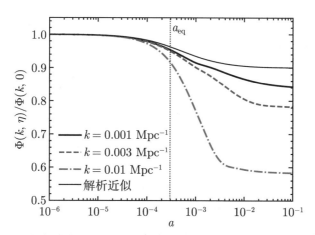

图 8.6 基准 ΛCDM 宇宙学模型中, 大尺度 (在氢复合时期的尺度大于或约等于视界) 模式的引力势的演化. 细实线为近似解析解 (8.31), 其假设扰动模式的波长远大于视界, 并忽略了中微子和光子的高阶矩 ($l \geqslant 2$).

物质主导时期, Φ 在视界内保持常数, 故 $\Phi = (3/5)\mathcal{R}$ 同样适用于亚视界的情况, 这也解释了转移函数定义 (8.4) 中出现的系数 3/5.

图 8.6 将解析近似解 (8.31) 与数值精确解进行了比较. 对于大尺度, 两者相对吻合, 其中的偏离主要来自中微子的四极子 $\mathcal{N}_2$ (另外, $\mathcal{N}_2$ 使 $\Phi = -\Psi$ 不再成立). 另外, 注意解析解和数值解共同的性质: 尽管大尺度模式的引力势在辐射和物质主导时期分别保持常数, 但这两段常数时期之间的过渡相当缓慢. 例如, 最大尺度的模式在 $a \simeq 10^{-2} \gg a_{\text{eq}}$ 这样的时期仍在衰减. 这些结论对第 9 章 CMB 各向异性的研究尤为重要.

8.2.2 大尺度进入视界

图 8.6 可见, Φ 的大尺度模式的数值解在宇宙晚期 ($a \gtrsim 10^{-2}$) 保持常数. 例如, 模式 $k = 10^{-3} h\,\text{Mpc}^{-1}$ 在 $\eta \sim k^{-1} = 1000 h^{-1}\text{Mpc}$, $a \simeq 0.006$ 时进入视界. 这个时代如图 8.7 所示. 下面证明 Φ 在这段时期保持常数.

在此物质主导时期可忽略辐射的扰动, 引力势完全由物质分布决定, 故可忽略两个辐射的方程 (8.10, 8.11). 再结合 Einstein 场方程 (8.15), 我们原则上可以消去 Φ, 得到一个包含两个一阶微分方程的方程组, 一般含两个解. 与其直接求解, 不妨先通过初始条件猜测其解的特性. 由章节 8.2.1 已知道, 物质主导时期的超视界引力势为常数, 故 $\Phi' = 0$ 可作为求解问题的初始条件. 下面将验证 $\Phi' = 0$ 确实是两个解之一, 而由于另一个解是衰减模式 $\Phi' < 0$, 故 $\Phi' = 0$ 是我们唯一关心的解.

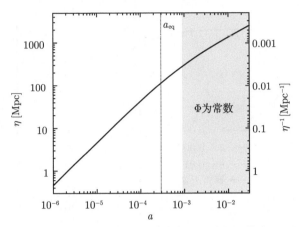

图 8.7　章节 8.2.2 所考虑的时代: 物质主导时期和模式进入视界.

所考虑的方程组为

$$\delta_c' + iku_c = 0, \tag{8.33}$$

$$u_c' + aHu_c = ik\Phi, \tag{8.34}$$

$$k^2\Phi = \frac{3}{2}a^2H^2\left[\delta_c + \frac{3aHiu_c}{k}\right]. \tag{8.35}$$

现利用 Einstein 方程 (8.35) 消去另外两方程中的 δ_c. 物质主导时期, $H \propto a^{-3/2}$, 故 $\mathrm{d}(aH)/\mathrm{d}\eta = -a^2H^2/2$. 将方程 (8.33) 中的 δ_c 替换为 Φ 和 u_c, 得

$$\frac{2k^2\Phi'}{3a^2H^2} + \frac{2k^2\Phi}{3aH} - \frac{3aHiu_c'}{k} + \frac{3a^2H^2iu_c}{2k} + iku_c = 0. \tag{8.36}$$

现将 Φ 和 u_c 的两个一阶微分方程组化为一关于 Φ 的二阶微分方程. 利用方程 (8.34) 消去方程 (8.36) 中的 u_c',

$$\frac{2k^2\Phi'}{3a^2H^2} + \left[\frac{iu_c}{k} + \frac{2\Phi}{3aH}\right]\left(\frac{9a^2H^2}{2} + k^2\right) = 0. \tag{8.37}$$

如果一个二阶微分方程可以写成 $\alpha\Phi'' + \beta\Phi' = 0$ 的形式, 即不含 Φ 的零阶导, 那么 $\Phi' = 0$ 必然是方程的一个解. 将方程 (8.37) 对 η 求导, 且只考虑正比于 Φ 的成分, 忽略与 Φ 的导数有关的成分. 因物质主导时期有 $(\mathrm{d}/\mathrm{d}\eta)(aH)^{-1} = 1/2$, 方程等式左边剩下

$$\left[\frac{iu_c'}{k} + \frac{\Phi}{3}\right]\left(\frac{9a^2H^2}{2} + k^2\right) + \left[\frac{iu_c}{k} + \frac{2\Phi}{3aH}\right]\frac{\mathrm{d}}{\mathrm{d}\eta}\frac{9a^2H^2}{2}$$

$$= -\left[\frac{iaHu_c}{k} + \frac{2\Phi}{3}\right](9a^2H^2 + k^2), \tag{8.38}$$

其中, 我们再次利用方程 (8.34) 消去了 u'_c. 由方程 (8.37), 等式右边方括号中的成分也正比于 Φ'. 可见确实不存在 Φ 的零阶导, 那么 Φ 取常数确实是物质主导时期的一个解. 再由初始条件的限制, 这也是唯一解.

可见, 物质主导的宇宙中, 引力势保持常数. 这回答了膨胀宇宙中的一个问题: 引力势是因物质的聚集而增长, 还是因宇宙的膨胀而衰减? 答案是: 在物质主导的宇宙中, 这两种效应恰好相互抵消, 引力势保持常数. 到了暗能量主导的时期 ($a \gtrsim 0.1$), 宇宙的加速膨胀打破了这种平衡, 引力势开始衰减. 根据我们对转移函数和增长因子的构造 (8.1), 晚期使引力势衰减的效应可精确地由增长因子的变化来描述 (章节 8.5), 对转移函数无影响. 作为本小节的主要结论, 对于所有在物质主导时期进入视界的尺度, $k \ll a_{eq}H(a_{eq})$, 其转移函数十分接近 1. 这个尺度对应于物质-辐射相等时期的共动 Hubble 视界. 由习题 8.5, 这个尺度的波数为

$$k_{eq} = 0.073 \, \text{Mpc}^{-1} \Omega_m h^2 = 0.010 \, \text{Mpc}^{-1} \quad (\text{基准宇宙学模型}). \tag{8.39}$$

在我们的近似中, 忽略了重子物质和各向异性应力, 转移函数只依赖于 k/k_{eq}.

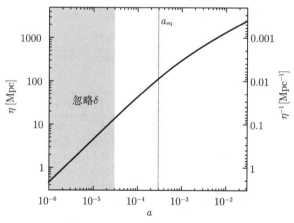

图 8.8 章节 8.3.1 所考虑的时代: 辐射主导时期.

8.3 小尺度求解

章节 8.2 之所以能够求解很大尺度扰动的演化, 是因为它们在 a_{eq} 之后才进入视界, 这样可以清晰地将问题分为两部分: 超视界尺度经历物质-辐射相等时期、模式在物质主导时期进入视界. 与之相反, 现考虑很小尺度模式, 问题也可以简单地分为两部分: 模式在辐射主导时期进入视界 (图 8.8, 章节 8.3.1)、亚视界尺度经历物质-辐射相等时期 (图 8.12, 章节 8.3.2). 再次强调, 在物质-辐射相等时期进入

视界的模式所服从的物理规律完全相同, 只是我们没有找到足够简单的数学近似以进行近似解析求解.

8.3.1　小尺度进入视界

辐射主导时期的引力势主要由辐射确定. 冷暗物质扰动只是单向地受引力势影响, 反之, 它们对引力势的贡献可忽略, 见示意图 8.9. 此情况下, 分两步处理问题. 第一步, 先求解 $\Theta_{r,0}, \Theta_{r,1}, \Phi$ 的方程组; 第二步, 以 Φ 作为已知条件和外部驱动力, 求解物质的演化.

图 8.9　辐射主导时期各扰动的耦合关系. 辐射的扰动与引力势相互影响, 而引力势只单向地影响物质的扰动.

为求解辐射主导时期的引力势, 利用 Einstein 场方程 (8.15), 忽略等式右边物质组分的贡献, 并利用辐射主导时期的关系式 $H^2 = 8\pi G\rho_r/3$ 和 $aH = 1/\eta$, 得

$$\Phi = \frac{6a^2 H^2}{k^2}\left[\Theta_{r,0} + \frac{3aH}{k}\Theta_{r,1}\right]. \tag{8.40}$$

代入方程 (8.10, 8.11), 消去 $\Theta_{r,0}$, 得

$$-\frac{3}{k\eta}\Theta'_{r,1} + k\Theta_{r,1}\left[1 + \frac{3}{k^2\eta^2}\right] = -\Phi'\left[1 + \frac{k^2\eta^2}{6}\right] - \Phi\frac{k^2\eta^2}{3}, \tag{8.41}$$

$$\Theta'_{r,1} + \frac{1}{\eta}\Theta_{r,1} = -\frac{k}{3}\Phi\left[1 - \frac{k^2\eta^2}{6}\right]. \tag{8.42}$$

下面将这两个关于 Φ 和 $\Theta_{r,1}$ 的一阶微分方程化为一个关于 Φ 的二阶微分方程. 利用方程 (8.42) 消去方程 (8.41) 中的 $\Theta'_{r,1}$, 得

$$\Phi' + \frac{1}{\eta}\Phi = -\frac{6}{k\eta^2}\Theta_{r,1}. \tag{8.43}$$

再次求导, 利用方程 (8.42, 8.43) 消去 $\Theta_{r,1}$ 和 $\Theta'_{r,1}$, 最终得到二阶微分方程

$$\Phi'' + \frac{4}{\eta}\Phi' + \frac{k^2}{3}\Phi = 0. \tag{8.44}$$

这是一个在 Fourier 空间的波动方程, 并含有宇宙膨胀所导致的衰减项.[①]

---

　①　译者注: 二阶微分方程的波动性或指数增长特性, 以及阻尼的特性, 取决于零阶项和一阶项的系数是否与二阶项的系数同号. 此微分方程所呈现出的性质 (波动、带有衰减阻尼) 与章节 6.4.3 中原初张量扰动 (原初引力波) 的演化方程 (6.73) 非常相似. 请读者参考.

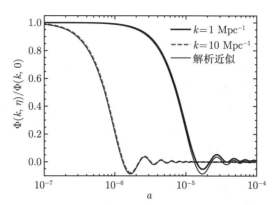

图 8.10 辐射主导时期引力势 Φ 的演化. 图中所示两小尺度模式在辐射主导时期进入视界, 解析近似 (8.46) 与数值解 (忽略中微子效应) 基本吻合. 中微子导致了波动额外的衰减效应.

辐射主导时期引力势的演化方程 (8.44) 应满足 Φ 为常数的初始条件. 定义变量 $u \equiv \Phi \eta$, 方程 (8.44) 变为

$$u'' + \frac{2}{\eta} u' + \left(\frac{k^2}{3} - \frac{2}{\eta^2} \right) u = 0. \tag{8.45}$$

这是一个一阶球 Bessel 方程 [参考附录 C, 方程 (C.13)], 有两个解, 分别是球 Bessel 函数 $j_1(k\eta/\sqrt{3})$ 和球诺伊曼 (Neumann) 函数 $n_1(k\eta/\sqrt{3})$. 由于球 Neumann 函数在 $\eta \to 0$ 处发散, 与初始条件不符, 需舍弃此解. 一阶球 Bessel 函数可由三角函数表达出 [式 (C.14)], 故

$$\Phi(\boldsymbol{k}, \eta) = 2 \left(\frac{\sin x - x \cos x}{x^3} \right)_{x = k\eta/\sqrt{3}} \mathcal{R}(\boldsymbol{k}). \tag{8.46}$$

由于 $\eta \to 0$ 时等式右边的括号取极限 $1/3$, 需要系数 2, 以匹配章节 7.5 所给出的超视界模式的初始条件 $\Phi(\eta \to 0) = 2\mathcal{R}/3$.

可见, 一旦在辐射主导时期进入视界, 引力势便开始衰减和振荡, 如图 8.10. 光子-重子 "流体" 的密度扰动也呈现出此性质. 这与本章开篇所提及的压强对抗引力的定性性质是一致的. 其物理意义是: 这些波动表现为引力势扰动进入视界后所驱动的声学振荡. 由于我们在推导中考虑的是单独的 Fourier 模式, 在空间对 $\boldsymbol{x}$ 的依赖为 $e^{i\boldsymbol{k}\cdot\boldsymbol{x}}$, 故在 $k\eta \gg 1$ 时, 式 (8.46) 大致表现为一个衰减的静态的波形

$$\Phi(\boldsymbol{k}, \eta) \simeq 6 \frac{\mathcal{R}(\boldsymbol{k})}{k^2 \eta^2} \cos\left(k\eta/\sqrt{3} \right) \cos\left(\boldsymbol{k} \cdot \boldsymbol{x} \right). \tag{8.47}$$

可见, 压强抑制了密度扰动的增长. 因宇宙主要能量密度组分 (辐射) 的扰动不能有效增长, 宇宙膨胀便使引力势衰减. 由方程 (8.40) 便可看出, 忽略视界内的

偶极子后, $\Phi \sim \Theta_0/\eta^2$. 由于 Θ_0 以固定振幅振荡, 引力势也随之振荡, 只是振幅随 η^{-2} 衰减. 这确实是 $k\eta$ 较大时式 (8.47) 给出的近似. 图 8.10 中的数值解 (也考虑了物质扰动) 和解析近似解均展示出引力势衰减和振荡的性质. 上面的推导中, 忽略了物质对引力势的影响, 导致在较大尺度, 引力势的近似解偏离数值解. 在章节 9.1 中将会再次看到, 数值解的取值略大于近似解正是来自冷暗物质对引力势的贡献. 图 8.10 中的数值解同样忽略了中微子效应. 在真实的宇宙中, 中微子的自由穿行效应导致引力势进入视界后进行额外的衰减.

有了辐射主导时期引力势的演化, 便可进行第二步, 求解物质扰动的演化 (图 8.9 的右半部分). 现将方程 (8.12, 8.13) 化为一个二阶微分方程, 求解引力势作为外力如何驱动物质的演化. 将方程 (8.12) 求导并将方程 (8.13) 代入, 消去 u_c', 得

$$\delta_c'' + ik\left(-\frac{a'}{a}u_c + ik\Phi\right) = -3\Phi''. \tag{8.48}$$

再由方程 (8.12) 消去 u_c, 得

$$\delta_c'' + \frac{1}{\eta}\delta_c' = S(k,\eta), \tag{8.49}$$

其中等式右边的源函数

$$S(k,\eta) = -3\Phi'' + k^2\Phi - \frac{3}{\eta}\Phi'. \tag{8.50}$$

方程 (8.49) 的齐次方程 (即 $S = 0$ 时) 的两个解为 $\delta_c = \text{Const.}$ 和 $\delta_c = \ln a$ (辐射主导时期, 即 $\ln\eta$). 因此, 可预期, δ_c 在辐射主导时期以对数增长.

一般地, 一个二阶微分方程的解, 是该方程的齐次方程的两个解的线性组合, 加上该方程的一个特解. 在特解未知的情况下, 可由两齐次解 (暂记为 s_1, s_2) 和源函数构造出特解. 它是以格林 (Green) 函数

$$\frac{s_1(\eta)s_2(\tilde{\eta}) - s_1(\tilde{\eta})s_2(\eta)}{s_1'(\tilde{\eta})s_2(\tilde{\eta}) - s_1(\tilde{\eta})s_2'(\tilde{\eta})}$$

为权重的源函数积分. 故

$$\delta_c(k,\eta) = C_1 + C_2\ln(k\eta) - \int_0^\eta \mathrm{d}\tilde{\eta}S(k,\tilde{\eta})\tilde{\eta}\left[\ln(k\tilde{\eta}) - \ln(k\eta)\right], \tag{8.51}$$

其中, 为后续处理的方便, 对数的变量加入了系数 k. 在很早期, 上式积分值很小, 初始条件 (δ_c 为常数) 确定了积分常数 $C_1 = \delta_c(k, \eta = 0) = \mathcal{R}, C_2 = 0$. 再考虑式 (8.51) 中的积分. 进入视界后, 随着引力势的衰减, 源函数也衰减, 故积分主要来自于 $k\eta \sim 1$ 时期的贡献. 对 $S(\tilde{\eta})\ln(k\tilde{\eta})$ 的积分应渐近趋近于某常数, 而对

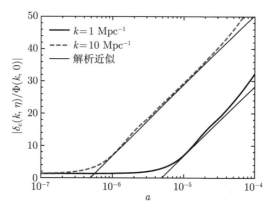

图 8.11 辐射主导时期冷暗物质扰动的增长. 图中的两模式均在辐射主导时期进入视界并开始对数增长. 较粗的两条曲线为数值解, 较细的两条斜线为解析近似 (8.52). 两个模式以早期 Φ 的数值进行了归一化, 实际上较大尺度模式的振幅为较小尺度模式的 $10^{3/2}$ 倍 (基于 $n_s = 1$ 的尺度无关谱).

$S(\tilde{\eta}) \ln(k\eta)$ 的积分应正比于 $\ln(k\eta)$, 系数为同一常数. 因此, 我们预期, 在模式进入视界后,

$$\delta_c(k, \eta) = A\mathcal{R} \ln(Bk\eta),\qquad(8.52)$$

即一个常数模式 $A\mathcal{R} \ln B$ 复合了一个增长模式 $A\mathcal{R} \ln(k\eta)$.

可利用式 (8.51) 确定常数 A, B. 其中常数项 $A\mathcal{R} \ln B$ 等于 C_1 加上对 $\ln\tilde{\eta}$ 的积分, 即

$$A\mathcal{R} \ln B = \mathcal{R} - \int_0^\infty \mathrm{d}\tilde{\eta} S(k, \tilde{\eta})\tilde{\eta} \ln(k\tilde{\eta}),\qquad(8.53)$$

而 $\ln(k\eta)$ 的系数来自积分剩余的部分

$$A\mathcal{R} = \int_0^\infty \mathrm{d}\tilde{\eta} S(k, \tilde{\eta})\tilde{\eta}.\qquad(8.54)$$

以上两式中的积分上限设为无穷以使得 $\eta \to \infty$ 时积分渐近趋于某常数. 利用式 (8.50, 8.46) 可得到 $A = 6.0, B = 0.62$. Hu & Sugiyama (1996) 最初提出此方法估计冷暗物质的早期演化, 并利用比式 (8.46) 更精确的表达式得到了类似的结果: $A = 6.4, B = 0.44$.

图 8.11 展示了辐射主导时期 δ_c 演化的数值解和解析近似. 尽管在这段时期, 辐射和重子物质的扰动振荡衰减, 但冷暗物质仍经历了一定程度的增长. 其根本原因是暗物质不受压强抵抗, 只受引力作用而成团. 图中的两个模式确实在进入视界后进入对数增长模式.[①] 随着宇宙接近物质主导时期, 扰动的增长变快. 另外,

---

① 译者注: 图中横纵坐标分别为对数和线性坐标, 对数增长对应图中恒定斜率的斜线.

图中 $k = 1\,\mathrm{Mpc}^{-1}$ 的模式进入视界后宇宙很快便进入物质主导, 但对其求解只用来作为亚视界演化 (章节 8.3.2) 的初始条件. 只要在适当的时代和扰动尺度与章节 8.3.2 的结论相匹配, 此处对数增长的解依然是必要的.

8.3.2   亚视界演化

由章节 8.3.1, 辐射主导时期, 当模式进入视界后, 辐射压使引力势衰减. 尽管我们还未探讨这一时期辐射扰动的演化 (见第 9 章), 但可以预期, 辐射压同样会抑制 $\Theta_{r,0}$ 的增长. 与它们相反, 此时期冷暗物质密度扰动进行对数增长. 尽管引力势最初由辐射决定 (毕竟辐射主导了能量密度), 随 δ_c 的增长, $\rho_c\delta_c$ 终将超过 $\rho_r\Theta_{r,0}$ 对引力势的贡献 (即使 ρ_r 仍大于 ρ_c). 在此之后, 引力势和冷暗物质密度扰动将协同演化, 不再依赖辐射组分的影响 (图 8.12). 下面对暗物质密度及引力势求解, 并与引力势衰减时期暗物质密度扰动的对数增长模式 (8.52) 相衔接.

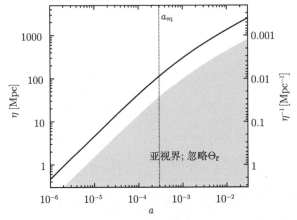

图 8.12   章节 8.3.2 所考虑的时代和扰动尺度: 亚视界扰动的演化.

利用暗物质演化方程组 (8.12, 8.13), 以及引力势所满足的代数方程 (8.15), 类似于此前的操作, 将它们化为一个二阶微分方程来描述亚视界 δ_c 在 a_{eq} 前后时期的演化. 采用时间变量 y [定义 (8.20)] 将以上三个方程化为

$$\frac{\mathrm{d}\delta_c}{\mathrm{d}y} + \frac{iku_c}{aHy} = -3\frac{\mathrm{d}\Phi}{\mathrm{d}y}, \tag{8.55}$$

$$\frac{\mathrm{d}u_c}{\mathrm{d}y} + \frac{u_c}{y} = \frac{ik\Phi}{aHy}, \tag{8.56}$$

$$k^2\Phi = \frac{3y}{2(y+1)}a^2H^2\delta_c. \tag{8.57}$$

作几点说明: 第一, 方程 (8.55, 8.56) 中换为对 y 求导, 使得分母中出现 $y' = aHy$. 第二, 因忽略辐射, 引力势只表达为 δ_c 的形式, 且对于亚视界演化 $aH/k \ll 1$, 可忽略 aHu_c/k 项. 第三, 方程 (8.57) 中 δ_c 的系数化为 $4\pi G\rho_c a^2 \to (3/2)a^2H^2y/(y+1)$. 此处忽略了重子物质和暗能量的贡献. 在物质主导时期忽略暗能量是合理的, 而忽略重子物质导致近似解与精确数值解略微不同.

为将方程组化为一个二阶微分方程, 将方程 (8.55) 对 y 求导,

$$\frac{\mathrm{d}^2\delta_c}{\mathrm{d}y^2} - \frac{ik(2+3y)u_c}{2aHy^2(1+y)} = -3\frac{\mathrm{d}^2\Phi}{\mathrm{d}y^2} + \frac{k^2\Phi}{a^2H^2y^2}, \tag{8.58}$$

其中利用方程 (8.56) 消去了 $\mathrm{d}u_c/\mathrm{d}y$, 还利用了关系式 $\mathrm{d}(1/aHy)/\mathrm{d}y = -(1+y)^{-1}$ $(2aHy)^{-1}$. 方程等式右侧第二项含 $(k/aH)^2$, 远大于第一项, 故第一项可忽略. 将方程 (8.57) 代入, 第二项化为 $3\delta_c/[2y(y+1)]$. 至于速度项, 利用方程 (8.55) 但在亚视界尺度上可忽略势能项. 所以 $iku_c/(aHy)$ 可写为 $-\mathrm{d}\delta_c/\mathrm{d}y$, 最终得到方程

$$\frac{\mathrm{d}^2\delta_c}{\mathrm{d}y^2} + \frac{2+3y}{2y(y+1)}\frac{\mathrm{d}\delta_c}{\mathrm{d}y} - \frac{3}{2y(y+1)}\delta_c = 0. \tag{8.59}$$

此方程称为梅萨罗斯 (Meszaros) 方程 (Meszaros, 1974), 描述了忽略辐射扰动的情况下冷暗物质在亚视界尺度的演化.

现在需要得到 Meszaros 方程的两个独立解, 并与章节 8.3.2 的对数增长模式进行衔接. 我们可以借助对物质主导时期的理解求解此微分方程. 我们已经知道, 在物质主导时期, 亚视界尺度的密度扰动随尺度因子增加而增长 (在章节 8.5 中将给出证明), 故方程 (8.59) 中的一个解应是一个关于 y 的一阶多项式. 因此, 至少对于这个解, $\mathrm{d}^2\delta_c/\mathrm{d}y^2 = 0$. 这个解称为增长模式 (growing mode), 演化方程应为 $\delta'_{c,+}/\delta_{c,+} = 3/(2+3y)$, 求解得 $\delta_{c,+} \propto y + 2/3$, 即

$$D_+(a) = a + \frac{2a_{eq}}{3}. \tag{8.60}$$

D_+ 即章节 8.1 中引入的增长因子 (growth factor), 其描述了各个扰动模式的独立演化, 且在 $a \gg a_{eq}$ 时趋于 $D_+(a) = a$. 需注意, 此时我们已假定宇宙为物质主导, 忽略了曲率和暗能量的贡献 (具体见章节 8.5). 对于基准宇宙学模型, 此解在 $a \lesssim 0.1$ 时成立.

为得到 Meszaros 方程的另一解, 令 $u \equiv \delta_c/(y+2/3)$, 其满足

$$(1+3y/2)\frac{\mathrm{d}^2u}{\mathrm{d}y^2} + \frac{(21/4)y^2 + 6y + 1}{y(y+1)}\frac{\mathrm{d}u}{\mathrm{d}y} = 0. \tag{8.61}$$

注意到不含 u 的零阶导, 故方程 (8.61) 实际上是一个关于 $\mathrm{d}u/\mathrm{d}y$ 的一阶微分方程. 可先积分求得 $\mathrm{d}u/\mathrm{d}y$ 的解, 再进行第二次积分得到 Meszaros 方程的第二个

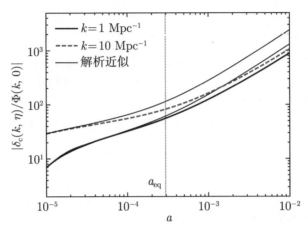

图 8.13　冷暗物质扰动在小尺度亚视界的演化. 较粗曲线表示数值解; 较细曲线是通过在 $y = 3y_H$ 处, 利用方程组 (8.65) 得到的匹配系数对应的 Meszaros 方程的解析近似. 近似解与数值解在晚期的偏离来自重子效应.

解. 第一步积分得

$$\frac{\mathrm{d}u}{\mathrm{d}y} \propto (y + 2/3)^{-2} y^{-1} (y+1)^{-1/2}. \tag{8.62}$$

再次积分得到 Meszaros 方程的第二个解, 称为 衰减模式 (decaying mode),

$$D_-(y) = (y + 2/3) \ln \left[\frac{\sqrt{1+y}+1}{\sqrt{1+y}-1} \right] - 2\sqrt{1+y}. \tag{8.63}$$

宇宙早期 $(y \ll 1)$, D_+ 为常数, D_- 正比于 $\ln y$; 宇宙晚期 $(y \gg 1)$, 增长模式 D_+ 正比于 y, 衰减模式 D_- 随 $y^{-3/2}$ 衰减.

　　Meszaros 方程的通解为

$$\delta_c(k, y) = C_1 D_+(y) + C_2 D_-(y) \quad (y \gg y_H), \tag{8.64}$$

其中 $y_H \equiv a_H/a_{\mathrm{eq}}$, 即模式进入视界时的尺度因子 a_H 与 a_{eq} 的比值 (习题 8.6). 现需确定积分常数 C_1, C_2 以与对数增长模式 (8.52) [此解在亚视界且辐射主导时 $(y_H \ll y \ll 1)$ 成立] 相衔接. 对于在 a_{eq} 前进入视界的模式, 匹配两个解及其一阶导数:

$$A\mathcal{R} \ln(By_{\mathrm{m}}/y_H) = C_1 D_+(y_{\mathrm{m}}) + C_2 D_-(y_{\mathrm{m}}),$$
$$A\mathcal{R}/y_{\mathrm{m}} = C_1 D'_+(y_{\mathrm{m}}) + C_2 D'_-(y_{\mathrm{m}}), \tag{8.65}$$

其中所匹配的时间满足 $y_H \ll y \ll 1$; 另外, 已将式 (8.52) 中对数的自变量 $k\eta$ 换为 y/y_H, 其在辐射主导时期成立. 图 8.13 显示了两个扰动模式由方程组 (8.65) 得到的匹配系数所确定的 Meszaros 方程的演化. 在 $a > a_{\mathrm{eq}}$ 时, 对重子的忽略导致了近似解与数值解的偏离. 直至氢复合时期, 重子才与光子退耦, 其成团性小于冷暗物质. 而我们在解析近似中假定所有物质均以冷暗物质的形式存在, 高估了冷暗物质结构的增长.

8.4 转 移 函 数

章节 8.2 和 8.3 已推导出冷暗物质扰动演化的解析近似解. 现将这些结果整理成转移函数的形式.

首先将小尺度密度扰动的演化 (8.64, 8.65) 写为转移函数的形式. 转移函数描述了 δ_{c} 在 $a \gg a_{\mathrm{eq}}$ 时的性质, 此时的衰减模式 D_- 已可忽略, 故只需确定增长模式 D_+ 的系数 C_1. 将 (8.65) 中两方程分别乘以 D_-' 和 D_- 并相减, 得

$$C_1 = \frac{D_-'(y_{\mathrm{m}}) \ln(B y_{\mathrm{m}}/y_H) - D_-(y_{\mathrm{m}})/y_{\mathrm{m}}}{D_+(y_{\mathrm{m}}) D_-'(y_{\mathrm{m}}) - D_+'(y_{\mathrm{m}}) D_-(y_{\mathrm{m}})} A\mathcal{R}. \tag{8.66}$$

在 $y_{\mathrm{m}} \ll 1$ 时, 分母 $D_+ D_-' - D_+' D_- = -(4/9) y_{\mathrm{m}}^{-1} (y_{\mathrm{m}}+1)^{-1/2} \to -4/9 y_{\mathrm{m}}$, 以及 $D_- \to (2/3)\ln(4/y) - 2$, $D_-' \to -2/3y$. 上式近似为

$$C_1 \to -\frac{9}{4} A\mathcal{R} \left[-\frac{2}{3} \ln\left(B y_{\mathrm{m}}/y_H\right) - \frac{2}{3}\ln(4/y_{\mathrm{m}}) + 2 \right], \tag{8.67}$$

不依赖于 y_{m}. 这样, 在晚期可得到小尺度演化的近似解:

$$\delta_{\mathrm{c}}(\boldsymbol{k}, a) = \frac{3}{2} A\mathcal{R}(\boldsymbol{k}) \ln\left[\frac{4 B e^{-3} a_{\mathrm{eq}}}{a_H} \right] D_+(a) \quad (a \gg a_{\mathrm{eq}}). \tag{8.68}$$

在很小尺度, 由于 $a_{\mathrm{eq}}/a_H = \sqrt{2} k/k_{\mathrm{eq}}$ (习题 8.6), 上式中的自然对数可化简. 还需注意我们一直忽略了重子物质的效应, 即假设 $\delta_{\mathrm{m}} = \delta_{\mathrm{c}}$ (参见章节 8.6.1). 比较式 (8.7, 8.68), 得到小尺度转移函数的解析近似

$$T(k) = \frac{15}{4} \frac{\Omega_{\mathrm{m}} H_0^2}{k^2 a_{\mathrm{eq}}} A \ln\left[\frac{4 B e^{-3} \sqrt{2} k}{k_{\mathrm{eq}}} \right] \quad (k \gg k_{\mathrm{eq}}). \tag{8.69}$$

由于在 a_{eq} 时刻进入视界的模式定义为

$$k_{\mathrm{eq}} \equiv a_{\mathrm{eq}} H(a_{\mathrm{eq}}) = \sqrt{2\Omega_{\mathrm{m}}} H_0 a_{\mathrm{eq}}^{-1/2}, \tag{8.70}$$

再代入 $A = 6.4, B = 0.44$ 得到

$$T(k) = 12.0 \frac{k_{\mathrm{eq}}^2}{k^2} \ln\left[0.12 \frac{k}{k_{\mathrm{eq}}} \right] \quad (k \gg k_{\mathrm{eq}}). \tag{8.71}$$

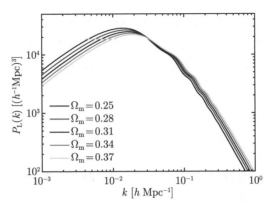

图 8.14   基准 ΛCDM 宇宙学模型在红移 $z = 0$ 的线性物质功率谱 (较粗黑色曲线). 其他曲线表示 Ω_m 在其基准值附近的变化 (同时固定 h 及 $\Omega_\mathrm{m} + \Omega_\Lambda = 1$) 对功率谱的影响. Ω_m 影响物质-辐射相等时期, 从而影响功率谱的形状.

此解析近似只在小尺度 $k \gtrsim 1\,h\,\mathrm{Mpc}^{-1}$ 成立. 更复杂的解析近似并无实际意义, 因各类程序已能在很短的时间内求得转移函数的数值解, 并达到 0.1% 的精度. 目前给出的解析近似可以帮助理解小尺度 $T(k)$ 的物理意义. 例如, 如果在辐射主导时期没有亚视界尺度的对数增长, 则它们相对于大尺度模式的衰减正比于 $(k_\mathrm{eq}/k)^2$, 对数增长缓解了此衰减效应 (体现为图 8.13 中小尺度更高的振幅).

通过式 (8.8) 我们可以画出最终的功率谱. 图 8.14 展示了基准 ΛCDM 模型的线性物质功率谱, 以及基于此模型调节 Ω_m (并保证 $\Omega_\mathrm{m} + \Omega_\Lambda = 1$, 固定 h 不变) 时功率谱的变化. 显然, 功率谱的形状和功率谱取最大值时的尺度 k_eq 均依赖于 Ω_m 的取值. 降低 Ω_m 时, 物质-辐射相等时期更晚到达, k_eq 更小; 反之亦然. 同时注意, k_eq 和功率谱的形状主要依赖于 *物理密度参量*[①] $\Omega_\mathrm{m}h^2$, 详见习题 8.7. 另外, 为了消除对 Hubble 常数的依赖性, 距离尺度和波数通常带有 h (参考图 8.14 的坐标轴单位). 由于 k_eq 以物理波数 Mpc^{-1} 为单位时, 才正比于 $\Omega_\mathrm{m}h^2$ [参考式 (8.39)], 那么如果 k_eq 使用带有 h 的单位, $h\,\mathrm{Mpc}^{-1}$, 控制其数值的变量组合为 $\Omega_\mathrm{m}h$. 因此, $\Omega_\mathrm{m}h$ 常被称为 *形状参数* (*shape parameter*), 但需注意与物理密度对应的参数是 $\Omega_\mathrm{m}h^2$.

在解析近似中, 还忽略了一些物理效应. 第一, 我们忽略了各向异性应力, 即假设 $\Phi = -\Psi$. 考虑各向异性应力后, 最大尺度模式的衰减系数从 9/10 降至约 0.86, 造成小尺度转移函数的相对提升. 第二, 我们未考虑重子效应带来的小尺度效应, 相关探讨见章节 8.6. 第三, 在转移函数中我们只考虑了辐射和物质能量密

---

① 译者注: 之所以称为物理密度参量, 是因为物理密度可表示为密度参量 (无量纲) 和临界密度 (物理密度量纲) 的乘积, $\rho_\mathrm{m} = \Omega_\mathrm{m}\rho_\mathrm{cr} = (30000/8\pi G)(\Omega_\mathrm{m}h^2)$, 可见 $\Omega_\mathrm{m}h^2$ 的量纲为物理密度. 也请参考章节 2.4 中, 式 (2.72) 之后, 对 $\Omega_\mathrm{b}h^2$ 和 $\Omega_s h^2$ 的论述.

度, 而在宇宙晚期, 增长因子还依赖于其他组分, 如暗能量.

8.5 增 长 因 子

有了对转移函数的理解, 现考虑结构形成的另一部分: 尺度无关的增长因子. 宇宙晚期, 可观测的扰动尺度均已进入视界. 在忽略暗能量和中微子质量的情况下, 便可直接使用章节 8.3.2 的 Meszaros 方程.

除了亚视界的条件, 还可忽略宇宙退耦时期后重子物质的压强. 这样, 重子组分服从与暗物质相同的演化方程组 (8.12, 8.13). 另外, 尽管暗物质和重子具有不同的初始条件, 但在宇宙晚期它们的分布趋于一致, 故可统一用总物质组分描述它们的密度扰动和速度场 [式 (6.79)]: $\rho_{\rm m}\delta_{\rm m} \equiv \rho_{\rm c}\delta_{\rm c} + \rho_{\rm b}\delta_{\rm b}$, $u_{\rm m} \equiv \left(\rho_{\rm c}u_{\rm c} + \rho_{\rm b}u_{\rm b}\right)/\rho_{\rm m}$. 本节也忽略中微子质量对晚期结构形成的影响.

将方程 (8.12) 等式两边乘以 a, 对 η 求导. 发现等式右边在亚视界尺度可忽略, 与方程 (8.13) 联立得

$$[a\delta_{\rm m}'(\boldsymbol{k},\eta)]' = ak^2\Phi(\boldsymbol{k},\eta). \tag{8.72}$$

利用 Einstein 场方程 (8.14), 忽略辐射, 并因亚视界尺度 $k \gg aH$, 得到

$$k^2\Phi(\boldsymbol{k},\eta) = 4\pi Ga^2\rho_{\rm m}(\eta)\delta_{\rm m}(\boldsymbol{k},\eta), \tag{8.73}$$

即方程 (8.5). 再利用 $\rho_{\rm m} \propto a^{-3}$ 及 $\Omega_{\rm m}$ 的定义, 得到描述 $\delta_{\rm m}$ 的增长的方程:

$$[a\delta_{\rm m}']' = \frac{3}{2}\Omega_{\rm m}H_0^2\delta_{\rm m}. \tag{8.74}$$

为求解方便, 以 a 作为时间变量,

$$\frac{{\rm d}^2\delta_{\rm m}}{{\rm d}a^2} + \frac{{\rm d}\ln(a^3H)}{{\rm d}a}\frac{{\rm d}\delta_{\rm m}}{{\rm d}a} - \frac{3\Omega_{\rm m}H_0^2}{2a^5H^2}\delta_{\rm m} = 0. \tag{8.75}$$

方程 (8.75) 一般需数值求解, 但可考虑几种重要的特例. 由习题 8.8, 如果宇宙中只有物质、宇宙学常数和曲率, 可得到如下积分形式的解:

$$D_+(a) \propto H(a) \int^a \frac{{\rm d}a'}{(a'H(a'))^3} \quad (物质、宇宙学常数和曲率). \tag{8.76}$$

借助式 (8.3), 在物质主导的较早时期 (如 $z \simeq 10$), $D_+ = a$, 在此时期有 $H = H_0\Omega_{\rm m}^{1/2}a^{-3/2}$, 这样增长因子写为

$$D_+(a) = \frac{5\Omega_{\rm m}}{2}\frac{H(a)}{H_0} \int_0^a \frac{{\rm d}a'}{(a'H(a')/H_0)^3} \quad (物质、宇宙学常数和曲率). \tag{8.77}$$

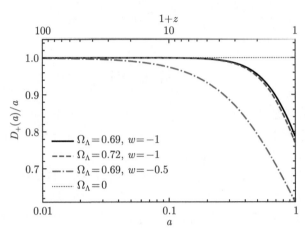

图 8.15　在三种平直宇宙学模型中, 增长因子除以尺度因子随时间的演化. 实线为基准宇宙学模型. 增加暗能量的比重, 或使其状态方程大于 −1, 都将导致增长因子在晚期更多的衰减.

如果暗能量不表现为宇宙学常数, 则式 (8.77) 不再成立, 需要数值求解. 然而, 增长因子的对数导数, 称为*增长率 (growth rate)* f, 在宇宙学常数或动态暗能量的情况下存在一个相当精确的经验公式

$$f(a) \equiv \frac{\mathrm{d}\ln D_+(a)}{\mathrm{d}\ln a} \simeq [\Omega_{\mathrm{m}}(a)]^{0.55}, \tag{8.78}$$

其中 $\Omega_{\mathrm{m}}(a) \equiv 8\pi G \rho_{\mathrm{m}}(a)/3H^2(a)$ 为依赖于时间的物质密度参量, 在 $a = 1$ 时取 Ω_{m}. $\Omega_{\mathrm{m}}(a)$ 只在此处和第 12 章出现.

图 8.15 展示了三种平直宇宙学模型中增长因子演化. 我们将增长因子除以尺度因子 a, 以更清晰地分辨它们在晚期宇宙中的差别. 在平直、物质主导的宇宙中, $D_+(a) = a$. 在存在暗能量的情况下, 增长因子根据暗能量的比重和性质 (状态方程) 产生不同程度的衰减. 第 11 章将介绍其观测效应.

8.6　结构形成的其他因素

冷暗物质是宇宙中主要的物质组分, 仅利用冷暗物质模型推导出的转移函数已是一良好的近似. 现讨论冷暗物质之外的其他因素对结构形成的影响. 首先讨论重子物质, 其占物质总量的约 16%. 而后考虑中微子质量和暗能量的效应.

8.6.1　重子

图 8.16 中的黑色实线展示出重子物质的两个效应. 首先是小尺度转移函数的压低: 退耦前, 重子与光子紧密耦合, 由于辐射在视界内无明显的结构增长, 故重

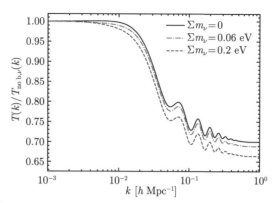

图 8.16 各宇宙学模型在 $z = 0$ 的转移函数与无重子物质 ($\Omega_{\mathrm{c}} = \Omega_{\mathrm{m}}$) 且忽略中微子质量的模型的比值. 黑色曲线展示出重子物质显著的效应, 其他曲线展示了中微子质量的效应. 这里设三种中微子具有相同的质量. 注意, 重子效应不依赖于红移, 而中微子效应依赖于红移.

子物质的扰动相比于冷暗物质有明显的压低. 退耦后, 重子不再与相对均匀的辐射场耦合, 开始向先前冷暗物质产生的引力势中掉落形成结构. 这时的总引力势扰动小于章节 8.3 中所推导出的结果, 因只有 $\Omega_{\mathrm{c}}/\Omega_{\mathrm{m}}$ 比重的物质参与退耦之前的结构形成.

另一种效应同样重要. 重子导致图 8.16 中尺度 $k \simeq 0.1\,h\,\mathrm{Mpc}^{-1}$ 处转移函数微小的波动. 这些波动表现为退耦前重子-光子流体的声学振荡 (BAO), 曾出现于章节 8.3.2 (图 8.10) 中辐射主导时期引力势的演化. 利用星系的成团性, 我们对 BAO 已有精确的观测, 参见图 1.9. 由于 BAO 对应于已知的尺度, 即退耦时期的声学视界 [约为 $\eta_*/\sqrt{3}$, 参见式 (8.47)], BAO 被用作晚期宇宙大尺度结构的标准尺.

在功率谱中测量 BAO 的困难之处在于其微弱的振幅, 其根本原因是重子只占总物质较小的比重. 相比而言, BAO 在辐射组分中的效应较为明显 (参见图 1.10), 在辐射中如何精确描述这些振荡将是第 9 章的主题.

章节 8.5 曾给出结论: 重子物质在退耦后跟随冷暗物质共同演化. 在此有必要对其细节稍加描述. 考虑方程 (8.12, 8.13). 重子与光子退耦后, 温度较低, 其压强可忽略, 它们服从与冷暗物质相同的演化方程, 故写出如下方程组描述两种组分的演化:

$$\delta_s' + iku_s = -3\Phi',$$
$$u_s' + \frac{a'}{a}u_s = ik\Phi \quad (s = \{\mathrm{b}, \mathrm{c}\}). \tag{8.79}$$

章节 8.5 中通过构建以下权重平均来描述总物质的密度扰动和速度场:

$$\delta_{\mathrm{m}} = \frac{\rho_{\mathrm{c}}\delta_{\mathrm{c}} + \rho_{\mathrm{b}}\delta_{\mathrm{b}}}{\rho_{\mathrm{m}}},$$

$$u_{\mathrm{m}} = \frac{\rho_{\mathrm{c}}u_{\mathrm{c}} + \rho_{\mathrm{b}}u_{\mathrm{b}}}{\rho_{\mathrm{m}}}, \tag{8.80}$$

将它们与 Poisson 方程联立得到方程 (8.75).

现构建另一组变量: 重子和冷暗物质密度扰动的差和相对速度场,

$$\delta_{\mathrm{bc}} = \delta_{\mathrm{b}} - \delta_{\mathrm{c}}$$

$$u_{\mathrm{bc}} = u_{\mathrm{b}} - u_{\mathrm{c}}. \tag{8.81}$$

将两种组分的连续性方程和速度演化方程相减, 得到

$$\delta'_{\mathrm{bc}} - iku_{\mathrm{bc}} = 0,$$

$$u'_{\mathrm{bc}} + \frac{a'}{a}u_{\mathrm{bc}} = 0. \tag{8.82}$$

注意方程组已不含引力势. 这是因为引力对应于物质总量, 而非重子和冷暗物质的差. 我们很容易得到方程组 (8.82) 的解. 首先, $\delta_{\mathrm{bc}} = C_\delta, u_{\mathrm{bc}} = 0$ 是一组解, 对应于两组分的相对密度扰动比为常数, 且无相对速度场的情况. 另一组解是: $u_{\mathrm{bc}} = C_u/a, \delta_{\mathrm{bc}} \propto C_u \int \mathrm{d}\eta/a$. 其允许两组分的初始相对速度场非零. 退耦时期, 由于重子和冷暗物质的行为不同, 以上两种模式同时存在, 但由于它们的演化性质体现为常数或衰减模式, 在宇宙晚期它们终将远小于章节 8.5 中的增长模式. 也就是说, 即使退耦时期 δ_{bc} 与 δ_{m} 量级相同, 因 $D_+(a_*)/D_+(a) \lesssim 0.01$, 它们最终可忽略不计; u_{bc} 经历更快的衰减.

8.6.2　中微子质量

中微子被证实存在, 且静质量非零. 基准宇宙学模型对宇宙早期中微子的能量密度作出了确切的预测 [式 (2.82)]. 中微子的质量依然未知. 精确地测量物质功率谱有助于推测中微子质量.

中微子质量对大尺度结构形成有两方面影响. 第一, 其质量影响中微子的总能量密度, 其首先随 a^{-4} 衰减, 随后随 a^{-3} 衰减 [参考式 (2.83)], 进而通过 Friedmann 方程影响宇宙的膨胀率 $H(a)$, 再通过方程 (8.75) 影响增长因子 $D_+(a)$. 此效应对增长因子的影响依然不依赖于尺度 k, 见习题 8.10.

中微子质量的另一效应更加微妙. 中微子不属于冷暗物质, 以较高的速度弥散穿行于宇宙结构中, 小于中微子典型自由穿行尺度 (*free-streaming scale*) 的结

构的形成受到抑制.[①] 这些尺度对应于静质量非零中微子在一个 Hubble 时间内穿行的共动距离. 由习题 8.11, 其对应的波数为

$$k_{\rm fs} \simeq 0.063\, h\,{\rm Mpc}^{-1}\, \frac{m_\nu}{0.1\,{\rm eV}}\, \frac{a^2 H(a)}{H_0}. \tag{8.83}$$

图 8.16 展示了此效应对转移函数 $T(k)$ 的影响. 请注意, 中微子通过 $H(a)$ 影响 $D_+(a)$ 的效应不依赖于尺度 k, 因而对 $T(k)$ 无影响. 中微子质量越大, 其占据越多的总物质能量密度, 从而展现出更多的小尺度功率谱压低. 除此之外还有一个更加微小的效应, 在图 8.16 中几乎难以察觉: 在 $k \lesssim 0.004\, h\,{\rm Mpc}^{-1}$ 的尺度, 更小质量的中微子具有更高的速度, 从而穿行于更大的尺度 [式 (8.83)]. 图中可见, $\sum m_\nu = 0.06\,{\rm eV}$ 比 $\sum m_\nu = 0.2\,{\rm eV}$ 的转移函数在 $k \lesssim 0.004\, h\,{\rm Mpc}^{-1}$ 更低.

由于此效应, 增长因子也将依赖于尺度, 故将结构形成分解为不依赖于时间的转移函数 $T(k)$ 和不依赖于尺度的增长因子 $D_+(a)$ 的构造将不再严格成立.

8.6.3 暗能量

充足的证据表明, 现在时刻宇宙的能量密度大部分来自暗能量 (章节 2.4.6). 其对物质扰动的演化有何影响?

暗能量最直接的效应便是影响增长因子 $D_+(a)$. 由式 (8.77), 晚期宇宙的增长因子依赖于 Hubble 膨胀率, 进而依赖于暗能量的总量和演化规律. 不同暗能量模型预言了不同的增长因子. 如果我们利用状态方程 w [式 (2.60)] 对暗能量进行参数化并设 w 为常数, 则对于平直宇宙, 晚期 Hubble 膨胀率的演化为

$$\frac{H(z)}{H_0} = \left[\frac{\Omega_{\rm m}}{a^3} + \frac{\Omega_{\rm de}}{a^{3(1+w)}} \right]^{1/2}. \tag{8.84}$$

利用此关系可对方程 (8.75) 进行数值求解 (习题 8.9) [注意在 $w \neq -1$ 时, 式 (8.77) 不再成立, 参见习题 8.8]. 暗能量对 $D_+(a)$ 的效应及章节 2.2 中的距离-红移关系, 是利用大尺度结构对暗能量密度和状态方程进行限制的主要方法.

在平直宇宙中, 由于 $\Omega_{\rm m} = 1 - \Omega_\Lambda$, 暗能量还有两个间接效应. 第一, 因 $\Omega_{\rm m}$ 决定了 $k_{\rm eq}$, 物质功率谱的形状间接依赖于暗能量. 第二, 对于固定的引力势扰动振幅 (来自大尺度 CMB 各向异性的限制), 由 Poisson 方程 (8.6), 密度扰动 $\delta_{\rm m}$ 正比于 $\Omega_{\rm m}^{-1}$.

[①] 译者注: 相比于中微子静质量为零, 中微子质量非零时抑制结构增长或压低功率谱的情况, 特指固定宇宙晚期的物质总量 $\Omega_{\rm m}$ 时. 也就是说, 相比于中微子静质量为零的情况, 我们从 $\Omega_{\rm m}$ 中 "拿出了" 一部分物质 (其本来体现为冷暗物质或重子) 当做中微子 Ω_ν. 这部分物质原本能够像 $\delta_{\rm c}$ 一样显著成团, 但由于速度弥散效应不能在小尺度成团, 故总物质功率谱被压低了. 中微子退耦后, 与其他物质组分除引力吸引外无其他相互作用. 勿认为中微子高速的自由穿行能够 "冲散" 成团的冷暗物质或重子物质.

8.7　小　　结

通过暴胀给出的初始条件求解 Einstein-Boltzmann 线性化的方程组, 我们得到了冷暗物质密度扰动 δ_c 的演化规律. 这是宇宙晚期结构形成的基础.

由于侧重于冷暗物质的演化, 我们简化了对重子和辐射组分的处理, 以得到以下情况的结构形成的解析近似解: 大尺度模式在物质主导时期进入视界、小尺度模式在辐射主导时期进入视界. 辐射主导时期, 辐射组分的扰动以静态声波的形式振荡, 暗物质的密度扰动以对数增长. 物质主导时期, 暗物质密度扰动的增长正比于尺度因子.

除了以上特殊情况下的解析近似, 结构增长一般需进行数值求解. 利用现有的开源代码, 如 CAMB (Lewis *et al.*, 2000) 和 CLASS (Blas *et al.*, 2011), 可以快速地计算出物质功率谱和 CMB 各向异性的角功率谱. 本章数值计算曲线来自 CLASS 的 python 模块.

退耦后的结构增长不再依赖于尺度, 可方便地将结构形成分解为依赖于尺度的转移函数 $T(k)$ 和依赖于时间的增长因子 $D_+(a)$. $T(k)$ 描述了早期宇宙的物理效应, 而 $D_+(a)$ 描述了晚期的物理效应, 如暗能量. 根据这些定义, 晚期物质密度场可表述为暴胀产生的曲率扰动:

$$\delta_{\mathrm{m}}(\boldsymbol{k}, a) = \frac{2}{5} \frac{k^2}{\Omega_{\mathrm{m}} H_0^2} \mathcal{R}(\boldsymbol{k}) T(k) D_+(a) \quad (a > a_{\mathrm{late}}, k \gg aH) . \tag{8.85}$$

本章的主要结论是线性物质功率谱

$$P_{\mathrm{L}}(k, a) = \frac{8\pi^2}{25} \frac{\mathcal{A}_s}{\Omega_{\mathrm{m}}^2} D_+^2(a) T^2(k) \frac{k^{n_s}}{H_0^4 k_{\mathrm{p}}^{n_s - 1}} . \tag{8.86}$$

然而, 考虑中微子质量后, 尺度小于中微子的自由穿行尺度 $(k \gtrsim k_{\mathrm{fs}})$ 时, 将结构形成分解为转移函数和尺度因子的构造将不再严格成立: D_+ 将依赖于尺度, 或者 $T(k)$ 将依赖于时间.

转移函数的计算需要较多的物理规律和方程组. 增长因子的计算相对简单 (至少对于 $k \lesssim k_{\mathrm{fs}}$ 时), 只需给定宇宙的膨胀历史并求解方程 (8.75), 以物质主导时期的 $D_+(a) = a$ 作为初始条件即可.

第 11 章将会把理论的物质功率谱与大尺度结构的观测数据相比较. 我们已根据大尺度 CMB 各向异性数据对物质功率谱进行了定标 [式 (8.86)], 第 9 章将给出解释. 总之, 物质功率谱的预言来自线性理论和早期宇宙的观测, 并与低红移宇宙的大尺度结构完全符合. 这是对基准宇宙学模型的严格检验.

习　题

8.1　推导方程 $(8.10, 8.11)$.

(a) 证明: 在重子密度很小的极限下, 方程 (5.67) 中正比于 τ' 的散射项可忽略. 首先, 因四极子和偏振很小, Π 可忽略; 然后证明散射项正比于重子-光子能量比 R [定义 (5.74)], 此步利用方程 (5.72). 再次强调, 以上近似只在本章成立, 因我们只推导物质扰动的演化.

(b) 忽略方程 (5.67) 中的散射项后, 证明此方程可化为单极子和偶极子的演化方程 $(8.10, 8.11)$. 对于单极子, 需将方程 (5.67) 乘以 $\mathcal{P}_0(\mu) = 1$ 并对 $\mathrm{d}\mu/2$ 积分. 对于偶极子, 需乘以 $\mathcal{P}_1(\mu)$ 并积分.

8.2　对方程组 $(8.10\text{-}8.14)$ 进行数值求解, 并利用第 7 章给出的初始条件, 得到冷暗物质的转移函数. 在宇宙晚期和小尺度时, 在方程 (8.14) 中处理光子的多极子时较为困难, 一般有如下简化方法: 在晚期由于引力势为常数, 故不必对引力势继续求解; 在给定某时刻不再考虑光子的多极子, 因其不再影响物质的分布和演化. 基于基准 ΛCDM 宇宙学模型, 将数值求解出的转移函数与 CAMB 或 CLASS 比较.

8.3　章节 8.2 和 8.3 的四个小节对应于完整的 Einstein-Boltzmann 方程组可进行的四种近似. 在下面的表格中总结这些时代和扰动尺度所适用的近似.

	$a \ll a_{\mathrm{eq}}$	$a \sim a_{\mathrm{eq}}$	$a \gg a_{\mathrm{eq}}$
$k\eta \ll 1$			
$k\eta \sim 1$			
$k\eta \gg 1$			

例如, 章节 8.2.1 取 $k\eta \to 1$ 的超视界解, 适用于上表第一行. 注意时间演化代表上表中左上至右下的方向, 而 $k\eta \sim 1, a \sim a_{\mathrm{eq}}$ 时, 无近似可以适用.

8.4　完善章节 8.2.1 中的推导.

(a) 由方程 (8.23) 推出 (8.24).

(b) 证明: 当 u 如式 (8.25) 定义时, 方程 (8.24) 等价于 (8.26).

(c) 证明方程 (8.30) 可进行解析积分得到式 (8.31). 可取 $x \equiv \sqrt{1+y}$.

8.5　求物质-辐射相等时期与共动 Hubble 半径尺度对应的波数, 即 $k_{\mathrm{eq}} = a_{\mathrm{eq}} H(a_{\mathrm{eq}})$. 证明

$$k_{\mathrm{eq}} = \sqrt{\frac{2\Omega_{\mathrm{m}} H_0^2}{a_{\mathrm{eq}}}}. \tag{8.87}$$

并利用式 (2.86) 推出式 (8.39). 再将 k_{eq} 定义为 $1/\eta_{\mathrm{eq}}$, 其数值略低于上述情况.

8.6 定义 $a_H(k)$: $a_H H(a_H) \equiv k$. 将 $a_H/a_{\rm eq}$ 表示为 k 和 $k_{\rm eq}$ 的形式. 证明当 $k \gg k_{\rm eq}$ 时,

$$\lim_{k \gg k_{\rm eq}} \frac{a_H}{a_{\rm eq}} = \frac{k_{\rm eq}}{\sqrt{2}k}. \tag{8.88}$$

8.7 利用 CAMB 或 CLASS 证实物质功率谱的形状几乎不依赖于 $\Omega_{\rm m}$, 但物理密度参量 $\Omega_{\rm m}h^2$ 需保持不变, 且功率谱的尺度需取物理尺度 Mpc^{-1}. 然后, 回到常用的带 h 的单位, 变化 $\Omega_{\rm m}$ 且保持 $\Omega_{\rm m}h$ 不变, 分析功率谱的变化.

8.8 在仅考虑物质、曲率和宇宙学常数的情况下, 利用下式求解方程 (8.75):

$$H^2(a) = H_0^2 \left[\Omega_{\rm m}a^{-3} + \Omega_\Lambda + (1 - \Omega_{\rm m} - \Omega_\Lambda)a^{-2}\right]. \tag{8.89}$$

(a) 证明 $\delta_{\rm m} \propto H$ 是其中的一个解. 解释此解并不适合解释结构增长的原因.

(b) 为得到另一解, 试构造 $u = \delta_{\rm m}/H$, 并与式 (8.77) 比较.

(c) 将方程 (8.89) 推广至动态暗能量的情况 $\Omega_\Lambda \to \Omega_{\rm de}(a)$, 其状态方程为 w. 在何种情况下, 式 (8.77) 是方程 (8.75) 的解?

8.9 对方程 (8.75) 进行数值求解, 计算 $\Omega_{\rm de} = 0.7, \Omega_{\rm m} = 0.3, w = -0.5$ 时的增长因子 $D_+(a)$, 与 $\Omega_\Lambda = 0.7, \Omega_{\rm m} = 0.3, w = -1$ 的基准宇宙学模型相比较.

8.10 通过方程 (8.75) 计算中微子质量对 $H(a)$ 的影响, 从而对增长因子 (将依赖于尺度) 的影响. 计算过程中可参考习题 2.13 的结果. 考虑单一种类的中微子, 质量分别为 $0.06\,{\rm eV}, 0.2\,{\rm eV}$.

8.11 计算中微子的自由穿行尺度 $k_{\rm fs}$. 首先, 计算温度为 $T_{\nu,0}/a = 1.946\,{\rm K}/a$ 时中微子的典型动量. 然后计算质量为 m_ν 的中微子以此动量在时间 $\Delta t = 1/H$ 内穿行的距离 $x_{\rm fs}$. 证明自由穿行尺度 $k_{\rm fs} = 1/x_{\rm fs}$ 为

$$k_{\rm fs}(a) \simeq a^2 H(a)\sqrt{a^{-2} + m_\nu^2/[3.2T_{\nu,0}]^2}$$
$$\simeq 0.063\,h\,{\rm Mpc}^{-1}\frac{m_\nu}{0.1\,{\rm eV}}\frac{a^2 H(a)}{H_0},$$

其中第二步用到了宇宙晚期时 $m_\nu/T_{\nu,0} \gg a^{-1}$.

8.12 对红移 $z = 0, 1, 2$ 计算基准 ΛCDM 宇宙学模型的 $k_{\rm NL}$.

8.13 另一种定义给定尺度密度扰动的方法是计算半径为 R (此处 R 并非重子-光子的能量密度比) 的球壳内密度扰动的均方差 (root mean square, rms):

$$\sigma_R^2 \equiv \langle \delta_{{\rm m},R}^2(\boldsymbol{x}) \rangle, \tag{8.90}$$

其中

$$\delta_{\mathrm{m},R}(\boldsymbol{x}) = \int \mathrm{d}^3 x' \delta_{\mathrm{m}}(\boldsymbol{x}') W_R(|\boldsymbol{x} - \boldsymbol{x}'|). \tag{8.91}$$

这里 $W_R(x)$ 是礼帽 (*tophat*) 函数, 在 $x < R$ 时等于 $3/(4\pi R^3)$, 否则为 0; $\langle\ \rangle$ 表示统计平均.

(a) 利用 Fourier 变换, 将 σ_R 表示为功率谱的积分的形式.

(b) 利用 CAMB, CLASS 或习题 8.2 的结果, 计算基准 ΛCDM 宇宙学模型的 $\sigma_8 \equiv \sigma_R(R = 8\,h^{-1}\,\mathrm{Mpc})$.

(c) 利用相同的宇宙学模型, 计算 σ_R 随 R 的变化. 由于 σ_R 随 R 的减小而增加, 故小尺度对应非线性. 与图 12.1 比较.

第 9 章　CMB 的各向异性

　　暴胀产生的原初扰动同时体现在物质和辐射的分布上. 通过研究光子扰动的演化, 我们可以对宇宙微波背景辐射 (CMB) 的各向异性功率谱 (图 1.10) 作出预测. 光子分布的演化完全由 Einstein-Boltzmann 方程组所描述. 历史上, 多个团队开发出了各类程序, 通过数值求解得到了各种宇宙学模型和参数所预期的 CMB 各向异性功率谱. 然而直到后来, CMB 功率谱深刻的物理意义才逐渐被理解. 本章将利用半解析近似的方法理解这些物理本质.

　　光子扰动的演化在氢复合时期 ($z_* \simeq 1100$) 前后具有截然不同的性质. 氢复合之前, 光子与电子、质子紧密耦合, 体现为 "重子-光子" 流体. 氢复合后, 光子从 "最后散射面" 开始自由穿行, 直至现在被探测到. 作为概述, 章节 9.1 首先对各向异性谱进行定性的描述. 而后, 章节 9.2-9.4 推导氢复合时期前重子-光子流体的物理性质, 章节 9.5-9.6 处理氢复合后的时期, 推导出各向异性谱. 最后, 章节 9.7 探讨如何利用 CMB 各向异性谱对宇宙学参数作出限制.

9.1　概　　述

　　如同第 8 章的做法, 首先预览一下最终的计算结果. 图 9.1 展示了直至光子与重子退耦时期 ($\eta = \eta_*$), 四种不同尺度 Fourier 模式的光子扰动演化. 光子退耦后, 由于引力势不足以束缚光子, 自由光子便几乎保持了退耦时刻的扰动强度, 直到现在. 这与重子和暗物质扰动的演化形成了鲜明的对比: 物质扰动在退耦后进行了数量级式的增长.

　　注意图 9.1 中, 我们将纵坐标取为 $(\Theta_0 + \Psi)(\boldsymbol{k}, \eta)$ 除以暴胀产生的初始引力势 $\Phi(\boldsymbol{k}, 0)$, 后者通过式 (8.32) 可直接化为曲率扰动 $\mathcal{R}$. 之所以使用光子单极子与引力势的组合 $\Theta_0 + \Psi$, 是因为我们现在所观测到的光子需逃逸出氢复合时期所在的引力势. 若光子当时处于高密度区, $\Psi < 0$, 光子逃逸出引力势导致我们观测到能量更低、波长更长的光子, 即章节 3.3.2 中的引力红移效应. 大致来讲, CMB 各向异性谱来自图 9.1 的平方对 $\boldsymbol{k}$ 积分, 再乘以 $\Phi(\boldsymbol{k}, 0)$ 的功率谱 $P_{\mathcal{R}}(k)$. 也就是说, 各向异性功率谱来自图 9.1 中曲线的幅度, 而非其正负号.

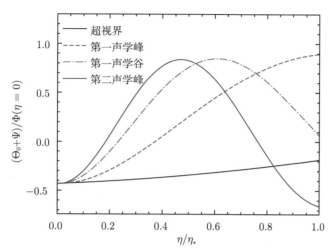

图 9.1　根据基准 ΛCDM 宇宙学模型, 四种不同尺度的光子扰动模式在氢复合时期 η_* 前的演化. 扰动幅度相对于暴胀结束时期的引力势进行了定标. 四种 Fourier 模式对应的尺度为 $k\,[h\,\mathrm{Mpc}^{-1}] = 0.005, 0.020, 0.031, 0.039$.

　　图 9.1 中, 最大尺度的扰动模式几乎没有演化, 这是因为此模式直至氢复合时期仍在视界之外. 因此, 对于氢复合时期大于视界的尺度, 我们直接观测到了暴胀时期产生的扰动的原始性质.

　　稍小尺度扰动的演化稍显复杂. 首先关注图中图例为 "第一声学峰" 的曲线. 此模式进入视界后开始演化, 且恰好在氢复合时期达到最大值. 如果我们观测此扰动模式所对应的各向异性的尺度, 应期待得到较大的温度起伏. 因此, 此模式在 CMB 各向异性谱中称为 "第一声学峰".

　　图 9.1 中尺度稍小一些的扰动模式更早进入视界, 该模式增长至最大值后又开始衰减, 其振幅在氢复合时代衰减至几乎为零. 因此, 观测此扰动模式对应的各向异性尺度, 温度起伏应很小, 称为各向异性谱的 "第一声学谷".

　　以此类推, 图中的 "第二声学峰" 更早些进入视界, 并恰好在氢复合前经历了一次完整的振动周期演化. 此模式对应于各向异性谱的 "第二声学峰". 至此, 重子声学振荡 (BAO) 的物理图景已逐渐清晰: 随着波数的增加, 扰动模式越来越早进入视界, 它们在各向异性谱上留下了一系列 BAO 声学峰和声学谷.

　　为了更清晰地展示这个效应, 可以在固定的氢复合时刻画出扰动谱. 根据基准宇宙学模型, 图 9.2 中的黑色实线画出了这一系列波峰和波谷. 同时也注意到, 此模型中的奇数峰系统地高于偶数峰. 为了理解这个效应, 先定性地写出扰动的演化方程:

$$\Theta_0'' + k^2 c_s^2 \Theta_0 = F, \tag{9.1}$$

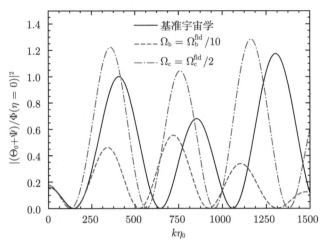

图 9.2 观测对应的光子扰动 $\Theta_0 + \Psi$, 以暴胀结束时的引力势 $\Phi(k, \eta = 0)$ 定标, 并平方. 所有曲线对应基准宇宙学的氢复合时期 η_*. 黑色实线为基准宇宙学模型的预测, 另外两条曲线对应更低的重子密度 (导致声学振荡频率增加) 和更低的冷暗物质密度 (导致奇数峰和偶数峰更小的不对称性). Ω_b 较低时, 衰减尺度 λ_D 更大, 导致 $k \gtrsim 1000/\eta_0$ 尺度的功率压低.

其中 F 代表由引力导致的一驱动力, c_s 是重子-光子流体的声速 [推导见下文中的式 (9.21)]. 这是一个受迫谐振子的方程, 参见专题 9.1. 它定性地描述了上述功率谱中的振荡性质.

第一, 振荡频率取决于弹性系数和质量的比值. 在重子-光子流体中, 若我们减小承载该流体的质量 (Ω_b), 则振荡频率应增加. 也就是说, 更少的重子导致更快的声波传导. 此效应可参见图 9.2 中 Ω_b 较低情况的曲线.

第二, 外部驱动力 (更准确地说, 是加速度) F 导致奇数峰和偶数峰强度的不对称性. F 越大, 振荡频率越低, 不对称性越强. 设想一块高密度区, F 驱使密度扰动的增长. 当重子-光子流体向高密度区坍缩时, 自引力和外部驱动力协同作用, 导致 (比 $F = 0$ 时) 更强的坍缩效应. 相反, 当流体的压强驱使其向外膨胀时, 压强需抵抗外部驱动力, 使得膨胀所达到的低密度程度小于 $F = 0$ 时的情形. 在退耦时期前的重子-光子流体中, 此外部驱动力来自冷暗物质所提供的引力势. 因此, 各向异性谱奇数峰和偶数峰间的不对称性可直接探测暗物质的总量 Ω_c. 图 9.2 中也画出了 Ω_c 较低时各向异性谱所发生的变化.

以上论述只是基于定性的分析. 图 9.2 中, 在 Ω_b 较低时, 第二声学峰的强度高于第一声学峰, 与基准宇宙学的情况相反. 这来源于一系列物理效应的叠加, 如阻尼项的增加和外部驱动力随时间的变化 (以上推理设 F 为常数). 这些效应将在章节 9.3 中阐述.

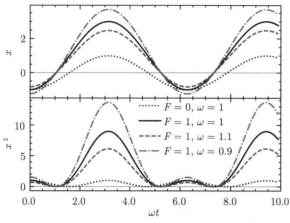

图 9.3　专题 9.1 中, 受迫谐振子的解.

专题 9.1　受迫谐振子

考虑一个质量为 m, 弹性系数为 K 的简谐振子, 除回复力外还额外受到一外力 F (实际上为加速度). 故振子在位置 x 处所受的总作用力为 $mF - Kx$, 运动方程写为

$$\ddot{x} + \frac{K}{m}x = F. \tag{9.2}$$

等式右边的外力 (设 $F > 0$) 驱使振子位于 x 更大的位置, 而回复力使振子接近坐标原点. 在它们的共同作用下, 谐振子的平衡点从原点向正方向偏移.

方程 (9.2) 的解应为其齐次方程 (令等式右边为零) 的通解加上一方程的特解. 其中通解含两个模式, 分别为自变量为 ωt 的正弦和余弦函数, 频率 $\omega = \sqrt{K/m}$. 常数解 $x = F/\omega^2$ 显然是方程 (9.2) 的一个特解, 故该方程的解应为正弦和余弦模式加上这个常数. 设谐振子初速为零, 由于 $\dot{x}(0)$ 正比于正弦模式的系数, 故只需取余弦模式

$$x = A\cos(\omega t) + \frac{F}{\omega^2}, \tag{9.3}$$

如图 9.3 上半部分所示. 点线画出外力为零的情况: 谐振子平衡点为原点. 实线对应的受迫谐振子的解具有相同的频率. 外力的引入使得谐振子的平衡点向外力的方向偏移. 另外两条曲线展示了固定外力时, 频率变化带来的效应. 频率越低, 平衡点偏移程度越大. 图 9.3 下半部分画出了振子位置的平方随时间的变化, 即图 9.2 的类比. 图中的三种情况均在 $t = n\pi/\omega$ 展现出一系列的波峰, 它们对应于解的余弦模式的最大值和最小值. 注意, 如果仅有正弦模式

存在, 这些波峰将出现于 $t = (n + 1/2)\pi/\omega$; 更一般的情况, 正弦和余弦模式同时存在时, 波峰可能出现在任何其他时间 t. 对于余弦模式, 外力为零时, 所有波峰的幅度均一致. 有外力时, 出现在 $t = \pi/\omega, 3\pi/\omega, \cdots$ 的奇数峰的幅度高于出现在 $t = 0, 2\pi/\omega, \cdots$ 的偶数峰的幅度.

作为总结, 受迫谐振子的行为取决于两参数: 约化弹性系数 K/m 决定了振动频率, 外力 F 确定了振动的平衡点以及奇偶数峰之间的不对称性.

除声学振荡, 图 9.3 还显示出 Ω_b 较低时, 较小尺度 ($k\eta_0 \gtrsim 500$) 振幅的衰减效应 (对于基准宇宙学模型, 此衰减发生在更高的 k). 为了理解此效应, 需注意将光子和重子看作统一的流体仅仅是一种近似, 仅在它们之间的散射率无穷大时才成立. 现实中, 光子在两次散射之间仍然穿行一段距离.

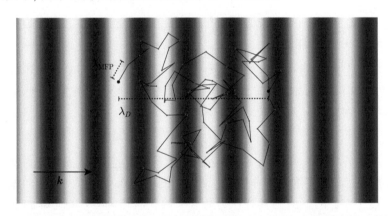

图 9.4   光子在电子气体中的散射扩散. 图中的折线展示了光子随机行走的路径, 两较大的圆点表示某一光子的初始和最终位置, 连接折线的较小圆点标记了散射发生的位置. 散射间的典型距离为光子的平均自由程 λ_{MFP}, 而经历多次散射后光子的典型位移为阻尼尺度 λ_D. 图中所示 $k \gtrsim 1/\lambda_D$ 的小尺度扰动将被扩散阻尼抹平.

考虑一个光子在电子气体中的散射 (图 9.4). 在两次散射间经过的典型距离是光子的平均自由程 λ_{MFP}, 为 $(n_e\sigma_{\mathrm{T}}a)^{-1} = -1/\tau'$, 其中光深 τ 见定义 (5.33). 电子数密度 n_e 越大, 自由程越小. 在一个 Hubble 时间 H^{-1} 内, 一个光子散射约 $n_e\sigma_{\mathrm{T}}H^{-1}$ 次 (即散射率乘以时间), 进行随机行走. 统计上, 随机行走的总位移等于平均自由程乘以随机行走次数的平方根. 因此, 光子在 Hubble 时间内的共动位移是

$$\lambda_D \sim \lambda_{\mathrm{MFP}}\sqrt{n_e\sigma_{\mathrm{T}}H^{-1}} = \frac{1}{\sqrt{n_e\sigma_{\mathrm{T}}H}}\frac{1}{a}. \tag{9.4}$$

对于小于 λ_D 的尺度, 大量光子在此区域的扩散使得该区域具有相同的温度, 任何

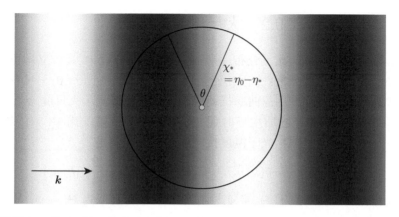

图 9.5　波数为 k 的平面波温度扰动. 浅色、深色分别表示高温、低温区域. 氢复合后, 高温、低温区域的光子自由穿行至图中心圆点所示的观测者. 此 k-模式扰动贡献为张角为 $\theta \sim k^{-1}/\chi_*$ 的温度场各向异性, 其中 $\chi_* = \eta_0 - \eta_*$ 是观测者到最后散射面的共动距离.

温度扰动都应被抹平, 如图 9.4 所示. 在 Fourier 空间, 此效应体现为 k 较高时扰动功率谱经历的衰减阻尼. 这个定性的描述解释了图 9.2 中的现象: 降低重子密度导致更大的阻尼尺度 λ_D (宇宙为电离态时, $n_e \propto \Omega_b$), 从而扩散阻尼更加显著, 在更小的 $k\eta_0$ 便开始发生.

下一步是将图 9.2 中氢复合时期的扰动换算为我们今天所观测到的各向异性. 尽管数学推导略显复杂, 但物理意义非常直观. 图 9.5 中画出了一个 Fourier 模式的扰动, 即一个在氢复合时期的平面波温度扰动. 光子从相距 k^{-1} 的高温区和低温区自由穿行至观测者, 张角为 $\theta \simeq k^{-1}/\chi_*$, 其中 $\chi_* = \eta_0 - \eta_*$ 是观测者到最后散射面的共动距离.[①] 如果我们将温度场展开为多极子, 则张角 θ 大致对应于尺度 $1/l$. 因此, 利用 $\eta_* \ll \eta_0$, 尺度为 k 的温度场非均匀性投影为尺度 $l \simeq k\eta_0$ 的各向异性.

在上述讨论中, 我们假定光子退耦后自由穿行. 然而, 光子从最后散射面传播至观测者的过程中还需考虑引力势的变化. 引力势只在物质主导时期为常数, 但在退耦后的时期 (由于辐射的作用) 以及宇宙晚期 (由于暗能量的作用) 均会演化. 引力势的演化通过 ISW (积分 Sachs-Wolfe) 效应额外影响光子的扰动. 另外, 宇宙在 $z \lesssim 10$ 发生再电离, 自由电子与 CMB 光子的散射导致各向异性谱进一步压低. 至此, 我们简要地介绍了原初扰动如何换算为今天所观测到的各向异性谱.[②] 下面各章节将逐一完成每一步骤的量化.

---

① 仅对于平直宇宙成立. 对于开放的宇宙, 观测者到最后散射面的角直径距离更大, 同样的物理尺度在天空的投影为一更小的张角 (参考图 9.14). 闭合的宇宙与开放的宇宙情况相反.

② 章节 13.3 还将考虑 CMB 光子的非线性效应: 引力透镜效应.

9.2　大尺度各向异性

为了得到较大尺度的光子分布, 利用超视界扰动方程 (8.16), 立即可得 $\Theta_0 = -\Phi + \text{Const}$. 为确定这个常数, 因初始条件 (7.91), 即 $\Theta_0(\eta = 0) = \Phi(\eta = 0)/2$, 可知此常数是暴胀时期产生的曲率扰动 $\mathcal{R}$. 我们已经得到了大尺度 Φ 的演化, 式 (8.31). 因氢复合发生于物质主导时期, 可取 $y \gg 1$, 以及式 (8.32) 中的 $\Phi = (3/5)\mathcal{R}$. 因此, 氢复合时期, 光子温度扰动在较大尺度满足

$$\Theta_0(\boldsymbol{k}, \eta_*) = -\Phi(\boldsymbol{k}, \eta_*) + \mathcal{R}(\boldsymbol{k}) = \frac{2}{5}\mathcal{R}(\boldsymbol{k}) = \frac{2}{3}\Phi(\boldsymbol{k}, \eta_*). \tag{9.5}$$

各向异性的观测对应于 $\Theta_0 + \Psi$,[①] 由 $\Psi \simeq -\Phi$ 可近似为 $\Theta_0 - \Phi$. 故

$$\left(\Theta_0 + \Psi\right)(\boldsymbol{k}, \eta_*) = -\frac{1}{3}\Phi(\boldsymbol{k}, \eta_*) = -\frac{1}{5}\mathcal{R}(\boldsymbol{k}). \tag{9.6}$$

此结果有助于计算大尺度的各向异性谱.

氢复合时期大尺度的扰动还可表示为冷暗物质的密度扰动. 第 7 章中的初始条件已得到 $\delta_c = \mathcal{R}$. 对 $\delta_c' = -3\Phi'$ [方程 (8.17)] 积分得

$$\delta_c(\boldsymbol{k}, \eta_*) = \mathcal{R}(\boldsymbol{k}) - 3\left[\Phi(\boldsymbol{k}, \eta_*) - \frac{2}{3}\mathcal{R}(\boldsymbol{k}, \eta_*)\right]. \tag{9.7}$$

由初始条件的限定, 等式右边方括号在 $\eta_* \to 0$ 时应为零, 故

$$\delta_c(\boldsymbol{k}, \eta_*) = \frac{6}{5}\mathcal{R}(\boldsymbol{k}) = 2\Phi(\boldsymbol{k}, \eta_*). \tag{9.8}$$

这样, 将 $\Theta_0 + \Psi$ 表达为暗物质密度场:

$$\left(\Theta_0 + \Psi\right)(\boldsymbol{k}, \eta_*) = -\frac{1}{6}\delta_c(\boldsymbol{k}, \eta_*). \tag{9.9}$$

此结果耐人寻味: 对暗物质的高密度区进行观测, 得到的温度扰动竟然是 负值, 即低温区. 大尺度的高密度区在氢复合时期的确容纳了更高温的光子: $\Psi < 0$ 则 $\Theta_0 > 0$. 然而, 这些光子必须先克服当地的引力势, 才能在今天到达我们, 在此过程中损失的能量甚至大于它们起初高于平均温度的那部分能量, 即 $\Psi < 0$ 时 $\Theta_0 + \Psi < 0$. 也就是说, CMB 天空背景大尺度的高温区实际上对应于氢复合时刻冷暗物质的低密度区.

式 (9.9) 中的系数 1/6 十分重要, 可在 $\delta T/T$ (等式左边) 和 $\delta\rho/\rho$ (等式右边) 之间搭建桥梁: 10^{-5} 量级温度场的各向异性大致对应于 6×10^{-5} 量级的密度扰动. 任何合理的宇宙学模型必须能够解释观测得到的 CMB 各向异性谱和大尺度结构功率谱的比值.

---

① 译者注: 原文中将 $\Theta_0 + \Psi$ 直接称为 "观测到的各向异性" (the observed anisotropy). 原文的意思是考虑了引力势造成的引力红移效应 (参见章节 9.1). 然而 $\Theta_0 + \Psi$ 的本质是光子温度扰动单极子和引力势非均匀性的组合, 仍是三维空间的非均匀性, 经过投影 (章节 9.5) 才得到观测到的各向异性. 严谨起见, 此处翻译为 "对应于". 下文类似.

9.3 重子声学振荡

氢复合时期 $\eta = \eta_*$ 之前, 电子和原子核尚未结合形成原子, 光子的平均自由程远小于视界. Compton 散射使得电子-质子流体与光子紧密耦合. 现利用 Boltzmann 方程对这一时期进行定量研究.

9.3.1 强耦合极限下的 Boltzmann 方程

强耦合极限适用于光子平均自由程远小于所考虑的尺度的情况, 此时 $\tau \gg 1$. 我们期待的结论是: 在 $\tau \gg 1$ 的极限下只需保留 Θ_l 中的单极子 $(l = 0)$ 和偶极子 $(l = 1)$, 光子表现为一种流体, 可只由密度 ρ 和 (纵向) 速度场 u 两个变量描述. 为证明这个结论, 利用光子的 Boltzmann 方程 (5.67), 首先将这个关于 $\Theta(k, \eta, \mu)$ 的微分方程改写为一系列 $\Theta_l(k, \eta)$ 的方程组. 具体方法便是将方程乘以 $\mathcal{P}_l(\mu)$ 然后对 μ 积分. 利用定义 (5.66), 对于 $l > 2$ 的 Boltzmann 方程变为

$$\Theta_l' + \frac{k}{(-i)^{l+1}} \int_{-1}^{1} \frac{\mathrm{d}\mu}{2} \mu \, \mathcal{P}_l(\mu) \Theta(\mu) = \tau' \Theta_l \quad (l > 2). \tag{9.10}$$

注意 Boltzmann 方程中的其余项 (例如 $-\Phi'$) 正比于 μ^0, μ^1 或 μ^2, 故它们乘以 $\mathcal{P}_l$ $(l > 2)$ 再对 μ 积分后贡献为零. 为进行上式第二项的积分, 利用 Legendre 多项式的递推关系 (C.3), 得到

$$\Theta_l' - \frac{kl}{2l+1} \Theta_{l-1} + \frac{k(l+1)}{2l+1} \Theta_{l+1} = \tau' \Theta_l. \tag{9.11}$$

考察方程 (9.11) 各项的量级. 左边第一项量级为 Θ_l / η, 远小于等式右边 (因 τ' 很大). 暂时忽略 Θ_{l+1} 项, 得到强耦合极限下

$$\Theta_l \sim -\frac{k}{\tau'} \frac{l}{2l+1} \Theta_{l-1}. \tag{9.12}$$

由于光子的平均自由程 $\lambda_{\mathrm{MFP}} = -1/\tau'$, 上式的系数为 $k\lambda_{\mathrm{MFP}}$. 因此, 对于所有尺度远大于 λ_{MFP} 的模式, 有 $\Theta_l \ll \Theta_{l-1}$. 同理 $\Theta_{l+1} \ll \Theta_l$, 这也同时给出了忽略 Θ_{l+1} 项的依据. 容易验证, 若忽略偏振的多极子, Θ_2 也可忽略, 见第 10 章. 总之, 所有 $l > 1$ 的多极子均远小于单极子和偶极子, 此即流体近似.

为何在强耦合极限下高阶矩可忽略? 此近似不仅适用于宇宙学, 而且在其他进行流体近似的领域中同样重要. 考虑图 9.6 所示的平面波扰动模式, 图中的观测者接收到来自平均自由程 $-1/\tau'$ 的光子. 由于此平面波扰动尺度远大于自由程, $k/|\tau'| \ll 1$, 观测者几乎看不到此扰动贡献的各向异性. 尽管对于小尺度的扰动 $(k/|\tau'| \sim 1)$ 此论述不再成立, 但由于这些更小的尺度小于光子的扩散尺度, 其扰动幅度会被光子的扩散所压低.

图 9.6   强耦合极限时期的各向异性. 图中观测者所接收的光子来自 $1/|\tau'|$, 远小于扰动尺度, 接收到各方向的光子具有几乎相同的温度. 更精确地讲, 观测到的各向异性只含单极子和一个较小的偶极子, 更高阶矩均可忽略.

将方程 (5.67) 分别乘以 $\mathcal{P}_0(\mu), \mathcal{P}_1(\mu)$ 并对 μ 积分, 忽略四极子, 得到单极子和偶极子的两个方程:

$$\Theta_0' + k\Theta_1 = -\Phi', \tag{9.13}$$

$$\Theta_1' - \frac{k\Theta_0}{3} = \frac{k\Psi}{3} + \tau'\left[\Theta_1 - \frac{iu_{\mathrm{b}}}{3}\right]. \tag{9.14}$$

它们应与重子方程组 (5.71, 5.72) 联立求解. 首先将方程 (5.72) 改写为

$$u_{\mathrm{b}} = -3i\Theta_1 + \frac{R}{\tau'}\left[u_{\mathrm{b}}' + \frac{a'}{a}u_{\mathrm{b}} + ik\Psi\right], \tag{9.15}$$

其中利用了重子-光子的能量密度比 $R = R(\eta)$, 其定义为

$$R \equiv \frac{3\rho_{\mathrm{b}}}{4\rho_\gamma}. \tag{9.16}$$

因 $1/\tau'\eta$ 和 k/τ' 均远小于 1, 方程 (9.15) 右边第二项远小于第一项. 这样, 在最低阶近似下, $u_{\mathrm{b}} = -3i\Theta_i$, 然后可根据这个最低阶近似展开至二阶,

$$u_{\mathrm{b}} \simeq -3i\Theta_1 + \frac{R}{\tau'}\left[-3i\Theta_1' - 3i\frac{a'}{a}\Theta_1 + ik\Psi\right]. \tag{9.17}$$

代入方程 (9.14) 以消去 u_{b}, 得

$$\Theta_1' + \frac{a'}{a}\frac{R}{1+R}\Theta_1 - \frac{1}{3}\frac{k}{1+R}\Theta_0 = \frac{k\Psi}{3}. \tag{9.18}$$

我们现在得到了 Θ_0, Θ_1 的两个一阶微分方程 (9.13, 9.18). 对方程 (9.13) 求导, 并利用方程 (9.18) 消去 Θ_1', 得到一个二阶微分方程

$$\Theta_0'' + \frac{k^2}{3}\Psi - \frac{a'}{a}\frac{R}{1+R}k\Theta_1 + \frac{1}{3}\frac{k^2}{1+R}\Theta_0 = -\Phi''. \tag{9.19}$$

最终利用方程 (9.13) 消去 Θ_1, 得

$$\Theta_0'' + \frac{a'}{a}\frac{R}{1+R}\Theta_0' + k^2 c_s^2 \Theta_0 = F(k,\eta),$$

$$F(k,\eta) \equiv -\frac{k^2}{3}\Psi - \frac{a'}{a}\frac{R}{1+R}\Phi' - \Phi'', \qquad (9.20)$$

其中, 方程等式右边的部分定义为 "驱动力" 函数 F. 同时, 流体的声速为

$$c_s(\eta) \equiv \sqrt{\frac{1}{3\,[1+R(\eta)]}}, \qquad (9.21)$$

其依赖于重子密度. 在重子密度远小于辐射密度的情况下, $c_s = 1/\sqrt{3}$, 为相对论性流体的标准取值. 重子物质使得流体的密度更高, 从而降低其声速; 其类比便是受迫谐振子方程 (9.2) 中的 $(K/m)x$. 马上将会看到, 流体随时间和空间的振荡周期依赖于声速, 从而依赖于重子密度. 方程 (9.20) 即方程 (9.1) 的 "进化版"; 引入了 Θ_0' 这一重子拖曳 (drag) 项 (习题 9.2), 以及驱动力函数 F 正确的时间依赖. 然而它们与章节 9.1 给出的定性结论是一致的. 另外, 注意到方程等式右边 Φ 的形式与等式左边的 Θ_0 类似, 于是可将方程 (9.20) 改写为

$$\left\{\frac{\mathrm{d}^2}{\mathrm{d}\eta^2} + \frac{R'}{1+R}\frac{\mathrm{d}}{\mathrm{d}\eta} + k^2 c_s^2\right\}[\Theta_0 + \Phi](\boldsymbol{k},\eta) = \frac{k^2}{3}\left[\frac{1}{1+R}\Phi - \Psi\right](\boldsymbol{k},\eta). \quad (9.22)$$

但请注意区分 $\Theta_0 + \Phi$ 与 CMB 温度各向异性观测所对应的变量组合 (图 9.1、图 9.2 的纵坐标) $\Theta_0 + \Psi \simeq \Theta_0 - \Phi$.

9.3.2 强耦合解

光子-重子流体的声学振荡方程 (9.22) 是一个二阶常微分方程, 可再次利用 Green 方法 (见章节 8.3.1) 求解. 首先找到齐次方程的两个解, 然后利用它们构造出特解.

原则上应设方程 (9.22) 等式右侧为零得到齐次解. 实际上, 拖曳项量级为 $R(\Theta_0 + \Phi)/\eta^2$, 而压强项量级为 $k^2 c_s^2(\Theta_0 + \Phi)$, 后者更大 (更精确地讲, 模式为亚视界或 R 很小时, 后者更大). 其物理意义是: 压强诱导的振荡的时间尺度远小于拖曳项在宇宙时间尺度的作用. 那么, 首先作忽略拖曳项的近似, 得到振荡形式的解; 习题 9.5 中的 WKB (Wentzel-Kramers-Brillouin) 近似对此进行了进一步的改进. 在此近似下, 两个齐次解为

$$S_1(k,\eta) = \sin[kr_s(\eta)], \quad S_2(k,\eta) = \cos[kr_s(\eta)], \qquad (9.23)$$

其中 声视界 (sound horizon) 定义为

$$r_s(\eta) \equiv \int_0^\eta \mathrm{d}\tilde{\eta}\, c_s(\tilde{\eta}). \qquad (9.24)$$

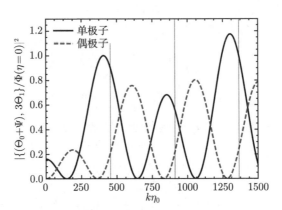

图 9.7 根据基准宇宙学模型, 氢复合时期的单极子 $\Theta_0 + \Psi$ 和偶极子 $3\Theta_1$. 一系列竖线标出了
式 (9.27) 给出的近似峰值的位置. 单极子和偶极子相位明显不同. 偶极子最长波模式为零.

由于 c_s 是声速, 声视界即声波在时间 η 内传播的共动距离.

光子温度的强耦合解可由式 (9.23) 构造为

$$
\begin{aligned}
\Theta_0(\boldsymbol{k}, \eta) + \Phi(\boldsymbol{k}, \eta) &= C_1(\boldsymbol{k}) S_1(\eta) + C_2(\boldsymbol{k}) S_2(\eta) \\
&+ \frac{k^2}{3} \int_0^\eta \mathrm{d}\tilde{\eta} \left[\Phi(\boldsymbol{k}, \tilde{\eta}) - \Psi(\boldsymbol{k}, \tilde{\eta})\right] \frac{S_1(\tilde{\eta}) S_2(\eta) - S_1(\eta) S_2(\tilde{\eta})}{S_1(\tilde{\eta}) S_2'(\tilde{\eta}) - S_1'(\tilde{\eta}) S_2(\tilde{\eta})}.
\end{aligned} \tag{9.25}
$$

这里除了在正弦和余弦函数中, 我们均避免了 R 的出现. 例如 S_1 的自变量 kr_s
仍是 R 非零的情况. 当 Θ_0 和 Φ 都为常数时, 式 (9.25) 中的积分常数 C_1, C_2
需由初始条件来确定. 由于极早期 $\Theta_0' = \Phi' = 0$, 正弦模式的系数 $C_1 = 0$, 故
$C_2(\boldsymbol{k}) = \Theta_0(\boldsymbol{k}, 0) + \Phi(\boldsymbol{k}, 0)$. 被积函数中的分母变为 $-k c_s(\tilde{\eta}) \to -k/\sqrt{3}$, 分子化
为 $-\sin[k(r_s - r_s')]$, 因此,

$$
\begin{aligned}
\Theta_0(\boldsymbol{k}, \eta) + \Phi(\boldsymbol{k}, \eta) &= [\Theta_0(\boldsymbol{k}, 0) + \Phi(\boldsymbol{k}, 0)] \cos(kr_s) \\
&+ \frac{k}{\sqrt{3}} \int_0^\eta \mathrm{d}\tilde{\eta} \left[\Phi(\boldsymbol{k}, \tilde{\eta}) - \Psi(\boldsymbol{k}, \tilde{\eta})\right] \sin\left[k(r_s(\eta) - r_s(\tilde{\eta}))\right].
\end{aligned} \tag{9.26}
$$

式 (9.26) 是强耦合极限的解, 最初由 Hu & Sugiyama (1995) 推出. 其体现了暴胀
产生的初始条件的特征: 仅含余弦模式. 其物理意义是, 暴胀时期产生的扰动在离
开视界后一直保持常数, 直至再次进入视界. 这样的纯余弦模式产生 $\Theta + \Phi$ 的相
干振荡. 对于其他情形, 如扰动在模式进入视界时产生, 一般将同时激发正弦和余
弦模式, 这时, Θ_0 将不再呈现明显的波峰和波谷.

事实上, 式 (9.26) 已能很好地预测出精确数值解给出的声学峰的位置, 即 $\eta = \eta_*$ 时刻 $(\Theta_0 + \Phi)(k)$ 的 ·系列极大值 (图9.2). 更加精确的处理, 需对式 (9.26) 中
所含的积分进行数值计算, 见习题9.6. 在此我们作进一步简化, 设式 (9.26) 等式

右边第一项占主导, 则声学峰应出现于 $\cos(kr_s)$ 的极值:

$$k_{\mathrm{pk}} = n\pi/r_s \quad n = 1, 2, \cdots \tag{9.27}$$

它们的大致位置见图9.7. 此近似与精确数值解的相对误差在 10% 以内.

除单极子外, 氢复合时期的光子分布的偶极子不可忽略. 利用方程 (9.13), 对式 (9.26) 求导, 可得到偶极子的解析解

$$\Theta_1(\boldsymbol{k}, \eta) = \frac{1}{\sqrt{3}} \left[\Theta_0(\boldsymbol{k}, 0) + \Phi(\boldsymbol{k}, 0) \right] \sin(kr_s)$$
$$- \frac{k}{3} \int_0^\eta \mathrm{d}\tilde{\eta} \left[\Phi(\boldsymbol{k}, \tilde{\eta}) - \Psi(\boldsymbol{k}, \tilde{\eta}) \right] \cos \left[k(r_s(\eta) - r_s(\tilde{\eta})) \right]. \tag{9.28}$$

注意上式第一项的 $\sin(kr_s)$ 与单极子的 $\cos(kr_s)$ 的相位差. 如图9.7, 考虑各自的积分后, 单极子和偶极子的相位仍完全不同. 此相位差对最终的各向异性谱有重要影响.

9.4 扩 散 阻 尼

为得到 CMB 各向异性谱, 还需要考虑另一个效应: 扩散阻尼 (diffusion damping). 为进行定量化, 需利用方程 (9.11, 9.13, 9.14). 目前为止, 我们忽略了 Θ_2 及更高阶矩. 光子的扩散效应由微小但不可忽略的四极子描述.

现将章节9.3所用的方程组补充四极子 Θ_2 的贡献. 由于只需考虑较小尺度, 问题得到了一定的简化. 在较小尺度, 由于系数 $(aH/k)^2$, 引力势 Φ, Ψ 远小于辐射扰动 [例如, 参考方程 (6.80); 在第 8 章处理小尺度时也曾用过此结论]. 另外, 在强耦合条件下, $1/\tau'$ 的更高次幂压低更高阶矩. 保留至 $l = 2$, 得到

$$\Theta_0' + k\Theta_1 = 0, \tag{9.29}$$
$$\Theta_1' + k \left(\frac{2}{3}\Theta_2 - \frac{1}{3}\Theta_0 \right) = \tau' \left(\Theta_1 - \frac{iu_{\mathrm{b}}}{3} \right), \tag{9.30}$$
$$\Theta_2' - \frac{2k}{5}\Theta_1 = \frac{9}{10}\tau'\Theta_2. \tag{9.31}$$

此处依旧忽略了偏振. 以上方程组需与 u_{b} 的方程联立求解. 忽略引力势, 将方程 (9.15) 改写为

$$3i\Theta_1 + u_{\mathrm{b}} = \frac{R}{\tau'} \left[u_{\mathrm{b}}' + \frac{a'}{a}u_{\mathrm{b}} \right]. \tag{9.32}$$

现将速度的时间依赖写为

$$u_{\mathrm{b}} \propto e^{i \int \omega \mathrm{d}\tilde{\eta}}, \tag{9.33}$$

同时其他变量也取类似的形式. 我们已知在强耦合极限下 $\omega \simeq kc_s$. 现需要求得阻尼项, 即 ω 的虚部. 因扩散阻尼发生在较小尺度, 故 $k \gg 1/\eta \sim a'/a$, 表明 ω 的实部也满足 $\omega \gg a'/a$. 所以

$$|u_{\mathrm{b}}'| = |i\omega u_{\mathrm{b}}| \gg \frac{a'}{a}|u_{\mathrm{b}}|. \tag{9.34}$$

因此可以忽略方程 (9.32) 等式右边第二项, 将其改写为

$$u_{\mathrm{b}} = -3i\Theta_1 \left[1 - \frac{i\omega R}{\tau'}\right]^{-1}$$

$$\simeq -3i\Theta_1 \left[1 + \frac{i\omega R}{\tau'} - \left(\frac{\omega R}{\tau'}\right)^2\right], \tag{9.35}$$

其中, 因为 $u_{\mathrm{b}} + 3i\Theta_1$ 与方程 (9.30) 中的 τ' 相乘, 上式只需展开至 τ'^{-2} 阶.

方程 (9.31) 也可类似处理. 由于 $\Theta_2' \ll \tau'\Theta_2$, 可忽略, 留下

$$\Theta_2 = -\frac{4k}{9\tau'}\Theta_1. \tag{9.36}$$

这再次验证了我们作出的近似假设: 多极子每高一阶, 都受到额外的一次 k/τ' 因子的压低. 单极子的方程变为

$$i\omega\Theta_0 = -k\Theta_1. \tag{9.37}$$

将以上结论代入方程 (9.30) 得

$$i\omega - \frac{8k^2}{27\tau'} + \frac{k^2}{3i\omega} = \tau'\left\{1 - \left[1 + \frac{i\omega R}{\tau'} - \left(\frac{\omega R}{\tau'}\right)^2\right]\right\}. \tag{9.38}$$

化简得

$$\omega^2(1+R) - \frac{k^2}{3} + \frac{i\omega}{\tau'}\left[\omega^2 R^2 + \frac{8k^2}{27}\right] = 0. \tag{9.39}$$

等式左边两项及 $1/\tau'$ 展开式中的首项重新得到章节 9.3 中的结果, 即频率是声速乘以波数 (由于在小尺度忽略了引力势, 此处无外部驱动力). 将频率写为一个零阶项加一个一阶修正 $\delta\omega$, 然后将零阶部分放入反比于 τ' 的成分, 得到

$$\delta\omega = -\frac{ik^2}{2(1+R)\tau'}\left[c_s^2 R^2 + \frac{8}{27}\right]. \tag{9.40}$$

这样, 扰动对时间的依赖写为

$$\Theta_0, \Theta_1 \sim \exp\left(ik\int \mathrm{d}\tilde{\eta}c_s(\tilde{\eta})\right)\exp\left(-\frac{k^2}{k_D^2}\right). \tag{9.41}$$

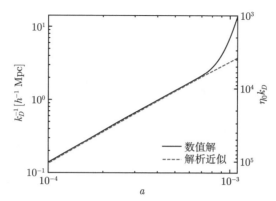

图 9.8 扩散阻尼尺度随尺度因子的变化. 实线为标准氢复合历史的数值积分的结果, 虚线利用式 (9.44) 的近似并假设电子全部电离. 扩散阻尼在 $l > k_D\eta_0$ 的尺度出现.

其中阻尼波数 (*damping wavenumber*) k_D 定义为

$$\frac{1}{k_D^2(\eta)} \equiv \int_0^\eta \frac{\mathrm{d}\tilde\eta}{6(1+R)n_e\sigma_{\mathrm{T}}a(\tilde\eta)} \left[\frac{R^2}{(1+R)} + \frac{8}{9}\right]. \tag{9.42}$$

暂且忽略方括号中量级为 1 的部分, 上式表明 $\lambda_D \sim 1/k_D \sim [\eta/n_e\sigma_{\mathrm{T}}a]^{1/2}$, 由于 $\eta \simeq 1/aH$, 这与本章开篇所作出的估计是一致的.

作为扩散阻尼尺度的估计, 可首先考虑氢复合之前的时期, 这时所有电子 (忽略氢复合) 均为自由电子. 第 4 章中在此极限下估计了光深, 但忽略了氦元素. 氦的质量分数 Y_P 约为 0.24. 由于氦核含四个核子, 氦核占总原子核的数量比为 $Y_P/4$, 每个氦核含两个电子. 因此, 在计算氢复合之前的自由电子数时, 应将式 (4.43) 再乘以 $1 - Y_P/2$. 再利用 $H_0 = 3.33 \times 10^{-4}\,h\,\mathrm{Mpc}^{-1}$, 在远早于氢复合的时期,

$$n_e\sigma_{\mathrm{T}}a = 2.3 \times 10^{-5}\,\mathrm{Mpc}^{-1}\,(\Omega_{\mathrm{b}}h^2)\,a^{-2}\left(1 - \frac{Y_p}{2}\right). \tag{9.43}$$

根据上式, 可得到 (习题 9.8) 近似的扩散阻尼尺度为

$$k_D^{-2} = 3.1 \times 10^6\,\mathrm{Mpc}^2 a^{5/2} f_D(a/a_{\mathrm{eq}})\,(\Omega_{\mathrm{b}}h^2)^{-1}\left(1 - \frac{Y_p}{2}\right)^{-1}(\Omega_{\mathrm{m}}h^2)^{-1/2} \tag{9.44}$$

其中 f_D 的定义见 (9.89), 且随 a/a_{eq} 的增大趋于 1.

图 9.8 展示了氢复合时期前阻尼尺度的演化. 在宇宙很早期, 忽略氢复合是个很好的近似, $k_D \propto \Omega_{\mathrm{b}}^{1/2}$. 但在接近 η_* 的时期, 由于自由电子密度的计算未考虑中性氢的形成, 式 (9.43) 的近似已带来系统误差.

9.5　从非均匀性到各向异性

对于给定的初始条件 $\Phi(\boldsymbol{k}, 0)$ 或 $\mathcal{R}(\boldsymbol{k})$, 我们已能写出光子在氢复合时刻的扰动分布函数 $\Theta_0(\boldsymbol{k}, \eta_*), \Theta_1(\boldsymbol{k}, \eta_{,*})$. 现需要进一步将它们转化为我们今天所观测到的 CMB 各向异性谱. 我们将首先求解 η_0 时刻的 Θ_l, 然后再将可观测量表示为这些多极子. 章节 9.5 的主要任务是推导出式 (9.59), 其将现在时刻的多极子表示为氢复合时刻的单极子和偶极子; 以及式 (9.74), 其将 CMB 各向异性谱表示为这些多极子.

9.5.1　自由穿行

为了将现在时刻的光子多极子 $\Theta_l(k, \eta_0)$ 表示为氢复合时刻的单极子和偶极子, 将方程 (5.67) 等式两边减去 $\tau'\Theta$, 得到

$$\Theta' + (ik\mu - \tau')\Theta = \hat{S}, \tag{9.45}$$

其中源函数 $\hat{S}$ 定义为

$$\hat{S} \equiv -\Phi' - ik\mu\Psi - \tau'\left[\Theta_0 + \mu u_{\rm b} - \frac{1}{2}\mathcal{P}_2(\mu)\Pi\right]. \tag{9.46}$$

方程 (9.45) 等式左边可写为

$$\Theta' + (ik\mu - \tau')\Theta = e^{-ik\mu\eta+\tau}\frac{\mathrm{d}}{\mathrm{d}\eta}\left[\Theta e^{ik\mu\eta-\tau}\right]. \tag{9.47}$$

再将方程 (9.45) 等式两边乘以 $e^{ik\mu\eta-\tau}$, 对 η 积分得

$$\Theta(\eta_0) = \Theta(\eta_{\rm init})e^{ik\mu(\eta_{\rm init}-\eta_0)}e^{-\tau(\eta_{\rm init})} + \int_{\eta_{\rm init}}^{\eta_0} \mathrm{d}\eta\, \hat{S}(\eta) e^{ik\mu(\eta-\eta_0)-\tau(\eta)}. \tag{9.48}$$

其中, τ 定义为从现在时刻 η_0 向过去进行积分得到的散射光深, 显然 $\tau(\eta_0) = 0$. 而如果 $\eta_{\rm init}$ 足够早, 则光深 $\tau(\eta_{\rm init})$ 应非常大. 因此可忽略方程 (9.48) 等式右边第一项, 其对应的物理意义是任何早期的各向异性应被 Compton 散射抹平. 同理, 方程中积分的下限也可设为 0: 因 $\eta < \eta_{\rm init}$ 对积分的贡献可忽略. 这样, 上式变为

$$\Theta(k, \mu, \eta_0) = \int_0^{\eta_0} \mathrm{d}\eta\, \hat{S}(k, \mu, \eta) e^{ik\mu(\eta-\eta_0)-\tau(\eta)}. \tag{9.49}$$

所有对光子传播方向的依赖性均体现为等式右边的 μ, 其他复杂的部分都包含在源函数 $\hat{S}$ 中. 暂且忽略 $\hat{S}$ 对角度 μ 的依赖. 我们可将式 (9.49) 化为对每个多极子 Θ_l 的方程: 对等式两边同乘以 Legendre 多项式 $\mathcal{P}_l(\mu)$ 然后对 μ 积分. 由式 (5.66), 等式左边化为 $(-i)^l\Theta_l$, 而等式右边化为

$$\int_{-1}^1 \frac{\mathrm{d}\mu}{2}\mathcal{P}_l(\mu)e^{ik\mu(\eta-\eta_0)} = \frac{1}{(-i)^l}j_l\left[k(\eta-\eta_0)\right], \tag{9.50}$$

其中 j_l 是球 Bessel 函数. 这种方法的有效性在于 $\hat{S}$ 对 μ 简单的依赖关系 (由于氢复合时期前的强耦合性质). 下面推导 Θ_l 的表达式,

$$\Theta_l(k, \eta_0) = (-1)^l \int_0^{\eta_0} \mathrm{d}\eta \hat{S}(k, \eta) e^{-\tau(\eta)} j_l[k(\eta - \eta_0)] \quad (\text{设 } \hat{S} \text{ 无 } \mu\text{-依赖}). \quad (9.51)$$

下面考虑 $\hat{S}$ 对 μ 的依赖. 注意到式 (9.49) 中 $\hat{S}$ 与 $e^{ik\mu(\eta-\eta_0)}$ 相乘, 因此, 每当在 $\hat{S}$ 中遇到 μ, 便可将其替换为一个时间导数:

$$\mu \to \frac{1}{ik} \frac{\mathrm{d}}{\mathrm{d}\eta}. \quad (9.52)$$

然后, 通过分部积分进行 Legendre 分解. 在此展示 $\hat{S}$ 中的 $-ik\mu\Psi$ 项的处理:

$$-ik \int_0^{\eta_0} \mathrm{d}\eta \mu \Psi e^{ik\mu(\eta-\eta_0)-\tau(\eta)} = -\int_0^{\eta_0} \mathrm{d}\eta \Psi e^{-\tau(\eta)} \frac{\mathrm{d}}{\mathrm{d}\eta} e^{ik\mu(\eta-\eta_0)}$$

$$= \int_0^{\eta_0} \mathrm{d}\eta e^{ik\mu(\eta-\eta_0)} \frac{\mathrm{d}}{\mathrm{d}\eta} \left[\Psi e^{-\tau(\eta)} \right], \quad (9.53)$$

其中第二步通过分部积分得到. 注意, 分部积分产生的边界项 $\Psi e^{-\tau(\eta)} e^{ik\mu(\eta-\eta_0)} \big|_0^{\mu_0}$ 可被消掉: 因 $\eta = 0$ 时, $e^{-\tau(0)} \to 0$; $\eta = \eta_0$ 时, 此项非零, 但并无 μ-依赖, 其只会影响 CMB 单极子, 即 CMB 的平均温度 T_0. 因此, 分部积分只在代换 (9.52) 中引入了一负号, 其中的求导并不影响 e 指数中的振荡项 $e^{ik\mu(\eta-\eta_0)}$. 这样, 式 (9.51) 变为

$$\Theta_l(k, \eta_0) = \int_0^{\eta_0} \mathrm{d}\eta S(k, \eta) j_l[k(\eta_0 - \eta)], \quad (9.54)$$

其中源函数的定义变为

$$S(k, \eta) \equiv e^{-\tau} \left[-\Phi' - \tau' \left(\Theta_0 + \frac{1}{4} \Pi \right) \right]$$

$$+ \frac{\mathrm{d}}{\mathrm{d}\eta} \left[e^{-\tau} \left(\Psi - \frac{iu_\mathrm{b}\tau'}{k} \right) \right] - \frac{3}{4k^2} \frac{\mathrm{d}^2}{\mathrm{d}\eta^2} \left[e^{-\tau} \tau' \Pi \right]. \quad (9.55)$$

式 (9.54) 中还利用了球 Bessel 函数的奇偶性 $j_l(x) = (-1)^l j_l(-x)$.

定义 能见度函数 (*visibility function*)

$$g(\eta) \equiv -\tau'(\eta) e^{-\tau}. \quad (9.56)$$

能见度函数的积分 $\int_0^{\eta_0} \mathrm{d}\eta g(\eta) = 1$. $g(\eta)$ 物理意义是: 光子的最后一次散射发生在 η 的概率. 宇宙早期的光深 τ 很大, 以至于最后散射发生在氢复合之前的概率基本为 0; 氢复合之后由于 $-\tau'$ 因子的作用, g 也迅速下降. 图 9.9 中的黑色实线画出了基准宇宙学模型中 $g(\eta)$ 这个概率密度函数随红移的变化.

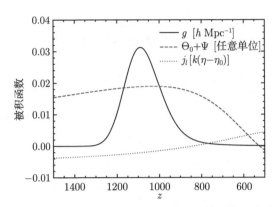

图 9.9　能见度函数 $g(\eta)$ (黑色实线)、式 (9.58) 中被积函数另外两成分随红移的变化. $g(\eta)$ 具有峰值特性, 单极子 $\Theta_0 + \Psi$ 和球 Bessel 函数 $j_l(k[\eta - \eta_0])$ 的变化相对平缓. 图中曲线均取 $l = 220, k = 0.02\,\mathrm{Mpc}^{-1}$, 对应于 CMB 各向异性谱的第一声学峰.

现在, 式 (9.55) 中的源函数 $\hat{S}$ 可表示为能见度函数 $g(\eta)$ 的形式. 忽略微小的偏振张量 Π, 得

$$
\begin{aligned}
S(k, \eta) \simeq\ & g(\eta)\left[\Theta_0(k, \eta) + \Psi(k, \eta)\right] \\
& + \frac{i}{k}\frac{\mathrm{d}}{\mathrm{d}\eta}\left[u_{\mathrm{b}}(k, \eta)g(\eta)\right] + e^{-\tau}\left[\Psi'(k, \eta) - \Phi'(k, \eta)\right].
\end{aligned} \tag{9.57}
$$

下一步, 进行式 (9.54) 中的时间积分, 其中, 对源函数中正比于 u_{b} 的部分可进行分部积分. 结果为

$$
\begin{aligned}
\Theta_l(k, \eta_0) = & \int_0^{\eta_0} \mathrm{d}\eta\, g(\eta)\left[\Theta_0(k, \eta) + \Psi(k, \eta)\right] j_l\left[k(\eta_0 - \eta)\right] \\
& - \frac{i}{k}\int_0^{\eta_0} \mathrm{d}\eta\, g(\eta)u_{\mathrm{b}}(k, \eta)\frac{\mathrm{d}}{\mathrm{d}\eta}j_l\left[k(\eta_0 - \eta)\right] \\
& + \int_0^{\eta_0} \mathrm{d}\eta\, e^{-\tau}\left[\Psi'(k, \eta) - \Phi'(k, \eta)\right] j_l\left[k(\eta_0 - \eta)\right].
\end{aligned} \tag{9.58}
$$

式 (9.58) 中含两类成分. 前两行的两个积分均以能见度函数 $g(\eta)$ 作为权重, 是主导项. 第三行中的积分以 $e^{-\tau}$ 为权重, 即仅在 $\tau \lesssim 1$ 时, 即氢复合之后的时期, 被积函数才对积分有贡献. 若氢复合时期后, 引力势保持常数 (物质主导), 则这个积分可忽略.

根据能见度函数 $g(\eta)$ 的峰值特性, 我们可对式 (9.58) 前两项积分进行简化. 为了说明这一点, 图 9.9 画出了式 (9.58) 第一项积分 ("单极子" 项) 被积函数的三种成分. 由于相对而言 $g(\eta)$ 的变化更加明显, 只需在 $g(\eta)$ 的峰值 $\eta = \eta_*$ 处估计

出另外两个函数的数值来代替积分. 由于 $\int \mathrm{d}\eta\, g(\eta) = 1$, 得到

$$
\begin{aligned}
\Theta_l(k, \eta_0) \simeq\ & [\Theta_0(k, \eta_*) + \Psi(k, \eta_*)]\, j_l[k(\eta_0 - \eta_*)] \\
& + 3\Theta_1(k, \eta_*) \left(j_{l-1}[k(\eta_0 - \eta_*)] - (l+1)\frac{j_l\,[k(\eta_0 - \eta_*)]}{k(\eta_0 - \eta_*)} \right) \\
& + \int_0^{\eta_0} \mathrm{d}\eta\, e^{-\tau} \left[\Psi'(k, \eta) - \Phi'(k, \eta) \right] j_l\,[k(\eta_0 - \eta)].
\end{aligned}
\tag{9.59}
$$

这里我们还用到了球 Bessel 函数的特性 (C.19), 以及在 η_* 时刻满足 $u_b \simeq -3i\Theta_1$. 在远小于图 9.9 所示情形的尺度, 由于氢复合时期阻尼尺度变化很快 (图 9.8), $\Theta_0 + \Psi$ 变化也更快. 若只将 $(\Theta_0 + \Phi)(k, \eta_*)$ 乘以 $e^{-k^2/k_D^2(\eta_*)}$ 并不能精确描述此扩散效应, 更准确的做法是进行代换

$$
e^{-k^2/k_D^2(\eta_*)} \rightarrow \int \mathrm{d}\eta\, g(\eta) e^{-k^2/k_D^2(\eta)}.
\tag{9.60}
$$

式 (9.59) 是各向异性谱半解析计算的基础 (Seljak, 1994; Hu & Sugiyama, 1995), 与数值解的相对误差小于 10%. 由式 (9.59) 可见, 求解现在时刻的各向异性需要氢复合时期的单极子 Θ_0、偶极子 Θ_1、引力势 Ψ. 另外, 引力势的时间依赖体现为式 (9.59) 最后一行给出的修正, 称为 *ISW* (积分 *Sachs-Wolfe*) 项.

式 (9.59) 中的单极子项正是章节 9.1 中所给出的预期结果. 第一, $\Theta_0 + \Psi$ 包含了温度场的非均匀性及引力红移效应. 第二, 球 Bessel 函数 $j_l[k(\eta_0 - \eta_*)]$ 量化了以 k 为波数的平面波对尺度 l^{-1} 的各向异性的贡献. 对于小尺度,

$$
j_l(x) \overset{x/l \to 0}{\longrightarrow} \frac{1}{l}\left(\frac{x}{l}\right)^{l-1/2}.
\tag{9.61}
$$

可见, 对于 l 较大且 $x < l$ 时, $j_l(x)$ 非常小, 即 $l > k\eta_0$ 时, $\Theta_l(k, \eta_0) \to 0$. 其物理意义非常清晰. 回到图 9.5, 可见长波扰动对小尺度各向异性无贡献. 反之亦然 (图 9.13). 总之, 波数为 k 的扰动模式主要贡献至角尺度 $l \sim k\eta_0$ 的各向异性.

9.5.2　角功率谱

$\Theta_l(k, \eta_0)$ 是一个波矢为 $\boldsymbol{k}$ 的平面波, 还较为抽象, 如何将其换算为观测所得的各向异性谱? 首先还需要一个描述观测所得温度场的方法.

式 (5.2) 将 CMB 的温度场写为

$$
T(\boldsymbol{x}, \hat{\boldsymbol{p}}, \eta) = T(\eta)\left[1 + \Theta(\boldsymbol{x}, \hat{\boldsymbol{p}}, \eta)\right].
\tag{9.62}
$$

尽管此温度场定义为任一时空坐标, 但我们仅能在 "此时" η_0 和 "此刻" $\boldsymbol{x}_0$ 观测.[①] 各向异性只需考虑温度随光子传来的方向 $\hat{\boldsymbol{p}}$ 的变化. 观测者一般需将温度与 "天

---

　① 即使 CMB 观测已进行 30 余年, CMB 的探测卫星可游离于地球附近的太空, 但这些时空范围远不足以改变温度场. 改变温度场的观测需要几十 Mpc 和宇宙时间的量级.

球坐标" 对应, 这些坐标一般表示为球坐标 (θ, ϕ), 而非 $\hat{\boldsymbol{p}}$ 的分量 $(\hat{p}_x, \hat{p}_y, \hat{p}_z)$, 它们之间的坐标变换非常简单. 下面的推导仍利用 $\hat{\boldsymbol{p}}$ 坐标.

将温度扰动作球谐展开,

$$\Theta(\boldsymbol{x}, \hat{\boldsymbol{p}}, \eta) = \sum_{l=1}^{\infty} \sum_{m=-l}^{l} a_{lm}(\boldsymbol{x}, \eta) Y_{lm}(\hat{\boldsymbol{p}}). \tag{9.63}$$

下指标 l, m 是实空间单位矢量 $\hat{\boldsymbol{p}}$ 的共轭变量, 正如 Fourier 变换中 $\boldsymbol{k}$ 与 $\boldsymbol{x}$ 互为共轭变量. 球谐展开类似于二维球面上的 Fourier 变换. Fourier 变换中, 完备的特征函数集是 $e^{i\boldsymbol{k}\cdot\boldsymbol{x}}$; 球谐变换中完备的特征函数是 $Y_{lm}(\hat{\boldsymbol{p}})$, 详见附录 C.2. 温度场 T 的全部信息均包含于依赖于 $(\boldsymbol{x}, \eta)$ 的球谐系数 a_{lm}. 例如, 考虑某角分辨率为 7° 的 CMB 全天图. 全天的立体角为 $4\pi\,\mathrm{rad}^2$, 约 41000 平方度, 大约含 840 个 $(7°)^2$ 的像素, 故此巡天含约 840 份独立的温度信息. 如果我们用球谐系数 a_{lm} 表示这些信息, 则存在一个 $l_{\max}$ 使得 $l \gtrsim l_{\max}$ 的球谐系数已不含更多的信息. 确定 $l_{\max}$ 的方法之一便是设 a_{lm} 的总数为 $\sum_{l=0}^{l_{\max}}(2l+1) = (l_{\max}+1)^2 = 840$, 得到 $l_{\max} \simeq 28$. 此分辨率对应于首次发现 CMB 各向异性的 COBE 卫星数据 (Smoot *et al.*, 1992; Bennett *et al.*, 1996). COBE 的数据含有更多的像素, 但 COBE 的像素之间存在重叠, 故等效的 l 最大的多极子对应于 $l \sim 30$. 当前的 CMB 实验可分辨的多极子可达几千. 在如此小的尺度, 原初 CMB 各向异性谱已被光子的扩散阻尼所显著压低, 而观测到的各向异性含大量前景天体的影响, 以及章节 13.3 中所探讨的引力透镜效应.

现需要将温度扰动的多极子换算为可观测的 a_{lm}. 利用球谐函数的正交归一性 (C.11),

$$\int \mathrm{d}\Omega\, Y_{lm}(\hat{\boldsymbol{p}}) Y_{l'm'}^*(\hat{\boldsymbol{p}}) = \delta_{ll'}\delta_{mm'}, \tag{9.64}$$

将 Θ 的球谐展开式 (9.63) 乘以 $Y_{lm}^*(\hat{\boldsymbol{p}})$ 并积分, 得

$$a_{lm}(\boldsymbol{x}, \eta) = \int \frac{\mathrm{d}^3 k}{(2\pi)^3} e^{i\boldsymbol{k}\cdot\boldsymbol{x}} \int \mathrm{d}\Omega\, Y_{lm}^*(\hat{\boldsymbol{p}}) \Theta(\boldsymbol{k}, \hat{\boldsymbol{p}}, \eta). \tag{9.65}$$

其中等式右边我们已将 $\Theta(\boldsymbol{x})$ 写为其 Fourier 变换后的形式 $\Theta(\boldsymbol{k})$, 后者正是我们之前所得到的解.

类似密度扰动, 我们无法预测特定 a_{lm} 的取值, 而只能预测其概率密度函数. 这些高斯 (正态) 分布最终对应于暴胀时期产生的量子扰动. 图 9.10 画出了这样的一个高斯分布. a_{lm} 的期望值为 0; 方差非零, 记为 $C(l)$. 即

$$\langle a_{lm} \rangle = 0; \quad \langle a_{lm} a_{l'm'}^* \rangle = \delta_{ll'}\delta_{mm'} C(l). \tag{9.66}$$

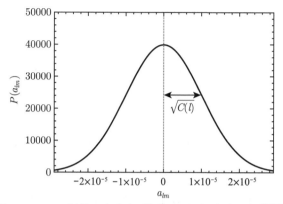

图 9.10 a_{lm} 服从正态分布, 均值为零, 标准差为 $\sqrt{C(l)}$.

这里 $\langle\ \rangle$ 表示 系综平均 (*ensemble average*), 即通过无穷的大样本测量所得到的结果. 对于给定 l, 每个 a_{lm} 具有相同的方差. 例如, $l = 100$ 时, 所有 201 个 $a_{100,m}$ 来自同一分布. 当我们测量这 201 个球谐系数时, 实际上是对这个分布进行采样. 这 201 个采样结果使我们对此分布的真实方差有了一个很好的估计 (在章节 14.1 中将进行更严格的说明). 然而, 对于四极子 ($l = 2$), 仅能测量 5 个球谐系数, 我们对真实方差 $C(2)$ 的统计精度会差很多. 因此, 我们所能得到的 $C(l)$ 的信息具有一个根本的不确定性. 此不确定性在 l 较小时更为显著, 我们称之为 宇宙方差 (*cosmic variance*). 此不确定性反比于样本数量的平方根. 更确切地讲, 它是利用 $2l + 1$ 个样本去估计 $C(l)$ 产生的不确定性 (详见第 14 章)

$$\left(\frac{\Delta C(l)}{C(l)}\right)_{\text{宇宙方差}} = \sqrt{\frac{2}{2l+1}}. \tag{9.67}$$

然而在实践中, 此关系式很难达到. 即使对全天进行观测 (如 COBE、WMAP、Planck 卫星), 银河系所在平面 (银盘) 方向的大量前景辐射使得部分天区需要被掩盖. 对于覆盖全天比例 f_{sky} 的巡天, 误差大约会增加至原有的 $1/\sqrt{f_{\text{sky}}}$ 倍.

现在将 $C(l)$ 表示为 $\Theta_l(k)$. 稍后将会看到, $C(l)$ 和 Θ_l 中的 l 确实是相同的. 首先对式 (9.65) 中的 a_{lm} 取平方, 然后取分布的期望. 对此我们需要计算 $\langle\Theta(\boldsymbol{k},\hat{\boldsymbol{p}})$ $\Theta^*(\boldsymbol{k}',\hat{\boldsymbol{p}}')\rangle$. 注意, 此后我们不再明确写出 $\eta = \eta_0$ 的依赖. 此期望值的计算较为复杂, 需考虑两个效应: 第一, 暴胀产生的初始高斯扰动的振幅和相位; 第二, 从初始扰动至各向异性的演化. 前者含随机性, 而后者是确定的: 选定初始扰动的振幅和相位后, 演化方程组可完全确定它们的演化规律. 简单起见, 将两种效应分离, 把光子分布写成 $\mathcal{R} \times (\Theta/\mathcal{R}) = \mathcal{R} \times \mathcal{T}$, 其中原初曲率扰动 $\mathcal{R}$ 依赖于 $\boldsymbol{k}$, 但不依赖于

波矢 $\hat{\boldsymbol{p}}$, 而比值

$$\mathcal{T}(\boldsymbol{k},\hat{\boldsymbol{p}}) \equiv \frac{\Theta(\boldsymbol{k},\hat{\boldsymbol{p}},\eta_0)}{\mathcal{R}(\boldsymbol{k})} \tag{9.68}$$

正是本章求解的各模式初始扰动振幅的演化. $\mathcal{T}(\boldsymbol{k},\hat{\boldsymbol{p}})$ 不依赖于各模式初始振幅的数值, 故无随机性, 可从计算期望的过程中提出. 因此

$$\begin{aligned}\langle\Theta(\boldsymbol{k},\hat{\boldsymbol{p}})\Theta^*(\boldsymbol{k}',\hat{\boldsymbol{p}}')\rangle &= \langle\mathcal{R}(\boldsymbol{k})\mathcal{R}^*(\boldsymbol{k}')\rangle\mathcal{T}(\boldsymbol{k},\hat{\boldsymbol{p}})\mathcal{T}^*(\boldsymbol{k}',\hat{\boldsymbol{p}}')\\ &= (2\pi)^3\delta_{\mathrm{D}}^{(3)}(\boldsymbol{k}-\boldsymbol{k}')P_{\mathcal{R}}(k)\mathcal{T}(\boldsymbol{k},\hat{\boldsymbol{p}})\mathcal{T}^*(\boldsymbol{k}',\hat{\boldsymbol{p}}'), \quad (9.69)\end{aligned}$$

其中第二行用到了曲率扰动功率谱 $P_{\mathcal{R}}(k)$ 的定义. 现对于标量扰动作进一步的假设: 比值 (可看作转移函数) $\mathcal{T}$ 对 $\hat{\boldsymbol{p}}$ 的依赖仅体现为 $\hat{\boldsymbol{p}}$ 与 $\hat{\boldsymbol{k}}$ 的夹角 $\mu = \hat{\boldsymbol{k}}\cdot\hat{\boldsymbol{p}}$,

$$\mathcal{T}(\boldsymbol{k},\hat{\boldsymbol{p}}) = \mathcal{T}(k,\hat{\boldsymbol{k}}\cdot\hat{\boldsymbol{p}}). \tag{9.70}$$

这样有助于进行接下来的角度积分. 对式 (9.65) 取平方得到各向异性谱

$$C(l) = \int\frac{\mathrm{d}^3k}{(2\pi)^3}P_{\mathcal{R}}(k)\int\mathrm{d}\Omega Y_{lm}^*(\hat{\boldsymbol{p}})\mathcal{T}(k,\hat{\boldsymbol{k}}\cdot\hat{\boldsymbol{p}})\int\mathrm{d}\Omega' Y_{lm}(\hat{\boldsymbol{p}}')\mathcal{T}^*(k,\hat{\boldsymbol{k}}\cdot\hat{\boldsymbol{p}}'). \tag{9.71}$$

现将 $\mathcal{T}(k,\hat{\boldsymbol{k}}\cdot\hat{\boldsymbol{p}})$ 和 $\mathcal{T}(k,\hat{\boldsymbol{k}}\cdot\hat{\boldsymbol{p}}')$ 展开为 Legendre 多项式 [参考式 (5.66)],

$$\mathcal{T}(k,\hat{\boldsymbol{k}}\cdot\hat{\boldsymbol{p}}) = \sum_l(-i)^l(2l+1)\mathcal{P}_l(\hat{\boldsymbol{k}}\cdot\hat{\boldsymbol{p}})\mathcal{T}_l(k). \tag{9.72}$$

故 $\mathcal{T}_l(k) = \Theta_l(k,\eta_0)/\mathcal{R}(k)$, 于是得到

$$\begin{aligned}C(l) = \int\frac{\mathrm{d}^3k}{(2k)^3}P_{\mathcal{R}}(k)\sum_{l'l''}(-i)^{l'}i^{l''}(2l'+1)(2l''+1)\mathcal{T}_{l'}(k)\mathcal{T}_{l''}^*(k)\\ \times\int\mathrm{d}\Omega\mathcal{P}_{l'}(\hat{\boldsymbol{k}}\cdot\hat{\boldsymbol{p}})Y_{lm}^*(\hat{\boldsymbol{p}})\int\mathrm{d}\Omega'\mathcal{P}_{l''}(\hat{\boldsymbol{k}}\cdot\hat{\boldsymbol{p}}')Y_{lm}(\hat{\boldsymbol{p}}'). \tag{9.73}\end{aligned}$$

第二行的两个立体角积分 (习题 9.9) 是等同的, 它们分别仅在 $l' = l$ 及 $l'' = l$ 时非零, 分别等于 $4\pi Y_{lm}(\hat{\boldsymbol{k}})/(2l+1)$ 及其复共轭. 对 $\boldsymbol{k}$ 积分的角度部分 $\mathrm{d}\Omega$ 变为对 $|Y_{lm}|^2$ 的积分, 等于 1, 故

$$C(l) = \frac{2}{\pi}\int_0^\infty\mathrm{d}k\, k^2 P_{\mathcal{R}}(k)\left|\mathcal{T}_l(k)\right|^2. \tag{9.74}$$

可见, 对于给定 l, 方差 $C(l)$ 便是对 $\Theta_l(\boldsymbol{k})$ 的方差的积分, 即 $|\mathcal{T}_l(k)|^2$ 乘以曲率扰动的功率谱. 这样, 我们可以用式 (9.59, 9.74) 计算现在时刻的各向异性谱.

　　例如, 将强耦合解 (9.26) 写为

$$\Theta_0(\boldsymbol{k},\eta) = \mathcal{R}(\boldsymbol{k})\left[-\frac{2}{3}\frac{\Phi(\boldsymbol{k},\eta)}{\Phi(\boldsymbol{k},0)}+\cos(kr_s)\right.$$

$$+ \frac{4}{3} \frac{k}{\sqrt{3}} \int_0^\eta \mathrm{d}\tilde{\eta} \frac{\Phi(\boldsymbol{k}, \tilde{\eta})}{\Phi(\boldsymbol{k}, 0)} \sin\left[k(r_s(\eta) - r_s(\tilde{\eta}))\right] \Bigg] e^{-k^2/k_D^2(\eta)}. \quad (9.75)$$

其中等式右边的 e 指数体现了扩散阻尼效应. 式 (9.28) 中的偶极子也可写成类似的形式, 将它们代入式 (9.59) 便可得到 $\mathcal{T}_l(k) = \Theta_l(k, \eta_0)/\mathcal{R}(\boldsymbol{k})$.

9.6 CMB 各向异性谱

9.6.1 大尺度

大尺度 CMB 各向异性谱来自刚刚进入视界的最大尺度模式扰动的贡献, 它们提供了一个直接测量初始条件的方法. 对于这些尺度, 可忽略式 (9.59) 中的偶极子, 只剩氢复合时刻 $\Theta_0 + \Psi$ 的贡献, 以及式 (9.59) 中最后的 ISW 项. 由式 (9.6), 在大尺度 $\Theta_0 + \Psi = -\mathcal{R}/5$, 可直接代入式 (9.59) 中的单极子项. 为得到各向异性谱, 需进行式 (9.74) 中的积分, 得到

$$C(l)^{\mathrm{SW}} \simeq \frac{2}{25\pi} \int_0^\infty \mathrm{d}k \, k^2 P_\mathcal{R}(k) \left|j_l\left[k(\eta_0 - \eta_*)\right]\right|^2, \quad (9.76)$$

其中上标表示 Sachs-Wolfe, 为了纪念他们首次计算出大尺度的各向异性 (Sachs & Wolfe, 1967). 由曲率扰动的功率谱 (7.99),

$$C(l)^{\mathrm{SW}} \simeq \frac{4\pi}{25} \mathcal{A}_s k_\mathrm{p}^{1-n_s} \int_0^\infty \mathrm{d}k \, k^{n_s-2} j_l^2 \left[k(\eta_0 - \eta_*)\right]. \quad (9.77)$$

此积分可解析求得. 首先利用 $\eta_* \ll \eta_0$, 然后定义积分变量 $x \equiv k\eta_0$, 上式变为

$$C(l)^{\mathrm{SW}} \simeq \frac{4\pi}{25} \mathcal{A}_s (\eta_0 k_\mathrm{p})^{1-n_s} \int_0^\infty \mathrm{d}x \, x^{n_s-2} j_l^2(x). \quad (9.78)$$

对球 Bessel 函数的积分可以通过 Γ 函数解析地表达出 [式 (C.18)], 于是得到

$$C(l)^{\mathrm{SW}} \simeq 2^{n_s-2} \frac{\pi^2}{25} \mathcal{A}_s (\eta_0 k_\mathrm{p})^{1-n_s} \frac{\Gamma\left(l + n_s/2 - 1/2\right)}{\Gamma\left(l + 5/2 - n_s/2\right)} \frac{\Gamma\left(3 - n_s\right)}{\Gamma^2\left(2 - n_s/2\right)}. \quad (9.79)$$

如果功率谱是尺度无关谱, $n_s = 1$, 那么上式中两比值 $\Gamma(l)/\Gamma(l+2) = [l(l+1)]^{-1}$ [参考式 (C.27)], $\Gamma(2)/\Gamma^2(3/2) = 4/\pi$ [参考式 (C.28)]. 因此[1]

$$l(l+1)C(l)^{\mathrm{SW}} = \frac{2\pi}{25} \mathcal{A}_s \quad (9.80)$$

是一个常数. 实际上, $l(l+1)C(l)$ 是单位对数 l 区间内温度各向异性的方差, 类似于三维功率谱的 $k^3 P_\mathcal{R}(k)$. $n_s = 1$ 时, $k^3 P_\mathcal{R}$ 是常数, 而 $l(l+1)C(l)$ 也是常数. 我们通常画出 $l(l+1)C(l)$ 随对数 l 变化的曲线. 在大尺度, l 较小时, 其近似为常数.

---

[1] 译者注: 原文中系数为 $8/25$. 已更正. 图 9.11 中点线的高度也已更正.

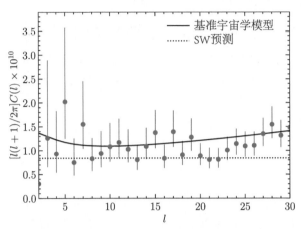

图 9.11　Planck 团队 (Planck Collaboration, 2018b) 测得的大尺度 CMB 各向异性谱. 图中
实线是基准 ΛCDM 模型给出的预测, 点线是式 (9.80) 给出的尺度无关谱.

图 9.11 给出了 Planck 团队测得的大尺度各向异性谱以及基准 ΛCDM 模型给出的预测, 其中各向异性谱对常数的偏离来自 ISW 效应以及式 (9.79) 中忽略的偶极子的贡献. 尽管如此, 式 (9.80) 仍是一个较好的近似. 图中纵坐标表示在给定尺度 l 处, 温度扰动的方差, 我们容易估计出大尺度各向异性的量级: 由于 $\langle (\Delta T/T_0)^2 \rangle \sim 10^{-10}$, 故扰动的均方差为其平方根, 为 $10^{-5} T_0 \sim 27 \, \mu\text{K}$.

再考虑对尺度无关谱的偏离. 由以上解析结果, $l(l+1)C(l)$ 应作 $(l/l_{\mathrm{p}})^{n_s-1}$ 的修正, 其中 l_{p} 是对应于 k_{p} 的角尺度. 由式 (9.78) 或 (9.79) 中可看出此相关性. 被积函数在 $x \sim l$ 处取峰值, 故 x 可代换为 l. 将 x^{-1} 换为 x^{n_s-2} 的推广导致功率谱正比于 l^{n_s-1}. 但由于 n_s-1 很小, 对尺度无关谱的偏离更多地来自其他效应. 为了同时限制功率谱的振幅和谱指数, 需要同时考虑更小的尺度.

9.6.2　声学峰

稍小尺度模式的扰动在氢复合时期已进入视界, 对应的各向异性谱需考虑式 (9.59) 中的所有成分: 单极子 Θ_0、偶极子 Θ_1, 以及正比于 $\int \mathrm{d}\eta (\Psi - \Phi)'$ 的 ISW 效应. 图 9.12 画出了它们三者分别对角功率谱的贡献.

首先讨论单极子的贡献. 氢复合时期的 $(\Theta_0 + \Psi)(k, \eta_*)$ 自由穿行至观测者, 导致角尺度 $l \sim k\eta_0$ 的各向异性. 图 9.5 已预期了此定性结论, 并体现在式 (9.59) 和图 9.12 中. 然而定量上, 这样的自由穿行具有两个需要注意的特征. 第一, 单极子功率谱的"零点" $l \sim 70, 400, 650, 1000$ 被平滑掉了. 这是因为很多 Fourier k-模式都会对给定的角尺度 l 作出贡献. 如果真的只有 $k = 400/\eta_0$ 模式对 $l = 400$ 作出贡献, 那么 $C(400)$ 将真的为零. 然而真实情况是, 很多 $k \neq 400/\eta_0$ 的非零模式

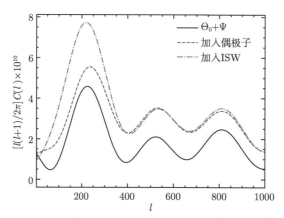

图 9.12 中小尺度 CMB 各向异性谱. 黑色实线展示了来自单极子 $(\Theta_0 + \Psi)(k = l/\eta_0, \eta_*)$ 的贡献, 其已含有最终的各向异性谱的诸多特性. 加入偶极子的贡献后, 功率得到了一定程度的提升. 由于偶极子与单极子相位不同, 声学谷也被抬高 (偏离零点). ISW 效应进一步提升了氢复合时期仍处于视界之外的大尺度的功率, 使得第一声学峰更加明显.

同样贡献于 $l = 400$, 使得 $C(400)$ 非零.

其次, 注意到声学峰的位置与先前的估计并不完全一致. 尺度为 k 的非均匀性对应的各向异性角尺度并非精确地位于 $l = k\eta_0$, 而是位于稍小的 l. 此效应来自式 (9.59) 中球 Bessel 函数的贡献. 参考图 9.13, 球 Bessel 函数的峰值并非位于 $l = k\eta_0$, 而是位于稍小的位置. 作为一更精确的近似, 第一声学峰的位置在 $l_{pk} \simeq 0.75\pi\eta_0/r_s$.

氢复合时期偶极子的强度小于单极子, 且它们具有不同的相位. 图 9.12 中的虚线展示了偶极子的效应, 其整体增加了各向异性谱的功率, 特别是在单极子的波谷处, 削减了声学峰的显著性. 另外, 单极子和偶极子相加是非相干叠加, 即来自单极子的 Θ_l 和偶极子的 Θ_l 的交叉相乘项在对所有 k-模式积分得到 $C(l)$ 时贡献几乎为零. 此效应来自球 Bessel 函数的数学性质 (习题 9.11). 非相干叠加导致偶极子对角功率谱具有更小的贡献. 例如, 若偶极子在氢复合时期是单极子强度的 30%, 那么其在 $C(l)$ 上的贡献仅为 10%.

对 $C(l)$ 的第三种贡献是 ISW 效应, 来自氢复合后引力势的演化. 若宇宙为纯物质主导, 将不会有此效应; 但氢复合时期的辐射能量密度不可完全忽略, 辐射主导变为物质主导的过程并不是瞬间完成的. 即使 $a_{eq} \sim 10^{-4}$, 氢复合时期之后仍会发生 ISW 效应. 为了理解 ISW 所影响的尺度, 考虑式 (9.59) 中的积分. 设引力势在 η_c 时刻演化, ISW 效应将影响所有亚视界尺度: $k\eta_c > 1$. 球 Bessel 函数的峰值位于 $l \sim k(\eta_0 - \eta_c)$, 那么所有 $l > (\eta_0 - \eta_c)/\eta_c$ 的角尺度将会受到影响, 其中最主要影响的是 η_c 时刻进入视界的尺度.

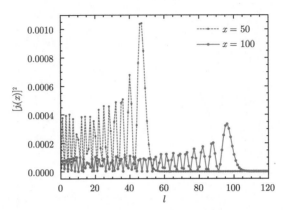

图 9.13 $x = 50, 100$ 时, 球 Bessel 函数的平方. 注意到峰值出现于 l 稍小于 x 的位置.

早期的 ISW 效应非常重要, 因为它与单极子贡献的叠加是相干叠加. 对式 (9.59) 的最后一项进行分部积分, 则主要的贡献来自 $\eta \simeq \eta_*$, 故只需此处球 Bessel 函数的值, 进行积分得

$$\Theta_l(k, \eta_0)^{\text{早期ISW}} = [\Psi(k, \eta_0) - \Psi(k, \eta_*) - \Phi(k, \eta_0) + \Phi(k, \eta_*)] \, j_l \left[k(\eta_0 - \eta_*) \right].$$
(9.81)

上式与单极子的相位完全一致 (正比于同一个球 Bessel 函数), 故尽管此效应对 Θ_l 的影响不如偶极子强, 但其对 $C(l)$ 的贡献与偶极子类似: 30% 强度的偶极子导致了 $C(l)$ 中 10% 的效应, 而 5% 强度的 ISW 效应同样导致了 $C(l)$ 中 10% 的效应. 图 9.12 中显示出早期 ISW 效应显著提升了 $l \lesssim \eta_0/\eta_*$ 尺度的功率.

在 $z \lesssim 1$, 晚期 ISW 效应产生于暗能量引起的引力势的衰减 (章节 8.5). 此晚期的效应出现在较大尺度, $l \lesssim 30$. 此效应非常微弱以至于在图 9.12 中不易察觉. 在图 9.11 中, l 最低处的功率抬高较为明显. 探测此效应最直接的方式便是计算大尺度 CMB 各向异性与低红移处大尺度结构的互相关 (章节 11.2).

9.7 宇宙学参数

CMB 各向异性功率谱包含多个声学峰, 具有丰富的结构, 它们的细节依赖于宇宙学参数. 通过对各向异性谱的精确测量, 可以对相关的参数进行限制. 多参数限制过程中会遇到参数间的简并: 改变一个参数的效果也许可以通过改变其他几个参数的方式来实现. 本节将举例说明哪些参数可以得到直接的限制, 而哪些参数间存在简并, 以及如何处理它们.

我们将考虑 ΛCDM 模型中的七个宇宙学参数:

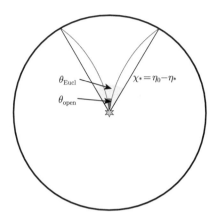

图 9.14　共动坐标 $(\eta, \boldsymbol{x})$ 中, 自由光子在平直宇宙中的轨迹为直线, 在开放宇宙中逐渐发散 (虚线). 位于最后散射面的扰动在开放宇宙中所呈张角 (θ_{open}) 小于平直宇宙中的情形 (θ_{Eucl}).

- 曲率参量, $\Omega_{\mathrm{K}} \equiv 1 - \Omega_{\mathrm{m}} - \Omega_{\Lambda}$, 其在基准模型中一般设为零
- 宇宙学常数参量, Ω_{Λ}
- 原初功率谱振幅, $\mathcal{A}_s$
- 标量扰动的谱指数, n_s
- 再电离 (reionization) 光深, τ_{rei}
- 重子密度参量, $\Omega_{\mathrm{b}} h^2$
- 冷暗物质密度参量, $\Omega_{\mathrm{c}} h^2$

对于此参数列表有两点值得注意. 第一, 本列表未涵盖所有宇宙学参数, 如中微子质量 (我们将设中微子质量总和为粒子物理实验所给出的下限, $\sum m_{\nu} = 0.06\,\mathrm{eV}$)、暗能量状态方程 ω (设为 -1, 对应于宇宙学常数)、张量模式 (张标比 r 设为零), 等等. 忽略这些参数的原因是它们并非由 CMB 温度场的角功率谱直接限制. 中微子质量效应在宇宙早期非常微弱, 暗能量模型的细节亦是如此 (仅通过观测者至最后散射面的一段距离对 CMB 产生影响). 这两个参数需要由 CMB 和大尺度结构进行联合限制, 见第 11 章. 另外, 张量模式的限制主要来自 CMB 偏振, 见第 10 章.

第二, 我们特意选定了一些参数的组合, 如 $\Omega_{\mathrm{b}} h^2$, 而非单独限制 Ω_{b} 和 h. 注意到, 因为 $\Omega_{\mathrm{m}} h^2 = (\Omega_{\mathrm{b}} + \Omega_{\mathrm{c}}) h^2$, 以及 $\Omega_{\mathrm{m}} = 1 - \Omega_{\Lambda} - \Omega_{\mathrm{K}}$, 通过对 Ω_{K} 和 Ω_{Λ} 的限制, 我们实际上已经有效地限制了 h. 这样选择参数组合的原因是, CMB 各向异性的物理机制更依赖于物理密度参量 $\Omega_{\mathrm{m}} h^2, \Omega_{\mathrm{b}} h^2$, 而非密度参量 $\Omega_{\mathrm{m}}, \Omega_{\mathrm{b}}$. 另外, 光子的物理能量密度参量 $\Omega_{\gamma} h^2$ 可由 CMB 的平均温度作出精确限制, 故物质-辐射相等时期 a_{eq} 实际上只依赖于 $\Omega_{\mathrm{m}} h^2$.

下面依次考虑这些参数的效应.

9.7.1　曲率、宇宙学常数 Λ

对于非平直的宇宙, 平行光测地线将会逐渐会聚或发散, 则图 9.5 需进行修正. 考虑此效应对各向异性谱的影响. 将一个固定尺度的非均匀性扰动置于最后散射面, 分别考虑平直和开放宇宙的情况. 如图 9.14, 在开放宇宙中, 固定物理尺度 (如第一声学峰) 投影为更小的张角, 导致第一声学峰移至更高的 l. 封闭宇宙中情况相反. 图 9.15 展示了此效应在角功率谱数值计算中的结果.

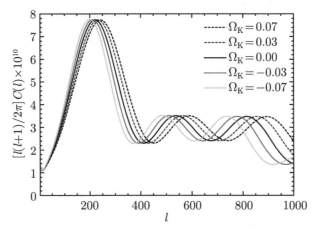

图 9.15　平直、开放、封闭宇宙中的各向异性谱. 在开放 ($\Omega_K > 0$) 和封闭 ($\Omega_K < 0$) 的宇宙中, 声学峰/谷移至更小和更大的角尺度. 本图中仅 Ω_K, Ω_Λ 变化, 其他参数与基准模型一致.

声学峰的位置取决于最后散射面的角直径距离, 对于平直宇宙即 $\eta_0 - \eta_*$, 宇宙曲率非零时需利用式 (2.39). 由于最后散射面距离遥远, 声学峰的位置敏感地依赖于曲率. 当前 CMB 和大尺度结构的联合限制给出的最佳结果为 $|\Omega_K| < 0.002$ (Planck Collaboration, 2018b). 值得一提的是, 我们经历了长期的努力才得以否定 $\Omega_K = 1 - \Omega_m \simeq 0.7$ 的开放宇宙模型.

一个完全平直的宇宙对应于总能量密度严格等于临界密度. 目前没有任何数据可以完全排除非平直的模型. 事实上, 即使在暴胀模型中, 我们也应期待观测到微小的非零曲率. 暴胀在所有的尺度产生扰动, 包括当前视界的尺度. 在当前视界尺度, 暴胀所产生扰动的各向同性部分, 恰好对应于宇宙的曲率, 即 $\Omega_K \sim (k/a_0 H_0)^2 \mathcal{R}(\boldsymbol{k})\big|_{k=H_0}$ (这也从另一个角度解释了 "曲率扰动" 这个名词的物理意义; 参考章节 7.4.3 中最后的讨论). 由 $\mathcal{R}(k)$ 为近似尺度无关谱的特性, 根据暴胀的预言, Ω_K 是一个以 $\sqrt{\mathcal{A}_s} \sim 10^{-4}$ 为标准差的随机数. 远大于此数值的曲率证据将会对暴胀模型提出挑战.

改变宇宙学常数的效果类似于曲率的改变, 因其改变了最后散射面的角直径距离而使声学峰的位置随之改变 (注意, 当改变 Ω_Λ 时也随之改变 H_0 以保证

$\Omega_{\mathrm{m}}h^2$ 不变). 总之, 这些均为晚期宇宙的效应, 而并非改变氢复合时期的物理本质 (参考习题 9.12). 同时, 这也解释了 CMB 测量中 Ω_{K} 与 Ω_Λ 间的参数简并性, 而我们需要大尺度结构的观测来解除它们的简并. 另外, 改变 Λ 同时会影响 $l \lesssim 30$ 的晚期 ISW 效应, Λ 的增加导致 $C(l)$ 在这些尺度的提升 (参见图 9.11). 不幸的是, 此效应对参数的限制能力受限于大尺度的宇宙方差.

9.7.2 谱振幅、谱指数和光深

原初扰动的谱振幅 $\mathcal{A}_s$ 和谱指数 n_s 带来的影响显而易见: 改变 $\mathcal{A}_s$ 相当于将 $C(l)$ 乘以同一系数; 而调节谱指数, $n_s \to n_s + \alpha$, 导致将小尺度的 $C(l)$ 乘以 $(l/l_{\mathrm{p}})^\alpha$, 其中 l_{p} 是对应于 k_{p} 的角尺度. 然而大尺度的 $C(l)$ 来自更多的 j_l 的贡献, 以上论述并非精确成立.

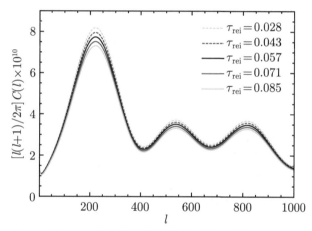

图 9.16　再电离光深 τ_{rei} 对 CMB 各向异性谱的影响. 在角尺度 $l \gtrsim 150$ 时, 此效应为乘以同一系数, 而较大尺度的 $C(l)$ 对 τ_{rei} 的变化并不敏感.

还需考虑宇宙 **再电离** (*reionization*) 效应对光深的影响. 氢复合时期后, 宇宙中的气体保持中性. 但所能观测到的宇宙晚期的气体大多处于电离态; 例如, 在对遥远类星体光谱的吸收线进行观测时, 只在红移 $z \gtrsim 6$ 时才探测到中性气体的存在 (Bouwens *et al.*, 2015). 这说明宇宙中的气体需在某时代经历 **再电离**.[①] 一般认为再电离发生于红移 15 至红移 6. 再电离发生后, CMB 光子将继续被自由电子散射. 如果此散射作用足够强, 即在氢复合后的某时期 η_{late} 的光深 $\tau_{\mathrm{rei}} \equiv \tau(\eta_{\mathrm{late}})$ 足够大, CMB 的各向异性将被抹去, 恢复各向同性的状态.

为定量描述此效应, 设想一群温度为 $T(1 + \Theta)$ 的光子传播至观测者方向, 其中 T 是 CMB 的平均温度, Θ 是温度扰动. 如果它们经历一块光深为 τ_{rei} 的区域,

---

① 相比于氢复合, 再电离这个名词确实比较恰当, 气体确实是再次处于电离态.

仅 $e^{-\tau_{\rm rei}}$ 比例的光子可继续传播至观测者. 由于散射过程保持光子总数守恒, 我们应同时观测到 $1 - e^{-\tau_{\rm rei}}$ 比例的光子, 它们来自被散射过的区域. 这些经历过散射到达观测者的光子来自四面八方, 可设它们的温度为平均温度 T. 这样我们所观测到的温度是

$$T(1+\Theta)e^{-\tau_{\rm rei}} + T(1 - e^{-\tau_{\rm rei}}) = T\left(1 + \Theta e^{-\tau_{\rm rei}}\right). \tag{9.82}$$

可见, 各向异性需乘以系数 $e^{-\tau_{\rm rei}}$. 然而, 这种散射效应只影响再电离时期已进入视界的扰动模式, 即仅 $l > \eta_0/\eta_{\rm rei}$ 的多极子需乘以 $e^{-\tau_{\rm rei}}$. 从图 9.16 可看出 $\tau_{\rm rei}$ 所带来的效应, 更大的 $\tau_{\rm rei}$ 压低小尺度各向异性, 而对 $l \lesssim 100$ 无影响.

　　这也解释了我们同时考虑再电离光深、谱振幅和谱指数的原因: 同时调整 $\mathcal{A}_s$ 和 n_s 基本可以模拟 $\tau_{\rm rei}$ 的效应, 特别是在较低 l 处的 $C(l)$ 受宇宙方差影响的情况下. $\tau_{\rm rei}$ 的不确定性是目前 $\mathcal{A}_s$ 误差的主要来源.

9.7.3　重子和冷暗物质密度

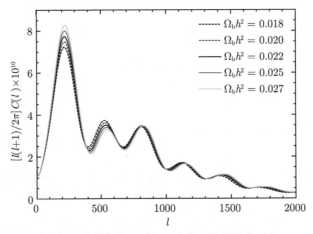

图 9.17　重子密度 $\Omega_{\rm b}h^2$ 导致各向异性谱的变化.

　　最后, 我们考虑重子密度 $\Omega_{\rm b}h^2$ 和冷暗物质密度 $\Omega_{\rm c}h^2$. 当它们变化时, 我们通过调整 Ω_Λ 以保证宇宙的平直性. 这两个参数导致各向异性谱更加丰富的变化, 同时改变声学峰的位置和振幅. 平直宇宙中, 由于尺度 k 的非均匀性体现为 $l = k\eta_0$ 的角尺度, 声学峰应位于 $l_{\rm pk} \sim k_{\rm pk}\eta_0 \sim n\pi\eta_0/r_s(\eta_*)$ [参考式 (9.27), 但同时注意章节 9.6.2 中的讨论, 声学峰实际的位置比此估计低 25% 左右].

　　图 9.17 中, 重子密度通过改变声视界 $r_s(\eta_*)$ 改变声学峰的位置, 同时也改变了声学峰的高度. 可清楚地看出, 重子密度越大, 奇数峰和偶数峰高度的比值越大. 另一个效应是, 增加 $\Omega_{\rm b}h^2$ 会减小扩散尺度 (增加 k_D), 使扩散阻尼移至更高的 l.

因此, 在 $\Omega_b h^2$ 更高的模型中, $l > 1000$ 的角尺度具有更强的各向异性. 以上效应的组合使得我们可以对 $\Omega_b h^2$ 给出严格的限制. 图 9.17 中, 偏离基准模型参数的情况已经通过很高的置信度被数据排除.

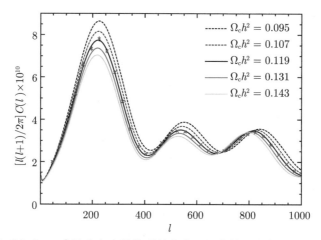

图 9.18 冷暗物质密度 $\Omega_c h^2$ 导致各向异性谱的变化. 图中数据点来自 Planck Collaboration (2018b); 它们的误差棒非常小, 仅在第一声学峰附近才得以察觉.

图 9.18 展示了冷暗物质密度 $\Omega_c h^2$ 带来的效应. 其中一部分效应来自声学振荡外力驱动项的改变 (因引力势由冷暗物质主导), 类似于重子密度所产生的效应. 此外, 冷暗物质可显著影响物质-辐射相等时期, 既影响了扰动的演化 ($\Omega_c h^2$ 更大时结构增长更多), 也影响了早期的 ISW 效应 (因氢复合后引力势的衰减变缓, $\Omega_c h^2$ 更大时 ISW 效应更小). $C(l)$ 对 $\Omega_c h^2$ 的变化也同样敏感. 图中画出了 Planck 团队给出的 $C(l)$ 测量结果. 为在图中作更清晰的展示, 将 l 分成多个区间, 并将每个区间内的数据合并为一个数据点.[①] 可见, 数据完美符合平直的基准 ΛCDM 模型. 由于误差棒非常小, $\Omega_c h^2$ 的限制非常精确. 图中所示的其他参数模型已被高置信度排除.

9.8 小 结

我们所观测到的 CMB 各向异性谱来自以下三方面的贡献 [式 (9.59)]:

- $\Theta_0 + \Psi$, 即光子内禀的温度扰动和引力红移效应的组合, 我们粗略地称之为 "单极子", 体现为各向异性谱中的声学峰. 由强耦合极限的半解析解可以给出声学振荡的性质.

---

① 译者注: 常称为 "分 bin".

- 来自 $3\Theta_1$ 的 Doppler 效应, 其也含声学振荡效应, 但与单极子存在相位差 (类似于谐振子的速度和位置的相位差).
- ISW 效应, 来自氢复合时期和晚期的引力势随时间的演化. 与上述两个效应不同, ISW 是一个沿视线方向的积分效应, 此效应随尺度变化较为平缓.

这三种效应的总和 (以及它们的互相关) 最终得到 CMB 的角功率谱 $C(l)$. $C(l)$ 包含丰富的宇宙学信息, 特别是 $\Omega_b h^2$、$\Omega_c h^2$、曲率 Ω_K、原初功率谱振幅 $\mathcal{A}_s$ 和谱指数 n_s (尽管 $\mathcal{A}_s$ 与再电离光深 τ_{rei} 存在简并). CMB 与大尺度结构观测 (第 11 章) 结合能够对各宇宙学参数 (如 Ω_K, Ω_Λ) 进行精确至 1% 的限制.

以上 CMB 各向异性的半解析分析基于 Hu & Sugiyama (1995), 推荐进行更深入的阅读. 作为各向异性的基准测量之一, Planck 卫星对 $l \lesssim 2000$ 的角尺度的测量精度已经接近宇宙方差的极限. 更新的数据的描述见 Planck Collaboration (2018a), 宇宙学参数的限制见 Planck Collaboration (2018b).[①]

习　题

9.1　本书大部分内容致力于理解具有绝热扰动性质的初始条件 (第 7 章). 另一类扰动类型称为 **等曲率扰动** (*isocurvature perturbation*), 其初始条件为 $\Theta_0 = \Psi = \Phi = 0$. 其物理意义对应于各组分扰动的总和使得总能量密度扰动为零. 证明等曲率扰动在大尺度满足

$$\Theta_0(\boldsymbol{k}, \eta_*) + \Psi(\boldsymbol{k}, \eta_*) = 2\Psi(\boldsymbol{k}, \eta_*). \tag{9.83}$$

9.2　阻尼简谐振子的运动方程为

$$m\ddot{x} + b\dot{x} + kx = 0. \tag{9.84}$$

当 $k/m > (b/2m)^2$ 时求方程的解. 其振动频率与 $b = 0$ 的情况有何不同? 除改变频率外, b 还能产生什么其他效应?

9.3　求 $\Omega_b h^2$ 取基准宇宙学模型以及上下浮动 20% 时, $R(\eta_*)$ 的值. 针对以上三种情况分别画出声速以尺度因子为函数的曲线.

9.4　证明声视界可写为共形时间的形式:

$$r_s(\eta) = \frac{2}{3k_{\text{eq}}} \sqrt{\frac{6}{R(\eta_{\text{eq}})}} \ln\left(\frac{\sqrt{1+R} + \sqrt{R + R(\eta_{\text{eq}})}}{1 + \sqrt{R(\eta_{\text{eq}})}}\right), \tag{9.85}$$

---

① 译者注: 关于最新的宇宙学参数限制, 请读者查阅最新的宇宙学领域的文献.

其中 k_{eq} 由式 (8.39) 给出.

9.5　得到方程 (9.20) 的 WKB 近似解. 首先写出

$$\Theta_0 = Ae^{iB}, \tag{9.86}$$

其中 A, B 均为实数. 证明方程 (9.20) 的齐次方程分为实部和虚部:

$$\text{实部:}\quad -(B')^2 + \frac{A''}{A} + \frac{R}{1+R}\frac{A'}{A} + k^2c_s^2 = 0, \tag{9.87}$$

$$\text{虚部:}\quad 2B'\frac{A'}{A} + B'' + \frac{R}{1+R}B' = 0. \tag{9.88}$$

由方程 (9.87), 且由 B 的变化远快于 A, 求 B. 然后利用方程 (9.88) 求 A. 证明: 以此方法得到的齐次方程的解与式 (9.23) 中简单的振荡解相差一系数 $(1+R)^{1/4}$.

9.6　利用式 (9.26, 9.28) 得到氢复合时期 $\Theta_0 + \Psi$ 和 Θ_1 的数值解. 求解过程需要引力势的表达式, 可从 CAMB 或 CLASS 得到, 或利用 Hu & Sugiyama (1995) 给出的拟合公式. 将结果与 CAMB 或 CLASS 给出的数值解进行比较.

9.7　我们在处理扩散阻尼时忽略了偏振的效应. 现重新对章节 9.4 中的 τ'^{-1} 进行展开, 同时考虑偏振. 证明式 (9.42) 中的系数 8/9 将变为 16/15. 此结论来自 Zaldarriaga & Harari (1995).

9.8　设所有与氢原子结合的电子都处于电离状态, 并设 $R = 0$, 计算式 (9.42) 中定义的阻尼尺度 k_D. 证明在此极限下阻尼尺度满足式 (9.44), 其中

$$f_D(y) = 5\sqrt{1+1/y} - \frac{20}{3}(1+1/y)^{3/2} + \frac{8}{3}\left[(1+1/y)^{5/2} - 1/y^{5/2}\right]. \tag{9.89}$$

9.9　证明

$$\int \mathrm{d}\Omega\, Y_{lm}(\hat{\boldsymbol{p}})\mathcal{P}_{l'}(\hat{\boldsymbol{p}}\cdot\hat{\boldsymbol{k}}) = \frac{4\pi}{2l+1}Y_{lm}(\hat{\boldsymbol{k}})\delta_{ll'}. \tag{9.90}$$

9.10　从氢复合时期温度场的非均匀性 $\Theta_0(\boldsymbol{x}, \eta_*)$ 或 $\Theta_0(\boldsymbol{k}, \eta_*)$, 推出现在时刻的各向异性 a_{lm}, 还有另一种方法.

(a)　假定我们从方向 $\hat{\boldsymbol{p}}$ 观测来自最后散射面的光子: $\Theta(\boldsymbol{x}_0, \hat{\boldsymbol{p}}, \eta_0) = (\Theta_0 + \Psi)(\boldsymbol{x} = \chi_*\hat{\boldsymbol{p}}, \eta_*)$, 其中 x_0 是观测者的位置. 对等式右侧进行 Fourier 变换, 对左边球谐展开得

$$\sum_{lm} a_{lm}Y_{lm}(\hat{\boldsymbol{p}}) = \int \frac{\mathrm{d}^3k}{(2\pi)^3} e^{i\boldsymbol{k}\cdot\hat{\boldsymbol{p}}\chi_*}(\Theta + \Psi)(\boldsymbol{k}, \eta_*). \tag{9.91}$$

利用式 (C.17) 对上式中的 e 指数进行展开. 利用 $Y_{lm}(\hat{\boldsymbol{p}})$ 的系数, 得到 a_{lm}.

(b)　将 a_{lm} 取平方并作统计平均得到 $C(l)$. 当仅考虑式 (9.59) 中的单极子时, 应得到式 (9.74).

9.11　证明: 若对所有模式求和, 单极子和偶极子的交叉项几乎为零. 单极子和偶极子分别正比于 $j_l(k\eta_0), j_l'(k\eta_0)$. 计算

$$\int_0^\infty \mathrm{d}x\, j_l j_l; \quad \int_0^\infty \mathrm{d}x\, j_l j_l'; \quad \int_0^\infty \mathrm{d}x\, j_l' j_l'. \tag{9.92}$$

证明平方项 $j_l^2, (j_l')^2$ 的积分远大于交叉项 $j_l j_l'$ 的积分. 求 $l = 10$ 至 200 的积分.

9.12　在平直的含宇宙学常数的宇宙学模型中, 计算 CMB 声学峰和声学谷的位置. 在计算中通过固定 $\Omega_m h^2$ 为基准模型取值, 使声视界不变. 这样, 声学峰的位置仅依赖于最后散射面的距离 $\eta_0 - \eta_*$. 考虑两个平直模型: $\Omega_\Lambda = 0$ (因此 $\Omega_m = 1$), 以及 $\Omega_\Lambda = 0.7$ (因此 $\Omega_m = 0.3$). 在这两种条件下, 为保持 $\Omega_m h^2$ 不变, h 需如何取值? 求上述两种情况下 $\eta_0 - \eta_*$ 的值 (宇宙学常数非零时, 需进行数值积分). 将结果与图 9.17 比较.

9.13　在平直宇宙学模型中, 设暗能量密度 $\Omega_{de} = 0.7$, $\omega = -0.5$, 求最后散射面的距离. 将此情况下声学峰的位置与习题 9.12 中的基准模型比较.

9.14　通过 Boltzmann 方程计算再电离效应. 利用光子的 Boltzmann 方程, 忽略引力势、速度和 Θ_0. 以某初始时刻 η_{in} 的功率谱 $\Theta_l(\eta_{in})$ 为初始条件. 证明其演化确实使各多极子得到因子 $e^{-\tau_{rei}}$ 的衰减.

9.15　设氢复合瞬时发生, 证明由张量扰动 [式 (6.86)] 引起的 l 阶矩的演化为

$$\Theta_{l,t}^{T}(k, \eta_0) = -\frac{1}{2} \int_{\eta_*}^{\eta_0} \mathrm{d}\eta\, \left(h_t^{TT}\right)' j_l\left[k(\eta_0 - \eta)\right], \tag{9.93}$$

其中 $t = +, \times$ 是张量扰动的两个偏振模式.

9.16　利用张量模式的分解 [式 (6.85)], 求 $\Theta_l^T(k)$ 对 $C(l)$ 的贡献, 即证明对于张量模式, 式 (9.74) 对应于

$$C^{T}(l; t) = \frac{(l-1)l(l+1)(l+2)}{\pi} \int_0^\infty \mathrm{d}k\, k^2$$
$$\times \left| \frac{\Theta_{l-2,t}^{T}}{(2l-1)(2l+1)} + \frac{2\Theta_{l,t}^{T}}{(2l-1)(2l+3)} + \frac{\Theta_{l+2,t}^{T}}{(2l+1)(2l+3)} \right|^2, \tag{9.94}$$

其中 $t = +, \times$ 是张量扰动的两个偏振模式.

9.17　求暴胀时期由引力波产生的温度各向异性谱.

(a) 结合以上两习题结果和习题 6.12, 以及式 (7.102) 给出的引力波原初扰动振幅, 求原初引力波对大尺度角功率谱的影响 $C^T(l)$.

(b) 张量扰动的各向异性通常参数化为

$$r_2 \equiv \frac{C^{\mathrm{T}}(l=2)}{C(l=2)}, \tag{9.95}$$

即张量和标量模式对温度四极子贡献的比值. 在式 (9.80) 中已得到 $C(l=2)$, 现求 $C^{\mathrm{T}}(l=2)$ 及 r_2. 暂设 $n_{\mathrm{T}}=0$. 将结果与章节 7.6 中的张标比 r 进行比较.

第 10 章 CMB 的偏振

此前对 CMB 的探讨局限于温度场的各向异性. 退耦前光子与电子的 Compton 散射同样会产生 *偏振*[1] (*polarization*) 及偏振的各向异性. 偏振开辟了探测 CMB 的全新窗口. 一方面, 我们获得了额外的手段来研究标量扰动. 另外, 体现为原初引力波的张量扰动模式在 CMB 偏振场中能够留下独特的印记, 是标量扰动模式无法产生的效应. CMB 的偏振提供了探测原初引力波的绝佳方法.

处理 CMB 的偏振有两个难点. 第一, 偏振场不再是类似温度场的标量场, 而更像是一种不带箭头的矢量.[2] 为简化计算, 我们进行 "平直天空近似" (章节 10.1), 尽管此近似只在张角较小的天空成立, 但能够显著地简化数学推导, 同时保留重要的物理规律. 第二, 如何追踪带有偏振的辐射的 Compton 散射的几何. 章节 10.2 和 10.3 将分两步处理此问题. Compton 散射的几何有助于理解如何通过偏振探测张量模式.

章节 10.1 的结论同样适用于第 13 章中星系的椭率及引力透镜效应.

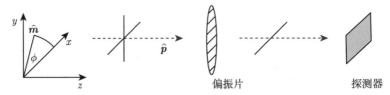

图 10.1 偏振光的测量. 沿 $\hat{p}$ 方向 (此处 $\hat{p} = \hat{e}_z$) 传播的光的偏振垂直于 $\hat{p}$. 放置一个偏振片, 其只允许某方向的线偏振光通过. 沿 $\hat{p}$ 轴旋转偏振片, 可以测量光的偏振程度和取向.

10.1 偏   振

对辐射场偏振最直接的测量方法是在探测器前放置一个偏振片, 使得仅特定方向的偏振光 (光是横波, 振动方向垂直于传播方向) 能通过偏振片 (图 10.1). 通过测量探测器接收到的光强随偏振片取向的变化, 可得到光的偏振特性. 若将偏振片旋转 180°, 探测器所得的结果应不变. 记辐射传播方向为 $\hat{p}$, 偏振片的取向为

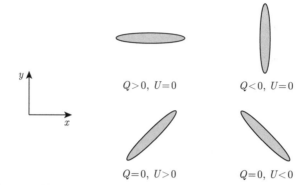

图 10.2　利用 Q, U 描述偏振的方法. 对于无偏振光 $Q = U = 0$.

单位矢量 $\hat{\boldsymbol{m}}$ (它们互相垂直, $\hat{\boldsymbol{m}} \cdot \hat{\boldsymbol{p}} = 0$), 则探测器探测到的辐射通量 I_{det} 不应依赖于 $\hat{\boldsymbol{m}}$ 的符号, 实际上是一个 $\hat{\boldsymbol{m}}$ 的二次函数

$$I_{\text{det}}(\hat{\boldsymbol{m}}) = I_{ij} \hat{m}^i \hat{m}^j, \tag{10.1}$$

其中 I_{ij} 是定义在垂直于 $\hat{\boldsymbol{p}}$ 的平面上的 偏振张量 (polarization tensor), 是一个二阶实对称方阵.[①] 对于无偏振光, $I_{\text{det}}(\hat{\boldsymbol{m}})$ 不依赖于方向, $I_{ij} \propto \delta_{ij}$. 偏振张量写为

$$I_{ij} = \begin{pmatrix} I + Q & U \\ U & I - Q \end{pmatrix}. \tag{10.2}$$

其中 I 是辐射强度 (即第 9 章中的温度 T, 含零阶项及扰动项 Θ). 另外两个变量 Q 和 U 描述了偏振, 如图 10.2 所示. 实际上 I, Q, U, V 是电磁学中描述偏振的斯托克斯 (Stokes) 参量. 此处无需描述圆偏振的参量 V. 因此, 除 $f(\boldsymbol{x}, \hat{\boldsymbol{p}}, \eta)$ 外, 还需考虑另外两个扰动的分布函数 f_Q, f_U. 我们马上将会看到比 Q, U 更加方便的描述偏振的参数化方法.

　　本章的主要目标是推导出 CMB 偏振的统计特性, 需要用到第 9 章中 Boltzmann 方程的解. 在此之前, 让我们先熟悉偏振的一些基本特性. 温度场是标量场, 其取值不依赖于坐标系, 它的统计特性易于处理; 然而, 偏振张量分量的取值依赖于坐标系的选择. 例如, 如果我们测量沿 x 轴的辐射强度, 得到的是偏振分量 I_{xx}. 若坐标系发生旋转, 则 I_{xx} 将发生变化. Q, U 也随之变化. 我们可以直接利用章节 6.1 中的数学工具处理偏振, 唯一的区别是偏振是二维的.

　　本章中, 将较小张角的天区 (天球坐标的一小部分) 近似为平面, 称为平直天空近似 (flat-sky approximation), 从而将推导大大简化. 这样, 天球坐标 $\boldsymbol{\theta}$ 可看作

---

　　① 更加普适地讲, I_{ij} 是厄米 (Hermitian) 矩阵, 但由于我们无需考虑圆偏振 (其不由宇宙学扰动产生), 因此可取 I_{ij} 为实对称矩阵.

x-y 平面上的矢量. 作为多极子 l, m 的替代, 定义二维矢量 $\boldsymbol{l}$ 为实空间 $\boldsymbol{\theta}$ 所对应的 Fourier 空间的波矢. 例如, 辐射强度为 I 的温度场 T 的 Fourier 变换为

$$T(\boldsymbol{l}) = \int \mathrm{d}^2\theta\, T(\boldsymbol{\theta}) e^{i\boldsymbol{l}\cdot\boldsymbol{\theta}}. \tag{10.3}$$

现将式 (10.2) 写为

$$I_{ij} = I\delta_{ij} + I_{ij}^{\mathrm{T}}, \tag{10.4}$$

其中 I_{ij}^{T} 无迹, 包含了两个偏振态的信息. 作为 Q, U 的替代, 我们希望描述两个偏振态在坐标旋转下的性质. 类似于章节 6.1 中将度规扰动的空间部分 h_{ij} 分解为标量、矢量和张量扰动, 现需要对 I_{ij}^{T} 进行分解. 在二维, 分解更加简单: I_{ij} 含三个独立分量, 其无迹部分 I_{ij}^{T} 含有两独立分量. 通过 $l^i l^j I_{ij}^{\mathrm{T}}/l^2$ 提取其标量部分, 记为 $E(\boldsymbol{l})$, 称为 E 模式 (E-mode). 另一部分是一个横向、无迹的张量, 记为 $I_{ij}^{\mathrm{TT}}(\boldsymbol{l})$, 满足 $l^i I_{ij}^{\mathrm{TT}}(\boldsymbol{l}) = 0$; 对应于下文中的 B 模式 (B-mode). 可以证明如下分解 (对应于下文中的 E/B 分解) 成立:

$$I_{ij}^{\mathrm{T}}(\boldsymbol{l}) = 2\left(\frac{l_i l_j}{l^2} - \frac{1}{2}\delta_{ij}\right) E(\boldsymbol{l}) + I_{ij}^{\mathrm{TT}}(\boldsymbol{l}). \tag{10.5}$$

后面将会看到, E 模式与度规的标量和张量扰动模式都耦合, 但横向、无迹的模式只与张量扰动耦合. 这也是此分解的重要性之一. 在此, 先将 E/B 分解与 Q/U 分解建立联系. 首先将 $I_{ij}^{\mathrm{T}}(\boldsymbol{l})$ 与 $l^i l^j/l^2$ 缩并得到偏振的标量部分,

$$E(\boldsymbol{l}) = \frac{l^i l^j}{l^2} I_{ij}^{\mathrm{T}} = \left(\cos^2\phi_l - \sin^2\phi_l\right) Q(\boldsymbol{l}) + 2\sin\phi_l\cos\phi_l U(\boldsymbol{l}), \tag{10.6}$$

其中等式第二步定义了二维矢量 $\boldsymbol{l}$ 的方位角 ϕ_l: $\boldsymbol{l} = (l_x, l_y) = (\cos\phi_l, \sin\phi_l)\, l$. 借助三角函数的性质, 上式进一步化简为

$$E(\boldsymbol{l}) = \cos 2\phi_l Q(\boldsymbol{l}) + \sin 2\phi_l U(\boldsymbol{l}). \tag{10.7}$$

接下来利用式 (10.5) 计算 I^{TT}. 首先,

$$\begin{aligned} I_{12}^{\mathrm{TT}}(\boldsymbol{l}) &= I_{12}^{\mathrm{T}} - 2\frac{l_1 l_2}{l^2} E(\boldsymbol{l}) \\ &= U(\boldsymbol{l}) - \sin 2\phi_l \left[\cos 2\phi_l Q(\boldsymbol{l}) + \sin 2\phi_l U(\boldsymbol{l})\right] \\ &= (1 - \sin^2 2\phi_l) U(\boldsymbol{l}) - \sin 2\phi_l \cos 2\phi_l Q(\boldsymbol{l}) \\ &= \cos 2\phi_l B(\boldsymbol{l}). \end{aligned} \tag{10.8}$$

其中 B 模式 $B(\boldsymbol{l})$ 定义为

$$B(\boldsymbol{l}) = -\sin 2\phi_l Q(\boldsymbol{l}) + \cos 2\phi_l U(\boldsymbol{l}). \tag{10.9}$$

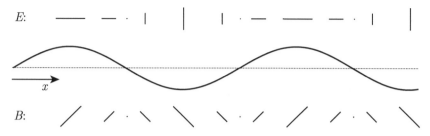

图 10.3　沿 x 轴的平面波扰动 $\boldsymbol{k} = k\hat{\boldsymbol{e}}_x$ 产生的 E 模式 (上) 和 B 模式 (下) 偏振. 图中不带箭头的矢量的长度代表偏振强度. 通过偏振角与波矢 (偏振随波矢方向变化) 的夹角便可区分这两种模式. 注意: 此图和图 10.4 中, 光的传播方向为 z 轴, 垂直于纸面向外.

类似地, 容易得到

$$\frac{1}{2}\left(I_{11}^{\mathrm{TT}} - I_{22}^{\mathrm{TT}}\right)(\boldsymbol{l}) = -\sin 2\phi_l B(\boldsymbol{l}). \tag{10.10}$$

这样我们就将含有 Q, U 两独立分量的 I_{ij}^{T} 展开为 "标量" 部分 $E(\boldsymbol{l})$ 和 "张量" 部分 $B(\boldsymbol{l})$. 最终, 得到偏振张量 (无迹部分) 的 E/B 分解

$$I_{ij}^{\mathrm{T}}(\boldsymbol{l}) = \begin{pmatrix} \cos 2\phi_l & \sin 2\phi_l \\ \sin 2\phi_l & -\cos 2\phi_l \end{pmatrix} E(\boldsymbol{l}) + \begin{pmatrix} -\sin 2\phi_l & \cos 2\phi_l \\ \cos 2\phi_l & \sin 2\phi_l \end{pmatrix} B(\boldsymbol{l}). \tag{10.11}$$

设扰动沿 x 轴 $(\phi_l = 0)$, 波矢 $\boldsymbol{l} = l_0 \hat{\boldsymbol{e}}_x$. 其在实空间的偏振形态为

$$I_{ij}^{\mathrm{T}}(\boldsymbol{\theta}) = \begin{pmatrix} 1 & 0 \\ 0 & -1 \end{pmatrix} e^{il_0\theta_x} E_0 + \begin{pmatrix} 0 & 1 \\ 1 & 0 \end{pmatrix} e^{il_0\theta_x} B_0, \tag{10.12}$$

如图 10.3 所示. 可见, 对于 E 模式, 偏振的变化平行或垂直于其自身的取向, 类似于电磁场中的电场. 点电荷产生的静电场有 $\boldsymbol{E} = q\hat{\boldsymbol{r}}/r^2$, 当我们远离点电荷时, 电场强度降低但方向不变. 与之不同的是, B 模式偏振的变化与其取向呈 $45°$ 夹角, 类似于磁场.[①] 我们可通过将 E 模式偏振角旋转 $45°$ 来得到 B 模式.

由此例启发, 现考虑 x-y 平面上一系列平面波的叠加, 它们具有相同波长和振幅且在坐标原点的相位相同, 仅方位角 ϕ_l 不同. 其对应的 E 模式和 B 模式偏振形态如图 10.4 所示, 其中 B 模式呈现出独特的 "旋涡" 形态. 此外, E 模式和 B 模式的 宇称 (parity) 不同. E 模式为偶宇称 (parity-even), 在镜面反演后不变; 而 B 模式为奇宇称 (parity-odd), 在镜面反演后符号相反.

作为另外一个重要的性质, $E(\boldsymbol{l})$ 称为一个类似于温度场的标量场, 而 $B(\boldsymbol{l})$ 是一个 伪标量 (pseudo-scalar) 场. 然而 Q, U 并无此性质 (见习题 10.1). 于是, 我们可直接计算出 E 模式和 B 模式的功率谱. 式 (10.11) 的另一重要意义是, 我们

---

① 译者注: 电场和磁场是矢量场, 带 "箭头", 需将箭头旋转 $90°$ 将电场 (E 模式) "变为" 磁场 (B 模式).

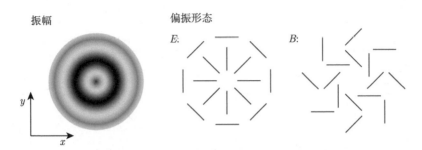

振幅　　　　　　　　偏振形态

图 10.4　类似图 10.3, 但偏振产生于 x-y 平面上径向的波形 (左图), 即一系列波长和振幅相同但方位角不同的平面波的叠加. 此波形对应的 E 模式和 B 模式的偏振形态显著不同. 图中用红/蓝色代表径向波的波峰/谷.

可采用任一方便的坐标系来检验一物理过程是否产生 E 模式或 B 模式. 由式 (10.12) 可见, 沿 x 轴的波矢 l 的一个纯 Q 分量的偏振对应于一个纯 E 模式的偏振, 此结论适用于任何方向的波矢.

10.2　Compton 散射产生的偏振

光是横波. 沿 z 方向传播的光对应于在 x-y 平面振动的电磁场. 若电磁场在 x 和 y 方向振动的幅度相同, 则光是无偏振的. 此前我们只考虑了无偏振的 CMB, 现考虑其偏振.

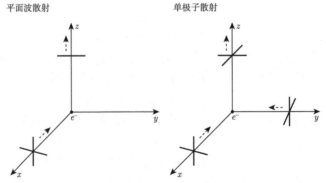

平面波散射　　　　　　　　单极子散射

图 10.5　左图: 沿 x 轴向坐标原点传播的无偏振平面波辐射, 在原点被电子散射后沿 $+z$ 方向传播, 仅 y 方向偏振得以保留; 右图: 入射光为各向同性 (仅含单极子) 时, 散射后无偏振 (参见 Hu & White, 1997).

Compton 散射可产生辐射的偏振.[①]　如图 10.5 左图所示, 一束无偏振光从 $+x$

---

① 如第 5 章所述, 我们只考虑了光子和电子的弹性散射, 即 Thomson 散射.

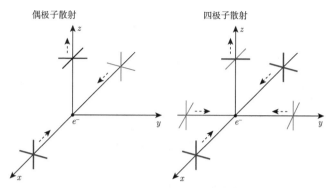

图 10.6   左图: 偶极子入射光不产生偏振. 粗/细线条代表更高/低温的入射光辐射. 在此情况下, 来自 $+x$ 和 $-x$ 方向的辐射温度分别高于和低于平均值 (来自 $\pm y$ 方向的入射光温度等于平均值, 未画出). 这两束来自 $\pm x$ 的入射光的和, 使出射光的 y 方向强度为平均值. 来自具有平均温度的 $\pm y$ 方向的入射光使得出射光的 x 方向强度也为平均值. 综上所述, 沿 z 轴的出射光无偏振. 右图: 四极子入射光线产生偏振. 来自 $\pm x$ 方向的入射光具有更高的温度, 导致出射光 y 方向的振幅大于 x 方向的振幅.

方向入射, 在坐标原点与电子散射并偏转至 $+z$ 方向 (对应于我们的视线方向). 由于出射光线沿 z 轴, 入射光沿 z 方向的偏振无法得以传输; 而沿 y 方向的偏振既垂直于入射光线也垂直于出射光线, 得以保留. 最终导致了出射光线的最强偏振性.

显然, 还需考虑各个方向的入射光线. 这时我们会发现得到偏振并非如图 10.5 左图那样. 现考虑图 10.5 右图, 其代表各向同性入射光的情形. 尽管图中实际只画出了 $+x$ 和 $+y$ 方向的入射光, 但其足以完成我们的论证. 出射光线的 I_{xx} 分量来自 y 轴的入射光, 而 I_{yy} 分量来自 x 轴的入射光. 既然入射光为各向同性, 那么 $I_{xx} = I_{yy}$, 出射光无偏振.

各向异性的辐射是否能产生偏振呢? 首先考虑偶极子, 如图 10.6 左图所示. 现出射光 x 方向的振幅来自入射光的 $\pm y$ 方向, 为平均值 (尽管图中未画出). 出射光 y 方向的振幅也为平均值, 因其来自温度较低的 $-x$ 方向和温度较高的 $+x$ 方向的光的叠加, 被平均掉了. 因此, 辐射的偶极子并不产生光的偏振.

为产生出射光的偏振, 入射光需具有非零四极子, 如图 10.6 右图所示. 来自 $\pm x$ 方向较高温的辐射和来自 $\pm y$ 方向较低温的辐射分别产生出射光较强的 I_{yy} 和较弱的 I_{xx}. 图 10.6 展示出 x-y 平面上光的偏振, 根据图 10.2, 其对应于 $Q < 0, U = 0$. 若入射光在 x-y 平面进行 $45°$ 角的旋转, 则出射光的偏振也将旋转 $45°$ 角, 产生的分量对应于 U 分量.

氢复合前, 电子与光子紧密耦合, 辐射场的四极子非常小, 故 CMB 的偏振效应小于温度的各向异性.

10.3　平面波产生的偏振

以上定性分析对理解 Compton 散射在 CMB 中产生的偏振十分重要. 下面通过求解 Boltzmann 方程进行定量计算, 需计算两偏振态如何依赖于 Compton 散射的碰撞项. 首先考虑光子分布函数中的平面波扰动.

首先需要在更一般的坐标系定义偏振. 如图 10.7, 入射光方向为 $\hat{n}'$. 章节 10.2 中, 这个方向设为 $\hat{e}_x$, 其偏振为 y 方向和 z 方向振幅的差. 现在, 入射光的偏振坐标轴记为 $\hat{\epsilon}'_1$ 和 $\hat{\epsilon}'_2$. 我们仍考虑沿 z 方向的出射光, 其偏振轴可选为 $\hat{\epsilon}_1 = \hat{e}_x$ 和 $\hat{\epsilon}_2 = \hat{e}_y$. 总之, 入射和出射偏振坐标分别记为 $\hat{\epsilon}'_i$ 和 $\hat{\epsilon}_i$.

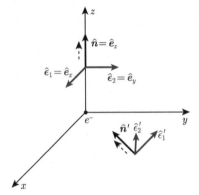

图 10.7　来自 $\hat{n}'$ 的入射光在坐标原点与电子散射, 产生沿 $\hat{n} = \hat{e}_z$ 方向的出射光. 在垂直于入射光的平面由矢量 $\hat{\epsilon}'_1 = \hat{e}_\theta$ 和 $\hat{\epsilon}'_2 = \hat{e}_\phi$ 表示偏振. 出射光沿 $\hat{e}_z$ 方向, 由 $\hat{\epsilon}_1 = \hat{e}_x$ 和 $\hat{\epsilon}_2 = \hat{e}_y$ 表示偏振.

章节 10.2 中, Compton 散射引起的偏振可由一额外的系数表示, 即出射光沿 $\hat{\epsilon}_i$ 方向振幅的平方. 考虑到对电子两自旋态和入射光偏振态的求和, 式 (5.18) 中的振幅平方, 对于出射光的两偏振态 $i = 1, 2$ 写为

$$\sum_{3\,\mathrm{spins}} |\mathcal{M}|^2 \propto \sum_{j=1}^{2} \left| \hat{\epsilon}_i(\hat{n}) \cdot \hat{\epsilon}'_j(\hat{n}') \right|^2. \tag{10.13}$$

首先计算偏振的 Q 分量. 由式 (10.2), 其来自于上式 $i = 1$ 和 $i = 2$ 的差, 即 $\hat{e}_x$ 和 $\hat{e}_y$ 方向振幅的平方差:

$$\sum_{j=1}^{2} \left| \hat{\epsilon}_1(\hat{n}) \cdot \hat{\epsilon}'_j(\hat{n}') \right|^2 - \sum_{j=1}^{2} \left| \hat{\epsilon}_2(\hat{n}) \cdot \hat{\epsilon}'_j(\hat{n}') \right|^2 = \sum_{j=1}^{2} \left(\left| \hat{e}_x \cdot \hat{\epsilon}'_j(\hat{n}') \right|^2 - \left| \hat{e}_y \cdot \hat{\epsilon}'_j(\hat{n}') \right|^2 \right).$$

$$\tag{10.14}$$

对所有入射方向 $\hat{n}'$ 积分, 得

$$Q(\hat{e}_z) = A \int d\Omega' f(\hat{n}') \sum_{j=1}^{2} \left(\left| \hat{e}_x \cdot \hat{\epsilon}'_j(\hat{n}') \right|^2 - \left| \hat{e}_y \cdot \hat{\epsilon}'_j(\hat{n}') \right|^2 \right). \tag{10.15}$$

其中 A 是一个归一化常数, $f(\hat{n}')$ 是从 $\hat{n}'$ 方向入射辐射的强度, 需要从各方向对其积分. 注意, f 仅与 $\hat{n}'$ 有关, 与 j 无关, 即假设了入射光的无偏振性.

为计算式 (10.15) 中的点乘, 需将 $\hat{\epsilon}'_1$ 和 $\hat{\epsilon}'_2$ 表示为直角坐标分量的形式. 它们垂直于 $\hat{n}'$, 其中 $\hat{n}'$ 的分量为

$$\hat{n}' = (\sin\theta'\cos\phi', \sin\theta'\sin\phi', \cos\theta'). \tag{10.16}$$

我们选定 $\hat{\epsilon}'_2$ 位于 x-y 平面上,

$$\hat{\epsilon}'_2(\theta', \phi') = (-\sin\phi', \cos\phi', 0). \tag{10.17}$$

再通过 $\hat{n}'$ 和 $\hat{\epsilon}'_2$ 的叉乘可得到 $\hat{\epsilon}'_1$:

$$\hat{\epsilon}'_1(\theta', \phi') = (\cos\theta'\cos\phi', \cos\theta'\sin\phi', -\sin\theta'). \tag{10.18}$$

另外一种方式是通过将 $\hat{\epsilon}'_1$ 和 $\hat{\epsilon}'_2$ 表达为球坐标分量 $\hat{e}'_\theta$ 和 $\hat{e}'_\phi$ 进行计算. 计算点乘得

$$Q(\hat{e}_z) = A \int d\Omega' f(\hat{n}') \left[\cos^2\theta'\cos^2\phi' + \sin^2\phi' - \cos^2\theta'\sin^2\phi' - \cos^2\phi' \right]$$
$$= -A \int d\Omega' f(\hat{n}') \sin^2\theta' \cos 2\phi'. \tag{10.19}$$

其角度依赖性正比于球谐系数的组合 $Y_{2,2} + Y_{2,-2}$ [参见式 (C.10)]. 根据球谐函数的正交性, 此积分提取出分布 f 的 $l = 2, m = \pm 2$ 成分, 即仅当入射光的四极子非零时 $Q \neq 0$. 这也证实了章节 10.2 中定性的结论. 同理可推出偏振的 U 的表达式 (习题 10.3)

$$U(\hat{e}_z) = -A \int d\Omega' f(n') \sin^2\theta' \sin 2\phi', \tag{10.20}$$

对应于 $Y_{2,2} - Y_{2,-2}$. 同样, 仅当入射光的四极子非零时 $U \neq 0$.

现在我们将出射光的 Q, U 场表示为无偏振入射光的多极子的形式. 分如下几步进行. 首先考虑沿 x 轴的波矢 $\mathbf{k}$ 产生的偏振, 然后将其推广至 x-z 平面, 最后推广为任意方向的波矢 $\mathbf{k}$. 然而, 从第一步开始便可得到最终结论的定性特征.

之所以进行上述步骤是因为光子分布 $f(\hat{n}')$ 的四极子取向取决于波矢的方向. 回顾第 5 章, 我们将光子分布写为零阶 Planck 分布加上一阶微扰 $\Theta(k, \mu)$ 的

形式, 其中 μ 是波矢 $\hat{\boldsymbol{k}}$ 与光子动量的点乘. 我们需要同时关注三个方向: 波矢 $\hat{\boldsymbol{k}}$、入射光方向 $\hat{\boldsymbol{n}}'$、出射光方向 $\hat{\boldsymbol{n}}$. 我们已设 $\hat{\boldsymbol{n}} = \hat{\boldsymbol{e}}_z$. 则 $\mu = \hat{\boldsymbol{k}} \cdot \hat{\boldsymbol{n}}'$. 所以, 式 (10.19) 中的 $f(\hat{\boldsymbol{n}}')$ 即自变量为 $\hat{\boldsymbol{k}} \cdot \hat{\boldsymbol{n}}'$ 的 Legendre 多项式展开. $\hat{\boldsymbol{k}} \cdot \hat{\boldsymbol{n}}'$ 并非等于 $\cos\theta'$, 因 θ' 是 z 轴与 $\hat{\boldsymbol{n}}'$ 的夹角. 可见, 将 μ 与 θ' 和 ϕ' 联系起来并不简单.

首先设波矢 $\boldsymbol{k}$ 沿 x 轴方向. 此时有

$$\mu \equiv \hat{\boldsymbol{k}} \cdot \hat{\boldsymbol{n}}' = (\hat{\boldsymbol{n}}')_x = \sin\theta' \cos\phi', \tag{10.21}$$

其中第二步等式利用了式 (10.16). 先前我们将扰动 Θ 分解为 Legendre 多项式的和, 所以

$$\Theta\left(k, \hat{\boldsymbol{k}} \cdot \hat{\boldsymbol{n}}'\right) = \sum_l (-i)^l (2l+1)\Theta_l(k)\mathcal{P}_l\left(\hat{\boldsymbol{k}} \cdot \hat{\boldsymbol{n}}'\right)$$
$$\to -5\Theta_2(k)\mathcal{P}_2\left(\sin\theta' \cos\phi'\right), \tag{10.22}$$

其中第二行成立是因为只考虑了求和的四极子部分, 并代入 μ 的表达式 (10.21). 同时注意, 与第 8 章和第 9 章相同, 此处只考虑了标量扰动模式.

因此, 波矢 $\boldsymbol{k}$ 沿 x 轴方向时,

$$Q(\hat{\boldsymbol{e}}_z, \boldsymbol{k} \parallel \hat{\boldsymbol{e}}_x) = 5A\Theta_2(k) \int_0^\pi \mathrm{d}\theta' \sin\theta' \int_0^{2\pi} \mathrm{d}\phi' \mathcal{P}_2(\sin\theta' \cos\phi') \sin^2\theta' \cos2\phi'. \tag{10.23}$$

因 $\mathcal{P}_2(\mu) = (3\mu^2 - 1)/2$. 由于 $-1/2$ 的部分对 ϕ' 的积分中贡献为零, 上式化简为

$$Q(\hat{\boldsymbol{e}}_z, \boldsymbol{k} \parallel \hat{\boldsymbol{e}}_x) = \frac{15A\Theta_2(k)}{2} \int_0^\pi \mathrm{d}\theta' \sin^5\theta' \int_0^{2\pi} \mathrm{d}\phi' \cos^2\phi' \cos2\phi'. \tag{10.24}$$

对 ϕ' 的积分得到 $\pi/2$, 对 θ' 的积分得到 $16/15$. 因此

$$Q(\hat{\boldsymbol{e}}_z, \boldsymbol{k} \parallel \hat{\boldsymbol{e}}_x) = 4\pi A\Theta_2(k). \tag{10.25}$$

通过上式我们建立了 (用 Q 表述的) 偏振与各向异性 (四极子 Θ_2) 的关系. 该表述仅适用于特殊情况: 波矢沿 x 轴方向, 垂直于视线 $\hat{\boldsymbol{e}}_z$ 方向.

现稍作推广, 允许波矢 $\hat{\boldsymbol{k}}$ 位于 x-z 平面内: $\hat{\boldsymbol{k}} = (\sin\theta_k, 0, \cos\theta_k)$. 这时, $\mathcal{P}_2(\hat{\boldsymbol{k}} \cdot \hat{\boldsymbol{n}}')$ 中,

$$(\hat{\boldsymbol{k}} \cdot \hat{\boldsymbol{n}}')^2 = \sin^2\theta_k \sin^2\theta' \cos^2\phi' + 2\sin\theta_k \cos\theta_k \cos\theta' \sin\theta' \cos\phi' + \cos^2\theta_k \cos^2\theta'. \tag{10.26}$$

其中上式第一项即 $\hat{\boldsymbol{k}} \parallel \hat{\boldsymbol{e}}_x$ 的情形乘以 $\sin^2\theta_k$; 第二项和第三项在 $\cos2\phi'\mathrm{d}\phi'$ 的积分中贡献为零. 故

$$Q(\hat{\boldsymbol{e}}_z, \boldsymbol{k} \perp \hat{\boldsymbol{e}}_y) = 4\pi A\sin^2\theta_k \Theta_2(k). \tag{10.27}$$

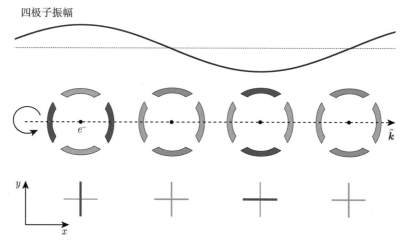

图 10.8 沿 x 轴的标量扰动 (上图) 所产生的偏振形态, 此扰动对应于一随空间变化的温度场的四极子 (中图). 在三维空间 (z 轴垂直纸面向外) 中, 此温度分布关于沿 x 轴的波矢 $\hat{\boldsymbol{k}}$ 对称 (其旋转对称性如中图左侧的环形箭头所示). 现想象我们观测到来自图中所示电子所散射的光子. 由章节 10.2, 散射光的偏振形态如下图所示. 对比图 10.3 可知其为纯 E 模式偏振.

通过习题 10.3 可知, 当 $\boldsymbol{k}$ 位于 x-z 平面时, 偏振为只含 Q 分量, $U = 0$.

再根据式 (10.11, 10.12) 中偏振的 E/B 分解作进一步的推论. 上例中, 天球位于 x-y 平面, 垂直于视线方向 z 轴, x-z 平面上的波矢产生的偏振只含 Q 分量. 我们可以进一步推出: 标量扰动产生的偏振均为 E 模式. 由习题 10.2, 当推广为任意波矢 $\boldsymbol{k}$ 时, 仍然满足式 (10.11) 的 E 模式形式:

$$Q(\hat{\boldsymbol{e}}_z, \boldsymbol{k}) = 4\pi A \sin^2 \theta_k \cos 2\phi_k \Theta_2(k)$$
$$U(\hat{\boldsymbol{e}}_z, \boldsymbol{k}) = 4\pi A \sin^2 \theta_k \sin 2\phi_k \Theta_2(k). \tag{10.28}$$

最终, 可将以上结果推广至出射光 (视线方向) $\hat{\boldsymbol{n}}$ 不一定沿 z 轴的情形. 利用偏振在天球平面上是纯 E 模式的性质, 即偏振具有随 $\hat{\boldsymbol{n}}$ 旋转的不变性. 仅需将 $\cos \theta_k$ 替换为 $\hat{\boldsymbol{n}} \cdot \hat{\boldsymbol{k}}$, 得

$$E(\hat{\boldsymbol{n}}, \boldsymbol{k}) = 4\pi A \left[1 - (\hat{\boldsymbol{n}} \cdot \hat{\boldsymbol{k}})^2 \right] \Theta_2(k). \tag{10.29}$$

需要注意的是, 以上推导均在 "平直天空近似" 下完成; 全 (球面) 天空时, 以上表达式更加复杂, 但其遵循的物理规律完全相同.

标量扰动只产生 E 模式偏振的根本原因是对称性的表现 (图 10.8): 考虑一个沿 x 轴的平面波扰动, 则此设置对于 x 轴具有旋转不变性. 那么四极子对应于 (例如) $\pm\hat{\boldsymbol{e}}_x$ 方向更高温的辐射, 而垂直于 x 轴是更低温的辐射 (这恰好对应于我们所计算的 $Y_{2,\pm2}$ 的组合; 参见图 C.1). 如图 10.8 所示, 这种旋转对称性要求

Compton 散射所产生的偏振形态需与图 10.3 中的 x 轴对称, 即为纯 E 模式偏振. 下文将展示出此结论的重要性. 综述文章 Hu & White (1997) 对 E 模式和 B 模式偏振的产生进行了更详细的几何描述, 且不仅限于此处的 "平直天空近似".

10.4　偏振的 Boltzmann 方程

　　章节 5.7 简要提及了偏振的分布函数 $\Theta_P(k, \mu, \eta)$. 现在我们理解了如何精确定义偏振: 它是沿 x 轴的波矢 $\boldsymbol{k}$ 产生的 Q 偏振. 更一般地, $\Theta_P = \Theta_E$ 给出了 E 模式偏振的振幅. 由标量扰动关于波矢 $\hat{\boldsymbol{k}}$ 的旋转对称性, 偏振可完备地由 $\Theta_P(k, \mu, \eta)$ 描述. 现通过推导 Θ_P 的 Boltzmann 方程给出 E 模式偏振的预测.

　　Boltzmann 方程等式左边来自光子的自由穿行, 因而与 $\Theta(k, \mu, \eta)$ 的方程取相同的形式. 方程等式右边应含有偏振的产生和损耗项. 由方程 (10.27), 出射光的偏振 (对于 $\hat{\boldsymbol{k}}$ 位于 x-z 平面的情形) 正比于 $(1-\mu^2)\Theta_2$, 其中 μ 是 $\hat{\boldsymbol{k}}$ 和 $\hat{\boldsymbol{n}}$ 夹角的余弦. 常数 A 应体现单位 η 时间内散射发生的次数, 故 $A \propto -\tau'$ (负号来自光深 τ 的定义). 因此我们期待 Θ_P 的产生项正比于 $-\tau'(1-\mu^2)\Theta_2$. 另一方面, 若偏振不能被持续产生, Compton 散射应使辐射的偏振强度逐渐衰减, 故期待 Θ_P 的损耗项正比于 $\tau'\Theta_P$. 根据以上论述,

$$\Theta_P' + ik\mu\Theta_P = -\tau' \left[b(1-\mu^2)\Theta_2 - \Theta_P \right], \tag{10.30}$$

其中 b 是一个待定常数. 此方程基本准确, 但还应考虑入射光的偏振. 最终结果为 (Bond & Efstathiou, 1987)

$$\Theta_P' + ik\mu\Theta_P = -\tau' \left[-\Theta_P + \frac{3}{4}(1-\mu^2)\Pi \right]. \tag{10.31}$$

其中

$$\Pi(k, \eta) \equiv \Theta_2 + \Theta_{P2} + \Theta_{P0}. \tag{10.32}$$

　　现开始求解偏振的 Boltzmann 方程. 类似式 (9.49), 方程 (10.32) 的解可写为

$$\Theta_P(k, \mu) = \int_0^{\eta_0} \mathrm{d}\eta\, e^{ik\mu(\eta-\eta_0)-\tau(\eta)} S_P(k, \mu, \eta), \tag{10.33}$$

其中产生项 (源函数)

$$S_P(k, \mu, \eta) = -\frac{3}{4}\tau'(1-\mu^2)\Pi. \tag{10.34}$$

利用能见度函数的定义 (9.56), $g(\tau) = -\tau' e^{-\tau}$,

$$\Theta_P(k, \mu) = \frac{3}{4}(1-\mu^2) \int_0^{\eta_0} \mathrm{d}\eta\, g(\eta) e^{ik\mu(\eta-\eta_0)} \Pi(k, \eta). \tag{10.35}$$

一个合理的假设是, 除能见度函数变化较快之外, 被积函数的其余部分可取退耦时刻的值. 这样, 积分只对 $g(\eta)$ 进行, 得到 1. 故

$$\Theta_P(k,\mu) \simeq \frac{3}{4}\Pi(k,\eta_*)(1-\mu^2)e^{ik\mu(\eta_*-\eta_0)}. \tag{10.36}$$

与 η_0 相比 η_* 可忽略, 并将 μ 改写为导数的形式, 得到

$$\Theta_P(k,\mu) \simeq \frac{3}{4}\Pi(k,\eta_*)\left(1+\frac{\partial^2}{\partial(k\eta_0)^2}\right)e^{-ik\eta_0\mu}. \tag{10.37}$$

为得到偏振的多极子 $\Theta_{P,l}$, 将式 (10.37) 乘以 $\mathcal{P}_l(\mu)$ 然后对 μ 积分, 得到 [参见式 (C.15)]

$$E_l(k) = \Theta_{P,l}(k) \simeq \frac{3}{4}\Pi(k,\eta_*)\left(1+\frac{\partial^2}{\partial(k\eta_0)^2}\right)j_l(k\eta_0). \tag{10.38}$$

这里我们将 $\Theta_{P,l}$ 与 E_l 等同, 因标量扰动只生成 E 模式偏振.

式 (10.38) 含 $(j_l + j_l'')(k\eta_0)$, 利用球 Bessel 方程 (C.13), 可写为

$$j_l + j_l'' = -\frac{2}{k\eta_0}j_{l-1} + \frac{2(l+1)}{(k\eta_0)^2}j_l + \frac{l(l+1)}{(k\eta_0)^2}j_l. \tag{10.39}$$

上式等式右边三项中, 最后一项在小尺度占主导. 这是由于球 Bessel 函数的峰值大致位于 $k\eta_0 \sim l$. 若只作精确至数量级的估计, 右边三项中的 $k\eta_0$ 取 l 的量级. 这样, 前两项的量级是 l^{-1}, 第三项的量级是 $l^2/(k\eta_0)^2 \sim 1$, 第三项占主导, 故

$$E_l(k) \simeq \frac{3}{4}\Pi(k,\eta_*)\frac{l^2}{(k\eta_0)^2}j_l(k\eta_0). \tag{10.40}$$

在强耦合极限下, Π 可以表示为四极子, $\Pi = 5\Theta_2/2$ (参见习题 10.5). 这样, 所观测到的偏振多极子

$$E_l(k) \simeq \frac{15}{8}\Theta_2(k,\eta_*)\frac{l^2}{(k\eta_0)^2}j_l(k\eta_0). \tag{10.41}$$

进一步, 在强耦合极限下, 四极子正比于偶极子 [方程 (9.36)], 故

$$E_l(k) \simeq -\frac{5k}{6\tau'(\eta_*)}\Theta_1(k,\eta_*)\frac{l^2}{(k\eta_0)^2}j_l(k\eta_0). \tag{10.42}$$

式 (10.42) 是强耦合极限下, 由平面波标量扰动产生的偏振多极子的表达式. 其中有三个特征需要注意. 第一, 最重要的是, 退耦时期的偏振以因子 k/τ' 低于温度的各向异性. 这是由于偏振产生于四极子, 而四极子又被早期宇宙的 Compton 散射效应所压制. 第二, 由于 $E_l \propto \Theta_1$, 偏振功率谱也应该含有 BAO 声学峰,

且与单极子 Θ_0 产生的温度各向异性谱的 BAO 声学峰具有不同的相位. 第三, 这里并不存在类似温度场各向异性的 ISW 效应. 光子穿过随时间变化的 (弱) 引力势并不能产生或改变偏振. 从某种程度上讲, 我们今天所观测到的偏振功率谱是对宇宙早期更加直接的观测, 更少地受到晚期宇宙演化的影响.

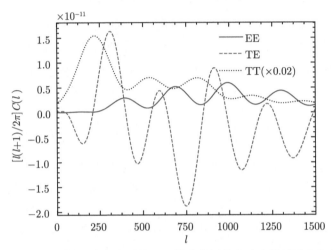

图 10.9　基准宇宙学模型中, 温度各向异性、E 模式偏振的角功率谱以及它们的互功率谱. 偏振功率谱量级上约为温度功率谱的 1/50, 但在小尺度的衰减效应较弱.

10.5　偏振功率谱

式 (10.42) 是单一平面波产生的偏振多极子的表达式. 真实宇宙的扰动是各类平面波的叠加, 其偏振是各 $\Theta_P(\boldsymbol{k}, \hat{\boldsymbol{n}})$ 的叠加. E_l 的角功率谱与温度各向异性角功率谱的计算相同. 仿照式 (9.72), 定义

$$\mathcal{T}_l^E(k) \equiv \frac{E_l(k)}{\mathcal{R}(\boldsymbol{k})}, \tag{10.43}$$

则 E 模式偏振的角功率谱可写为

$$C_{EE}(l) = \frac{2}{\pi} \int_0^\infty \mathrm{d}k\, k^2 \left|\mathcal{T}_l^E(k)\right|^2 P_{\mathcal{R}}(k). \tag{10.44}$$

而对于标量扰动, B 模式偏振的功率谱为零,

$$C_{BB}(l) = 0. \tag{10.45}$$

图 10.9 展示了 $C_{EE}(l)$ 的数值解, 以及其与温度各向异性谱 $C_{TT}(l)$ [幅度缩小为 $C_{EE}(l)$ 的 1/50] 的比较.

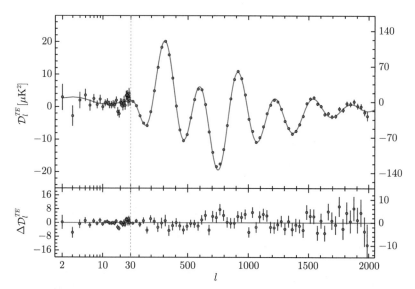

图 10.10 上图: 数据点为 Planck 卫星测量的 CMB 温度和 E 模式互功率谱. 类似图 1.10, 纵坐标定义为 $\mathcal{D}_l^{TE} \equiv l(l+1)C_{TE}(l)T_0^2/2\pi$. 注意横纵坐标的刻度在 $l = 30$ 处发生改变. 图中实线是基准宇宙学模型给出的理论预测. 注意 $30 \lesssim l \lesssim 200$ 处 $C_{TE}(l) < 0$. 下图: 数据与理论预测的残差. 此图取自 Planck Collaboration (2018b).

与预期一致, 强耦合极限近似下, BAO 声学峰在 $C_{EE}(l)$ 中更加显著, 且与 $C_{TT}(l)$ 具有不同的相位. 这些效应解释为 $C_{EE}(l)$ 取决于光子的偶极子分布 (四极子在强耦合极限下正比于偶极子), 而 $C_{TT}(l)$ 来自单极子和偶极子的共同贡献, 且单极子占主导. 另外, 由于偶极子更少地受到扩散阻尼的影响, 偏振功率谱在小尺度的衰减较弱.

图 10.9 还展示出温度与偏振的互功率谱:

$$C_{TE}(l) = \frac{2}{\pi} \int_0^\infty dk\, k^2 \left| \mathcal{T}_l^*(k)\mathcal{T}_l^E(k) \right| P_{\mathcal{R}}(k). \tag{10.46}$$

注意式 (10.44, 10.46) 在非平直天空近似时依然成立, 但 $\Theta_l^E(k)$ 的计算需进行相关修正.

T 与 E 在较大尺度的反相关性 (即 $l \lesssim 200$ 时, $C_{TE}(l) < 0$) 具有重要的物理意义: 初始条件的生成位于视界之外, BAO 声学峰仅含余弦模式 [式 (9.26, 9.28)]. 若正弦和余弦模式同时存在, 则在温度和偏振的角功率谱中不会出现一系列的声学峰/谷 (Dodelson, 2003). 温度各向异性谱的声学峰已被精确地观测到. 然而, 第一声学峰位于 $l \sim 200$, 对应的物理尺度在氢复合时期已进入视界. 我们固然可以提出一些在氢复合时期产生扰动的模型, 且经恰当的处理使其只产生余弦模式. 但注意到, $C_{TE}(l) < 0$ 在 $l \sim 30$ 就已出现, 对应的尺度在氢复合时期仍未进入视

界. 因此, 仅在视界内产生扰动的模型无法解释这些尺度的 $C_{TE}(l)$. $C_{TE}(l)$ 体现出的负相关性为更早时期产生扰动的模型提供了强有力的证据, 而暴胀是一个自然的解释. 图 10.10 展示出目前对 $C_{TE}(l)$ 精确的测量.

$C_{EE}(l)$ 和 $C_{TE}(l)$ 均含有丰富的宇宙学信息. 章节 9.7.2 中描述的晚期 CMB 光子散射效应所引起的 $\mathcal{A}_s$ 和 $\tau_{\rm rei}$ 之间的参数简并, 便可由 CMB 偏振的测量所解除. 回顾章节 9.7.2 中的探讨: 在小于再电离时期 (电子再次开始散射光子) 视界的尺度, $l \gtrsim 100$, 温度场的各向异性 Θ 衰减, 衰减因子为 $e^{-\tau_{\rm rei}}$, 但较大尺度并不衰减. 对于偏振, 宇宙晚期的散射效应反而产生额外的各向异性. 这是由于自由电子所受温度场四极子的 Compton 散射效应引发了偏振. 对于式 (10.41), 只需将 η_* 替换为 $\eta_{\rm rei}$, 以及将 η_0 替换为 $\eta_0 - \eta_{\rm rei}$ (这里 $\eta_{\rm rei}$ 是再电离开始时期的共形时间), 其同样适用. 因在氢复合和再电离之间的一段时期光子在宇宙中自由穿行, 对于小于视界的尺度, $k \gg aH(\eta_{\rm rei})$, 四极子 $\Theta_2(k, \eta_{\rm rei})$ 产生衰减. 这样, 再电离产生的偏振只在较大尺度出现, 见图 10.10 中 $l < 10$ 的区域. 此效应在 $C_{EE}(l)$ 中更加显著, 正比于 $\tau_{\rm rei}^2$, 使之可独立于温度场功率谱 $C(l)$, 单独限制 $\tau_{\rm rei}$.

10.6　引力波探测

张量扰动和标量扰动有着本质的不同. 一个平面波标量扰动只与一个方向有关, 即波矢 $\boldsymbol{k}$. 一旦波矢方向确定, 则光子分布的多极子只依赖于光传播方向与波矢的夹角, 而一旦此夹角确定, 光子分布关于波矢方向 $\hat{\boldsymbol{k}}$ 具有旋转对称性. 如图 10.8 所示, 此对称性便是偏振只含 E 模式的根本原因. 偏振场具有两个方向: 偏振的取向[①]和偏振强度改变的方向. 对于标量扰动, 这两个方向只能相互平行或垂直 (图 10.3), 这便是 E 模式偏振的显著特征.

张量扰动导致的光子分布扰动失去了关于 $\hat{\boldsymbol{k}}$ 的旋转对称性, 依赖于一个额外的方位角. 参考习题 6.14 中的式 (6.85), 分布含 $\sin 2\phi$ 或 $\cos 2\phi$. 此时, 偏振的方向不再平行或垂直于偏振强度改变的方向. 因此, 我们期待引力波产生 B 模式偏振.

在数学推导之前, 让我们先认识到张量扰动产生 B 模式偏振的重要性. 张量

---

① 译者注: 本书常提到偏振的 "取向" (orientation). 与之相关地, "方向" (direction) 常用来描述矢量, 而 "取向" 常用来描述形状 (对于形状, 或质量分布, 以质心为中心展开至二阶时, 对应于单极子加四极子, 或惯性张量这一对称矩阵) 和偏振 (也是一个对称矩阵). 文献中, 矢量之间相关性用夹角 μ; 而矢量与张量之间, 或张量与张量之间的相关性常用取向或排列 (alignment) 来刻画, 如星系投影形状的内禀排列 (*intrinsic alignment*). 本书原文中常提到 "偏振方向平行或垂直于波矢". 更严谨地说, 偏振是张量, 不应该用 "方向" 一词. "偏振平行/垂直于波矢" 更加严谨的解释为: 将偏振张量矩阵作本征分解, 得到两个本征值和本征矢量 (这里的本征矢量的方向带有正负号的任意性), 根据本征值大小, 本征矢量所在直线称为长轴 (major axis) 和短轴 (minor axis); 波矢方向 $\hat{\boldsymbol{k}}$ 在长/短轴时, 称偏振平行/垂直于波矢方向.

模式的探测非常困难: 标量和张量扰动均对 CMB 温度场和 E 模式偏振场的各向异性谱产生贡献, 为了区分它们, 只能期待两种扰动的功率谱对 l 的依赖不同. 由于各宇宙学参数的共同作用以及它们之间的简并, 即使我们能够精确测量 $C_{EE}(l)$ (但实际上由于宇宙方差的影响, 其误差不可能为零), 仍无法确定张量模式是否存在. B 模式则不受标量扰动模式的影响. 如果探测到偏振的 B 模式, 则其极有可能来自原初引力波. 原则上, 无论暴胀产生的张量模式多么微弱 (无论 $H_{\text{inf}}/m_{\text{Pl}}$ 多么小), 我们最终总能通过 B 模式偏振找到其信号. 同时需注意, 来自银河系尘埃的同步辐射所产生的前景噪声以及一些其他非线性效应 (如引力透镜) 也会产生 B 模式偏振.

为计算单一平面波对应的张量扰动产生的偏振, 可参考章节 10.3. 为得到沿 z 轴出射光的偏振, 需对入射光的光子分布进行积分. 我们需要证明张量扰动模式产生 B 模式偏振. 这里可利用一个技巧: 式 (10.12) 指出, 对于 x 轴方向的波矢, 仅 B 模式能够产生偏振的 U 分量. 因而只需证明张量模式 (10.20) 产生 U 分量.

取波矢 $\boldsymbol{k}$ 为

$$\hat{\boldsymbol{k}} = \cos\alpha\,\hat{\boldsymbol{e}}_z + \sin\alpha\,\hat{\boldsymbol{e}}_x, \tag{10.47}$$

其中 α 是 $\hat{\boldsymbol{k}}$ 与视线方向 $\hat{\boldsymbol{n}}$ 的夹角. 为利用式 (10.20) 我们需得到 $\Theta^{\mathrm{T}}(\hat{\boldsymbol{n}}')$ 的角度依赖. 根据习题 6.14, 对于沿 z 轴的 $\boldsymbol{k}$, 其角度依赖关系为 $\sin^2\theta'\cos 2\phi'$ (对于 h_+) 和 $\sin^2\theta'\sin 2\phi'$ (对于 $h_\times$). 简洁起见, 此处只讨论 $h_\times$, 而 h_+ 的推导类似, 见习题 10.6. 首先, 将角度依赖关系表达为入射光方向 $\hat{\boldsymbol{n}}'$:

$$\Theta^{\mathrm{T}}(\hat{\boldsymbol{n}}') \propto \sin^2\theta'\sin 2\phi' = 2\sin^2\theta'\sin\phi'\cos\phi' = 2\hat{n}_x'\hat{n}_y', \tag{10.48}$$

其中 $\hat{n}_{x,y,z}'$ 表示单位矢量的三个分量. 现将此情形推广至式 (10.47) 所描述的波矢, 将坐标系沿 y 轴旋转角度 $-\alpha$, 这样 $\hat{n}_y'$ 不变, 而

$$\hat{n}_x' \to \cos\alpha\,\hat{n}_x' - \sin\alpha\,\hat{n}_z'. \tag{10.49}$$

代入式 (10.20), 其中上式第二项积分后为零, 只需保留第一项. 在表达为角度 θ', ϕ' 后实际上与进行坐标系旋转之前相同, 正比于 $\hat{n}_x'\hat{n}_y' = \sin^2\theta'\sin 2\phi'$. 故

$$U(\hat{\boldsymbol{e}}_z) \propto h_\times\cos\alpha\int_{-1}^{1}\mathrm{d}\cos\theta'\sin^4\theta'\int_0^{2\pi}\mathrm{d}\phi'\sin^2 2\phi' = h_\times\cos\alpha\left(\frac{16}{15}\right)\left(\frac{\pi}{2}\right). \tag{10.50}$$

可见, 在天空中投影沿 x 方向的张量扰动产生偏振的 U 分量, 即 B 模式偏振. 为更直观地理解, 参考图 10.8, 其显示了标量扰动的温度四极子. 而张量扰动产生的温度四极子需将此四极子再围绕 z 轴旋转 $45°$ [参考图 6.1 的 $h_\times$, 其恰好对应式 (10.48)]; 注意, 此偏振形态只在 $\hat{\boldsymbol{k}}$ 的 z 分量非零 ($\alpha \neq \pi/2$) 时出现, 即波矢并非

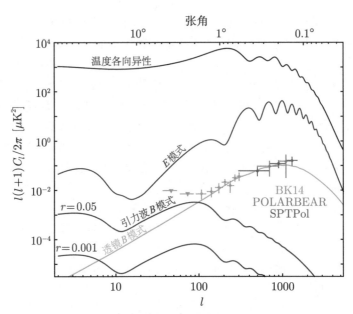

图 10.11　CMB 的 B 模式偏振的各向异性谱, 图中两条 B 模式功率谱分别取张标比 r = 0.001, 0.05. 由当前对张标比 r 的限制, B 模式功率谱远低于偏振的 E 模式. 在小尺度, B 模式功率主要来自 E 模式的引力透镜效应. 图中带误差棒的观测数据点已证实此效应. 图中大尺度的 B 模式信号来自银河系的前景尘埃辐射. 此图取自 Abazajian *et al.* (2016).

位于天空所在平面时 [此即式 (10.50) 中 $\cos \alpha$ 的意义]. 此温度四极子的形态意味着其产生的偏振形态 (图 10.8 的下图) 也围绕 z 轴旋转 45°. 与图 10.3 对比, 其确实是 B 模式偏振.

　　图 10.11 展示了暴胀产生的原初引力波导致的 B 模式理论功率谱, 其中张标比 r 分别取 0.001 和 0.05 [参见式 (7.103); 实际上, 对于给定的 $\mathcal{A}_s$, $C_{BB}(l)$ 正比于 r]. 功率谱在 $l \simeq 100$ 处达到峰值, 对应于氢复合时期. 另外, 在 $l < 10$ 的另一峰值来自再电离后电子的散射. 正如前面所讨论的, 标量扰动在 E 模式功率谱中所造成的类似效应使我们能够限制 τ_{rei}. 根据当前对张标比的限制, $r < 0.05$, 预示着 $C_{BB}(l)$ 显著地小于 $C_{EE}(l)$. 在没有 B 模式信号时, 不存在宇宙方差, 其上限来自观测的灵敏度及前景的扣除. 未来的观测将给出更加严格的限制.

　　在章节 13.3 中还会看到, 引力透镜也会影响 CMB. 它将 CMB 中较冷和较热的温度区域进行轻微的偏移, 也会在纯 E 模式偏振场中制造出 B 模式偏振, 并已被观测到. 幸运的是, 这些透镜产生的 B 模式偏振不仅幅度较小, 在功率谱中的形状也不同于张量扰动产生的 B 模式. 在较大尺度上, 我们仍有可能利用 B 模式偏振搜寻原初引力波.

10.7　小　结

令人欣慰的是, 我们已经攻克本书中难度最高的推导. 基于 Boltzmann 方程以及在较小张角尺度所适用的平直天空近似, 我们已能解决 CMB 偏振的绝大部分问题.

CMB 的偏振可表示为二阶、无迹的对称方阵, 可进一步分解为两个相互独立的自由度: E 模式和 B 模式, 类比于电场和磁场的性质 (参考图10.4).[①] 线性标量扰动只产生 E 模式偏振, 来自光子局部温度四极子的 Compton 散射. 类似的结论还会在第13章中出现, 也还会用到章节 10.1 中的大量结论.

E 模式偏振富含宇宙学信息, 如今已被高精度测量 (图 10.10). 在大尺度, E 模式偏振与温度各向异性的负相关性符合暴胀理论的预测. 另外, E 模式偏振在最大尺度的信号直接探测到再电离时期之后的 CMB 光子的散射现象, 并打破了温度各向异性测量中 $\mathcal{A}_s$ 与 $\tau_{\rm rei}$ 的简并.

B 模式偏振可用于搜寻非标量扰动. 正如第 7 章所述, 暴胀同样产生张量扰动, 即原初引力波, 故对其搜寻具有重要意义. 章节 10.6 的推导指出张量扰动确实产生 B 模式偏振. B 模式偏振的测量是目前最有希望探测到原初引力波的方式. 大量的实验正在投入相关的探测.

习　　题

10.1　基于式 (10.2), 推导当坐标系围绕视线方向 $\hat{\boldsymbol{e}}_z$ 旋转角度 α 时, I, Q, U 的变换规律. 对于波矢为 $\boldsymbol{l}$ 的单一平面波, 求 E, B 模式在以上坐标变换下的变换规律. 求以上变量在宇称变换 (在二维, 可取对 x 轴的镜像反演) 下的变换规律.

10.2　设波矢 $\boldsymbol{k}$ 不在 x-z 平面上. 证明沿 z 轴的出射光的偏振分量 Q 随 $\cos 2\phi_k$ 改变. 首先计算 $\hat{\boldsymbol{k}} \cdot \hat{\boldsymbol{n}}'$, 然后以权重 $\sin^2\theta'\cos 2\phi'$ [由式 (10.19) 得到] 将 $\mathcal{P}_2(\hat{\boldsymbol{k}} \cdot \hat{\boldsymbol{n}}')$ 对立体角积分.

10.3　计算标量扰动产生的偏振的 U 分量.

(a) 我们已得到无偏振入射光产生的偏振 Q 分量 (10.19), 其源于式 (10.15), 即依赖于 $|\hat{\boldsymbol{\epsilon}}_i \cdot \hat{\boldsymbol{e}}_x|^2$ 与 $|\hat{\boldsymbol{\epsilon}}_i \cdot \hat{\boldsymbol{e}}_y|^2$ 的差. 偏振的 U 分量为 $\hat{\boldsymbol{e}}_x$ 与 $\hat{\boldsymbol{e}}_y$ 进行了 $45°$ 的旋转所得, 即 $(\hat{\boldsymbol{e}}_x + \hat{\boldsymbol{e}}_y)/\sqrt{2}$ 和 $(\hat{\boldsymbol{e}}_x - \hat{\boldsymbol{e}}_y)/\sqrt{2}$. 在此情形下证明式 (10.20).

(b) 证明, 对于波矢位于 x-z 平面内的平面波扰动, 在 z 方向的出射光的偏振 U 分量为零.

---

① 译者注: 矢量的分解和张量的分解有本质的不同, E/B 模式分解仅为类比. 在张量场上定义散度、旋度, 以及它们的性质并不同于矢量场.

(c) 对于任意角度的波矢

$$\hat{\boldsymbol{k}} = (\sin\theta\cos\phi, \sin\theta\sin\phi, \cos\theta), \tag{10.51}$$

证明其产生偏振的 U 分量满足式 (10.28).

10.4　画出以下情况由平面波标量扰动产生的偏振形态: (a) $\theta_k = \pi/8$, $\phi_k = \pi/8$; (b) $\theta_k = 3\pi/4$, $\phi_k = \pi/4$; (c) $\theta_k = 3\pi/4$, $\phi_k = 0$; (d) $\theta_k = 3\pi/2$, $\phi_k = 0$. 并证明上述情况下偏振平行或垂直于偏振强度改变的方向.

10.5　求强耦合极限下 $\Pi \equiv \Theta_2 + \Theta_{P2} + \Theta_{P0}$ 的表述.

(a) 当 τ' 很大时, 方程 (10.31) 右侧与之相乘的部分应抵消. 写出用 Θ_2、Θ_{P2}、Θ_{P0} 表达出的 $\Theta_P(\mu)$ 的方程.

(b) 对 $\Theta_P(\mu)$ 作 Legendre 展开, 并仅保留单极子和四极子. 写出 $\mathcal{P}_0$、$\mathcal{P}_2$ 的系数对应的方程.

(c) 现有两个方程和三个未知量. 证明其解为 $\Theta_{P0} = 5\Theta_2/4$, $\Theta_{P2} = \Theta_2/4$.

(d) 利用以上结论将 Π 表示为 Θ_2 的形式.

10.6　正文中推导了张量扰动的 $h_\times$ 分量产生的 B 模式偏振. 从式 (10.47) 出发, 试推导张量扰动的 h_+ 模式, 并对结果作出解释. 提示: 参考式 (10.50) 后的讨论, 对比图 6.1 中两张量扰动模式的形态.

第 11 章 大尺度结构的探测: 示踪体

在第 9 章和第 10 章中, 我们看到, CMB 温度场的各向异性、偏振场的各向异性富含宇宙学信息. 在第 8 章中, 我们给出了线性物质功率谱 $P_L(k, z)$ 的精准预测, 且通过 $P_L(k, z)$ 可以限制 Hubble 常数、暗能量、中微子质量等宇宙学参数. 然而, 与 CMB 不同的是, 我们无法直接测量物质功率谱; 毕竟大部分物质以暗物质的形式存在, 甚至大部分重子物质也不易被观测到, 如稀薄的热气体. 我们只能间接探测宇宙中的物质分布. 本章介绍最重要的一种间接探测方法: 星系的成团性 (*galaxy clustering*), 其利用星系 (或任何宇宙中的天体) 作为宇宙大尺度结构的 示踪体 (*tracer*). 本章还将介绍另一类以 CMB 作为背景光源的间接探测方法. 后续章节还将介绍星系团和引力透镜等其他间接探测方法.

星系的红移巡天是最直接的测量星系数密度场的方法, 其记录星系在天球上的位置和红移, 后者提供星系离我们的距离. 这样便得到了大批星系的三维坐标, 可用于分析它们的三维统计信息, 如星系分布的功率谱 $P_{g,obs}(\boldsymbol{k})$. 然而, 由红移巡天得到的星系分布功率谱存在一系列的问题. 首先, 星系的成团性有别于物质的成团性, 此问题称为 偏袒 (*bias*). 其次, 星系的红移不仅包含宇宙学红移 (仅是距离的函数), 还包含来自星系 本动速度 (*peculiar velocity*) 的 Doppler 红移. 只有星系相对于共动坐标静止时, 星系的红移才完全由宇宙的膨胀所决定. 然而, 大部分星系的本动速度不可忽略, 其本动速度在视线方向的分量产生 Doppler 红移. 即使是非常精确的红移观测, 也无法表征星系离我们的精确距离. 此外, 星系的本动速度也并非随机, 而是与物质密度场有一定的相关性. 这种效应 系统性地影响了星系分布的统计, 称为 红移空间畸变 (*redshift-space distorsion, RSD*).

然而, 偏袒和 RSD 均不会改变星系成团在大尺度的性质, 这来自偏袒和星系本动速度的一些简化和假设. 本章将给出这些假设, 并在第 12 章中理解它们的合理性. 基于这些事实, 我们能够利用星系分布的功率谱和物质功率谱中的 重子声学振荡 (*baryon acoustic oscillation, BAO*) 去限制宇宙的膨胀历史. BAO 也因此成为暗能量的主要探针.

看似只作为噪声污染的 RSD 效应也有一个优点: 通过星系本动速度对星系分布功率谱的影响, 我们能够测量宇宙的结构增长率. 这实际上是另一个借助引力探测暗能量的方法.

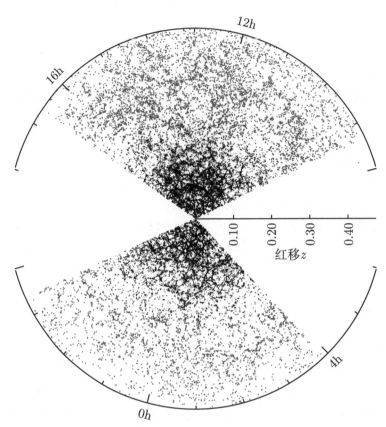

图 11.1 SDSS 星系巡天某切片 (天赤道 ±3° 内) 中的星系分布. 颜色代表不同的星系样本: 黑色为具有星等限制的主样本 (同图 1.8), 红色为亮红星系 (luminous red galaxy, LRG) 样本. 其中 LRG 样本覆盖到更大的巡天体积, 因其包含的亮星系可在更远的距离被观测到. 此图取 自 Michael Blanton 和 SDSS Collaboration.

　　星系的红移巡天富含宇宙学信息, 但耗费大量观测时间. 红移的测量需要得 到星系的光谱. 为得到光谱, 探测器需要接收大量的光子, 远多于星系成像所需. 如果不测量星系的红移, 只测量它们在天球的位置, 则相对简单. 测光巡天只拍摄 各天区的图像, 利用更多的星系数量弥补缺失的径向位置信息. 另外, 侧重引力透 镜的巡天的也会产生星系在天球的二维位置数据作为副产品. 因此, 我们同样需 要预测星系的角功率谱 $C_g(l)$. 章节 11.2 中将会看到, $C_g(l)$ 实际上是三维星系分 布功率谱的积分.

　　类似地, 对电离气体压强扰动的三维功率谱的积分, 将会得到章节 11.3 中的 另一可观测量. 在宇宙晚期, 电离气体的温度远高于 CMB 光子的温度. 其对 CMB 光子的散射倾向于将 CMB 光子转移至更高的能量, 导致 CMB 黑体谱的形变, 称为 *SZ (Sunyaev-Zel'dovich)* 效应. 从 CMB 信号中提取出来的 SZ 效应, 通过测量电离气体压强的积分, 可用于寻找大质量星系团.

11.1 星系的成团性

图 11.1 展示了斯隆数字巡天 (Sloan Digital Sky Survey, SDSS) 的部分星系分布. 这种类型的红移巡天包含百万量级的星系, 它们的统计性质如何与理论作比较? 类似 CMB 的各向异性, 最简单的统计便是三维星系分布的功率谱 $P_{\text{g,obs}}(\boldsymbol{k})$.

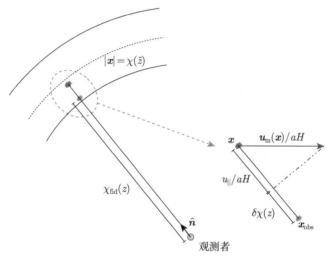

图 11.2　星系三维坐标的测量. 星系选自一较小的红移区间 (两条实线圆弧之间), 以 $\bar{z}$ 为中心 (点线圆弧). 所示星系的天球坐标为 $\hat{\boldsymbol{n}}$, 红移为 z. 我们赋予其位置坐标 $\boldsymbol{x}_{\text{obs}}$, 并由于两个原因有别于其真实位置 $\boldsymbol{x}$ [式 (11.5)]: 给定的距离-红移关系并非精确; 所测红移含星系本动速度的视线方向分量 $u_{\parallel}$ 的 Doppler 效应.

首先定义一些变量. 图 11.2 展示了星系的位置坐标: 某星系位于共动距离 $\chi(z)$ [定义 (2.34)], 其相对于观测者的三维坐标 $\boldsymbol{x}$ 为

$$\boldsymbol{x}(z, \theta, \phi) = \chi(z)\,\hat{\boldsymbol{n}}(\theta, \phi); \qquad \hat{\boldsymbol{n}} = \frac{\boldsymbol{x}_{\text{obs}}}{|\boldsymbol{x}_{\text{obs}}|}. \tag{11.1}$$

单位矢量 $\hat{\boldsymbol{n}}$ 与天球上的位置一一对应, 也可由 θ, ϕ 给定. 此外, 在无扰动的零阶宇宙中, 距离 $\chi(z)$ 与红移 z 直接对应 (章节 2.2). 为得到 $\chi(z)$ 这个函数, 需要给定宇宙的膨胀历史, 但同时这也是我们待测量的目标之一. 实践中, 我们通常取一基准 (fiducial) 宇宙学模型, 得到一个基准的 *距离-红移关系* $\chi_{\text{fid}}(z)$; 一般而言, 其

有别于真实宇宙的距离-红移关系:

$$\chi_{\mathrm{fid}}(z) = \chi(z) + \delta\chi(z). \tag{11.2}$$

式 (11.1) 的另一问题是, 当星系相对背景宇宙具有本动速度时, $|\boldsymbol{x}_{\mathrm{obs}}|$ 并非星系的真实距离. 这是因为所观测到的星系红移为

$$1 + z = \frac{1}{a_{\mathrm{em}}}\left[1 + u_\parallel\right], \qquad u_\parallel = \boldsymbol{u}_{\mathrm{g}} \cdot \hat{\boldsymbol{n}}, \tag{11.3}$$

其中 a_{em} 是现在时刻所接收到的光从星系发出 (emit) 时宇宙的尺度因子, $1/a_{\mathrm{em}}$ 即当时的宇宙学红移. 上式第二项是星系的本动速度 $\boldsymbol{u}_{\mathrm{g}}$ 导致的 Doppler 效应修正 (其一阶部分为 u_g). 请特别注意, 上式中 $1/a_{\mathrm{em}}$ 同时乘以宇宙学红移和 Doppler 红移项, 这表示本动速度对红移作出修正的比例是固定的, 无论星系的距离有多远. 这里我们假设星系的本动速度远小于光速 (参考章节 12.1 中的讨论), 故 Doppler 效应修正只需保留至线性项 u_g. 下述讨论中, 我们设星系的速度等同于物质的速度, $\boldsymbol{u}_{\mathrm{g}} = \boldsymbol{u}_{\mathrm{m}}$. 在章节 12.6 中将看到此结论在大尺度确实成立. 式 (11.3) 还忽略了 SW 和 ISW 效应对红移的影响. 其影响非常小, 且在极大尺度才需要考虑.

若 $\boldsymbol{u}_{\mathrm{m}} = 0$, 且基准宇宙学模型与真实宇宙一致, 则我们估计的距离 $|\boldsymbol{x}| = \chi(z)$ 是准确的. 计算式 (11.1) 的偏差:

$$\Delta\boldsymbol{x}_{\mathrm{RSD}} = \left.\frac{\partial\boldsymbol{x}_{\mathrm{obs}}}{\partial u_\parallel}\right|_{u_\parallel=0} u_\parallel = \frac{1}{aH}u_\parallel\hat{\boldsymbol{n}}, \tag{11.4}$$

其中下标 $_{\mathrm{RSD}}$ 表示此偏差来自 RSD 效应. 由于星系的位置沿视线方向偏移, $\boldsymbol{x}_{\mathrm{obs}}$ 沿 $\hat{\boldsymbol{n}}$ 方向, 星系在天球上的位置不变. 并且, $u_\parallel > 0$ 表示星系的本动速度为远离观测者的方向, 导致额外的红移, 增加了测得距离. 再考虑基准宇宙学模型的偏差, 即结合式 (11.2, 11.4), 保留至 $\delta\chi$ 和 $u_\parallel$ 的一阶项, 得到

$$\boldsymbol{x}_{\mathrm{obs}} = \boldsymbol{x} + \left[\delta\chi(z) + \frac{1}{aH}u_\parallel(\boldsymbol{x})\right]\hat{\boldsymbol{n}}, \tag{11.5}$$

其中 $\boldsymbol{x}$ 表示星系的真实坐标. 后面将会看到, 上式中星系真实位置 $\boldsymbol{x}$ 到测得位置 $\boldsymbol{x}_{\mathrm{obs}}$ 的偏移对星系成团性的观测非常重要. 尽管推导略显复杂, 但坐标偏移中的两种成分均富含宇宙学信息.

11.1.1   星系分布的统计

假设我们利用星系的测得位置 $\boldsymbol{x}_{\mathrm{obs}}$ [式 (11.5)] 得到了功率谱, 那么这个带有偏差的功率谱与真实星系分布的功率谱的关系如何? 此问题可追溯至 20 世纪 70

年代. 在此依照此领域最经典的论文 (Kaiser, 1987) 中的推导, 在线性理论的框架下给出结论. Kaiser 当年仅考虑了 RSD 效应, 在此我们也引入宇宙学参数的偏差对径向距离的影响.

作为问题的出发点, 首先意识到: 无论使用星系的测得位置 $\boldsymbol{x}_{\mathrm{obs}}$ 还是真实位置 $\boldsymbol{x}$, 在给定区域的星系总数应守恒. 将巡天体积划分为很多微小体元, 并通过计算每个体元内的星系数目, 得到观测的星系数密度场 $n_{\mathrm{g,obs}}(\boldsymbol{x}_{\mathrm{obs}})$. 如果我们能够得到星系的真实位置, 也将能得到真实的星系数密度场 $n_{\mathrm{g}}(\boldsymbol{x})$. 由于星系数目守恒, 有

$$n_{\mathrm{g,obs}}(\boldsymbol{x}_{\mathrm{obs}})\mathrm{d}^3 x_{\mathrm{obs}} = n_{\mathrm{g}}(\boldsymbol{x})\mathrm{d}^3 x, \tag{11.6}$$

其中 n_{g} 是在实空间 $\boldsymbol{x}$ 的星系数密度, $n_{\mathrm{g,obs}}$ 是红移空间的星系数密度. 在观测坐标的某点周围的微小体元可写为

$$\mathrm{d}^3 x_{\mathrm{obs}} = x_{\mathrm{obs}}^2 \mathrm{d}x_{\mathrm{obs}}\mathrm{d}\Omega, \tag{11.7}$$

其中 $x_{\mathrm{obs}} \equiv |\boldsymbol{x}_{\mathrm{obs}}|$, 而实空间体元

$$\mathrm{d}^3 x = x^2 \mathrm{d}x\mathrm{d}\Omega. \tag{11.8}$$

由于立体角积分 $\mathrm{d}\Omega$ 相同, 可以得到

$$n_{\mathrm{g,obs}}(\boldsymbol{x}_{\mathrm{obs}}) = n_{\mathrm{g}}(\boldsymbol{x})J. \tag{11.9}$$

其中雅可比 (Jacobian) 行列式 J 定义为

$$J \equiv \left| \frac{\mathrm{d}^3 x}{\mathrm{d}^3 x_{\mathrm{obs}}} \right| = \left| \frac{\mathrm{d}x}{\mathrm{d}x_{\mathrm{obs}}} \right| \frac{x^2}{x_{\mathrm{obs}}^2}. \tag{11.10}$$

结合式 (11.5), 将 J 表达为 $\delta\chi$ 和 $u_\parallel$ 并保留至一阶:

$$J = \left(1 + \frac{\delta\chi}{x} + \frac{u_\parallel}{aHx} \right)^{-2} \left| 1 + \frac{\mathrm{d}}{\mathrm{d}x}\delta\chi + \frac{1}{aH}\frac{\partial}{\partial x}u_\parallel \right|^{-1}. \tag{11.11}$$

注意 $\delta\chi$ 和 $u_\parallel$ 的本质区别: $\delta\chi$ 只依赖于红移 (可使用 x 替代), 但 $u_\parallel$ 是三维空间的函数. 首先推导 $\delta\chi$, 利用

$$\frac{\mathrm{d}}{\mathrm{d}x}\delta\chi = \frac{\mathrm{d}z}{\mathrm{d}x}\frac{\mathrm{d}\delta\chi}{\mathrm{d}z} = H\delta(H^{-1}) = -H^{-1}\delta H, \tag{11.12}$$

其中,[①] $\delta H(z) = H_{\mathrm{fid}}(z) - H(z)$ 是基准宇宙学模型给出的膨胀率和真实膨胀率的差, 同时我们多次利用了关系式 $\mathrm{d}z/\mathrm{d}x = \mathrm{d}z/\mathrm{d}\chi = H$. 这样, 式 (11.11) 改写为

$$J = \left(1 + \frac{\delta\chi}{x} + \frac{u_\parallel}{aHx} \right)^{-2} \left| 1 - H^{-1}\delta H + \frac{1}{aH}\frac{\partial}{\partial x}u_\parallel \right|^{-1}$$

---

① 译者注: 原文中写为 $\delta H(z) = H(z) - H_{\mathrm{fid}}(z)$. 已更正. 一并更正了式 (11.30-11.33) 中对应的正负号.

$$\simeq \left(1 - 2\frac{\delta\chi}{x} + H^{-1}\delta H - 2\frac{u_\parallel}{aIIx}\right)\left(1 - \frac{1}{aII}\frac{\partial}{\partial x}u_\parallel\right), \qquad (11.13)$$

其中第二步忽略了二阶项, 并将 δH 项移至第一个括号中. 究其原因, 考虑此项和其前面的 $\delta\chi$ 项, 它们只通过红移 z 依赖于 $|\boldsymbol{x}|$. 考虑观测 $\bar{z}$ 附近一狭窄的红移区间内的星系 (通常这样做是为了忽略星系样本的宇宙学演化), 可设 x 为 $\bar{x} = \chi(\bar{z})$. 另外, 可只在 $\bar{z}$ 处估计出 $\delta\chi, \delta H, H$ 的取值. 在此近似下, 这些项化简为常数.

下面考虑 $u_\parallel/aHx$ 项. Kaiser 发现, 此项一般很小. $u_\parallel/aH$ 是星系本动速度的视线方向分量导致的星系测得位置的偏移; 利用线性理论并代入相关数值, 可知此偏移的典型值为 $\lesssim 10\,h^{-1}\mathrm{Mpc}$ (参见习题 11.3). 而对于当代的星系巡天, $\chi \sim \bar{\chi}$ 至少有几百 Mpc 的尺度, 因而此项非常小, 可忽略. 然而, 因速度项随空间变化很快, 含 $\partial u_\parallel/\partial x$ 的一项不可忽略. 由以上讨论, 得到简化的 Jacobian 行列式:

$$J \simeq \bar{J}\left(1 - \frac{1}{aH}\frac{\partial}{\partial x}u_\parallel\right); \quad \bar{J} = 1 - 2\frac{\delta\chi(\bar{z})}{\bar{\chi}} + H^{-1}(\bar{z})\,\delta H(\bar{z}). \qquad (11.14)$$

星系数密度在真实和测得坐标中分别为 $n_\mathrm{g} = \bar{n}_\mathrm{g}(1 + \delta_\mathrm{g})$ 和 $n_\mathrm{g,obs} = \bar{n}_\mathrm{g}(1 + \delta_\mathrm{g,obs})$, 其中 $\bar{n}_\mathrm{g}$ 为平均星系数密度. 实测中, $\bar{n}_\mathrm{g}$ 来自红移区间内的星系总数除以红移区间内的总体积. 这也保证了 $\delta_\mathrm{g,obs}$ 在巡天中的均值为零. 将式 (11.9) 展开至一阶, 得到在测得坐标下的星系密度扰动

$$1 + \delta_\mathrm{g,obs}(\boldsymbol{x}_\mathrm{obs}) = 1 + \delta_\mathrm{g}\left(\boldsymbol{x}[\boldsymbol{x}_\mathrm{obs}]\right) - \frac{1}{aH}\frac{\partial}{\partial x}u_\parallel\left(\boldsymbol{x}[\boldsymbol{x}_\mathrm{obs}]\right). \qquad (11.15)$$

但注意等式右边的星系数密度和速度取自真实坐标. 在下面两小节将处理速度的两种效应: RSD 效应、来自基准宇宙学模型偏差的效应.

11.1.2　红移空间畸变

在计算红移空间星系分布的功率谱之前, 首先思考本动速度对星系成团性定性的影响. 图 11.3 展示了实空间和红移空间成团性的示意图, 其中左图显示的是我们将主要讨论的大尺度 RSD 效应. 一块较大尺度的高密度区周围的星系向其中心会聚成团, 在红移空间表现为 "挤压" 的效应. 离观测者较近的星系的本动速度远离观测者, 因而所测得的位置离高密度区更近. 反之亦然. 在真实空间中各向同性的分布在红移空间中展现出了各向异性, 提高了星系数密度 (此效应也可体现于章节 11.1.1 中的 Jacobian 行列式). 综上所述, 我们期待红移空间的星系成团性高于实空间.

考虑更小尺度时, 星系本动速度所导致的偏移 $u_\parallel/aH$ 可能大于星系间的距离, 其 RSD 效应展示为图 11.3 右图. 观测所得的密度等高线在视线方向被大幅扭曲. 星系成团性的四极子相对于线性 RSD 效应而言甚至具有相反的符号.

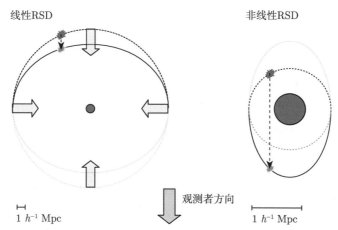

图 11.3　红移空间畸变 (RSD) 在线性/大尺度 (左) 和非线性/小尺度 (右) 的示意图. 左右两图中, 中心的实心圆表示高密度区, 观测者位于图下方足够远处, 视线方向 $\hat{n}$ 为竖直方向. 虚线圆形表示一密度等高线, 在红移空间被扭曲为实线椭圆形. 左图: 较粗箭头表示速度场, 带虚线的箭头表示视线方向速度分量导致的星系测得位置相对真实位置的偏移. 右图: 非线性情况下, 尺度更小, 实空间更远处的星系被映射至离观测者较近处.

现实中, 小尺度 RSD 涉及非线性成团, 远比图 11.3 复杂. 本章仅试图定量描述较大尺度的线性 RSD 效应. 线性 RSD 效应也是非线性 RSD 效应的基础和出发点.

现利用式 (11.15) 计算红移空间星系分布的功率谱. 忽略 $\delta\chi$ 和 δH, 另外还需要 $\delta_{\mathrm{g}}, \boldsymbol{u}_{\mathrm{m}}$ 与物质密度扰动 δ 的关系. 首先考虑 $\boldsymbol{u}_{\mathrm{m}}$, 其在线性近似下平行于 $\hat{\boldsymbol{k}}$. 宇宙晚期 ($z \lesssim 10$), 重子与冷暗物质的相对速度可忽略 ($u_{\mathrm{b}} = u_{\mathrm{c}}$) 且它们的密度扰动相等 ($\delta_{\mathrm{b}} = \delta_{\mathrm{c}}$). 这样可以利用连续性方程 (8.12) 统一处理物质密度扰动:

$$\delta_{\mathrm{m}}' + i\boldsymbol{k} \cdot \boldsymbol{u}_{\mathrm{m}} = -3\Phi', \tag{11.16}$$

其中 $'$ 表示对共形时间 η 求导. 由于我们仅考虑亚视界尺度, $(aH/k)^2$ 很小, 等式右边可忽略. 又因线性密度扰动正比于增长因子 $D_{+}(\eta)$, 可将速度表示为密度,

$$\boldsymbol{u}_{\mathrm{m}}(\boldsymbol{k}, \eta) = \frac{i\boldsymbol{k}}{k^2} \frac{D_{+}'}{D_{+}} \delta(\boldsymbol{k}, \eta) = aHf \frac{i\boldsymbol{k}}{k^2} \delta(\boldsymbol{k}, \eta), \tag{11.17}$$

其中线性增长率 $f = \mathrm{d}\ln D_{+}/\mathrm{d}\ln a$ 见定义 (8.78), f 在 ΛCDM 宇宙学模型中接近 1 (在平直、物质主导的宇宙中等于 1). 方程 (11.17) 需注意两点. 第一, 在 Fourier 空间速度场平行于波矢 $\boldsymbol{k}$, 是一个纵向的矢量, 即在实空间速度场的旋度为零. 第 12 章中将会看到, 速度场的旋度是一个衰减模式, 类似于第 6 章所提及的矢量扰动模式, 故速度场的无旋性是一个合理的假设. 第二, 此密度与速度的关系仅适用于大尺度的线性近似, 其非线性效应参见第 12 章.

还需建立 δ_g 与 δ_m 间的关系. 我们采用 线性偏袒关系 (*linear bias relation*)

$$\delta_\mathrm{g}(\boldsymbol{x},\eta) = b_1(\eta)\delta_\mathrm{m}(\boldsymbol{x},\eta). \tag{11.18}$$

星系作为大尺度结构中非线性的示踪体, 其数密度扰动与物质密度扰动并不相同. 但在大尺度, 它们之间呈现简单的线性相关性, 在章节 12.6 中将给出说明. 偏袒因子 b_1 一般依赖于红移, 且敏感地依赖于星系样本. 还需注意, 星系是离散的、非连续的示踪体, 星系数密度场存在噪声. 由于此噪声独立于 RSD 效应, 我们稍后再进行讨论.

综上所述, 利用式 (11.5), 我们发现红移空间的密度扰动是实空间密度扰动附加本动速度的修正:

$$\delta_\mathrm{g,RSD}(\boldsymbol{x}) = b_1\delta_\mathrm{m}(\boldsymbol{x}) - \frac{\partial}{\partial x}\left[\frac{\boldsymbol{u}_\mathrm{m}(\boldsymbol{x})\cdot\hat{\boldsymbol{x}}}{aH}\right]. \tag{11.19}$$

我们用下标 RSD 表示此修正仅来自 RSD 效应. 从此处起, 为简洁起见我们不再写出时间变量. 同时, 我们替换 $\boldsymbol{x}_\mathrm{obs}$ 为 $\boldsymbol{x}$, 因它们之间的偏移已经是一个扰动项, 仅影响 δ_g 和 $\boldsymbol{u}_\mathrm{m}$ 展开的高阶项, 故可忽略 $\boldsymbol{x}_\mathrm{obs}$ 与 $\boldsymbol{x}$ 的差别. 另外, aH 只需取红移 $\bar{z}$ 处的值, 这对于一个较小的红移区间的天区是足够精确的.

再作 遥远观测者近似 (*distant-observer approximation*), 相当于平直天空近似, 即设矢量 $\hat{\boldsymbol{n}} = \boldsymbol{x}/x$ 为常矢量, 不随空间变化, 忽略各星系 $\hat{\boldsymbol{n}}$ 的差异. 此近似在天空张角较小时成立 (参考图 11.2). 也就是说, 当星系在 (x^1, x^2) 平面上的间距较小时, 可作近似 $\hat{\boldsymbol{x}}\cdot\boldsymbol{u}_\mathrm{m} \to \hat{\boldsymbol{e}}_z\cdot\boldsymbol{u}_\mathrm{m}$, 其中 $\hat{\boldsymbol{e}}_z$ 是从观测者指向所观测天区中心的单位矢量 (设为 z 轴).

在遥远观测者近似下, 可直接对式 (11.19) 进行 Fourier 变换

$$
\begin{aligned}
\delta_\mathrm{g,RSD}(\boldsymbol{k}) &= \int \mathrm{d}^3 x\, e^{-i\boldsymbol{k}\cdot\boldsymbol{x}}\left[b_1\delta_\mathrm{m}(\boldsymbol{x}) - \frac{\partial}{\partial x}\left(\frac{\boldsymbol{u}_\mathrm{m}(\boldsymbol{x})\cdot\hat{\boldsymbol{e}}_z}{aH}\right)\right] \\
&= b_1\delta_\mathrm{m}(\boldsymbol{k}) - if\int \mathrm{d}^3 x\, e^{-i\boldsymbol{k}\cdot\boldsymbol{x}}\frac{\partial}{\partial x}\left[\int\frac{\mathrm{d}^3 k'}{(2\pi)^3}e^{i\boldsymbol{k}'\cdot\boldsymbol{x}}\delta_\mathrm{m}(\boldsymbol{k}')\frac{\boldsymbol{k}'}{k'^2}\cdot\hat{\boldsymbol{e}}_z\right],
\end{aligned} \tag{11.20}
$$

其中等式第二步用到了方程 (11.17). 对 x 的偏导作用于 e 指数得到 $i\boldsymbol{k}'\cdot\hat{\boldsymbol{x}}$ 项, 可将之设为 $i\boldsymbol{k}'\cdot\hat{\boldsymbol{e}}_z$, 故

$$\delta_\mathrm{g,RSD}(\boldsymbol{k}) = b_1\delta_\mathrm{m}(\boldsymbol{k}) + f\int\frac{\mathrm{d}^3 k'}{(2\pi)^3}\delta_\mathrm{m}(\boldsymbol{k}')\left(\hat{\boldsymbol{k}}'\cdot\hat{\boldsymbol{e}}_z\right)^2\int\mathrm{d}^3 x\, e^{i(\boldsymbol{k}'-\boldsymbol{k})\cdot\boldsymbol{x}}. \tag{11.21}$$

对 $\boldsymbol{x}$ 的积分得到 $(2\pi)^3\delta_\mathrm{D}^{(3)}(\boldsymbol{k}'-\boldsymbol{k})$. 因此, 在遥远观测者近似下,

$$\delta_\mathrm{g,RSD}(\boldsymbol{k}) = \left(b_1 + f\mu_k^2\right)\delta_\mathrm{m}(\boldsymbol{k}). \tag{11.22}$$

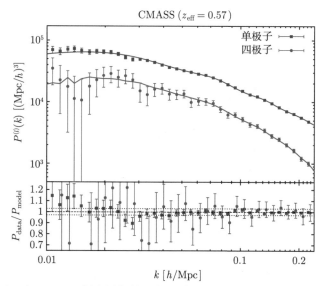

图 11.4 BOSS 巡天 CMASS 样本测得的三维星系分布功率谱. 图中展示了功率谱的单极子和相对于 μ_k 的四极子. 下图中显示数据与最佳拟合模型的比值, 其中的模型包含式 (11.23) 和在小尺度的非线性修正. 此图取自 Gil-Marín *et al.* (2016).

其中 $\mu_k \equiv \hat{e}_z \cdot \hat{k}$, 即波矢与视线方向夹角的余弦. 式 (11.22) 量化了我们所预期的大尺度 RSD 效应. 首先, 因 $f\mu_k^2 \geqslant 0$, 红移空间的密度扰动大于实空间的密度扰动. 此效应在图 11.3 中十分清晰: 当某密度等高线在视线方向被压缩时, 星系在此方向彼此更加靠近, 使得数密度增加. 反之亦成立: 低密度区在红移空间的密度更低. 密度扰动的增加在波矢平行于视线方向时最为明显. 波矢垂直视线方向时, 对应的密度扰动模式不受 RSD 改变.

对应地, 红移空间的星系分布功率谱同时依赖于 $\boldsymbol{k}$ 的大小和方向. 由式 (11.22) 可进一步写出

$$P_{g,\text{RSD}}(k, \mu_k, \bar{z}) = P_{\text{L}}(k, \bar{z}) \left(b_1 + f\mu_k^2\right)^2 + P_N, \qquad (11.23)$$

其中 $P_{\text{L}}(k, z)$ 是第 8 章给出的线性物质功率谱, 参数 b_1 和 f 应取红移 $\bar{z}$ 处的值. 上式还含有星系分布功率谱的白噪声项 P_N, 是不依赖于尺度的常数. 当星系在一连续的天区被进行 Poisson 采样时, 此结论成立; 且 (习题 14.8)

$$P_N = \frac{1}{\bar{n}_{\text{g}}}. \qquad (11.24)$$

尽管由于一系列原因, 对于实际的星系巡天, Poisson 采样并非一个严格的假设, 但在较大尺度仍然预期 P_N 取一个尺度无关的常数.

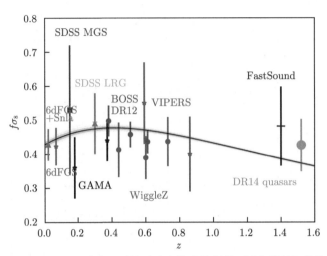

图 11.5 各星系巡天中的 RSD 效应、对星系速度的直接测量 (图中最低红移的两个数据点) 给出的对 $f\sigma_8$ 的限制. 其中直接测量方法利用如超新星的距离探针, 通过比较测得红移和估计出的距离来计算星系的本动速度, 即式 (11.4). 此图取自 Planck Collaboration (2018b).

现在, 如果我们测量 $P_{\mathrm{g,RSD}}(k,\mu_k)$, 可同时改变 k 和 μ_k 从而分离出 b_1 和 f 的贡献. 这通常需要通过将 $P_{\mathrm{g,RSD}}(k,\mu_k)$ 对 μ_k 作多极展开, 参见习题 11.4. 图 11.4 画出了 BOSS 巡天 (SDSS-III 的一部分) 测得的星系分布功率谱的多极子, 其展现出数据与模型惊人的一致性. 理论模型来自线性理论的预测和第 12 章将要讨论的非线性修正. 注意到误差在大尺度 (k 较小时) 逐渐增加, 其原因与 CMB 多极子较低 l 处的样本方差相同: 在有限的巡天体积 V_{survey} 中, 仅有限的 Fourier 模式可供测量, 其数量大致为 $N_k = 2\pi k^2 \Delta k V_{\mathrm{survey}}/(2\pi)^3$. 在 V_{survey} 尚未覆盖整个可观测宇宙时, 我们的星系巡天应覆盖更高的红移和更广阔的天区以减小误差. 当然这需要更大型的望远镜和更长的观测时间.

以上结果是否意味着我们可以同时测量偏袒因子 b_1 和增长率 f? 不完全是, 因为一般来说物质功率谱 $P_{\mathrm{L}}(k,\bar{z})$ 的振幅仍然未知. 然而, 如果我们将物质功率谱的振幅表示为习题 8.13 中定义的 σ_8, 则星系分布的三维功率谱可测量 $b_1\sigma_8$ 和 $f\sigma_8$. 其中前者依赖于星系形成的性质, 对于宇宙学家或多或少是一个令人 "讨厌" 的参数 (nuisance parameter), 后者 $f\sigma_8$ 则富含宇宙学信息.

图 11.5 总结了当前对 $f\sigma_8$ 的限制. 正如章节 8.5 所述, 增长因子和结构增长率可直接探测暗能量的效应. 暗能量所导致的加速膨胀越强, 增长率越低. 相反, 在非广义相对论的引力模型中, 我们预期更大的增长率, 因为典型的修改引力理论使引力的强度增加. 因此, 将增长率与膨胀率进行比较具有重要的意义. 在广义相对论引力模型中, 无论暗能量形式如何, 增长率和膨胀率的关系是固定的, 即式

(8.78), 而修改引力理论则会改变此关系式. 值得注意的是, 当前的观测数据的确支持平直的基准宇宙学模型, 且 $\Omega_\Lambda \simeq 0.7$ (图中实线). 图中高红移处的几个数据点符合物质主导宇宙, 而在低红移区, $z \lesssim 0.5$, 增长率出现转折, 结构形成减缓.

11.1.3 BAO 和 AP 检验

下面考虑基准宇宙学的偏差所引起的效应, 即在式 (11.1) 中我们采用了不同于真实宇宙的距离-红移关系去计算星系的三维坐标. 除非有更高等的文明告诉我们真实宇宙的参数, 否则我们只能接受并试图处理此效应. 幸运的是, 对测得星系分布功率谱的检验可以帮助我们得到准确的距离-红移关系.

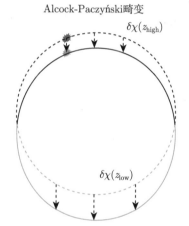

图 11.6　由基准宇宙学模型的偏差导致的 Alcock-Paczyński 畸变. 在最低阶, 所有星系的真实位置 (虚线圆形) 和测得位置之间在视线方向偏移了相同的 $\delta\chi(\bar{z})$. 然而, $\delta\chi$ 一般随红移变化, 偏移量在低红移 z_{low} 和高红移 z_{high} 不同, 导致测得位置 (实线椭圆) 被扭曲.

相比于 RSD 效应, 此效应的推导相对简单. 如图 11.6 所示, 星系的真实位置分布于虚线所示的圆形上, 它们测得的位置相对于真实位置发生偏移 $\delta\chi(z)$. 在最低阶, 所有星系的偏移量一致. 然而一般地, 距离-红移关系在不同的宇宙学模型中演化不同, 偏移量的大小也依赖于红移, 最终导致图中的圆形在平移的同时发生畸变, 变成了一个椭圆.

作为观测者, 我们将星系的天球坐标 (θ, ϕ) 和红移 z 转换为三维空间中的测得位置 $\boldsymbol{x}_{\text{obs}}$. 在计算中我们利用基准宇宙学模型的距离-红移关系 $\chi_{\text{fid}}(z)$, 并选定一个方便计算的三维坐标系. 此处, 再次作平直天空近似, 星系在天空的二维坐标记为 $\boldsymbol{\theta}$, 选定坐标原点使得

$$\boldsymbol{x}_{\text{obs}} = \boldsymbol{0} \quad \Leftrightarrow \quad \boldsymbol{\theta} = \boldsymbol{0}, \; z = \bar{z}, \tag{11.25}$$

其中 $\boldsymbol{\theta} = \mathbf{0}$ 对应于天空中巡天天区中心的方向, $\bar{z}$ 是巡天所考虑的红移区间的中心值. 星系所测得的横向坐标为

$$(x^1_{\text{obs}}, x^2_{\text{obs}}) = \chi_{\text{fid}}(z) \times (\theta^1, \theta^2), \tag{11.26}$$

而对于真实宇宙学模型, 这两个坐标分量应为

$$(x^1, x^2) = \chi(z) \times (\theta^1, \theta^2) = \left[1 - \frac{\delta\chi(z)}{\chi_{\text{fid}}(z)}\right] (x^1_{\text{obs}}, x^2_{\text{obs}}). \tag{11.27}$$

其中第二步等式利用了式 (11.2, 11.26). 在整个过程中, 我们只需对 $\delta\chi$ 保留至一阶. 由式 (11.27) 可见, 若 $\delta\chi > 0$, 星系的测得共动距离大于其真实的共动距离, 或者说, 在垂直于视线方向的平面上, 星系与坐标原点的真实距离 ($|x^1|, |x^2|$) 小于我们所推测出的距离.

视线方向的坐标 x^3_{obs} 由红移给出. 由于我们选定了 $z = \bar{z}$, 对应于 $x^3 = 0$, 测得坐标为

$$x^3_{\text{obs}}(z) = \chi_{\text{fid}}(z) - \chi_{\text{fid}}(\bar{z}) \simeq \frac{1}{H_{\text{fid}}(\bar{z})}(z - \bar{z}), \tag{11.28}$$

这里只展开至 $z - \bar{z}$ 的一阶项, 因我们已假设红移区间很小, 且利用了 $\mathrm{d}\chi/\mathrm{d}z = 1/H$. 类似地, 对于真实宇宙学模型, 此坐标分量应为

$$x^3(z) \simeq \frac{1}{H(\bar{z})}(z - \bar{z}) = \frac{H_{\text{fid}}(\bar{z})}{H(\bar{z})} x^3_{\text{obs}}. \tag{11.29}$$

因 $\delta H = H_{\text{fid}}(z) - H(z)$, 保留至 δH 的一阶项, 得

$$x^3(z) = \left[1 + \frac{\delta H(\bar{z})}{H_{\text{fid}}(\bar{z})}\right] x^3_{\text{obs}}. \tag{11.30}$$

由于坐标系的原点定为固定的红移 $\bar{z}$, 测得坐标与真实坐标间的偏移仅取决于 $\chi(z)$ 和 $\chi_{\text{fid}}(z)$ 对红移的依赖; 也就是 $\bar{z}$ 处距离-红移关系的斜率 $\mathrm{d}\chi/\mathrm{d}z$, 即膨胀率的倒数 $1/H(\bar{z})$. 我们发现, 视线方向的偏移 [式 (11.30)] 与垂直视线方向的偏移 [式 (11.27)] 并不相同, 这将导致星系数密度场的扭曲 (图 11.6).

综上所述, 由宇宙学模型偏差导致的星系测得位置与真实位置的关系为

$$\boldsymbol{x}(\boldsymbol{x}_{\text{obs}}) = \left([1 - \alpha_\perp]x^1_{\text{obs}}, \ [1 - \alpha_\perp]x^2_{\text{obs}}, \ [1 - \alpha_\parallel]x^3_{\text{obs}}\right),$$
$$\text{其中,} \quad \alpha_\perp = \left.\frac{\delta\chi}{\chi_{\text{fid}}}\right|_{\bar{z}}, \quad \alpha_\parallel = \left.-\frac{\delta H}{H_{\text{fid}}}\right|_{\bar{z}}. \tag{11.31}$$

由于红移区间很小, 在 $\bar{z}$ 估计 $\alpha_\perp$ 和 $\alpha_\parallel$ 即可.

我们马上将会看到, 通过测得星系分布的功率谱可以对 $\alpha_\perp$ 和 $\alpha_\parallel$ 作出限制. 一旦得到 $\alpha_\perp$ 和 $\alpha_\parallel$, 便可以利用式 (11.31) 的第二行给出

$$\chi(\bar{z}) = \chi_{\text{fid}}(\bar{z})\left[1 - \alpha_\perp\right] \tag{11.32}$$

和

$$H(\bar{z}) = H_{\text{fid}}(\bar{z})\left[1 + \alpha_\parallel\right], \tag{11.33}$$

从而推出红移 $\bar{z}$ 处真实的距离 $\chi(\bar{z})$ 和膨胀率 $H(\bar{z})$.

现在推导如何通过星系分布功率谱测量 $\alpha_\perp$ 和 $\alpha_\parallel$. 其过程类似于式 (11.20), 我们只需考虑式 (11.31) 中坐标偏移的问题. 在此情况下, 我们需要追踪对 δ_g 的自变量的影响. 由于坐标的偏移是均匀的, 产生的是零阶效应 (对于 RSD, 本动速度引起的位移是一阶效应). 我们得到

$$
\begin{aligned}
\delta_{\text{g,obs}}(\boldsymbol{k}_{\text{obs}}) &= \int \mathrm{d}^3 x_{\text{obs}} e^{-i\boldsymbol{k}_{\text{obs}}\cdot\boldsymbol{x}_{\text{obs}}}\delta_{\text{g,RSD}}(\boldsymbol{x}[\boldsymbol{x}_{\text{obs}}]) \\
&= (1+\alpha_\perp)^2(1+\alpha_\parallel)\int \mathrm{d}^3 x\, e^{-i\boldsymbol{k}[\boldsymbol{k}_{\text{obs}}]\cdot\boldsymbol{x}}\delta_{\text{g,RSD}}(\boldsymbol{x}) \\
&= \bar{J}^{-1}\delta_{\text{g,RSD}}\left(\boldsymbol{k}[\boldsymbol{k}_{\text{obs}}]\right),
\end{aligned}
\tag{11.34}
$$

其中等式第二行中我们利用了式 (11.31), 并定义

$$\boldsymbol{k}[\boldsymbol{k}_{\text{obs}}] = \left([1+\alpha_\perp]k_{\text{obs}}^1,\ [1+\alpha_\perp]k_{\text{obs}}^2,\ [1+\alpha_\parallel]k_{\text{obs}}^3\right). \tag{11.35}$$

式 (11.34) 第二行积分前的系数恰好等于 1. 这并不奇怪, 因在给定体积内的星系数密度守恒, 不依赖于坐标系的选择: $N_g = n_g \Delta x^3 = n_{\text{g,obs}}\Delta x_{\text{obs}}^3$. 对 $\mathrm{d}^3 x$ 积分得到 $\delta_{\text{g,RSD}}$ [即式 (11.22)] 在 $\boldsymbol{k}[\boldsymbol{k}_{\text{obs}}]$ 处的取值. 可见, 基准宇宙学模型的偏差导致 Fourier 空间的如下波矢变换:

$$\delta_{\text{g,obs}}(\boldsymbol{k}_{\text{obs}}) = \bar{J}^{-1}\left[b_1 + f\mu_k^2\right]\delta_{\text{m}}(\boldsymbol{k})\big|_{\boldsymbol{k}=\left([1+\alpha_\perp]k_{\text{obs}}^1,\ [1+\alpha_\perp]k_{\text{obs}}^2,\ [1+\alpha_\parallel]k_{\text{obs}}^3\right)}. \tag{11.36}$$

再结合式 (11.23) 便可得到最终的测得星系分布的功率谱

$$
\begin{aligned}
P_{\text{g,obs}}(\boldsymbol{k}_{\text{obs}}, \bar{z}) = (1+\alpha_\perp)^2(1+\alpha_\parallel)\Bigg[&P_{\text{L}}(k, \bar{z}) \\
&\times \left(b_1 + f\mu_k^2\right)^2\bigg|_{\boldsymbol{k}=\left([1+\alpha_\perp]k_{\text{obs}}^1, [1+\alpha_\perp]k_{\text{obs}}^2, [1+\alpha_\parallel]k_{\text{obs}}^3\right)} + P_N\Bigg].
\end{aligned}
\tag{11.37}
$$

此式含两种效应: 其一是本动速度引起的 RSD 效应, 另一是基准宇宙学模型的偏差导致距离-红移关系的偏差. 噪声项 P_N 不受这两种效应的影响.

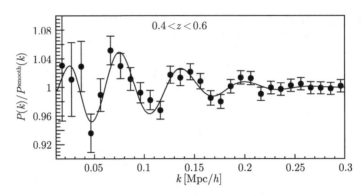

图 11.7   BOSS 巡天 CMASS 样本星系分布功率谱中的 BAO 特征. 图中带误差棒的数据点和最佳模型曲线均除以了无 BAO 特征的平滑功率谱模型, 以更清晰地展示出 BAO 特征. 模型拟合参数中包含 $\alpha_\perp$ 和 $\alpha_\parallel$, 它们可将模型曲线在 k 轴进行偏移 [式 (11.37)]. 此图选自 Beutler *et al.* (2017).

注意到, 即使没有 RSD 的影响, 即设 $f = 0$, 错误的距离-红移关系仍可导致星系分布功率谱的各向异性. 因 $\alpha_\perp$ 与 $\alpha_\parallel$ 的效应不同, $\boldsymbol{k}_{\mathrm{obs}}$ 与 $\boldsymbol{k}$ 的关系仍依赖于 $\boldsymbol{k}_{\mathrm{obs}}$ 与视线方向的夹角. 因此, 错误的宇宙学模型导致星系分布功率谱的各向异性. 此效应首先由 Alcock & Paczyński (1979) 提出, 称为 *Alcock-Paczyński (AP)* 效应. 与 RSD 效应不同的是, AP 效应依赖于功率谱的形状 (谱指数), 通过将式 (11.37) 对 $\alpha_\perp$ 和 $\alpha_\parallel$ 作一阶展开便可看出. 因此, AP 效应和 RSD 效应容易被区分开.

式 (11.37) 也是当前和未来星系红移巡天中 BAO 科学目标的基础. 由章节 8.6.1 的描述, 物质功率谱含有微小的振荡, 大致的形式为 $\cos(kr_s)$, 其中 $r_s \simeq 105\, h^{-1}\mathrm{Mpc}$ 是氢复合时期的声视界. 早期宇宙中, 此效应仅在重子物质组分中留下印记. 宇宙晚期, 重子和暗物质在引力作用下共同演化, BAO 转移至物质功率谱, 但效应已经非常微弱.

BAO 是物质功率谱中的一个已知的特征, 在真实宇宙学模型中对应于尺度 $k \sim \pi/r_s$. 由式 (11.37), 我们应在尺度 $k_{\mathrm{obs}}[k]$ 观测到这个特征. 由于 r_s 可被 CMB 观测精确测量,[1] 在红移 $\bar{z}$ 处的星系分布功率谱测量 BAO 可精确限制 $\alpha_\perp$ 和 $\alpha_\parallel$ (图 11.7). BAO 是标准尺, 是一个在星系成团性统计中已知尺度的特征. 在红移 $\bar{z}$ 处的星系分布中观测此效应, 可得到我们到该红移的距离. 特别地, BAO 让我们可以直接通过 $\alpha_\perp$ 测量距离 $\chi(\bar{z})$,[2] 以及通过 $\alpha_\parallel$ 测量膨胀率 $H(\bar{z})$. 由于 BAO 的理论基础和特征已被充分理解, 这些测量是相当可靠的.

---

[1] 声视界主要依赖于重子密度 $\Omega_{\mathrm{b}}h^2$, 大爆炸核合成 (BBN) 结合氘丰度的测量也可精确测量 r_s.

[2] 更精确地说, 是角直径距离 $d_A(\bar{z})$. 在假设宇宙平直时, 等同于 $\chi(\bar{z})$.

作为总结, 星系红移巡天观测到的星系分布三维功率谱含两个重要的宇宙学信息:

- 通过 RSD 效应及功率谱的振幅和各向异性, 可测量结构增长率 $f\sigma_8(\bar{z})$.
- 通过 BAO 特征和 AP 效应, 利用基准和真实的距离-红移关系的差, 可测量 $d_A(\bar{z})$ 和 $H(\bar{z})$.

大量的资源被投入于更大规模的星系红移巡天: 其富含宇宙膨胀历史和结构形成的信息. 此外, 上述内容不仅适用于星系, 还适用于任何其他宇宙结构的示踪体, 如类星体、Lyman-α 森林, 以及未被解析的发射线/吸收线天体的观测 (也称为强度映射, *intensity mapping*) 等.

再次强调, 以上论述依赖于示踪体密度/数密度与物质密度扰动为线性偏袒关系 (11.18) 的假设. 示踪体的速度应无偏地示踪物质速度场. 若速度也具有偏袒因子, 我们将无法得到无偏的结构增长率; 若偏袒因子更加复杂, 我们将无法保证示踪体功率谱中的 BAO 特征对应于物质功率谱中的 BAO. 第 12 章将对以上假设进行论证.

11.2   角相关统计

章节 11.1 讨论了红移巡天得到的三维星系分布的功率谱. 那么在没有红移数据的情况下呢? 大型成像巡天数据中可以记录几百万星系的位置, 但在后续光谱观测之前, 它们的距离信息仍然未知. 在这样的数据中我们能否提取有用的信息? 答案是肯定的, 且并非难事. 在很多巡天中, 我们拍摄天体不同颜色波段的测光星等, 故星系包含颜色的信息, 它们可被用作粗略的红移估计, 称为 *测光红移*.[①]

在处理成像巡天数据时, 我们没有单独星系的距离信息, 而仅有距离的分布函数 $W(\chi)$,

$$W(\chi) = \frac{1}{N_g}\frac{\mathrm{d}N_g}{\mathrm{d}\chi}, \tag{11.38}$$

其中 N_g 是星系的总数, $W(\chi)$ 进行了归一化使得其在 $\chi \in [0, \infty)$ 区间的积分为 1. 实际情况下, $W(\chi)$ 只在某段有限的红移区间非零. 非常遥远的星系由于过于暗弱, 无法被观测到; 而在很低红移由于体积有限, 星系数量也很小. 测光红移是公认的难题, 因而确定 $W(\chi)$ 便是一项艰巨的任务. 在此我们假设已可信地得到了 $W(\chi)$.

现无法得到精确的三维星系分布, 取而代之的是得到星系在天球的投影. 实际上, 我们将巡天天区分为很多微小的网格从而统计每个网格中的星系数密度, 然

---

① 译者注: 红移巡天中通过星系的光谱测得的红移, 称为 光谱红移.

后减去平均数密度, 再除以平均数密度, 便得到了投影的星系密度扰动 $\Delta_{\mathrm{g}}(\hat{\boldsymbol{n}})$. 这实际上就是很多层三维星系分布密度场在不同距离 χ 处的叠加, 并以距离的分布函数作为权重:

$$\Delta_{\mathrm{g}}(\hat{\boldsymbol{n}}) = \int_0^\infty \mathrm{d}\chi W(\chi)\, \delta_{\mathrm{g,obs}}\left(\boldsymbol{x} = \hat{\boldsymbol{n}}\chi, \eta = \eta_0 - \chi\right). \tag{11.39}$$

我们采用变量 Δ_{g} 表示星系分布投影的密度扰动, 以区分于三维的情形 $\delta_{\mathrm{g,obs}}$. 注意到投影过程涉及不同时间 η 的星系分布密度场. 由于光速有限, 观测到的更遥远的星系对应于更早的宇宙学时间. 代入 $\delta_{\mathrm{g,obs}}$ 的 Fourier 变换, 借助式 (C.17) 得

$$\Delta_{\mathrm{g}}(\hat{\boldsymbol{n}}) = \int_0^\infty \mathrm{d}\chi\, W(\chi) \int \frac{\mathrm{d}^3 k}{(2\pi)^3} e^{i\boldsymbol{k}\cdot\hat{\boldsymbol{n}}\chi} \delta_{\mathrm{g,obs}}(\boldsymbol{k}, \eta(\chi))$$

$$= 4\pi \int \frac{\mathrm{d}^3 k}{(2\pi)^3} \sum_{l,m} i^l Y_{lm}(\hat{\boldsymbol{n}}) Y_{lm}^*(\hat{\boldsymbol{k}}) \int_0^\infty \mathrm{d}\chi\, W(\chi) j_l(k\chi) \delta_{\mathrm{g,obs}}(\boldsymbol{k}, \eta(\chi)), \tag{11.40}$$

其中进行了如下简写: $\eta(\chi) = \eta_0 - \chi$, $\sum_{l,m} = \sum_{l=0}^\infty \sum_{m=-l}^l$. 等式右边即 $\Delta_{\mathrm{g}}(\hat{\boldsymbol{n}})$ 的球谐展开, 可表示为球谐系数 $Y_{lm}(\hat{\boldsymbol{n}})$:

$$\Delta_{\mathrm{g},lm} = 4\pi i^l \int \frac{\mathrm{d}^3 k}{(2\pi)^3} Y_{lm}^*(\hat{\boldsymbol{k}}) \int_0^\infty \mathrm{d}\chi\, W(\chi) j_l(k\chi) \delta_{\mathrm{g,obs}}(\boldsymbol{k}, \eta(\chi)). \tag{11.41}$$

完全对应于 CMB 各向异性 (a_{lm}), 星系分布的角功率谱正比于 $|\Delta_{\mathrm{g},lm}|^2$ 的期望,

$$\langle \Delta_{\mathrm{g},lm} \Delta_{\mathrm{g},l'm'}^* \rangle = (4\pi)^2 i^{l-l'} \int \frac{\mathrm{d}^3 k}{(2\pi)^3} \int \frac{\mathrm{d}^3 k'}{(2\pi)^3} Y_{lm}^*(\hat{\boldsymbol{k}}) Y_{l'm'}(\hat{\boldsymbol{k}}') \int_0^\infty \mathrm{d}\chi\, W(\chi) j_l(k\chi)$$

$$\times \int_0^\infty \mathrm{d}\chi'\, W(\chi') j_{l'}(k'\chi') \langle \delta_{\mathrm{g,obs}}(\boldsymbol{k}, \eta(\chi)) \delta_{\mathrm{g,obs}}^*(\boldsymbol{k}', \eta(\chi')) \rangle. \tag{11.42}$$

其中 $\langle \cdots \rangle$ 表示对密度场的系综平均. 由宇宙的均匀性, 对两个场的系综平均即设 $\boldsymbol{k}' = \boldsymbol{k}$. 再利用球谐函数的正交归一性 (C.11) 得

$$\langle \Delta_{\mathrm{g},lm} \Delta_{\mathrm{g},l'm'}^* \rangle = \delta_{ll'} \delta_{mm'} C_{\mathrm{g}}(l), \tag{11.43}$$

其中星系分布的角功率谱定义为

$$C_{\mathrm{g}}(l) = \frac{2}{\pi} \int k^2 \mathrm{d}k \int_0^\infty \mathrm{d}\chi\, W(\chi) j_l(k\chi) \int_0^\infty \mathrm{d}\chi'\, W(\chi') j_l(k\chi')$$

$$\times P_{\mathrm{g,obs}}(\boldsymbol{k}, \eta(\chi), \eta(\chi')). \tag{11.44}$$

注意到星系分布角功率谱 $C_{\mathrm{g}}(l)$ 涉及星系三维分布功率谱的 不等时 积分, 因为我们在视线方向对过去光锥作了投影. 由于密度扰动在局部随时间演化, 此不等时

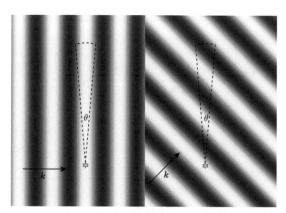

图 11.8　两个平面波扰动模式以及它们对星系角功率谱的贡献. 左图所示的波动为横向模式, $\mu_k k < \chi^{-1}$, 而右图中 $\mu_k k \gg \chi^{-1}$ ($\hat{e}_z$ 为图中竖直方向). 星系的角相关性几乎不依赖于右图中的扰动, 因扰动的波峰和波谷在视线方向相互抵消.

功率谱一般非零. 然而马上将会看到, 对于小尺度 (较大的 l), 仅等时和等距离 ($\chi' = \chi$) 的部分起到主要贡献.

在给定星系三维分布功率谱 $P_{g,obs}(\boldsymbol{k}, \eta, \eta')$ (允许各向异性的存在) 和选择函数 $W(\chi)$ 时, 式 (11.44) 是星系分布角功率谱的严格表达式. 然而, 其涉及三层积分, 并作用于带有波动性质的函数 j_l 上, 还需要给定完整的不等时星系分布的功率谱, 相当繁琐.

为简化计算, 我们作出类似于章节 11.1 中的遥远观测者近似. 在小尺度, $l \gg 1$, 对 $C_g(l)$ 有贡献的 "星系对" (galaxy pair) 在天球的张角应很小, 约为 $\theta \sim 1/l$, 这时可进行简化. 注意式 (11.44) 中对 k 的积分为

$$\frac{2}{\pi} \int k^2 \mathrm{d}k\, j_l(k\chi) j_l(k\chi') P_{g,obs}(\boldsymbol{k}, \eta, \eta'). \tag{11.45}$$

由习题 11.6, 若 $P_{g,obs}(\boldsymbol{k})$ 不依赖于 k, 其可以被提至积分外, 则积分变为

$$\frac{2}{\pi} \int k^2 \mathrm{d}k\, j_l(k\chi) j_l(k\chi') = \frac{1}{\chi^2} \delta_D^{(1)}(\chi - \chi'). \tag{11.46}$$

若如此, 则式 (11.44) 将大幅简化为一个对 χ 的积分. 但事实并非如此, $P_{g,obs}$ 显然依赖于 k. 再次考察 (11.45) 中的被积函数. 由习题 11.7 可知, 当 l 较大时, 球 Bessel 函数的乘积在 $k\chi \simeq k\chi' \simeq \sqrt{l(l+1)} \simeq l+1/2$ 存在一个明显的尖峰. 如果在球 Bessel 函数非零的区间 $\Delta k \sim 1/l\chi$ 内, $P_{g,obs}(\boldsymbol{k})$ 仅缓慢变化, 便可近似其为常数. 此近似通常在 $l \gtrsim 20$ 时十分精确, 称为 *Limber* 近似. 其给出的预测为

$$C_g(l) = \int \frac{\mathrm{d}\chi}{\chi^2} W^2(\chi) P_{g,obs}\left(k = \frac{l+1/2}{\chi},\ \mu_k = 0,\ \eta(\chi)\right), \tag{11.47}$$

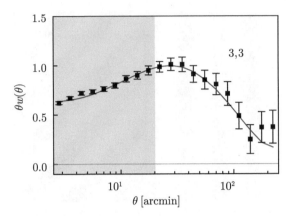

图 11.9　Dark Energy Survey (DES) 测光巡天中星系角相关函数 ("3, 3" 表示以 $z \simeq 0.55$ 为中心的测光红移范围内的星系的自相关). 相关函数 $w(\theta) = w_{\mathrm{g}}(\theta)$ 额外乘以了 θ 以减小图中纵轴的动态范围 (w_{g} 随 θ 减小而急剧增加). 灰色阴影区域表示小于 $8\,h^{-1}\mathrm{Mpc}$ 的共动尺度, 其受到非线性演化和偏袒因子的影响. 曲线表示基于线性偏袒模型给出的最佳拟合. 此图取自 Elvin-Poole *et al.* (2018).

比式 (11.44) 方便很多. 考察被积函数 $P_{\mathrm{g,obs}}$, 在 Limber 近似中可见 $\chi' = \chi$, 即 $\eta(\chi') = \eta(\chi)$, 仅涉及星系分布的等时功率谱. 另可见, 参与贡献的 k-模式不含视线方向分量 (仅含 $\mu_k = 0$ 的贡献), 即不含不等距离处的两点相关性.

到目前为止的数学推导相当严格. 图 11.8 揭示了 Limber 近似的物理意义. 关注小尺度时, 对应较小的天空张角, $\theta \sim 1/l \ll 1$. 图 11.8 中, 波矢的纵向分量 $\mu_k k \gg \chi^{-1}$ 的模式由于在视线方向的投影效应, 对角相关几乎无贡献. 仅 $\mu_k k \lesssim \chi^{-1}$ 的模式产生角相关, 等效于设 $\chi' = \chi$.

最终, 再写出星系在天球分布的角相关函数 $w_{\mathrm{g}}(\theta)$. 习题 11.8 推导了全天空情况下 $C_{\mathrm{g}}(l)$ 与 $w_{\mathrm{g}}(\theta)$ 的关系. 在小尺度, 利用平直天空近似, 可将 $C_{\mathrm{g}}(l)$ 看作平面上的二维功率谱, 则

$$w_{\mathrm{g}}(\theta) = \int \frac{\mathrm{d}^2 l}{(2\pi)^2} e^{il\cdot\theta} C_{\mathrm{g}}(l). \tag{11.48}$$

由于 $C_{\mathrm{g}}(l)$ 仅依赖于 l 的大小, 以上对 l 积分的角度部分实际上是 $\int_0^{2\pi} \mathrm{d}\phi\, e^{il\theta\cos\phi}$, 正比于 $J_0(l\theta)$, 即零阶 Bessel 函数 [式 (C.24)]. 故

$$w_{\mathrm{g}}(\theta) = \int_0^\infty \frac{\mathrm{d}l}{2\pi} l\, C_{\mathrm{g}}(l)\, J_0(l\theta). \tag{11.49}$$

图 11.9 展示了暗能量巡天 (Dark Energy Survey, DES) 中星系的投影角相关函数. 得益于大量的星系样本, 数据具有很高的信噪比. 然而, 由于视线方向的投影涉及较宽的红移区间, BAO 信号已被抹平, 难以被探测到. 不论如何, 此观测结

合弱引力透镜效应仍可进行多项宇宙学测量, 见第 13 章.

11.3 Sunyaev-Zel'dovich 效应

大尺度结构同样在 CMB 中留下独特的印记. CMB 光子穿过整个可观测宇宙到达我们, 作为背景光源可探测相当高红移的大尺度结构. 而在很高红移, 利用天体自身的辐射进行直接观测已变得相当困难. 章节 9.6 中提到的 ISW 效应只在很大尺度起作用; 另一效应: CMB 透镜, 即大尺度结构的引力势对 CMB 光子的偏折, 见第 13 章. 本节将探讨另一重要效应: 晚期宇宙中的电离气体对 CMB 光子的散射.

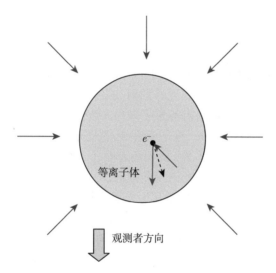

e^-

等离子体

观测者方向

图 11.10 炽热电离气体 (图中实心圆盘) 对 CMB 光子 (较细红色箭头) 的逆 Compton 散射. 部分 CMB 光子与电离气体云中的电子 (图中黑点) 发生散射并提升能量到达观测者. 电离云等离子体中电子的典型动量 $q \sim \sqrt{m_e T_e}$ 远高于当时 CMB 光子的动量 $p \sim T$.

在红移低于 $z \sim 6$ 时, 宇宙中大部分气体处于电离态, 可散射 CMB 光子 (见图 11.10; 注意: 不同于上一自然段的另外两种效应, 散射可以显著地改变 CMB 光子的方向). 这种散射效应的效率远低于氢复合之前, 因气体密度已经低了很多, 导致光深远小于 1. 第 9 章曾展示了这种散射效应压低了 CMB 的各向异性, 而第 10 章展示了其在较大的尺度产生了偏振.

另外, 与氢复合时期前不同的是, 晚期宇宙中的电离气体温度远高于 CMB 光子的温度: CMB 黑体谱的温度在 $z \sim 6$ 降为 $20\,\mathrm{K}$ 以下, 而气体的温度至少达到 $10^4\,\mathrm{K}$, 甚至在大质量星系团中超过 $10^7\,\mathrm{K}$. 这表示电子的能量远高于 CMB 光子的能量, 故散射过程倾向于 *增加* CMB 光子的能量, 称为 *逆 Compton* 散射 (*inverse-Compton scattering*). 因此, 散射将导致 CMB 偏离完美的黑体谱. 通过观测不同频率的 CMB 辐射, 此黑体谱的扭曲效应与 CMB 温度的各向异性可被区分开. 此散射效应首先由 Zel'dovich & Sunyaev (1969) 提出, 因而称为 *SZ* 效应.

为了推导 SZ 效应, 我们的出发点自然是含有 Compton 散射碰撞项的光子 Boltzmann 方程

$$\left[\frac{\partial}{\partial t} - Hp\frac{\partial}{\partial p}\right] f(p, t) = C\left[f(p)\right], \tag{11.50}$$

其中碰撞项来自式 (5.13):

$$C[f(\boldsymbol{p})] = \frac{\pi}{2m_e p} \int \frac{\mathrm{d}^3 q}{(2\pi)^3 2m_e} \int \frac{\mathrm{d}^3 p'}{(2\pi)^3 2p'} \delta_{\mathrm{D}}^{(1)} \left[p + \frac{q^2}{2m_e} - p' - \frac{(\boldsymbol{q} + \boldsymbol{p} - \boldsymbol{p}')^2}{2m_e}\right]$$

$$\times \sum_{3\,\mathrm{spins}} |\mathcal{M}|^2 \left\{ f_e(\boldsymbol{q} + \boldsymbol{p} - \boldsymbol{p}') f(\boldsymbol{p}') - f_e(\boldsymbol{q}) f(\boldsymbol{p}) \right\}. \tag{11.51}$$

这里延续第 5 章中的几个假设: 系统为非相对论性, 即 $T, T_e \ll m_e$ (T 是散射所处红移的 CMB 温度, T_e 是电子温度); 散射为各向同性, 即 $|\mathcal{M}|^2$ 和分布函数均不依赖于 $\hat{\boldsymbol{p}}, \hat{\boldsymbol{q}}$; 以及可忽略自发辐射等量子效应. 类似氢复合时期前, 这些假设都成立, 甚至更加准确. 但 $T_e \ll m_e$ 这一条件在超大质量星系团中不再准确, 导致光子能谱需要进行微小的修正. 另外, 我们还忽略了方程 (11.50) 等式左边的引力势项, 因其并不影响我们所讨论的光谱扭曲效应.

第 5 章中, 我们将 Dirac δ 函数展开为光子能量转移 $p{-}p'$ 的一阶项 [式 (5.15)]. 这导致光子与重子速度耦合, 而不改变光子的能谱, 即我们仍可用光子的温度扰动 $\Theta(\hat{\boldsymbol{p}})$ 表述这一效应. 而现在, 我们需要此展开的二阶项,

$$\delta_{\mathrm{D}}^{(1)} \left[p + \frac{q^2}{2m_e} - p' - \frac{(\boldsymbol{q} + \boldsymbol{p} - \boldsymbol{p}')^2}{2m_e}\right]$$

$$= [\text{式 (5.15)}] + \frac{1}{2}\left[\frac{(\boldsymbol{p} - \boldsymbol{p}') \cdot \boldsymbol{q}}{m_e}\right]^2 \frac{\partial^2}{\partial p'^2} \delta_{\mathrm{D}}^{(1)}(p - p'). \tag{11.52}$$

考虑此二阶项 (在动量转移中) 对碰撞项积分的贡献. 推导类似于导出式 (5.19) 的步骤, 见习题 11.9. 选 z 方向为电子动量的方向, 得到对碰撞项的贡献

$$C\left[f(p)\right]\big|_{\mathrm{SZ}} = 2\pi^2 \frac{\sigma_{\mathrm{T}}}{m_e} \int \frac{\mathrm{d}^3 q}{(2\pi)^3} f_e(q) \frac{q^2}{m_e}$$

$$\times \int \frac{\mathrm{d}\Omega'}{(2\pi)^3} \int \mathrm{d}p' \delta_{\mathrm{D}}^{(1)}(p - p') \frac{\partial^2}{\partial p'^2} \left[p'(p_z - p_z')^2 \left(f(p) - f(p')\right)\right]. \tag{11.53}$$

我们将电子分布函数的积分视为动能密度 (计入电子的简并因子 $g_e = 2$), 其中气体 (等离子体) 温度 $T_e = 3n_e T_e/2$. 接下来的步骤不难推导, 见习题 11.9. 经过对

$\mu = p_z/p$ 取平均, 即对 $\int_{-1}^{1} d\mu/2$ 积分, 最终得到

$$C\left[f(p)\right]|_{\text{SZ}} = \frac{n_e T_e \sigma_{\text{T}}}{m_e}\left[4p\frac{\partial f}{\partial p} + p^2\frac{\partial^2 f}{\partial p^2}\right] = \frac{n_e T_e \sigma_{\text{T}}}{m_e}\frac{1}{p^2}\frac{\partial}{\partial p}\left[p^4\frac{\partial f}{\partial p}\right]. \tag{11.54}$$

通过习题 11.10 可知此碰撞项对 p 的积分为零, 其物理意义是 Compton 散射保证光子数守恒.

现将动量 p 替换为 $x \equiv p/T$. 因 $T(t) = T_0/a$, Boltzmann 方程 (11.50) 等式左边即 $\partial f(x,t)/\partial t$. 再定义一个新的时间变量 y,

$$\mathrm{d}y = \frac{n_e T_e \sigma_{\text{T}}}{m_e}\mathrm{d}t, \tag{11.55}$$

Boltzmann 方程可化简为

$$\frac{\partial}{\partial y}f(x,y) = \frac{1}{x^2}\frac{\partial}{\partial x}\left[x^4\frac{\partial}{\partial x}f(x,y)\right]. \tag{11.56}$$

再考察图 11.10. 光子与电子散射前, CMB 光子服从温度为 $T = T_0/a$ 的平衡态分布 (忽略微小的各向异性), 故 Boltzmann 方程的初始条件为

$$f(x, y = 0) = f^{(0)}\left(p = xT(t), t\right) = \frac{1}{e^x - 1}. \tag{11.57}$$

散射后的光子分布需要通过求解方程 (11.56) 得到. 实际情况中, $y \ll 1$, 即 Compton 散射的光深很小时,

$$f(x,y) \stackrel{y\ll 1}{=} \left[1 + y\frac{1}{x^2}\frac{\partial}{\partial x}\left(x^4\frac{\partial}{\partial x}\right)\right]\frac{1}{e^x - 1}, \tag{11.58}$$

又因光子满足 $a\,\mathrm{d}\chi = \mathrm{d}t$,

$$y = \frac{\sigma_{\text{T}}}{m_e}\int a n_e T_e \mathrm{d}\chi. \tag{11.59}$$

可见, y 是电离气体的动能密度 (压强) 沿视线方向的积分. 式 (11.58) 第二项导致的畸变不同于化学势产生的畸变效应. 值得注意的是, 这是本书中首次遇到光子的非黑体分布, 其原因在于等离子体温度 T_e 与光子温度 T 之间的巨大差异. 图 11.11 展示了谱线的这种 "y-型畸变". 在穿过高温等离子气体云后, 相比于平衡态分布, 光子在高能段 (Wien) 的分布增加而在低能段 (Rayleigh-Jeans) 的分布减小. 这与我们的预期一致.

当 $y \ll 1$ 不再成立时, 无法再作光子动量远小于电子动量的近似, 我们届时将发现方程 (11.54) 涉及 $T_e - T$ 而非仅 T_e. 当 y 非常大时, 对应于多次散射, 光子分布将逐渐趋于另一个平衡分布, 其最终温度 T_f 由能量守恒决定: 初始能量密

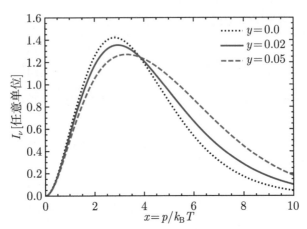

图 11.11　SZ 效应对 CMB 光子能谱 $I_\nu \propto \nu^3 f(\nu)$ 的影响. $y = 0$ 时, 光子能谱是黑体谱; $y > 0$ 时, 高能段光子分布相对增加, 低能段光子分布相对减小.

度 $\rho_\gamma(T_0/a) + \rho_e(T_e)$ 应等于最终态的 $\rho_\gamma(T_f) + \rho_e(T_f)$. 因此, 式 (11.58) 仅表示系统向温度为 T_f 的平衡态转化的第一步.

式 (11.58, 11.59) 表明, 通过观测 CMB 光子能谱的畸变, 我们可以测量电子压强沿视线方向的积分. 在全天空, 此 $y(\hat{\boldsymbol{n}})$ 场即从再电离时代起宇宙电离气体的压强沿视线方向的积分. 将此气体压强表达为具有时间依赖的扰动

$$\mathcal{P}_{\text{gas}}(\boldsymbol{x}, \eta) = \overline{n_e T_e}(\eta) \left[1 + \delta_{\mathcal{P}}(\boldsymbol{x}, \eta)\right]. \tag{11.60}$$

这样, 所观测到的 y [式 (11.59)] 便是 $\mathcal{P}_{\text{gas}}$ 的积分, 类似于式 (11.39) 中星系分布密度场的投影,

$$y(\hat{\boldsymbol{n}}) = \frac{\sigma_{\text{T}}}{m_e} \int_0^{\chi_*} \mathrm{d}\chi \overline{n_e T_e} a \left[1 + \delta_{\mathcal{P}}(\boldsymbol{x} = \hat{\boldsymbol{n}}\chi, \eta = \eta_0 - \chi)\right]. \tag{11.61}$$

类似地, 利用章节 11.2 中角功率谱 [式 (11.47)] 的推导, 得出 CMB 中 SZ 效应的 "y-型畸变" 场的角功率谱:

$$C_y(l) = \left(\frac{\sigma_{\text{T}}}{m_e}\right)^2 \int \frac{\mathrm{d}\chi}{\chi} \left(\overline{n_e T_e} a\right)^2 P_{\mathcal{P}}\left(k = \frac{l + 1/2}{\chi}, \eta(\chi)\right), \tag{11.62}$$

其中 $P_{\mathcal{P}}$ 是气体压强扰动 $\delta_{\mathcal{P}}$ 的功率谱. 可见, 测量 CMB 光子能谱畸变 y 的各向异性可以得到宇宙中电离气体压强的扰动幅度, 从而了解宇宙中重子物质的热学状态 (这些是很难通过理论所预测的). SZ 效应的另一主要用途是通过天空中 y 取值很大的区域去寻找罕见的大质量星系团 (参见章节 12.5). 与其他寻找星系团的方法相比, SZ 效应的优势是其信号随距离的增加仅缓慢衰减. 这得益于此方法

利用了无处不在的 CMB 光子作为背景光源.① 当前相当多的观测项目致力于测量 SZ 效应.

本节讨论了由于电子热运动导致的 SZ 效应, 也称为热 *SZ* (*thermal SZ*, *tSZ*) 效应. 气体的整体运动也会产生类似的效应, 其更类似于第 5 章中气体速度对 CMB 光子的影响. 这种效应称为运动学 *SZ* (*kinetic SZ*, *kSZ*) 效应, 其测量气体沿视线方向上的整体运动动量. 相对而言, kSZ 效应更难测量, 原因之一是其幅度较小, 另外也因为视线方向的速度有正有负而相互抵消 (除非对气体速度进行独立的估计来提取 kSZ 效应).

11.4 小　　结

星系的成团性是宇宙大尺度结构的主要探针. 尽管本章主要以星系作为示踪体进行探讨, 但结论同样适用于其他示踪体. 观测示踪体分布的巡天分为测光巡天和光谱巡天, 前者容易采集到更多数量的天体, 但它们的距离存在较大误差; 后者相反. 光谱红移巡天可以得到示踪体的三维分布统计, 如三维功率谱, 包含丰富的宇宙学信息.

由星系本动速度造成的**红移空间畸变 (RSD)** 导致星系分布的三维功率谱具有波矢与视线方向夹角余弦 μ_k 的依赖. RSD 使我们能够测量速度场的大小, 从而测量宇宙的结构增长率 $f\sigma_8$, 其中 $f \equiv \mathrm{d}\ln D_+/\mathrm{d}\ln a$.

在星系巡天数据分析中需要距离-红移关系将星系的方向和红移转换为三维坐标. 错误的距离-红移关系将引起 **Alcock-Paczyński (AP) 畸变**, 导致星系分布产生各向异性, 但能够帮助我们测得给定红移处的角直径距离和宇宙膨胀率. 若物质功率谱是平滑的, 以上测量将十分困难. 幸运的是, 氢复合后物质功率谱中的 **BAO 特征**提供了一个标准直尺, 让我们能够精确地测量距离-红移关系. 与超新星等天体作为标准烛光 (需要在近邻宇宙进行标准烛光 "距离阶梯" 的校准) 不同, 我们对 BAO 的物理尺度有着精确的理解, 无需利用近邻宇宙进行校准.

星系的测光红移巡天中仍可测量星系的**投影成团性**, 即星系的角相关函数 $w_g(\theta)$ 和 Fourier 空间的角功率谱 $C_g(l)$. 尽管 BAO 和 RSD 效应已被抹平, 但投影功率谱的形状和幅度与弱引力透镜 (第 13 章) 等观测结合, 仍富含宇宙学信息.

本章所得到的结论都基于一个星系成团的重要假设: 星系分布的功率谱 (在受到以上畸变效应之前) 在大尺度上正比于物质功率谱, 并附加一个噪声项. 这样我们便可以使用大尺度结构的线性微扰论, 给出测得的星系分布功率谱的最终表

---

① "背景光源" 一词也许具有误导性. 此处的光源并非仅来自星系团远离观测者的方向, 而是来自星系团周围四面八方的 CMB 光子 (图 11.10).

达式:

$$P_{\text{g,obs}}(\boldsymbol{k}_{\text{obs}}, \bar{z}) = P_{\text{L}}(k, \bar{z}) \left[b_1 + f\mu_k^2 \right]^2 \Big|_{\boldsymbol{k} = \left([1+\alpha_\perp]k_{\text{obs}}^1, \ [1+\alpha_\perp]k_{\text{obs}}^2, \ [1+\alpha_\parallel]k_{\text{obs}}^3 \right)} + P_N. \tag{11.63}$$

我们尚未证明在线性理论中只需要 b_1 和 P_N 的原因. 考虑到星系形成的复杂性, 此模型看似十分简化. 在第 12 章的非线性结构形成中, 我们将会看到, 这些假设确实是成立的.

最后, 通过光子的 Boltzmann 方程给出了宇宙中电离热气体对 CMB 光子的散射导致的 CMB 光子能谱的畸变, 称为 **Sunyaev-Zel'dovich (SZ) 效应**. SZ 效应容易从 CMB 各向异性信号中被提取出来, 因前者造成了 CMB 黑体谱的畸变, 而后者不改变黑体谱, 仅改变温度扰动. SZ 效应的强度与电离气体压强沿视线方向的积分成正比. 我们可以在全天空制造这样一张压强分布图, 以便识别遥远的大质量星系团. 星系团的相关研究是第 12 章的主题之一.

习　　题

11.1　两点相关函数定义为

$$\xi(\boldsymbol{r}) \equiv \langle \delta(\boldsymbol{x})\delta(\boldsymbol{x} + \boldsymbol{r}) \rangle . \tag{11.64}$$

将 δ 作 Fourier 展开 [式 (C.22)], 证明两点相关函数是功率谱的 Fourier 变换.

11.2　基于 ΛCDM 模型, 对现在时刻的线性结构增长率 f 进行数值计算, 并与近似 $f(z=0) = \Omega_{\text{m}}^{0.55}$ 进行比较. 再尝试 $w = -0.5$ 的情形.

11.3　利用式 (11.17), 计算视线方向速度的均方差 $\langle u_\parallel^2 \rangle^{1/2}$. 计算过程类似于习题 8.13 中密度场方差的计算, 并在实空间采用 tophat 窗函数. 在红移 $z = 0, 0.5, 1$ 处画出结果随窗函数半径 R 的曲线. 利用此结果计算红移畸变位移的均方差 $u_\parallel/aH$, 并估计图 11.3 两图的过渡区所处的尺度.

11.4　红移空间的星系分布功率谱常表示为多极子的形式:

$$P_{\text{g,obs}}^{(l)}(k) = \frac{2l+1}{2} \int_{-1}^{1} \mathrm{d}\mu_k \mathcal{P}_l(\mu_k) P_{\text{g,obs}}(k, \mu_k), \tag{11.65}$$

其中 $P_{\text{g,obs}}^{(l)}(k)$ 是功率谱的 l 阶矩. 利用 Legendre 多项式的正交归一性 [式 (C.2)] 证明

$$P_{\text{g,obs}}(k, \mu_k) = \sum_l \mathcal{P}_l(\mu_k) P_{\text{g,obs}}^{(l)}(k). \tag{11.66}$$

ー

进一步写出单极子和四极子与线性功率谱的关系. 以上计算中, 仅需考虑 RSD 效应, 忽略 AP 效应.

11.5 正文中已推出 RSD 对功率谱的效应, 试在平直天空近似下推出 RSD 对两点相关函数的效应.

11.6 证明式 (11.46). 首先写出 Dirac δ 函数在球坐标下的形式, 并利用球谐函数的完备性得到

$$
\delta_{\mathrm{D}}^{(3)}(\boldsymbol{x} - \boldsymbol{x}') = \frac{1}{x^2}\delta_{\mathrm{D}}^{(1)}(x - x')\delta_{\mathrm{D}}^{(S^2)}(\hat{\boldsymbol{x}} - \hat{\boldsymbol{x}}')
$$

$$
= \frac{1}{x^2}\delta_{\mathrm{D}}^{(1)}(x - x') \sum_{l,m} Y_{lm}(\hat{\boldsymbol{x}})Y_{lm}^*(\hat{\boldsymbol{x}}'). \tag{11.67}
$$

第二行成立是因为: 在单位球面上任何函数乘以 $\delta_{\mathrm{D}}^{(S^2)}(\hat{\boldsymbol{x}} - \hat{\boldsymbol{x}}')$ 并积分应得到 $\hat{\boldsymbol{x}}$ 处的函数值, 并可以表示为球谐展开的形式. 下一步, 利用 Dirac δ 函数的 Fourier 展开

$$
\delta_{\mathrm{D}}^{(3)}(\boldsymbol{x} - \boldsymbol{x}') = \int \frac{\mathrm{d}^3 k}{(2\pi)^2} e^{i\boldsymbol{k}\cdot(\boldsymbol{x} - \boldsymbol{x}')} \tag{11.68}
$$

并两次使用 e 指数的球谐展开 [式 (C.17)], 证明式 (11.67) 成立意味着式 (11.46) 对 $l = 0, 1, \cdots$ 分别成立.

11.7 **(a)** 设 $\chi = \chi'$, 分别对不同 l 画出式 (11.45) 的被积函数随 k 和 χ 的变化. 在 $l \gg 1$ 时, 说明峰值位置和宽度随 l 的变化. 并讨论 $\chi \neq \chi'$ 的情况.

(b) 在 $l = 2, 5, 10, 30$ 求式 (11.44) 和 Limber 近似 (11.47). 设 $W(\chi)$ 是以 $\chi(z = 1)$ 为中心, 均方差为红移误差 $\Delta z = 0.2$ 的正态分布. 估计 Limber 近似的精度随 l 的变化.

11.8 将星系分布的角相关函数展开为多极子形式

$$
w_{\mathrm{g}}(\theta) = \sum_{l=0}^{\infty} \frac{2l+1}{4\pi} C_{\mathrm{g}}(l)\mathcal{P}_l(\cos\theta). \tag{11.69}
$$

将 $C_{\mathrm{g}}(l)$ 表示为星系分布三维功率谱 $P_{\mathrm{g,obs}}(\boldsymbol{k})$ 的积分. 证明在小尺度 $C_{\mathrm{g}}(l)$ 与章节 11.2 中所推导的一致.

11.9 由式 (11.51) 导出式 (11.54).

11.10 **(a)** 证明在式 (11.54) 中碰撞项对 p 的积分为零, 即光子数守恒.

(b) 计算式 (11.58) 等式右边的部分, 并证明其对应于能谱的畸变, 即无法通过改变温度或化学势表达出.

11.11   SZ效应提高高频能谱并压低低频能谱. 计算 SZ效应为零的频率. 将式 (11.58) 第二项的导数设为零得

$$(4 - x)e^x = 4 + x. \tag{11.70}$$

可对此方程进行数值求解. 或者, 注意到此方程等式左边在 $x = 3$ 达到最大值且远大于等式右边, 并在 $x = 4$ 时降低至 0. 因此, 方程的解应出现在略小于 4 处. 在 $x = 4$ 附近对方程进行微扰展开求解, 并与数值解 $x = 3.83$ 比较. 已知 CMB 温度 $T = 2.726\,\mathrm{K}$, 求方程的解所对应的频率.

第 12 章　大尺度结构的形成: 非线性理论

本书目前为止主要探讨了以均匀宇宙为背景的微扰, 处理了物质、辐射和时空度规的一阶线性微扰项. 这对于 CMB 各向异性的研究是足够精确的, 但显然不足以描述宇宙晚期的星系团、星系和恒星的形成这些非线性效应.

因此, 宇宙的线性演化模型需要进行适当的拓展. 在第 3 章中所介绍的 Einstein 和 Boltzmann 方程组在保留全部非线性项时极其复杂. 幸运的是, 即使对于晚期、非线性的宇宙, 引力场依旧很弱, 在空间各处均可由 FLRW 度规加上其一阶微扰来描述. 这样便简化了 Einstein 场方程的形式, 仅需处理物质密度场的非线性效应.

宇宙结构的形成由冷暗物质主导. 此外, 气体 (重子) 的压强仅表现为小尺度的效应, 其原因是气体在氢复合时期后迅速冷却, 温度较低. 本章忽略重子物质的碰撞, 只需要求解冷的、无碰撞的物质在引力作用下的演化. 我们将借助两种方法解决此问题: 高阶微扰论、数值模拟. 利用线性物质功率谱 (图 8.3, 或参考图 12.1), 我们已能得到一些定性的结论: 大尺度的密度扰动很小, 小尺度的密度扰动很大. 因此, 非线性结构率先在小尺度形成. 随宇宙演化, 这些小结构逐渐并合, 形成稍大尺度的结构, 然后稍大尺度的结构再并合形成更大尺度的结构. 这样的图景称为 "层级" 成图 (*hierarchical structure formation*). 宇宙的非线性结构由暗物质晕 (暗晕, halo) 构成, 即依靠引力束缚的暗物质结构.

再考虑星系. 与无碰撞性的物质不同, 星系形成不能简单地由 Boltzmann 和 Einstein 方程组描述. 星系形成涉及气体的辐射和碰撞冷却, 通过这些过程最终形成了星系中的恒星. 尽管这些过程十分复杂, 但微扰论仍可描述大尺度的星系成团性. 这使我们可以使用星系作为大尺度结构的示踪体, 通过第 11 章中的 BAO 标准尺、RSD 和 AP 效应限制宇宙学模型.

另一探测物质分布的方法是通过星系团的观测, 见章节 12.5. 星系团是大质量暗晕的可靠示踪体, 其数密度是结构形成的探针, 可以用来限制宇宙学模型.

本章内容相当丰富. 章节 12.1 介绍了本章涉及的一些重要概念; 章节 12.2 和 12.3 介绍了处理非线性的两种基本方法: 高阶微扰论和数值模拟. 章节 12.2 和 12.6 涉及第 11 章所作的大尺度线性成团性的假设, 它们独立于数值模拟章节. 章节 12.4 介绍暗晕, 章节 12.5 介绍星系团. 最后, 章节 12.7 的半解析暗晕模型仅依赖于章节 12.4 和第 11 章中的成团性假设.

第 13 和 14 章的内容不依赖此章节的主题. 然而, 为了利用引力透镜 (第 13 章) 对宇宙学进行限制, 物质非线性成团的预测是不可或缺的一步.

12.1   引   言

宇宙晚期的大尺度结构来自物质的成团, 其中物质包括约 80% 的暗物质和 20% 的重子物质, 后者包含中性气体、电离气体、恒星. 本章大部分内容中, 我们将它们统称为 "物质". 重子物质受到电磁相互作用, 其性质与暗物质显然不同. 但光子退耦后, 重子迅速冷却 (它们的温度正比于动能, 即 $\propto a^{-2}$), 故电磁相互作用所引起的压强效应只在很小的尺度才较显著. 由于此因, 一个实用的近似便是把所有物质看作同一种组分, 并忽略所有的非引力相互作用. 这意味着我们将以冷暗物质所服从的方程作为出发点, 且一并纳入重子.[①]

回顾章节 5.4 和章节 6.3.2 中暗物质的线性演化方程, 即连续性方程、Euler 方程和 Poisson 方程:

$$\delta_{\mathrm{m}}' + iku_{\mathrm{m}} + 3\Phi' = 0,$$
$$u_{\mathrm{m}}' + \frac{a'}{a}u_{\mathrm{m}} + ik\Psi = 0,$$
$$k^2\Phi + 3\frac{a'}{a}\left(\Phi' - \Psi\frac{a'}{a}\right) = 4\pi Ga^2\rho_{\mathrm{m}}\delta_{\mathrm{m}}. \tag{12.1}$$

在 Poisson 方程等式右边仅保留了物质项. 这是因为在 $z \lesssim 10$, 非线性结构开始形成时, 辐射的贡献可忽略不计. 忽略中微子的贡献并非完全准确, 因为中微子静质量非零, 其在宇宙晚期表现为非相对论性物质. 然而, 考虑中微子并不会改变后续主要结论. 另外还可设 $\Phi = -\Psi$,[②] 因宇宙晚期的各向异性应力可忽略.

在计算非线性扰动之前, 首先考虑一下我们将要处理哪些尺度. 通过第 8 章给出的线性演化方程, 可以计算出密度扰动在给定尺度的典型振幅. 定义卷积 (过滤, filtered; 也称平滑, smoothed) 密度场

$$\delta_W(\boldsymbol{x}) = \int \mathrm{d}^3 y\, W(|\boldsymbol{x} - \boldsymbol{y}|)\delta_{\mathrm{m}}(\boldsymbol{y}), \tag{12.2}$$

其中 $W(x)$ 是卷积窗函数, 并可令其各向同性, 仅依赖于 $|\boldsymbol{x} - \boldsymbol{y}|$. 此卷积对应于在 Fourier 空间乘以窗函数的 Fourier 变换 [过滤函数 $W(k)$],

$$\delta_W(\boldsymbol{k}) = W(k)\delta_{\mathrm{m}}(\boldsymbol{k}). \tag{12.3}$$

---

① 本章中, 还将忽略暗物质和重子物质的初始条件之间的差别 (见章节 8.6.1). 此近似仅导致宇宙晚期百分之几的修正.

② 我们选择在下文中使用 Ψ, 因为度规的时间-时间分量在物理上制约着非相对论性物质的动力学. 某些文献中也使用 Φ, 或使用不同的正负号习惯.

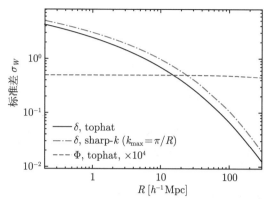

图 12.1　由 $z = 0$ 的线性物质密度场计算出的 $\sigma_W = \sqrt{\langle\delta_W^2\rangle}$. 窗函数 W 分别在实空间和 Fourier 空间取 tophat 函数 (后者标记为 "sharp-k"). 随尺度减小, 密度场的起伏逐渐增加. 黑色曲线是取 $R = 8\,h^{-1}\mathrm{Mpc}$ 时, 即得到宇宙学中常用的参数 σ_8. 图中同时给出卷积引力势场的均方差 $\sqrt{\langle\Phi_W^2\rangle}$ (并乘以 10^4). 可见引力势的起伏在所有尺度都远小于 1.

本章常在实空间和 Fourier 空间之间变换; 利用函数的自变量便可识别所在的空间. W 满足归一化条件 $\int \mathrm{d}^3 x\, W(x) = 1$, 即 $W(k=0) = 1$. $W(k)$ 通常可选为期望为 0, 标准差为 Δk 的正态 (高斯, Gaussian) 分布函数, 其对应于实空间期望为 0, 标准差为 $R = 1/\Delta k$ 的正态分布函数. 这样, 卷积密度场的方差便可表达为物质功率谱 (习题 8.13):

$$
\begin{aligned}
\sigma_W^2 \equiv \langle \delta_W^2(\boldsymbol{x}) \rangle &= \int \frac{\mathrm{d}^3 k}{(2\pi)^3} \int \frac{\mathrm{d}^3 k'}{(2\pi)^3} \langle \delta_W(\boldsymbol{k}) \delta_W^*(\boldsymbol{k}') \rangle e^{i(\boldsymbol{k}-\boldsymbol{k}')\cdot\boldsymbol{x}} \\
&= \int \frac{\mathrm{d}^3 k}{(2\pi)^3} P_{\mathrm{L}}(k) |W(k)|^2 \\
&= \frac{1}{2\pi^2} \int \mathrm{d}\ln k\, k^3 P_{\mathrm{L}}(k) |W(k)|^2.
\end{aligned}
\tag{12.4}
$$

其结果如图 12.1 所示: 当 R 较大时, 对应于在较大尺度平滑, 所得密度场的起伏较小; 随着卷积尺度的减小, 密度场的起伏逐渐增大, 直至大于 1. 这表明, 在小尺度上, 密度起伏将显著地偏离平均值, 线性演化方程组 (12.1) 将失效. 我们需要对此进行改进. 顺便指出, 卷积函数的具体形状并不会显著地改变以上结果.

　　图 12.1 中还画出了度规扰动 (引力势) Ψ 的标准差随尺度变化的函数. 值得一提的是, 引力势的扰动在所有尺度[①]均较小, $\lesssim 10^{-4}$. 这也很容易理解: 式 (12.4) 中的积分由较高的波数 k 主导, 且主要取决于卷积函数 W 所挑选出的尺度. 在这些较小的尺度, 积分来自波数 $k \gg aH \sim 3 \times 10^{-4} h\,\mathrm{Mpc}^{-1}$, 对应的空间尺度远小

---

　　① 严格来讲, $\langle\Phi_W^2\rangle$ 在考虑所有尺度 ($k \to 0$) 时以对数发散. 然而, 仅视界内的模式为可观测量, 因此我们取 $k_{\min} = 10^{-4} h\,\mathrm{Mpc}^{-1}$ 作为截断. 此截断的具体数值几乎不影响结论.

于视界. 这样, Poisson 方程 [式 (12.1) 第三式] 的首项便成为主导 [注意 Φ' 至多为 $(a'/a)\Phi$ 的量级], 化简为

$$-k^2\Psi = 4\pi G a^2 \rho_{\mathrm{m}} \delta_{\mathrm{m}}. \tag{12.5}$$

此即牛顿引力的 Poisson 方程, 其中额外的系数 a 是因为波数 k 使用了共动单位. $\Psi(\boldsymbol{k})$ 的大小正比于 $\delta_{\mathrm{m}}(\boldsymbol{k})/k^2$: 相对于密度扰动, 引力势扰动在小尺度上被明显地压低. 这便解释了引力势一直保持很小, 而小尺度密度扰动可以很大的原因. 另一种解释方法是: 物质主导时期, 引力势扰动保持常数, 而密度扰动随线性增长因子 $D_+(\eta) \propto a(\eta)$ 增长.

　　这样便可利用以上结论. 第一, 因时空度规扰动仍是小量, 仅需保留至引力势 Ψ 的一阶项, 即第 6 章中的线性 Einstein 场方程仍是很好的近似. 第二, 由于非线性演化只出现在小尺度 (相对于视界), 我们可以采用 Einstein 场方程的牛顿近似, 即方程 (12.5). 这大大简化了引力层面的问题, 只需将注意力放在物质的动力学方面. 上述牛顿近似在 *同步-共动规范* (*synchronous-comoving gauge*) 中更加有效: 方程 (12.5) 将在所有尺度成立. 在此规范下, $g_{00} = -1$ (即时间-时间扰动分量为零, 时间坐标即固有时, 故称为 "同步", 见习题 5.1), 且速度为零, $\boldsymbol{u}_{\mathrm{m}} = 0$ (故称为 "共动"). 如果用此规范解释 δ_{m}, 则微扰论和数值模拟将在所有尺度成立, 包括视界尺度.

　　现将方程组 (12.1) 展开至非线性阶. 当初, 我们对 Boltzmann 方程取各阶矩, 现需要一个不仅适用于微扰, 而且仍然维持亚视界和非相对论性物质的假设的 Boltzmann 方程. 回到直角坐标系下无碰撞的 Boltzmann 方程的一般形式:

$$\frac{\mathrm{d}f_{\mathrm{m}}}{\mathrm{d}t} = \frac{\partial f_{\mathrm{m}}}{\partial t} + \frac{\partial f_{\mathrm{m}}}{\partial x^i}\frac{\mathrm{d}x^i}{\mathrm{d}t} + \frac{\partial f_{\mathrm{m}}}{\partial p^i}\frac{\mathrm{d}p^i}{\mathrm{d}t} = 0, \tag{12.6}$$

其中 f_{m} 是物质的分布函数. 由于非相对论性物质的运动速度很低, 作展开 $E(p) = m + p^2/m$ 并仅保留 p/m 中的首项, 这样从测地线方程中得到 $\mathrm{d}x^i/\mathrm{d}t = p^i/am$. 对于 $\mathrm{d}p^i/\mathrm{d}t$ 项, 由方程 (3.69),

$$\begin{aligned}\frac{\mathrm{d}p^i}{\mathrm{d}t} &= -\left(H + \dot\Phi\right)p^i - \frac{E}{a}\Psi_{,i} - \frac{1}{a}\frac{p^i}{E}p^k\Phi_{,k} + \frac{p^2}{aE}\Phi_{,i} \\ &\to -Hp^i - \frac{m}{a}\Phi_{,i} \quad \text{(非相对论性, 亚视界)}.\end{aligned} \tag{12.7}$$

其中的近似来自小尺度 $\dot\Phi$ 可忽略, 以及非相对论性近似下 p^2/E 可忽略. 代入 Boltzmann 方程得

$$\frac{\mathrm{d}f_{\mathrm{m}}}{\mathrm{d}t} = \frac{\partial f_{\mathrm{m}}}{\partial t} + \frac{\partial f_{\mathrm{m}}}{\partial x^j}\frac{p^j}{ma} - \frac{\partial f_{\mathrm{m}}}{\partial p^j}\left[Hp^j + \frac{m}{a}\frac{\partial\Psi}{\partial x^j}\right] = 0. \tag{12.8}$$

让我们审视一下此结果的意义. 方程 (12.8) 无需作出物质分布是微扰的假设, 仅需设时空度规的扰动是微扰. 我们已确认后者在所有尺度都成立. 同理, Einstein 场方程的时间-时间分量化简为方程 (12.5), 这是因为我们忽略了 $\dot{\Phi}$ 项 (至多为 $aH\Psi$ 的量级), 远小于 $\partial\Psi/\partial x^j$ 项 (量级为 $k\Psi$).

方程组 (12.8, 12.5) 是研究物质非线性演化的出发点, 称为弗拉索夫-泊松 (Vlasov-Poisson) 系统, 是一个 $6+1$ 维非线性系统 (通过 Ψ 和 f_{m} 的耦合) 的积分微分方程 (因 δ_{m} 是分布函数 f_{m} 的积分), 其求解非常困难. 以下章节将介绍高阶微扰论和数值求解的方法.

高阶微扰论延续了之前几章的方法: 取 Boltzmann 方程的各阶矩. 在线性 (一阶) 近似下, 分布函数 f_{m} 可由零阶矩 (密度) 和一阶矩 (速度) 完备描述. 其物理意义是分布函数的二阶矩 (速度弥散) 为零. 这样, 分布函数可写为

$$f_{\mathrm{m}}(\boldsymbol{x}, \boldsymbol{p}, t) = \frac{\rho_{\mathrm{m}}(\boldsymbol{x}, t)}{m}(2\pi)^3 \delta_{\mathrm{D}}^{(3)}(\boldsymbol{p} - m\boldsymbol{u}_{\mathrm{m}}(\boldsymbol{x}, t)) \quad \text{(速度弥散为零)}, \quad (12.9)$$

这里我们已经将冷暗物质的简并数和重子物质组分统一归入 f_{m}. 上式可看作在每点 $\boldsymbol{u}_{\mathrm{m}}(\boldsymbol{x}, t)$ 处取一个热速度分布并取温度为零的极限. 需要认识到, 一旦非线性结构形成, 上式将不再成立. 我们将在章节 12.3 中详细讨论. 在那之前, 首先估计速度弥散为零的假设在何时失效.

12.2　高阶微扰论

作为微扰论的出发点, 我们利用第 5 章的方法取 Vlasov 方程的矩. 对于 $6+1$ 维相空间中定义的任一函数 $A(\boldsymbol{x}, \boldsymbol{p}, t)$, 定义矩平均

$$\langle A \rangle_{f_{\mathrm{m}}}(\boldsymbol{x}, t) \equiv \int \frac{\mathrm{d}^3 p}{(2\pi)^3} A(\boldsymbol{x}, \boldsymbol{p}, t) f_{\mathrm{m}}(\boldsymbol{x}, \boldsymbol{p}, t), \quad (12.10)$$

其仅为位置和时间的函数. 此处忽略碰撞项. 取 $A = 1$ 时即得到数密度,

$$\langle 1 \rangle_{f_{\mathrm{m}}}(\boldsymbol{x}, t) = n(\boldsymbol{x}, t) = \frac{\rho_{\mathrm{m}}(\boldsymbol{x}, t)}{m}. \quad (12.11)$$

而 $\langle m \rangle_{f_{\mathrm{m}}}$ 即物质密度 $\rho_{\mathrm{m}}(\boldsymbol{x}, t)$. 类似地, 定义体速度 (流体速度) 为 p^i 的矩平均除以密度,

$$u_{\mathrm{m}}^i(\boldsymbol{x}, t) \equiv \frac{\langle p^i \rangle_{f_{\mathrm{m}}}}{\langle m \rangle_{f_{\mathrm{m}}}}. \quad (12.12)$$

现取 Vlasov 方程 (12.8) 的零阶矩, 提取对 t 和 $\boldsymbol{x}$ 的导数至积分之外, 得到[①]

$$\frac{\partial}{\partial t}\rho_{\mathrm{m}} + \frac{1}{a}\frac{\partial}{\partial x^j}\left[\rho_{\mathrm{m}} u_{\mathrm{m}}^j\right] - \int \frac{\mathrm{d}^3 p}{(2\pi)^3} m\left[Hp^j + \frac{m}{a}\frac{\partial\Psi}{\partial x^j}\right]\frac{\partial}{\partial p^j}f_{\mathrm{m}} = 0, \quad (12.13)$$

---

① 译者注: 简洁起见, 省略部分变量的自变量, 如 $u_{\mathrm{m}}^j(\boldsymbol{x}, t) \to u_{\mathrm{m}}^j$, $f_{\mathrm{m}}(\boldsymbol{x}, \boldsymbol{p}, t) \to f_{\mathrm{m}}$. 下同.

其中我们利用了 $\langle p^j \rangle_{f_{\mathrm m}} = \rho_{\mathrm m} u_{\mathrm m}^j$. 最后一项可以通过分部积分, 将对 p^j 的导数换为对方括号内的部分求导 (分部积分的边界项为零, 因为任何合理的分布函数应满足无粒子处于动量无穷大处). 求导进而得到 $-\partial/\partial p^j(Hp^j) = -3H$, 而因 Ψ 仅是 t 和 $\boldsymbol{x}$ 的函数, $\partial/\partial p^j(\partial \Psi/\partial x^j) = 0$. 方程 (12.13) 变为

$$\frac{\partial}{\partial t}\rho_{\mathrm m} + \frac{1}{a}\frac{\partial}{\partial x^j}\left[\rho_{\mathrm m} u_{\mathrm m}^j\right] + 3H\rho_{\mathrm m} = 0. \tag{12.14}$$

此即连续性方程 [参考方程 (5.41)], 适用于非线性成团及亚视界尺度.

类似于一阶微扰的情况, 方程 (12.14) 并不足以求解问题, 还需一个速度 $u_{\mathrm m}^i$ 的方程. 取 Vlasov 方程 (12.8) 的一阶矩, 即乘以 p^i 然后对 $\boldsymbol{p}$ 积分,

$$\frac{\partial}{\partial t}\left[\rho_{\mathrm m} u_{\mathrm m}^i\right] + \frac{1}{ma}\frac{\partial}{\partial x^j}\langle p^i p^j\rangle_{f_{\mathrm m}} - \int\frac{\mathrm{d}^3 p}{(2\pi)^3}p^i\left[Hp^j + \frac{m}{a}\frac{\partial \Psi}{\partial x^j}\right]\frac{\partial}{\partial p^j}f_{\mathrm m} = 0. \tag{12.15}$$

其中最后一项可再通过分部积分处理, 得到

$$\frac{\partial}{\partial t}\left[\rho_{\mathrm m} u_{\mathrm m}^i\right] + \frac{1}{ma}\frac{\partial}{\partial x^j}\langle p^i p^j\rangle_{f_{\mathrm m}} + 4H\rho_{\mathrm m} u_{\mathrm m}^i + \frac{1}{a}\rho_{\mathrm m}\frac{\partial \Psi}{\partial x^j} = 0. \tag{12.16}$$

这便是我们所需要的 $u_{\mathrm m}^i$ 的方程, 但其包含一个额外的二阶矩分布 $\langle p^i p^j\rangle_{f_{\mathrm m}}$. 定义应力张量 (stress tensor) $\sigma_{\mathrm m}^{ij}(\boldsymbol{x},t)$,

$$\frac{1}{m}\langle p^i p^j\rangle_{f_{\mathrm m}} = \rho_{\mathrm m} u_{\mathrm m}^i u_{\mathrm m}^j + \sigma_{\mathrm m}^{ij}. \tag{12.17}$$

同 $u_{\mathrm m}^i$ 和 p^i 一样, 我们无需区分 $\sigma_{\mathrm m}^{ij}$ 中 i,j 的上或下指标的位置. 此处仅定义了 $\sigma_{\mathrm m}^{ij}$, 稍后将会看到式 (12.17) 中分解的物理意义. 将式 (12.17) 代入方程 (12.16) 得

$$\frac{\partial}{\partial t}\left[\rho_{\mathrm m} u_{\mathrm m}^i\right] + \frac{1}{a}\frac{\partial}{\partial x^j}\left[\rho_{\mathrm m} u_{\mathrm m}^i u_{\mathrm m}^j + \sigma_{\mathrm m}^{ij}\right] + 4H\rho_{\mathrm m} u_{\mathrm m}^i + \frac{1}{a}\rho_{\mathrm m}\frac{\partial \Psi}{\partial x^j} = 0. \tag{12.18}$$

将此方程减去连续性方程 (12.14) 乘以 u^i, 得到更加熟悉的形式:

$$\rho_{\mathrm m}\frac{\partial}{\partial t}u_{\mathrm m}^i + \frac{1}{a}\rho_{\mathrm m} u_{\mathrm m}^j\frac{\partial}{\partial x^j}u_{\mathrm m}^i + H\rho_{\mathrm m} u_{\mathrm m}^i + \frac{1}{a}\rho_{\mathrm m}\frac{\partial \Psi}{\partial x^i} + \frac{1}{a}\frac{\partial}{\partial x^j}\sigma_{\mathrm m}^{ij} = 0. \tag{12.19}$$

再除以 $\rho_{\mathrm m}$, 得到膨胀宇宙中的 Euler 方程:

$$\frac{\partial}{\partial t}u_{\mathrm m}^i + \frac{1}{a}u_{\mathrm m}^j\frac{\partial}{\partial x^j}u_{\mathrm m}^i + Hu_{\mathrm m}^i + \frac{1}{a}\frac{\partial \Psi}{\partial x^i} + \frac{1}{\rho_{\mathrm m} a}\frac{\partial}{\partial x^j}\sigma_{\mathrm m}^{ij} = 0. \tag{12.20}$$

这样便将方程 (5.50) 推广至非线性, 但仍只适用于亚视界尺度. 方程前两项对应于 随体导数 (material derivative) $\partial/\partial t + u_{\mathrm m}^j\partial/\partial x^j$ 作用于速度 $u_{\mathrm m}^i$; 注意这里已经

引入了一个非线性项. 第三项是 Hubble 减速项, 使速度随 $1/a$ 衰减. 第四项引力项与线性情况相同, 只需注意物理坐标和共动坐标之间的变换 $\mathrm{d}r^i = a\mathrm{d}x^i$.

最后一项来自应力张量的贡献. 暂且假设此张量是对角矩阵, 写为 $\sigma_{\mathrm{m}}^{ij}(\boldsymbol{x}, t) = \mathcal{P}_{\mathrm{m}}(\boldsymbol{x}, t)\delta_{ij}$, 那么方程 (12.20) 最后一项变为 $(\partial \mathcal{P}_{\mathrm{m}}/\partial x^i)/(\rho_{\mathrm{m}} a)$, 恰好是 Euler 方程中压强项的贡献. 看起来 σ_{m}^{ij} 是压强的某种推广. 然而, 我们曾假设物质的压强为零: 通过习题 12.1 容易证明, 将 "冷" 物质的分布函数 (12.9) 代入式 (12.17), 确实得到 $\sigma_{\mathrm{m}}^{ij} = 0$. 一个标准的做法便是去掉 Euler 方程中的应力张量项, 这样我们有三个方程 (连续性方程、Euler 方程和 Poisson 方程) 来求解三个未知数 $\rho_{\mathrm{m}}, u_{\mathrm{m}}^i, \Psi$. 让我们先试着求解此方程组, 并最终检验是否真的可以忽略 σ_{m}^{ij}.

首先从连续性方程中去掉零阶宇宙的部分. 这是因为均匀的背景宇宙不产生引力势扰动 Ψ, 不产生动力学效应. 利用 $\rho_{\mathrm{m}}(\boldsymbol{x}, t) = \rho_{\mathrm{m}}(t)[1 + \delta_{\mathrm{m}}(\boldsymbol{x}, t)]$, 连续性方程的零阶部分为 $\partial \rho_{\mathrm{m}}/\partial t + 3H\rho_{\mathrm{m}} = 0$, 乘以 $1 + \delta_{\mathrm{m}}$,

$$[1 + \delta_{\mathrm{m}}(\boldsymbol{x}, t)] \left[\frac{\partial}{\partial t}\rho_{\mathrm{m}}(t) + 3H\rho_{\mathrm{m}}(t)\right] = 0. \tag{12.21}$$

结合方程 (12.14) 得到

$$\rho_{\mathrm{m}}\frac{\partial}{\partial t}[1 + \delta_{\mathrm{m}}] + \frac{\rho_{\mathrm{m}}}{a}\frac{\partial}{\partial x^j}\left[(1 + \delta_{\mathrm{m}})u_{\mathrm{m}}^j\right] = 0. \tag{12.22}$$

再除以 ρ_{m} 以得到连续性方程. 最终, 利用共形时间, 得到方程组

$$\delta_{\mathrm{m}}' + \frac{\partial}{\partial x^j}\left[(1 + \delta_{\mathrm{m}})u_{\mathrm{m}}^j\right] = 0,$$

$$u_{\mathrm{m}}^{i\,'} + u_{\mathrm{m}}^j\frac{\partial}{\partial x^j}u_{\mathrm{m}}^i + aHu_{\mathrm{m}}^i + \frac{\partial \Psi}{\partial x^i} = 0,$$

$$\nabla^2\Psi = \frac{3}{2}\Omega_{\mathrm{m}}(\eta)(aH)^2\delta_{\mathrm{m}}. \tag{12.23}$$

其中, 利用依赖时间的密度参量 $\Omega_{\mathrm{m}}(\eta)$, 将 $4\pi G\rho_{\mathrm{m}}$ 替换为 $(3/2)\Omega_{\mathrm{m}}H^2(\eta)$. $\Omega_{\mathrm{m}}(\eta)$ 应与 $\Omega_{\mathrm{m}} = \Omega_{\mathrm{m}}(\eta_0)$ 作出区分, $\Omega_{\mathrm{m}}(\eta)$ 仅用于章节 12.2. 也应注意, 在很多文献中依赖于时间的密度参量经常被使用.

我们已将 6+1 维的 Vlasov-Poisson 积分微分方程组简化为 3+1 维的 Euler-Poisson 偏微分方程组. 再定义速度散度 $\theta_{\mathrm{m}} \equiv \partial_i u_{\mathrm{m}}^i$, 取 Euler 方程的散度, 并将待求解的非线性变量移至方程等式右边:

$$\delta_{\mathrm{m}}' + \theta_{\mathrm{m}} = -\delta_{\mathrm{m}}\theta_{\mathrm{m}} - u_{\mathrm{m}}^j\frac{\partial}{\partial x^j}\delta_{\mathrm{m}},$$

$$\theta_{\mathrm{m}}' + aH\theta_{\mathrm{m}} + \nabla^2\Psi = -u_{\mathrm{m}}^j\frac{\partial}{\partial x^j}\theta_{\mathrm{m}} - \left(\partial_i u_{\mathrm{m}}^j\right)\left(\partial_j u_{\mathrm{m}}^i\right). \tag{12.24}$$

这样的偏微分方程组仍很难求解, 但我们试图利用物质主导宇宙的结论进行适当近似.

若将上述方程组等式右边设为零, 则它们将还原一阶微扰的形式, 求解便得到章节 8.5 中的线性增长规律: 密度场正比于初始密度场, 其系数为增长因子 $D_+(\eta)$, 即[①]

$$\delta_{\rm m}(\boldsymbol{x}, \eta) = \delta^{(1)}(\boldsymbol{x}, \eta) \equiv D_+(\eta)\delta_0(\boldsymbol{x}), \tag{12.25}$$

其中 $\delta_0(\boldsymbol{x}) = \delta_{\rm m}(\boldsymbol{x}, \eta_{\rm ref})/D_+(\eta_{\rm ref})$ 是在某个任意但固定的参考时刻的约化密度场. 由线性连续性方程,

$$\theta^{(1)}(\boldsymbol{x}, \eta) = -\delta^{(1)\prime}(\boldsymbol{x}, \eta) = -aHf(\eta)\delta^{(1)}(\boldsymbol{x}, \eta), \tag{12.26}$$

其中 $f = {\rm d}\ln D_+/{\rm d}\ln a$ 是章节 8.5 中定义的结构增长率. 注意从方程组 (12.23) 到 (12.24) 推导过程中的一个微妙假设: 通过求 Euler 方程的散度, 我们忽略了速度场的旋度 $\boldsymbol{\omega}_{\rm m} \equiv \nabla \times \boldsymbol{u}_{\rm m}$. 由第 8 章给出的结果, 增长模式的解 (12.25) 对应于纵向 (无旋) 的速度场. 由习题 12.2 还可证明, 方程组 (12.23) 即使保留至非线性阶, 依然不产生速度场的旋度. 这表明旋度仍是衰减模式, $\omega_{\rm m}^i \propto 1/a$, 可忽略.

根据方程组 (12.24) 的形式, 可试图进行迭代求解. 通过忽略非线性项已得到线性解, 接下来的近似是将线性解代入方程组的非线性部分:

$$\delta^{(2)\prime} + \theta^{(2)} = -\delta^{(1)}\theta^{(1)} - \left(u^{(1)}\right)^j \frac{\partial}{\partial x^j}\delta^{(1)}, \tag{12.27}$$

$$\theta^{(2)\prime} + aH\theta^{(2)} + \frac{3}{2}\Omega_{\rm m}(\eta)(aH)^2\delta^{(2)} = -\left(u^{(1)}\right)^j \frac{\partial}{\partial x^j}\theta^{(1)} - \left[\partial_i(u^{(1)})^j\right]\left[\partial_j(u^{(1)})^i\right].$$

其中用到了 $\Psi^{(2)}$ 的 Poisson 方程

$$\nabla^2\Psi^{(2)} = \frac{3}{2}\Omega_{\rm m}(\eta)(aH)^2\delta^{(2)}. \tag{12.28}$$

方程组 (12.27) 是关于 $\delta^{(2)}$ 和 $\theta^{(2)}$ 的非齐次但仍然线性的偏微分方程组. 稍后将会看到, 它可化为一个常微分方程组并求解. 由方程组 (12.27) 可见, $\delta^{(2)}$ 和 $\theta^{(2)}$ 的源函数包含线性解的二次项. 在大尺度, 这些线性解很小 (参考图 12.1), 故它们对源函数的贡献将比线性项更小, 比如 $\delta^{(2)}$ 仅是 $\delta^{(1)}$ 的一个修正. 我们最终预期将非线性解展开为

$$\delta_{\rm m}(\boldsymbol{x}, \eta) = \delta^{(1)}(\boldsymbol{x}, \eta) + \delta^{(2)}(\boldsymbol{x}, \eta) + \cdots + \delta^{(n)}(\boldsymbol{x}, \eta),$$
$$\theta_{\rm m}(\boldsymbol{x}, \eta) = \theta^{(1)}(\boldsymbol{x}, \eta) + \theta^{(2)}(\boldsymbol{x}, \eta) + \cdots + \theta^{(n)}(\boldsymbol{x}, \eta), \tag{12.29}$$

[①] 下文中仅讨论宇宙的物质组分. 简洁起见, 省略部分扰动变量的下标 $_{\rm m}$.

其中 $\delta^{(n)}, \theta^{(n)}$ 包含线性解的 n 阶乘积. 这样, 展开式 (12.29) 中的每一项都比前一项更小. 如果以上命题成立, 微扰论预测的 $\delta^{(n)}$ 和 $\theta^{(n)}$ 应随 n 的增加而越来越精确. 利用微扰论计算非线性结构形成的主要目标便是求解展开式 (12.29) 中的各项, 以及确定它们成立的尺度.

首先, 将方程组 (12.27) 变换至 Fourier 空间. 方程组左边是线性的, 易于变换. 方程组右边涉及实空间场的乘积, 在 Fourier 空间变为卷积. 在 Fourier 空间, 线性密度场、速度场和引力势的关系为

$$(u^{(1)})^i(\boldsymbol{k}, \eta) = \frac{ik^i}{k^2} aHf\delta^{(1)}(\boldsymbol{k}, \eta),$$

$$\Psi(\boldsymbol{k}, \boldsymbol{\eta}) = -\frac{3}{2}\Omega_{\mathrm{m}}(\eta)\frac{(aH)^2}{k^2}\delta_{\mathrm{m}}(\boldsymbol{k}, \eta). \tag{12.30}$$

特别重要的是, 方程组 (12.30) 第二式不仅对 $\Psi^{(1)}$ 成立, 同样适用于非线性, 这是因为在弱引力场近似下, Poisson 方程在 Fourier 空间变为线性代数方程. 实际上此关系已用于 $\Psi^{(2)}$. 这样, 通过式 (12.25) 得

$$\delta^{(2)\prime}(\boldsymbol{k}, \eta) + \theta^{(2)}(\boldsymbol{k}, \eta) = \int \frac{\mathrm{d}^3 k_1}{(2\pi)^3} \int \frac{\mathrm{d}^3 k_2}{(2\pi)^3} (2\pi)^3 \delta_{\mathrm{D}}^{(3)}(\boldsymbol{k} - \boldsymbol{k}_1 - \boldsymbol{k}_2)$$

$$\times aHfD_+^2(\eta)\left[1 + \frac{\boldsymbol{k}_1 \cdot \boldsymbol{k}_2}{k_1^2}\right]\delta_0(\boldsymbol{k}_1)\delta_0(\boldsymbol{k}_2),$$

$$\theta^{(2)\prime}(\boldsymbol{k}, \eta) + aH\theta^{(2)}(\boldsymbol{k}, \eta) + \frac{3}{2}\Omega_{\mathrm{m}}(\eta)(aH)^2\delta^{(2)}(\boldsymbol{k}, \eta)$$

$$= -\int \frac{\mathrm{d}^3 k_1}{(2\pi)^3} \int \frac{\mathrm{d}^3 k_2}{(2\pi)^3} (2\pi)^3 \delta_{\mathrm{D}}^{(3)}(\boldsymbol{k} - \boldsymbol{k}_1 - \boldsymbol{k}_2)$$

$$\times (aHf)^2 D_+^2(\eta)\left[\frac{\boldsymbol{k}_1 \cdot \boldsymbol{k}_2}{k_1^2} + \frac{(\boldsymbol{k}_1 \cdot \boldsymbol{k}_2)^2}{k_1^2 k_2^2}\right]\delta_0(\boldsymbol{k}_1)\delta_0(\boldsymbol{k}_2). \tag{12.31}$$

得到 (12.31) 的详细步骤见习题 12.3, 是掌握实空间和 Fourier 空间对应关系有用的练习. 其中注意, 方程组等式右边的卷积不依赖于时间, 故可以提出依赖于时间的 aHf 和 D_+.

为更方便求解, 可选用增长因子的对数作为时间变量

$$\delta_{\mathrm{m}}' = \frac{\mathrm{d}\ln a}{\mathrm{d}\eta}\frac{\mathrm{d}\ln D_+}{\mathrm{d}\ln a}\frac{\partial}{\partial\ln D_+}\delta_{\mathrm{m}} = aHf\frac{\partial}{\partial\ln D_+}\delta_{\mathrm{m}}.$$

显然, $\partial\delta^{(1)}/\partial\ln D_+ = \delta^{(1)}$, 还需推出 $\delta^{(2)}$ 的时间演化. 利用方程 (8.75) 可得 (见习题 12.4)

$$\frac{\mathrm{d}(aHf)}{\mathrm{d}\eta} = (aH)^2\left[\frac{3}{2}\Omega_{\mathrm{m}}(\eta) - f(\eta) - f^2(\eta)\right]. \tag{12.32}$$

再定义约化速度散度 $\hat{\theta} \equiv \theta_{\mathrm{m}}/aHf$, 可得到方程组 (见习题 12.4)

$$\frac{\mathrm{d}}{\mathrm{d}\ln D_+}\delta^{(2)}(\boldsymbol{k}, D_+) + \hat{\theta}^{(2)}(\boldsymbol{k}, D_+) = D_+^2 S_\delta(\boldsymbol{k}),$$

$$\frac{\mathrm{d}}{\mathrm{d}\ln D_+}\hat{\theta}^{(2)}(\boldsymbol{k}, D_+) + \left(\frac{3}{2}\frac{\Omega_{\mathrm{m}}(D_+)}{f^2(D_+)} - 1\right)\hat{\theta}^{(2)}(\boldsymbol{k}, D_+)$$

$$+ \frac{3}{2}\frac{\Omega_{\mathrm{m}}(D_+)}{f^2(D_+)}\delta^{(2)}(\boldsymbol{k}, D_+) = D_+^2 S_\theta(\boldsymbol{k}). \qquad (12.33)$$

其中两依赖于时间的源函数项为

$$S_\delta(\boldsymbol{k}) = \int \frac{\mathrm{d}^3 k_1}{(2\pi)^3} \int \frac{\mathrm{d}^3 k_2}{(2\pi)^3}(2\pi)^3 \delta_{\mathrm{D}}^{(3)}(\boldsymbol{k} - \boldsymbol{k}_1 - \boldsymbol{k}_2)$$

$$\times \left[1 + \frac{\boldsymbol{k}_1 \cdot \boldsymbol{k}_2}{k_1^2}\right]\delta_0(\boldsymbol{k}_1)\delta_0(\boldsymbol{k}_2),$$

$$S_\theta(\boldsymbol{k}) = -\int \frac{\mathrm{d}^3 k_1}{(2\pi)^3} \int \frac{\mathrm{d}^3 k_2}{(2\pi)^3}(2\pi)^3 \delta_{\mathrm{D}}^{(3)}(\boldsymbol{k} - \boldsymbol{k}_1 - \boldsymbol{k}_2)$$

$$\times \left[\frac{\boldsymbol{k}_1 \cdot \boldsymbol{k}_2}{k_1^2} + \frac{(\boldsymbol{k}_1 \cdot \boldsymbol{k}_2)^2}{k_1^2 k_2^2}\right]\delta_0(\boldsymbol{k}_1)\delta_0(\boldsymbol{k}_2). \qquad (12.34)$$

在 ΛCDM 宇宙学及具有相似膨胀历史的暗能量宇宙学模型中, $\Omega_{\mathrm{m}}(\eta)/f^2(\eta)$ 非常接近 1. 由式 (8.78), 增长率 $f(\eta) \simeq [\Omega_{\mathrm{m}}(\eta)]^{0.55}$. 故将 $\Omega_{\mathrm{m}}(\eta)/f^2(\eta)$ 设为 1 是一个很好的近似 (在实际情况中, $\delta^{(2)}, \theta^{(2)}$ 精确至 1%). 这样, 方程组 (12.33) 中仅有的依赖于时间 (通过 D_+) 的部分就是源函数项. 于是作出以下幂律谱假设:

$$\delta^{(2)}(\boldsymbol{k}, D_+) = A_\delta(\boldsymbol{k})D_+^n; \quad \theta^{(2)}(\boldsymbol{k}, D_+) = A_\theta(\boldsymbol{k})D_+^n. \qquad (12.35)$$

代入方程组 (12.33) 得

$$nA_\delta D_+^n + A_\theta D_+^n = D_+^2 S_\delta,$$

$$nA_\theta D_+^n + \frac{1}{2}A_\theta D_+^n + \frac{3}{2}A_\delta D_+^n = D_+^2 S_\theta. \qquad (12.36)$$

显然, 若使其在所有时间 D_+ 成立, 需有 $n = 2$. 再求解 A_δ 和 A_θ 得

$$A_\delta(\boldsymbol{k}) = \frac{5}{7}S_\delta(\boldsymbol{k}) - \frac{2}{7}S_\theta(\boldsymbol{k}),$$

$$A_\theta(\boldsymbol{k}) = -\frac{3}{7}S_\delta(\boldsymbol{k}) + \frac{4}{7}S_\theta(\boldsymbol{k}). \qquad (12.37)$$

注意, 这只是其中的一个解, 但由于是增长速度最快的解, 这也是我们唯一所关心的. 转换回共形时间 η,

$$\delta^{(2)}(\boldsymbol{k}, \eta) = D_+^2(\eta) \int \frac{\mathrm{d}^3 k_1}{(2\pi)^3} \int \frac{\mathrm{d}^3 k_2}{(2\pi)^3}(2\pi)^3 \delta_{\mathrm{D}}^{(3)}(\boldsymbol{k} - \boldsymbol{k}_1 - \boldsymbol{k}_2)$$

$$\times F_2(\boldsymbol{k}_1, \boldsymbol{k}_2)\delta_0(\boldsymbol{k}_1)\delta_0(\boldsymbol{k}_2),$$
$$\theta^{(2)}(\boldsymbol{k}, \eta) = aHf\hat{\theta}^{(2)} = -aHfD_+^2(\eta) \int \frac{\mathrm{d}^3 k_1}{(2\pi)^3} \int \frac{\mathrm{d}^3 k_2}{(2\pi)^3} (2\pi)^3 \delta_{\mathrm{D}}^{(3)}(\boldsymbol{k} - \boldsymbol{k}_1 - \boldsymbol{k}_2)$$
$$\times G_2(\boldsymbol{k}_1, \boldsymbol{k}_2)\delta_0(\boldsymbol{k}_1)\delta_0(\boldsymbol{k}_2). \tag{12.38}$$

其中

$$F_2(\boldsymbol{k}_1, \boldsymbol{k}_2) = \frac{5}{7} + \frac{2}{7}\frac{(\boldsymbol{k}_1 \cdot \boldsymbol{k}_2)^2}{k_1^2 k_2^2} + \frac{1}{2}\frac{\boldsymbol{k}_1 \cdot \boldsymbol{k}_2}{k_1 k_2}\left(\frac{k_1}{k_2} + \frac{k_2}{k_1}\right),$$
$$G_2(\boldsymbol{k}_1, \boldsymbol{k}_2) = \frac{3}{7} + \frac{4}{7}\frac{(\boldsymbol{k}_1 \cdot \boldsymbol{k}_2)^2}{k_1^2 k_2^2} + \frac{1}{2}\frac{\boldsymbol{k}_1 \cdot \boldsymbol{k}_2}{k_1 k_2}\left(\frac{k_1}{k_2} + \frac{k_2}{k_1}\right). \tag{12.39}$$

为方便起见, 上式中 $\boldsymbol{k}_1, \boldsymbol{k}_2$ 写为对称的形式, 因为式 (12.38) 中的被积函数也具有对称的形式.

这样我们已通过某参考时刻的 $\delta_0(\boldsymbol{k})$ 求得了二阶密度场和速度场的解. 此步骤可继续拓展至更高阶. 例如, $\delta^{(3)}$ 和 $\hat{\theta}^{(3)}$ 所满足的方程组的等式左边与方程组 (12.33) 类似; 只是等式右边的源函数涉及 $\delta^{(1)}, \delta^{(2)}, \hat{\theta}^{(2)}$, 且正比于 $D_+^3(\eta)$. 继续取近似 $\Omega_{\mathrm{m}}/f^2 = 1$, 方程组可进行解析积分, 得到 $\delta^{(3)}, \hat{\theta}^{(3)} \propto D_+^3$. 这些步骤可拓展至任意高阶, 例如第 n 阶的解可写为

$$\delta^{(n)}(\boldsymbol{k}, \eta) = D_+^n(\eta) \left[\prod_{i=1}^n \int \frac{\mathrm{d}^3 k_i}{(2\pi)^3}\right](2\pi)^3 \delta_{\mathrm{D}}^{(3)}\left(\boldsymbol{k} - \sum_{i=1}^n \boldsymbol{k}_i\right)$$
$$\times F_n(\boldsymbol{k}_1, \cdots, \boldsymbol{k}_n)\delta_0(\boldsymbol{k}_1)\cdots\delta_0(\boldsymbol{k}_n),$$
$$\theta^{(n)}(\boldsymbol{k}, \eta) = aHf\hat{\theta}^{(n)} = -aHfD_+^n(\eta) \left[\prod_{i=1}^n \int \frac{\mathrm{d}^3 k_i}{(2\pi)^3}\right](2\pi)^3 \delta_{\mathrm{D}}^{(3)}\left(\boldsymbol{k} - \sum_{i=1}^n \boldsymbol{k}_i\right)$$
$$\times G_n(\boldsymbol{k}_1, \cdots, \boldsymbol{k}_n)\delta_0(\boldsymbol{k}_1)\cdots\delta_0(\boldsymbol{k}_n). \tag{12.40}$$

令 $F_1 = G_1 = 1$, 便可使系统在 $n = 1$ 阶 (线性时) 也成立. 第 n 阶密度场和速度场恰好涉及线性密度场 δ_0 的 n 阶乘积, 与展开式 (12.29) 后的讨论是一致的. 核函数 F_n, G_n 的自变量包含具有对称性的多项式, 可由迭代方法求得 (具体的迭代关系参见 Bernardeau *et al.*, 2002).

这个巧妙的结果使我们能够明确计算出宇宙的非线性结构演化. 事实上, 一种类似量子场论中的 Feynman 图可直观地描述高阶微扰论的计算. 如图 12.2 所示, 二阶密度场 $\delta^{(2)}$ 由两个初始 (线性) 密度场和核函数 F_2 连接构造出. 类似地, n 阶密度场的构造来自 n 个初始密度场和 n 阶核函数 F_n. 速度散度场的构造具有相同的结构.

更重要的是, 高阶微扰论的预测 (12.40) 能够由初始密度场 $\delta_0(\boldsymbol{k})$ 计算出非线

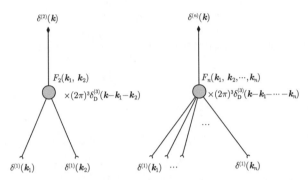

图 12.2   高阶微扰论中, 二阶密度场 (左图) 和 n 阶密度场 (右图) 构造的示意图. 一般地, n 阶密度场的构造来自 n 个初始密度场及相互作用核函数 F_n. 速度散度场 $\theta^{(n)}$ 通过核函数 G_n 具有类似的构造. 为简洁起见这里略去了时间变量.

性密度场的统计信息. 如 $\delta_{\mathrm{m}}(\boldsymbol{k})$ 的功率谱可写为

$$\langle \delta_{\mathrm{m}}(\boldsymbol{k},\eta)\delta_{\mathrm{m}}(\boldsymbol{k}',\eta)\rangle = \sum_{n,l=1,2,\cdots}^{n+l\,\text{是偶数}} \langle \delta^{(n)}(\boldsymbol{k},\eta)\delta^{(l)}(\boldsymbol{k}',\eta)\rangle. \tag{12.41}$$

然而, 因涉及无限项求和, 此结果并不实用. 事实上, 只有当我们可以在有限项处作一截断, 且更高阶项足够小时, 高阶微扰论才有意义. 例如, 考察求和中的前三项:

$$\begin{aligned}\langle \delta_{\mathrm{m}}(\boldsymbol{k},\eta)\delta_{\mathrm{m}}(\boldsymbol{k}',\eta)\rangle &= D_+^2(\eta)\,\langle \delta_0(\boldsymbol{k})\delta_0(\boldsymbol{k}')\rangle \\ &+ \langle \delta^{(2)}(\boldsymbol{k},\eta)\delta^{(2)}(\boldsymbol{k}',\eta)\rangle + 2\,\langle \delta^{(1)}(\boldsymbol{k},\eta)\delta^{(3)}(\boldsymbol{k}',\eta)\rangle + \cdots. \end{aligned} \tag{12.42}$$

第一项是 η 时刻的线性功率谱. 第二行中的两项组成物质功率谱非线性修正的首项, 称为次首阶 (*next-to-leading order*, NLO) 物质功率谱. 由于 δ_0 是高斯场 (Gaussian field) (参见专题 12.1), NLO 功率谱各项可进一步展开; 在式 (12.41, 12.42) 中实际上已忽略 δ_0 的 3 阶乘积项.

专题 12.1   高斯随机场 (Gaussian random field)

宇宙学中, 常需要将某个场 (如物质密度场) 所含的信息总结为某种统计量, 比如我们已熟知的功率谱. 线性物质密度场 δ_0 是一个高斯随机场, 这是一个从暴胀时期的量子扰动所继承下来的属性. 现在给出更加确切的定义. 在实空间, 一个期望为零的高斯随机场可由两点相关函数完备描述:

$$\langle \delta_0(\boldsymbol{x}_1)\delta_0(\boldsymbol{x}_2)\rangle = \xi(\boldsymbol{x}_1 - \boldsymbol{x}_2), \tag{12.43}$$

其可以 (但不必须) 具有各向同性的性质, $\xi(\boldsymbol{r}) = \xi(|\boldsymbol{r}|)$, 但由于对称性, 需有 $\xi(-\boldsymbol{r}) = \xi(\boldsymbol{r})$. 高斯随机场的某三点及任何奇数个点的乘积的期望应为零,

$$\langle \delta_0(\boldsymbol{x}_1)\delta_0(\boldsymbol{x}_2)\delta_0(\boldsymbol{x}_3) \rangle = 0. \tag{12.44}$$

高斯随机场的某四点的乘积一般非零, 可完备地由 $\xi(\boldsymbol{r})$ 表达出,

$$\langle \delta_0(\boldsymbol{x}_1)\delta_0(\boldsymbol{x}_2)\delta_0(\boldsymbol{x}_3)\delta_0(\boldsymbol{x}_4) \rangle = \xi(\boldsymbol{x}_1 - \boldsymbol{x}_2)\xi(\boldsymbol{x}_4 - \boldsymbol{x}_3)$$
$$+\xi(\boldsymbol{x}_1 - \boldsymbol{x}_3)\xi(\boldsymbol{x}_4 - \boldsymbol{x}_2) + \xi(\boldsymbol{x}_1 - \boldsymbol{x}_4)\xi(\boldsymbol{x}_3 - \boldsymbol{x}_2), \tag{12.45}$$

其中等式右边三项是利用成对的两点组合成全部四点的三种可能性, 且每种情况均得到两点相关函数 (12.43). 这种配对的关系适用于任何偶数点相关函数, 称为 Wick 定理 (*Wick's theorem*). 式 (12.43 - 12.45) 的 Fourier 空间的形式可通过 Fourier 变换得到 (强烈建议读者推导):

$$\langle \delta_0(\boldsymbol{k})\delta_0(\boldsymbol{k}') \rangle = (2\pi)^3 \delta_{\mathrm{D}}^{(3)}(\boldsymbol{k} + \boldsymbol{k}')P(\boldsymbol{k}), \tag{12.46}$$

其中 $P(\boldsymbol{k})$ 是 $\xi(\boldsymbol{r})$ 的 Fourier 变换; 而

$$\langle \delta_0(\boldsymbol{k}_1)\delta_0(\boldsymbol{k}_2)\delta_0(\boldsymbol{k}_3) \rangle = 0, \tag{12.47}$$
$$\langle \delta_0(\boldsymbol{k}_1)\delta_0(\boldsymbol{k}_2)\delta_0(\boldsymbol{k}_3)\delta_0(\boldsymbol{k}_4) \rangle = (2\pi)^6 \delta_{\mathrm{D}}^{(3)}(\boldsymbol{k}_1 + \boldsymbol{k}_2)\delta_{\mathrm{D}}^{(3)}(\boldsymbol{k}_3 + \boldsymbol{k}_4)P(\boldsymbol{k}_1)P(\boldsymbol{k}_3)$$
$$+(2\pi)^6 \delta_{\mathrm{D}}^{(3)}(\boldsymbol{k}_1 + \boldsymbol{k}_3)\delta_{\mathrm{D}}^{(3)}(\boldsymbol{k}_2 + \boldsymbol{k}_4)P(\boldsymbol{k}_1)P(\boldsymbol{k}_2)$$
$$+(2\pi)^6 \delta_{\mathrm{D}}^{(3)}(\boldsymbol{k}_1 + \boldsymbol{k}_4)\delta_{\mathrm{D}}^{(3)}(\boldsymbol{k}_2 + \boldsymbol{k}_3)P(\boldsymbol{k}_1)P(\boldsymbol{k}_2).$$

NLO 对功率谱的贡献可通过式 (12.40) 和 Wick 定理 (12.47) 求得. 图 12.3 画出了此方法的示意图: 其来自密度场配对的互相关. 我们的目标是通过图 12.2 将线性密度场进行成对组合, 得到线性功率谱 $P_{\mathrm{L}}(k)$. 最简单的连接方法便是对最终的密度场进行配对, 称为首项 "树型" 贡献, 即线性功率谱 $P_{\mathrm{L}}(k)$. 有两种方法可以配对四个线性密度场组合为非线性密度场, 构成式 (12.42) 中的 NLO 贡献. 这种类似于量子场论中的 Feynman 图表示了计算 NLO 的确切规则 (对量子场论有兴趣的读者可自行推导这些规则), 相对于直接使用 Wick 定理进行计算要简洁很多.

由习题 12.5,

$$P(k, \eta) = P_{\mathrm{L}}(k, \eta) + P^{\mathrm{NLO}}(k, \eta) + \cdots,$$
$$P^{\mathrm{NLO}}(k, \eta) = P^{(22)}(k, \eta) + 2P^{(13)}(k, \eta), \tag{12.48}$$

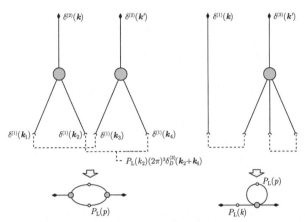

图 12.3　物质功率谱的次首阶 (NLO) 贡献的示意图. 左图和右图分别表示 $\langle \delta^{(2)}(\boldsymbol{k})\delta^{(2)}(\boldsymbol{k}')\rangle$ 和 $\langle \delta^{(1)}(\boldsymbol{k})\delta^{(3)}(\boldsymbol{k}')\rangle$. 为简洁起见, 在此省略时间自变量. 图上半部分展示如何利用虚线连接线性密度场 $\delta^{(1)}(\boldsymbol{k}_1),\cdots,\delta^{(1)}(\boldsymbol{k}_4)$ 来计算这些贡献 (其中核函数与图 12.2 相同, 并未标出). 根据 Wick 定理, 每种连接得到一个线性功率谱和一个 Dirac δ 函数. 图下半部分是一种更标准和高效的表示方法: 两线性场的连接用一空心圆表示, 对应于线性功率谱. 此种表示说明了这些贡献常被称为 "单圈" (1-loop) 贡献. 图中每个环形对应于波数的一个积分 (p 表示积分波数).

其中

$$P^{(22)}(k,\eta) = 2\int \frac{\mathrm{d}^3 p}{(2\pi)^3}\left[F_2(\boldsymbol{p},\boldsymbol{k}-\boldsymbol{p})\right]^2 P_\mathrm{L}(p,\eta)P_\mathrm{L}(|\boldsymbol{k}-\boldsymbol{p}|,\eta),$$

$$P^{(13)}(k,\eta) = 3P_\mathrm{L}(k,\eta)\int \frac{\mathrm{d}^3 p}{(2\pi)^3}F_3(\boldsymbol{p},-\boldsymbol{p},\boldsymbol{k})P_\mathrm{L}(p,\eta). \tag{12.49}$$

这里, 我们将被积分的波数 $\boldsymbol{k}_i$ 记为 $\boldsymbol{p}$. 然而, 我们要计算至三阶密度场才能求出完整的 NLO 修正, 结果见图 12.4. $P^{\mathrm{NLO}}(k)$ 在大尺度远小于线性功率谱, 非线性演化仅仅是对线性演化微小的修正. 这便是高阶微扰论成立的尺度, 因为我们期待高阶项远小于低阶项.

　　图 12.3 下图中的 NLO 贡献称为圈 (loop), 即一个对波数的积分. 由于线性功率谱的形状无法表达为较简单的形式, 此积分只能以数值的方式进行. 由于微扰论的核函数通常为一阶, 可猜测 NLO 贡献对线性功率谱的相对修正为

$$\sim \int_0^k \frac{\mathrm{d}^3 p}{(2\pi)^3}P_\mathrm{L}(p) = \frac{1}{2\pi^2}\int_0^k p^2 \mathrm{d}p\, P_\mathrm{L}(p), \tag{12.50}$$

对应于线性密度场在尺度 $R \sim 1/k$ [参见式 (12.4)] 平滑后的方差. 对 p 的积分在 k 处取截断. 其数学原因是式 (12.48) 中高阶微扰论的核函数在 $p \gg k$ 时已非常小. 其物理原因是密度场的极小尺度扰动不影响大尺度扰动: 一小团物质对较

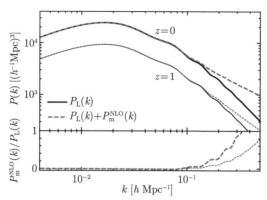

图 12.4 上图: 红移 $z = 0$ (较粗线条) 和 $z = 1$ (较细线条) 的线性物质功率谱和 NLO 功率谱 [式 (12.48)]. 下图: NLO 功率谱与线性功率谱的比值. 当 NLO 功率谱的幅度不再远小于线性功率谱时, 高阶微扰论失效. 对于基准宇宙学模型, 此失效尺度分别发生在 $k \simeq 0.3\,h\,\mathrm{Mpc}^{-1}$ ($z = 0$) 和 $k \simeq 0.6\,h\,\mathrm{Mpc}^{-1}$ ($z = 1$), 均在各红移对应的 k_{NL} 附近.

远处所施加的引力主要取决于其总质量, 而非其内部物质分布的细节. 因此, NLO 对线性功率谱的相对修正大致为 $\sigma^2_{R=k^{-1}}$, 在 $k \simeq k_{\mathrm{NL}}$ 时接近 1 (在章节 8.1.1 中曾定义 $k \simeq k_{\mathrm{NL}}$ 为无量纲线性功率谱等于 1 的尺度). 图 12.4 印证了这一点. 另外还可见, 在较高的红移 $z = 1$ 处, 微扰论的适用范围拓展至更小的尺度.

非线性结构形成后, 奇数点统计量不再为零, 如 Fourier 空间的三点相关函数: 双频谱 (*bispectrum*),

$$
\begin{aligned}
\langle \delta_{\mathrm{m}}(\boldsymbol{k}_1,\eta)\delta_{\mathrm{m}}(\boldsymbol{k}_2,\eta)\delta_{\mathrm{m}}(\boldsymbol{k}_3,\eta)\rangle &= (2\pi)^3 \delta_{\mathrm{D}}^{(3)}(\boldsymbol{k}_1 + \boldsymbol{k}_2 + \boldsymbol{k}_3) \\
&\times [2F_2(\boldsymbol{k}_1,\boldsymbol{k}_2)P_{\mathrm{L}}(k_1,\eta)P_{\mathrm{L}}(k_2,\eta) + 2\,\mathrm{perm.}]. \quad (12.51)
\end{aligned}
$$

其中 "2 perm." 表示轮换对称式的另外两项. 上式来自式 (12.40) 和 Wick 定理 (12.47) (习题 12.6). 双频谱的自变量是三个波矢, 且仅当它们的矢量和为零, 即它们在 Fourier 空间构成一封闭的三角形时, 双频谱非零. 双频谱的振幅依赖于这个三角形的形状, 也是非线性成团的结果. 式 (12.51) 仅为高阶微扰首项的贡献, 仅在较大尺度成立. 类似地可利用高阶微扰论再计算出它的 NLO 修正.

还需留意, 我们仍在使用不完全正确的方程. 我们将物质视为理想流体, 但真实的物理系统应为 Vlasov 方程描述的无碰撞粒子的集合. 我们还未考虑方程 (12.20) 中的应力张量 σ_{m}^{ij}. 其解决方案是将物质视为 *等效流体* (*effective fluid*) (Baumann *et al.*, 2012), 将 σ_{m}^{ij} 展开为物质密度场本身. 由于我们无法通过微扰论预测 σ_{m}^{ij}, 需引入通过其他方式确定的自由参数. $\boldsymbol{u}_{\mathrm{m}}$ 的方程仅依赖于 σ_{m}^{ij} 的梯

度,[①] 故其均匀的部分可忽略, 将其相关部分的首项写为

$$\sigma^{ij}_{\mathrm{m,eff}}(\boldsymbol{x},\eta) = \delta^{ij}\rho_{\mathrm{m}}(\eta)c^2_{s,\mathrm{eff}}(\eta)\delta_{\mathrm{m}}(\boldsymbol{x},\eta), \tag{12.52}$$

其中 $c^2_{s,\mathrm{eff}}$ 是等效声速的平方. 其意义体现在: 应力张量的对角部分对应于压强, 而声速的平方 $c^2_s = \partial p/\partial \rho$ 恰好是压强扰动随密度扰动的变化. 但应注意此处的压强并非通常意义上气体粒子碰撞产生的压强, 而是小尺度扰动引起的等效引力. 引入此压强项后, 将 Euler-Poisson 系统积分, 在一阶项得到

$$\delta^{(1)}(\boldsymbol{k},\eta) = \left[1 - C^2_s(\eta)k^2\right]D_+(\eta)\delta_0(\boldsymbol{k}), \tag{12.53}$$

其中 $C^2_s(\eta)$ 是对 $c^2_{s,\mathrm{eff}}$ 的双重时间积分 (以增长因子为权重). 类似 NLO 修正的量级, 等效压强仅在小尺度起作用, 并且我们期待 $C^2_s \sim 1/k^2_{\mathrm{NL}}$, 通过数值模拟可以验证这一点. 因此, 我们可以将等效流体的非理想性质考虑在内, 对应力张量进行展开, 且在功率谱的 NLO 修正下仅保留一项即可. 这一项的系数 $C^2_s(\eta)$ 无法由微扰论预测, 其取值需与 Vlasov-Poisson 系统的解进行匹配得到. N 体数值模拟提供了一个有效的途径.

12.3　数　值　模　拟

　　章节 12.2 利用 Vlasov 方程的各阶矩推导无碰撞物质的流体方程, 并进行高阶微扰论的求解. 遗憾的是, 高阶微扰论最终未能正确求解物质的小尺度演化, 也无法得到准确的非线性物质功率谱. 对其原因再作进一步的说明. 图 12.5 中, 考虑一团球对称分布的物质的自引力坍缩. 早期 (左图), 此团物质边界处的速度是单值函数. 随坍缩持续进行, 此外壳层物质终将与某内壳层物质相遇, 后者早已坍缩并穿过整团物质的球对称中心 (坐标原点), 移动至初始位置的另外一侧 (右图). 由于暗物质是无碰撞的, 各壳层可无阻碍地通过原点和其他壳层. 这种现象被称为**壳层穿越** (*shell crossing*), 即空间某位置的速度分布非单值函数 (在图 12.5 第二行右图中, 示意为双峰值的特性, 峰值之一对应为外壳层的首次坍缩, 另一峰值对应于内壳层在再次坍缩前几乎为零的速度).

　　在流体模型中, 两团物质无法穿过彼此, 而产生的压强最终在流体中形成激波. 数学上, 流体在任意给定位置应具有单一且确定的速度 $\boldsymbol{u}(\boldsymbol{x},t)$, 因而无法描述上述壳层穿越的情况. 这一明显的区别来自流体描述中对应力张量 σ^{ij}_{m} 及分布函数 f_{m} 高阶矩的忽略. 在小尺度[②]发生壳层穿越时, 分布函数的所有高阶矩均不可

---

　　① 译者注: 实际上 u^i_{m} 依赖于 $(\partial/\partial x^j)\sigma^{ij}_{\mathrm{m}}$, 更像是对张量求 "散度" 得到一个矢量.

　　② 物质粒子在整个宇宙演化过程中所穿过的典型距离是 $10\,h^{-1}\mathrm{Mpc}$ (参见习题 11.3), 在更大的尺度上壳层穿越一般不会发生.

忽略.

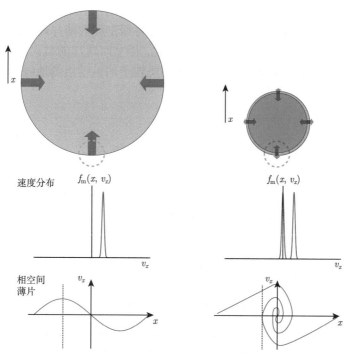

图 12.5 结构坍缩早期 (左图), 速度是空间的单值函数; 在晚期, 壳层穿越 (shell-crossing) 后, $f_\mathrm{m}(\boldsymbol{x},\boldsymbol{v},t)$ 具有多个峰值 (右图). 左图所示的动力学系统可由等效流体描述, 而右图不能. 第一行显示实空间对应的坍缩图像, 第二行显示第一行虚线圆圈内的速度分布, 第三行显示物质的相空间分布. 可见, 在相空间的分布函数集中于一个逐渐卷曲的 "薄片" 上. 第三行的竖直虚线表示第二行图中的速度分布所处的位置.

还有什么方法能追踪无碰撞物质的演化呢? 回到 Vlasov 方程组 (12.8):[①]

$$\frac{\partial f_\mathrm{m}}{\partial t} + \frac{\partial f_\mathrm{m}}{\partial x^j}\frac{p^j}{ma} + \frac{\partial f_\mathrm{m}}{\partial p^j}\left[Hp^j + \frac{m}{a}\frac{\partial \Psi}{\partial x^j}\right] = 0,$$

$$\nabla^2\Psi = 4\pi Ga^2\left[m\int\frac{\mathrm{d}^3p}{(2\pi)^3}f_\mathrm{m}(\boldsymbol{x},\boldsymbol{p},t) - \rho_\mathrm{m}(t)\right]. \tag{12.54}$$

我们的目标是从一个 "冷" 的初始条件 (12.9) 出发, 即

$$f_\mathrm{m}(\boldsymbol{x},\boldsymbol{p},t) \xrightarrow{t\to 0} \frac{\rho_\mathrm{m}}{m}\left[1 + \delta_\mathrm{m}(\boldsymbol{x},t)\right](2\pi)^3\delta_\mathrm{D}^{(3)}(\boldsymbol{p} - m\boldsymbol{u}_\mathrm{m}(\boldsymbol{x},t)), \tag{12.55}$$

来求解 f_m 的演化. 此初始条件表明, 物质起初在相空间只占据一很薄的 "薄片" (thin "sheet"), 即在空间各点具有单一、确定的速度 $\boldsymbol{u}(\boldsymbol{x},t)$. 随 f_m 演化, 壳层

① 译者注: Poisson 方程中, 原文在积分前遗漏了暗物质粒子的质量 m. 已更正. 方程 (12.98) 一并更正.

穿越发生, 速度不再是单值函数, 但物质在相空间仍处于卷曲的薄片中 (参考章节 3.2.1 中相空间体积的守恒性, 以及图 12.5 的第三行右图).

　　N 体数值模拟 (*N-body simulation*) 正是将相空间的薄片离散化, 并以数值计算的方式精确追踪它们的演化. 经过离散化, 相空间薄片的微元具有明确定义的位置 $\boldsymbol{x}$ 和动量 $\boldsymbol{p}$. 在某相空间微元[①]内暗物质粒子的运动由测地线方程描述, 故相空间微元也应服从相同的方程:

$$\frac{\mathrm{d}x^i}{\mathrm{d}t} = \frac{p^i}{ma}$$
$$\frac{\mathrm{d}p^i}{\mathrm{d}t} = -Hp^i - \frac{m}{a}\frac{\partial\Psi}{\partial x^i}. \tag{12.56}$$

数学上, 非相对论性测地线是无碰撞 Boltzmann 方程的特征解. 为对此方程组进行积分求解, 通常使用 "超共形" (superconformal) 动量 $\boldsymbol{p}_c \equiv a\boldsymbol{p}$, 这样, 测地线方程变为

$$\frac{\mathrm{d}x^i}{\mathrm{d}t} = \frac{p_c^i}{ma^2}$$
$$\frac{\mathrm{d}p_c^i}{\mathrm{d}t} = -m\frac{\partial\Psi}{\partial x^i}. \tag{12.57}$$

其优点在于, 无扰动的情况下 ($\nabla\Psi = 0$), $\boldsymbol{p}_c$ 保持守恒. 应注意, 坐标 $\boldsymbol{x}$ 是共动坐标, 包含了宇宙的膨胀. 物质在相空间被离散化的微元即 "N 体粒子", N 体粒子的质量 m (通常所有粒子的质量相同) 仅是数值计算中的一个参数: 等于模拟体积内物质的总量除以 N 体数值模拟中的粒子总数 (即 N). 更高精度的模拟在单位共动体积内有更多的粒子, 对应于更小的 N 体粒子质量.

　　N 体数值模拟算法的基本流程如下. 此处以 "蛙跳" (leapfrog) 积分法为例, 即 N 体粒子的位置和速度在交错的时间序列进行更新. 设粒子的位置和速度为

$$\boldsymbol{x}^{(i)}(t), \qquad \boldsymbol{p}_c^{(i)}(t - \Delta t/2), \tag{12.58}$$

其中 Δt 是时间步长, 上标表示粒子编号. 典型的宇宙学 N 体模拟有十亿 (10^9) 或更多粒子. 随着高性能计算机和并行计算技术的发展, N 体模拟所能达到的粒子数一直在稳步提高. 更加具体地, 我们需要

1. 计算所有粒子共同产生的引力势 Ψ, 并计算 $\nabla\Psi(\boldsymbol{x}, t)$ (详见下文).
2. 更新粒子的动量, 称为 "踢" ("kick"):

$$\boldsymbol{p}_c^{(i)}(t + \Delta t/2) = \boldsymbol{p}_c^{(i)}(t - \Delta t/2) - m\nabla\Psi(\boldsymbol{x}^{(i)}, t)\Delta t. \tag{12.59}$$

---

　　① 译者注: 经过离散化的相空间微元, 在 N 体数值模拟中称为 N 体粒子 (*N-body particle*). 一个 N 体粒子并非物理意义上的粒子, 而是相空间微元内大量物理粒子的集合. 由于相空间 "微" 元的 "无穷小" 和 "大量" 物理粒子 "无穷大" 的性质, N 体数值模拟对相空间的离散化不依赖于物质粒子实际质量的大小.

3. 更新粒子的位置, 称为 "漂移" ("drift"):

$$\boldsymbol{x}^{(i)}(t + \Delta t) = \boldsymbol{x}^{(i)}(t) + \frac{\boldsymbol{p}_c^{(i)}(t + \Delta t/2)}{ma^2(t + \Delta t/2)}\Delta t. \tag{12.60}$$

4. 重复以上步骤.

注意到粒子位置和动量的更新偏移了半个时间步长. 这种算法使粒子的总能量在更高的精度守恒 [能量的数值误差仅为 $(\Delta t)^3$ 阶]. 每个粒子的时间步长 Δt 根据局部的加速度 $|\nabla\Psi|$ 进行调整, 以保证高密度区的计算精度. 典型的宇宙学 N 体模拟在一个具有 周期性边界条件 (*periodic boundary condition*) 的立方体中进行, 即从立方体某一边界离开的粒子将会从对侧的边界进入. 这样的处理需要保证宇宙在模拟立方体的尺度已具有统计均匀性.

N 体模拟最为关键的步骤便是计算引力势的梯度, 即粒子所受的引力. 引力的计算主要有两类算法: 粒子网格 (*particle-mesh, PM*) 算法, 以及 树形 (*tree*) 算法. 在 PM 算法中, 粒子质量被分配至一套三维网格并得到一个平滑的密度场. 网格的分辨率可固定, 也可在高密度区自适应地调整为更高的分辨率. 然后, 通过快速 Fourier 变换 (fast Fourier transform, FFT), 我们在 Fourier 空间求解 Poisson 方程 [方程组 (12.54) 第二行]. 最后, 计算引力势的梯度, 并在各粒子所在位置通过插值赋予粒子加速度. 树形算法将引力分解为多极子, 且对于较远处的物质分布仅保留低阶多极子效应. 这两类算法都采用 "软化" (softening) 的方法平滑小尺度的引力, 以避免粒子之间的直接相互作用; 毕竟 N 体粒子不代表真实物理粒子, 它们之间的直接相互作用不代表任何物理效应.[①]

PM 算法和树形算法的计算量均为 $N\log N$, 即 N 体模拟的粒子总数 N 变化时, 引力的总计算量大约正比于 $N\log N$.[②] 它们均远小于对所有粒子两两配对直接计算引力并求和 (direct summation) 所需要的计算量, 后者的计算量正比于 N^2. 对于几十亿粒子的模拟, 直接求和法的计算量显然是不能接受的.

以上是模拟的计算过程. 我们还需为模拟设置初始条件. 首先, 可将粒子均匀地置于共动坐标网格上并保持静止, 这样所有粒子将继续保持静止状态. 现将粒子的位置进行微小的移动, 对应于粒子密度场的线性微扰. 如果再合理地赋予粒子初始速度, 则可使产生的线性密度场按线性微扰论的增长模式演化 (见习题 12.7). 具体计算时, 宇宙的初始密度场/引力势场/位移场可在 Fourier 空间产

---

① 译者注: 现代高精度的 N 体数值模拟确实需要在小尺度直接计算粒子与粒子之间成对的相互作用力 (称为 particle-particle, 或 "PP"), 以补偿 PM 和 tree 算法中小尺度引力分辨率的不足. 这里所需要避免的直接相互作用, 是指 N 体粒子间距离非常小时, 引力非常大, 产生 N 体粒子间的 "散射" 这样的非物理效应.

② 译者注: 也称计算 复杂度 (*complexity*); 上文可等效表述为: 计算复杂度为 $O(N\log N)$. 多层 PM 算法和相互作用树形算法均可将计算复杂度由 $O(N\log N)$ 降为 $O(N)$.

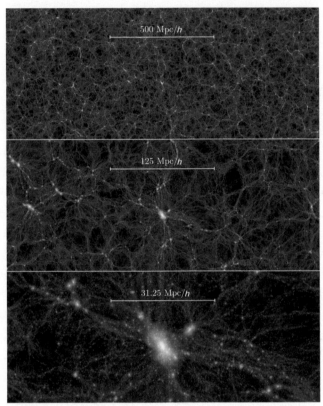

图 12.6　N 体模拟 "千年" (Millennium) 包含约 10^{10} 个粒子. 图为模拟红移 $z = 0$ 时刻一个厚度为 $15\,h^{-1}\,\mathrm{Mpc}$ 的密度场切片示意图. 从上到下是对一块结构形成区域的逐步放大, 各尺度见图中的比例尺. 颜色代表密度的对数. 数值模拟详见 Springel *et al.* (2005).

生: 对于每一个 Fourier 模式, 对期望为零、方差为理论线性功率谱的正态分布进行一次采样. 最终进行 Fourier 逆变换, 便得到实空间对应的场.

作为总结, 为了运行一个 N 体模拟, 需要: 由 Ω_{m} 给定物质密度、由 $a(t)$ 或 $H(z)$ 给定宇宙的膨胀历史, 以及产生初始条件所需的线性物质功率谱.

N 体模拟的最终结果是在不同时间存档处所有粒子位置和速度的 "快照" (snapshot). 进一步将粒子分配至网格, 还可得到物质密度场, 计算非线性物质功率谱. 在模拟数据中, 还可以寻找粒子的引力束缚体, 称为暗物质晕 (*dark matter halo*), 简称暗晕 (*halo*), 它们代表星系形成的位置. 当然, 若需在模拟中看到星系的形成, 还需引入气体和引力之外的物理效应, 如恒星形成. 在 N 体模拟中, 还可以模拟光线穿过模拟体积, 得到引力透镜效应.

图 12.6 展示了一张高分辨率 N 体模拟的物质密度场. 在大尺度, 物质的分布趋于均匀和各向同性. 小尺度密度场显示出明显的非均匀性, 形成了暗晕、纤维状

结构 (filaments)、墙壁状结构 (walls), 以及它们所包围的低密度空洞 (voids). 即使在暗晕内部也呈现出层级状的子结构. 这样的层级成团现象是基准宇宙学模型的原初线性功率谱在引力作用下演化所给出的自然结果. 小尺度的扰动具有更高的振幅 (图 12.1), 进而率先坍缩形成引力束缚的结构. 它们随后成为更大质量暗晕的一部分, 而它们的内部核心成为主暗晕的子结构. 暗晕除承载其中的星系之外, 还充当了非线性结构的基本单元. 章节 12.4 将重点讨论暗晕.

尽管 N 体模拟的运行和后续分析涉及大量数值计算问题, 它们的算法本质却简洁而美妙: 从高斯随机初始条件开始, 求解无碰撞物质在引力作用下的演化. 简洁的问题设定却能产生如图 12.6 般复杂而精确的结果.

还需强调, N 体模拟只包含引力, 不含重子物质的压强、恒星和黑洞的形成等效应. 大质量恒星的演化最终导致超新星爆发, 黑洞会产生相对论性喷流. 这些高能天体物理现象能够改变小尺度的物质分布 (通过引力作用同样影响暗物质), 这些效应统称 反馈 (feedback). 由于目前没有任何宇宙学模拟可以解析单独的恒星或黑洞的形成, 这些效应只能通过近似的亚格点模型 (subgrid modeling) 进行处理. 因此, 尽管现代的模拟技术已非常强大, 我们对预测小尺度物质成团仍具有理论的不确定性. 此不确定性在 $k \simeq 1 \, h \, \mathrm{Mpc}^{-1}$ 尺度达到百分之几的水平, 且在更小尺度的不确定性更大. 在第 13 章将会看到, 利用引力透镜可以测量小尺度物质功率谱. 在利用引力透镜对宇宙学的参数限制研究中, 我们需要将重子物质反馈效应的不确定性考虑在内.

12.4 暗 晕

在 N 体模拟中, 我们可以直接识别引力束缚结构. 首先找到物质密度极大值的位置, 而后评估周围的粒子是否处于引力束缚状态: 计算各粒子位置的暗晕引力势 Ψ_h, 再与粒子的动能进行比较 (设粒子速度为 v, 若 $v^2/2 < |\Psi_\mathrm{h}|$, 则该粒子为引力束缚态). 另一方面, 可定义暗晕某半径内的粒子均属于暗晕, 其中该半径定义为其内部平均密度需超过某临界密度 (称为 "spherical overdensity", 或 SO 方法); 或定义暗晕粒子需与临近的暗晕成员粒子小于一临界距离 (称为 "friends-of-friends", 或 FoF 方法). 根据暗晕的定义, 任何粒子最多只能属于一个暗晕. 各种暗晕识别方法都将产生一个暗晕列表 (halo catalog), 其包含一系列暗晕的质量、质心位置和速度等性质.

为什么暗晕如此重要, 以及为何称之为暗晕? 通过星系中恒星和气体的动力学推测暗物质存在的证据可以追溯至 20 世纪 30 年代. 在之后几十年, 我们意识到, 负责提供额外引力势的暗物质必须延展至星系中恒星和气体更加外围的区域.

由此建立了一个 "星系嵌入一个更大的暗物质晕" 的图景. 尽管在仅考虑引力的 N 体模拟中不会产生星系, 但模拟中得到的引力束缚系统立即被认证为承载星系的结构. 随后的大量证据均支持这一图景. 星系寄居于暗晕的理论建立在相当坚实的物理基础上. 在再电离时代的高红移时期, 最终形成恒星的气体在高密度区迅速冷却, 以致继续坍缩至足够高的密度以触发恒星形成. 因此, 所有星系均寄居于一定质量的暗晕中. 反之并非成立: 一些低质量暗晕可能并不含有星系. 我们推测, 质量大于某阈值的绝大部分暗晕应至少含有一个星系. 如果我们已知 (或假设) 星系在暗晕中的分布对于暗晕质量的函数, 仅利用 N 体模拟便可估计星系的丰度和成团性, 这比星系形成的模拟要简单很多.

根据定义, 任何粒子至多属于一个暗晕. 如果进一步假设: 宇宙中的所有物质均属于或大或小的暗晕中, 这样, 通过暗晕密度场以及暗晕内部结构的模型便可表达出宇宙的物质密度场. 我们称之为暗晕模型 (the halo model), 详见章节 12.7.

12.4.1   暗晕质量和密度轮廓

以上假设和模型均得益于暗晕的一个简单性质: 尽管每个暗晕的具体结构各不相同, 甚至极其复杂, 但它们的平均属性却非常简单. 在最低阶, 某宇宙时刻所有暗晕的性质均可由其质量描述. 在利用这一结论之前, 首先思考如何确定暗晕的质量. 数值模拟中可严格定义暗晕质量为受引力束缚的粒子质量的总和, 但并不方便将此定义适用于观测. 观测中, 常测量暗晕中心周边的某片区域内可见或全部物质的质量. 一个更实用的暗晕质量的定义是: 以暗晕中心为球心的某球面内的总质量. 为确定球的半径, 球面内的平均密度应恰好等于某阈值, 如设为平均物质密度的 Δ 倍, 即定义半径 R_Δ 使得

$$\frac{M(<R_\Delta)}{4\pi R_\Delta^3/3} = \Delta \times \rho_{\mathrm{m}}(t_0), \tag{12.61}$$

其中 R_Δ 是以共动坐标为单位 (因数值模拟使用共动坐标, 利用共动坐标分析模拟数据更为方便) 的球的半径. 这样, 可再定义 $M_\Delta \equiv M(<R_\Delta)$. 当 Δ 足够大时, 球面内几乎所有物质均被暗晕的引力所束缚. 典型的选择是 $\Delta = 200$, 来自于章节 12.4.2 中的半解析近似. 在文献中常用 R_{200} 和 M_{200} 表示暗晕的半径和质量. 但应留意, 有时 Δ 是根据临界密度 ρ_{cr} 定义的, 其数值相当于我们所采用的定义的 $1/\Omega_{\mathrm{m}}$ 倍 [此处开始, 回归原有的惯例 $\Omega_{\mathrm{m}} = \Omega_{\mathrm{m}}(t_0)$].

将暗晕的物质密度作球壳平均, 得到的平均密度随半径的变化展现出一个普适的轮廓, 其首先由 Navarro $et\,al.$ (1997) 发现, 称为 NFW 密度轮廓 (Navarro-Frenk-White profile):

$$\rho_{\mathrm{h}}(r) = \frac{\rho_s}{(r/r_s)(1+r/r_s)^2}, \tag{12.62}$$

其中 r_s 是定标半径 (*scale radius*). NFW 密度轮廓含两个参数: ρ_s 和 r_s. 定标半径常通过定义聚集度 (*concentration*) $c_\Delta \equiv R_\Delta/r_s$ 来参数化. 这样便可以将 ρ_s, r_s 替换为更加实用的参数 M_Δ, c_Δ, 见习题 12.8. 聚集度 c_Δ 的实用性在于其仅微弱地依赖于暗晕质量. 利用 NFW 密度轮廓 (12.62), 可以方便地进行暗晕质量定义的转换 $(M_\Delta, c_\Delta) \to (M_{\Delta'}, c_{\Delta'})$. 然而, NFW 密度轮廓 (12.62) 在较大半径处趋于 $\rho_\mathrm{h} \propto r^{-3}$, 暗晕质量随半径的增大而发散, 故此密度轮廓无法描述半径很大时的暗晕质量. 实际上, 暗晕真实的密度轮廓在 $r \gtrsim R_{200}$ 时比 NFW 更加陡峭.

12.4.2 暗晕质量函数

　　丰度是暗晕最重要的统计特性, 常被表示为单位对数质量区间 $(\mathrm{d}\ln M)$ 内的暗晕数密度 $\mathrm{d}n/\mathrm{d}\ln M$, 称为暗晕质量函数 (*halo mass function*). 质量函数可以通过数值模拟进行直接测量, 或通过对星系等示踪体的观测来间接估计. 例如, 一个较大星系团对应于一个大质量暗晕, 因我们观测到暗晕质量与其成员星系数具有直接的关联. 章节 12.5 将探讨星系团和大质量暗晕的观测.

　　关于暗晕的所有统计, 包括质量函数, 都应来自 N 体模拟的结果. 然而, 一些解析的推导也能给出独特的见解, 特别是关于承载星系团的罕见超大质量暗晕. 这些罕见的大质量暗晕可进行独立的研究 (相对而言, 小质量暗晕经历频繁的并合过程, 并受到更大质量暗晕的影响).

　　最简单的暗晕形成模型称为均匀球坍缩模型, 如图 12.7 所示. 设想在早期均匀宇宙的某时刻 t_in 时, 宇宙密度为 $\rho_\mathrm{m}(t_\mathrm{in})$, 在其中取一个质量为 M 的球体 (图 12.7 左图). 为计算球体的共动半径 R, 考虑球面内所包含的平均密度

$$\rho_\mathrm{m}(t_0) = \Omega_\mathrm{m}\,\rho_\mathrm{cr} = \frac{M}{4\pi R^3/3}. \tag{12.63}$$

此关系式定义了质量为 M 的暗晕的拉格朗日半径 (*Lagrangian radius*) R_L:

$$R_L(M) = 1.40\,h^{-1}\mathrm{Mpc}\left(\frac{M}{10^{12}\,h^{-1}M_\odot}\right)^{1/3}, \tag{12.64}$$

其中我们取基准宇宙学模型的参数 $\Omega_\mathrm{m} = 0.31$. 由于我们采用单位 $h^{-1}\mathrm{Mpc}$ 和 $h^{-1}M_\odot$, 上式中不含 h. 想象我们需要组建一个质量为 $M \sim 10^{12}\,h^{-1}M_\odot$ 的暗晕 (相当于银河系所在暗晕的质量), 则我们需要从均匀宇宙中提取约 $1\,h^{-1}\mathrm{Mpc}$ 半径内的物质. 而对于承载星系团的 $M \sim 10^{15}\,h^{-1}M_\odot$ 质量的暗晕, 则需从均匀宇宙中收集 $10\,h^{-1}\mathrm{Mpc}$ 半径内的物质. 拉格朗日半径这一名称反映了这样一个图景: 如果我们将暗晕中所含的粒子追溯回初始条件, 则 $R_L(M)$ 大致为包含这些粒子的区域的共动半径. 与定义 (12.61) 比较表明, 对于所认证的内部密度为 $\Delta \times \rho_\mathrm{m}(t_0)$ 的暗晕, $R_L(M_\Delta) = \Delta^{1/3}R_\Delta$.

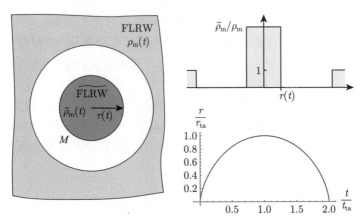

图 12.7　球坍缩模型示意图. 想象从原本均匀的宇宙中切出一块球型物质, 并进行轻微的压缩. 此区域将开始坍缩, 并维持其总质量和形状 (左图展示其二维投影, 右上图展示其密度轮廓). 其物理半径 (非共动半径) $r(t)$ 将随 FLRW 背景宇宙的尺度因子演化, 如右下图所示. 坍缩球具有比均匀宇宙更高的密度和曲率. 在 $t = t_{\mathrm{ta}}$ 时刻, r 达到某最大值并开始坍缩.

　　回到球坍缩模型, 考察共动半径为 R_L, 受到轻微压缩的均匀球的演化. 首先注意到质量 M 守恒, 因球坍缩的设定, 球体内外无质量交换. 对于处于球内部的观测者, 球体内部的均匀密度也像是一个 FLRW 背景宇宙, 仅密度 $\tilde{\rho}_{\mathrm{m}}$ (此区域在图 12.7 中记为 "$\widetilde{\mathrm{FLRW}}$") 稍高于背景密度 ρ_{m}. 此区域的第二 Friedmann 方程 (3.90) 写为

$$\frac{\ddot{\tilde{a}}}{\tilde{a}} = -\frac{4\pi G}{3}\left[\tilde{\rho}_{\mathrm{m}} + 3\mathcal{P}\right], \tag{12.65}$$

其中 "·" 表示对常规时间 t 的导数, $\tilde{\rho}_{\mathrm{m}}$ 和 $\mathcal{P}$ 是球面内部均匀的密度和压强. 与背景宇宙相同, 压强 $\mathcal{P}$ 的唯一来源即宇宙学常数 Λ. 物理半径 (非共动半径) $r(t)$ 正比于球面内的局部尺度因子 $\tilde{a}$, 故

$$\frac{\ddot{r}}{r} = -\frac{4\pi G}{3}\left[\frac{M}{4\pi r^3(t)/3} - 2\rho_{\Lambda}\right]. \tag{12.66}$$

进而

$$\ddot{r}(t) = -\frac{GM}{r^2(t)} + \frac{8\pi G}{3}\rho_{\Lambda}r(t). \tag{12.67}$$

此方程表明球半径受自引力和宇宙加速膨胀影响, 符号相反. 在初始条件, 球仅受到轻微的压缩, 其密度几乎与背景宇宙相同, 故 $r(t_{\mathrm{in}}) = a(t_{\mathrm{in}})R_L$, 其中 a 将共动距离转换为物理距离. 类似地, $\dot{r}(t_{\mathrm{in}}) = \dot{a}(t_{\mathrm{in}})R_L = H(t_{\mathrm{in}})r(t_{\mathrm{in}})$, 即球坍缩区域在初始条件时也参与背景宇宙的膨胀.

　　方程 (12.67) 可进行数值求解. 然而若进一步舍弃 ρ_{Λ} 项, 方程存在解析解 (习

题 12.9), 是半径和时间以 θ 为参数的参数方程:

$$r(t) = \frac{r_{\mathrm{ta}}}{2}(1 - \cos\theta),$$
$$t = \frac{t_{\mathrm{ta}}}{\pi}(\theta - \sin\theta). \tag{12.68}$$

此解 $r(t)$ 的曲线如图 12.7 右下图所示, 且易于理解. 起初 $r(t)$ 随宇宙膨胀而增加, 直至返回时间 (*turn-around time*) t_{ta} 时, $\dot{r}$ 减小至零, 然后取负号, 球体开始收缩, 且恰好在 $t = 2t_{\mathrm{ta}}$ 时收缩至一点.

　　参数 r_{ta} 和 t_{ta} 取决于球坍缩区域的初始密度和尺度. 由于初始密度场的统计信息是已知的, 我们期待利用线性微扰论计算出多大的初始密度扰动可以确保该区域在 t 时刻已经坍缩. 由习题 12.9 可知, 若原初密度扰动 $\delta_{R_L}^{(1)}(t)$ 在以线性增长因子演化的假设下, 在时间 t 超过一个临界值

$$\delta_{R_L}^{(1)}(t) > \delta_{\mathrm{cr}} = \frac{3}{5}\left(\frac{3\pi}{2}\right)^{2/3} \simeq 1.686, \tag{12.69}$$

则在球坍缩模型中, 该区域在 t 时刻已坍缩. 此阈值称为 球坍缩阈值 (*spherical collapse threshold*), 并作为某区域可能形成暗晕的参考标准. 值得注意的是, 坍缩阈值不依赖于坍缩区域的尺度 (质量). 这个尺度无关的性质是平直、物质主导的宇宙所特有的性质. 另外, 根据 位力定理 (*virial theorem*), 当系统的动能是势能的 $-1/2$ 倍时, 系统达到 位力化 (*virialization*), 即自引力系统达到平衡态. 通过习题 12.9 同样可计算出球坍缩暗晕达到位力化时, 半径 $r(t)$ 内的典型密度扰动 $\Delta_{\mathrm{vir}} = 18\pi^2 \simeq 178$. 这便是选择 $\Delta = 200$ 作为定义暗晕质量/半径阈值的原因 (由于以上估计仅为大致的近似, 一般只保留 Δ 的第一位有效数字).

　　考虑宇宙学常数 Λ 时, 球坍缩模型不存在解析解. 通过数值求解发现 Λ 对 δ_{cr} 和 Δ_{vir} 的影响很小. 其物理原因是, 球坍缩的早期阶段宇宙处于物质主导, 而当宇宙晚期 Λ 不可忽略时, 坍缩区域的密度已经远高于平均密度, 早已脱离随背景宇宙的膨胀.

　　至此已论证了球坍缩模型描述大质量暗晕形成的合理性. 那么如何预测星系团的丰度呢? 其归结为通过球坍缩条件 (12.69) 来预测这样的区域的丰度. 关于此理论的基本思想来自文献 Press & Schechter (1974), Bond *et al.* (1991). 基于此框架的理论称为 扩展的 *PS* 理论 (*extended Press-Schechter theory*) 或 漫游集理论 (*excursion-set theory*). 为理解这些理论的思想, 考虑图 12.8 中蓝色曲线所示的一维密度场, 密度场随位置 "漫游" 至正/负方向较远处. 我们仅需考虑正方向, 即可能坍缩形成大质量暗晕的高密度区.

　　对于给定红移 z, 质量大于 M 的暗晕在初始条件所占的空间比例是多少? Press 和 Schechter 认为, 由于对共动尺度 $R_L(M)$ 平滑的线性密度场服从期望

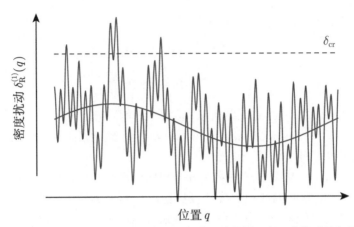

图 12.8　密度扰动随一维位置的函数. 图中显示包含一个长波、大尺度扰动的初始线性密度场, 以及球坍缩阈值 δ_{cr} [式 (12.69)]. 此图取自 Desjacques *et al.* (2018).

为零、方差为 $\sigma^2(R_L, z)$ 的正态分布, 此空间比例应是此正态分布从临界密度至正无穷的积分,

$$
\begin{aligned}
F_{\mathrm{coll,PS}}(M, z) &= 2 \times \frac{1}{\sqrt{2\pi}\sigma(R_L[M], z)} \int_{\delta_{\mathrm{cr}}}^{\infty} \mathrm{d}\delta e^{-\delta^2/2\sigma^2(R_L[M], z)} \\
&= 2 \times \frac{1}{\sqrt{2\pi}} \int_{\delta_{\mathrm{cr}}/\sigma(R_L[M], z)}^{\infty} \mathrm{d}\nu e^{-\nu^2/2}.
\end{aligned}
\tag{12.70}
$$

注意到此积分仅依赖于比值 $\delta_{\mathrm{cr}}/\sigma(R_L[M], z)$. 其中系数 2 由 Press & Schechter (1974) 引入以临时地解决归一化问题, 即期待 $R \to 0$ 时的方差逐渐发散, 以致全部物质均属于或大或小的坍缩结构中 (尽管球坍缩模型并不适用于低质量暗晕):

$$
\lim_{M \to 0} F_{\mathrm{coll,PS}}(M, z) = 1.
\tag{12.71}
$$

式 (12.70) 在没有系数 2 的情况下, 积分的极限仅能得到 1/2. 这个系数随后被 Bond *et al.* (1991) 提出的漫游集理论给予了严格的解释.

现将坍缩空间占比转换为暗晕的质量函数, 即

$$
\frac{\mathrm{d}n(M, z)}{\mathrm{d}\ln M} = \frac{\rho_{\mathrm{m}}(t_0)}{M} \left| \frac{\mathrm{d}F_{\mathrm{coll,PS}}}{\mathrm{d}\ln M} \right|.
\tag{12.72}
$$

系数 $1/M$ 将质量为 M 的暗晕的物质密度 (即初始条件空间所占的体积比) 转换为暗晕的数密度. 将式 (12.70) 代入得

$$
\frac{\mathrm{d}n(M, z)}{\mathrm{d}\ln M} = \frac{\rho_{\mathrm{m}}(t_0)}{M} f_{\mathrm{PS}} \left(\frac{\delta_{\mathrm{cr}}}{\sigma(M, z)} \right) \left| \frac{\mathrm{d}\ln\sigma(M, z)}{\mathrm{d}\ln M} \right|, \quad f_{\mathrm{PS}}(\nu) = \sqrt{\frac{2}{\pi}} \nu e^{-\nu^2/2},
\tag{12.73}
$$

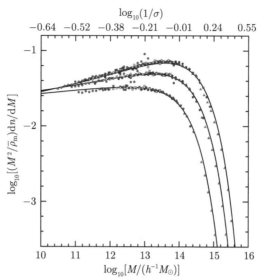

图 12.9　暗晕的质量函数 (单位对数质量区间的暗晕数密度, 并乘以了暗晕质量). 图中数据点来自 N 体模拟测量的结果, 理论曲线来自 (12.73), 但将 $f_{PS}(\nu)$ 替换为在较大 ν 处具有指数衰减性质的拟合公式. 图中三组曲线/数据点分别代表不同的暗晕质量 M_Δ 的定义: $\Delta = 200, 800, 3200$ (从上至下). 此图取自 Tinker *et al.* (2008).

其中 $\sigma(M,z) \equiv \sigma(R_L[M], z)$, 是文献中常用的简写.[①] 对于大质量暗晕, $\sigma(M,z) \ll \delta_{cr}$, 因经历大尺度平滑后的密度场方差很小 (图 12.1), 对应于 $\nu \gg 1$, 可见暗晕的丰度随质量的增加而迅速衰减. 此结果得到了 N 体模拟的证实, 见图 12.9. 此 "玩具" 模型给出了十分合理的解释: 大质量暗晕来自于初始密度场罕见的高密度区. 由于初始密度场服从正态分布, 大质量暗晕的丰度随 $e^{-\nu^2/2}$ 衰减.

式 (12.73) 仅是为了拟合数值模拟中暗晕质量函数的粗略近似. $f_{PS}(\nu)$ 常被替换为其他更优的拟合函数 $f(\nu)$. 这样一来, 式 (12.73) 适用于广泛的暗晕质量和红移区间, 甚至适用于不同的宇宙学模型 (图 12.9 中的理论曲线跨越了超过 5 个数量级的暗晕质量区间). 采用更加一般的拟合公式后, 密度阈值 δ_{cr} 已不再与球坍缩模型直接相关. 总之, 球坍缩模型和漫游集理论为定性理解暗晕质量函数提供了合理的物理图像.

---

① 文献中 $f_{PS}(\nu)$ 的定义也常将 ν 项提出, 即 $f_{PS}(\nu) \to \nu f_{PS}(\nu)$.

12.5 星 系 团

星系团计数是宇宙学的重要领域. 首先, 我们对星系团形成的理论非常清楚. 罕见的大质量星系团是宇宙中最大的位力化结构, 对应于罕见的大质量暗晕. 通过理论分析和数值模拟可以预测暗晕的质量函数. 第二, 由于暗晕质量函数的大质量端以指数形式依赖于参数 $\delta_{\mathrm{cr}}/\sigma(M)$, 大质量星系团的丰度计数将对 $\sigma(M)$, 即物质功率谱的振幅给出严格的限制.

星系团的认证和质量测量是星系团宇宙学的两个难点. 星系巡天中, 各种复杂的算法用于寻找星系团, 称为 "光学认证". 另外, 星系团还可通过明亮的炽热 X 射线源来认证, 即通过 CMB 背景光子的 SZ 效应 (章节 11.3).

首先探讨星系团的认证. 星系团的形成来自宇宙中较小的位力化结构的层级并合. 这些较小的结构均寄居着一个或多个星系. 最终我们观测到的是被暗晕引力势所束缚的很多星系. 一个合理的推测便是, 光学认证的星系团中的星系数量, 通常称为丰度 (richness), 与暗晕的质量正相关: 成员星系数越多, 暗晕的质量越大.

然而, 星系并非涵盖了暗晕中全部的重子物质. 在引力坍缩过程中与暗物质一起进入星系团的大部分重子物质以弥散气体形式存在. 在位力化过程中, 这些气体被加热至很高的温度 (严格来讲, 这些气体是等离子体, 因这些轻元素的电子已全部被电离); 其温度极高, 以至于其热辐射黑体谱的峰值已进入 X 射线波段, 使星系团成为宇宙中温度最高的天体之一. 这也出乎意料地使得 ROSAT X 射线卫星成为一个 "星系团探测器". 2019 年发射升空的 eROSAT 探测器将继续对全天进行灵敏度更高的巡天探测, 其主要观测量包括 X 射线能谱推测出的温度及星系团的 X 射线总光度.

星系团中的自由高能电子同样导致 tSZ 效应 (章节 11.3): 它们通过逆 Compton 散射过程将 CMB 光子散射至更高能量, 导致在星系团方向观测到 CMB 频谱的 y-型畸变 (y-type distortion). 通过在不同频率观测 CMB 扰动, 可以区分原始 CMB 扰动 (完美的黑体谱) 和 tSZ 效应. 由章节 11.3, y-型畸变的 y 参数正比于 $n_e T$, 即理想气体模型中的气体压强. 星系团的高温状态及大量自由电子可产生很强的 tSZ 效应信号.

tSZ 效应的一个独特性质是其探测灵敏度对距离仅有微弱的依赖性. 相比而言, 星系团的光学或 X 射线直接认证在低红移具有优势, 但在高红移它们的探测难度显著增加. 图 12.10 展示了通过不同方法探测到的星系团的质量和红移分布. 在低红移, X 射线认证的质量阈值明显小于 SZ 效应方法的阈值, 更加灵敏; 在高红移则相反. 星系团的认证总数还取决于巡天体积 (Planck 和 ROSAT 覆盖范围为全天空, 而 ACT 和 SPT 只覆盖了小面积天区).

12.5 星 系 团 · 297 ·

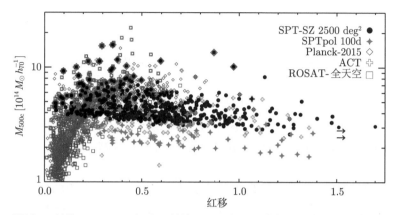

图 12.10 通过 X 射线 (ROSAT 全天 X 射线巡天) 和 SZ 效应 [通过 South Pole Telescope (SPT-SZ, SPTpol), Planck, 以及 Atacama Cosmology Telescope (ACT)] 探测到的星系团的红移-质量分布. 质量单位为 M_Δ ($\Delta = 500/\Omega_{\mathrm{m}}$). 不同方法认证的星系团的分布并不相同. X 射线方法探测低红移星系团更加灵敏, 而 SZ 效应方法的认证可延伸至更高红移. 此图取自 Bleem *et al.* (2015) 并对数据进行了更新.

可见, X 射线和 tSZ 效应的测量可以得到星系团中弥散气体 (等离子体) 的温度. 那么此温度与星系团的质量有什么关系呢? 设星系团已经位力化, 即其总动能为其总势能绝对值的一半. 另设星系团均匀、球对称, 半径为 R_{vir}, 则引力势能为 $-3GM^2/5R_{\mathrm{vir}}$. 由位力定理,

$$\frac{1}{2}M\left\langle v^2\right\rangle = \frac{3}{10}\frac{GM^2}{R_{\mathrm{vir}}},\tag{12.74}$$

其中 $\left\langle v^2\right\rangle$ 是速度弥散. 在此粗略的模型中, 设暗物质和气体的速度弥散相同. 设气体主要由氢构成, 由理想气体的热力学定律, $\left\langle v^2\right\rangle/2 = (3/2)\left(k_{\mathrm{B}}T/m_p\right)$, 其中 m_p 是质子质量. 此外, 我们已知星系团大致的平均密度 (overdensity) $\Delta = \Delta_{200} \simeq 200$. 消去半径, 得到温度与质量间的关系

$$T = \frac{m_p}{5}\left[GMH_0\sqrt{\frac{\Delta_{\mathrm{vir}}\Omega_{\mathrm{m}}}{2}}\right]^{2/3}.\tag{12.75}$$

进一步将质量表达为温度:

$$M = 1.38\times 10^{14}h^{-1}M_\odot\left(\frac{T}{\mathrm{keV}}\right)^{3/2}\left(\frac{\Delta_{\mathrm{vir}}}{200}\right)^{-1/2}.\tag{12.76}$$

由于质量单位为 $h^{-1}M_\odot$, 式中不含 h. 可见, 根据电离气体的温度的确能够推测出星系团的质量. 应注意几点. 第一, 星系团的密度并非完全均匀, 温度与质量的

关系依赖于真实的密度轮廓. 第二, 我们假定气体已经完全达到热平衡, 并未考虑可能的湍流和物质整体运动. 在动力学角度, 星系团仍是年轻的天体, 并非完全位力化. 第三, 我们忽略了热辐射导致的冷却效应, 以及星系团中星系的反馈所产生的加热效应.

稍作总结. 基于一些与星系团质量有关的可观测量, 我们找到了几种认证星系团的方法. 由于各方法的特点不同, 某些星系团可能只能通过特定方法进行认证. 然而, 通过理论, 我们可以预测给定质量星系团的丰度.

这些问题均涉及测量星系团质量这一挑战. 对于利用星系数量估计星系团的质量, 我们并没有很好的理论基础. X 射线和 SZ 效应与星系团的质量具有一些定量关系, 但它们均受到上述各种不确定性的影响. 幸运的是, 还有一种方法可较为直接地测量星系团的质量, 且不显著地依赖于宇宙学模型: 引力透镜 (第 13 章). 星系团产生的引力势阱造成背景星系光线的扭曲, 此效应可由大量背景星系的形状统计量进行测量. 另外, 星系团还通过引力透镜效应扭曲背景 CMB, 此效应近期首次被观测到. 引力透镜已成为校准星系团质量的最佳方法.

然而, 在大多数情况下, 受限于引力透镜观测的信噪比, 我们无法对单个星系团的质量进行直接测量, 而是期待对星系丰度、X 射线和 SZ 效应等方法与星系团质量的关系进行校准. 此统计关系称为 质量-可观测量关系 (*mass-observable relation*). 不论是此统计关系的平均值还是相对平均值的弥散都非常重要. 通过后者我们还能给出某给定质量的星系团被归入某观测样本的概率, 对联结理论与观测十分重要. 其中一个重要的概念称为 马姆奎斯特偏差 (*Malmquist bias*): 由于更大质量的星系团更为罕见, 在概率上更有可能错误地将一个低质量星系团归入更高质量的样本, 而非相反的结果. 质量-可观测量关系中含有的不确定性和弥散会显著地影响测得的星系团质量函数, 在分析中需要仔细处理.

12.6　星系成团性和偏袒

由第 11 章, 为了从星系成团性提取宇宙学信息, 我们只需作出两个简单而重要的假设: 第一, 星系数密度场 δ_g 线性正比于物质密度场, 系数为尺度无关的偏袒因子 (bias) b_1, 外加一个 Poisson 噪声项; 第二, 星系速度场与物质速度场在大尺度一致. 现在留下的问题是这些假设成立的原因及它们的适用范围.

通过完整的星系形成与演化数值模拟来回答这些问题是非常困难的. 在模拟中, 得到星系数密度场远比得到物质密度场更加困难. 物质密度场只在小尺度受到相对较小的重子效应影响, 但星系完全由重子构成, 亚格点效应的精细调节可能会大幅改变给定星系样本的丰度和成团性. 这里星系样本的选择标准可能依赖于模拟中星系的光度 (实际观测中对星系样本的选择依赖于更加复杂的性质, 更难以在模拟中体现). 因此, 我们需要对星系形成过程中的不确定性进行某种参数化处理.

本节基于微扰论的方法, 在较大尺度通过偏袒因子 b_1 和噪声来参数化以上不确定性, 并借助暗晕形成模型 (章节 12.4.2) 得到上述假设及假设中的误差. 本节末尾将介绍直接利用数值模拟所得到的其他近似结论.

首先根据暗晕形成模型讨论偏袒因子. 为计算偏袒因子, 需预测在具有大尺度物质密度扰动 δ_ℓ 时的暗晕偏袒因子 $\delta_{\mathrm{h},\ell}$. 根据章节 12.4.2 中的结论, 暗晕数密度正比于初始密度超过某临界密度 δ_{cr} 的空间占比. 现试图对此条件进行微调: 考虑一大尺度密度扰动 δ_ℓ (图 12.8 中的红色曲线). 当球坍缩尺度远小于扰动 δ_ℓ 的波长时, 以坍缩区域的视角, 这相当于在小尺度密度扰动的基础上增加/降低 (取决于 δ_ℓ 的符号) 了一均匀物质成分, 即所有区域都以 δ_ℓ 更加靠近/远离 δ_{cr}. 此即将坍缩条件修正为

$$\delta_R^{(1)}(\boldsymbol{x}, t) > \delta_{\mathrm{cr}} - \delta_\ell^{(1)}(\boldsymbol{x}, t), \tag{12.77}$$

在此我们假设大尺度扰动 δ_ℓ 线性演化. 为得到此区域的暗晕数密度, 将式 (12.77) 代入式 (12.73) 得

$$\begin{aligned}
\left.\frac{\mathrm{d}n}{\mathrm{d}\ln M}\right|_{\delta_\ell} &= \frac{\rho_{\mathrm{m}}(t_0)\left(1 + \delta_\ell^{(1)}\right)}{M} f_{\mathrm{PS}}\left(\frac{\delta_{\mathrm{cr}} - \delta_\ell^{(1)}}{\sigma(M, z)}\right)\left|\frac{\mathrm{d}\ln\sigma(M, z)}{\mathrm{d}\ln M}\right| \\
&\simeq \left.\frac{\mathrm{d}n}{\mathrm{d}\ln M}\right|_0 \left[1 + \left(1 - \frac{\mathrm{d}\ln f_{\mathrm{PS}}}{\mathrm{d}\nu}\frac{1}{\sigma(M, z)}\right)\delta_\ell^{(1)}\right]_{\nu=\delta_{\mathrm{cr}}/\sigma(M, z)},
\end{aligned} \tag{12.78}$$

其中上式第二行对 $\delta_\ell^{(1)}$ 展开至一阶, 系数为平均暗晕质量函数. 由此得到暗晕质量函数的相对扰动为

$$\delta_{\mathrm{h},\ell}^{(1)}(\boldsymbol{x}, t) = \frac{\mathrm{d}n/\,\mathrm{d}\ln M|_{\delta_\ell}}{\mathrm{d}n/\,\mathrm{d}\ln M|_0} - 1 \equiv b_1(M, z)\delta_\ell^{(1)}(\boldsymbol{x}, t), \tag{12.79}$$

其中偏袒因子定义为暗晕数密度扰动与物质密度扰动的比值,

$$b_1(M, z) = 1 - \frac{1}{\sigma(M, z)}\left.\frac{\mathrm{d}\ln f_{\mathrm{PS}}(\nu)}{\mathrm{d}\nu}\right|_{\nu=\delta_{\mathrm{cr}}/\sigma(M, z)}. \tag{12.80}$$

代入 Press-Schechter 质量函数得

$$b_1^{\mathrm{PS}}(M, z) = 1 + \left.\frac{\nu^2 - 1}{\delta_{\mathrm{cr}}}\right|_{\nu=\delta_{\mathrm{cr}}/\sigma(M, z)}. \tag{12.81}$$

此推导称为 尖峰-背景分离 (*peak-background split*), 首先由 Kaiser (1984) 提出, 并可由 "分离宇宙" ("separate universe") 中的球坍缩推导 (Desjacques *et al.*, 2018,

Sect. 3) 严格证明. 此外, 我们无需假设 $f_{\rm PS}(\nu)$ 的形式, 可引入如图 12.9 中所利用的更加精确的参数化形式.

我们发现, $\nu \gg 1$ 时, 即对于罕见的大质量暗晕, 偏袒因子明显更大, 表示大质量暗晕的成团性大于物质的成团性. 考察图 12.8 可找到其原因: $\delta_\ell > 0$ 时密度场大于 $\delta_{\rm cr}$ 的区域 (图中有 3 个) 明显多于 $\delta_\ell < 0$ 的区域 (图中有 0 个), 即使扰动 δ_ℓ 并非很大. 罕见的密度尖峰的丰度更加敏感地依赖于物质密度扰动, 导致此情况下 b_1 远大于 1.

可见, 暗晕数密度扰动正比于物质密度扰动, 系数为 b_1. 以上推导适用于线性演化的大尺度扰动. 小尺度扰动应如何处理, 以及应如何量化线性偏袒关系所带来的误差?

方法之一是利用球坍缩模型 (12.70, 12.73): 我们假设暗晕对应于利用暗晕的拉格朗日半径 R_L 平滑的初始密度场超出 $\delta_{\rm cr}$ 的区域. 先定义一个两点相关函数: 在超出 $\delta_{\rm cr}$ 的某区域的 r 距离开外找到另一超出 $\delta_{\rm cr}$ 的区域的 额外 概率, 定义为

$$
\xi_{\rm thr}(r) = \frac{p\left(\delta_R^{(1)}(\boldsymbol{x}+\boldsymbol{r}) > \delta_{\rm cr}, \delta_R^{(1)}(\boldsymbol{x}) > \delta_{\rm cr}\right)}{\left[p\left(\delta_R^{(1)}(\boldsymbol{x}) > \delta_{\rm cr}\right)\right]^2} - 1. \tag{12.82}
$$

简洁起见, 再次省略了时间自变量. 由于线性密度场服从多变量联合正态分布, 以上概率均可解析写出. 由习题 12.10, 其结果可展开为

$$
\xi_{\rm thr}(r) = \left(b_1^{\rm thr}\right)^2 \xi_R^{(1)}(r) + \frac{1}{2}\left(b_2^{\rm thr}\right)^2 \left[\xi_R^{(1)}(r)\right]^2 + \cdots, \tag{12.83}
$$

其中 $\xi_R^{(1)}$ 是经过尺度 R 平滑的线性物质密度场的两点相关函数, 省略号代表相关函数的更高阶项. $b_1^{\rm thr}$ 类似于上文推导出的线性偏袒因子: 超出密度阈值区域的相关函数正比于物质密度场的相关函数. 展开的第二项引入了二阶偏袒因子 $b_2^{\rm thr}$ [将式 (12.78) 中的 δ_ℓ 展开至二阶所对应的系数, 见习题 12.11]. 相对于这些系数的具体数值, 式 (12.83) 的整体形式更为重要: 在考虑较大尺度 r 时, $\xi_R^{(1)}(r) \ll 1$, 偏袒因子更高阶的部分仅是线性偏袒的微小修正. 这也验证了第 11 章所探讨的线性偏袒处理.

尽管以上图景还无法描述真实星系分布的功率谱, 但给出了有用的提示. 利用章节 12.2 中的技巧得到式 (12.83) 在 Fourier 空间中的形式:

$$
\begin{aligned}
P_{\rm g,thr}(k) = {} & \left(b_1^{\rm thr}\right)^2 P_{\rm L}(k) W_R^2(k) \\
& + \frac{1}{2}\left(b_2^{\rm thr}\right)^2 \int \frac{{\rm d}^3 p}{(2\pi)^3} P_{\rm L}(p) W_R^2(p) P_{\rm L}(|\boldsymbol{k}-\boldsymbol{p}|) W_R^2(|\boldsymbol{k}-\boldsymbol{p}|) \\
& + \cdots,
\end{aligned} \tag{12.84}
$$

其中 $W_R(k)$ 是 Fourier 空间的平滑函数 [见式 (12.4)], 在大尺度 $k \ll 1/R$ 时可设为 1. 比较式 (12.84) 和式 (12.49) 发现二阶偏袒因子与高阶微扰论中物质功率谱的 NLO 贡献 $P^{(22)}(k)$ 类似, 为同阶 (若 b_2^{thr} 量级为 1). 这表明我们可将星系的偏袒因子展开引入高阶微扰论, 即将星系数密度场作类似式 (12.29) 的展开,

$$\delta_{\text{g}}(\boldsymbol{x}, \eta) = \delta_{\text{g}}^{(1)}(\boldsymbol{x}, \eta) + \delta_{\text{g}}^{(2)}(\boldsymbol{x}, \eta) + \cdots + \delta_{\text{g}}^{(n)}(\boldsymbol{x}, \eta), \tag{12.85}$$

其中 $\delta_{\text{g}}^{(1)} = b_1 \delta^{(1)}$. 与物质密度场不同的是, 我们需要确定 $\delta_{\text{g}}^{(n)}$ 中的哪些项需要用来描述星系密度场. Desjacques *et al.* (2018) 的 Sect. 2 给出了详细而严格的理论描述, 此处不再赘述. 保留到二阶时, 二阶项 $\delta_{\text{g}}^{(2)}$ 含两个偏袒成分: 上文已涉及的 b_2 项, 以及另一个涉及潮汐场的二阶项, 正比于 $b_{K^2}(\partial_i \partial_j \Psi)(\partial^i \partial^j \Psi)$, 参见习题 12.12. 在均匀球坍缩模型中, 不含潮汐场, 因我们假设暗晕数密度只依赖于局部的物质密度扰动. 现实中, 暗晕和星系形成均受到大尺度潮汐场的影响, 在高阶偏袒模型中, 需要将其考虑在内.

正如物质密度场展开式 (12.29), 我们可利用式 (12.85), 仿照式 (12.40) 中的 F_n 定义 $F_{\text{g},n}$, 并将星系密度场在 Fourier 空间展开:

$$\delta_{\text{g}}^{(n)}(\boldsymbol{k}, \eta) = D_+^n(\eta) \left[\prod_{i=1}^{n} \int \frac{\mathrm{d}^3 k_i}{(2\pi)^3} \right] (2\pi)^3 \delta_{\text{D}}^{(3)} \left(\boldsymbol{k} - \sum_{i=1}^{n} \boldsymbol{k}_i \right)$$
$$\times F_{\text{g,n}}(\boldsymbol{k}_1, \cdots, \boldsymbol{k}_n; \eta) \, \delta_0(\boldsymbol{k}_1) \cdots \delta_0(\boldsymbol{k}_n). \tag{12.86}$$

通过习题 12.12, 可知二阶项中的核函数

$$F_{\text{g},2}(\boldsymbol{k}_1, \boldsymbol{k}_2; \eta) = b_1(\eta) F_2(\boldsymbol{k}_1, \boldsymbol{k}_2) + \frac{1}{2} b_2(\eta) + b_{K^2}(\eta) \left[\frac{(\boldsymbol{k}_1 \cdot \boldsymbol{k}_2)^2}{k_1^2 k_2^2} - \frac{1}{3} \right]. \tag{12.87}$$

由于偏袒因子 b_1 与物质密度场相乘, 物质密度场本身也具有非线性成分, 故在 $F_{\text{g},2}$ 中得到了 $b_1 F_2$ 项. 此外, b_2 和潮汐偏袒因子 b_{K^2} 的出现也符合预期. 对于给定质量的暗晕, b_1, b_2 可由上述尖峰-背景分离推导中得到. 对于观测到的星系, 这些系数需通过观测数据的统计 (如星系分布的功率谱) 得到.

基于式 (12.85, 12.86), 章节 12.2 中针对物质密度场的方法可适用于星系. 例如, 星系分布的双频谱可仿照式 (12.51) 写出:

$$\langle \delta_{\text{g}}(\boldsymbol{k}_1, \eta) \delta_{\text{g}}(\boldsymbol{k}_2, \eta) \delta_{\text{g}}(\boldsymbol{k}_3, \eta) \rangle = (2\pi)^3 \delta_{\text{D}}^{(3)}(\boldsymbol{k}_1 + \boldsymbol{k}_2 + \boldsymbol{k}_3)$$
$$\times [2 F_{\text{g},2}(\boldsymbol{k}_1, \boldsymbol{k}_2; \eta) \, P_{\text{L}}(k_1, \eta) \, P_{\text{L}}(k_2, \eta) + B_N(k_1, \eta) + 2 \, \text{perm.}], \tag{12.88}$$

其中

$$B_N(k, \eta) = \frac{1}{3} B_{N0}(\eta) + b_1(\eta) P_{N,\delta}(\eta) P_{\text{L}}(k, \eta) \tag{12.89}$$

是星系分布双频谱中的噪声项, 类似于式 (12.23) 中的 P_N 项. 在星系分布双频谱中存在两个常数噪声振幅 B_{N0} 和 $P_{N,\delta}$. 注意到后者中出现了噪声功率谱 $P_{N,\delta}$; 实际上 $P_{N,\delta}$ 可被理解为线性偏袒因子 b_1 中的噪声.

目前为止还未考虑星系分布统计中的观测效应, 如章节 11.1.2 中的 RSD 效应. 为考虑 RSD 效应还需论证第 11 章所作出的假设: 在大尺度上星系速度场无偏袒地示踪物质速度场. 对于物质分布, 通过求解测地线方程得到速度的演化, 即描述了质量非零的粒子在引力场 $\nabla\Psi$ 中的 "自由落体" 运动. 广义相对论的等效原理保证: 任何质量非零粒子的 "自由落体" 运动应沿相同的测地线, 因而获得相同的速度. 这便是星系速度场可作为物质速度场无偏估计的根本原因. 在某些情况下, 星系的速度确实会偏离暗物质粒子的速度: 一方面, 非引力相互作用导致的压强效应作用于构成星系的气体, 另一方面, 暗晕质心的速度也不一定等于暗物质粒子的速度, 因前者来自大量暗物质粒子速度的平均. 然而这些效应均只影响小尺度. 参考式 (12.53), 压强对物质的影响正比于 $k^2\delta_{\mathrm{m}}(\boldsymbol{k})$. 类似地, 压强对速度的影响正比于 $k^2\boldsymbol{u}_{\mathrm{m}}(\boldsymbol{k})$. 这些关系同样适用于对大量粒子的统计平均. 这样, 在考虑非线性扰动时, 仍可以通过展开实空间与红移空间的星系数密度场关系式 (11.6) 计算 RSD 效应 (参见 Desjacques *et al.*, 2018 中的 Sect. 9).

我们已完成在微扰论中对星系成团性的处理, 其优点是可以纳入微扰论任意阶、任何可能的星系和物质间的关系. 上述讨论仅适用于微扰论成立的尺度, $k < k_{\mathrm{NL}}(z)$. 另外, 以下基于数值模拟的解决方法不依赖于微扰论:

- **暗晕占据数分布** (halo occupation distribution, HOD)模型假设了在质量为 M_{h} 的暗晕中找到 N_{g} 个星系的概率 $P(N_{\mathrm{g}}|M_{\mathrm{h}})$, 并同时给出这些星系在暗晕中的位置和速度分布. HOD 可直接用于 N 体数值模拟给出的暗晕列表, 得到对应的模拟星系列表. 通常 $P(N_{\mathrm{g}}|M_{\mathrm{h}})$ 含有多个自由参数, 可通过比较模拟星系列表和观测星系列表的统计 (如功率谱) 所得到.

- **丰度匹配** (abundance matching) 方法基于高精度 N 体模拟分辨暗晕的子结构, 并假设光度更高、质量更大的星系寄居于更大质量的暗晕子结构中. 例如, 大质量椭圆星系通常被分配至暗晕中心的子晕中. 尽管暗晕质量的定义具有模糊性 (见章节 12.4.1 中的讨论; 暗晕子结构质量的定义更加模糊), 这种经验性的方法所需的自由参数更少, 且仍能很好地描述星系成团的统计性质.

然而, 它们的缺点在于对星系和暗晕之间关系极度简化的假设. 这些假设的准确性难以被严格评估, 因这些模型的缺陷很可能因过多自由参数的调整而被掩盖, 甚至更糟糕的是, 可能被宇宙学参数估计的偏差所掩盖. 另一方面, 我们对微扰论的系统误差有着严格的控制, 因为我们可以估计更高阶项贡献的大小 (当然, 仅在微

扰论适用的大尺度有效). 显然, 对宇宙学参数的限制应分别独立使用这些方法,
并对结果进行交叉检验.

12.7 暗晕模型

暗晕模型 (*the halo model*) 是将暗晕作为最基本的结构来描述非线性物质密
度场的一个经验模型 (参见综述 Cooray & Sheth, 2002). 其最基本的假设为: 任
意一个暗物质粒子都属于某个暗晕, 且仅属于唯一的暗晕. 此假设可利用以下三
者——暗晕的密度轮廓、暗晕的质量函数、暗晕的空间成团性——来拟合非线性
物质密度场的统计性质. 在这里仅对暗晕模型进行简要的介绍, 更加详细的推导
参见习题.

根据暗晕模型的基本假设, 物质密度场由一系列位于 $\boldsymbol{x}_i$, 质量为 M_i 的暗晕
叠加而成:

$$\rho_{\mathrm{m}}^{\mathrm{HM}}(\boldsymbol{x}) = \sum_i \rho_{\mathrm{h}}\left(|\boldsymbol{x} - \boldsymbol{x}_i|, M_i\right), \tag{12.90}$$

其中 $\rho_{\mathrm{h}}(x, M)$ 是章节 12.4.1 中的暗晕密度轮廓, 在此简化为球对称模型并仅依赖
于暗晕质量 M. 简洁起见, 略去了时间自变量. 首先将上式的求和改写为对局部
暗晕质量函数的积分 $n_{\mathrm{h}}(\boldsymbol{x}) = \int \mathrm{d}\ln M \mathrm{d}n(\boldsymbol{x})/\mathrm{d}\ln M$. 上式变为

$$\rho_{\mathrm{m}}^{\mathrm{HM}}(\boldsymbol{x}) = \int \mathrm{d}^3 x' \int \mathrm{d}\ln M \frac{\mathrm{d}n\left(\boldsymbol{x}'\right)}{\mathrm{d}\ln M} \rho_{\mathrm{h}}\left(|\boldsymbol{x} - \boldsymbol{x}'|, M\right), \tag{12.91}$$

其中 $\boldsymbol{x}'$ 是对 $\rho_{\mathrm{m}}^{\mathrm{HM}}(\boldsymbol{x})$ 起到贡献作用的暗晕的质心. 式 (12.91) 是一个空间卷积,
可联想至式 (12.2) 中的空间平滑计算; 的确, 我们实际上将暗晕质量 M 分配到了
其密度轮廓所覆盖的区域. 定义归一化密度轮廓 (*normalized profile*) $y(x, M) \equiv$
$\rho_{\mathrm{h}}(x, M)/M$, 使其满足平滑窗函数的一般性质:

$$\int y(x, M) \mathrm{d}^3 x = 1. \tag{12.92}$$

由此可进一步得到

$$\rho_{\mathrm{m}}^{\mathrm{HM}}(\boldsymbol{x}) = \int \mathrm{d}^3 x' \int \mathrm{d}\ln M \frac{\mathrm{d}n\left(\boldsymbol{x}'\right)}{\mathrm{d}\ln M} M y\left(|\boldsymbol{x} - \boldsymbol{x}'|, M\right). \tag{12.93}$$

现将 ρ_{m} 和 $\mathrm{d}n/\mathrm{d}\ln M$ 分别写为零阶部分和扰动部分:

$$\begin{aligned} \rho_{\mathrm{m}}^{\mathrm{HM}}(\boldsymbol{x}) &= \left[1 + \delta_{\mathrm{m}}^{\mathrm{HM}}(\boldsymbol{x})\right] \rho_{\mathrm{m}}, \\ \frac{\mathrm{d}n(\boldsymbol{x})}{\mathrm{d}\ln M} &= \left[1 + \delta_{\mathrm{h}}(\boldsymbol{x}, M)\right] \frac{\mathrm{d}n}{\mathrm{d}\ln M}, \end{aligned} \tag{12.94}$$

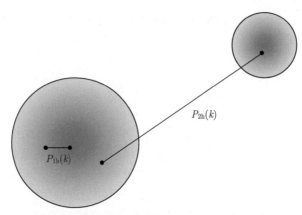

图 12.11 暗晕模型功率谱的各部分贡献示意图. 功率谱在大尺度主要由 "双暗晕项" $P_{2\mathrm{h}}(k)$
贡献, 小尺度主要由 "单暗晕项" $P_{1\mathrm{h}}(k)$ 贡献.

得到

$$1 + \delta_{\mathrm{m}}^{\mathrm{HM}}(\boldsymbol{x}) = \int \mathrm{d}\ln M \frac{M}{\rho_{\mathrm{m}}} \frac{\mathrm{d}n}{\mathrm{d}\ln M} \int \mathrm{d}^3 x' \left[1 + \delta_{\mathrm{h}}\left(\boldsymbol{x}', M\right)\right] y\left(\left|\boldsymbol{x} - \boldsymbol{x}'\right|, M\right).$$
(12.95)

现在可以利用暗晕质量函数的归一化性质. 由暗晕模型的假设, 所有物质粒子均
包含在各暗晕中, 意味着以暗晕质量为权重, 对暗晕质量函数的积分应得到平均
物质密度

$$\int \mathrm{d}\ln M \, M \frac{\mathrm{d}n}{\mathrm{d}\ln M} = \rho_{\mathrm{m}}.$$
(12.96)

这相当于坍缩比例服从的条件 (12.71), 并通过式 (12.73) 对函数 $f(\nu)$ 作出附加限
制. 通过此结论, 式 (12.95) 变为

$$\delta_{\mathrm{m}}^{\mathrm{HM}}(\boldsymbol{x}) = \int \mathrm{d}\ln M \frac{M}{\rho_{\mathrm{m}}} \frac{\mathrm{d}n}{\mathrm{d}\ln M} \int \mathrm{d}^3 x' \delta_{\mathrm{h}}\left(\boldsymbol{x}', M\right) y\left(\left|\boldsymbol{x} - \boldsymbol{x}'\right|, M\right).$$
(12.97)

上式表明, 在暗晕模型中, 可通过暗晕质量函数 $\mathrm{d}n/\mathrm{d}\ln M$、密度轮廓 $y(x, M)$ 和暗
晕成团性 (体现为 δ_{h}) 计算非线性物质功率谱. 推导细节见习题 12.13.

暗晕模型给出的物质功率谱可自然地分解为两个部分, $P^{\mathrm{HM}}(k) = P_{2\mathrm{h}}(k) + P_{1\mathrm{h}}(k)$. 其中第一项 $P_{2\mathrm{h}}$ 称为 "双暗晕项" ("two-halo term"), 来自暗晕的大尺度
成团, 其代表两点相关函数中, 两质量元分别位于不同的暗晕中 (图 12.11). 另一
项 $P_{1\mathrm{h}}$ 称为 "单暗晕项" ("one-halo term"), 是暗晕的 Poisson 噪声与暗晕密度轮
廓的卷积; 即使暗晕分布并不成团, 此项也非零, 因其与单个暗晕内部的质量分布
有关. 由图 12.11, 我们预期在小尺度 $P_{1\mathrm{h}}$ 应占主导.

图 12.12 展示了暗晕模型功率谱的数值计算结果. 在大尺度, 双暗晕项 $P_{2\mathrm{h}}$
占主导, 与线性功率谱保持一致, 这符合我们的预期. 进入小尺度, 表征暗晕内

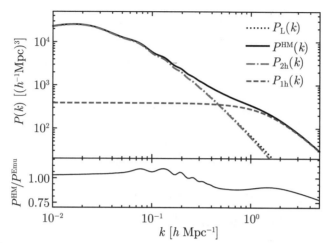

图 12.12　上图: 由暗晕模型给出的 $z = 0$ 的非线性物质功率谱 (黑色实线). 这里的计算利用了图 12.9 中的 $f(\nu)$, 式 (12.80) 推出的偏袒因子, 以及截断的 NFW 密度轮廓 (详见习题 12.13). 图中显示了 "双暗晕项" P_{2h} 和 "单暗晕项" P_{1h} 给出的贡献, 以及线性物质功率谱. 注意到 $P_{1h}(k)$ 在大尺度趋于一个较小的常数, 此常数并无物理意义, 也不影响暗晕功率谱的数值结果. 下图: 暗晕模型功率谱与 N 体模拟给出的物质功率谱的比值. 其中模拟功率谱利用 CosmicEmu 代码 (Heitmann *et al.*, 2014) 在基准宇宙学模型下进行插值得到. 暗晕模型相当精确, 且即使在极小尺度, 相对误差仍小于 25%.

部结构的单暗晕项 P_{1h} 开始主导, 暗晕密度轮廓和质量函数共同决定了功率谱. 图 12.12 下图展示了暗晕模型功率谱与 N 体模拟给出结果的比较. 尽管暗晕模型较为简单, 但仍给出较准确的结果, 对功率谱预言的相对误差在各尺度均小于 25%. 在极小尺度对功率谱的低估可通过优化暗晕的聚集度-质量关系来进一步改善. 尽管此精度仍无法适用于精确的宇宙学应用, 但暗晕模型在如此广泛尺度的定性近似使其成为一个有用的理论框架.

　　利用对物质功率谱所作出的假设, 可进一步分析计算其他统计量, 如物质和暗晕的互相关、物质的双频谱等.

12.8　小　结

　　本章是本书中首次突破了微小和线性扰动的限制, 研究了宇宙的非线性结构演化. 宇宙大尺度结构中几乎全部可观测量, 包括星系成团性、星系团计数、引力透镜, 均显著地受到非线性演化的影响. 理解非线性演化已成为现代宇宙学重要的组成部分. 幸运的是, 非线性扰动中的度规仍可由微扰的 FLRW 度规刻画, 仅需对物质密度场和速度场进行非线性处理. 另外, 复杂的重子物质效应 (压强、冷却、恒星形成等) 全部集中于小尺度 ($k \gtrsim 1\,h\,\mathrm{Mpc}^{-1}$); 因此, 在讨论非线性尺度中的稍大尺度时, 可统一将重子物质和暗物质考虑为冷的、无碰撞的物质.

物质非线性演化的方程组是无碰撞、非相对论性的 Boltzmann (Vlasov) 方程和 Poisson 方程:

$$
\frac{\partial f_{\mathrm{m}}}{\partial t} + \frac{\partial f_{\mathrm{m}}}{\partial x^j}\frac{p^j}{ma} - \frac{\partial f_{\mathrm{m}}}{\partial p^j}\left[Hp^j + \frac{m}{a}\frac{\partial \Psi}{\partial x^j}\right] = 0,
$$
$$
\nabla^2 \Psi = 4\pi G a^2 \left[m\int \frac{\mathrm{d}^3 p}{(2\pi)^3} f_{\mathrm{m}}(\boldsymbol{x},\boldsymbol{p},t) - \rho_{\mathrm{m}}(t)\right]. \tag{12.98}
$$

这一概念上相对简单, 但数学求解非常复杂的方程组带来了许多非线性结构形成的结论. 本章只进行了肤浅的介绍, 更加深入的数值及微扰论的内容可参考综述 Bernardeau *et al.* (2002).

为求解 Vlasov-Poisson 系统, 一个强有力的方法是 N 体数值模拟. 该方法将物质所占的相空间体积进行离散化 (由于暗物质 "冷" 的性质, 可取相空间的 "薄片"). 数值模拟中的 N 体粒子并非真实的暗物质粒子, 而是代表相空间的体积微元. 在 N 体模拟的结果中我们能够认证大量的引力束缚体: 暗物质晕 (暗晕), 在它们之中寄居着星系和星系团. 暗晕的质量 M_Δ 定义为暗晕的共动半径 R_Δ 内所包含的物质质量, 其中该半径内的平均物质密度是宇宙物质平均密度的 Δ 倍:

$$
M_\Delta = M\,(< R_\Delta) = \frac{4\pi}{3}R_\Delta^3 \rho_{\mathrm{m}}\,(t_0)\,\Delta. \tag{12.99}
$$

另一个重要尺度是暗晕的 *拉格朗日半径* (*Lagrangian radius*) R_L, 它是以平均物质密度容纳暗晕质量所对应的共动尺度:

$$
R_L(M) = 1.40\,h^{-1}\mathrm{Mpc}\left(\frac{M}{10^{12}\,h^{-1}M_\odot}\right)^{1/3}\left(\frac{\Omega_{\mathrm{m}}}{0.31}\right)^{-1/3}, \tag{12.100}
$$

即暗晕形成时对应的共动尺度, 在暗晕的半解析模型中起到重要的作用. 例如, 暗晕的质量函数, 定义为单位对数质量区间内暗晕的数密度:

$$
\frac{\mathrm{d}n(M,z)}{\mathrm{d}\ln M} = \frac{\rho_{\mathrm{m}}(t_0)}{M} f\left(\frac{\delta_{\mathrm{cr}}}{\sigma(M,z)}\right)\left|\frac{\mathrm{d}\ln \sigma(M,z)}{\mathrm{d}\ln M}\right|, \tag{12.101}
$$

其中 $\sigma(M,z) \equiv \sigma(R_L[M],z)$ 是以 $R_L(M)$ 尺度平滑后的线性密度场的标准差, $f(\nu)$ 是一个拟合函数. 通过调整 $f(\nu)$, 式 (12.101) 可描述指定红移和宇宙学模型的暗晕质量函数, 并将相对误差控制在 5% 以内 (图 12.9).

星系团和大质量暗晕之间的关系尤为明显, 它们是宇宙中最大的引力束缚体. 通过 X 射线和 SZ 效应等方法对星系团的测量, 结合星系团和暗晕之间的关系测得暗晕质量函数, 可有效限制宇宙学模型. 第 13 章所探讨的引力透镜方法可帮助确定暗晕的质量.

不同质量的暗晕具有一个普适的密度轮廓. 我们可由此建立一个非线性物质密度场的经验模型, 称为暗晕模型. 其假设每个暗物质粒子均属于 (且仅属于) 某个暗晕. 本章仅简要地介绍了暗晕模型, 有兴趣的读者可参考综述 Cooray & Sheth (2002) 及习题 12.13. 这类模型 (包括均匀球坍缩模型) 并非精确, 但能够提供直观的物理图像, 以及定性分析新的物理效应 (如中微子质量和修改引力理论) 对非线性结构形成的影响.

纯引力的 N 体数值模拟已被广泛应用于宇宙大尺度结构的研究. 它们不涉及引力之外的重子效应, 无法模拟星系形成. 真实地模拟重子效应需要前所未有的分辨率, 仍是宇宙学前沿的目标之一. 有兴趣的读者可参考书籍 Mo *et al.* (2010) 深入了解非线性结构和星系的形成.

为理解星系形成以解释星系分布的观测, 另一种方法是通过高阶微扰论这种解析的方法对非线性物质密度场展开:

$$\delta_{\mathrm{m}}(\boldsymbol{x}, \eta) = \delta^{(1)}(\boldsymbol{x}, \eta) + \delta^{(2)}(\boldsymbol{x}, \eta) + \cdots + \delta^{(n)}(\boldsymbol{x}, \eta),$$
$$\theta_{\mathrm{m}}(\boldsymbol{x}, \eta) = \theta^{(1)}(\boldsymbol{x}, \eta) + \theta^{(2)}(\boldsymbol{x}, \eta) + \cdots + \theta^{(n)}(\boldsymbol{x}, \eta). \quad (12.102)$$

通过取 Vlasov 方程的各阶矩并在二阶取截断可得到 $\delta_{\mathrm{m}}^{(n)}$ 和 $\theta_{\mathrm{m}}^{(n)}$ 满足的方程. 最终得到一组描述无压强的等效流体的方程组:

$$\delta_{\mathrm{m}}' + \theta_{\mathrm{m}} = -\delta_{\mathrm{m}}\theta_{\mathrm{m}} - u_{\mathrm{m}}^j \frac{\partial}{\partial x^j}\delta_{\mathrm{m}}$$

$$\theta_{\mathrm{m}}' + aH\theta_{\mathrm{m}} + \nabla^2\Psi = -u_{\mathrm{m}}^j \frac{\partial}{\partial x^j}\theta_{\mathrm{m}} - \left(\partial_i u_{\mathrm{m}}^j\right)\left(\partial_j u_{\mathrm{m}}^i\right)$$

$$\nabla^2\Psi = \frac{3}{2}\Omega_{\mathrm{m}}(\eta)(aH)^2\delta_{\mathrm{m}}. \quad (12.103)$$

通过将低阶解代入方程组等式右边的非线性源函数, 可逐阶计算出物质的演化. 在展开式 (12.48) 中, 表达出了物质功率谱的非线性修正:

$$P(k, \eta) = P_{\mathrm{L}}(k, \eta) + P^{\mathrm{NLO}}(k, \eta). \quad (12.104)$$

此高阶微扰方法的致命缺陷便是其只适用于大尺度, 即上式中的修正项需小于第一项 (一阶线性项). 在 $z = 0$ 时, 其仅在 $k \lesssim 0.2\,h\,\mathrm{Mpc}^{-1}$ 时成立. 在高红移时其适用尺度稍有扩充. 微扰论进行较少的小尺度重子效应的假设, 计算出物质和星系的成团性, 并试图利用一系列偏袒因子拼凑出重子的效应, 进而利用这些偏袒关系限制宇宙学. 在章节 12.6 中, 我们论证了第 11 章中对星系成团性作出的假设, 并应用于高阶微扰论.

习　题

12.1　对于式 (12.9) 中描述的 "冷" 物质分布, 证明式 (12.17) 中的应力张量 σ_{m}^{ij} 为零.

12.2　利用方程组 (12.23) 推导出物质速度场旋度 $\boldsymbol{\omega} = \nabla \times \boldsymbol{u}_{\mathrm{m}}$ 的演化方程. 证明旋度不会凭空产生, 除非在初始条件就产生旋度. 在一阶微扰中旋度如何随时间演化?

12.3　将 Euler-Poisson 方程组变换至 Fourier 空间, 得到方程组 (12.31).

12.4　利用线性增长方程 (8.75) 证明式 (12.32). 注意, 此关系式适用于任何均匀暗能量模型. 再利用方程组 (12.31) 推出 (12.33, 12.34).

12.5　利用式 (12.40) 证明式 (12.42) 中的 NLO 贡献为 (12.48). 证明并利用以下关系式

$$F_2(\boldsymbol{k}, -\boldsymbol{k}) = 0,$$
$$F_n(\boldsymbol{k}_1, \cdots, \boldsymbol{k}_n) = F_n(-\boldsymbol{k}_1, \cdots, -\boldsymbol{k}_n), \tag{12.105}$$

数值计算各项. 对于 $P^{(13)}$, 可参考 Makino *et al.* (1992) 中的核函数. 对于 $P^{(22)}$, 在 $\boldsymbol{k} - \boldsymbol{p}$ 接近零时需小心处理. Bertschinger & Jain (1994) 对积分提供了一个有用的分解.

12.6　推导物质双频谱 (12.51) 的首项贡献并与图 12.3 比较.

12.7　章节 12.2 基于密度场开发了高阶微扰论. 另一种处理方法基于 N 体粒子的运动方程 (12.57), 称为**拉格朗日 (*Lagrangian*) 法**. 本习题将推导出此方法的一阶近似, 称为**泽尔多维奇近似 (*Zel'dovich approximation*)**.[①] 方程组 (12.57) 的解是粒子的运动轨迹 $\boldsymbol{x}(\eta)$. 我们将之写为

$$\boldsymbol{x}(\eta) = \boldsymbol{q} + \boldsymbol{s}(\boldsymbol{q}, \eta), \tag{12.106}$$

其中 $\boldsymbol{q}$ 是粒子在 $\eta = 0$ 处的初始坐标 (拉格朗日坐标), 此时可忽略所有扰动, $\boldsymbol{s}(\boldsymbol{q}, 0) = \boldsymbol{0}$. 将方程 (12.57) 写为 $\boldsymbol{s}$ 的方程, 并将 $\boldsymbol{s}$ 展开, 保留至一阶. 通过 Poisson 方程的解求解此方程, 所得结果应将 $\boldsymbol{s}^{(1)}(\boldsymbol{k}, \eta)$ 表达为 $\delta^{(1)}(\boldsymbol{k}, \eta)$. N 体模拟的初始条件中, 利用此结论可设置粒子的初始位移. 初始条件还需要粒子的初始动量 p_{c}^i, 将其表达为初始位移的形式.

---

① 译者注: 也称为一阶拉格朗日微扰论 (1st-order Lagrangian perturbation theory, 1LPT).

12.8 基于 NFW 密度轮廓 (12.62), 推出半径 r 内所包含质量 $M(<r)$ 的表达式. 将 r_s 替换为 c_Δ, 推出给定质量 M_Δ 和聚集度对应的 R_Δ, 并求 ρ_s. 这样便得到了质量为 M_Δ、聚集度为 c_Δ 的暗晕准确的密度轮廓表达式. 画出 $M_{200} = 10^{12}M_\odot$ ($\Delta = 200$), $c_{200} \in \{4, 8, 16\}$ 的密度轮廓图.

12.9 通过求解方程 (12.67) 并忽略 Λ, 求球坍缩模型的临界密度 δ_{cr} 和位力密度 Δ_{vir}. 由以下步骤进行:

(a) 将方程 (12.67) 改写为

$$\frac{\ddot{r}}{r} = -\frac{4\pi G}{3}\bar{\rho}_i\left[1 + \delta_i\right]\left(\frac{r_i}{r}\right)^3 \tag{12.107}$$

其中 r_i 和 $\bar{\rho}_i$ 分别是坍缩区域的半径及初始物质背景密度, δ_i 是初始密度扰动.

(b) 证明: 当初始膨胀率为 $\dot{r}_i = H_i r_i(1 - \delta_i/3)$ 时, 球坍缩区域所能达到的最大物理半径 r_{ta} 为

$$r_{\mathrm{ta}} = \frac{3}{5}\left(\frac{1 + \delta_i}{\delta_i}\right)r_i. \tag{12.108}$$

(c) 证明摆线的参数方程 (12.68) 是方程 (12.107) 的解. 将 t_{ta} 表示为初始条件中的 r_i, δ_i, $\bar{\rho}_i$.

(d) 求非线性密度扰动 $\delta(\theta)$ 的表达式. 求 t_{ta} 时刻 $\delta(\theta)$ 的值. 画出 $\delta(t)$ 随 $\delta^{(1)}(t)$ 变化的曲线, 即自变量为利用线性增长因子推测出的密度扰动. 求 $\delta(\delta^{(1)})$ 对 $\delta^{(1)}$ 的展开并保留至第三阶项.

(e) 假设通过某种方式将暗晕位力化, 称为剧变弛豫 (violent relaxation). 求位力半径 R_{vir} 和返回半径 R_{ta} 的关系. 利用位力化之后的密度扰动 $\Delta_{\mathrm{vir}} \equiv 1 + \delta(t_{\mathrm{vir}})$. 设坍缩结束于 $\theta = 2\pi$, 即 $t_{\mathrm{vir}} = t(\theta = 2\pi)$. 求坍缩时的 $\delta^{(1)}(t)$, 这便是坍缩临界密度 δ_{cr}.

12.10 求线性密度场临界区域的相关函数 (12.82).

(a) 定义约化密度场 $\nu(\boldsymbol{x}) \equiv \delta_R^{(1)}(\boldsymbol{x})/\sigma(R)$ [注意: 这是一个标量场, 而非参数 $\nu = \delta_{\mathrm{cr}}/\sigma(R)$, 后者在此习题中暂记为 ν_{cr}]. 证明在任意给定位置的 $\nu(\boldsymbol{x})$ 服从标准正态分布

$$p(\nu) = \frac{1}{\sqrt{2\pi}}e^{-\nu^2/2}, \tag{12.109}$$

以及 ν_1, ν_2 [其中 $\nu_i \equiv \nu(\boldsymbol{x}_i)$] 的联合概率分布为双变量正态分布

$$p(\nu_1, \nu_2) = \frac{1}{2\pi\sqrt{1 - \xi_{12}^2/\sigma^4(R)}}\exp\left[-\frac{1}{2}(\nu_1, \nu_2)^\top \mathrm{C}^{-1}(\nu_1, \nu_2)\right], \tag{12.110}$$

其中

$$\mathrm{C} = \begin{pmatrix} 1 & \xi_{12}/\sigma^2(R) \\ \xi_{12}/\sigma^2(R) & 1 \end{pmatrix}, \tag{12.111}$$

而 $\xi_{12} = \xi_R^{(1)}(|\boldsymbol{x}_1 - \boldsymbol{x}_2|) = \left\langle \delta_R^{(1)}(\boldsymbol{x}_1)\delta_R^{(1)}(\boldsymbol{x}_2) \right\rangle$ 是平滑线性密度场的两点相关函数.

(b) 利用以上结论, 证明单点概率 (或体积占比) 为

$$p(\delta_R^{(1)} > \delta_{\mathrm{cr}}) = \frac{1}{2}\operatorname{erfc}\left(\frac{\nu_{\mathrm{cr}}}{\sqrt{2}}\right). \tag{12.112}$$

其中 $\nu_{\mathrm{cr}} \equiv \delta_{\mathrm{cr}}/\sigma(R)$, 余误差函数 (complementary error function) 的定义见式 (C.31). 求对应的联合概率

$$p\left(\delta_R^{(1)}(\boldsymbol{x}_1) > \delta_{\mathrm{cr}}, \ \delta_R^{(1)}(\boldsymbol{x}_2) > \delta_{\mathrm{cr}}\right), \tag{12.113}$$

以及式 (12.82) 中的 $\xi_{\mathrm{thr}}(r)$. 注意两积分之一可解析求得.

(c) 利用物质密度扰动的两点相关函数在 r 很大时趋于零, 将以上结果对 $\xi(r)$ 展开, 并证明展开式前两项与式 (12.83) 一致. 求系数 b_1 和 b_2, 以及对于罕见大质量暗晕时 ($\nu_{\mathrm{cr}} \gg 1$) 它们的极限.

12.11 将式 (12.80) 继续展开至 δ_ℓ 的二阶. 二阶偏袒因子的定义为

$$\delta_{\mathrm{h},\ell} = b_1\delta_\ell + \frac{1}{2}b_2\delta_\ell^2 + \cdots. \tag{12.114}$$

将 b_2 表示为 $\sigma(M,z)$ 和 $f(\nu)$. 求 Press-Schechter 暗晕质量函数 (12.73) 中 $b_2(\nu)$ 的表达式.

12.12 求星系数密度场 $\delta_{\mathrm{g}}^{(2)}$ 的二阶微扰论的核函数.

(a) 定义约化潮汐场

$$K_{ij}(\boldsymbol{x},\eta) = \frac{1}{4\pi Ga^2(\eta)}\left[\partial_i\partial_j - \frac{1}{3}\delta_{ij}\nabla^2\right]\Psi(\boldsymbol{x},\eta). \tag{12.115}$$

在实空间和 Fourier 空间建立 K_{ij} 与物质密度扰动的关系式.

(b) 基于实空间的二阶星系数密度场

$$\delta_{\mathrm{g}}^{(2)}(\boldsymbol{x},\eta) = b_1\delta^{(2)} + \frac{1}{2}b_2(\delta^{(1)})^2 + b_{K^2}K_{ij}^{(1)}K^{(1)ij}, \tag{12.116}$$

其中等式右边的场均在位置和时刻 $(\boldsymbol{x},\eta)$ 取值, 偏袒因子 b_1, b_2 和 b_{K^2} 均在时刻 η 定义. 上式中为何潮汐场只出现在二阶项? 现分离出增长因子中的时间依赖性, 并对式 (12.116) 进行 Fourier 变换得到式 (12.87).

12.13 基于式 (12.97) 计算暗晕模型给出的物质功率谱.

(a) 对式 (12.97) 进行 Fourier 变换, 将 $\delta_{\mathrm{m}}^{\mathrm{HM}}(\boldsymbol{k})$ 的功率谱表达为暗晕数密度 $\delta_{\mathrm{h}}(\boldsymbol{k},M)$ 的功率谱、暗晕质量函数和 Fourier 空间的密度轮廓 $y(k,M)$.

(b) 假设线性偏袒关系及暗晕噪声项为常数:

$$\langle \delta_{\rm h}(\boldsymbol{k}, M)\delta_{\rm h}(\boldsymbol{k}', M')\rangle = (2\pi)^3 \delta_{\rm D}^{(3)}\left(\boldsymbol{k}+\boldsymbol{k}'\right)\left[b_1(M)b_1(M')P_{\rm L}(k) + P_N(M, M')\right],$$

$$\text{其中}\quad P_N\left(M, M'\right) = \frac{1}{{\rm d}n/{\rm d}\ln M}\delta_{\rm D}^{(1)}\left(\ln M - \ln M'\right). \tag{12.117}$$

在此我们假定了不同暗晕质量之间的噪声不相关, 即互功率谱为零. 利用此关系式化简暗晕模型给出的物质功率谱.

(c) 求 Fourier 空间的密度轮廓 $y(k, M)$, 假设 NFW 密度轮廓 (12.62), 聚集度为 $c(M)$, 且在半径 R_{200} 处取截断.

(d) 数值计算出 $P^{\rm HM}(k)$ 并与线性功率谱比较.

第 13 章　大尺度结构的探测：引力透镜

星系成团性、SZ 效应和星系团计数这类探测大尺度结构的方法存在一个共同的缺陷：它们都只是对重子物质，而非物质总量的测量。在理论上对总物质分布的预言要容易很多。由第 11 和 12 章可见，只有在很大尺度，星系和物质之间的关系 (偏袒) 才是较为确定的，且需要引入多个自由参数来量化；对于星系团，其质量和可观测量的关系更加难以通过理论来预测。

本章介绍一种实验性的方法探测总物质的分布。物质分布的非均匀性对观测到的背景星系的形状造成扭曲，称为引力透镜 (*gravitational lensing*)。引力透镜同样会引起 CMB 各向异性的扭曲，扭曲后的 CMB 各向异性有别于其原始性质，因而可被探测到。另外，引力透镜效应相关的统计量与非线性物质功率谱直接相关，因而可用于探测小尺度的物质分布。

章节 13.1 和 13.2 给出了引力透镜的综述介绍，章节 13.3 涉及 CMB 透镜。章节 13.4 将基于偏振的方法介绍引力透镜对星系形状的影响 (剪切场)。章节 10.1 对章节 13.4 和后续的内容很有帮助，它们均涉及天球上的二阶对称矩阵。第 10 章主要处理了偏振张量的 Q 和 U 分量。对于引力透镜，星系图像的二阶矩张量与偏振张量非常类似。章节 13.5 结合第 10 和 11 章的结论推导出弱引力透镜的功率谱和相关函数。

13.1　概　　述

宇宙中物质的非均匀分布扭曲了光线从遥远天体到观测者的路径。章节 3.3.2 中，光子的测地线已涉及此效应，称为引力透镜 (*gravitational lensing*)，或简称透镜 (*lensing*)。引力透镜效应的优势在于光线的偏折反映了总物质质量分布。更确切地说，引力透镜通过时空度规的扰动 Ψ, Φ 反映能动张量扰动的性质。通过对这些引力偏折的测量可推断出宇宙中的物质分布，这与第 11 章介绍的探测宇宙大尺度结构的方法形成了高度的互补。

引力偏折光线的思想与相对论一样，有着悠久的历史。甚至早于广义相对论，Einstein 便认识到测量引力对光线扭曲的重要性。他早年的笔记中涉及了引力透镜的放大率计算，以及单一背景光源呈双像的统计概率 (Renn *et al.*, 1997)，而正是对引力透镜的成功观测使得广义相对论被广泛接受。1919 年，爱丁顿 (Eddington)

图 13.1　Hubble 太空望远镜拍摄到的大质量星系团 Abell 1689. 星系团后方的星系被引力透镜效应扭曲成弧形. 这些高红移星系通常呈现为蓝色, 因它们的光谱中的截断使得它们在红色成像波段的光度衰减. 此图版权: Author NASA, ESA, the Hubble Heritage Team (STScI/AURA), J. Blakeslee (NRC Herzberg Astrophysics Program, Dominion Astrophysical Observatory), 以及 H. Ford (JHU). CC-SA 4.0.

领导了一次前往南半球的航行, 在日全食期间测量了太阳对背景恒星光线的引力偏折, 且测量结果 (Dyson *et al.*, 1920) 与 Einstein 的广义相对论理论完美符合.

1979 年, Walsh、Carswell 和 Weymann 观测到一个多重成像的类星体, 证实了 Einstein 早期的猜测. 从同一个类星体发出的多束光线经过某中间星系所在的暗晕引力势的聚焦, 又会聚于观测者. 被 "透镜" 的类星体的数量可以测量宇宙体积随红移的变化, 进而是宇宙膨胀历史的探针 (Kochanek, 1996).

引力透镜对宇宙学的重要影响还有很多, 如时间延迟: 由引力透镜的作用, 同一时刻从同一光源发出的两束光线通常在不同时刻到达观测者. 通过光源的光变特性可测量此时间延迟. 时间延迟依赖于 Hubble 常数, 因而可用于测量 H_0 (如 Wong *et al.*, 2019). 另一应用是微引力透镜: 某天体移动至观测者和背景天体之间, 背景天体被聚焦放大, 这样我们便可观测背景天体的特征变化. 微引力透镜被用于限制大质量致密晕状天体 (massive compact halo objects, MACHOs) 对暗物质总量的贡献 (如 Tisserand *et al.*, 2007). 引力透镜同样被用于寻找章节 12.3 描述的暗晕子结构 (Vegetti *et al.*, 2012; Hezaveh *et al.*, 2016).

图 13.1 展示了引力透镜的壮美图像. 位于图中央的是一个大质量星系团, 它

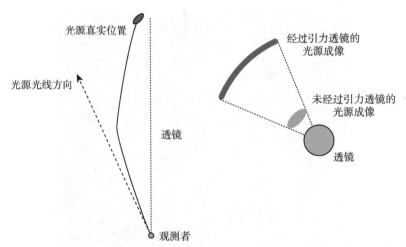

图 13.2　左图: 引力透镜系统的俯视图. 从源天体 (顶部) 发出的光线沿透镜引力场的偏转到达底部的观测者. 从观测者的角度看, 光线似乎来自虚线方向, 与透镜的张角更大. 右图: 透镜系统在天球上的投影, 并假设透镜沿视线方向具有柱对称性. 源天体的每个像素均向远离透镜的方向进行一定的径向偏移, 使源天体图像畸变为一个围绕透镜的弧形.

的成员星系显示为偏黄色, 它们的引力扭曲了更加遥远的背景星系图像. 为何图中背景星系呈现为很长的弧形? 考虑星系的光线, 经星系团附近穿过, 行进至观测者 (图 13.2 左图). 由于透镜使光线向透镜方向弯曲, 星系的测得位置将向远离透镜的方向偏移. 图 13.2 右图展示了引力透镜对光源图像的影响. 设透镜相对视线方向具有柱对称性. 源星系的每个像素均向外偏移, 使得原有的规则椭圆形变为一个弧形. 另一个畸变效应是, 越贴近透镜的光线被扭曲的程度越强, 这导致弧形在透镜的径向方向变得更窄.

　　章节 13.2 将会表明: 引力透镜不改变被透镜的像的表面亮度. 由于透镜后图像的面积更大, 其等效于增加了源星系的亮度, 称为放大 (magnification) 效应. 利用透镜, 我们能够探测和研究原本无法探测到的较暗星系.

　　图 13.3 展示了引力透镜的另一个美丽图像. 前景巨大的双星系团称为 "子弹" 星系团 (bullet cluster), 将背景星系的形状扭曲为环绕两星系团核心的弧线形状. 子弹星系团是两个正在发生并合的星系团, 为暗物质的存在提供了充足的证据. 两星系团中大部分重子物质以炽热的弥散气体形式存在, 可通过 X 射线探测到 (章节 12.5; 图中粉色区域), 它们的位置显然有别于利用引力透镜探测到的总物质分布 (图中蓝色区域). 重子与暗物质分布的偏移具有物理意义: 弥散的气体具有碰撞性, 在星系团碰撞时产生强烈的激波, 但无碰撞的暗物质可自由穿过彼此 (图 12.5). 星系团中的星系也可以被认为是无碰撞的: 相对于弥散的气体, 星系间几乎只受引力作用, 因而它们主要集中于暗物质聚集处. 本书已涉及很多冷暗

图 13.3 "子弹" 星系团 1E 0657-56. 背景星系由可见光波段拍摄 (Magellan & Hubble Space Telescopes). 前景总物质分布由背景星系的引力透镜畸变重构而成, 显示为蓝色阴影. 热气体分布由 X 射线辐射观测 (Chandra space telescope), 显示为粉色. 它们的分布呈现明显的偏移.

此图版权: NASA/CXC/M. Weiss — Chandra X-Ray Observatory: 1E 0657-56.

物质存在的证据, 而子弹星系团的特殊之处在于, 其提供了暗物质存在更加直观的、可视化的证据.

在宇宙学领域, 最重要的一种引力透镜效应称为*弱引力透镜 (weak lensing)*, 即背景星系的形状被前景物质分布轻微地扭曲; 也就是说, 弱引力透镜与图 13.2 的效果相同, 只是幅度微小很多. 这方面的应用之一是利用背景星系推断单个星系团的质量 (至少可以追溯至 Tyson *et al.*, 1990). 如章节 12.5 所述, 星系团的丰度作为宇宙学的敏感探针, 但前提是需将其质量作精确校准. 弱引力透镜便是方法之一, 见章节 13.5.3.

本章主要讨论大尺度结构所造成的弱引力透镜, 而非星系团产生的单个透镜. 除了推断暗物质分布外, 更重要的统计量是两点相关函数和在 Fourier 空间的功率谱. 本章将推导出透镜场的功率谱与非线性物质功率谱间的关系, 以及与星系计数统计的互相关对偏袒因子的限制.

13.2 光子测地线方程

引力透镜效应将再次利用光子的 Boltzmann 方程. 在晚期宇宙中, 可忽略散射和吸收效应, 可设 Boltzmann 方程中的碰撞项为零, 光子的分布函数守恒: $\mathrm{d}f(\boldsymbol{x},\boldsymbol{p},t)/\mathrm{d}t = 0$ (本章无需考虑偏振). 天文探测仪器进行的任何测量可描述为

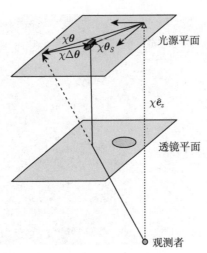

图 13.4　引力透镜的几何图示. 坐标原点为单位矢量 $\hat{e}_z$ 所在直线与光源平面的交点. 光源的真实位置为 $\chi\boldsymbol{\theta}_S$, 图中虚线指向光源的测得位置 $\chi\boldsymbol{\theta}$. 在光源平面上的透镜偏折为 $\chi\Delta\boldsymbol{\theta}$.

对辐射比强度 I_ν 的积分, 定义为单位立体角、单位面积、单位时间和单位频率入射至探测器上的能量:

$$dE = I_\nu \, d\Omega \, dA_\perp \, dt \, d\nu, \tag{13.1}$$

其中 $dA_\perp$ 是垂直于辐射通量的探测器面积. $f(\boldsymbol{x}, \boldsymbol{p}, t)$ 包含辐射场的全部信息, 故可推出 I_ν. 式 (1.9) 实际上已用到 I_ν. 更精确地, 由习题 13.1 可知

$$I_\nu(\boldsymbol{x}, \hat{\boldsymbol{p}}, t) = 4\pi\nu^3 f(\boldsymbol{x}, p = 2\pi\nu, \hat{\boldsymbol{p}}, t), \tag{13.2}$$

其中 $\hat{\boldsymbol{p}}$ 是被探测到的光子动量的单位矢量. 值得注意的是, 辐射比强度与光子的分布函数直接相关, 而后者守恒; 我们直接测量到的是辐射比强度, 但常表示为一些衍生量, 如 CMB 的温度、星系图像的辐射通量等.

　　f 的守恒性意味着光子在辐射和接收之间 I_ν 仅因频率 ν 的变化而变化, 即来自宇宙学红移、引力红移和 Doppler 效应. 光子频率的变化仅影响光源距离的估计, 并不影响其形状. 我们可暂忽略此效应. 这样一来, 在方向 $\boldsymbol{\theta}$ 处观测到的 I_ν 与无透镜时 (即宇宙均匀时) 光源真实方向 $\boldsymbol{\theta}_S$ 所测得的光强一致,

$$I_{\text{obs}}(\boldsymbol{\theta}) = I_{\text{true}}(\boldsymbol{\theta}_S). \tag{13.3}$$

即在天球 $\boldsymbol{\theta}$ 方向测得的光强由真实方向 $\boldsymbol{\theta}_S$ 处的光源决定. 式 (13.3) 是接下来我们推导透镜理论的出发点.

　　现需要求解光线在非均匀宇宙中的轨迹. 本书目前为止, 光线均在共动坐标系中沿直线行进. 现在我们允许光线的轨迹如图 13.2 所示进行微小的偏转. 图 13.4

展示了光线偏折的几何及一些变量的定义. 任意时刻光子的共动坐标为 $\boldsymbol{x}$, 服从章节 3.3.2 中的测地线方程. 在整个推导过程中设偏折角很小并作此偏折的一阶近似. 这个近似适用于本章所讨论的所有问题. 这样, 光子坐标的第三 (z) 分量仍是径向距离 χ, 其切向分量为 $\chi\boldsymbol{\theta}_S$. 由以上定义, 光源的真实坐标为

$$\boldsymbol{x}_{\text{true}} = (\boldsymbol{\theta}_S, 1)\chi, \tag{13.4}$$

而同样可由 $\boldsymbol{\theta}$ 定义透镜后的坐标

$$\boldsymbol{x}_{\text{obs}} = (\boldsymbol{\theta}, 1)\chi. \tag{13.5}$$

为将 $\boldsymbol{\theta}_S$ 表示为 $\boldsymbol{\theta}$, 我们已在章节 3.3.2 中完成了大量准备工作. 首先将位置矢量的切向分量 $x_\perp^i$ 表示为对 χ 的积分, $\mathrm{d}x_\perp^i/\mathrm{d}\chi = -\mathrm{d}x_\perp^i/\mathrm{d}\eta$, 注意对于光线, $\mathrm{d}\eta = -\mathrm{d}\chi$ (距离的增加、光线传播时间差一个负号). 因此,

$$\frac{\mathrm{d}x_\perp^i}{\mathrm{d}\chi} = -\frac{\mathrm{d}x_\perp^i}{\mathrm{d}\eta} = -a\frac{\mathrm{d}x_\perp^i}{\mathrm{d}t} = -\hat{p}_\perp^i, \tag{13.6}$$

其中 $\hat{p}_\perp$ 是光子动量单位矢量的切向分量, 上式等式最后一步成立来自式 (3.34) (以及对于光子 $p/E = 1$). 这便得到了 θ_S^i 的积分表达式

$$\theta_S^i = \frac{x_\perp^i}{\chi} = -\frac{1}{\chi}\int_0^\chi \hat{p}_\perp^i(\chi'')\,\mathrm{d}\chi''. \tag{13.7}$$

注意我们使用 χ'' (以及马上出现的 χ') 作为积分变量, 它们并非共形时间的导数. 现利用测地线方程 (3.72),

$$\frac{\mathrm{d}\hat{p}^i}{\mathrm{d}t} = \frac{1}{a}\left[\delta^{ik} - \hat{p}^i\hat{p}^k\right](\Phi - \Psi)_{,k}, \tag{13.8}$$

其中 $[\delta^{ik} - \hat{p}^i\hat{p}^k]$ 恰好是 $\boldsymbol{p}$ 切向方向的投影, 偏折角较小时, 近似垂直于 z 轴. 故

$$\frac{\mathrm{d}\hat{p}_\perp^i}{\mathrm{d}\chi} = -a\frac{\mathrm{d}\hat{p}_\perp^i}{\mathrm{d}t} = -a\left[\frac{1}{a}(\Phi - \Psi)_{,i}\right] = -2\Phi_{,i}. \tag{13.9}$$

其中等式最后一步成立是因为在宇宙晚期可忽略各向异性应力, $\Phi = -\Psi$. 对式 (13.9) 积分得

$$\hat{p}_\perp^i(\chi'') = -2\int_0^{\chi''}\mathrm{d}\chi'\Phi_{,i}(\boldsymbol{x}(\boldsymbol{\theta},\chi'),\eta_0 - \chi') + C^i, \tag{13.10}$$

其中引力势取自未受到引力透镜偏折时的光线路径

$$\boldsymbol{x}(\boldsymbol{\theta},\chi') = (\chi'\theta^1, \chi'\theta^2, \chi'). \tag{13.11}$$

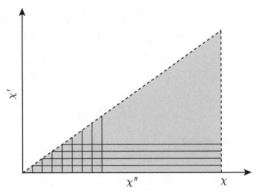

图 13.5   式 (13.13) 中的积分区域: $0 < \chi' < \chi''$, $0 < \chi'' < \chi$ (沿竖直方向积分), 或 $\chi' < \chi'' < \chi$, $0 < \chi' < \chi$ (沿水平方向积分). 后者更加方便, 因对 χ'' 的积分更为简单.

也就是说, 只需在光线的零阶路径对引力势进行积分, 其在偏折角产生的误差为二阶项. 我们将马上定出积分常数 C^i. 将式 (13.10) 代入式 (13.7) 得

$$\theta_S^i = \frac{2}{\chi} \int_0^\chi \mathrm{d}\chi'' \int_0^{\chi''} \mathrm{d}\chi' \Phi_{,i}\left(\boldsymbol{x}(\boldsymbol{\theta}, \chi'), \eta_0 - \chi'\right) - C^i. \tag{13.12}$$

为确定 C^i, 考虑偏折角趋于零的情况, $\Phi_{,i} \to 0$. 这时, $\theta_S^i = -C^i$, 应为 θ^i, 即观测到的方向应等于光源的真实方向. 故 $-C^i = \theta^i$, 因此

$$\theta_S^i = \theta^i + \frac{2}{\chi} \int_0^\chi \mathrm{d}\chi'' \int_0^{\chi''} \mathrm{d}\chi' \Phi_{,i}\left(\boldsymbol{x}(\boldsymbol{\theta}, \chi'), \eta_0 - \chi'\right). \tag{13.13}$$

上式中的正负号也符合预期: 在 $\boldsymbol{x}_\perp = 0$ 的高密度区有 $\Phi > 0$, $x > 0$ 处 Φ 对 x 的导数 ($\Phi_{,i}$, $i = 1$) 为负. 这样, 通过 x 轴正方向的光线偏折角为负, 即向高密度区偏折.

    式 (13.13) 中的双重积分区域由图 13.5 中的阴影区域所示. 我们可以变换积分顺序, 使 χ'' 的积分由 χ' 至 χ 进行. 这样计算 χ'' 的积分更为简单 (因 $\Phi_{,i}$ 仅依赖 χ'), 并得到 $\chi - \chi'$, 故

$$\theta_S^i = \theta^i + \Delta\theta^i$$
$$\Delta\theta^i(\boldsymbol{\theta}) = 2 \int_0^\chi \mathrm{d}\chi' \Phi_{,i}\left(\boldsymbol{x}(\boldsymbol{\theta}, \chi')\right)\left(1 - \frac{\chi'}{\chi}\right). \tag{13.14}$$

由式 (13.11), 在上式积分中进行代换 $\partial/\partial x^i = \chi'^{-1}\partial/\partial\theta^i$ 可将偏折角写为对透镜势 ϕ_{L} 的导数:

$$\Delta\theta^i(\boldsymbol{\theta}) = \frac{\partial}{\partial\theta^i}\phi_{\mathrm{L}}(\boldsymbol{\theta}) \tag{13.15}$$

$$\phi_{\mathrm{L}}(\boldsymbol{\theta}) \equiv 2 \int_0^\chi \frac{\mathrm{d}\chi'}{\chi'} \Phi\left(\boldsymbol{x}(\boldsymbol{\theta}, \chi')\right) \left(1 - \frac{\chi'}{\chi}\right). \tag{13.16}$$

这里的透镜势是一个沿光线路径对 2Φ 带权重的积分. 在一阶近似下, 光线路径可取未被扰动的光线路径 (13.11). 注意到当 $\chi' \to \chi$ 时 $1 - \chi'/\chi \to 0$, 说明离光源很近处的密度扰动对偏折角的贡献很小.

考虑星系的投影形状时, 还需要偏折角的一阶导数, 即透镜势的二阶导数矩阵 (畸变张量):

$$\psi_{ij} \equiv \frac{\partial \Delta\theta^i}{\partial \theta^j} = \frac{\partial^2}{\partial \theta^i \partial \theta^j} \phi_{\mathrm{L}}(\boldsymbol{\theta}) = 2 \int_0^\chi \mathrm{d}\chi' \Phi_{,ij}\left(\boldsymbol{x}(\boldsymbol{\theta}, \chi')\right) \chi' \left(1 - \frac{\chi'}{\chi}\right), \tag{13.17}$$

其中我们再次将对 $\boldsymbol{\theta}$ 求导变为在积分中的对 $\boldsymbol{x}$ 求导. 值得注意的是, 上式最后一步已将透镜产生的星系投影形变表示为物质分布的形式.

13.3 CMB 透镜

引力透镜最初应用于偏折和扭曲星系的图像, 此部分留至章节 13.4 讨论. 宇宙学家们后来意识到, CMB 这类弥散的辐射场也会被引力透镜影响. CMB 透镜具有更简单的推导, 故本节首先讨论此部分内容.

对于 CMB, 式 (13.3) 所描述的光强的角度依赖性同样适用于温度场. 在位置 $\boldsymbol{\theta}$ 处测得的温度等于无透镜时 $\boldsymbol{\theta}_S = \boldsymbol{\theta} + \Delta\boldsymbol{\theta}$ 处的温度. 进行 Taylor 展开得到

$$T_{\mathrm{obs}}(\boldsymbol{\theta}) = T_{\mathrm{true}}\left(\boldsymbol{\theta} + \Delta\boldsymbol{\theta}[\boldsymbol{\theta}]\right)$$
$$\simeq T_{\mathrm{true}}(\boldsymbol{\theta}) + \Delta\theta^i \frac{\partial}{\partial \theta^i} T_{\mathrm{true}}(\boldsymbol{\theta}) + \frac{1}{2} \Delta\theta^i \Delta\theta^j \frac{\partial^2}{\partial \theta^i \partial \theta^j} T_{\mathrm{true}}(\boldsymbol{\theta}). \tag{13.18}$$

这里我们展开至偏折角的二阶项 (马上便看到其原因), 且光源距离为观测者至最后散射面的距离 $\chi = \chi_*$. 参照章节 12.2 中对非线性密度场的处理, 从 T_{true} 和 ϕ_{L} 的统计性质推导出 T_{obs} 的统计性质.

由于透镜不改变表面亮度, CMB 平均温度不因透镜改变. 因此将式 (13.18) 两边除以 CMB 平均温度并减 1, 得到 Θ_{obs}, 并记 Θ_{true} 为 Θ (下文中, 略去透镜前的 Θ 的下标 "$_{\mathrm{true}}$"; 毕竟, Θ 本身即第 9 章中所推导的变量). 同时切换至多极子空间, 采用平直天空近似, 并将式 (13.15) 写为

$$\Delta\theta(\boldsymbol{l}) = i\boldsymbol{l}\phi_{\mathrm{L}}(\boldsymbol{l}), \tag{13.19}$$

即 Fourier 空间的形式. 式 (13.18) 变为

$$\Theta_{\mathrm{obs}}(\boldsymbol{l}) = \Theta(\boldsymbol{l}) - \int \frac{\mathrm{d}^2 l_1}{(2\pi)^2} \int \frac{\mathrm{d}^2 l_2}{(2\pi)^2} (2\pi)^2 \delta_{\mathrm{D}}^{(2)}\left(\boldsymbol{l}_1 + \boldsymbol{l}_2 - \boldsymbol{l}\right) \boldsymbol{l}_1 \cdot \boldsymbol{l}_2 \phi_{\mathrm{L}}\left(\boldsymbol{l}_1\right) \Theta\left(\boldsymbol{l}_2\right)$$

$$+ \frac{1}{2} \int \frac{\mathrm{d}^2 l_1}{(2\pi)^2} \int \frac{\mathrm{d}^2 l_2}{(2\pi)^2} \int \frac{\mathrm{d}^2 l_3}{(2\pi)^2} (2\pi)^2 \delta_{\mathrm{D}}^{(2)} (l_1 + l_2 + l_3 - l)$$
$$\times (l_1 \cdot l_3) \phi_{\mathrm{L}}(l_1) (l_2 \cdot l_3) \phi_{\mathrm{L}}(l_2) \Theta(l_3). \tag{13.20}$$

现可计算出 $\Theta_{\mathrm{obs}}(l)$ 的角功率谱, 类似于高阶微扰论中物质密度场功率谱 NLO 的二阶和三阶贡献 [式 (12.40)]. 其结果包含两个二次项的组合, 以及一个线性项 $\Theta(l)$ 和一个三次项的组合. 与非线性密度场不同的是: 透镜后的 CMB 为二维; ϕ_{L} 与 Θ 无互相关. 后者的原因是, 光源 (CMB) 附近的扰动对透镜势 ϕ_{L} 的贡献很小. 这简化了我们的推导.

经习题 13.2, 得到 $\Theta_{\mathrm{obs}}(l)$ 的角功率谱为

$$C^{\mathrm{obs}}(l) = C(l) + C^{(22)}(l) + 2C^{(13)}(l), \tag{13.21}$$
$$C^{(22)}(l) = \int \frac{\mathrm{d}^2 l_1}{(2\pi)^2} \left[l_1 \cdot (l - l_1) \right]^2 C_{\phi_{\mathrm{L}} \phi_{\mathrm{L}}}(l_1) C(|l - l_1|)$$
$$C^{(13)}(l) = -\frac{1}{4} \left[\int \frac{\mathrm{d}^2 l_1}{(2\pi)^2} l_1^2 C_{\phi_{\mathrm{L}} \phi_{\mathrm{L}}}(l_1) \right] l^2 C(l).$$

这里, 透镜势的功率谱定义为

$$\langle \phi_{\mathrm{L}}(l) \phi_{\mathrm{L}}^*(l') \rangle = (2\pi)^2 \delta_{\mathrm{D}}^{(2)}(l - l') C_{\phi_{\mathrm{L}} \phi_{\mathrm{L}}}(l). \tag{13.22}$$

其推导见章节 13.5, 其曲线见图 13.7 (额外乘以了 $l^4/4$).

式 (13.21) 中的 $^{(13)}$ 项使功率谱衰减: $C(l) + 2C^{(13)}(l) = (1 - l^2/l_{\mathrm{lens}}^2) C(l)$. 系数 l_{lens}^{-2} 正比于偏折角的方差, 故可理解为透镜偏折角偏移对 CMB 各向异性分布的一种平滑. $^{(22)}$ 项可看做透镜前的 CMB 功率谱与透镜势功率谱的卷积. 其导致 $C(l)$ 中 BAO 声学峰的衰减, 同时提高很小尺度的各向异性功率谱. 第 9 章曾指出, 尺度远小于角衰减阻尼尺度时, 即 $l \gg l_D$ 时, CMB 原初各向异性以指数衰减. 然而, 式 (13.21) 中 $^{(22)}$ 项中的积分将大尺度功率转移至小尺度, 这样, 经过透镜的 CMB 各向异性功率谱在这些尺度有所提升.

这两种效应在图 13.6 均可见. 图中画出了透镜前和透镜后的 CMB 温度场角功率谱 (CMB 透镜功率谱可由 CAMB 和 CLASS 等代码得到), 它们的差别仅通过比较它们的相对偏差才较为明显 (下图). 透镜对 BAO 声学峰的平滑体现了相对偏差曲线正负相间的振荡模式, 负值对应于 $C(l)$ 的 BAO 声学峰. 透镜在 $C^{\mathrm{obs}}(l)$ 小尺度的功率提升亦可见. 尽管透镜的效应相对微小, 但其仍大于当前 $C(l)$ 测量的误差.

图 13.6 所示透镜对 CMB 功率谱的影响并非能够直接提取我们所需要的透镜势 ϕ_{L} 的功率谱. 利用式 (13.18) 我们可以完成这一目标. 式 (13.21) 中我们仅考虑了 $\langle \Theta_{\mathrm{obs}}(l) \Theta_{\mathrm{obs}}^*(l') \rangle$ 中对角项 $l' = l$ 的情况. 第 9 章曾论述: 在未透镜的 CMB

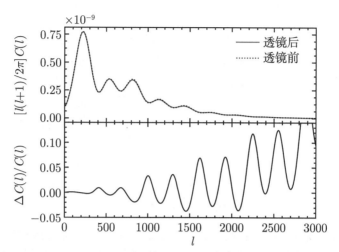

图 13.6 引力透镜对 CMB 温度场角功率谱的影响. 上图虚线和实线分别显示了透镜前的功率谱 $C(l)$ 和透镜后的功率谱 $C^{\mathrm{obs}}(l)$, 下图显示了它们的相对差别. 引力透镜对 BAO 声学峰起平滑作用, 并提高很小尺度的功率.

中仅对角项的自相关系数非零. 但对于透镜后的 CMB, 互相关矩阵中的非对角项可以非零. 现在让我们考虑 $\langle \Theta_{\mathrm{obs}}(\boldsymbol{l})\Theta_{\mathrm{obs}}^*(\boldsymbol{l}')\rangle$ 的非对角项 $\boldsymbol{l}' \neq \boldsymbol{l}$. 利用 (13.20) 的首行,

$$
\begin{aligned}
\langle \Theta_{\mathrm{obs}}(\boldsymbol{l})\Theta_{\mathrm{obs}}^*(\boldsymbol{l}')\rangle\big|_{\phi_{\mathrm{L}}} \overset{\boldsymbol{l}' \neq \boldsymbol{l}}{=} -\int \frac{\mathrm{d}^2 l_1}{(2\pi)^2} &\left[\phi_{\mathrm{L}}^*(\boldsymbol{l}_1)\boldsymbol{l}_1\cdot(\boldsymbol{l}'-\boldsymbol{l}_1)\langle\Theta(\boldsymbol{l})\Theta^*(\boldsymbol{l}'-\boldsymbol{l}_1)\rangle \right. \\
&\left. +\phi_{\mathrm{L}}(\boldsymbol{l}_1)\boldsymbol{l}_1\cdot(\boldsymbol{l}-\boldsymbol{l}_1)\langle\Theta(\boldsymbol{l}-\boldsymbol{l}_1)\Theta^*(\boldsymbol{l}')\rangle \right] \\
= \phi_{\mathrm{L}}(\boldsymbol{l}-\boldsymbol{l}')(\boldsymbol{l}-\boldsymbol{l}')\cdot &\left[lC(l)-l'C(l') \right],
\end{aligned}
\tag{13.23}
$$

其中等式最左边期望的下标 ϕ_{L} 表示在保持透镜势 $\phi_{\mathrm{L}}(\boldsymbol{l})$ 不变时, 对 CMB 扰动求期望. 等式第二步成立是因为: 原始 CMB 各向异性 $\Theta(\boldsymbol{l})$ 只有对角项的相关系数非零, 以及透镜势满足 $\phi_{\mathrm{L}}^*(\boldsymbol{l}_1)=\phi_{\mathrm{L}}(-\boldsymbol{l}_1)$.

由式 (13.23) 可见, 在固定 $\boldsymbol{L}=\boldsymbol{l}-\boldsymbol{l}'$ 时, 通过 $\Theta_{\mathrm{obs}}^*(\boldsymbol{l}')$ 和 $\Theta_{\mathrm{obs}}(\boldsymbol{l})$ 的组合可以重构透镜势 $\phi_{\mathrm{L}}(\boldsymbol{L})$, 其方法是取各模式适合的权重以使信噪比最大化 (Hu, 2001; Hu & Okamoto, 2002). 由于 ϕ_{L} 的重构涉及两 Θ_{obs} 的组合, 此方法称为 **最优二次估计**(*optimal quadratic estimator*). 其最终得到宇宙物质密度场在天球的一个二维投影. 此密度场天图可与其他场进行相关性检验.

为了在一定程度上理解此估计方法, 考虑 $|\boldsymbol{L}|=|\boldsymbol{l}-\boldsymbol{l}'| \ll l, l'$ 的情况. 这时式 (13.23) 等式左边类似于标准的角功率谱. 这样, 式 (13.23) 描述了波矢为 $\boldsymbol{L}$ 的透镜势的长波模式对观测到的小尺度 CMB 各向异性的调制. 这一小尺度的各向异

性来自透镜效应 (注意等式右边的因子 $\boldsymbol{L}\cdot\boldsymbol{l}$ 展示了观测到的角功率谱依赖于小尺度模式与 $\boldsymbol{L}$ 模式的夹角). 最优二次估计利用此各向异性特征重构出透镜 $\phi_{\mathrm{L}}(\boldsymbol{L})$.

我们仅考虑了 CMB 温度各向异性的透镜效应. 与偏振相结合, CMB 透镜将变得更加强大. 若原始 CMB 仅含 E 模式偏振, 透镜将可能产生 B 模式偏振 (仔细观察图 10.3, 若将偏振重新排列, 可能将纯 E 模式偏振变为 E 模式和 B 模式的混合). 这样, 透镜产生的小尺度 B 模式可用于重构 $\phi_{\mathrm{L}}(\boldsymbol{L})$, 且几乎不受宇宙方差的影响.

13.4　星 系 形 状

现在讨论星系的引力透镜效应. 由式 (13.3), 整个星系的图像由原位置偏移至透镜后的位置, 类似于 CMB 透镜. 不幸的是, 我们并非已知星系的原位置. 与其考虑星系位置的整体偏移, 不如考虑星系图像中不同部分的偏移差, 即星系图像的畸变 (如图 13.2 中的弧形畸变). 其原理是透镜的偏折角随天球坐标的变化而变化, 在最简单的情况下, 透镜可将一个圆形星系图像畸变为椭圆形.

为描述此效应, 需要对星系的投影形状进行量化, 并确定其如何受透镜影响. 最低阶的量化某图像形状的方法是利用其二阶矩 (四极子). 将一个图像的中心置于坐标原点 $(\theta_x,\theta_y)=(0,0)$, 则其二阶矩定义为

$$q_{ij}\equiv\langle\theta_i\theta_j\rangle_{I_{\mathrm{obs}}}\equiv\frac{1}{F}\int\mathrm{d}^2\theta\,I_{\mathrm{obs}}(\boldsymbol{\theta})\theta_i\theta_j, \tag{13.24}$$

其中 $\langle\ \rangle_{I_{\mathrm{obs}}}$ 表示对星系图像作以光强 I_{obs} 为权重的平均, 而图像的二阶矩再除以图像的总光度

$$F=\int\mathrm{d}^2\theta\,I_{\mathrm{obs}}(\boldsymbol{\theta}) \tag{13.25}$$

进行归一化. 严格来讲, 坐标原点的选取应使得 $\langle\theta_x\rangle_{I_{\mathrm{obs}}}=\langle\theta_y\rangle_{I_{\mathrm{obs}}}=0$. 而 q_{ij} 是一个二阶对称矩阵

$$q_{ij}=\frac{1}{2}q\begin{pmatrix}1+\epsilon_1&\epsilon_2\\\epsilon_2&1-\epsilon_1\end{pmatrix}. \tag{13.26}$$

其三个独立的分量为: 迹 $q=\mathrm{Tr}[q_{ij}]$, 以及 ϵ_1 和 ϵ_2. 任一圆形图像满足 $\epsilon_1=\epsilon_2=0$, 且 $\sqrt{q}$ 是图像的大小 (张角). 式 (13.26) 与偏振张量 (10.2) 非常类似: $q/2$ 对应于光强 I, ϵ_i 对应于偏振的 Q 和 U 分量的归一化:

$$\epsilon_1\leftrightarrow\frac{Q}{I};\quad\epsilon_2\leftrightarrow\frac{U}{I}. \tag{13.27}$$

因此, 类似于图 10.2 中的偏振形态, 可由 ϵ_1 和 ϵ_2 描述星系的形状. 更进一步, 还可采用章节 10.1 中的结果定义星系椭率场的 E 模式和 B 模式. 我们首先假设星

系的形状具有内禀的随机性, 即观测到的形状相关性均来自于透镜效应. 然而这并非完全正确, 详见后续论述.

现推导透镜如何改变描述星系形状的张量 q_{ij}. 星系形状的畸变是由于透镜偏折角在星系图像尺度内并非恒定的矢量, 因此我们需要求光源 $\boldsymbol{\theta}_S$ 对观测角度 $\boldsymbol{\theta}$ 的导数. 通常定义二阶变换矩阵

$$A_{ij} \equiv \frac{\partial \theta_S^i}{\partial \theta^j} = \begin{pmatrix} 1 - \kappa - \gamma_1 & -\gamma_2 \\ -\gamma_2 & 1 - \kappa + \gamma_1 \end{pmatrix}. \tag{13.28}$$

其中等式第二步需假定 A_{ij} 为对称矩阵, 以便将其写为类似于式 (13.26) 的形式. 此对称性源于偏折角可写为透镜势 (标量场) [式 (13.16)] 的梯度, 保留至首阶. A_{ij} 的反对称部分 (对应于图像的旋转, 参见习题 13.5) 为零.

分量 κ 的类比是图像的大小 q 或光强 I, 称为会聚 (convergence); 其描述了图像大小的变化. 另外两个分量更加重要, 称为剪切 (shear):

$$\begin{aligned} \gamma_1 &= -\frac{A_{11} - A_{22}}{2}, \\ \gamma_2 &= -A_{12}. \end{aligned} \tag{13.29}$$

它们的类比是分量 ϵ_i 及偏振中的分量 Q 和 U.

将 A_{ij} 直接表示为式 (13.17) 中的畸变张量:

$$A_{ij} = \delta_{ij} + \psi_{ij}, \quad \psi_{ij} = \begin{pmatrix} -\kappa - \gamma_1 & -\gamma_2 \\ -\gamma_2 & -\kappa + \gamma_1 \end{pmatrix}. \tag{13.30}$$

换言之, $\kappa, \gamma_1, \gamma_2$ 均为引力势的投影积分的函数. 现在可以推导它们如何影响星系的形状.

在引力透镜作用下, 某星系投影形状的二阶矩由式 (13.3, 13.24) 得到:

$$q_{ij} = \frac{\int \mathrm{d}^2\theta I_{\mathrm{true}}(\boldsymbol{\theta}_S)\theta_i\theta_j}{\int \mathrm{d}^2\theta I_{\mathrm{true}}(\boldsymbol{\theta}_S)}. \tag{13.31}$$

上式是对观测角度 $\boldsymbol{\theta}$ 的积分, 而光强依赖于光源 $\boldsymbol{\theta}_S$. 现需设偏折角 $\Delta\boldsymbol{\theta}$ 在星系图像尺度内变化较小. 作展开

$$\theta_S^i(\boldsymbol{\theta}) = \theta^i + \Delta\theta^i + \frac{\partial \Delta\theta^i}{\partial \theta^j}\theta^j + \cdots = A^{ij}\theta^j + \Delta\theta^i + \cdots, \tag{13.32}$$

其中 $\Delta\theta^i$ 和其导数均在星系中心的位置给出. 由于 A_{ij} 和 $\Delta\theta^i$ 均在固定位置估计出, 便可将它们从对星系图像的积分中提出. 此近似适用于弱引力透镜, 因 θ 的高阶修正仅在很小尺度显著.

暂且忽略平移项 $\Delta\theta^i$, 其不改变星系的形状. 这样便可将式 (13.31) 中的 θ^i 替换为 $(A^{-1})^{ij}\theta_{S,j}$. 为求积分, 将积分变量换为 $\boldsymbol{\theta}_S$, 得到

$$q_{ij} = \frac{1}{F} \int \mathrm{d}^2\theta_S \left| \frac{\partial\theta_k}{\partial\theta_{S,l}} \right| I_{\mathrm{true}}(\boldsymbol{\theta}_S) \left(A^{-1}\theta_S\right)_i \left(A^{-1}\theta_S\right)_j,$$

$$F = \int \mathrm{d}^2\theta_S \left| \frac{\partial\theta_k}{\partial\theta_{S,l}} \right| I_{\mathrm{true}}(\boldsymbol{\theta}_S). \tag{13.33}$$

首先考虑上面第二式, 即透镜后的图像的总通量. 其中 Jacobian 行列式等于 $|A^{-1}|$ $=|A|^{-1}$, 可从积分中提出, 得到

$$F = |A|^{-1} F_{\mathrm{true}}, \tag{13.34}$$

其中 F_{true} 是无透镜情况下所观测到的星系的总通量, 而 $|A|^{-1}$ 等于 (见习题 13.3)

$$\mu \equiv |A|^{-1} = \frac{1}{(1-\kappa)^2 - \gamma_1^2 - \gamma_2^2}. \tag{13.35}$$

此参数称为 放大率 (*magnification*), 描述了星系总辐射通量的变化. 由于引力透镜不改变表面亮度 I_ν, 图像辐射通量的增加等于图像面积的增加. 放大率在引力透镜的各个领域有着重要的影响, 可通过透镜对星系计数的影响 (习题 13.11) 以及与星系大小的相关性来测量. 式 (13.35) 使用非常广泛.

再考虑 (13.33) 中第一式, 即星系形状的张量, 两个 Jacobian 系数抵消, 得到

$$q_{ij} = (A^{-1})_i^k (A^{-1})_j^l q_{kl}^{\mathrm{true}}, \tag{13.36}$$

其中 q_{kl}^{true} 是无透镜时观测到的星系二阶矩张量. 上式即透镜所导致的畸变.

现分析在式 (13.32) 后忽略 $\Delta\boldsymbol{\theta}$ 的合理性. 若考虑 $\Delta\boldsymbol{\theta}$, 将得到一个 $\Delta\boldsymbol{\theta}$ 的线性项和一个二阶项. 后者为高阶项, 可忽略, 而线性项正比于 $\int \mathrm{d}^2\theta_S I_{\mathrm{true}}(\boldsymbol{\theta}_S)\theta_S^i$, 是一个偶极子. 由于我们的坐标选取为星系图像的中心, 此偶极子为零. 综上所述, 确实可忽略 $\Delta\theta^i$.

下面对式 (13.36) 做线性近似, 只保留至 κ 和 γ_i 的一阶项, 并利用式 (13.30), 得到

$$q_{ij} \xrightarrow{\text{线性近似}} q_{ij}^{\mathrm{true}} - \psi_i^k q_{kj}^{\mathrm{true}} - \psi_j^l q_{il}^{\mathrm{true}}. \tag{13.37}$$

将式 (13.26) 应用于 q_{ij} 和 q_{ij}^{true}, 可直接导出透镜对迹 q 和椭率分量 ϵ_1, ϵ_2 的影响. 此处只展示结果, 具体步骤留作习题 13.3. 首先, q_{ij} 的迹

$$q = \mathrm{Tr}\, q_{ij} = q_{\mathrm{true}} \left[1 + 2\kappa + 2\left(\epsilon_1^{\mathrm{true}}\gamma_1 + \epsilon_2^{\mathrm{true}}\gamma_2\right)\right]. \tag{13.38}$$

q 表征星系图像的大小, 由于表面亮度不变, 其正比于辐射通量, 故我们期待 $\mu \simeq 1 + 2\kappa$. 实际上, 在忽略椭率导致的高阶修正时, 确实如此. 对于椭率,

$$\epsilon_1 = \frac{q_{11} - q_{22}}{q} = \left(1 - 2[\epsilon_1^{\text{true}}\gamma_1 + \epsilon_2^{\text{true}}\gamma_2]\right)\epsilon_1^{\text{true}} + 2\gamma_1,$$

$$\epsilon_2 = \frac{2q_{12}}{q} = \left(1 - 2[\epsilon_1^{\text{true}}\gamma_1 + \epsilon_2^{\text{true}}\gamma_2]\right)\epsilon_2^{\text{true}} + 2\gamma_2. \tag{13.39}$$

但注意我们仅假设 $\kappa, \gamma_1, \gamma_2$ 是小量, $\epsilon_i, \epsilon_i^{\text{true}}$ 不一定是小量, 毕竟星系在透镜前的投影图像并非接近圆形. 尽管如此, 如果仍要假设 ϵ_i^{true} 是小量, 以上结果简化为

$$\epsilon_i = \epsilon_i^{\text{true}} + 2\gamma_i \qquad (\epsilon_i^{\text{true}} \ll 1). \tag{13.40}$$

可见, 通过观测遥远星系的椭率可估计剪切场, 进而通过式 (13.17) 估计透镜势. 实际上, 我们无法得知单个星系原本的椭率分量. 然而, 我们已知椭率的分布,[①] 且其分布相对集中, 其典型均方差为 $\langle(\epsilon_1^{\text{true}})^2 + (\epsilon_2^{\text{true}})^2\rangle^{1/2}/\sqrt{2} \simeq 0.3$. 通过将较小区域内大量星系的椭率求平均, 可有效降低星系内禀椭率造成的误差, 从而提取出透镜信号. 下面将按照此思路推导剪切场的统计性质.

13.5 弱引力透镜统计

因 $\langle\phi_{\text{L}}\rangle = 0$, 畸变张量各分量的期望为零: $\langle\psi_{ij}\rangle = 0$. 为提取宇宙学信息, 类似于 CMB 和星系分布的处理, 提取角相关函数或 Fourier 空间对应的功率谱. 由于透镜信号集中于小尺度 ($l \gtrsim 100$), 我们可再次使用平直天空近似. 这样一来, 我们的推导相当于章节 11.2 (星系投影的角相关函数) 和章节 10.1 (偏振; 剪切场作为偏振的类比) 的结合. 我们将从 Fourier 空间的功率谱开始, 而后推导出实空间的相关函数. 我们还将探讨引力透镜与星系计数的互相关统计.

13.5.1 剪切场功率谱

为得到剪切场的功率谱, 对式 (13.17) 作 Fourier 变换:

$$-\psi_{ij}(\boldsymbol{l}) = l_i l_j \phi_{\text{L}}(\boldsymbol{l}). \tag{13.41}$$

这样便可通过式 (13.30) 求出会聚场和剪切场的功率谱. 类比章节 10.1 中的 I_{ij} [式 (10.6)], 可得到 (需减掉 $-\psi_{ij}$ 的迹)

$$E(\boldsymbol{l}) = \left(\frac{l^i l^j}{l^2} - \frac{1}{2}\delta_{ij}\right)[-\psi_{ij}(\boldsymbol{l})] = \frac{1}{2}l^2\phi_{\text{L}}(\boldsymbol{l}) = \kappa(\boldsymbol{l}). \tag{13.42}$$

---

① 由于弱引力透镜只是一个微小的效应, 我们可用观测到所有星系的形状分布作为星系内禀形状分布.

其中最后一步等式成立也来自式 (13.30), 因求 $-\psi_{ij}$ 的迹得到 $2\kappa = -(\partial^2/\partial\theta_1^2 + \partial^2/\partial\theta_2^2)\phi_{\mathrm{L}}$. 由式 (10.5) 可导出 B 模式为零. 或者, 也可证明: 在线性近似下, 仅当偏折角矢量场的旋度非零时, 可产生畸变张量场的 B 模式. 由式 (13.14), 偏折角表示为透镜势标量场的梯度, 显然无旋 (参考习题 13.5).

进一步推导 E 模式和 κ 的功率谱:

$$\langle E(\boldsymbol{l})E^*(\boldsymbol{l}')\rangle = (2\pi)^2\delta_{\mathrm{D}}^{(2)}\left(\boldsymbol{l}-\boldsymbol{l}'\right)C_{EE}(l), \tag{13.43}$$

其中

$$C_{EE}(l) = C_{\kappa\kappa}(l) = \frac{1}{4}l^4 C_{\phi_{\mathrm{L}}\phi_{\mathrm{L}}}(l). \tag{13.44}$$

由于 ϕ_{L} 是在天球上定义的标量场, 其功率谱可仿照章节 11.2 中星系的角相关性得到. 类比式 (11.39),[①]

$$\phi_{\mathrm{L}}(\boldsymbol{\theta}) = 2\int_0^\infty \frac{\mathrm{d}\chi}{\chi}g_{\mathrm{L}}(\chi)\Phi\left(\boldsymbol{x}(\chi),\eta_0-\chi\right). \tag{13.45}$$

与式 (11.39) 相比, 区别是这里采用了不同的核函数 $g_{\mathrm{L}}(\chi)$ (将马上推导出), 以及将 δ_{g} 替换为 2Φ. 后续的推导类似章节 11.2, 类似式 (11.47), 得到

$$C_{\phi_{\mathrm{L}}\phi_{\mathrm{L}}}(l) = 4\int_0^\infty \frac{\mathrm{d}\chi}{\chi^2}\frac{g_{\mathrm{L}}^2(\chi)}{\chi^2}P_\Phi\left(k = \frac{l+1/2}{\chi},\eta(\chi)\right). \tag{13.46}$$

为推导投影核函数 g_{L}, 还需考虑观测上的一些复杂因素. 式 (13.17) 给出了在固定距离 χ 的某单个星系所受到的畸变张量. 然而此畸变张量非常微小, 弱引力透镜需要大量星系的统计观测, 通常来自测光巡天, 因而无法给出单个星系的距离. 我们只能测量某一红移分布的星系样本的畸变张量统计. 记此红移分布为 $W(\chi)$, 类似章节 11.2 中的星系投影分布, 将 W 进行归一化使得 $\int_0^\infty \mathrm{d}\chi W(\chi) = 1$. 这样, 式 (13.16) 中的 ϕ_{L} 写为

$$\phi_{\mathrm{L}}(\boldsymbol{\theta}) = 2\int_0^\infty \mathrm{d}\chi W(\chi)\int_0^\chi \frac{\mathrm{d}\chi'}{\chi'}\Phi(\boldsymbol{x}(\boldsymbol{\theta},\chi'))\left(1-\frac{\chi'}{\chi}\right). \tag{13.47}$$

类似图 13.5 交换积分顺序化简此双重积分, 得

$$\phi_{\mathrm{L}}(\boldsymbol{\theta}) = 2\int_0^\infty \frac{\mathrm{d}\chi'}{\chi'}g_{\mathrm{L}}(\chi')\Phi\left(\boldsymbol{x}(\boldsymbol{\theta},\chi')\right) \tag{13.48}$$

其中

$$g_{\mathrm{L}}(\chi') \equiv \int_{\chi'}^\infty \mathrm{d}\chi\left(1-\frac{\chi'}{\chi}\right)W(\chi). \tag{13.49}$$

---

① 由于采用平直天空近似, 可将 $\hat{\boldsymbol{n}}$ 替换为 $\boldsymbol{\theta}$.

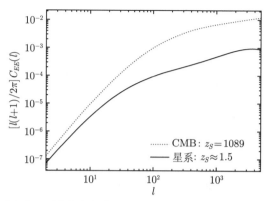

图 13.7 弱引力透镜剪切场 E 模式功率谱. 红色点线代表 CMB 透镜 ($z_S = 1089$) 功率谱, 黑色实线代表以中值 $z_S = 2$, 均方差 $\Delta z = 0.2$ 为正态分布的源星系分布的透镜功率谱. 在平直天空近似中, $C_{\kappa\kappa}(l) = (l^4/4)C_{\phi_L\phi_L}(l)$. 计算两条曲线所使用的非线性物质功率谱随红移的变化均经过数值模拟校准. 由于 CMB 距离更远, 其几何效应导致透镜功率谱更大.

再将功率谱稍作简化. 首先, l 很大时, 可忽略 P_Φ 自变量中的 $+1/2$. 再通过 Poisson 方程 (8.6), 建立 Φ 与非线性密度场 δ_m 的关系:

$$k^2\Phi = -\frac{3}{2}\Omega_\mathrm{m}H_0^2 a^{-1}\delta_\mathrm{m} \quad \Rightarrow \quad P_\Phi\left(k=\frac{l}{\chi}\right) = \left(\frac{3\Omega_\mathrm{m}H_0^2}{2a}\right)^2\frac{\chi^4}{l^4}P\left(\frac{l}{\chi}\right). \quad (13.50)$$

这样, χ^4 与式 (13.46) 中的分母抵消, l^{-4} 与式 (13.44) 中的 l^4 抵消, 得到

$$C_{EE}(l) = C_{\kappa\kappa}(l) = \left(\frac{3}{2}\Omega_\mathrm{m}H_0^2\right)^2\int_0^\infty \mathrm{d}\chi\, a^{-2}(\chi)g_\mathrm{L}^2(\chi)P\left(k=\frac{l}{\chi}, \eta(\chi)\right). \quad (13.51)$$

可见, 弱引力透镜引起的星系椭率的角功率谱正比于非线性物质功率谱的积分, 积分的核函数为 g_L [式 (13.49)]. 值得注意的是, 透镜功率谱还依赖于 Ω_m: 引力透镜的强度依赖于透镜势, 进而依赖于物质总量. 图 13.7 展示了基准 ΛCDM 宇宙学模型中引力透镜的功率谱. 可明显看出, 剪切场信号主要集中于小尺度.

我们所得到的结果展示出引力透镜的重要性. 首先, 它能够直接探测非线性物质功率谱 $P(k)$ 而不受星系成团的偏袒因子的影响. 利用引力透镜可限制 σ_8 和 Ω_m. 值得注意的是, 式 (13.51) 在小尺度也相当准确, 可探测至 $P(k)$ 的非线性尺度. 我们在剪切场推导中忽略的非线性效应远小于三维物质密度场中的非线性效应. 因此, 我们对弱引力透镜的理论预测仅受限于我们对非线性物质功率谱的预测能力, 其在小尺度因重子效应的影响 (章节 12.3) 较为显著. 其次, 弱引力透镜能够探测宇宙的膨胀历史, 因 $C_{EE}(l)$ 的振幅依赖于源星系的共动距离 χ, 即距离-红移关系. 另外, 由于星系的椭率场有两个分量, 引力透镜只产生 E 模式, 而 B 模式的观测可作为系统误差的严格检验.

引力透镜的研究还面临诸多挑战. 首先便是弱引力透镜信号非常微弱 (参见图 13.7 的纵轴及习题 13.8), 这是因为以光速传播的光子难以受到引力场的偏折. 微小的信号需要大量的星系来进行精准测量, 但大部分星系是暗弱的, 它们投影形状的测量更加难以准确评估. 其次, 我们在实践中并非准确已知星系的红移分布, 必须经由其他独立的测量或透镜统计研究本身进行校准 (采用后者则一定程度上降低了宇宙学参数的限制能力).

另外, 星系形状的互相关非零. 它们之间的内禀关联性称为内禀排列 (*intrinsic alignment, IA*), 也必须被统计分析考虑在内. 在较大尺度, 内禀排列主要来自潮汐场的效应. 星系形状与引力势二阶导数的线性关系可写为

$$q_{ij}^{\mathrm{IA}}(\boldsymbol{x},\eta) = c_1(\eta)\frac{\partial^2}{\partial\theta^i\partial\theta^j}\Psi(\boldsymbol{x},\eta) = -c_1(\eta)\chi^2\Phi_{,ij}(\boldsymbol{x},\eta), \tag{13.52}$$

其中 c_1 仅依赖于时间. 上式类似于星系数密度场的线性偏袒关系. 由于形状由二阶对称矩阵描述, 也应将潮汐场写为与 q_{ij} 统一的形式. 习题 13.9 可计算出此效应对剪切场统计的影响. 潮汐产生的内禀排列已被观测证实, 但系数 c_1 一般小于 1, 即星系内禀排列的效应低于它们的成团性. 不管怎样, 由于当前弱引力透镜的测量已达到很高的精度, 内禀排列效应必须被考虑在内. 还应注意, 我们并非期待式 (13.52) 在非线性尺度仍能完备地描述内禀排列与潮汐的相关性. 在非线性尺度, 内禀排列应包含非线性项, 类似于章节 12.6 中的非线性偏袒因子.

13.5.2　剪切场的两点相关函数

在大尺度结构领域, 常用到更加方便测量的两点相关函数. 目前为止, E/B 模式分解自然地适用于 Fourier 空间, 但并不存在类似 "E 模式的两点相关函数" 这样的概念. 不论如何, B 模式为零的性质依然表现在剪切场的两点相关函数中.

再次基于偏振推导中的式 (10.11) 可写出

$$\begin{pmatrix}\gamma_1(\boldsymbol{l})\\\gamma_2(\boldsymbol{l})\end{pmatrix} = \begin{pmatrix}\cos 2\phi_l\\\sin 2\phi_l\end{pmatrix}E(\boldsymbol{l}), \tag{13.53}$$

其中已忽略 B 模式 (见习题 13.10). 则 γ_1 的自相关函数为

$$\langle\gamma_1(\boldsymbol{0})\gamma_1(\boldsymbol{\theta})\rangle = \int\frac{\mathrm{d}^2l}{(2\pi)^2}\int\frac{\mathrm{d}^2l'}{(2\pi)^2}\cos 2\phi_l\cos 2\phi_{l'}\langle E(\boldsymbol{l})E(\boldsymbol{l}')\rangle e^{i\boldsymbol{l}\cdot\boldsymbol{\theta}}$$
$$= \int\frac{\mathrm{d}^2l}{(2\pi)^2}e^{il\theta\cos\phi_l}\cos^2 2\phi_l\,C_{EE}(l), \tag{13.54}$$

其中 l_x 轴选定为 $\boldsymbol{\theta}$ 方向, 而 γ_2 的自相关函数仅需将 $\cos^2 2\phi_l$ 替换为 $\sin^2 2\phi_l$. 为化简, 可将它们求和, 得

$$\langle\gamma_1(\boldsymbol{0})\gamma_1(\boldsymbol{\theta})\rangle + \langle\gamma_2(\boldsymbol{0})\gamma_2(\boldsymbol{\theta})\rangle = \int\frac{l\mathrm{d}l}{2\pi}J_0(l\theta)C_{EE}(l). \tag{13.55}$$

另外, 两个自相关函数的差为

$$\langle \gamma_1(\mathbf{0})\gamma_1(\boldsymbol{\theta})\rangle - \langle \gamma_2(\mathbf{0})\gamma_2(\boldsymbol{\theta})\rangle = \int \frac{\mathrm{d}^2 l}{(2\pi)^2} e^{il\theta\cos\phi_l}\cos 4\phi_l\, C_{EE}(l)$$

$$= \int \frac{l\mathrm{d}l}{2\pi} J_4(l\theta) C_{EE}(l) \tag{13.56}$$

以上两式均用到了 Bessel 函数 (C.24).

当前的 $\gamma_{1,2}$ 均依赖于坐标系的选取. 因我们将 $\boldsymbol{\theta}$ 方向定为 x 轴, 在求如图 10.2 的形状相关性时, 两星系的间隔为水平方向. 因此, 非零的 γ_1 对应于星系主轴平行或垂直于 $\boldsymbol{\theta}$ 方向 (类似 Q 偏振, 而 γ_2 类似 U 偏振). 我们可对此分解稍作推广使其不依赖于坐标系的选取, 将 γ_1 和 γ_2 替换为 γ_t 和 $\gamma_\times$. 其中 γ_t 代表剪切场 (的主轴) 平行或垂直于两星系的连线 (平行时, γ_t 为负), 而 $\gamma_\times$ 表示剪切场 (的主轴) 与星系连线的夹角为 45° 或 135°. 它们对应于与坐标系无关的定义:

$$\langle \gamma_t(\mathbf{0})\gamma_t(\boldsymbol{\theta})\rangle \pm \langle \gamma_\times(\mathbf{0})\gamma_\times(\boldsymbol{\theta})\rangle = \xi_{+,-}(\theta) \tag{13.57}$$

其中

$$\xi_{+,-}(\theta) = \int \frac{l\mathrm{d}l}{2\pi} J_{0,4}(l\theta) C_{EE}(l) \tag{13.58}$$

是 "+" 型和 "−" 型剪切相关函数, 均可由 $C_{EE}(l) = C_{\kappa\kappa}(l)$ 给定. 可以证明, $\langle \gamma_t(\mathbf{0})\gamma_\times(\boldsymbol{\theta})\rangle = 0$, 即它们的互相关函数为零 (将 x 轴选为 $\boldsymbol{\theta}$ 方向易得证). 以上结论均只在椭率场的 B 模式为零的情况下成立. 若 B 模式非零, 其也将对 $\xi_{+,-}$ 产生贡献, 见习题 13.10.

图 13.8 展示了暗能量巡天 (Dark Energy Survey, DES) 的测量结果, 可见弱引力透镜已被很高的信噪比所探测到, 特别是较小尺度 (横轴左侧). 测量结果与 ΛCDM 宇宙学模型的预测高度一致. 实际的宇宙学参数限制更加复杂: 基于测光红移, 源星系样本被分为四个子样本, 星系形状的自相关和子样本间的互相关均被测量, 以便得到宇宙膨胀历史和暗能量状态方程更加丰富的信息.

13.5.3 剪切场互相关

引力透镜剪切场与宇宙学其他场的互相关同样重要. 基于式 (11.39) 给出的星系投影数密度场, 写出

$$\Delta_{\mathrm{g}}(\boldsymbol{\theta}) = \int_0^\infty \mathrm{d}\chi\, W_{\mathrm{g}}(\chi)\, \delta_{\mathrm{g}}\left(\boldsymbol{x} = \boldsymbol{\theta}\chi, \eta = \eta_0 - \chi\right), \tag{13.59}$$

其中上式使用了另一个权重函数 $W_{\mathrm{g}}(\chi)$, 因此星系样本的距离分布不一定与用于测量剪切场的星系样本的分布相同. 用于推导出式 (11.47) 的平直天空近似与

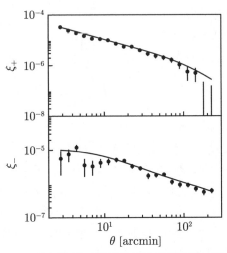

图 13.8　Dark Energy Survey 首年数据对剪切相关函数的测量. 图中展示全部星系给出的结果. 实线为 ΛCDM 模型的最佳拟合 (包括内禀排列等效应). 此图取自 Troxel *et al.* (2018).

Limber 近似也不只适用于自相关函数. 对于互相关函数, 仅需更换一个投影核函数. 因此, 类似式 (13.46),

$$C_{\mathrm{g}E}(l) = l^2 \int_0^\infty \frac{\mathrm{d}\chi}{\chi^2} W_{\mathrm{g}}(\chi) \frac{g_{\mathrm{L}}(\chi)}{\chi} P_{\mathrm{g},\Phi}\left(k = \frac{l+1/2}{\chi}, \eta(\chi)\right), \tag{13.60}$$

其中 $P_{\mathrm{g},\Phi}$ 是三维星系数密度场与引力势的互功率谱. 利用 Poisson 方程得到

$$C_{\mathrm{g}E}(l) = \frac{3}{2}\Omega_{\mathrm{m}}H_0^2 \int_0^\infty \frac{\mathrm{d}\chi}{\chi} W_{\mathrm{g}}(\chi) a^{-1}(\chi) g_{\mathrm{L}}(\chi) P_{\mathrm{gm}}\left(k = \frac{l}{\chi}, \eta(\chi)\right). \tag{13.61}$$

上式涉及三维星系-物质互功率谱. 它代表什么意义? 考虑在固定 χ 处的被积函数 (其中 χ 是观测者到标记为 "g" 的星系的距离), 核函数 $g_{\mathrm{L}}(\chi)$ 仅在 χ 显著地小于这些源星系的距离时才产生贡献, 进而对剪切场产生贡献. 也就是说, 参与剪切场测量的源星系的红移需显著地高于与之进行互相关计算的星系的红移, 互相关才非零. 这是因为 $C_{\mathrm{g}E}(l)$ 测量了低红移星系示踪的质量分布对高红移星系的透镜效应. 因此, 这两类星系常被称为**透镜星系** (*lens galaxy*)和**源星系** (*source galaxy*).

　　式 (13.61) 的重要性在于 P_{gm} 正比于 b_1, 即透镜星系分布的偏袒因子, 而星系分布的自功率谱 $C_{\mathrm{g}}(l)$ 正比于 b_1^2. 同时测量 $C_{\mathrm{g}E}(l)$ 和 $C_{\mathrm{g}}(l)$ 有助于打破偏袒因子与功率谱振幅的简并. 当前大型星系图像巡天的引力透镜分析需结合 $C_{EE}(l)$, $C_{\mathrm{g}E}(l)$ 和 $C_{\mathrm{g}}(l)$ 三者 (或它们在实空间对应的自相关函数和互相关函数). 然而需注意, 在非线性尺度, 线性偏袒因子 b_1 无法完备描述 P_{gm} 和 P_{g}.

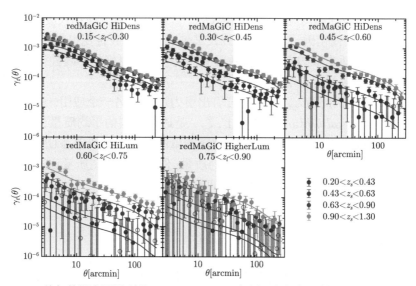

图 13.9 DES 首年数据中测量到的 $\gamma_t(\theta) \equiv \xi_{g,t}(\theta)$. 各图和各颜色的数据点对应于不同透镜星系和源星系的样本. 右上图透镜星系样本的自相关函数见图 11.9. 本图仅展示了 $\xi_{g,t}$, 而 $\xi_{g,\times}$ 在误差范围内等于零, 与预期一致. 图中曲线来自 ΛCDM 宇宙学模型的最佳拟合, 可用于测量透镜星系的偏袒因子. 此图取自 Prat *et al.* (2018).

接下来推导实空间中的剪切场和星系成团性的互相关函数. 再次将 x 轴取为 $\boldsymbol{\theta}$ 方向, 这样 γ_1 即 γ_t, 可得到

$$\xi_{g,t}(\theta) \equiv \langle \Delta_g(\mathbf{0})\gamma_t(\boldsymbol{\theta})\rangle = \int \frac{\mathrm{d}^2 l}{(2\pi)^2} e^{il\theta\cos\phi_l} \cos 2\phi_l C_{gE}(l)$$

$$= -\int \frac{l\mathrm{d}l}{2\pi} J_2(l\theta) C_{gE}(l). \tag{13.62}$$

容易证明, 在 B 模式为零时, 与 $\gamma_\times$ (在此坐标系的选择下即 γ_2) 的互相关为零. 因此 $\xi_{g,\times}(\theta)$ 也可用于系统误差的检验. 这里有一个直观的解释: 星系-剪切这一互相关探测到了作为透镜的前景星系示踪的物质所导致的透镜效应, 而天球上无特殊方向, 在透镜周边的质量分布在统计上应具有方位对称性. 因此, 如果我们将透镜置于坐标原点 (类似图 10.4), 则 E 模式剪切仅产生 γ_t, 而非 $\gamma_\times$. 图 10.4 展示了沿径向振动的波形, 而高密度区产生的透镜效应的 E 模式始终为正, 即周边的星系的形状沿切向排列.

图 13.9 展示了 DES 巡天对 $\xi_{g,t}$ 的测量结果. 其中作为透镜的星系由测光性质选定为亮红星系, 它们的测光红移相对准确. 每张子图是透镜的星系样本的一个红移区间 (图 11.9 展示了其中之一的自相关函数). 各组数据点代表源星系的不同红移区间. 互相关信号随源星系红移的增加而变强. 当源星系不显著远于透镜

时信号很弱. 这些性质均源自透镜核函数 (13.49) 的形状. 在小尺度, 信噪比达到最高, 然而非线性偏袒因子、内禀排列及其他非线性效应也变得显著. 因此, 图中阴影区域的数据暂未参与宇宙学参数限制. 我们期待更好的非线性模型能够帮助从数据中提取更多的宇宙学信息.

式 (13.61) 应用于 $C_{g\kappa} = C_{gE}$ 可引出引力透镜的另一个应用: 星系团质量定标 (*cluster mass calibration*). 实际上, $\xi_{g,t}$ 是透镜周围的平均质量分布在天球上的投影 (并以透镜核函数为权重). 将透镜测量的结果应用于星系团, 结合星系丰度计数、X 射线和 SZ 效应等方法测得的质量, 便可得到给定质量定标的星系团的投影密度轮廓, 以及质量和可观测量之间的统计关系.

13.6　小　　结

引力透镜是一种通过引力效应直接探测宇宙中物质成团性的方法. 我们在章节 13.1 简要介绍了引力透镜的各个领域, 更加深入的内容参见综述 Bartelmann & Schneider (2001). 宇宙学中主要利用**弱引力透镜**对 CMB 和背景星系微小的畸变效应的统计来探测透镜的性质. 弱引力透镜中, 表面亮度守恒 [式 (13.3)]:

$$I_{\text{obs}}(\boldsymbol{\theta}) = I_{\text{true}}(\boldsymbol{\theta}_S), \tag{13.63}$$

其中 $\boldsymbol{\theta}_S(\boldsymbol{\theta})$ 是无透镜时天体的方位. 弱引力透镜可完备地表示为一个天空方位角的映射:

$$\theta_S^i(\boldsymbol{\theta}) = \theta^i + \Delta\theta^i,$$
$$\Delta\theta^i(\boldsymbol{\theta}) = \frac{\partial}{\partial\theta^i}\phi_{\text{L}}(\boldsymbol{\theta}); \quad \phi_{\text{L}} = 2\int_0^{\chi}\frac{\mathrm{d}\chi'}{\chi'}\Phi_{,i}(\boldsymbol{x}(\boldsymbol{\theta},\chi'))\left(1 - \frac{\chi'}{\chi}\right), \tag{13.64}$$

其中 χ 是光源到我们的共动距离. 偏折角 $\Delta\theta^i$ 即引力透镜基本的可观测量. 对于星系的透镜效应, 最容易观测的是偏折角的导数, 即**会聚场** κ 和**剪切场** γ, 它们分别改变了星系投影的大小和形状.

与其他宇宙学领域的研究类似, 我们通过两点相关函数和功率谱这些统计方法研究弱引力透镜. CMB 透镜效应的预测结果为式 (13.21), 其主要探测红移 2 到 5 区间的大尺度结构. 星系投影形状畸变及其相关函数的推导类似第 10 章中的 CMB 偏振, 并也可以分解为 E 模式和 B 模式 (透镜造成的 B 模式为零). 透镜同样改变星系的投影大小及可观测到的数目, 通过这些效应可探测放大率 μ. 以上两个效应的统计均与 E 模式及 κ 场的功率谱直接相关:

$$C_{EE}(l) = C_{\kappa\kappa}(l) = \left(\frac{3}{2}\Omega_{\text{m}}H_0^2\right)^2\int_0^{\infty}\mathrm{d}\chi\, a^{-2}(\chi)g_{\text{L}}^2(\chi)P\left(k = \frac{l}{\chi}, \eta(\chi)\right), \tag{13.65}$$

其中 $\kappa = \mu/2$. 透镜核函数 $g_L(\chi)$ 的定义见式 (13.49). B 模式的功率谱应为零, 可作为检验观测系统误差的标准.

剪切场功率谱不仅依赖于非线性物质功率谱 $P(k,\eta)$ 沿视线方向的积分, 还依赖于背景宇宙的距离-红移关系 $\chi(z)$. 若已知源星系的红移分布, 通过引力透镜可以限制宇宙的膨胀率和结构的增长率. 除了需要确定源星系的红移分布, 还需考虑星系的内禀排列及小尺度的重子效应.

除剪切场的自功率谱之外, 同样重要的还有剪切场与前景星系或星系团分布的互相关, 它们的互功率谱见式 (13.61):

$$C_{gE}(l) = \frac{3}{2}\Omega_m H_0^2 \int_0^\infty \frac{\mathrm{d}\chi}{\chi} W_g(\chi) a^{-1}(\chi) g_L(\chi) P_{gm}\left(k = \frac{l}{\chi}, \eta(\chi)\right). \tag{13.66}$$

此互功率谱可用于定标作为透镜的星系的偏袒因子, 这是因为在大尺度, $P_{gm}(k) = b_1 P_L(k)$. 其与星系分布、剪切场的自相关函数相结合, 可显著提高宇宙学参数的限制能力. 对于星系团, 弱引力透镜的剪切场能够给出质量-可观测量关系的定标.

习　题

13.1 推导辐射比强度 $I_\nu(\boldsymbol{x},\hat{\boldsymbol{p}},t)$ 与光子的分布函数的关系式 (13.2). 利用定义 (13.1) 及 $|\boldsymbol{p}| = 2\pi\nu$ (注意 $\hbar \equiv h/2\pi = 1$). 证明对于黑体谱可得到式 (1.9).

13.2 推导式 (13.21). 类似于高阶微扰论从式 (12.40) 至展开式 (12.48) 对物质功率谱 NLO 修正的推导. 可先完成习题 12.5, 并利用 $\langle\Theta(\boldsymbol{l})\phi_L(\boldsymbol{l}')\rangle = 0$.

13.3 推导式 (13.39).
(a) 先推导式 (13.34, 13.35), 并证明当 $\kappa, \gamma_1, \gamma_2$ 很小时, $\mu = |A|^{-1}$.
(b) 由式 (13.37) 推出式 (13.38, 13.39).

13.4 设某个透镜位于固定的共动距离 χ_L 和红移 z_L (即单一星系或星系团, 而非一般的大尺度结构, 参考图 13.4). 作平直天空近似. 证明透镜势 (13.16) 可写为

$$\phi_L(\boldsymbol{\theta};\chi_L) = \frac{4G}{(1+z_L)^2}(\chi - \chi_L)\frac{\chi_L}{\chi}\int \mathrm{d}^2\theta' \Sigma(\boldsymbol{\theta}')\ln|\boldsymbol{\theta}' - \boldsymbol{\theta}|. \tag{13.67}$$

其中 χ 是光源的共动距离, $\Sigma(\boldsymbol{\theta})$ 是透镜沿垂直视线方向的平面的投影密度:

$$\Sigma(\boldsymbol{\theta}) = \int_0^\infty \mathrm{d}\chi' \rho\left(\boldsymbol{x}(\boldsymbol{\theta},\chi')\right). \tag{13.68}$$

提示: 利用柱坐标系及 Poisson 方程的积分解.

13.5 本章目前为止考虑了标量扰动的引力透镜. 在一阶近似下可将偏折角写为透镜势标量场的梯度, 即式 (13.16). 现同样考虑 $\Delta\theta$ 的旋度部分:

$$\Delta\theta_i = \partial_{\theta^i}\phi_{\mathrm{L}} + \epsilon_{3ij}\partial_{\theta^j}\omega, \tag{13.69}$$

其中 ϵ_{ijk} 是三维 Levi-Civita 符号, 并设视线方向为 z 轴 (指标 $k=3$). ω 可由矢量和张量扰动产生, 或来自透镜高阶项的贡献. 计算 ω 对 ψ_{ij} 的贡献, 证明其存在剪切和旋转效应 (我们在正文中忽略了 ψ_{ij} 中的旋转效应). 再将 ω 对剪切场的贡献展开为 E 模式和 B 模式. 这样 ψ_{ij} 便含有四个分量: $\kappa, \gamma_1, \gamma_2$ 和旋转. 总结这四个分量与 ϕ_{L} 和 ω 的关系.

13.6 基于 ΛCDM 宇宙学模型和线性物质功率谱, 数值计算出 $C_{\kappa\kappa}(l)$. 设源星系均位于 $z=1.5$. 再利用非线性物质功率谱重复以上计算, 或直接与图 13.7 进行比较. 找到非线性效应起作用的尺度 l. 根据第 12 章中物质分布的非线性效应及本章的透镜效应, 如何理解此尺度 l?

13.7 以 CMB 作为背景光源 ($z_* = 1089$) 重复习题 13.6. 画出透镜势 ϕ_{L} 以及其梯度 $\Delta\theta^i = \partial\phi_{\mathrm{L}}/\partial\theta^i$ 的角功率谱. 总结出 CMB 透镜的典型偏折角大小及典型相关尺度.

13.8 对于给定 Fourier 空间的过滤窗函数 $W(l)$ 计算 κ 场和剪切场 E 模式的均方差 (RMS). 基于习题 13.6 的结果, 对以下 "sharp-l" 过滤窗

$$W(l) = \begin{cases} 1, & l \leqslant \pi/\theta_{\min}, \\ 0, & l > \pi/\theta_{\min}, \end{cases} \tag{13.70}$$

求 RMS 关于 $\theta_{\min}$ 的函数, 此即会聚场和剪切场的典型值. 由以上结果总结弱引力透镜效应的大小.

13.9 仿照章节 13.5.1 中的推导, 计算潮汐场导致的星系线性内禀排列, 即式 (13.52).

(a) 最简单的方法便是在透镜势中加入一个内禀排列项:

$$\phi_{\mathrm{L}}(\boldsymbol{\theta}) \to \phi_{\mathrm{L}}(\boldsymbol{\theta}) + \phi_{\mathrm{IA}}(\boldsymbol{\theta}). \tag{13.71}$$

试推导 ϕ_{IA} 及与其对应的投影核函数 W_{IA}.

(b) 基于 Limber 近似推导其对 $C_{EE}(l)$ 的贡献. 结果应包含新的两项贡献, 试说明它们的物理意义.

(c) 基于章节 13.5.3 的推导, 推导内禀排列对 $C_{gE}(l)$ 的贡献, 并作出物理解释.

(d) 设想出分离弱引力透镜和内禀排列的方法.

13.10　推导剪切场 B 模式对相关函数的贡献, 即式 (13.57, 13.58). 可利用式 (10.11) 写出对 $\gamma_1(l), \gamma_2(l)$ 分量的贡献.

13.11　第 11 章计算了星系分布的自相关函数, 而本章推导了其与剪切场的互相关函数. 在这些推导中我们忽略了一个额外的透镜效应. 通常情况下, 星系样本的选择或多或少取决于它们的辐射流量. 这意味着某些星系原本过于暗弱, 不应被选入样本, 但由于透镜的放大效应看起来更亮, 从而最终被选入样本. 此效应称为 **放大率偏袒** (*magnification bias*) (Moessner & Jain, 1998). 设放大率为 μ, 则在一张角区域内背景星系的数量为

$$n_{\mathrm{g}} = \bar{n}_{\mathrm{g}} \mu^{2.5s-1}. \tag{13.72}$$

这里 $\bar{n}_{\mathrm{g}}$ 是星系平均数密度; s 定义为 $\mathrm{d} \log N(m)/\mathrm{d}m$, 其中 $N(m)$ 是亮度极限 m 处的星系数密度. 在此习题中暂且忽略这些关系式的来历 (见 Broadhurst *et al.*, 1995 中的解释).

(a) 在 κ 的一阶近似下, 推导此效应对观测到的三维星系数密度场 δ_{g} 的贡献.

(b) 利用式 (13.49) 推导其对星系分布投影密度场 $\Delta_{\mathrm{g}}(\boldsymbol{\theta})$ 的贡献.

(c) 计算其对星系-剪切场互功率谱和互相关函数的影响.

(d) 计算不同星系样本计数的互相关. 在何种情况下放大率偏袒的贡献不可忽略?

第 14 章 分 析 推 理

近年来, 宇宙学数据的总量和精度都在持续增长, 宇宙学家也将更多的注意力转向如何更好地分析数据. 有充分理由相信, 这一趋势将继续下去. CMB 温度的各向异性已被几十项实验测量, 且下一阶段的观测也在加紧进行. 宇宙大尺度结构也正在被各种方式进行探测. 在 SDSS 和 2dF 红移巡天完成后, 大型星系引力透镜巡天正在展开: Kilo-Degree Survey (KiDS), Dark Energy Survey (DES), Hyper Suprime-Cam (HSC) survey, 以及 SDSS 的后续光谱测量. 21 世纪 20 年代, Dark Energy Survey Instrument (DESI), Euclid 卫星, 以及 Vera Rubin 天文台的 Legacy Survey of Space and Time (LSST) 将主导这一领域. 这些巡天带来的庞大数据量给数据分析工作带来了新的挑战.

随着数据量的增大, 以往用来分析数据的简单算法可能已不再适用. 数据量随时间呈指数增长, 类似于计算机的计算能力的增长. 设想某实验的数据量为 m, 分析数据所用算法的计算量正比于 m^2. 若两年后数据量增加至原来的两倍, 那么分析数据需要四倍的计算量. 即使能够使用两倍运算速度的计算机, 分析数据的时间仍要翻倍. 实际上大多数据处理过程需用某算法在数据上多次分析, 或进行类似的数值模拟, 这使得问题变得更加严峻. 更加深入地讲, 数据量的增加伴随着统计精度的增加: 我们将会看到, 典型的统计误差正比于 $m^{-1/2}$. 统计误差下降后, 原本被掩盖的系统误差 (不随 $m^{-1/2}$ 下降) 也需要被考虑到. 重要的是, 这些系统误差不仅包含仪器的测量误差, 还包括未被理论精确描述的各种物理效应. 由于系统误差依赖于各观测仪器和模型的具体细节, 本章将不涉及系统误差.

本章重点讨论为处理当前复杂宇宙学数据所需的统计工具, 同时适用于其他大数据分析领域. 章节 14.1 介绍似然函数、先验和后验等概念, 章节 14.2 介绍这些概念在宇宙学中的常见应用: 通过某种形式的功率谱限制宇宙学参数. 本章其余部分讲述以上示例的具体步骤 (参考图 14.1). 特别地, 章节 14.3 和 14.4 讨论功率谱的估计量和似然函数.

忽略实验细节和系统误差后, 以上步骤原则上就能利用功率谱限制宇宙学参数了. 然而在现实世界中, 不仅需要考虑数据量和计算量的问题, 还有其他重重困难. 本章将介绍一些关键技术来克服这些障碍: 费希尔 (Fisher) 矩阵 (章节 14.5) 是估计参数近似误差的捷径, 而马尔可夫链-蒙特卡罗 (Markov Chain Monte Carlo, MCMC) 采样 (章节 14.6) 可高效地寻找参数的最佳拟合值和误差.

这些方法广泛适用于宇宙学和天体物理以外的领域.

14.1 似 然 函 数

似然函数是当代数据分析理论的基础, 定义为: 在给定某个理论的前提下, 实验产生了所观测到的数据的概率. 这一看似简单的定义实际上非常强大. 一旦有了似然函数, 便可确定理论的参数和误差. 下面举例说明这一问题.

假设我们试图测量某人的体重. 除了测量体重的估计值, 还需给出测量的不确定性. 我们可用 100 个不同的秤分别进行测量. 在得到这 100 个体重数值后, 我们应如何得到体重的估计值及误差呢? 让我们以此为例构建似然函数 $\mathcal{L}$.

似然函数给出了在某种理论下得到这 100 个数字的概率. 我们的理论是: 每次测量均为一个恒定信号 w (即真实体重) 加上一个噪声, 而噪声服从期望为零、方差为 σ_w^2 的正态分布. 这样, 我们的 "理论" 含有两个自由参数: w 和 σ_w. 如果我们只进行了一次测量, 得到数据 d, 则似然函数 $\mathcal{L}$ 即在给定理论的前提下得到 d 的概率, 写为

$$\mathcal{L}\left(d \mid w, \sigma_w\right) \equiv P\left(d \mid w, \sigma_w\right) = \frac{1}{\sqrt{2\pi\sigma_w^2}} \exp\left\{-\frac{(d-w)^2}{2\sigma_w^2}\right\}. \tag{14.1}$$

此处起, $P(x \mid y)$ 表示在事件 y 发生的前提下, 事件 x 发生的概率. 式 (14.1) 指出, $d - w$ 仅来自噪声的贡献, 且此噪声服从标准差为 σ_w 的正态分布. 当 σ_w 趋于零时, 此概率密度函数仅在 $d = w$ 处非零. 若我们进行了 $m = 100$ 次独立测量, 似然函数应是 100 个单次测量的似然函数的乘积,

$$\mathcal{L}\left(\{d_i\}_{i=1}^m \mid w, \sigma_w\right) = \frac{1}{(2\pi\sigma_w^2)^{m/2}} \exp\left\{-\frac{\sum_{i=1}^m (d_i - w)^2}{2\sigma_w^2}\right\}. \tag{14.2}$$

需要注意的是, 尽管数据来自正态分布的采样, 并非所有模型参数的似然函数都服从正态分布 (此例中 w 的似然函数服从正态分布, 而 σ_w 的似然函数并非正态分布).

我们希望得到理论中的参数 w 和 σ_w, 即我们已写出了似然函数 $P(\{d_i\} \mid w, \sigma_w)$, 但我们希望得到 $P(w, \sigma_w \mid \{d_i\})$. 利用统计学中的 贝叶斯定理 (*Bayes' theorem*):

$$\begin{aligned} P(B, A) &= P(B \mid A) P(A) \\ &= P(A \mid B) P(B). \end{aligned} \tag{14.3}$$

此例中, $A = \{d_i\}$ 是观测数据, $B = \{w, \sigma_w\}$ 是模型参数, 即

$$P\left(w, \sigma_w \,|\, \{d_i\}\right) = \frac{P\left(\{d_i\} \,|\, w, \sigma_w\right) P\left(w, \sigma_w\right)}{P\left(\{d_i\}\right)}. \tag{14.4}$$

上式中的分母不含模型参数 w, σ_w, 可通过以下方式确定: 当我们将概率密度 $P(w, \sigma_w \,|\, \{d_i\})$ 对 w, σ_w 积分时 (保持观测数据不变) 应得到 1. 因此分母应等于分子对 w, σ_w 的积分. 这个归一化常数不应影响参数空间中似然函数峰值的位置和似然函数的有效宽度, 故一般可忽略它.

为得到给定数据的前提下 "理论" 的分布 $P(w, \sigma_w \,|\, \{d_i\})$, 我们需要似然函数 $P(\{d_i\} \,|\, w, \sigma_w)$, 以及 先验 (prior) 概率 $P(w, \sigma_w)$. 如果我们已知模型参数的先验信息, 则需要代入其中. 这样,

$$P\left(w, \sigma_w \,|\, \{d_i\}\right) \propto \mathcal{L}\left(\{d_i\}_{i=1}^{m} \,|\, w, \sigma_w\right) P_{\text{prior}}\left(w, \sigma_w\right), \tag{14.5}$$

此处忽略了与参数无关的比例系数. 由此得到的概率分布称为在给定数据的前提下, w, σ_w 的 后验 (posterior) 概率. 宇宙学中, 我们需要得到参数的后验概率.

需要引入先验概率的事实似乎并不令人满意, 这使得后验具有一定的模糊性. 也许保守起见, 可设参数的先验为均匀分布. 然而实际上并非这么简单. 我们完全可以设模型参数为 σ_w^2 而非 σ_w. 当 σ_w^2 服从均匀分布时, σ_w 并非均匀分布, 导致后验分布不同 (可试着验证一下). 先验允许我们在统计中加入额外的信息. 例如, 如果体重秤的制造商告诉我们 σ_w 低于某数值, 先验便可合理地纳入此信息. 还有各种各样的实例展示出考虑先验的重要性 (见习题 14.1).

现假设参数 w 和 σ_w 的先验为均匀分布, 并求它们的最佳拟合值. 为此仅需求参数空间中 $P(w, \sigma_w \,|\, \{d_i\})$ 取极大值时的位置. 此例中可将 $\mathcal{L}$ 对两个参数解析求导. 首先, 对 w 的导数为

$$\frac{\partial \mathcal{L}}{\partial w} = \frac{\sum_{j=1}^{m} (d_j - w)}{\sigma_w^2 \left(2\pi\sigma_w^2\right)^{m/2}} \exp\left\{-\frac{\sum_{i=1}^{m} (d_i - w)^2}{2\sigma_w^2}\right\}. \tag{14.6}$$

令其为零,

$$\frac{\partial \mathcal{L}}{\partial w} = 0 \quad \Leftrightarrow \quad \sum_{j=1}^{m} (d_j - w) = 0 \tag{14.7}$$

即似然函数取极大时,

$$w = \hat{w} = \frac{1}{m} \sum_{i=1}^{m} d_i. \tag{14.8}$$

这便是此例中利用数据估计体重的方法, $\hat{w}$ 称为参数 w 的 估计值 (estimator); 在此例中即样本平均. 习题 14.2 中, 设每个数据点具有不同的误差 $\sigma_{w,i}$, 使得参数 w 的最大似然估计值为 逆方差加权 (inverse-variance weighting) 平均.

方差 σ_w^2 是模型中的另一参数, 为求 σ_w^2 的最佳估计值, 需求解

$$\frac{\partial \mathcal{L}}{\partial \sigma_w^2} = \mathcal{L} \times \left[-\frac{m}{2\sigma_w^2} + \frac{\sum_{i=1}^{m}(d_i - w)^2}{2\sigma_w^4} \right] = 0. \tag{14.9}$$

求解 σ_w^2 得

$$\widehat{\sigma_w^2} = \frac{1}{m} \sum_{i=1}^{m} (d_i - w)^2. \tag{14.10}$$

这便是在已知 w 的情况下由数据得到的方差估计值.[①]

我们已得到两模型参数的估计值, 还需求得这两个估计值的误差. 它们的误差对应于似然函数的宽度. 可以利用后验 $P(w\,|\,\{d_i\})$ 构造出参数的置信区间. 例如, 若在估计值 w 两侧取 w_- 和 w_+, 使得它们的后验概率密度相同, 以及后验概率密度的积分

$$\int_{w_-}^{w_+} \mathrm{d}w P(w\,|\,\{d_i\}) = 0.68, \tag{14.11}$$

则可定义 1σ 误差棒 (68% 置信区间). 比如, 1σ 下限误差为 w_- 与 $\hat{w}$ 的距离. 其中, 数值 0.68 源于正态分布在期望值 $\pm\sigma$ 间覆盖的概率. 在式 (14.2) 中, 这一严格定义对应于: 在 1σ 置信区间的边界处, 似然函数的对数下降为极大值处的一半, $\Delta \mathcal{L} = -1/2$.

本例中, w 的似然函数是正态分布, 误差左右对称, 计算较为方便. 在似然函数最大值处, 将似然函数的对数对 w 展开得

$$\begin{aligned}
\ln \mathcal{L}(w) &= \ln \mathcal{L}(\hat{w}) + \left.\frac{\partial \ln \mathcal{L}}{\partial w}\right|_{w=\hat{w}} (w - \hat{w}) + \frac{1}{2} \left.\frac{\partial^2 \ln \mathcal{L}}{\partial w^2}\right|_{w=\hat{w}} (w - \hat{w})^2 \\
&= \ln \mathcal{L}(\hat{w}) - \frac{m}{2\sigma_w^2} (w - \hat{w})^2,
\end{aligned} \tag{14.12}$$

其中用到了 $\hat{w}$ 处 $\partial \ln \mathcal{L}/\partial w = 0$. 将上式取 $\ln \mathcal{L}(\hat{w}) - 1/2$, 即 1σ 置信区间的情况, 得

$$\mathrm{Var}\,[\hat{w}] = \frac{\sigma_w^2}{m}. \tag{14.13}$$

上式的平方根, $\sigma_w/m^{1/2}$, 即 $\hat{w}$ 的 1σ 误差. 这很容易理解: 随着测量次数的增加, 噪声随独立测量次数的平方根反比下降. 作一般性推广可得到结论: 一维正态分布的方差反比于似然函数对数中的二次项系数.

---

① 若考虑到 w 由相同的数据得到, 则 $1/m$ 需替换为 $1/(m-1)$, 即标准样本方差.

以上通过似然函数的宽度计算出 $\hat{w}$ 的不确定性. 还有另一种方法适用于更加复杂的问题. 现用此方法计算 $\widehat{\sigma_w^2}$ 的方差,[①] 其定义为

$$\mathrm{Var}(\widehat{\sigma_w^2}) \equiv \left\langle \left(\widehat{\sigma_w^2} - \sigma_w^2\right)^2 \right\rangle. \tag{14.14}$$

其中 $\langle\ \rangle$ 表示进行无穷多次实验所得的期望值. 现在, 我们以似然函数为权重, 对数据所有的可能取值积分来计算出此方差. 一般来说, 对于任一估计值 $\hat{O}$, 即 m 次测量 $\{d_i\}$ 的任一函数,

$$\langle \hat{O} \rangle = \int \mathrm{d}d_1 \int \mathrm{d}d_2 \cdots \int \mathrm{d}d_m \hat{O}\left(\{d_i\}\right) \mathcal{L}\left(\{d_i\}\right). \tag{14.15}$$

也就是说, 方差的表达式含 $\widehat{\sigma_w^2}\left(\{d_i\}\right)$ 和 σ_w^2; 其中后者是一个数字, 是体重秤真实的测量精度. 前者是一个估计值, 其期望值等于后者: $\left\langle \widehat{\sigma_w^2} \right\rangle = \sigma_w^2$. 这样将计算简化为

$$\begin{aligned}
\mathrm{Var}(\widehat{\sigma_w^2}) &= \left\langle (\widehat{\sigma_w^2})^2 \right\rangle - 2\left\langle \widehat{\sigma_w^2} \right\rangle \sigma_w^2 + \sigma_w^4 \\
&= \left\langle (\widehat{\sigma_w^2})^2 \right\rangle - \sigma_w^4.
\end{aligned} \tag{14.16}$$

这样, 整个计算的关键变成了 $\left\langle (\widehat{\sigma_w^2})^2 \right\rangle$. 简单起见, 假设我们已知平均值, 便可将式 (14.15) 中的积分变量进行平移: $d_i \to x_i \equiv d_i - w$. 这样便可在均值为零的情况下进行积分:

$$\left\langle (\widehat{\sigma_w^2})^2 \right\rangle = \frac{1}{m^2} \sum_{i,j} \langle x_i^2 x_j^2 \rangle. \tag{14.17}$$

任选上式求和中 $i \neq j$ 的一项, 计算得

$$\begin{aligned}
\langle x_i^2 x_j^2 \rangle &= \left[\prod_{k \neq i,j} \int \mathrm{d}x_k \frac{e^{-x_k^2/2\sigma_w^2}}{\sqrt{2\pi\sigma_w^2}} \right] \left[\int \mathrm{d}x_i x_i^2 \frac{e^{-x_i^2/2\sigma_w^2}}{\sqrt{2\pi\sigma_w^2}} \right] \left[\int \mathrm{d}x_j x_j^2 \frac{e^{-x_j^2/2\sigma_w^2}}{\sqrt{2\pi\sigma_w^2}} \right] \\
&= \left[\int \mathrm{d}x_i x_i^2 \frac{e^{-x_i^2/2\sigma_w^2}}{\sqrt{2\pi\sigma_w^2}} \right] \left[\int \mathrm{d}x_j x_j^2 \frac{e^{-x_j^2/2\sigma_w^2}}{\sqrt{2\pi\sigma_w^2}} \right]
\end{aligned} \tag{14.18}$$

其中第二步成立是因为对 x_k 积分等于 1. 上式第二行中, 两积分均得到 σ_w^2; 故式 (14.17) 中对 $i \neq j$ 项的求和得到系数 $m-1$, 对 i 求和得到另一 m, 故

$$\mathrm{Var}(\widehat{\sigma_w^2}) = \frac{m-1}{m}\sigma_w^4 + \frac{1}{m^2} \sum_i \langle x_i^4 \rangle - \sigma_w^4. \tag{14.19}$$

[①] 译者注: 原书中写为 "σ_w^2 的误差", 实际上是 $\widehat{\sigma_w^2}$ 的误差. 式 (14.14) 类似的问题一并更正.

利用式 (14.15) 进行分部积分 (或利用 Wick 定理), 有 $\langle x_i^4 \rangle = 3\langle x_i^2 \rangle^2 = 3\sigma_w^4$, 因此

$$\text{Var}(\widehat{\sigma_w^2}) = \frac{2}{m}\sigma_w^4. \tag{14.20}$$

可见, $\widehat{\sigma_w^2}$ 的误差是

$$\sqrt{\text{Var}(\widehat{\sigma_w^2})} = \sqrt{\frac{2}{m}}\sigma_w^2. \tag{14.21}$$

$\widehat{\sigma_w^2}$ 的误差看似神秘, 但实际上, 宇宙学很多测量均与 σ_w^2 类似. CMB 温度场的扰动和星系数密度的扰动远比它们的平均值更加富含宇宙学信息. 这些扰动通常来自近似正态分布的采样, 而这些分布的参数依赖于宇宙学模型, 因而非常重要. 因此, 我们需要知道我们究竟能够多么准确地测量类似 σ_w^2 的模型参数. 事实证明, 式 (14.21) 具有普适性. 当我们试图估计某分布的方差时, 其存在一个基本的不确定性, 正比于该方差的数值除以测量次数的平方根: 称为 *样本方差* (*sample variance*) 或 *宇宙方差* (*cosmic variance*).

真实的研究中常涉及很多参数, 但某些参数我们并不感兴趣, 称为 *冗余参数* (*"nuisance" parameter*), 例如观测效应或非宇宙学的天体物理效应. 这时我们应对其进行 *边缘化* (*marginalize*) 处理, 即在概率密度函数中积分掉这些参数. 以测量体重为例, 假设我们仅关心 w, 但并不知道 σ_w 的信息. 这时, 先求得完整的后验分布 $P(w, \sigma_w \,|\, \{d_i\})$, 再积分掉冗余参数 σ_w 得到边缘化后验 (*marginalized posterior*) 分布

$$P(w \,|\, \{d_i\}) = \int_0^\infty \mathrm{d}\sigma_w P(w, \sigma_w \,|\, \{d_i\}) . \tag{14.22}$$

这样, 等式左边便可用于给出 w 的置信区间, 并已恰当考虑到了 σ_w 的未知性. 章节 14.5 将给出更加具体的实例.

14.2 概述: 从原始数据到参数限制

利用测量体重的比喻, 现可将似然函数和后验分布应用于 CMB、星系成团性和引力透镜等宇宙学探测.

图 14.1 展示了测量两点相关函数的流程图. 图中每步都包含大量工作, 甚至是一项完整的实验. 后续章节将对它们加以说明. 数据所得的第一项产品便是一幅图: 对于 CMB, 这幅图可以是天球上的温度场各向异性; 对于星系巡天, 这幅图可以是三维星系数密度场; 对于引力透镜巡天, 这幅图可以是星系的椭率场. 在这些图中最简单的统计便是两点统计 (两点相关函数或功率谱). 对于这些可观测量, 给定任意一组模型参数的理论预测, 结合协方差矩阵, 便可得到一个似然概率

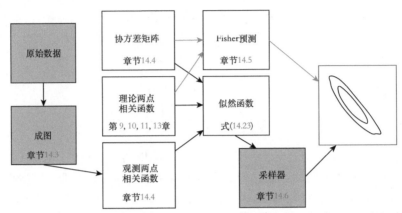

图 14.1　从原始数据 (左上) 到参数限制 (右) 的流程图. 原始数据经过成图, 测量两点相关函数. 所得的 "观测" 两点相关函数与协方差矩阵及模型 (理论) 预测 (给定一系列宇宙学参数) 的两点相关函数结合, 得到参数空间的似然函数. 某采样器可对此似然函数进行采样, 并乘以参数先验, 得到参数空间的概率等高线图 (右图所示). Fisher 矩阵预测的方法仅通过理论的两点相关函数和协方差得到近似的概率等高线.

的数值. 求似然概率的方法也正是将各种不同的观测量相结合的方法. 为了在参数空间中找到后验的极值和参数的概率等高线, 我们需要一个采样器 (图 14.1 右下角), 其通常会对百万量级的参数样本计算后验概率. 另一种方法称为 Fisher 预测, 其提供了一种便捷地计算近似误差棒的解析方法.

　　我们将本章的处理限制为两点函数, 以及设似然函数为正态分布. 以 CMB 各向异性角功率谱 $C(l)$ 为例, 其似然函数的形式为[①]

$$\ln \mathcal{L}(\lambda_\alpha) = -\frac{1}{2} \sum_{l,l'} \left(\hat{C}(l) - C^{\mathrm{theory}}(l, \lambda_\alpha) \right) \left(\mathrm{Cov}^{-1} \right)_{ll'} \left(\hat{C}(l') - C^{\mathrm{theory}}(l', \lambda_\alpha) \right).$$

$$(14.23)$$

即利用测量到的 $\hat{C}(l)$ 与理论 $C^{\mathrm{theory}}(l, \lambda_\alpha)$ (依赖于宇宙学参数 λ_α) 的差值, 与逆协方差矩阵进行缩并, 便得到了一个似然概率数值.

　　此处应注意, 宇宙学中除两点函数外还有其他测量量, 如星系团计数. 而似然概率正态分布近似的假设需要进一步的证明. 实际上宇宙学中大部分参数限制均在这样的近似下进行, 而我们所开发的工具也适用于其他测量量及似然函数形式.

　　还应注意的是, 似然函数 (14.23) 仅对于可观测量 $\hat{C}(l)$ (而非参数 λ_α) 为正态分布, 这是因为 $C^{\mathrm{theory}}(l, \lambda_\alpha)$ 一般情况下是一个关于 λ_α 非常复杂的函数 (例如, 对于 CMB, 图 9.17). 章节 9.7.2 中所探讨的 CMB 参数简并进一步增加了这种复杂性. 因此, 最终得到的后验分布一般远比式 (14.23) 的形式复杂. 此外, 理论预

---

①　此处我们忽略协方差行列式的对数, 即假设其不依赖于宇宙学参数 λ_α.

测还涉及非宇宙学的冗余参数, 如星系分布功率谱的偏袒因子 b_1. 我们需要积分掉 (边缘化) 这些冗余参数以绘制出宇宙学参数的后验.

本章其余部分将按照图 14.1 所示的步骤进行讲解. 章节 14.3 介绍成图, 章节 14.4.1 和 14.4.2 介绍如何估计 $\hat{C}(l)$ 和对应的功率谱, 同时推导协方差矩阵的表达式, 其中涉及宇宙方差以及仪器天体物理效应产生的噪声. 幸运的是, 本书已花费相当多的篇幅推导式 (14.23) 中需要使用的理论, 因此在章节 14.4 后我们已能计算出似然函数. 章节 14.6 给出了高效绘制后验分布所需要的采样方法. 而在此之前的章节 14.5 将简要介绍 Fisher 矩阵, 其作为一个方便的工具, 甚至可以在实验之前就预测出参数的误差.

14.3　成　　图

宇宙学数据分析的第一步, 需要将原始数据成图: 如 CMB 温度场或星系数密度场. 天文数据普遍包含信号和噪声. 我们的目标是将原始数据, 记为 d_t, 变为信号 s_i 的一张图, 并尽量最小化图中的噪声. 应注意到, 图与数据可能具有不同的维度: 观测数据可能对指定像素 i 的信号进行多次采样. 若信号不随时间变化 (宇宙学信号大部分非时变), 则给定像素的真实信号便是一个数字 s_i. 然而, 数据可能来自对此像素几十次至几千次的重复观测 d_t, 且每次具有不同的噪声 η_t. 将以上情况总结为

$$d_t = \sum_i P_{ti} s_i + \eta_t. \tag{14.24}$$

这是一个普适的形式. 现想象用一个探测器多次记录 CMB 的辐射通量. 此时, 每次观测记为 t, 噪声为 η_t (此噪声需被扣除). 天球上的像素记为 i, 也可普适地理解为不同的信号. 联结数据和信号的矩阵 P_{ti} 常称为指向矩阵 (*pointing matrix*), 是一个 $m_t \times m_p$ 的矩阵, 其中 m_t 是观测总次数, m_p 是像素数 (信号数). 作为最简单的情况, 探测器在时间 t 仅从单一的像素获取数据, 这样 P_{ti} 每行仅有唯一的非零元素, 对应于像素所在的那一列. 确定此非零元素的值称为校准 (*calibration*): 将探测器中的测量值变为像素的辐射通量. 式 (14.24) 可纳入任何探测器和大气的效应, 只要它们保持信号与数据之间的线性关系. 以此为例稍作推广也易于理解: 若某观测从多个像素获得信号, 则 P_{ti} 每行将含有多个非零元素. 若多个探测器同时进行观测, 则指标 t 将同时表示时间和探测器. 更加复杂的情况基本也可由此公式推广得到.

通常假设数据中的噪声 η_t 是期望为零、协方差矩阵为 $N_{tt'}$ 的联合正态分布. 许多方法可通过数据直接得到 $N_{tt'}$. 为简化讨论, 在此假设 $N_{tt'}$ 是已知的.

为了得到从数据中提取信号的最优方法, 考虑以下似然函数的对数,

$$\chi^2 \equiv -2\ln\mathcal{L}\left(\{d_t\}\,|\,\{s_k\}\right) = \sum_{tt'kl} \left(d_t - P_{tk}s_k\right)\left(N^{-1}\right)_{tt'}\left(d_{t'} - P_{t'l}s_l\right). \quad (14.25)$$

为找到似然函数的极大值, 相当于调节 s 使 χ^2 最小化. 求 χ^2 对 s_i 的导数

$$\frac{\partial\chi^2}{\partial s_i} = -2\sum_{tt'j} P_{ti}\left(N^{-1}\right)_{tt'}\left(d_{t'} - P_{t'j}s_j\right) \quad (14.26)$$

并设之为零, 得

$$\sum_{tt'j} P_{ti}\left(N^{-1}\right)_{tt'} P_{t'j}s_j = \sum_{tt'j} P_{ti}\left(N^{-1}\right)_{tt'} d_{t'}. \quad (14.27)$$

其中等式左边与 s_j 相乘的部分是一个 $m_p \times m_p$ 矩阵:

$$\left(C_N^{-1}\right)_{ij} \equiv \sum_{tt'} P_{ti}\left(N^{-1}\right)_{tt'} P_{t'j}. \quad (14.28)$$

将方程 (14.27) 乘以上式的逆, 即 C_N, 可知 χ^2 最小化时

$$\hat{s}_i = \sum_{tt'j} (C_N)_{ij} P_{tj}\left(N^{-1}\right)_{tt'} d_{t'}, \quad (14.29)$$

写为矩阵形式即

$$\hat{s} = C_N P^\top N^{-1} d, \quad (14.30)$$

其中 $\top$ 表示矩阵转置, 这一信号估计器的协方差矩阵

$$C_N = \left(P^\top N^{-1} P\right)^{-1}, \quad (14.31)$$

这一结论可通过求 $\langle \hat{s}_i\hat{s}_j\rangle - \langle\hat{s}_i\rangle\langle\hat{s}_j\rangle$ 得到验证 (习题 14.3).

式 (14.30) 的一个简单特例是噪声矩阵 $N_{tt'}$ 取对角矩阵, 对角元均为 $\mathcal{N}$. 这种情况下, C_N 的元素为

$$C_{N,ij} \to \mathcal{N}\left(\sum_t P_{ti}P_{tj}\right)^{-1}. \quad (14.32)$$

再假设每个时刻仅对单一的像素进行测量, 则对于给定的 t, P_{ti} 仅对像素 i 非零. 这样, 仅当 $i = j$, 且探测器在 t 时刻指向像素 i 时, $P_{ti}P_{tj}$ 非零; 即对 t 的求和表示探测器对像素 i 的总采样, 次数记为 m_i. 在这一均匀且无互相关噪声的简单情况下, 信号采样器的噪声协方差矩阵 C_N 是对角矩阵, 对角元素为 $\mathcal{N}/m_i$. 这很容

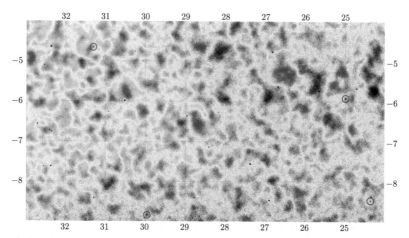

图 14.2 来自 Atacama Cosmology Telescope (ACT) 的 CMB 温度场成图. 这一 45 平方度的区域仅为其总覆盖天区的一小部分. 成图区域的左上角具有更低的噪声, 因 ACT 对此区域具有更加频繁的采样. 图中圆圈标注出多个前景点源. 此图取自 Louis *et al.* (2017).

易理解: 当某像素被多次采样时, 其标准差随 $m_i^{-1/2}$ 减小. 这种情况下, 信号估计量化简为

$$\hat{s}_i = \frac{1}{m_i} \sum_t P_{ti} d_t, \tag{14.33}$$

即仅需对指定像素的采样做加权平均, 类似式 (14.8).

作为式 (14.30) 的具体应用, 图 14.2 展示了位于智利的 Atacama Cosmology Telescope 团队 (Louis *et al.*, 2017) 对部分天区 CMB 温度场的成图. 此图挑选出通过七个月的数据采集得到的一块 45 平方度的天区. 此图的构建还用到了额外的过滤技术, 但其核心依旧是式 (14.30).

除了 CMB 领域, 估计量 (14.30) 还有更加广泛的应用. 我们所做的唯一假设是由矩阵 P_{ti} 所表示的数据 $\{d_t\}$ 和信号 $\{s_i\}$ 间的线性关系, 以及具有可加性的、近似正态分布的噪声. 式 (14.30) 也完全适用于星系成团性投影的分析, 即星系分布投影密度场 $\Delta_{\mathrm{g}}(\hat{\boldsymbol{n}})$, 以及适用于由星系形状所构建的透镜势的天图.

对于星系红移巡天, 需将像素的概念推广至三维. 通常需要在共动坐标空间构建一个能够覆盖巡天体积的立体网格. 在式 (14.30) 的最优权重中还需考虑图像和光谱分析的因素. 这样, 每个星系被分配至一个三维像素, 最终每个像素包含 $m_{g,i}$ 个星系. 星系数密度场的扰动定义为

$$\delta_{g,i} = \frac{m_{g,i} - \bar{m}_{g,i}}{\bar{m}_{g,i}}, \tag{14.34}$$

其中 $\bar{m}_{g,i}$ 是假设星系分布完全均匀的情况下, 像素 i 中预期的星系数. 需要注

意, $\bar{m}_{g,i}$ 的数值依赖于红移. 另外, 式 (14.34) 在 $\bar{m}_{g,i} = 0$ 时将失效, 这种情况对应于网格中的某些像素位于巡天体积之外, 或由于前景恒星的存在需要被 "遮蔽" (mask). 章节 14.4.2 将讨论如何处理这些像素.

有了式 (14.30, 14.34) 给出的 CMB 天图和星系数密度场, 便可以进行下面的处理得到功率谱, 并与理论相比较.

14.4 两 点 函 数

由 CMB 天图或星系投影数密度场, 需要计算出角功率谱 $\hat{C}(l)$, 用于似然函数 (14.23). 在章节 14.1 中我们已经掌握了构建角功率谱估计 $\hat{C}(l)$ 的关键步骤, 现在面临一个新的问题: 真实观测远比测量体重复杂, 还需考虑很多效应, 如观测设备有限的分辨率. 这便引出了数据处理中的一个普遍问题: 我们应对数据进行进一步处理以便和简单的理论模型作对比, 还是维持数据不变, 但对理论预测进行 *正演模拟* (*forward-modeling*), 考虑所有的观测效应?

第二种方法看起来更好, 因其将观测数据和解释数据干净地分开. 然而第一种方法的优势是: 它不仅可以与 "简单" 的模型比较, 还适用于不同的观测和实验. 我们将采用第一种方案, 以便与之前章节中的理论预测直接比较. 也就是说, 对于 CMB 温度场, 式 (14.23) 中的 $C^{\text{theory}}(l, \lambda_\alpha)$ 可直接使用第 9 章中的 $C(l)$. 图 14.1 中, 理论的部分已经解决, 下一步需要得到观测的两点函数. 简单起见, 在估计 CMB 的 $C(l)$ 时, 只考虑单一探测器, 且只考虑唯一的观测效应: 仪器有限的分辨率 (点扩散函数). 对于星系成团性的三维功率谱, 主要的效应是巡天的窗函数.

14.4.1 CMB 角功率谱

设想我们得到了一张 CMB 温度场成图 $\Delta(\hat{n})$, 即由章节 14.3 推导出的 $\{s_i\}$. 假设记录数据的像素足够小, 以至于像素离散化所导致的平滑效应可忽略, 而温度场可视为具有连续性的场. 将 $\Delta(\hat{n})$ 球谐展开,

$$a_{lm}^{\text{obs}} = \int d\Omega Y_{lm}^*(\hat{n})\Delta(\hat{n}). \tag{14.35}$$

其中上标 ^{obs} 表明这是一个观测量, 并被实验设备的 *波束展宽* (*beam smearing*) 等效应所模糊化. 简单起见, 仅考虑波束展宽效应. 射电天文学术语中, 波束展宽描述了由于设备有限的分辨率导致的模糊化效应, 而光学望远镜常用 *点扩散函数* (*point speard function*) 这一术语, 二者等价. 波束展宽导致的模糊化使得像素 $\hat{n}$

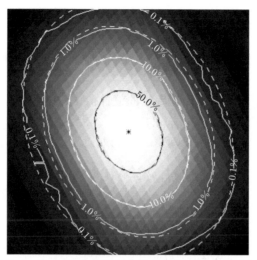

图 14.3 Planck 在频率 30 GHz 的波束轮廓. 等高线分别表示波束轮廓函数降为其最大值 50%、10%、1% 和 0.1% 时的位置, 其中 50% 等高线大致对应于 30 角分的展宽. 此图取自 Planck wiki (同时参见 Aghanim *et al.*, 2014).

处的温度扰动 $\Delta = (T - T_0)/T_0$ 为

$$\Delta(\hat{\boldsymbol{n}}) = \int \mathrm{d}\Omega' \Theta(\hat{\boldsymbol{n}}') B(\hat{\boldsymbol{n}}, \hat{\boldsymbol{n}}') + \eta(\hat{\boldsymbol{n}}), \tag{14.36}$$

其中 $B(\hat{\boldsymbol{n}}, \hat{\boldsymbol{n}}')$ 是 $\hat{\boldsymbol{n}}$ 处的波束轮廓, Θ 是真实的温度扰动, $\eta(\hat{\boldsymbol{n}})$ 是该方向的噪声. 以 Planck 为例, 其在 30 GHz 的波束轮廓如图 14.3 所示, 即在固定方向 $\hat{\boldsymbol{n}}$ (标记为星号) 周围以 $\hat{\boldsymbol{n}}'$ 为函数的波束轮廓.

将式 (14.36) 代入式 (14.35) 得

$$a_{lm}^{\mathrm{obs}} = \sum_{l'm'} B_{lm,l'm'} a_{l'm'} + \eta_{lm}, \tag{14.37}$$

其中 $a_{l'm'}$ 是真实的 CMB 多极子 (在无波束展宽和噪声时所得), η_{lm} 是噪声的多极子, $B_{lm,l'm'}$ 是波束轮廓对其两自变量 $\hat{\boldsymbol{n}}, \hat{\boldsymbol{n}}'$ 的球谐展开. 上式第二项来自 $\eta(\hat{\boldsymbol{n}})$ 和 $\Delta(\hat{\boldsymbol{n}})$ 的可加性. 波束展宽效应的推导见习题 14.4.

式 (14.37) 非常普适, 允许波束轮廓各向异性且随空间变化. 大多数情况下, 一个合理的一阶近似便是假设波束轮廓各向同性且不随空间位置变化. 在这种情况下, 波束展宽的效应可化简为 (习题 14.4)

$$a_{lm}^{\mathrm{obs}} = a_{lm} B_l + \eta_{lm}, \tag{14.38}$$

注意这里无需对 l 求和. 在此假设下, 波束展宽是在实空间的一个卷积效应, 在多极子空间 (或称 lm 空间) 变为乘积. 对于正态分布形状的波束轮廓, $B_l =$

$\exp(-l^2\theta_{\text{beam}}^2/2)$, 其中 θ_{beam} 是波束的半高全宽. 一般地, 波束轮廓的 Fourier 变换 B_l 在大尺度 ($l\theta_{\text{beam}} \ll 1$) 接近 1, 在小尺度衰减为零. 可见, 波束展宽效应平滑掉了比 θ_{beam} 更小尺度的各向异性. 另外, 噪声在实空间和多极子空间均具有可加性.

为了将数据 a_{lm}^{obs} 转换为角功率谱的估计值 $\hat{C}(l)$ 来与理论进行比较, 首先需要回答: 在给定理论 (真实的 a_{lm}) 的前提下, 得到数据 (a_{lm}^{obs}) 的概率是多少? 这个问题类似于式 (14.2). 若假设噪声 η_{lm} 的期望为零, 且功率谱

$$\langle \eta_{lm}\eta_{l'm'}^* \rangle = N(l)\delta_{ll'}\delta_{mm'}, \tag{14.39}$$

则对于给定多极子 lm, 此概率为 (习题 14.5)

$$P\left(a_{lm}^{\text{obs}} \mid a_{lm}\right) = \frac{1}{\sqrt{2\pi N(l)}} \exp\left[-\frac{1}{2N(l)}\left|a_{lm}^{\text{obs}} - B_l a_{lm}\right|^2\right]. \tag{14.40}$$

可见, 对于给定的真实 a_{lm}, 所观测到 a_{lm}^{obs} 服从正态分布, 期望为 $B_l a_{lm}$ (噪声贡献为零), 方差为噪声的方差 $N(l)$. 现需要求出在给定 $2l+1$ 个 a_{lm}^{obs} 的前提下, 所估计出的 $C(l)$. 为得到此结果, 将 a_{lm} 视为随机变量并积分, 其分布 $P\left(a_{lm}\mid C(l)\right)$ 已在章节 9.5.2 中推出. 因此,

$$P\left(\{a_{lm}^{\text{obs}}\}\mid C(l)\right) = \prod_{m=-l}^{l}\int \mathrm{d}a_{lm}P\left(a_{lm}^{\text{obs}}\mid a_{lm}\right)P\left(a_{lm}\mid C(l)\right). \tag{14.41}$$

等式右边的被积函数可视为 $P\left(a_{lm}^{\text{obs}},a_{lm}\mid C(l)\right)$, 即在给定 $C(l)$ 情况下得到真实的 a_{lm} 及观测到的 a_{lm}^{obs} 的概率. 由于无法得知具体的 a_{lm}, 只能将它们边缘化.

由于 $P\left(a_{lm}\mid C(l)\right)$ 是期望为零、方差为 $C(l)$ 的正态分布, 积分可得

$$\mathcal{L}\equiv P\left(\{a_{lm}^{\text{obs}}\}\mid C(l)\right) = \left(2\pi[C(l)B_l^2+N(l)]\right)^{-(2l+1)/2}\exp\left[-\frac{1}{2}\sum_{m=-l}^{l}\frac{|a_{lm}^{\text{obs}}|^2}{C(l)B_l^2+N(l)}\right]. \tag{14.42}$$

有了这一似然概率便可以得到两点函数 $C(l)$ 的估计及其误差. 首先求似然函数的极大值. 将对数似然概率对 $C(l)$ 求导,

$$\frac{\mathrm{d}\ln\mathcal{L}}{\mathrm{d}C(l)} = -\frac{(2l+1)B_l^2/2}{C(l)B_l^2+N(l)} + \frac{1}{2}\sum_{m=-l}^{l}\frac{|a_{lm}^{\text{obs}}|^2 B_l^2}{[C(l)B_l^2+N(l)]^2}, \tag{14.43}$$

并设其为零, 得到 $C(l)$ 的估计值

$$\hat{C}(l) = B_l^{-2}\left(\frac{1}{2l+1}\sum_{m=-l}^{l}|a_{lm}^{\text{obs}}|^2 - N(l)\right). \tag{14.44}$$

类似于式 (14.21) 中计算 σ_w^2 的方差的方法, 可求得此估计值的误差

$$\mathrm{Var}[\hat{C}(l)] = \left\langle \hat{C}(l)^2 \right\rangle - C(l)^2. \tag{14.45}$$

利用式 (14.38, 14.39), $\langle |a_{lm}^{\mathrm{obs}}|^2 \rangle = C(l)B_l^2 + N(l)$, 展开上式第一项, 得

$$\left\langle B_l^{-4} \left(\frac{1}{2l+1} \sum_{m=-l}^{l} |a_{lm}^{\mathrm{obs}}|^2 - N(l) \right)^2 \right\rangle - C(l)^2 = \left\langle B_l^{-4} \left(\frac{1}{2l+1} \sum_{m=-l}^{l} |a_{lm}^{\mathrm{obs}}|^2 \right)^2 \right\rangle$$
$$- 2B_l^{-4} N(l) \left(C(l)B_l^2 + N(l) \right) + B_l^{-4} N(l)^2 - C(l)^2.$$

第二行等于 $-(C(l) + N(l)B_l^{-2})^2$. 由分布 (14.42), 第一项等于

$$\left\langle B_l^{-4} \left(\frac{1}{2l+1} \sum_{m=-l}^{l} |a_{lm}^{\mathrm{obs}}|^2 \right)^2 \right\rangle = \frac{2l+3}{2l+1} \left[C(l) + N(l)B_l^{-2} \right]^2, \tag{14.46}$$

这样, $\hat{C}(l)$ 的误差

$$\sqrt{\mathrm{Var}\left[\hat{C}(l)\right]} = \sqrt{\frac{2}{2l+1}} \left[C(l) + N(l)B_l^{-2} \right]. \tag{14.47}$$

通过计算 $l \neq l'$ 时的 $\left\langle \hat{C}(l)\hat{C}(l') \right\rangle$, 并利用式 (14.39) 可知, 式 (14.23) 中的协方差矩阵是对角矩阵, 即

$$\mathrm{Cov}_{ll'} = \frac{2}{2l+1} \left[C(l) + N(l)B_l^{-2} \right]^2 \delta_{ll'}. \tag{14.48}$$

其中第二项是噪声贡献的误差, 并由波束展宽效应所放大. 在 l 很大时, 由于波束轮廓的 Fourier 变换衰减为零, 误差急剧变大. 而第一项的存在使得即使在噪声为零时, $\hat{C}(l)$ 的方差仍不为零. 这一基本的不确定性是因为我们仅能通过有限的 a_{lm} 来估计 $C(l)$. 这两个方差的贡献均反比于所用的模式总数 $2l+1$. 如果某项观测无法覆盖 4π 立体角的全天空, 仅覆盖 f_{sky} 的比例, 则方差 $\mathrm{Cov}_{ll'}$ 还将扩大, 大致需乘以因子 $1/f_{\mathrm{sky}}$.

以上性质普遍适用于任何两点函数的估计: 测量的不确定性随模式数量的增加而减小; 噪声项可通过更加精确的实验被压低, 但由于样本数量的限制, 宇宙方差无法消除. 通常, 小尺度 ($B_l^{-2} \ll 1$) 的不确定性来自噪声, 大尺度的不确定性来自宇宙方差.

14.4.2 星系分布功率谱

章节 14.4.1 的很多内容也适用于三维星系成团性的分析, 但还需指出一些显著的区别. 角功率谱 $C(l)$ 的测量基本是通过对 a_{lm}^{obs} 取平方再求平均的方式进行,

而对于星系成团性的功率谱应对 $\delta_{\rm g,obs}(\boldsymbol{k})$ 平方再取平均. 为此首先思考如何得到 $\delta_{\rm g,obs}(\boldsymbol{k})$. 由于在下面的推导中不会涉及 "真实" 的星系数密度扰动, 简洁起见我们将 $\delta_{\rm g,obs}$ 记为 $\delta_{\rm g}$.

首先, 设想巡天体积包含一个边长为共动距离 L 的立方体. 尽管真实的巡天并非如此, 但此假设使 $\delta_{\rm g}(\boldsymbol{k})$ 的推导简单而直接, 且适用于数值模拟的密度场 (章节 12.3). 再想象利用包含 $K_{\rm grid}^3$ 个格点的三维网格覆盖此立方体 (格点的具体分辨率决定了可测量的 $|\boldsymbol{k}|$ 的最大值, 但此数值不影响以下推导), 以便通过式 (14.34) 构建出网格上的密度场 $\delta_{\rm g}(\boldsymbol{x}_i) = \delta_{{\rm g},i}$.

星系数密度场的离散 Fourier 变换为

$$\delta_{\rm g}(\boldsymbol{k}) = L^{3/2} \sum_i^{K_{\rm grid}^3} \delta_{\rm g}(\boldsymbol{x}_i)e^{-i\boldsymbol{k}\cdot\boldsymbol{x}_i}, \quad \boldsymbol{k} \in (n_x, n_y, n_z)\,k_F, \tag{14.49}$$

其中

$$k_F \equiv \frac{2\pi}{L} \tag{14.50}$$

是基本频率, 其波长恰好等于立方体的边长 L. (n_x, n_y, n_z) 是一组整数, 范围是 $-K_{\rm grid}/2$ 到 $K_{\rm grid}/2$. 系数 $L^{3/2}$ 的选择是为了方便后续计算. 这样, Fourier 逆变换为

$$\delta_{\rm g}(\boldsymbol{x}) = \frac{1}{K_{\rm grid}^3 L^{3/2}} \sum_{\boldsymbol{k}}^{k_{\rm Ny}} \delta_{\rm g}(\boldsymbol{k}_i)\, e^{i\boldsymbol{k}_i\cdot\boldsymbol{x}}, \tag{14.51}$$

其中求和中的 $\boldsymbol{k}$ 需取至网格的奈奎斯特 (Nyquist) 频率, $k_{\rm Ny} \equiv K_{\rm grid} k_F/2$. 在式 (14.49-14.51) 中显示出 Fourier 模式的离散性, 其蕴含了宇宙方差的概念, 即我们只有有限的 Fourier 模式可供使用. 在 CMB 分析中, 由于天球的立体角有限, 在进行球谐展开时便展示出这样的离散性. 而此处的离散性来源于有限的巡天体积 $V = L^3$.

再将这些 Fourier 模式根据 k 的大小等分为多个区间 ("分 bin"), 记为 α, 这样每个 α 区间包含 $k_\alpha - \Delta k/2 \leqslant |k| < k_\alpha + \Delta k/2$ 中的所有模式. 将此区间内的 Fourier 模式的总个数记为 $m_{k,\alpha}$. 这样, 通过这 $m_{k,\alpha}$ 个模式的平均值便可估计出功率谱 $\hat{P}_{\rm g}(k_\alpha)$, 而 $m_{k,\alpha}$ 也直接决定了 $\hat{P}_{\rm g}$ 的误差. 首先确定每个区间内 Fourier 模式的数量. 在 Fourier 空间, 以半径 $k_\alpha \pm \Delta k$ 的球壳体积约为 $4\pi k_\alpha^2 \Delta k$, 在此体积内 Fourier 模式的数量需再除以每一个模式所占的体积 k_F^3,

$$m_{k,\alpha} = \frac{4\pi k_\alpha^2 \Delta k}{k_F^3}. \tag{14.52}$$

因此,

$$m_{k,\alpha} = \frac{1}{2\pi^2} V k_\alpha^2 \Delta k. \tag{14.53}$$

这样, 星系成团性功率谱的估计便类似于式 (14.44). 此处无需引入波束展宽或点扩散函数的效应. 尽管网格的分辨率有限, 但网格的构建只作为一个数值计算的工具, 在必要时可随时增加网格的分辨率. 将式 (14.44) 推广至三维并设 $B_l = 1$, 得到

$$\hat{P}_{\mathrm{g}}(k_\alpha) = \frac{1}{m_{k,\alpha}} \sum_{\mathbf{k}}^{||\mathbf{k}|-k_\alpha|<\Delta k/2} |\delta_{\mathrm{g}}(\mathbf{k})|^2 - P_N, \tag{14.54}$$

其中 P_N 是噪声功率谱. 在理论预测中, 常设为 Poisson 噪声, $P_N = \bar{n}_{\mathrm{g}}^{-1}$; 实测中, 噪声需由数据给出. $\hat{P}_{\mathrm{g}}$ 的误差与 CMB 的情形 (14.47) 类似, 其具有一定的启发性, 在此稍作推导. 功率谱的协方差矩阵定义为

$$\begin{aligned}
\mathrm{Cov}_{\alpha\beta} &\equiv \left\langle \hat{P}_{\mathrm{g}}(k_\alpha) \hat{P}_{\mathrm{g}}(k_\beta) \right\rangle - \left\langle \hat{P}_{\mathrm{g}}(k_\alpha) \right\rangle \left\langle \hat{P}_{\mathrm{g}}(k_\beta) \right\rangle \\
&= \frac{1}{m_{k,\alpha}} \sum_{\mathbf{k}}^{||\mathbf{k}|-k_\alpha|<\Delta k/2} \frac{1}{m_{k,\beta}} \sum_{\mathbf{k}'}^{||\mathbf{k}'|-k_\beta|<\Delta k/2} \left[\left\langle |\delta_{\mathrm{g}}(\mathbf{k})|^2 |\delta_{\mathrm{g}}(\mathbf{k}')|^2 \right\rangle \right. \\
&\qquad \left. - \left\langle |\delta_{\mathrm{g}}(\mathbf{k})|^2 \right\rangle \left\langle |\delta_{\mathrm{g}}(\mathbf{k}')|^2 \right\rangle \right], \tag{14.55}
\end{aligned}$$

其中等式第二步代入了式 (14.54) 并忽略了 P_N (P_N 只是一个常数, 可提出至期望之外, 贡献为零). 首先考察式 (14.55) 中的第一个期望值, 含 δ_{g} 的四项. 利用 Wick 定理 (专题 12.1) 展开:

$$\begin{aligned}
\left\langle |\delta_{\mathrm{g}}(\mathbf{k})|^2 |\delta_{\mathrm{g}}(\mathbf{k}')|^2 \right\rangle &= \left\langle \delta_{\mathrm{g}}(\mathbf{k}) \delta_{\mathrm{g}}(-\mathbf{k}) \delta_{\mathrm{g}}(\mathbf{k}') \delta_{\mathrm{g}}(-\mathbf{k}') \right\rangle \\
&= \left\langle \delta_{\mathrm{g}}(\mathbf{k}) \delta_{\mathrm{g}}(-\mathbf{k}) \right\rangle \left\langle \delta_{\mathrm{g}}(\mathbf{k}') \delta_{\mathrm{g}}(-\mathbf{k}') \right\rangle \\
&\quad + \left\langle \delta_{\mathrm{g}}(\mathbf{k}) \delta_{\mathrm{g}}(\mathbf{k}') \right\rangle \left\langle \delta_{\mathrm{g}}(-\mathbf{k}) \delta_{\mathrm{g}}(-\mathbf{k}') \right\rangle \\
&\quad + \left\langle \delta_{\mathrm{g}}(\mathbf{k}) \delta_{\mathrm{g}}(-\mathbf{k}') \right\rangle \left\langle \delta_{\mathrm{g}}(-\mathbf{k}) \delta_{\mathrm{g}}(\mathbf{k}') \right\rangle \\
&\quad + \left\langle \delta_{\mathrm{g}}(\mathbf{k}) \delta_{\mathrm{g}}(-\mathbf{k}) \delta_{\mathrm{g}}(\mathbf{k}') \delta_{\mathrm{g}}(-\mathbf{k}') \right\rangle_{\mathrm{conn}}. \tag{14.56}
\end{aligned}$$

这四项包含 Wick 定理中得到的三项, 以及标有 $_{\mathrm{conn}}$ ("connected" 的简写) 的一个"连接"项, 其中"连接"项仅在 δ_{g} 场非正态分布时非零. 我们暂时忽略此项, 并稍后讨论它的意义.

式 (14.56) 第一项与协方差 (14.55) 的第二项抵消, 因此仅需考虑式 (14.56) 中的第二和第三项. 由离散 Fourier 变换的定义 (14.49), 功率谱

$$\left\langle \delta_{\mathrm{g}}(\mathbf{k}) \delta_{\mathrm{g}}(\mathbf{k}') \right\rangle = \delta_{\mathbf{k},-\mathbf{k}'} [P_{\mathrm{g}}(k) + P_N], \tag{14.57}$$

其中 Kronecker 符号 $\delta_{\mathbf{k},-\mathbf{k}'}$ 等于 1 当且仅当 $\mathbf{k} = -\mathbf{k}'$, 否则为零; $\mathbf{k}$ 和 $\mathbf{k}'$ 的分量是 k_F 的整数倍. 注意, 式 (14.54, 14.57) 即式 (C.22) 的连续形式, 通过代换

$$(2\pi)^3 \delta_{\mathrm{D}}^{(3)} (\mathbf{k} + \mathbf{k}') \to \delta_{\mathbf{k},-\mathbf{k}'} \tag{14.58}$$

得到; 它们的成立得益于定义 $\delta_{\mathrm{g}}(\boldsymbol{k})$ 时引入的系数 $L^{3/2}$. 与式 (14.55) 比较, 可见式 (14.56) 第二项和第三项仅在 k 区间 α 和 β 重叠时非零; 故 $\alpha = \beta$ 时协方差才非零. 进一步, 考虑协方差公式 (14.55) 对 $\boldsymbol{k}$ 求和时 $\alpha = \beta$ 的任一项, 仅 $\boldsymbol{k}' = \boldsymbol{k}$ 和 $\boldsymbol{k}' = -\boldsymbol{k}$ 时对 $\boldsymbol{k}'$ 的求和有贡献 (注意求和是对 $\boldsymbol{k}, \boldsymbol{k}'$ 球壳中不同方向的模式进行的). 因此, 若 $\alpha = \beta$, 式 (14.55) 中的双重求和得到 $2/m_{k,\alpha}$ 乘以功率谱 (含噪声功率谱) 的平方. 因此, 星系成团性功率谱的协方差

$$\mathrm{Cov}_{\alpha\beta} = \frac{2}{m_{k,\alpha}} \left[P_{\mathrm{g}}(k_\alpha) + P_N \right]^2 \delta_{\alpha\beta}. \qquad (14.59)$$

这与 CMB 的结果 (14.48) 非常类似, 唯一的区别在于模式的数量分别是 $m_{k,\alpha}$ 和 $2l+1$, 以及有无波束展宽的效应. $P_{\mathrm{g}}(k_\alpha)$ 的误差是协方差矩阵对角元素的平方根,

$$\sqrt{\mathrm{Var}\left[\hat{P}_{\mathrm{g}}(k_\alpha)\right]} = \sqrt{\frac{2}{m_{k,\alpha}}} \left[P_{\mathrm{g}}(k_\alpha) + P_N \right]. \qquad (14.60)$$

可见, 即使星系数密度很大, 即 $P_N \to 0$, 误差仍然存在, 来自于有限巡天体积 (有限的 Fourier 模式) 造成的样本方差. 以上为简单起见, 我们只考虑了功率谱的单极子. 类似地也可以考虑各向异性功率谱的多极子 ($l > 0$) 式 (11.23); 仅需在 (14.54) 中选择恰当的权重 $\mathcal{P}_l(\mu)$, 其中 $\mu = \hat{\boldsymbol{k}} \cdot \hat{\boldsymbol{n}}$. 另外, 也可将波数的每个 α 区间进一步分为多个 μ 的区间.

式 (14.60, 14.53) 表明, 在 $P_{\mathrm{g}}(k_\alpha)$ 不远小于噪声 P_N 的情况下, 星系分布功率谱的测量精度随 k_α 的增加而迅速提高 (在线性均匀 k 区间的情况下, $\sqrt{2/m_{k,\alpha}} \propto 1/k_\alpha$). 但在利用小尺度提取宇宙学信息时存在两个挑战. 第一, 如第 12 章所述, 由于小尺度物质分布的非线性和星系分布的偏袒因子, 星系分布功率谱的理论预测变得十分困难. 第二, 一旦非线性出现, 正态分布的假设不再成立, 即式 (14.59, 14.60) 中通过式 (14.56) 中的 "连接" 项获得一个额外的贡献 (可仿照章节 12.2 和 12.6 中的思路通过微扰论计算). 与高斯 (正态) 项贡献的不同之处在于, "连接" 项产生不同 k 区间模式的耦合, 导致协方差矩阵的非对角项非零. 由于以上原因, 星系分布功率谱的分析通常被限定于 $k_\alpha \leqslant k_{\max}$ 的尺度, 其中 $k_{\max}$ 选为微扰论成立的临界尺度 ($k_{\max} \lesssim 0.2\,h\,\mathrm{Mpc}^{-1}$, 依赖于红移).

目前我们考虑的是具有周期性边界条件的立方体巡天体积, 以便于进行式 (14.49) 中的离散 Fourier 变换. 为了推广至现实中的巡天, 回到式 (14.34) 处的讨论, 需将实际巡天覆盖的体积嵌入到一个更大的立方体内. 上述 L^3 体积的立方体便对应于这一个更大的立方体, 而式 (14.34) 的计算仅需对立方体中实际观测到的部分格点进行, 即写出

$$\delta_{\mathrm{g}}^{\mathrm{obs}}(\boldsymbol{x}_i) = \mathcal{W}(\boldsymbol{x}_i)\delta_{\mathrm{g}}(\boldsymbol{x}_i) \qquad (14.61)$$

若格点在巡天体积内, δ_g 便是观测到的星系数密度, $\mathcal{W}(\boldsymbol{x}_i)$ 是一个窗函数. 在最简化的情况下, 窗函数只有两种取值: 当 $\boldsymbol{x}_i$ 在巡天体积内时, $\mathcal{W}(\boldsymbol{x}_i) = 1$, 否则为零. 典型的巡天体积是一个截断的锥体, 锥的顶点为观测者, 锥体对顶点的张角对应巡天天区, 而锥体的纵深 (半径) 对应于巡天的红移区间. 现实中还存在遮蔽 (mask) 区域, 这些空洞状的结构对应于明亮的前景恒星及其他观测效应.

在 Fourier 空间, 式 (14.61) 为

$$\delta_\mathrm{g}^\mathrm{obs}(\boldsymbol{k}_i) = \sum_{\boldsymbol{k}_j} \mathcal{W}(\boldsymbol{k}_j)\delta_\mathrm{g}(\boldsymbol{k}_i - \boldsymbol{k}_j). \tag{14.62}$$

此经过窗函数作用的似然函数仍服从正态分布 (或其高斯性与 δ_g 类似), 然而此时的协方差矩阵不再取与式 (14.59) 一样的简单形式. 窗函数的效应使不同的 Fourier 模式相互耦合, 使得协方差矩阵变成一个更复杂、非对角的形式. 除此复杂性之外, 构建星系分布功率谱的最大似然估计与此前所述一致.

14.5　Fisher 矩阵

正如前几节中所见, 通过数据限制宇宙学参数需要很多步骤, 且非常依赖于数据的具体属性. 然而, 一个更简单的问题可在获得数据之前就被回答: 对于一个给定的实验, 其对宇宙学参数的约束能力如何? 此问题称为 预测 (forecasting). 为此, 我们所需要的是似然函数的曲率矩阵, 费希尔 (Fisher) 矩阵, 其量化了给定实验能够提供的关于一组参数的信息量. 另外, 我们无需处理具体的数据, 通过前几节的知识便能计算出 Fisher 矩阵. 因此, Fisher 矩阵也是理论分析常用的工具, 可以判断所预测的新信号是否能够被实验探测.

以 CMB 观测为例. 由以下几个已知条件开始:

- 我们想要预测的一组宇宙学参数 $\{\lambda_\alpha\}$, 以及它们的基准值 $\{\bar{\lambda}_\alpha\}$, 后者假设为真实宇宙的参数.
- 一个理论预测 $C^\mathrm{theory}(l\,|\,\lambda_\alpha)$ 作为宇宙学参数 $\{\lambda_\alpha\}$ 的函数.
- 对于测量 $C(l)$ 的给定实验, $C(l)$ 估计值的不确定性 $\mathrm{Var}[\hat{C}(l)]$.

在此实验中所观测到的 $\hat{C}(l)$ 在误差范围内应接近真实的 $C^\mathrm{theory}(l)$; 确实, 如果我们写出

$$\chi^2(\{\lambda_\alpha\}) = \sum_l \frac{\left[\hat{C}(l) - C^\mathrm{theory}(l, \{\lambda_\alpha\})\right]^2}{\mathrm{Var}\left[\hat{C}(l)\right]} \tag{14.63}$$

(为简单起见, 暂假设协方差矩阵是对角矩阵), 则我们期待 χ^2 在参数空间 $\{\lambda_\alpha\} = \{\bar\lambda_\alpha\}$ 达到最小值, 即真实的宇宙学参数所在参数空间的位置. 当然, 我们并非已知真实宇宙中这些参数的精确取值. 然而, 在没有这些信息的情况下, 我们仍然可以问: 当某参数 λ_1 逐渐偏离 $\bar\lambda_1$ 时, $\chi^2(\{\lambda_\alpha\})$ 以多么快的速度变化? 若此 (二阶) 变化率很大, 则测量此参数所得的误差将会很小; 反之, 若 χ^2 变化平缓, 则 λ_1 的误差将会比较大.

为进行量化, 在最小值 $\bar\lambda_\alpha$ 处将 χ^2 对参数进行展开. 简单起见, 先对某单一参数展开 (推广至多参数也较为直接):

$$\chi^2(\lambda) = \chi^2(\bar\lambda) + \mathcal{F}(\lambda - \bar\lambda)^2. \tag{14.64}$$

因 χ^2 在 $\bar\lambda$ 取最小值, 展开式不含一阶项. 二阶项的系数

$$\mathcal{F} \equiv \frac{1}{2}\frac{\partial^2\chi^2}{\partial\lambda^2}. \tag{14.65}$$

这里的 $\mathcal{F}$ 可理解为曲率, 描述了 χ^2 在其最小值附近的二阶变化率. 若这个曲率较小, 则似然函数的变化较为平缓, 对应的参数限制能力也不强. 反之, 较大的曲率对应于参数较小的误差. 因我们假设 $\hat{C}(l)$ 的似然函数是正态分布, 那么 $\ln\mathcal{L} = -\chi^2/2$, $\mathcal{F}$ 便是式 (14.12) 中 $\bar{w}$ 的误差估计的推广. 因此, λ 的 1σ 误差为 $1/\sqrt{\mathcal{F}}$.

χ^2 的二阶导数包含两项:

$$\mathcal{F} = \sum_l \frac{1}{\mathrm{Var}[\hat{C}(l)]}\left[\left(\frac{\partial C^{\mathrm{theory}}(l,\lambda)}{\partial\lambda}\right)^2 + \left(C^{\mathrm{theory}}(l,\lambda) - \hat{C}(l)\right)\frac{\partial^2 C^{\mathrm{theory}}(l,\lambda)}{\partial\lambda^2}\right]. \tag{14.66}$$

本章中我们假设 $\hat{C}(l)$ 的协方差不依赖于 λ. 我们希望得到 λ 的估计值的误差, 即反复重复给定的实验所得到的误差. 因此, 只需取 $\mathcal{F}$ 的期望. 这样可以作出进一步的简化: 本来因为噪声和宇宙方差等效应而非零的 $\hat{C}(l) - C^{\mathrm{theory}}(l,\bar\lambda)$, 在求期望值的情况下等于零 [注意此时仅 $\hat{C}(l)$ 是随机变量]. 因此, 取期望时, 仅第一项保留,

$$F \equiv \langle\mathcal{F}\rangle = \sum_l \frac{1}{\mathrm{Var}[\hat{C}(l)]}\left[\frac{\partial C^{\mathrm{theory}}(l,\bar\lambda)}{\partial\bar\lambda}\right]^2. \tag{14.67}$$

此时, 与数据相关的变量全部消失, 仅剩下与理论相关的变量. 这个在最大似然 (真实或基准参数值) 处的曲率的系综平均 F 称为 Fisher 信息量 (*Fisher information*). 进一步推广至多参数情况时, 称为 Fisher 信息量矩阵, 简称 *Fisher 矩阵* (*Fisher matrix*):

$$F_{\alpha\beta} = \sum_l \frac{1}{\mathrm{Var}[\hat{C}(l)]}\frac{\partial C^{\mathrm{theory}}(l,\{\bar\lambda_\gamma\})}{\partial\bar\lambda_\alpha}\frac{\partial C^{\mathrm{theory}}(l,\{\bar\lambda_\gamma\})}{\partial\bar\lambda_\beta}. \tag{14.68}$$

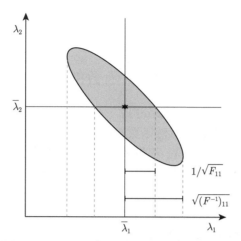

图 14.4　二维参数空间中的误差椭圆 ($\Delta\chi^2 = 1$). 似然函数的最大值 ($\bar{\lambda}_1, \bar{\lambda}_2$) 标记为图中的星号. 图中显示了参数 λ_1 的两种误差. 若 λ_2 完全已知 (即具有无限窄的先验分布), 则 λ_1 的误差对应于 $\lambda_2 = \bar{\lambda}_2$ 处椭圆的宽度, 为 $1/\sqrt{F_{11}}$. 如果没有 λ_2 的先验信息, 需对 λ_2 进行边缘化, 最终得到 λ_1 的误差将更大, 为 $\sqrt{(F^{-1})_{11}}$.

为了得到测量参数的精度, 只需得知实验的参数 (以便得到 $\text{Var}[\hat{C}(l)]$) 以及 C^{theory} ($l, \{\bar{\lambda}_\alpha\}$) 在真实值或基准值附近的导数 (可通过数值计算并取有限差分的方式估计出). 式 (14.68) 作出了似然函数为正态分布的假设, 且协方差不依赖于 $\{\lambda_\alpha\}$ 并取对角形式. 推广至任意形状的似然函数时,

$$F_{\alpha\beta} \equiv -\left\langle \frac{\partial^2 \ln \mathcal{L}}{\partial \lambda_\alpha \partial \lambda_\beta} \right\rangle\Bigg|_{\{\lambda_\gamma\}=\{\bar{\lambda}_\gamma\}}. \tag{14.69}$$

对于正态分布、单一参数 λ, 1σ 误差即 $1/\sqrt{F}$. 那么, 多参数同时变化的情况呢? 图 14.4 展示了双参数的情形. 若参数之一 λ_2 完全已知, λ_1 的误差即 $1/\sqrt{F_{11}}$. 但如果 λ_2 未知, 也允许变化, 则 λ_1 的误差需要在对 λ_2 的所有可能值积分后求得, 结果为 $\sqrt{(F^{-1})_{11}}$. 下面证明这一点. 首先, 因 Fisher 矩阵描述了最大似然附近的曲率, 可将两参数的后验分布写为

$$P(\lambda_1, \lambda_2) \propto \exp\left\{ -\frac{1}{2} \lambda_\alpha F_{\alpha\beta} \lambda_\beta \right\}. \tag{14.70}$$

简单起见, 我们设 ($\bar{\lambda}_1, \bar{\lambda}_2$) = $(0,0)$. 允许 λ_2 变化, 即积分掉 (边缘化) λ_2 的所有取值 [式 (14.22)]. 则

$$P(\lambda_1) = \int \mathrm{d}\lambda_2 P(\lambda_1, \lambda_2)$$
$$\propto \exp\left\{ -\frac{\lambda_1^2}{2} \left(\frac{F_{11}F_{22} - F_{12}F_{21}}{F_{22}} \right) \right\}. \tag{14.71}$$

而 $[F_{11}F_{22} - F_{12}F_{21}]/F_{22} = 1/(F^{-1})_{11}$. 可见 λ_1 的误差的确是 $\sqrt{(F^{-1})_{11}}$.

14.6 似然函数的采样

本章已介绍了似然函数的各部分内容: 理论预测、从数据中估计两点函数, 以及它们的协方差. 现需要通过似然函数来限制宇宙学参数. 通过解析的方法寻找最大似然一般是不可能的. 首先, 根据式 (14.23) 之后的讨论, 似然函数对于宇宙学参数而言并非正态分布. 另外, 一般还需积分掉诸多冗余参数. 因此, 我们只能对似然函数进行数值求解.

原则上可以用一种直接的方法: 在参数空间取很多点, 计算似然函数, 并找到最大值 (即最佳拟合参数) 以及参数的等概率置信区间. 然而, 对于现实中的多参数拟合 (典型描述宇宙学数据的参数数量是 10 至 100 个), 这种直接计算的方法是完全不现实的. 假设对于每个参数维度需要 20 次似然函数的计算, 那么在二维参数空间需要 20^2 次, 在三维需要 20^3 次. 若总共有 20 个自由参数, 总共需要 20^{20} 次似然函数的估计. 即使每次估计仅需几秒钟 (现实中的似然函数估计非常耗时), 计算的总时间也是不可接受的.

我们需要开发专门的技术来评估似然函数的峰值和宽度. 这些技术同样适用于非正态分布的似然函数, 即现实世界中的复杂情况.

在复杂的似然分析中所面临的本质问题是: 我们需要在一个高维参数空间 $\{\lambda_\alpha\}$ 中找到合适的区域, 包括最大似然的位置, 以及对似然进行积分后得到各参数的边缘化误差棒 (章节 14.5). 为此, 在实践中必须采用一些特定的技巧.

假设我们有一种算法, 在给定后验 (似然函数和先验的乘积) 时, 在参数空间给出一组相互独立的参数样本 $\{\lambda_\alpha^i\}_{i=1}^{m_{\text{sample}}}$ 且它们的分布服从后验分布, 如一维情况中图 14.5 所示. 那么, 我们的问题便可解决: 所需参数 λ_α 的最佳拟合值即样本的平均值,

$$\bar{\lambda}_\alpha = \frac{1}{m_{\text{sample}}} \sum_{i=1}^{m_{\text{sample}}} \lambda_\alpha^i, \tag{14.72}$$

其中求和对 m_{sample} 个采样进行; 而边缘化的误差由 λ_α^i 的样本方差给出:

$$\text{Var}[\lambda_\alpha] = \frac{1}{m_{\text{sample}} - 1} \sum_{i=1}^{m_{\text{sample}}} \left(\lambda_\alpha^i - \bar{\lambda}_\alpha\right)^2. \tag{14.73}$$

在样本足够大的极限下, $\bar{\lambda}_\alpha$ 和 $\text{Var}[\lambda_\alpha]$ 均趋于真实值. 事实上我们可以进一步优化: 给定一个足够大的 m_{sample}, 由归一化的 λ_α^i 的分布可得到 λ_α 的边缘化概率分布. 对于此一维函数容易得到其最大值和置信区间. 类似地, 对于二维参数空间, 还可得到 $(\lambda_\alpha, \lambda_\beta)$ 的联合概率分布, 并检验它们是否具有简并性, 等等.

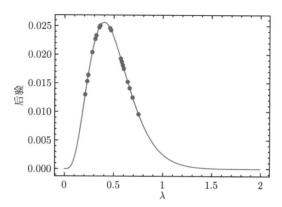

图 14.5 参数 λ 的后验分布 (实线). 图中的点表示对后验分布的采样; 后验更大, 采样更频繁. 样本足够大时, 样本平均和样本方差趋于分布的真实值. 此示例中, 后验的真实期望和标准差分别是 0.5 和 0.22, 而通过 20 次采样所估计出的样本期望和样本方差分别是 0.46 和 0.18. 更多的采样会进一步改善结果.

幸运的是, 确实存在这种高效的采样方法. 最流行的方法称为马尔可夫链蒙特卡罗 (*Markov Chain Monte Carlo, MCMC*) 方法. 其中 "Monte Carlo" 指算法使用了随机数生成器; "Markov 链" 是指: 为进行第 $i+1$ 次采样, 除随机数外, 算法仅使用前一个采样点 λ_i 作为输入. 这是一个重要的限制: 其意味着此算法不存在 "记忆", 即不依赖于更早的样本 $\lambda_1, \lambda_2, \cdots$ (称之为 "链"). 以下描述中, 将参数向量 $\{\lambda_\alpha\}$ 记为 λ. 首先推导此算法成立的条件, 即如何使实际的采样服从 $P(\lambda)$ 这一后验分布.[①] 在此之后, 我们的目标便是确定这样一种算法: 输入一组参数 λ, 输出后续的一组参数 λ'.

由 Markov 链的性质, 从采样 λ 得到下一个采样 λ' 完全取决于条件概率 $K(\lambda'\,|\,\lambda)$. 为了使 MCMC 的采样器得到正确的后验分布, 对 K 提出的基本要求称为细致平衡 (*detailed balance*) 条件:

$$P(\lambda)K(\lambda'\,|\,\lambda) = P(\lambda')K(\lambda\,|\,\lambda'). \tag{14.74}$$

如果 λ 的初始分布服从 $P(\lambda)$, 则满足式 (14.74) 的算法应维持此分布不变. 这类似于 Boltzmann 方程中平衡态的碰撞项平衡: 将式 (14.74) 写为 $P(\lambda)K(\lambda'\,|\,\lambda) - P(\lambda')K(\lambda\,|\,\lambda') = 0$ 可看出其对应于正反应速率 ($\lambda \to \lambda'$) 与逆反应速率 ($\lambda' \to \lambda$) 相等 (参考章节 5.1 中的探讨). 因此, 如果我们希望从后验 $P(\lambda)$ 采样, 应找到一个碰撞过程使其平衡态分布为 $P(\lambda)$, 并模拟此散射过程.

在得到具体算法之前, 首先思考为何需要这一细致平衡条件 (14.74). 若初始

---

① 严格来讲, 分布应为 $P(\lambda\,|\,\{d_i\})$, 但因为数据是固定的, 且在本节中并不显性出现, 故为简洁起见略去此变量.

分布已经是后验分布, 则式 (14.74) 显然能够保证我们从正确的分布中采样. 而现实中, 我们将从某个初始猜测的 λ 开始, 且一般离后验最大值很远. 式 (14.74) 仍然有效的原因也来自于 Boltzmann 方程的类比: 如果光子的初始分布非常远离 Bose-Einstein 分布, 多次发生的碰撞会逐渐将分布趋近于平衡态分布. 类似地, 即使初始采样远离后验分布, 满足细致平衡条件的采样方法使得在足够多次的随机采样后, 分布逐渐服从 $P(\lambda)$. 因此, 在经历一段 "磨合期" 之后, 采样分布最终会服从后验分布.

$K(\lambda' \,|\, \lambda)$ 的选择之一是 20 世纪 50 年代提出的 Metropolis-Hastings 算法, 由 Metropolis 首先提出, 而后被 Hastings 进一步推广. 简单起见, 我们假设仅存在单一的参数, 从以 λ 为中心、两参数对称的一个分布 $g(\lambda', \lambda)$ 中选出下一个样本 λ'. 最简单的实例便是正态分布 $g(\lambda', \lambda) \propto \exp[-(\lambda - \lambda')^2/2\sigma^2]$. 然后, 这一新采样被 "接受" 的概率为

$$p_{\mathrm{acc}}(\lambda', \lambda) = \min\left\{\frac{P(\lambda')}{P(\lambda)}, 1\right\}. \tag{14.75}$$

也就是说, 我们计算出两参数后验概率的比值 $\alpha = P(\lambda')/P(\lambda)$. 若 $\alpha \geqslant 1$, 则 λ' 便被选为下一步采样; 若 $\alpha < 1$, 那么我们在 $[0, 1]$ 均匀分布中抽取一个随机数, 且仅当其小于 α 时才将 λ' 选为下一步采样. 可见, 如果 λ' 的后验概率远小于前一步的后验概率, 我们基本上将放弃接受 λ' (但也非绝对不可能). 舍弃 λ' 时, 则将 λ 加入链中. 我们将反复进行此循环操作, 每次新候选采样均基于链的最后一个元素来生成.

现说明此算法满足细致平衡条件. 其要求

$$\frac{P(\lambda')}{P(\lambda)} = \frac{K(\lambda' \,|\, \lambda)}{K(\lambda \,|\, \lambda')} = \frac{p_{\mathrm{acc}}(\lambda' \,|\, \lambda)}{p_{\mathrm{acc}}(\lambda \,|\, \lambda')}, \tag{14.76}$$

其中等式第二步成立是因为 $g(\lambda' \,|\, \lambda)$ 具有对称性. 若 $P(\lambda') < P(\lambda)$, 分母等于 1, 分子确实等于 $P(\lambda')/P(\lambda)$. 类似地, 若 $P(\lambda') > P(\lambda)$, 分子等于 1, 分母使等式成立, 细致平衡条件得到满足. 推广至多参数的情况, 只需对 $\lambda_1, \lambda_2, \cdots$ 依次执行相同的函数 $g(\lambda_i', \lambda_i)$ 或不同的函数 g_i 即可.

以上细节体现出了 Metropolis-Hastings 算法的优势: 函数 g 是可以被调整的. 例如, 取正态分布时, σ 是一个自由参数. 若 σ 过小, 采样器需要很长时间才能绘制出似然函数的全貌, 甚至采样会卡在某局部的似然极大值. 反之, 过大的 σ 将导致采样的接受率太低, 因大部分 λ' 将落于参数空间的低概率区. 因此, 在初始的磨合阶段, 这一步长参数常需要进行动态调整. 此算法的缺点在于: 我们可能需要进行多次后验计算才能得到一个被接受的新样本. 此外, 临近的样本在统计上并非严格独立, 在计算期望和方差时 [式 (14.72, 14.73)] 需要考虑这些因素.

Metropolis-Hastings 算法是最早的 MCMC 算法之一, 随后开发了许多类似的算法, 广泛用于宇宙学和各数据科学领域. 以上提出的一些基本要点适用于各类采样器:

- 通过步长优化, 以最少的计算次数绘制出似然函数;
- 磨合时期的相关评估;
- 链的收敛性的评估;
- 临近采样相关性的理解.

14.7　小　　结

本书是 2003 年首次出版的 *Modern Cosmology* 的第二版. 鉴于近年来宇宙学的飞速发展, 本章进行了最多的内容修改. 在过去的几十年间, 宇宙学的数据和数据分析发生了翻天覆地的变化, 甚至一些崭新的数据分析方法正在浮出水面, 比如, 不依赖于似然函数的推理方法、成图的正向建模、机器学习, 它们也许会替代本章的似然分析方法.

尽管如此, 本章的高斯统计仍是所有统计推理方法的基础. 在未来, 更加先进的数据分析技术仍将以图 14.1 中的诸多步骤为基础, 它们主要包括两个压缩步骤: 先将原始数据成图, 再在图中估计两点函数. 理论方面, 我们需要在给定模型的基础上计算出两点函数; 这蕴含了此前所有章节的内容. 未来的数据分析中, 这些依然适用. 除了以上两点, 在理论上还需获得两点函数的协方差矩阵; 我们在本章仅讨论了最简单的情况. 协方差矩阵的对角形式常被用于理论预测, 但已并不适用于当代数据的分析预测, 甚至可以说, 协方差矩阵的计算是当前宇宙学数据分析流程中最大的挑战之一. 最终, 有了以上三点, 似然函数的估计及参数限制就变成一个数值计算和统计问题; 最广泛使用的方法是 MCMC.

在结束本章和本书前, 还需提及另一个重大挑战: 系统效应. 在星系成团性分析中, 常见的效应是银河系内的恒星对星系样本的污染、红移估计的偏差、不完善的理论模型 (如星系数密度场和物质密度场之间的偏袒因子), 等等. 在 CMB 领域, 系统效应包括银河系的前景噪声、仪器的波束展宽效应. 解决这些系统效应最有希望的方法便是正向建模法. 例如, 通过测量各频段的天图来构建银河系前景发射源的模板图. 然后, 我们允许 CMB 天图受到这些模板的污染, 并以多个参数来量化污染的大小, 这样便可与数据直接对比来限制宇宙学参数. 其类似于对星系偏袒因子的处理. 然而, 这些仅适用于已知的系统效应. 通过构建一系列的零检验, 即在无系统效应的情况下应得到结果为零的估计量, 可寻找其他未知的系统效应. 所有这些技术都与具体的可观测量 (CMB、星系成团性、引力透镜等) 密切相关. 在各自领域专门的教科书中, 这些细节值得更加深入的探讨.

习　　题

14.1　某患者咳嗽 (cough, 记为 C) 症状已持续一周. 已知肺癌 (lung cancer, 记为 L) 的主要症状是咳嗽; 为量化, 可写为 $P(C\,|\,L) = 1$. 又假设, 每年每 2000 人中有 1 人被确诊为肺癌. 利用 Bayes 定理, 计算该患者患有肺癌的概率 $P(L\,|\,C)$. 若同时假设, 每年每 5 人中就有 1 人咳嗽并至少持续一周, 再进行同样的计算. 本习题展示出先验的重要性.

14.2　将式 (14.2) 推广至每次采样具有不同的误差的情况: $\sigma_w \to \sigma_{w,i}$. 求最大似然时的 w, 证明其对应于逆方差加权.

14.3　设一成图的协方差矩阵为

$$\langle (\hat{s}_i - s_i)(\hat{s}_j - s_j) \rangle, \tag{14.77}$$

其中 $\hat{s}_i$ 来自式 (14.30) 的估计. 证明此协方差为 C_N, 即式 (14.31).

14.4　推导出依赖于方位的、各向异性的波束展宽对 a_{lm}^{obs} 影响的表达式. 首先写出观测所得温度场的表达式 (14.36). 忽略与此计算无关的噪声项. 将所有变量进行球谐展开, 如 $B(\hat{\boldsymbol{n}}, \hat{\boldsymbol{n}}') \to B_{lm,l'm'}$. 证明: 观测所得温度场的多极子可表示为

$$a_{lm}^{\mathrm{obs}} = \sum_{l'm'} B_{lm,l'm'} a_{l'm'}. \tag{14.78}$$

再考虑章节 14.4.1 中各向同性波束展宽的特例 $B(\hat{\boldsymbol{n}}, \hat{\boldsymbol{n}}') = B(\hat{\boldsymbol{n}} \cdot \hat{\boldsymbol{n}}')$. 证明在此情况下式 (14.38) 成立.

14.5　η_{lm} 是期望为零, 协方差为式 (14.39) 的正态分布, 推出式 (14.40). 进行式 (14.41) 中的积分并得到似然函数 (14.42).

14.6　考虑一个覆盖全天的 CMB 观测, 像素分辨率为 $\Delta\Omega$. 此观测测量每个像素的温度且噪声是标准差为 σ_η 的正态分布. 噪声的振幅通常以 $\mu\mathrm{K/arcmin}^2$ 为单位, 故体现在温度扰动 Θ 上的噪声需将 σ_η 乘以像素张角 $\Delta\Omega$ 再除以 $T_0 = 2.726\,\mathrm{K}$. 此噪声被认为均匀 (在天球各处服从同一分布) 且在各像素之间独立. 试求出 a_{lm}^{obs} 的噪声的协方差矩阵. 如果对同一观测, 每个像素的张角减小至原来的 $1/2$, 则噪声将增至原来的 $\sqrt{2}$ 倍. 证明在此情况下的噪声协方差矩阵不变.

14.7　推导弱引力透镜角功率谱 $C_{EE}(l)$ (章节 13.5) 中噪声的贡献. 这类似于习题 14.6 中 CMB 的噪声, 唯一的不同在于噪声源自星系的内禀椭率. 已知式

(13.40)，将 ϵ_i^{true} $(i = 1, 2)$ 视为正态分布，$\langle \epsilon_i^{\text{true}} \rangle = 0$ 且 $\langle (\epsilon_i^{\text{true}})^2 \rangle = \sigma_\epsilon^2$. 然后假设像素张角为 $\Delta\Omega$ 并含 $\bar{n}_{\text{g}}\Delta\Omega$ 个星系，其中 $\bar{n}_{\text{g}}$ 是源星系的角平均数密度 (单位立体角中的星系数量).

14.8　章节 14.4.2 假设了星系分布的协方差矩阵为对角矩阵，对角元为 P_N. 证明此结论并求 P_N. 假设星系计数的噪声可描述为 Poisson 过程:

(a) 将巡天区域分为很多小的体积区间，体积为 v. 设每个区间内的星系数目来自一个均值为 $\bar{m}_{\text{g}}$ 的 Poisson 分布的采样 (简单起见，设各区间内的 $\bar{m}_{\text{g}}$ 相同):

$$P(m) = \frac{(\bar{m}_{\text{g}})^m e^{-\bar{m}_{\text{g}}}}{m!}. \tag{14.79}$$

将此分布的 $\langle m \rangle$ 和 $\langle m^2 \rangle$ 表示为星系平均数密度 $\bar{n}_{\text{g}}$ 和区间的体积 v 的形式.

(b) 在此 Poisson 模型 (14.79) 的假设下，计算星系分布的两点相关函数，即计算

$$\xi_{\text{g}}(|\boldsymbol{x}_\alpha - \boldsymbol{x}_\beta|) = \frac{\langle m(\boldsymbol{x}_\alpha) m(\boldsymbol{x}_\beta) \rangle}{\langle m \rangle^2}, \tag{14.80}$$

其中 $\boldsymbol{x}_\alpha$ 代表体积区间 α 的位置. 假设不存在任何内禀成团性，这样每个体积区间的 $\langle m \rangle$ 均相同.

(c) 计算星系成团的功率谱. 方法之一是将以上结果进行 Fourier 变换，或通过以下方法直接计算. 将式 (14.49) 改写为

$$\Delta(\boldsymbol{k}_i) = L^{3/2} \sum_\alpha e^{i\boldsymbol{k}_i \cdot \boldsymbol{x}_\alpha} \left[\frac{n(\boldsymbol{x}_\alpha) - \bar{n}_{\text{g}}}{\bar{n}_{\text{g}}} \right], \tag{14.81}$$

其中的求和对所有小体积区间 (体积为 v) 进行. 利用步骤 **(a)** 的结论，再次作无内禀成团性的假设，计算出 $\langle \Delta(\boldsymbol{k}_i) \Delta(\boldsymbol{k}_j) \rangle$. 利用以上任一方法，证明式 (14.57) 中的噪声的贡献为 $P_N = 1/\bar{n}_{\text{g}}$.

14.9　计算 BICEP2/Keck Array (Ade *et al.*, 2018) 中 B 模式偏振功率谱的预期误差 $\text{Var}[\hat{C}_{BB}(l)]$. 该观测覆盖 400 平方度的天区；设每平方角分像素内的噪声是 $3\,\mu\text{K}$. 利用 Fisher 矩阵，假设真实情况的张标比为 $r = 0$，计算在理想情况下该观测对 r 的探测上限.

14.10　在 Fisher 矩阵的推导中我们曾假定，若进行足够多次含噪声的测量，在真实值为 $\bar{\lambda}$ 时，估计值 $\hat{C}(l)$ 应等于理论预测 $C^{\text{theory}}(l, \bar{\lambda})$. Fisher 方法还可推断出理论和数据的不匹配所造成参数 λ 的偏差，来自于数据的系统效应或理论预测的缺陷.

(a) 设在以下情况时达到最大似然:

$$\hat{C}(l) = C^{\text{theory}}(l, \bar{\lambda}) + C^{\text{sys}}(l), \tag{14.82}$$

其中 $C^{\mathrm{sys}}(l)$ 是观测的系统效应或理论预测的偏差, 而统计误差 $\mathrm{Var}[\hat{C}(l)]$ 并不改变. 简单起见仅考虑单参数 λ, 推导出 λ_{sys} 的表达式, 使似然函数在保留至 $C^{\mathrm{sys}}(l)$ 的一阶项时 [忽略 $C^{\mathrm{sys}}(l)$ 的高阶项] 取最大值. 提示: 在 $\bar{\lambda}$ 处对似然函数进行 Taylor 展开.

(b) 取此表达式中所有变量的期望, 利用 $\langle \hat{C}(l) \rangle = C^{\mathrm{theory}}(l, \bar{\lambda}) + C^{\mathrm{sys}}(l)$ 和 Fisher 矩阵.

(c) 推广至多参数的情况.

14.11   推导星系分布功率谱的 Fisher 矩阵, 并结合式 (14.60) 和 (11.23) 估计 Euclid 巡天的星系分布功率谱对增长率 f 的预期测量误差. 巡天的大致参数如下:

$$V = 63\,h^{-3}\mathrm{Gpc}^{-3}; \quad z = 1.4; \quad \bar{n}_{\mathrm{g}} = 5.2 \times 10^{-4}\,h^3\mathrm{Mpc}^{-3}; \quad b_1 = 1.5. \quad (14.83)$$

在计算中可假设巡天体积是一个立方体, $\bar{n}_{\mathrm{g}}$ 是一个固定常数, 但应将 b_1 进行边缘化. 使用章节 12.2 的结果, 提出一个合理的 $k_{\max}$ 值, 以保证线性理论的可靠性.

14.12   将习题 14.10 针对 $C(l)$ 推出的 Fisher 参数和偏袒因子分析方法应用于三维星系分布的功率谱. 在忽略物质功率谱的单圈修正 [式 (12.48)] 时, 试估计增长因子 f 的偏差随 $k_{\max}$ 的变化, 并估计系统偏差达到 f 的 1σ 统计误差时 $k_{\max}$ 的取值.

附录 A 部分习题解答

每章末尾的习题繁简不一. 有些是简单重复的计算, 有些是对公式的基本应用, 有些具有相当的挑战性. 在各章节正文中提到了很多对本书主线内容最重要的习题. 本附录给出了部分习题解答.

第 1 章

习题 1.1

现在时刻

$$\frac{\rho_\Lambda}{3H^2/(8\pi G)} = \frac{\rho_\Lambda}{\rho_{\rm cr}} \left(\frac{H_0}{H} \right)^2 \tag{A.1}$$

约为 0.7. 根据假设, 宇宙持续为辐射主导 (在早期宇宙至少是一个合理的假设), 可取 $H/H_0 = a^{-2}$. 温度正比于 a^{-1}, 故 $H/H_0 = (T/T_0)^2$, 其中 $T_0 = 2.7\,{\rm K} = 2.3 \times 10^{-4}{\rm eV}$. 因此

$$\frac{\rho_\Lambda}{3H^2/(8\pi G)} = 0.7 \left(\frac{T_0}{T} \right)^4. \tag{A.2}$$

在 Planck 时期, $T_0/T = 2.3 \times 10^{-4}/1.22 \times 10^{28}$, 故

$$\frac{\rho_\Lambda}{3H^2/(8\pi G)} = 9 \times 10^{-128}. \tag{A.3}$$

这称为**精细调节** (*fine-tuning*) 问题: 若希望宇宙学常数在宇宙最近时期进入主导, 其在宇宙早期需被调整至一个非常小的数值, 但又不能等于零. 只要宇宙早期的这一数值稍大, 我们现在的宇宙便会完全不同, 处于指数膨胀和几乎空无一物的状态. 精细调节问题是一个深刻的问题.

习题 1.2

现需要取 $\Omega_\Lambda = 0.7, 0$ 分别完成积分

$$t_0 = \frac{1}{H_0} \int_0^1 \frac{{\rm d}a}{a} \left[\Omega_\Lambda + \frac{1 - \Omega_\Lambda}{a^3} \right]^{-1/2}. \tag{A.4}$$

$\Omega_\Lambda = 0$ 时, 积分无比简单:

$$\int_0^1 \frac{\mathrm{d}a}{a} a^{3/2} = \frac{2}{3}, \tag{A.5}$$

那么 $t_0 = 2/(3H_0) = 0.67 \times 10^{10} h^{-1}$ yr. $\Omega_\Lambda \neq 0$ 时, 利用习题中的提示进行变量代换并积分, 或索性进行数值积分, 得到

$$\int_0^1 \frac{\mathrm{d}a}{a} \left[0.7 + \frac{0.3}{a^3}\right]^{-1/2} \simeq 0.96. \tag{A.6}$$

可见, 对于固定的 Hubble 常数, 含有 Λ 的宇宙的年龄是物质主导的宇宙年龄的 $0.96/0.67 \simeq 1.43$ 倍. 这是因为, 现在的宇宙正在加速膨胀, 其过去膨胀的速度更慢. 对于 $h = 0.7$, 含宇宙学常数的宇宙年龄约 138 亿年, 大于已知的年老恒星和球状星团的年龄, 是合理的.

习题 1.4

将式 (1.9) 改写为

$$I_\nu = \frac{2(2\pi\hbar\nu)\nu^2/c^2}{\exp\left[2\pi\hbar\nu/k_\mathrm{B}T\right] - 1}. \tag{A.7}$$

图 1.7 中, y 轴的单位是 MJy/sr (其中 Jy 的定义是 1 Jy $= 10^{-26}$ J s^{-1} m^{-2} Hz^{-1}), 即单位时间、单位面积、单位频率和单位立体角的能量. 另外, I_ν 的单位是单位面积 ($\nu^2/c^2 = $ m^{-2}) 的能量 ($2\pi\hbar\nu$). 因 Hz $=$ s^{-1}, 它们具有相同的单位, 故

$$\text{光强 [MJy/sr]} = 10^{20} I_\nu \text{ [国际单位]} . \tag{A.8}$$

定义 $x = 2\pi\hbar\nu/k_\mathrm{B}T$, 令导数为零并数值求解, 发现式 (A.7) 在 $x \simeq 2.82$ 取最大值. 对于 $T = 2.728$ K, 得到 $\nu_{\max} = 160$ GHz. 因 $\nu = c/\lambda$, $(\lambda^{-1})_{\max} = 5.35$ cm^{-1}, 代入相关常数, 得到

$$I_\nu(\nu_{\max}) = 385 \, \mathrm{MJy \, sr^{-1}}, \tag{A.9}$$

以上结果与图 1.7 一致.

第 2 章

习题 2.1

(a) 为了从 K 转换为 eV, 利用 $k_\mathrm{B} = $ eV/(11605 K), 得到

$$2.726 \text{ K} \to k_\mathrm{B} \, 2.726 \text{ K} = (2.726/11605) \, \mathrm{eV}, \tag{A.10}$$

即 2.349×10^{-4} eV.

(b) 因 $T_0 = 2.349 \times 10^{-4}$ eV,

$$\rho_\gamma = \frac{\pi^2 T_0^4}{15} = 2.004 \times 10^{-15} \, \text{eV}^4. \tag{A.11}$$

为转换为 g cm^{-3}, 首先除以 $(\hbar c)^3 = (1.973 \times 10^{-5} \, \text{eV cm})^3$ 得到 $0.2609 \, \text{eV cm}^{-3}$. 然后将 eV 转换为 g, 因质子质量为 1.673×10^{-24} g 或 0.9383×10^9 eV, 故 $1 \, \text{eV} = 1.783 \times 10^{-33}$ g. 因此, $\rho_\gamma = 4.651 \times 10^{-34} \, \text{g cm}^{-3}$.

(c) 因 $H_0 = 100 \, h \, \text{km s}^{-1}\text{Mpc}^{-1}$, 或利用 $1 \, \text{Mpc} = 3.1 \times 10^{19}$ km, $H_0 = 3.23 \, h \times 10^{-18}$ s^{-1}. 为得到 cm^{-1}, 除以光速 $c = 3 \times 10^{10} \, \text{cm s}^{-1}$; 并且 $H_0 = 1.1 \, h \times 10^{-28}$ cm. 或利用 $H_0^{-1} = 9.3 \, h^{-1} \times 10^{27}$ cm.

(d) 为将 Planck 质量 (1.2×10^{28}eV) 转换为 K, 乘以 $k_{\text{B}}^{-1} = 11605$ K/eV, 得到 $m_{\text{Pl}} = 1.4 \times 10^{32}$ K. 为得到 cm^{-1}, 除以 $\hbar c = 1.97 \times 10^{-5}$ eV cm 得到 $m_{\text{Pl}} = 6.1 \times 10^{32} \, \text{cm}^{-1}$. 为转换为时间单位, 乘以光速得到 $m_{\text{Pl}} = 6.1 \times 10^{32} \times 3 \times 10^{10} \, \text{cm s}^{-1}$, 或 $m_{\text{Pl}} = 1.8 \times 10^{43} \, \text{s}^{-1}$.

习题 2.4

利用克氏符得到

$$\frac{\text{d}^2 x^i}{\text{d}\lambda^2} = -2\frac{\dot{a}}{a}\frac{\text{d}t}{\text{d}\lambda}\frac{\text{d}x^i}{\text{d}\lambda}. \tag{A.12}$$

换为对 η 求导, 并利用 $\text{d}t/\text{d}\lambda = E$ 和 $\text{d}\eta/\text{d}\lambda = E/a$. 测地线方程变为

$$\frac{E}{a}\frac{\text{d}}{\text{d}\eta}\left(\frac{E}{a}\frac{\text{d}x^i}{\text{d}\eta}\right) = -2\frac{\dot{a}}{a}\frac{E^2}{a}\frac{\text{d}x^i}{\text{d}\eta}. \tag{A.13}$$

因对于质量为零的粒子, $E/a \propto a^{-2}$, 等式左边的导数作用于 E/a 时的结果 (正比于 $\text{d}x^i/\text{d}\eta$) 恰好与等式右边抵消, 得到式 (2.94).

习题 2.5

宇宙年龄的积分为

$$t(a) = \int_0^a \frac{\text{d}a'}{a' H(a')}. \tag{A.14}$$

只考虑物质和辐射时,

$$H(a) = H_0 \sqrt{\rho/\rho_{\text{cr}}} = H_0 \sqrt{\frac{\Omega_{\text{m}}}{a^3} + \frac{\Omega_{\text{r}}}{a^4}}. \tag{A.15}$$

此表达式在宇宙早期可忽略宇宙学常数时成立. 由于 $\Omega_{\rm r}/\Omega_{\rm m} = a_{\rm eq} = 4.15 \times 10^{-5}/(\Omega_{\rm m} h^2)$, 年龄积分

$$t = \frac{1}{\Omega_{\rm m}^{1/2} H_0} \int_0^a \frac{{\rm d}a' a'}{\sqrt{a' + a_{\rm eq}}} \tag{A.16}$$

分部积分得到

$$\Omega_{\rm m}^{1/2} H_0 t = 2a\sqrt{a + a_{\rm eq}} - 2\int_0^a {\rm d}a' \sqrt{a' + a_{\rm eq}}. \tag{A.17}$$

进一步积分得到

$$\Omega_{\rm m}^{1/2} H_0 t = 2a\sqrt{a + a_{\rm eq}} - \frac{4}{3}\left\{[a + a_{\rm eq}]^{3/2} - a_{\rm eq}^{3/2}\right\}. \tag{A.18}$$

在极早期, 温度为 $0.1 {\rm MeV}$ 时, $a \ll a_{\rm eq}$,

$$t = \frac{a^2}{2 H_0 \sqrt{\Omega_{\rm m} a_{\rm eq}}} \quad (a \ll a_{\rm eq}). \tag{A.19}$$

此极限通过式 (A.16) 中的积分得到, 也可通过对式 (A.18) 进行 Taylor 展开得到. 温度为 $0.1\,{\rm MeV}$ 时, 尺度因子为现在时刻的温度除以 $0.1\,{\rm MeV}$, 即 $2.35 \times 10^{-4}\,{\rm eV}/0.1\,{\rm MeV} = 2.35 \times 10^{-9}$. 代入基准宇宙学模型参数得到

$$t\,(0.1\,{\rm MeV}) = 4.28 \times 10^{-16} \times 9.78 \times 10^9\,h^{-1}\,{\rm yr} = 132\,{\rm s}. \tag{A.20}$$

注意到此结果不依赖于 $\Omega_{\rm m}$, 因早期宇宙为辐射主导. 在 $T = 1/4\,{\rm eV}$ 时, $a = 9.4 \times 10^{-4}$. 代入基准宇宙学参数得到

$$t\,(1/4\,{\rm eV}) = 389000\,{\rm yr}. \tag{A.21}$$

习题 2.7

张角等于物理尺度除以角直径距离

$$\theta(z) = 5\,{\rm kpc}\,\frac{1 + z}{\chi(z)}. \tag{A.22}$$

在平直的物质主导宇宙中, χ 为

$$\chi^{\rm Euc,MD}(a) = \int_a^1 \frac{{\rm d}a'}{H_0^{1/2} a'^{1/2}} = \frac{2}{H_0}\left[1 - a^{1/2}\right] = \frac{2}{H_0}\left[1 - \frac{1}{\sqrt{1+z}}\right]. \tag{A.23}$$

当 $z = 0.1, 1$ 时, 上式括号中的部分分别等于 $0.0465, 0.293$. 我们到红移 z 的共动距离为

$$\chi = \begin{cases} 279\,h^{-1}{\rm Mpc} & z = 0.1 \\ 1756\,h^{-1}{\rm Mpc} & z = 1 \end{cases}. \tag{A.24}$$

计算除法, 并将弧度转换为角秒 ($1\,\mathrm{rad} \simeq 2.06 \times 10^5 \,\mathrm{arcsec}$),

$$
\theta = \begin{cases} 4.07'' \, h & z = 0.1 \\ 1.17'' \, h & z = 1 \end{cases}. \tag{A.25}
$$

在 $\Omega_\Lambda > 0$ 的宇宙中, χ 需通过数值积分得到. 在 $z = 1$, 在基准宇宙学模型中的 χ 比在平直且物质主导宇宙中大 30%, 因此角直径将更小: $\theta = 0.90'' \, h$. $z = 0.1$ 时, 两模型的角直径距离差距较小, 基准宇宙学模型中的张角为 $\theta = 3.88'' \, h$.

习题 2.8

将式 (1.9) 写为动量 $p = 2\pi\hbar\nu/c$ 的形式, 并注意分母是 $1/f_{\mathrm{BE}}$, 故

$$
I_\nu = f_{\mathrm{BE}}(p) \frac{4\pi p^3}{(2\pi)^3}, \tag{A.26}
$$

其中 $\hbar = c = 1$ (第 13 章探讨了其物理意义). 能量密度是对全部频率的积分, 系数 4π 计入了各方向的光子 (I_ν 是单位立体角的能流):

$$
\rho_\gamma = 4\pi \int_0^\infty \mathrm{d}\nu I_\nu. \tag{A.27}
$$

通过 $\mathrm{d}\nu = \mathrm{d}p/(2\pi)$ 换为对动量积分, 得到

$$
\rho_\gamma = 2 \int_0^\infty \mathrm{d}p I_\nu. \tag{A.28}
$$

习题 2.11

一个静质量为零的玻色子的能量密度为 $g\pi^2 T^4/30$, 而费米子的能量是它的 7/8 倍, 故

$$
s = \frac{2\pi^2}{45} \left[\sum_{i=\text{玻色子}} g_i T_i^3 + \frac{7}{8} \sum_{i=\text{费米子}} g_i T_i^3 \right], \tag{A.29}
$$

上式考虑了不同粒子种类具有不同的温度. 对于质量非零, $\mu = 0$ 的粒子, 温度远低于质量时, $e^{E/T} \to e^{m/T} \times e^{p^2/2mT}$. 这样, 不论是玻色子还是费米子, 分布函数 (即压强和能量密度) 均正比于 $e^{-m/T}$.

第 3 章

习题 3.2

(a) 利用

$$\Gamma^0_{\mu\nu} = \frac{g^{0\alpha}}{2}\left[\frac{\partial g_{\alpha\mu}}{\partial x^\nu} + \frac{\partial g_{\alpha\nu}}{\partial x^\mu} - \frac{\partial g_{\mu\nu}}{\partial x^\alpha}\right], \tag{A.30}$$

其中指标 μ,ν 取 0 到 2, 0 是时间指标, 1 代表 θ, 2 代表 ϕ. 因度规是对角的, $g^{0\alpha}$ 仅在 $\alpha=0$ 时非零, 等于 -1. 故

$$\Gamma^0_{\mu\nu} = -\frac{1}{2}\left[\frac{\partial g_{0\mu}}{\partial x^\nu} + \frac{\partial g_{0\nu}}{\partial x^\mu} - \frac{\partial g_{\mu\nu}}{\partial t}\right]. \tag{A.31}$$

以上各项均为零: 因 g_{00} 是常数, 前两项为零, 最后一项为零是因为度规各元素均不依赖于 $x^0=t$. 因此, 对于所有 μ,ν, $\Gamma^0_{\mu\nu}=0$. 下面考虑

$$\Gamma^\theta_{\mu\nu} = \frac{g^{\theta\alpha}}{2}\left[\frac{\partial g_{\alpha\mu}}{\partial x^\nu} + \frac{\partial g_{\alpha\nu}}{\partial x^\mu} - \frac{\partial g_{\mu\nu}}{\partial x^\alpha}\right]. \tag{A.32}$$

由度规的对角性及 $g^{\theta\theta}=1/r^2$, 上式化简为

$$\Gamma^\theta_{\mu\nu} = \frac{1}{2r^2}\left[\frac{\partial g_{\theta\mu}}{\partial x^\nu} + \frac{\partial g_{\theta\nu}}{\partial x^\mu} - \frac{\partial g_{\mu\nu}}{\partial \theta}\right]. \tag{A.33}$$

仅 $g_{\phi\phi}$ 元素在取微分时非零. 因此, 上式前两项为零, 最后一项仅在 $\mu=\nu=\phi$ 时非零, 这时

$$\Gamma^\theta_{\phi\phi} = \frac{1}{2r^2}\left[-r^2\frac{\partial \sin^2\theta}{\partial \theta}\right] = -\sin\theta\cos\theta. \tag{A.34}$$

最后考虑上指标为 ϕ 的克氏符,

$$\Gamma^\phi_{\mu\nu} = \frac{1}{2r^2\sin\theta}\left[\frac{\partial g_{\phi\mu}}{\partial x^\nu} + \frac{\partial g_{\phi\nu}}{\partial x^\mu} - \frac{\partial g_{\mu\nu}}{\partial \phi}\right]. \tag{A.35}$$

因度规各元素不依赖于 ϕ, 上式最后一项为零; 前两项非零仅当 μ,ν 其一为 ϕ 且另一为 θ, 因此

$$\Gamma^\phi_{\phi\theta} = \Gamma^\phi_{\theta\phi} = \frac{\cos\theta}{\sin\theta}. \tag{A.36}$$

(b) 测地线方程为

$$\frac{\mathrm{d}^2 x^\mu}{\mathrm{d}\lambda^2} = -\Gamma^\mu_{\alpha\beta}P^\alpha P^\beta, \tag{A.37}$$

其中

$$P^\mu \equiv \frac{\mathrm{d}x^\mu}{\mathrm{d}\lambda}. \tag{A.38}$$

代入 $\mu = \theta$ 的情况. 等式左边为

$$\frac{\mathrm{d}^2\theta}{\mathrm{d}\lambda^2} = \frac{\mathrm{d}}{\mathrm{d}\lambda}\frac{\mathrm{d}t}{\mathrm{d}\lambda}\dot{\theta} = E^2\ddot{\theta}, \tag{A.39}$$

其中用到了 $E = \mathrm{d}t/\mathrm{d}\lambda$ 为常数. 等式右边的克氏符 $\Gamma^{\theta}_{\alpha\beta}$ 非零仅当 $\alpha = \beta = \phi$, 并等于 $-\sin\theta\cos\theta$. 故

$$\ddot{\theta} - \sin\theta\cos\theta(\dot{\phi})^2 = 0. \tag{A.40}$$

为得到第二个方程, 考虑测地线方程的 ϕ 分量,

$$\frac{\mathrm{d}^2\phi}{\mathrm{d}\lambda^2} = -\Gamma^{\phi}_{\alpha\beta}P^{\alpha}P^{\beta}. \tag{A.41}$$

等式左边即 $E^2\ddot{\phi}$. 等式右边非零仅当 $\alpha = \theta, \beta = \phi$ 或 $\alpha = \phi, \beta = \theta$. 因此,

$$\ddot{\phi} + 2\frac{\cos\theta}{\sin\theta}\dot{\theta}\dot{\phi} = 0. \tag{A.42}$$

其恰好等价于

$$\frac{\mathrm{d}}{\mathrm{d}t}\left(\dot{\phi}\sin^2\theta\right) = 0 \tag{A.43}$$

而括号中的部分即角动量.

(c) 因克氏符的时间分量均为零, Ricci 张量的时间-时间分量 R_{00} 为零. 下面计算空间分量. 首先考虑

$$R_{\theta\theta} = \frac{\partial\Gamma^{\alpha}_{\theta\theta}}{\partial x^{\alpha}} - \frac{\partial\Gamma^{\alpha}_{\theta\alpha}}{\partial\theta} + \Gamma^{\alpha}_{\beta\alpha}\Gamma^{\beta}_{\theta\theta} - \Gamma^{\alpha}_{\beta\theta}\Gamma^{\beta}_{\theta\alpha}. \tag{A.44}$$

其中第一项和第三项为零, 因两下指标均为 θ 的克氏符为零. 同理, 第二项中的 α 仅需取 ϕ, 最后一项中 β 和 α 仅需取 ϕ,

$$R_{\theta\theta} = -\frac{\partial(\cos\theta/\sin\theta)}{\partial\theta} - \left(\frac{\cos\theta}{\sin\theta}\right)^2. \tag{A.45}$$

求导后得到

$$R_{\theta\theta} = \left[1 + \frac{\cos^2\theta}{\sin^2\theta}\right] - \left(\frac{\cos\theta}{\sin\theta}\right)^2 = 1. \tag{A.46}$$

而其他空间分量为

$$R_{\phi\phi} = \frac{\partial\Gamma^{\alpha}_{\phi\phi}}{\partial x^{\alpha}} - \frac{\partial\Gamma^{\alpha}_{\phi\alpha}}{\partial\phi} + \Gamma^{\alpha}_{\beta\alpha}\Gamma^{\beta}_{\phi\phi} - \Gamma^{\alpha}_{\beta\phi}\Gamma^{\beta}_{\phi\alpha}. \tag{A.47}$$

第一项中的克氏符仅 $\alpha = \theta$ 时非零, 第二项中的克氏符恒为零. 第三项中 $\beta = \theta$ 且 $\alpha = \phi$ 时克氏符非零. 最后一项中 β 和 α 其一为 θ 另一为 ϕ 时克氏符非零. 因此,

$$R_{\phi\phi} = \frac{\partial\Gamma^{\theta}_{\phi\phi}}{\partial\theta} + \Gamma^{\phi}_{\theta\phi}\Gamma^{\theta}_{\phi\phi} - \Gamma^{\phi}_{\theta\phi}\Gamma^{\theta}_{\phi\phi} - \Gamma^{\phi}_{\phi\phi}\Gamma^{\beta}_{\phi\theta}. \tag{A.48}$$

中间两项抵消, 得到

$$R_{\phi\phi} = -\frac{\partial(\sin\theta\cos\theta)}{\partial\theta} + \sin\theta\cos\theta\frac{\cos\theta}{\sin\theta}. \tag{A.49}$$

求导得到

$$R_{\phi\phi} = -\cos^2\theta + \sin^2\theta + \cos^2\theta = \sin^2\theta. \tag{A.50}$$

最终, Ricci 标量

$$R = g^{\mu\nu}R_{\mu\nu} = -R_{00} + \frac{1}{r^2}R_{\theta\theta} + \frac{1}{r^2\sin^2\theta}R_{\phi\phi}. \tag{A.51}$$

整理后得到①

$$R = \frac{2}{r^2}. \tag{A.52}$$

可见, Ricci 标量表征空间的曲率.

习题 3.6

结合定义 (2.60) 和方程 (3.90) 得到

$$\frac{\ddot{a}}{a} = -\frac{4\pi G}{3}\sum_s (1 + 3w_s)\rho_s, \tag{A.53}$$

其中求和需对宇宙中的所有组分进行. 对于单一组分, 由于 $\rho_s > 0$, 加速膨胀的条件为

$$\frac{\ddot{a}}{a} > 0 \quad \Leftrightarrow \quad w < -\frac{1}{3}, \tag{A.54}$$

通常的物质 (无论相对论性或非相对论性) 及曲率的状态方程均不满足此条件. 在多个组分的条件下, 加速膨胀的条件为

$$\frac{\sum_s w_s\rho_s}{\sum_s \rho_s} < -\frac{1}{3}. \tag{A.55}$$

也就是说, 以能量密度为权重的平均状态方程需小于 $-1/3$.

习题 3.7

(a) 利用均匀宇宙的 FRW 度规,

$$P_0 = g_{00}P^0 = -P^0 = -E; \quad P_i = a^2 P^i = ap^i. \tag{A.56}$$

由于 $p^i \propto 1/a$, 可见 P_i 在均匀宇宙中为常数 [即 N 体模拟 (章节 12.3) 中常用的 "超共形" (superconformal) 动量].

———————————
① 译者注: 原文误写为 $1/(2r^2)$, 已更正.

(b) 均匀宇宙中, $\sqrt{-\det[g_{\alpha\beta}]} = a^3$,

$$
\begin{aligned}
T_0^0(\boldsymbol{x}, t) &= \frac{g}{a^3} \int \frac{\mathrm{d}P_1 \mathrm{d}P_2 \mathrm{d}P_3}{(2\pi)^3} P_0 f(\boldsymbol{p}, t) \\
&= -g \int \frac{\mathrm{d}^3 p}{(2\pi)^3} E(p) f(\boldsymbol{p}, t) = -\rho,
\end{aligned}
\tag{A.57}
$$

其中 ρ 是由分布函数 (2.62) 得到的能量密度.

(c) 能动张量空间部分的迹的 1/3 为

$$
\begin{aligned}
\frac{1}{3} T_k^k(\boldsymbol{x}, t) &= \frac{1}{3} \frac{g}{a^3} \int \frac{\mathrm{d}P_1 \mathrm{d}P_2 \mathrm{d}P_3}{(2\pi)^3} \frac{P^k P_k}{P^0} f(\boldsymbol{p}, t) \\
&= \frac{1}{3} g \int \frac{\mathrm{d}^3 p}{(2\pi)^3} \frac{p^2}{E(p)} f(\boldsymbol{p}, t) = \mathcal{P},
\end{aligned}
\tag{A.58}
$$

其中用到了 $P^k P_k = p^k p_k = p^2$. 得到了式 (2.64).

习题 3.8

将方程 (3.23) 对动量积分得

$$
\frac{\partial n}{\partial t} + \frac{\partial (nu)}{\partial x} = 0,
\tag{A.59}
$$

利用分部积分得 $\partial f / \partial p$ 一项为零, 因 f 在 $p = \pm\infty$ 为零. 此即连续性方程. 为得到 Euler 方程, 将方程乘以 p/m 并对动量积分得

$$
\frac{\partial (nu)}{\partial t} + \frac{\partial}{\partial x} \int_{-\infty}^{\infty} \frac{\mathrm{d}p}{2\pi} \frac{p^2}{m^2} f(x, p, t) + \frac{kx}{m} n = 0,
\tag{A.60}
$$

其中为得到最后一项需利用分部积分. 第二项又来自两部分的贡献:

$$
\int_{-\infty}^{\infty} \frac{\mathrm{d}p}{2\pi} \frac{p^2}{m^2} f(x, p, t) = nu^2(x, t) + \sigma(x, t)
\tag{A.61}
$$

其中第一项来自体速度, 第二项来自速度弥散 (即二阶矩 σ). 利用连续性方程可将方程 (A.60) 化为

$$
\dot{u} + u \frac{\partial u}{\partial x} + \frac{1}{n} \frac{\partial \sigma}{\partial x} + \frac{kx}{m} = 0,
\tag{A.62}
$$

其中第三项体现为压强. 为使方程组完备并求解, 需假设 $\sigma = 0$ 或将其与 n, u 等物理量建立联系.

习题 3.12

利用式 (3.60) 和 (3.49) 得到

$$P_\mu = \left[-E(1 + \Psi), p^i a(1 + \Phi) \right],\tag{A.63}$$

同时利用 $1/\sqrt{-\det[g_{\alpha\beta}]} = a^{-3}(1 - \Psi - 3\Phi)$，式 (3.20) 变为

$$T^\mu_\nu = g(1 - \Psi) \int \frac{\mathrm{d}^3 p}{(2\pi)^3} \frac{P^\mu P_\nu}{P^0} f(\boldsymbol{x}, \boldsymbol{p}, t).\tag{A.64}$$

代入式 (3.60, A.63)，并展开至 Φ, Ψ 的一阶项便得到 (3.86).

第 4 章

习题 4.1

对于简并度 $g = 2$ 的某组分，粒子数密度为

$$n = 2 \int \frac{\mathrm{d}^3 p}{(2\pi)^3} f(p).\tag{A.65}$$

对于所考虑的分布，相空间粒子数密度 f 仅依赖于动量的大小，因此对动量积分的角度部分得到 4π，

$$n = \frac{1}{\pi^2} \int_0^\infty \mathrm{d}p\, p^2 f(p).\tag{A.66}$$

在低温极限下，$m/T \gg 1$，Boltzmann 分布为 $\exp[-(m + p^2/2m)/T]$. 此即 Fermi-Dirac 分布和 Bose-Einstein 分布在低温时的极限

$$\frac{1}{e^{E/T} \pm 1} \to e^{-E/T},\tag{A.67}$$

这是因为 $E \simeq m \gg T$，分母中指数远大于 1. 因此，在低温时以上三种分布均为

$$n^{\text{低温}} = \frac{e^{-m/T}}{\pi^2} \int_0^\infty \mathrm{d}p\, p^2 e^{-p^2/2mT}.\tag{A.68}$$

为进行积分，定义 $x \equiv p/\sqrt{2mT}$，则 $\mathrm{d}p\, p^2 = [2mT]^{3/2}\mathrm{d}x\, x^2$，这样

$$n^{\text{低温}} = \frac{e^{-m/T}}{\pi^2} [2mT]^{3/2} \int_0^\infty \mathrm{d}x\, x^2 e^{-x^2}.\tag{A.69}$$

积分得到 $\sqrt{\pi}/4$，故

$$n^{\text{低温}} = 2e^{-m/T} \left(\frac{mT}{2\pi} \right)^{3/2}.\tag{A.70}$$

Boltzmann 分布的高温极限为

$$n^{\text{高温, Boltz}} = \frac{1}{\pi^2} \int_0^\infty \mathrm{d}p\, p^2 e^{-p/T}. \tag{A.71}$$

定义 $x \equiv p/T$, 得

$$n^{\text{高温, Boltz}} = \frac{1}{\pi^2} T^3 \int_0^\infty \mathrm{d}x\, x^2 e^{-x}. \tag{A.72}$$

对 x 的积分得到 2, 故

$$n^{\text{高温, Boltz}} = \frac{2T^3}{\pi^2}. \tag{A.73}$$

对于 Bose-Einstein 和 Fermi-Dirac 分布, 积分得到

$$n^{\text{高温, BE/FD}} = \frac{T^3}{\pi^2} \int_0^\infty \frac{\mathrm{d}x\, x^2}{e^x \mp 1}. \tag{A.74}$$

积分可表示为 Riemann ζ 函数 [式 (C.29)]. 这样, 式 (A.74) 中 Bose-Einstein 分布对应的带负号的积分为 $\zeta(3)\Gamma(3) = 2\zeta(3)$, 而 Fermi-Dirac 分布取正号时得到 $3\zeta(3)\Gamma(3)/4 = 3\zeta(3)/2$, 因此

$$n^{\text{高温}} = \frac{\zeta(3)T^3}{\pi^2} \begin{cases} 2 & \text{Bose-Einstein 分布,} \\ 3/2 & \text{Fermi-Dirac 分布.} \end{cases}$$

可见在相同温度下玻色子的数密度高于费米子. 因 $\zeta(3) \simeq 1.202$, Boltzmann 分布的数密度介于以上两者之间. 它们均正比于 T^3.

习题 4.6

光子数密度约为 $411\,\text{cm}^{-3}$, 重子数密度约为 $n_B = \rho_B/m_p = \rho_{cr}\Omega_b/m_p$, 得到

$$n_B = \Omega_b \frac{1.879\, h^2 \times 10^{-29}\,\text{g cm}^{-3}}{1.673 \times 10^{-24}\,\text{g}} = 1.12 \times 10^{-5}\,\Omega_b h^2\,\text{cm}^{-3}. \tag{A.75}$$

可见重子光子比 η_B 满足式 (4.10).

习题 4.9

为计算此比例, 在两个时刻计算熵密度 $(\mathcal{P} + \rho)/T$, 且仅相对论性粒子有贡献, 使得式 (A.29) 成立. 高温时, 以下粒子贡献能量密度: 夸克 [$g_q = 5 \times 3 \times 2$: 五种质量最轻的夸克 (上、下、奇、粲、底), 三色和两自旋态] 和它们的反夸克 ($g_{\bar{q}} = 30$); 轻子 [$g_l = 3 \times 2$: 三种轻子 e, μ, τ, 两自旋态, 以及三种对应的中微子仅单一螺旋

态 (3), 参见章节 2.4.4]; 反轻子 [$g_{\bar{l}} = 9$]; 光子 (2); 胶子 (gluon) ($g_g = 8 \times 2$: 八色和两自旋态). 总计

$$g_* = 2 + 16 + \frac{7}{8}(30 + 30 + 9 + 9) = 86.25. \tag{A.76}$$

第六种夸克, 顶夸克, 由于质量很大, 在高温时无贡献: $m_t \simeq 175\,\text{GeV}$. 同理, 可忽略 W, Z 和 Higgs 玻色子.

现在时刻, 熵密度的贡献仅来自光子和中微子, 前者贡献 2, 后者贡献 $g_*^{\text{today}} = (7/8) \times 3 \times 2 \times (4/11) = 43/11 = 3.91$. 由于 sa^3 守恒,

$$\left[g_*(aT)^3\right]_{T=10\text{GeV}} = \left[g_*(aT)^3\right]_{T_0}. \tag{A.77}$$

因此,

$$\frac{(aT)^3|_{T=10\text{GeV}}}{(a_0 T_0)^3} = \frac{3.91}{86.25} = \frac{1}{22}. \tag{A.78}$$

若在大于 $200\,\text{GeV}$ 的时刻进行计算, 所有粒子物理标准模型中的粒子都将产生贡献, 得到 $g_* = 103.75$, 以上比例约为 $1/27$, 基本一致.

第 5 章

习题 5.3

根据式 (4.2), 电子的分布函数在动量为零处取最大值 $e^{(\mu_e - m_e)/T}$. 为了建立化学势与密度的关系, 利用 $n = e^{\mu_e/T} n^{(0)}$, 在低温极限下, 根据式 (4.5),

$$e^{\mu_e/T} = \frac{n_e}{2} \left(\frac{2\pi}{m_e T}\right)^{3/2} e^{m_e/T}. \tag{A.79}$$

f_e 的最大值为 $(n_e/2)(2\pi/m_e T)^{3/2}$. 此电子数密度与质子的数密度相同. 由习题 4.6, 现在时刻 $n_e = 1.12 \times 10^{-5}(\Omega_b h^2)\,\text{cm}^{-3}$, 包括电离和束缚的电子. 将电子温度设为现在时刻光子的温度, 得到 $2\pi/m_e T = 2.04 \times 10^{-11}\,\text{cm}^2$, 进而

$$f_e^{\max} = 10^{-21} \Omega_b h^2 a^{-3/2}. \tag{A.80}$$

上式仅在 $T \lesssim m_e$ 时成立, 对应于 $a \gtrsim 4.6 \times 10^{-10}$. 可见, 当温度低于电子质量时, $1 - f_e$ 可设为 1.

习题 5.4

章节 5.2 推导中所用到的强度的平方与本习题中给出的更精确的结果相差 $24\pi\sigma_{\rm T}m_e^2[(\hat{\boldsymbol{p}}\cdot\hat{\boldsymbol{p}}')^2-1/3]$. 括号中即 2/3 倍的二阶 Legendre 多项式. 利用球谐函数, 此差别为

$$\Delta|\mathcal{M}|^2 = 16\pi\sigma_{\rm T}m_e^2\frac{4\pi}{5}\sum_{m=-2}^{2}Y_{2m}(\hat{\boldsymbol{p}})Y_{2m}^*(\hat{\boldsymbol{p}}'). \tag{A.81}$$

式 (5.16) 中的 $\mathcal{M}^2$ 应作此修正, 且仅需考虑 $m=0$ 项. 其他 $Y_{2m}(\hat{\boldsymbol{p}}')$ 具有方位依赖性, 积分后贡献为零. 这样, 考虑 Compton 散射的各向异性后, 碰撞项修正为

$$\Delta C[f(\boldsymbol{p})] = \frac{\pi^2 n_e\sigma_{\rm T}}{p}\mathcal{P}_2(\mu)\int\frac{{\rm d}^3p'}{(2\pi)^3p'}\mathcal{P}_2(\hat{\boldsymbol{p}}'\cdot\hat{\boldsymbol{k}})$$
$$\times\left\{\delta_{\rm D}^{(1)}(p-p')+(\boldsymbol{p}-\boldsymbol{p}')\cdot\boldsymbol{u}_{\rm b}\frac{\partial\delta_{\rm D}^{(1)}(p-p')}{\partial p'}\right\}\{f(\boldsymbol{p}')-f(\boldsymbol{p})\}, \tag{A.82}$$

其中我们利用了 $Y_{20}=-\sqrt{5}\mathcal{P}_2/\sqrt{4\pi}$. 再对 ${\rm d}\Omega'$ 积分. 在一阶近似下, 仅正比于 $\delta_{\rm D}^{(1)}(p-p')f(\boldsymbol{p}')$ 的一项非零,

$$\Delta C[f(\boldsymbol{p})] = -\frac{n_e\sigma_{\rm T}}{2p}\mathcal{P}_2(\mu)\int_0^\infty p'{\rm d}p'\delta_{\rm D}^{(1)}(p-p')p'\frac{\partial f^{(0)}}{\partial p'}$$
$$\times\int_{-1}^1\frac{{\rm d}\mu}{2}\mathcal{P}_2(\mu)\Theta(\mu). \tag{A.83}$$

对角度的积分得到 $-\Theta_2$. 对 $\delta_{\rm D}^{(1)}$ 的积分得到

$$\Delta C[f(\boldsymbol{p})] = p\frac{\partial f^{(0)}}{\partial p}n_e\sigma_{\rm T}\frac{1}{2}\mathcal{P}_2(\mu)\Theta_2. \tag{A.84}$$

可见, 在式 (5.22) 的括号中引入了一项 $-\mathcal{P}_2\Theta_2/2$, 并解释了方程 (5.67) 中的修正.

第 6 章

习题 6.1

在 Fourier 空间, $G_{,jl}^L\to -k_jk_lG^L$, 故

$$\epsilon_{ijk}G_{kl,jl}\to -k^2\epsilon_{ijk}(\hat{k}_k\hat{k}_j-\hat{k}_j\hat{k}_k/3)G^L$$
$$=-\frac{2}{3}k^2\epsilon_{ijk}\hat{k}_j\hat{k}_kG^L=0, \tag{A.85}$$

这是因为 ϵ_{ijk} 关于 $_{jk}$ 反对称, 而 $\hat{k}_j\hat{k}_k$ 对称. 因 $\delta_{ij}(\hat{k}_i\hat{k}_j - \delta_{ij}/3) = 0$, G_{ij} 无迹.

习题 6.3

由标量场的变换定律, 以及 $\delta\phi$ 的定义 (6.7),

$$\hat{\phi}(\hat{x}) = \phi(x[\hat{x}]) = \bar{\phi}(\hat{t} - \zeta) + \delta\phi(\hat{t} - \zeta, \hat{x} - \nabla\xi). \tag{A.86}$$

因 $\delta\phi$ 已经是一阶量, 我们可略去 $\delta\phi$ 的自变量中的 ζ 和 ξ. 对 $\bar{\phi}$ 展开得到

$$\hat{\phi}(\hat{x}) = \bar{\phi}(\hat{t}) - \zeta\frac{\mathrm{d}\bar{\phi}(\hat{t})}{\mathrm{d}\hat{t}} + \delta\phi(\hat{t}, \hat{\boldsymbol{x}}). \tag{A.87}$$

另外, 在 $\hat{x}$ 坐标系, 式 (6.7) 可写为

$$\hat{\phi}(\hat{x}) = \bar{\phi}(\hat{t}) + \widehat{\delta\phi}(\hat{t}, \hat{\boldsymbol{x}}). \tag{A.88}$$

由以上关系得到

$$\widehat{\delta\phi}(\hat{t}, \hat{\boldsymbol{x}}) = \delta\phi(\hat{t}, \hat{\boldsymbol{x}}) - \frac{\mathrm{d}\bar{\phi}(\hat{t})}{\mathrm{d}\hat{t}}\zeta(\hat{t}, \hat{\boldsymbol{x}}). \tag{A.89}$$

习题 6.8

(a) 由定义,

$$\Gamma^i_{jk} = \frac{g^{il}}{2}\left[g_{lj,k} + g_{lk,j} - g_{jk,l}\right]. \tag{A.90}$$

所有的导数均为对空间指标求导, 而度规仅一阶扰动项 h^{TT} 随空间变化. 因此, 可利用零阶 $g^{il} = \delta_{il}/a^2$, 得到式 (6.57).

(b) $\Gamma^0_{0i} = 0$, $\alpha = \beta = 0$ 时, $\Gamma^\alpha_{\beta j}\Gamma^\beta_{i\alpha} = 0$; 当 α, β 均为空间项时, 此乘积是两个一阶项, 可忽略. 因此

$$\Gamma^\alpha_{\beta j}\Gamma^\beta_{i\alpha} = \Gamma^0_{kj}\Gamma^k_{i0} + \Gamma^k_{0j}\Gamma^0_{ik} = \Gamma^0_{kj}\Gamma^k_{i0} + (i \leftrightarrow j). \tag{A.91}$$

而

$$\begin{aligned}\Gamma^0_{kj}\Gamma^k_{i0} &= \frac{1}{2}\left(2Hg_{jk} + a^2h^{\mathrm{TT}}_{jk,0}\right)\left(H\delta_{ik} + \frac{1}{2}h^{\mathrm{TT}}_{ik,0}\right)\\&= H^2 g_{ij} + a\dot{a}h^{\mathrm{TT}}_{ij,0}.\end{aligned} \tag{A.92}$$

再考虑 i 和 j 互换后的成分, 得到系数 2, 故

$$\Gamma^\alpha_{\beta j}\Gamma^\beta_{i\alpha} = 2H^2 g_{ij} + 2a\dot{a}h^{\mathrm{TT}}_{ij,0}. \tag{A.93}$$

第 7 章

习题 7.2

现在时刻, 宇宙中每 cm^3 有约 411 个光子. 现在时刻宇宙的 Hubble 体积约为 $(4\pi/3)$

$[3000\,h^{-1}\,\text{Mpc}]^3 = 3.3 \times 10^{84} h^{-3}\,\text{cm}^3$, 那么总光子数约为 $1.4 \times 10^{87} h^{-3}$. 这一数字在辐射主导和物质主导时期基本不变, 因数密度正比于 T^3, 物理体积正比于 a^3, 温度正比于 a^{-1}. 由中微子贡献的熵的总量类似. 这便引出了一个经典问题: 宇宙中的熵为何如此之大?

熵的产生发生于暴胀结束时的再加热过程: 尽管暴胀结束时温度已经很低 (因暴胀温度急剧衰减, 图 7.4), 但能量密度 (来自标量场) 极大. 当标量场中的能量转化为辐射时, 辐射组分的温度从几乎为零飙升至 $T \sim \rho^{1/4}$, 高达 $10^{14}\,\text{GeV}$. 因此, 如此巨大的熵来自再加热过程. 或者说, 暴胀的过程非常有序: 宇宙进行极致的冷却, 同时标量场远离其真实的真空态 (势的最小值). 而向真实的真空态转变的过程即向非常无序的平衡态转变的过程.

习题 7.12

(a) 由此代换, 方程变为

$$\frac{\mathrm{d}^2 \tilde{v}}{\mathrm{d}\eta^2} + \frac{2}{\eta}\frac{\mathrm{d}\tilde{v}}{\mathrm{d}\eta} + \left(k^2 - \frac{2}{\eta^2}\right)\tilde{v}. \tag{A.94}$$

定义 $x \equiv k\eta$, 可见 $\tilde{v}$ 满足一阶球 Bessel 方程 (C.13).

(b) 方程 (C.13) 的两个解为 $j_1(x)$ 和 $y_1(x)$, 故通解应为 $Aj_1 + By_1$, 即

$$\begin{aligned} v = \eta\tilde{v} &= \eta\left(A\frac{\sin x - x\cos x}{x^2} - B\frac{\cos x + x\sin x}{x^2}\right) \\ &= \frac{1}{2k^2\eta}\left(e^{ik\eta}[-iA - Ak\eta - B + iBk\eta]\right. \\ &\quad \left. + e^{-ik\eta}\left[iA - Ak\eta - B - iBk\eta\right]\right), \end{aligned} \tag{A.95}$$

当 $k\eta$ 取负且绝对值很大时, 我们期待 $v \to e^{-ik\eta}/\sqrt{2k}$, 因此 $e^{+ik\eta}$ 的系数正比于 $-A + iB$, 应为零, 故 $A = iB$. $e^{-ik\eta}$ 的系数

$$\frac{1}{2k^2\eta}[-2Ak\eta] = -\frac{A}{k} \tag{A.96}$$

应等于 $(2k)^{-1/2}$, 即 $A = -(k/2)^{1/2}$. 因此, 方程的解为

$$v = \frac{e^{-ik\eta}}{\sqrt{2k}}\left[1 - \frac{i}{k\eta}\right], \tag{A.97}$$

与式 (7.40) 一致.

习题 7.13

Einstein 方程的分量方程为

$$k^2\Psi + 3aH\left(\Psi' + aH\Psi\right) = 4\pi Ga^2\delta T_0^0$$

$$ik_i\left(\Psi' + aH\Psi\right) = -4\pi Ga\delta T_i^0. \tag{A.98}$$

这里我们引用了第 6 章的结果, 并设 $\Phi = -\Psi$. 因 δT_i^0 为一阶, 我们可利用零阶背景度规升降指标. 将以上第二个方程乘以 $3iaHk_i/k^2$, 并与时间-时间分量方程相加得

$$k^2\Psi = 4\pi Ga^2\left[\delta T_0^0 + \frac{3a^2Hik_i\delta T_0^i}{k^2}\right]. \tag{A.99}$$

在大尺度, 方程左边为零, 那么方程右边括号中的部分为零, 即方程 (7.66).

第 8 章

习题 8.4

(a), **(b)** 显然成立.

(c) 为进行积分, 作代换 $x \equiv \sqrt{1+y}$. 式 (8.30) 变为

$$\Phi = \frac{3\Phi(0)}{2}\frac{\sqrt{1+y}}{y^3}\int_1^{\sqrt{1+y}}dx\frac{\left(x^2-1\right)^2\left(3x^2+1\right)}{x^2}. \tag{A.100}$$

利用分部积分法, 并利用 $1/x^2$ 的积分为 $-1/x$. 在积分下限 $x = 1$ 时, 边界项为零. 故

$$\Phi = \frac{3\Phi(0)}{2}\frac{\sqrt{1+y}}{y^3}\left[-\frac{y^2(4+3y)}{\sqrt{1+y}} + \int_1^{\sqrt{1+y}}dx(18x^4 - 20x^2 + 2)\right]$$

$$= \frac{3\Phi(0)}{2}\frac{\sqrt{1+y}}{y^3}\left[-\frac{y^2(4+3y)}{\sqrt{1+y}} + \left(\frac{18}{5}x^5 - \frac{20}{3}x^3 + 2x\right)\Big|_1^{\sqrt{1+y}}\right]. \tag{A.101}$$

代入上下界后便得到式 (8.31).

习题 8.8

(a) 设 $\delta_{\mathrm{m}} = \mathrm{Const.} \times H$. 因方程 (8.75) 为齐次方程, 可令 $\delta_{\mathrm{m}} = H$. 将方程表示为 H^2 和 $\ln a$, 可利用

$$\frac{\mathrm{d}^2H^2}{\mathrm{d}a^2} = 2H\left(\frac{\mathrm{d}\ln H}{\mathrm{d}a}\frac{\mathrm{d}H}{\mathrm{d}a} + \frac{\mathrm{d}^2H}{\mathrm{d}a^2}\right), \tag{A.102}$$

得到

$$\frac{\mathrm{d}^2 H^2}{\mathrm{d}(\ln a)^2} + 2\frac{\mathrm{d}H^2}{\mathrm{d}\ln a} = \frac{3\Omega_\mathrm{m} H_0^2}{a^3}. \tag{A.103}$$

设宇宙中含有多种能量组分,

$$H^2(a) = H_0^2 \sum_s \Omega_s a^{p_s}, \quad p_s = -3\,(1 + w_s)\,. \tag{A.104}$$

代入 H^2 的方程得到

$$\sum_s \left(p_s^2 + 2p_s\right)\Omega_s a^{p_s} = 3\Omega_\mathrm{m} a^{-3}. \tag{A.105}$$

物质组分 $p_\mathrm{m} = -3$, 显然满足方程. 为使方程成立, 其他组分应对方程左边贡献为零, 故

$$p_s^2 + 2p_s = 0 \quad \Leftrightarrow \quad p_s\,(p_s + 2) = 0 \quad (物质之外的组分). \tag{A.106}$$

可见, 宇宙仅可含有物质、宇宙学常数 ($p_\Lambda = 0$) 和曲率 ($p_K = -2$). H 随时间减小, 非增长因子的性质. 为找到增长模式, 令 $u = \delta_\mathrm{m}/H$, 其同样满足以上性质.

　(b) $u = \delta_\mathrm{m}/H$ 时, u 的演化方程为

$$\frac{\mathrm{d}^2 u}{\mathrm{d}a^2} + 3\left[\frac{\mathrm{d}\ln H}{\mathrm{d}a} + \frac{1}{a}\right]\frac{\mathrm{d}u}{\mathrm{d}a} = 0. \tag{A.107}$$

这是一个关于 $\mathrm{d}u/\mathrm{d}a$ 的一阶微分方程, 积分得

$$\frac{\mathrm{d}u}{\mathrm{d}a} \propto (aH)^{-3}. \tag{A.108}$$

再次积分, 得到增长因子为 uH 的表达式

$$D_+(a) \propto H(a)\int^a \frac{\mathrm{d}a'}{(a'H\,(a'))^3}, \tag{A.109}$$

即式 (8.77).

　(c) 由 **(a)**, 我们得到的解仅适用于物质、宇宙学常数和曲率; 不适用于暗能量状态方程 $w \neq -1$ 的情况. 图 A.1 展示了式 (A.109) 的积分和数值求解微分方程的结果.

习题 8.13

　(a) 进行 Fourier 变换,

$$\sigma_R^2 = \left\langle\left[\int \mathrm{d}^3 x\delta(\boldsymbol{x})W_R(|\boldsymbol{x}|)\right]^2\right\rangle = \left\langle\left[\int \frac{\mathrm{d}^3 k}{(2\pi)^3}\delta(\boldsymbol{k})W_R^*(\boldsymbol{k})\right]^2\right\rangle, \tag{A.110}$$

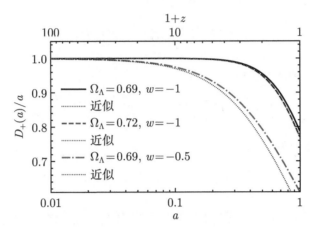

图 A.1   类似图 8.15, 这里还画出了由式 (A.109) 计算出的增长因子 (点线). 可见 $w \neq -1$ 时, 精确解与解析近似解并不吻合.

其中, 因 $W_R(x)$ 是实数场, $W_R(-\boldsymbol{k}) = W_R^*(\boldsymbol{k})$; 且我们在坐标原点估计出 δ_R. $\langle \ \rangle$ 代表所有 $\delta(\boldsymbol{k})$ 的统计平均; 利用式 (C.22),

$$\langle \delta(\boldsymbol{k})\delta\left(\boldsymbol{k}'\right) \rangle = (2\pi)^3 \delta_{\mathrm{D}}^{(3)}\left(\boldsymbol{k}+\boldsymbol{k}'\right) P_{\mathrm{L}}(k) \tag{A.111}$$

得到

$$\sigma_R^2 = \int \frac{\mathrm{d}k}{(2\pi)^3} P_{\mathrm{L}}(k) \left|W_R(\boldsymbol{k})\right|^2. \tag{A.112}$$

还需计算礼帽 (tophat) 函数的 Fourier 变换,

$$W_R(\boldsymbol{k}) = \int \mathrm{d}^3 x W_R(x) e^{-i\boldsymbol{k}\cdot\boldsymbol{x}} = \frac{2\pi}{V_R} \int_0^R \mathrm{d}x\, x^2 \int_{-1}^1 \mathrm{d}\mu\, e^{ikx\mu}. \tag{A.113}$$

由于窗函数进行了归一化, 其全空间积分等于 1; 因而引入系数 $V_R = 4\pi R^3/3$. 进行角度积分得

$$W_R(k) = \frac{3}{kR^3} \int_0^R \mathrm{d}x\, x \sin(kx) = \frac{3}{k^3 R^3} \left[-kR\cos(kR) + \sin(kR)\right]. \tag{A.114}$$

(b),(c) 取 $R = 8\,h^{-1}\mathrm{Mpc}$, 取基准宇宙学模型, 在 $z = 0$ 计算 (A.112) 得 $\sigma_8 = 0.81$. σ_R 随 R 的变化见图 12.1.

第 9 章

习题 9.2

令解的形式为 $x = e^{i\omega t}$, 则衰减方程变为一个关于 ω 的二次方程

$$\omega^2 - \frac{ib}{m}\omega - \frac{k}{m} = 0. \tag{A.115}$$

在 $k/m > \gamma^2 \equiv (b/2m)^2$ 时, 求解得

$$\omega = i\gamma \pm \omega_1. \tag{A.116}$$

其频率为 $\omega_1 \equiv [k/m - \gamma^2]^{1/2}$, 小于无衰减的情况. 振幅随指数 $e^{-\gamma t}$ 衰减.

习题 9.9

利用球谐函数的性质 (C.12),

$$\mathcal{P}_{l'}(\hat{\boldsymbol{p}} \cdot \hat{\boldsymbol{k}}) = \frac{4\pi}{2l+1} \sum_{m'} Y_{l'm'}^*(\hat{\boldsymbol{p}}) Y_{l'm'}(\hat{\boldsymbol{k}}). \tag{A.117}$$

这样, 角度积分变为对球谐函数的求和. 借助其正交归一性, 仅 $l' = l$ 及 $m' = m$ 时非零, 且等于 1. 得证.

习题 9.16

将式 (9.73) 推广至张量扰动,

$$C^{\mathrm{T}}(l) = \sum_{l',l''} (-i)^{l'+l''} (2l'+1)(2l''+1) \int \frac{\mathrm{d}^3 k}{(2\pi)^3} \Theta_{l'}^{\mathrm{T}}(k) \Theta_{l''}^{\mathrm{T}*}(k) I_{lml'}(k) I_{lml''}^*(k) \tag{A.118}$$

其中

$$I_{lml'}(k) \equiv \sqrt{\frac{8\pi}{15}} \int \mathrm{d}\Omega\, \mathcal{P}_{l'}(\hat{\boldsymbol{k}} \cdot \hat{\boldsymbol{p}}) Y_{lm}(\hat{\boldsymbol{p}}) \left[Y_{22}(\hat{\boldsymbol{p}}) + Y_{2-2}(\hat{\boldsymbol{p}}) \right]. \tag{A.119}$$

系数 $(8\pi/15)^{1/2}$ 来自 $\sin^2\theta\cos 2\phi$, 出现于式 (6.85). 以上是张量扰动 $+$ 模式的推导. 而 $\times$ 模式给出相同的结果.

积分 $I_{lml'}$ 相当复杂. 将 Legendre 多项式写为 $[4\pi(2l'+1)]^{1/2} Y_{l'0}/i^{l'}$, 可将 $I_{lml'}$ 写成三个球谐函数乘积的积分的形式. 在量子力学中, 此积分得到了深入研究, 可表示为 Wigner 3-j 符号 (Landau *et al.*, 1965). 这样积分便写成

$$I_{lml'} = \sqrt{\frac{32\pi^2}{15(2l'+1)}} \frac{1}{i^{l'}} \langle lm | Y_{22} + Y_{2-2} | l'0 \rangle, \tag{A.120}$$

其仅在 $m = \pm 2$ 时非零, 此时

$$\langle l2 \,|\, Y_{22} + Y_{2-2} \,|\, l'0 \rangle = i^{l'-l} \begin{pmatrix} l & 2 & l' \\ 0 & 0 & 0 \end{pmatrix} \left[\frac{5\,(2l'+1)\,(2l+1)}{4\pi} \right]^{1/2} \begin{pmatrix} l & 2 & l' \\ -2 & 2 & 0 \end{pmatrix}.$$
$$\text{(A.121)}$$

上式中的第一个 $3\text{-}j$ 符号第二行均为零, 其仅在第一行 $l + l' + 2$ 为偶数时非零. l' 与 l 的差最多为 2, 因 $Y_{22}Y_{l'0}$ 得到的角动量范围是 $l' - 2$ 至 $l' + 2$, 因此仅需考虑 $l' = l - 2, l, l + 2$. 利用 Landau *et al.* (1965), Sect. 106, Table 9, 得到

$$I_{lml'} = \sqrt{\frac{8\pi}{3}} (2l+1) i^{-l} \left(\delta_{m,2} + \delta_{m,-2} \right) \left[c_{-2}\delta_{l',l-2} + c_0 \delta_{l',l} + c_2 \delta_{l',l+2} \right], \quad \text{(A.122)}$$

其中 $\delta_{m,2}$ 是 Kronecker δ 符号, 仅 $m = 2$ 时非零, 且等于 1, 其他 δ 符号类似. 其余系数为

$$c_{-2} = \frac{\sqrt{6}}{4} \frac{[(l-1)l(l+1)(l+2)]^{1/2}}{(2l-3)(2l-1)(2l+1)},$$

$$c_0 = \frac{-2\sqrt{6}}{4} \frac{[(l-1)l(l+1)(l+2)]^{1/2}}{(2l-1)(2l+1)(2l+3)},$$

$$c_2 = \frac{\sqrt{6}}{4} \frac{[(l-1)l(l+1)(l+2)]^{1/2}}{(2l+1)(2l+3)(2l+5)}.$$
$$\text{(A.123)}$$

这样便最终得到式 (9.94).

习题 9.17

(a) 在大尺度, 取物质主导时期 h_t 的解, 这样

$$\Theta^{\mathrm{T}}_{l,t}(k, \eta_0) = -\frac{1}{2} \int_{\eta_*}^{\eta_0} \mathrm{d}\eta\, j_l \left[k\,(\eta_0 - \eta) \right] \frac{\mathrm{d}}{\mathrm{d}\eta} \left[\frac{3j_1(k\eta)}{k\eta} \right] h_t(\boldsymbol{k}, 0). \quad \text{(A.124)}$$

代入式 (9.94), 利用定义 $P_h(k) = P_{\mathrm{T}}(k)/4$ 作为张量模式超视界功率谱 (即 $\eta = 0$), 得到

$$C^{\mathrm{T}}(l) = \frac{1}{2} \frac{9(l-1)l(l+1)(l+2)}{4\pi} \int_0^\infty \mathrm{d}k\, k^2 P_{\mathrm{T}}(k) \left| \int_0^{\eta_0} \mathrm{d}(k\eta) \frac{j_2(k\eta)}{k\eta} \right.$$

$$\left. \times \left[\frac{j_{l-2}(k[\eta_0 - \eta])}{(2l-1)(2l+1)} + 2\frac{j_l(k[\eta_0 - \eta])}{(2l-1)(2l+3)} + \frac{j_{l+2}(k[\eta_0 - \eta])}{(2l+1)(2l+3)} \right] \right|^2, \quad \text{(A.125)}$$

其中因 $\eta_* \ll \eta_0$, 可设积分下限为零; 另外还用到了 $(j_1/x)' = -j_2/x$. 系数 $1/2$ 来自对张量 $_+$ 和 $_\times$ 分量的求和以及 P_h 和 P_{T} 之间的转换. 利用式 (7.102) P_{T} 的表

达式 (设 $n_{\mathrm{T}} = 0$), 并定义 $y \equiv k\eta_0$, $x \equiv k\eta$, 得到

$$
C^{\mathrm{T}}(l) = \frac{9\pi}{2}(l-1)l(l+1)(l+2)\mathcal{A}_{\mathrm{T}} \int_0^\infty \frac{\mathrm{d}y}{y} \left| \int_0^y \mathrm{d}x \frac{j_2(x)}{x} \right.
$$
$$
\times \left. \left[\frac{j_{l-2}(y-x)}{(2l-1)(2l+1)} + 2\frac{j_l(y-x)}{(2l-1)(2l+3)} + \frac{j_{l+2}(y-x)}{(2l+1)(2l+3)} \right] \right|^2. \quad \text{(A.126)}
$$

(b) 对于 $l = 2$ 模式, 式 (A.126) 中的双重积分等于 2.14×10^{-4}, 故 $C^{\mathrm{T}}(l = 2) = 0.036\mathcal{A}_{\mathrm{T}}$. 在 Sachs-Wolfe 极限下, $C(l = 2) = 4\mathcal{A}_s/75$, 因此

$$
r_2 \equiv \frac{C^{\mathrm{T}}(l=2)}{C(l=2)} = 0.68\frac{\mathcal{A}_{\mathrm{T}}}{\mathcal{A}_s} = 0.68r. \quad \text{(A.127)}
$$

第 10 章

习题 10.1

围绕视线 (光的传播) 方向旋转时, 张量 I_{ij} 的变换规律为

$$
\tilde{I}_{ij} = R_i^k R_j^l I_{kl}, \quad \text{(A.128)}
$$

或用矩阵形式表示为 $\tilde{\boldsymbol{I}} = \boldsymbol{R}\boldsymbol{I}\boldsymbol{R}^{\mathrm{T}}$, 其中 $\boldsymbol{R}$ 是旋转矩阵:

$$
\boldsymbol{R}(\alpha) = \begin{pmatrix} \cos\alpha & -\sin\alpha \\ \sin\alpha & \cos\alpha \end{pmatrix}. \quad \text{(A.129)}
$$

我们得到

$$
\tilde{\boldsymbol{I}} = \begin{pmatrix} I + Q\cos 2\alpha - U\sin 2\alpha & U\cos 2\alpha + Q\sin 2\alpha \\ U\cos 2\alpha + Q\sin 2\alpha & I - Q\cos 2\alpha + U\sin 2\alpha \end{pmatrix}, \quad \text{(A.130)}
$$

进而得到 I, Q, U 的变换规律:

$$
\begin{aligned}
\tilde{I} &= I, \\
\tilde{Q} &= \cos 2\alpha\, Q - \sin 2\alpha\, U, \\
\tilde{U} &= \cos 2\alpha\, U + \sin 2\alpha\, Q.
\end{aligned} \quad \text{(A.131)}
$$

可见, Q 和 U 依赖于坐标系的选择. 若记 $l = l(\cos\phi_l, \sin\phi_l)$, 则

$$
\tilde{\boldsymbol{l}} = \boldsymbol{R}\boldsymbol{l} = l\left(\cos(\phi_l + \alpha), \sin(\phi_l + \alpha)\right), \quad \text{(A.132)}
$$

那么显然 $\tilde{\phi}_l = \phi_l + \alpha$. 将 $\tilde{Q}, \tilde{U}, \tilde{\phi}_l$ 代入式 (10.6, 10.9), 借助三角函数公式得

$$\tilde{E} = E; \qquad \tilde{B} = B. \tag{A.133}$$

故 E 和 B 在坐标变换下是不变量.

在三维空间, 宇称变换将 $\boldsymbol{r}$ 映射为 $-\boldsymbol{r}$. 这样光的传播方向反向; 那么在图 10.2 中, 向本书页面外传播的光线将改为向页面内传播. 若旋转坐标系仍使光线向页面外传播, 则等价于只将 x 轴 (或只将 y 轴) 反向. 由图 10.2 可见,

$$\text{宇称变换:} \quad Q \to Q; \quad U \to -U. \tag{A.134}$$

进一步, 因 $\phi_l \to \pi - \phi_l$, 故 $\cos 2\phi_l \to \cos 2\phi_l$, $\sin 2\phi_l \to -\sin 2\phi_l$. 通过式 (10.6, 10.9) 得出

$$\text{宇称变换:} \quad E \to E; \quad B \to -B. \tag{A.135}$$

由以上结论可见, E 是标量场, B 是伪标量 (pseudo-scalar) 场.

习题 10.6

由张量模式 h_+ 导致的温度各向异性的角度依赖为

$$\sin^2 \theta' \cos 2\phi' = \hat{n}'_x \hat{n}'_x - \hat{n}'_y \hat{n}'_y, \tag{A.136}$$

其中 z 轴取 $\boldsymbol{k}$ 方向. 通过式 (10.49) 将 $\boldsymbol{k}$ 旋转至式 (10.47), 则角度依赖变为

$$(\cos \alpha \, \hat{n}'_x - \sin \alpha \, \hat{n}'_z)^2 - \hat{n}'_y \hat{n}'_y. \tag{A.137}$$

此处出现的 ϕ' 的依赖性为 $1, \cos \phi', \cos^2 \phi', \sin^2 \phi'$. 以 $\sin 2\phi'$ 为权重并对 ϕ' 积分 [式 (10.20)] 后它们均为零. 可见, 此时 h_+ 不产生 U 分量, 因而不产生 B 模式偏振. 其根本原因是: 由 h_+ 引起的时空畸变垂直或平行于与 $\boldsymbol{k}$ 垂直的坐标系 (图 6.1). 为使 h_+ 模式产生 B 模式偏振, $\boldsymbol{k}$ 不能位于 x-z 平面.

第 11 章

习题 11.1

将式 (11.64) 进行 Fourier 逆变换, 得到

$$\langle \delta(\boldsymbol{x})\delta(\boldsymbol{x}+\boldsymbol{r}) \rangle = \int \frac{\mathrm{d}^3 k}{(2\pi)^3} \int \frac{\mathrm{d}^3 k'}{(2\pi)^3} e^{i(\boldsymbol{x}\cdot\boldsymbol{k}+(\boldsymbol{x}+\boldsymbol{r})\cdot\boldsymbol{k}')} \langle \delta(\boldsymbol{k})\delta(\boldsymbol{k}') \rangle$$

$$= \int \frac{\mathrm{d}^3 k}{(2\pi)^3} e^{-i\boldsymbol{r}\cdot\boldsymbol{k}} P_{\mathrm{L}}(k) \tag{A.138}$$

其中等式第二步利用了式 (C.22). 这便是功率谱的 Fourier 变换. 此关系同样适用于各向异性的功率谱 $\delta_{\mathrm{g,obs}}$. 在满足各向同性时, 对角度积分, 可以得到

$$\xi(r) = \frac{1}{2\pi^2} \int_0^\infty k^2 \mathrm{d}k \frac{\sin kr}{kr} P_{\mathrm{L}}(k). \tag{A.139}$$

习题 11.4

利用 Legendre 多项式的正交性便可得到式 (11.66). 将式 (11.23) 对 μ 积分得到

$$P_{\mathrm{g,obs}}^{(0)}(k) = \left[1 + \frac{2}{3}\beta + \frac{1}{5}\beta^2\right] b_1^2 P_{\mathrm{L}}(k) \tag{A.140}$$

$$P_{\mathrm{g,obs}}^{(2)}(k) = \left[\frac{4}{3}\beta + \frac{4}{7}\beta^2\right] b_1^2 P_{\mathrm{L}}(k), \tag{A.141}$$

其中 $\beta = f/b_1$.

习题 11.8

记角功率谱 $\hat{C}_{\mathrm{g}}(l)$ 并将其表示为 w_{g}. 将式 (11.69) 乘以 $\mathcal{P}_{l'}(\cos\theta)$ 并对 $\cos\theta$ 积分得到

$$\hat{C}_{\mathrm{g}}(l) = 2\pi \int_{-1}^1 \mathrm{d}\cos\theta \, \mathcal{P}_l(\cos\theta) w_{\mathrm{g}}(\theta). \tag{A.142}$$

类似式 (11.49), 将 w_{g} 表示为对二维功率谱的积分,

$$\hat{C}_{\mathrm{g}}(l) = \int_0^\infty \mathrm{d}l' \, l' C_{\mathrm{g}}(l') \int_{-1}^1 \mathrm{d}\cos\theta \, \mathcal{P}_l(\cos\theta) J_0(l'\theta). \tag{A.143}$$

l' 很大时, Bessel 函数变为

$$J_0(l'\theta) \xrightarrow{l'\gg 1} \mathcal{P}_{l'}(\cos\theta). \tag{A.144}$$

可见, 对 θ 积分仅在 $l = l'$ 非零, 且等于 $2/(2l+1)$. l' 很大时, 对 l' 的积分等同于对 l' 求和. 分母中的 $2/(2l+1)$ 与分子中的 l' 项抵消, 得到 $\hat{C}_{\mathrm{g}}(l)$ 和 $C_{\mathrm{g}}(l)$ 间的关系式.

第 12 章

习题 12.4

在方程 (8.75) 中利用 $x \equiv \ln a$ 作为时间变量, 再利用 $\mathrm{d}D_+/\mathrm{d}x = fD$, 得到

$$\frac{D_+}{a^2}\left[\frac{\mathrm{d}f}{\mathrm{d}x} + f^2 + \left(\frac{\mathrm{d}\ln aH}{\mathrm{d}x} + 1\right)f - \frac{3}{2}\frac{\Omega_\mathrm{m}(\eta_0)H_0^2}{a^3 H^2}\right] = 0. \tag{A.145}$$

利用 $\Omega_\mathrm{m}(\eta)$ 的定义,

$$\Omega_\mathrm{m}(\eta) = \frac{\rho_\mathrm{m}(\eta)}{\rho_\mathrm{cr}(\eta)} = \frac{\Omega_\mathrm{m}(\eta_0)\rho_\mathrm{cr}(\eta_0)a^{-3}}{\rho_\mathrm{cr}(\eta)} = \frac{\Omega_\mathrm{m}(\eta_0)H_0^2}{a^3 H^2}, \tag{A.146}$$

这样方程 (A.145) 中最后一项变为 $-3\Omega_\mathrm{m}(\eta)/2$. 整理各项并利用 $\mathrm{d}/\mathrm{d}x = (aH)^{-1}\times \mathrm{d}/\mathrm{d}\eta$ 可得到方程 (12.32).

易将 $\delta^{(2)}$ 的方程从形式 (12.31) 变为 (12.33). 对于 θ_m 的方程, 利用

$$\theta_\mathrm{m}' = (aHf\hat{\theta})' = (aH)^2\left[\frac{3}{2}\Omega_\mathrm{m}(\eta) - f - f^2\right]\hat{\theta} + (aHf)^2\frac{\mathrm{d}\hat{\theta}}{\mathrm{d}\ln D_+}. \tag{A.147}$$

此变换适用于任意阶扰动, 故略去了上标 $^{(2)}$. 其中 $-f(aH)^2\hat{\theta}$ 这一项恰好与 θ_m 的方程等式左边第二项抵消. 最终, 将等式两边同除以 $(aHf)^2$, 得到了方程等式右边正比于 D_+^2 的源函数项, 等式左边为

$$\frac{\mathrm{d}\hat{\theta}}{\mathrm{d}\ln D_+} + \left[\frac{3}{2}\frac{\Omega_\mathrm{m}(\eta)}{f^2} - 1\right]\hat{\theta} + \frac{3}{2}\frac{\Omega_\mathrm{m}(\eta)}{f^2}\delta, \tag{A.148}$$

得证.

习题 12.10

(a) 平滑后的密度场的方差为 $\left\langle [\delta_R^{(1)}(\boldsymbol{x})]^2 \right\rangle = \sigma^2(R)$. 可见, $\nu(\boldsymbol{x})$ 服从标准正态分布,

$$p(\nu) = \frac{1}{\sqrt{2\pi}}e^{-\nu^2/2}. \tag{A.149}$$

平滑密度场在不同位置处两点相关函数为相关函数的平滑, 故

$$\left\langle \delta_R^{(1)}(\boldsymbol{x}_1)\delta_R^{(1)}(\boldsymbol{x}_2) \right\rangle = \xi_R(|\boldsymbol{x}_2 - \boldsymbol{x}_1|) \quad \Rightarrow \quad \langle \nu_1\nu_2 \rangle = \hat{\xi}(r) \equiv \frac{\xi_R(r)}{\sigma^2(R)}, \tag{A.150}$$

其中 $r = |\boldsymbol{x}_1 - \boldsymbol{x}_2|$. 可见, ν_1, ν_2 服从联合正态分布, 协方差为

$$\mathrm{C} = \begin{pmatrix} 1 & \hat{\xi}(r) \\ \hat{\xi}(r) & 1 \end{pmatrix} \tag{A.151}$$

即式 (12.111).

(b) 进行代换 $u = \nu/\sqrt{2}$ 得到

$$p(\delta_R^{(1)} > \delta_{\mathrm{cr}}) = \frac{1}{\sqrt{2\pi}} \int_{\nu_{\mathrm{cr}}}^{\infty} \mathrm{d}\nu\, e^{-\nu^2/2} = \frac{1}{2}\mathrm{erfc}\left(\frac{\nu_{\mathrm{cr}}}{\sqrt{2}}\right) \tag{A.152}$$

其中余误差函数 erfc 的定义见式 (C.31). 对应的联合概率为对式 (12.111) 的双重积分,

$$p\left(\delta_R^{(1)}(\boldsymbol{x}_1) > \delta_{\mathrm{cr}}, \delta_R^{(1)}(\boldsymbol{x}_2) > \delta_{\mathrm{cr}}\right)$$
$$= \frac{1}{2\pi\sqrt{1-\hat{\xi}^2}} \int_{\nu_{\mathrm{cr}}}^{\infty} \mathrm{d}\nu_1 \int_{\nu_{\mathrm{cr}}}^{\infty} \mathrm{d}\nu_2 \exp\left[-\frac{1}{2}(\nu_1, \nu_2)^{\top} \mathrm{C}^{-1}(\nu_1, \nu_2)\right]. \tag{A.153}$$

其中

$$-\frac{1}{2}(\nu_1, \nu_2)^{\top} C^{-1}(\nu_1, \nu_2) = -\frac{\nu_1^2 + \nu_2^2 - 2\hat{\xi}\nu_1\nu_2}{2(1-\hat{\xi}^2)} = -\frac{1}{2}[w^2 + \nu_1^2], \tag{A.154}$$

而 $w \equiv (\nu_2 - \hat{\xi}\nu_1)/\sqrt{1-\hat{\xi}^2}$. 将积分变量由 ν_2 换为 w,

$$p\left(\delta_R^{(1)}(\boldsymbol{x}_1) > \delta_{\mathrm{cr}}, \delta_R^{(1)}(\boldsymbol{x}_2) > \delta_{\mathrm{cr}}\right) = \frac{1}{2\pi} \int_{\nu_{\mathrm{cr}}}^{\infty} \mathrm{d}\nu_1 e^{-\nu_1^2/2} \int_{(\nu_{\mathrm{cr}}-\hat{\xi}\nu_1)/\sqrt{1-\hat{\xi}^2}}^{\infty} \mathrm{d}w\, e^{-w^2/2}$$
$$= \frac{1}{\sqrt{2\pi}} \int_{\nu_{\mathrm{cr}}}^{\infty} \mathrm{d}\nu_1 e^{-\nu_1^2/2} \frac{1}{2}\mathrm{erfc}\left[\frac{\nu_{\mathrm{cr}} - \hat{\xi}\nu_1}{\sqrt{2(1-\hat{\xi}^2)}}\right]. \tag{A.155}$$

由式 (12.82), 只需除以一点概率密度函数的平方, 得到

$$1 + \xi_{\mathrm{thr}}(r) = \sqrt{\frac{2}{\pi}} \left[\mathrm{erfc}(\nu_{\mathrm{cr}}/\sqrt{2})\right]^{-2} \int_{\nu_{\mathrm{cr}}}^{\infty} \mathrm{d}\nu_1 e^{-\nu_1^2/2} \frac{1}{2}\mathrm{erfc}\left[\frac{\nu_{\mathrm{cr}} - \hat{\xi}\nu_1}{\sqrt{2(1-\hat{\xi}^2)}}\right]. \tag{A.156}$$

这便是高斯密度场中密度大于某阈值的区域的相关函数.

(c) 式 (A.156) 中仍需进行数值积分. 当考虑距离 r 较远的成团相关性时, $\hat{\xi}(r) \ll 1$, 可作展开, 涉及 erfc 函数的导数

$$\mathrm{erfc}\left[\frac{\nu_{\mathrm{cr}} - \hat{\xi}\nu_1}{\sqrt{2(1-\hat{\xi}^2)}}\right] = \mathrm{erfc}\left[\frac{\nu_{\mathrm{cr}}}{\sqrt{2}}\right] + \hat{\xi}\frac{\partial}{\partial\hat{\xi}}\mathrm{erfc}\left[\frac{\nu_{\mathrm{cr}} - \hat{\xi}\nu_1}{\sqrt{2(1-\hat{\xi}^2)}}\right]_0 + \cdots$$
$$= \mathrm{erfc}\left[\frac{\nu_{\mathrm{cr}}}{\sqrt{2}}\right] + \sqrt{\frac{2}{\pi}}\nu_1 e^{\nu_{\mathrm{cr}}^2/2}\hat{\xi} + \cdots. \tag{A.157}$$

每次求导都产生额外的 ν_1 (ν_1 的 Hermite 多项式). 现对 ν_1 进行解析积分. 其中零阶项与式 (A.156) 等式左边的 1 抵消. 一阶和二阶项满足

$$\xi_{\mathrm{thr}}(r) = (b_1^{\mathrm{thr}})^2 \xi_R(r) + \frac{1}{2}(b_2^{\mathrm{thr}})^2 [\xi_R(r)]^2,$$

$$\text{其中} \quad b_1^{\mathrm{thr}} = \sqrt{\frac{2}{\pi}} \frac{e^{-\nu_{\mathrm{cr}}^2/2}}{\mathrm{erfc}[\nu_{\mathrm{cr}}/\sqrt{2}]\sigma(R)} \overset{\nu_{\mathrm{cr}}\gg 1}{\simeq} \frac{\nu_{\mathrm{cr}}}{\sigma(R)},$$

$$b_2^{\mathrm{thr}} = \sqrt{\frac{2}{\pi}} \frac{e^{-\nu_{\mathrm{cr}}^2/2}}{\mathrm{erfc}[\nu_{\mathrm{cr}}/\sqrt{2}]\sigma^2(R)} \nu_{\mathrm{cr}} \overset{\nu_{\mathrm{cr}}\gg 1}{\simeq} \frac{\nu_{\mathrm{cr}}^2}{\sigma^2(R)}. \tag{A.158}$$

分母中出现 $\sigma(R)$ 是因为偏袒因子被定义为 $\xi_R(r)$ 的系数, 而非 $\hat{\xi}(r)$. 以上还给出了罕见高密度区的近似表达式. 可见, 这些高密度区受到高阶偏袒因子更加显著的影响.

习题 12.13

(a) 实空间的卷积在 Fourier 空间变为点乘. 定义不同质量的暗晕分布功率谱

$$\langle \delta_{\mathrm{h}}(\boldsymbol{k}, M) \delta_{\mathrm{h}}(\boldsymbol{k}', M') \rangle = (2\pi)^3 \delta_{\mathrm{D}}^{(3)}(\boldsymbol{k}+\boldsymbol{k}') P_{\mathrm{h}}(k, M, M'). \tag{A.159}$$

对质量进行积分得到

$$P^{\mathrm{HM}}(k) = \frac{1}{\rho_{\mathrm{m}}^2} \int \mathrm{d}\ln M \frac{\mathrm{d}n}{\mathrm{d}\ln M} M \int \mathrm{d}\ln M' \frac{\mathrm{d}n}{\mathrm{d}\ln M'} M' y(k, M) y(k, M') P_{\mathrm{h}}(k, M, M'). \tag{A.160}$$

(b) 暗晕功率谱 (12.117) 包含两项:

$$\langle \delta_{\mathrm{h}}(\boldsymbol{k}, M) \delta_{\mathrm{h}}(\boldsymbol{k}', M') \rangle = (2\pi)^3 \delta_{\mathrm{D}}^{(3)}(\boldsymbol{k}+\boldsymbol{k}')$$
$$\times \left[b_1(M) b_1(M') P_{\mathrm{L}}(k) + \frac{1}{\mathrm{d}n/\mathrm{d}\ln M} \delta_{\mathrm{D}}^{(1)}(\ln M - \ln M') \right]. \tag{A.161}$$

利用上式可将式 (A.160) 拆分为两项:

$$P^{\mathrm{HM}}(k) = P_{2\mathrm{h}}(k) + P_{1\mathrm{h}}(k), \tag{A.162}$$

其中

$$P_{2\mathrm{h}}(k) = [\mathcal{B}_1(k)]^2 P_{\mathrm{L}}(k),$$
$$\mathcal{B}_1(k) = \frac{1}{\rho_{\mathrm{m}}} \int \mathrm{d}\ln M \frac{\mathrm{d}n}{\mathrm{d}\ln M} M b_1(M) y(k, M),$$
$$P_{1\mathrm{h}}(k) = \frac{1}{\rho_{\mathrm{m}}^2} \int \mathrm{d}\ln M \frac{\mathrm{d}n}{\mathrm{d}\ln M} M^2 [y(k, M)]^2. \tag{A.163}$$

系数 $1/\rho_\mathrm{m}, 1/\rho_\mathrm{m}^2$ (在 t_0 得出) 是因为 $P(k)$ 是物质的相对密度扰动 δ_m 的功率谱. 注意还需满足 $\lim_{k\to 0} \mathcal{B}(k) = 1$. 而利用密度轮廓的归一化, 要求

$$\int \mathrm{d}\ln M \frac{\mathrm{d}n}{\mathrm{d}\ln M} M b_1(M) = 1. \tag{A.164}$$

可见此 偏袒因子的一致关系 (*bias consistency relation*) 需成立; 特别是质量函数得到恰当的归一化, 使得所有的质量均来自暗晕, 且 b_1 由式 (12.80) 的峰-背景分离得到. 式 (A.164) 中的积分在低质量端缓慢收敛. 然而, 根据 Schmidt (2016) Appendix A 的讨论, 低质量端的贡献对我们关心的尺度并不重要. 故我们可简单地将积分在低质量端作截断, 并以一个常数平移 $\mathcal{B}_1(k)$ 使其满足 $\lim_{k\to 0} \mathcal{B}(k) = 1$. 类似地, $P_{1h}(k)$ 中的质量积分也可作此截断.

(c) 暗晕密度轮廓的 Fourier 变换为 (同样参见习题 11.1)

$$y(k, M) = \frac{4\pi}{M} \int_0^{R_{200}} r^2 \mathrm{d}r \frac{\sin kr}{kr} \rho_\mathrm{h}(r, M), \tag{A.165}$$

其中我们在 R_{200} 进行截断, 使得 $M = M_{200}$ 有限. 积分得

$$y\left(k = \frac{x}{r_s}, M\right)$$
$$= \frac{1}{\mathcal{N}}\left[\cos x[\mathrm{Ci}([c+1]x) - \mathrm{Ci}(x)] + \sin x[\mathrm{Si}([c+1]x) - \mathrm{Si}(x)] - \frac{\sin cx}{(c+1)x}\right],$$
$$\text{其中 } \mathcal{N} = \frac{1}{c+1} + \log(c+1) - 1. \tag{A.166}$$

标度半径 r_s 由聚集度 c 给出: $r_s = R_{200}/c$, Ci 和 Si 的定义见 (C.32, C.33).

(d) 如图 12.12. 注: 根据式 (A.163), 单暗晕项在大尺度趋于一常数,

$$\lim_{k\to 0} P_{1h}(k) = \frac{1}{\rho_\mathrm{m}^2} \int \mathrm{d}\ln M \frac{\mathrm{d}n}{\mathrm{d}\ln M} M^2. \tag{A.167}$$

这项贡献不具有物理意义, 因不应存在任何常数噪声项贡献于物质功率谱. 其根本原因是式 (12.117) 中假设了未修正的 Poisson 噪声, 与暗晕模型的基本假设不相符. 考虑一个宇宙学尺度的立方体体积. 我们知道, 在大尺度的密度扰动应很小, 故在体积内的平均密度应约等于宇宙的平均密度. 现将总质量分布于暗晕之中. 若由于噪声的波动产生了很多大质量暗晕, 则由于物质的总量守恒, 低质量暗晕的丰度必然较少. 若如式 (12.117), 假设所有质量的暗晕均具有独立的噪声, 则此约束将不再成立. 幸运的是, 对于实际的暗晕模型、所考虑的尺度, 以及基准宇宙学模型, 此噪声项的贡献很小, 如图 12.12.

第 13 章

习题 13.1

如果在位置 $\boldsymbol{x}$ 和时刻 t 测量频率 ν 的辐射, 则需要收集能量位于 $E = p \in 2\pi[\nu, \nu + \mathrm{d}\nu]$, $\mathrm{d}t$ 时间范围内, 围绕方位 $\hat{\boldsymbol{n}} = -\hat{\boldsymbol{p}}$ 的立体角 $\mathrm{d}\Omega$ 的光子数 $\mathrm{d}N$, 即

$$\mathrm{d}N = 2f(\boldsymbol{x}, \boldsymbol{p}, t)\, \mathrm{d}A_\perp \mathrm{d}t \frac{\mathrm{d}^3 p}{(2\pi)^3} = 2f(\boldsymbol{x}, p = 2\pi\nu, \hat{\boldsymbol{p}}, t)\mathrm{d}A_\perp\, \mathrm{d}t\, \nu^2 \mathrm{d}\nu\, \mathrm{d}\Omega, \quad \text{(A.168)}$$

其中系数 2 对应光子的两偏振态. 由于光子以光速 $c = 1$ 传播, 探测器接收到的光子所占体积为 $\mathrm{d}^3 x = \mathrm{d}A_\perp \mathrm{d}t$. 由于 $p = 2\pi\nu$, 动量空间的体元为 $\mathrm{d}^3 p = p^2 \mathrm{d}p\, \mathrm{d}\Omega_p = (2\pi)^3 \nu^2 \mathrm{d}\nu\, \mathrm{d}\Omega$. 光子能量的权重为 $E = 2\pi\nu$, 故

$$I_\nu(\boldsymbol{x}, \boldsymbol{p}, t) = 4\pi\nu^3 f(\boldsymbol{x}, p = 2\pi\nu, \hat{\boldsymbol{p}}, t). \quad \text{(A.169)}$$

光子的平衡态分布为 $f(p) = (\exp[p/k_\mathrm{B}T] - 1)^{-1}$, 故平衡态辐射强度 (Planck 黑体谱) 为

$$I_\nu = \frac{4\pi\hbar\nu^3}{c^2}\left[\exp\left(\frac{2\pi\hbar\nu}{k_\mathrm{B}T}\right) - 1\right]^{-1}, \quad \text{(A.170)}$$

这里明确写出了 $\hbar$ 和 c. 此即式 (1.9).

习题 13.4

Poisson 方程 (12.5) 对孤立质量的解为

$$\Phi(\boldsymbol{x}) = -Ga^2 \int \frac{\mathrm{d}^3 \tilde{x}}{|\boldsymbol{x} - \tilde{\boldsymbol{x}}|} \rho(\tilde{\boldsymbol{x}}). \quad \text{(A.171)}$$

代入式 (13.16) 得到另一个对 χ' 的积分. 将以上两个积分在柱坐标进行, $\tilde{\boldsymbol{x}} = (\tilde{\boldsymbol{R}}, \tilde{\chi})$, 其中 $\tilde{\boldsymbol{R}}$ 为切向方向. 则

$$\phi_\mathrm{L}(\boldsymbol{\theta}; \chi_L) = -\frac{2G}{(1+z_L)^2}\frac{\chi - \chi_L}{\chi\chi_L}\int \mathrm{d}^2\tilde{R}\int \mathrm{d}\tilde{\chi}\rho(\tilde{\boldsymbol{R}}, \tilde{\chi})\int_0^\chi \frac{\mathrm{d}\chi'}{\sqrt{(\tilde{\boldsymbol{R}} - \chi_L\boldsymbol{\theta})^2 + (\chi' - \tilde{\chi})^2}},$$

$$\text{(A.172)}$$

其中在式 (13.16) 中我们将缓慢变化的变量设为常数: $\chi = \chi_L$, 类似地在透镜所在红移计算出 a^2. 当透镜在视线方向的尺度远小于源星系的距离 χ 时, 此近似是准确的, 也适用于单个星系团.

$\mathrm{d}\chi'$ 的积分有解析解, 得到

$$2\ln\left|x + \sqrt{(\tilde{\boldsymbol{R}} - \chi_L\boldsymbol{\theta})^2 + x^2}\right|\ \Bigg|_{x=0}^{\infty},$$

其中上限设为 ∞ 是因为 x 很大时, 其对透镜势无贡献. 实际上, 依赖于 $\boldsymbol{\theta}$ 的部分 (在取透镜势的导数时起作用) 仅为上式的下限: $-2\ln|\tilde{\boldsymbol{R}} - \chi_L\boldsymbol{\theta}|$. 同样, 我们可以将 χ_L 从对数中提出, 因 $\ln\chi_L$ 不依赖于 $\boldsymbol{\theta}$. 这样, 对 $\rho\mathrm{d}\tilde{\chi}$ 的积分即面密度 $\Sigma(\boldsymbol{\theta}')$, 其中 $\boldsymbol{\theta}' = \tilde{\boldsymbol{R}}/\chi_L$. 再利用 $\mathrm{d}^2\tilde{R} = \chi_L^2\mathrm{d}^2\theta'$, 便得到式 (13.67).

第 14 章

习题 14.4

首先, 将普适的波束展宽效应作双球谐展开:

$$B(\hat{\boldsymbol{n}}, \hat{\boldsymbol{n}}') = \sum_{lm,l'm'} B_{lm,l'm'}Y_{lm}(\hat{\boldsymbol{n}})Y_{l'm'}^*(\hat{\boldsymbol{n}}'), \tag{A.173}$$

将上式和 Θ 的球谐展开 a_{lm} 代入式 (14.36) 得

$$\Delta(\hat{\boldsymbol{n}}) = \int \mathrm{d}\Omega' \sum_{l''m''} Y_{l''m''}a_{l''m''} \sum_{lm,l'm'} B_{lm,l'm'}Y_{lm}(\hat{\boldsymbol{n}})Y_{l'm'}^*(\hat{\boldsymbol{n}}')$$

$$= \sum_{lm} Y_{lm}(\hat{\boldsymbol{n}}) \sum_{l'm'} B_{lm,l'm'}a_{l'm'}. \tag{A.174}$$

将 $Y_{lm}(\hat{\boldsymbol{n}})$ 的系数记为 a_{lm}^{obs}. 再考虑噪声, 即式 (14.37).

若 $B(\hat{\boldsymbol{n}}, \hat{\boldsymbol{n}}') = B(\hat{\boldsymbol{n}} \cdot \hat{\boldsymbol{n}}')$, 即波束展宽仅依赖于张角大小, 则可利用 Legendre 展开, 以及式 (C.12),

$$B(\hat{\boldsymbol{n}} \cdot \hat{\boldsymbol{n}}') = \sum_l (2l+1)\tilde{B}_l\mathcal{P}_l(\hat{\boldsymbol{n}} \cdot \hat{\boldsymbol{n}}')$$

$$= 4\pi \sum_{lm} \tilde{B}_lY_{lm}(\hat{\boldsymbol{n}})Y_{lm}^*(\hat{\boldsymbol{n}}'), \tag{A.175}$$

得到

$$B_{lm,l'm'} = B_l\delta_{ll'}\delta_{mm'}, \tag{A.176}$$

其中 $B_l \equiv 4\pi\tilde{B}_l$. 代入式 (14.37) 即得式 (14.38).

习题 14.10

(a) 将最大似然条件在 $\bar{\lambda}$ 处展开:

$$\frac{\mathrm{d}\ln\mathcal{L}}{\mathrm{d}\lambda} = \frac{\mathrm{d}\ln\mathcal{L}}{\mathrm{d}\bar{\lambda}} + \frac{\mathrm{d}^2\ln\mathcal{L}}{\mathrm{d}\bar{\lambda}^2}(\lambda - \bar{\lambda}) = 0$$

$$\Rightarrow \quad \lambda = \bar{\lambda} + \mathcal{F}^{-1}\frac{\mathrm{d}\ln\mathcal{L}}{\mathrm{d}\bar{\lambda}}, \tag{A.177}$$

因 $\mathrm{d}^2\ln\mathcal{L}/\mathrm{d}\bar{\lambda}^2 = -\mathcal{F}$. 进一步, 得到

$$\frac{\mathrm{d}\ln\mathcal{L}}{\mathrm{d}\bar{\lambda}} = \sum_l \frac{\partial C^{\text{theory}}(l,\bar{\lambda})}{\partial\bar{\lambda}}\frac{\hat{C}(l) - C^{\text{theory}}(l,\bar{\lambda})}{\text{Var}[\hat{C}(l)]}. \tag{A.178}$$

(b) 现取期望值. $\mathcal{F}$ 变为 F, 而由假设 $\langle\hat{C}(l) - C^{\text{theory}}(l,\bar{\lambda})\rangle = C^{\text{sys}}(l)$: 经过多次噪声采样, 观测到的 $\hat{C}(l)$ 和 $C^{\text{theory}}(l,\bar{\lambda})$ 存在偏差 $C^{\text{sys}}(l)$. 我们得到

$$\lambda = \bar{\lambda} + F^{-1}\sum_l \frac{\partial C^{\text{theory}}(l,\bar{\lambda})}{\partial\bar{\lambda}}\frac{C^{\text{sys}}(l)}{\text{Var}[\hat{C}(l)]}. \tag{A.179}$$

注意, 对 l 的求和可解释为 $\partial C^{\text{theory}}/\partial\bar{\lambda}$ 和 $C^{\text{sys}}(l)$ 的乘积, 并以方差的倒数为权重. 若系统效应 $C^{\text{sys}}(l)$ 与模型 $C^{\text{theory}}(l)$ 对 $\bar{\lambda}$ 的依赖性几乎没有重叠, 则 $\bar{\lambda}$ 不会有明显的偏移 [我们称 $C^{\text{sys}}(l)$ 与 $\bar{\lambda}$ "几乎正交"]. 考虑某个系统效应, 其随 l 的变化保持常数, 而某参数 (例如 $\Omega_{\text{b}}h^2$) 使 $C^{\text{theory}}(l)$ 进行振荡性的变化. 这时, 我们期待此系统效应对参数的偏移可忽略. 式 (A.179) 严格地量化了此效应.

(c) 推广至多参数的情况, 只需将式 (A.177) 推广为矢量关系式. 定义

$$B_\alpha = \sum_l \frac{\partial C^{\text{theory}}(l,\{\bar{\lambda}_\gamma\})}{\partial\bar{\lambda}_\alpha}\frac{C^{\text{sys}}(l)}{\text{Var}[\hat{C}(l)]}, \tag{A.180}$$

得到

$$\lambda_\alpha = \bar{\lambda}_\alpha + (F^{-1})_{\alpha\beta}B_\beta. \tag{A.181}$$

其意义与单参数情况相同. 唯一的区别是, 即使 B_α 很小, 参数 λ_α 的偏移仍可发生. 出现这种情况时, 有可能对于其他参数 λ_β, B_β 很大, 而参数 λ_β 与 λ_α 存在一定程度的简并, 这样 $(F^{-1})_{\alpha\beta} \neq 0$. 可见, Fisher 矩阵所描述的参数简并在此例中起到关键的作用.

附录 B 重要常数

括号中的数字代表 1σ 标准偏差, 例如氢原子基态能量 $\epsilon_0 = (13.60569172 \pm 5.3\times10^{-7})\,\mathrm{eV}$. 以下大部分常数引自 Particle Data Group (Tanabashi *et al.*, 2018), 基准宇宙学常数引自 Planck Collaboration (2018b).

B.1 物理常数

光速	c	$=$	$2.99792458 \times 10^{10}\,\mathrm{cm\,s^{-1}}$
约化 Planck 常数	$\hbar$	$=$	$6.58211889(26) \times 10^{-16}\,\mathrm{eV\,s}$
		$=$	$1.973269602(77) \times 10^{-5}\,\mathrm{eV\,cm}/c$
引力常数	G	$=$	$6.673(10) \times 10^{-8}\ \mathrm{cm^3\ g^{-1}\ s^{-2}}$
		$=$	$\hbar c/m_{\mathrm{Pl}}^2$
Planck 质量	m_{Pl}	$=$	$\sqrt{\hbar c/G}$
		$=$	$1.221 \times 10^{19}\,\mathrm{GeV}/c^2$
		$=$	$1.094 \times 10^{-38} M_\odot$
Boltzmann 常数	k_{B}	$=$	$8.617342(15) \times 10^{-5}\,\mathrm{eV\,K^{-1}}$
精细结构常数	α	$=$	$1/137.03599976(50)$
电子质量	m_e	$=$	$0.510998902(21)\,\mathrm{MeV}/c^2$
氢原子基态能量	ϵ_0	$=$	$m_e c^2 \alpha^2/2$
(Reydberg 常数)		$=$	$13.60569172(53)\,\mathrm{eV}$
Thomson 散射截面	σ_{T}	$=$	$8\pi\alpha^2\hbar^2/3m_e^2c^2$
		$=$	$0.665245854(15) \times 10^{-24}\ \mathrm{cm^2}$
中子质量	m_n	$=$	$939.565330(38)\,\mathrm{MeV}/c^2$
质子质量	m_p	$=$	$1.67262158(13) \times 10^{-24}\,\mathrm{g}$
		$=$	$938.271998(38)\,\mathrm{MeV}/c^2$
中子-质子质量差	$\mathcal{Q}$	$=$	$1.2933\,\mathrm{MeV}/c^2$
中子半衰期	τ_n	$=$	$885.7(8)\,\mathrm{s}$
Fermi 常数	G_{F}	$=$	$1.16639(1) \times 10^{-5}\,\mathrm{GeV^{-2}}(\hbar c)^3$

B.2   天体物理常数

CMB 能量密度	ρ_γ	$=$	$\pi^2 k_{\mathrm{B}}^4 T^4/15(\hbar c)^3$
		$=$	$2.474 \times 10^{-5} h^{-2} (T/T_0)^4 \rho_{\mathrm{cr}}$
临界密度	ρ_{cr}	$=$	$1.879 h^2 \times 10^{-29}\ \mathrm{g\ cm}^{-3}$
		$=$	$2.775 h^2 \times 10^{11} M_\odot\ \mathrm{Mpc}^{-3}$
		$=$	$8.098 h^2 \times 10^{-11}\ \mathrm{eV}^4/(\hbar c)^3$
现在时刻的中微子密度参量	$\Omega_\nu h^2$	$=$	$\sum m_\nu / 94\,\mathrm{eV}$
物质-辐射相等时期	a_{eq}	$=$	$4.15 \times 10^{-5}\left(\Omega_{\mathrm{m}} h^2\right)^{-1}$
物质-辐射相等时期的视界波数 (η^{-1})	k_{eq}	$=$	$0.073 \Omega_{\mathrm{m}} h^2\ \mathrm{Mpc}^{-1}$
Hubble 常数	H_0	$=$	$100 h\ \mathrm{km\ s}^{-1}\ \mathrm{Mpc}^{-1}$
		$=$	$2.133 h \times 10^{-42}\ \mathrm{GeV}/\hbar$
		$=$	$1.023 h \times 10^{-10}\ \mathrm{yr}^{-1}$
太阳质量	$M_\odot$	$=$	$1.989 \times 10^{33}\ \mathrm{g}$
		$=$	$1.116 \times 10^{57}\ \mathrm{GeV}/c^2$
秒差距	pc	$=$	$3.0856 \times 10^{18}\ \mathrm{cm}$
现在时刻的 CMB 温度	T_0	$=$	$2.726(1)\ \mathrm{K}$
		$=$	$2.349 \times 10^{-4}\ \mathrm{eV}/k_{\mathrm{B}}$

B.3   基准宇宙学模型参数

表 B.1 基准宇宙学模型参数, 由 **Planck Collaboration (2018b)** 中利用 `base_plikHM_TTTEEE_lowl_lowE_lensing_post_BAO` 最佳平直 ΛCDM 模型拟合得到. 表中上半部分为基准宇宙学模型的六个基本参数, 下半部分为推导出的其他参数.

参数	符号	最佳拟合	95% 置信区间
重子密度参量	$\Omega_{\mathrm{b}} h^2$	0.022447	± 0.00027
冷暗物质密度参量	$\Omega_{\mathrm{c}} h^2$	0.11928	± 0.0018
再电离光深	τ_{rei}	0.0568	± 0.014
Hubble 参量	h	0.6770	± 0.0081
标量扰动的谱指数	n_s	0.9682	$+0.0076/-0.0073$
标量扰动的功率谱振幅	$\ln(10^{10}\mathcal{A}_s)$	3.0480	± 0.028
宇宙学常数密度参量	Ω_Λ	0.6894	± 0.011
物质密度参量	Ω_{m}	0.3106	± 0.011
物质功率谱在 t_0 的归一化 (图 12.1)	σ_8	0.8110	± 0.012
宇宙年龄 [Gyr]	t_0	13.784	$+0.040/-0.037$

附录 C 特殊函数

本附录简要介绍了与宇宙学相关的特殊函数. 更详细的介绍可参见 *Handbook of Mathematical Functions* (Abramowitz & Stegun) 等.

C.1 Legendre 多项式

Legendre 多项式 $\mathcal{P}_l(\mu)$ 是 μ 的 l 阶多项式. 在 $-1 \leqslant \mu \leqslant 1$, $\mathcal{P}_l$ 有 l 个零点. 前三阶 Legendre 多项式为

$$
\begin{aligned}
\mathcal{P}_0(\mu) &= 1, \\
\mathcal{P}_1(\mu) &= \mu, \\
\mathcal{P}_2(\mu) &= \frac{3\mu^2 - 1}{2}.
\end{aligned}
\tag{C.1}
$$

对于所有 Legendre 多项式, $\mathcal{P}_l(\mu)$ 的奇偶性与 l 的奇偶性相同. Legendre 多项式在 $[-1, 1]$ 区间满足正交归一,

$$
\int_{-1}^{1} \mathrm{d}\mu\, \mathcal{P}_l(\mu)\mathcal{P}_{l'}(\mu) = \delta_{ll'} \frac{2}{2l+1}.
\tag{C.2}
$$

它们在此区间构成一组完备的基底. Legendre 多项式满足递推关系

$$
(l+1)\mathcal{P}_{l+1}(\mu) = (2l+1)\mu\mathcal{P}_l(\mu) - l\mathcal{P}_{l-1}(\mu).
\tag{C.3}
$$

此递推关系有助于将 Boltzmann 方程展开为各阶矩的形式.

C.2 球谐函数

球谐函数是拉普拉斯算符 (Laplacian) 在角度方向的本征函数,

$$
\left[\frac{1}{\sin\theta} \frac{\partial}{\partial\theta} \left(\sin\theta \frac{\partial}{\partial\theta} \right) + \frac{1}{\sin^2\theta} \frac{\partial^2}{\partial\phi^2} \right] Y_{lm}(\theta, \phi) = -l(l+1)Y_{lm}(\theta, \phi).
\tag{C.4}
$$

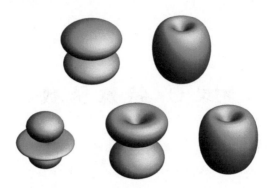

图 C.1 球谐函数取绝对值 $|Y_{10}|, |Y_{11}|$ (第一行), $|Y_{20}|, |Y_{21}|, |Y_{22}|$ (第二行) 的等高面. z 轴沿竖直方向.

在天球上定义了 CMB 温度场, 是 θ, ϕ 的函数, 其自然地展开为 Y_{lm} [式 (9.63)], 类似于平面上的二维 Fourier 展开. 最低阶的几个球谐函数为[①]

$$Y_{00}(\theta, \phi) = \frac{1}{\sqrt{4\pi}} \tag{C.5}$$

$$Y_{10}(\theta, \phi) = \sqrt{\frac{3}{4\pi}} \cos\theta \tag{C.6}$$

$$Y_{1,\pm 1}(\theta, \phi) = \mp\sqrt{\frac{3}{8\pi}} \sin\theta\, e^{\pm i\phi} \tag{C.7}$$

$$Y_{20}(\theta, \phi) = \sqrt{\frac{5}{16\pi}} (3\cos^2\theta - 1) \tag{C.8}$$

$$Y_{2,\pm 1}(\theta, \phi) = \mp\sqrt{\frac{15}{8\pi}} \cos\theta \sin\theta\, e^{\pm i\phi} \tag{C.9}$$

$$Y_{2,\pm 2}(\theta, \phi) = \sqrt{\frac{15}{32\pi}} \sin 2\theta\, e^{\pm 2i\phi} \tag{C.10}$$

图 C.1 是部分球谐函数的绝对值的等高面示意图.

球谐函数在球面上构成一组完备、正交、归一的基底,

$$\int \mathrm{d}\Omega\, Y^*_{lm}(\hat{\boldsymbol{n}}) Y_{l'm'}(\hat{\boldsymbol{n}}) = \delta_{ll'} \delta_{mm'}. \tag{C.11}$$

Legendre 多项式可表示为球谐函数乘积的和,

$$\mathcal{P}_l(\hat{\boldsymbol{n}} \cdot \hat{\boldsymbol{n}}') = \frac{4\pi}{2l+1} \sum_{m=-l}^{l} Y_{lm}(\hat{\boldsymbol{n}}) Y^*_{lm}(\hat{\boldsymbol{n}}'). \tag{C.12}$$

---

① 译者注: 已更正原书中正负号和虚数单位 i 的错误.

C.3 球 Bessel 函数

球 Bessel 函数在 CMB 和大尺度结构的研究中起到重要作用, 特别用于将非均匀性投影至天球转换为各向异性. 其满足球 Bessel 方程

$$\frac{\mathrm{d}^2 j_l}{\mathrm{d}x^2} + \frac{2}{x}\frac{\mathrm{d}j_l}{\mathrm{d}x} + \left[1 - \frac{l(l+1)}{x^2}\right]j_l = 0. \tag{C.13}$$

其中最低阶的两个球 Bessel 函数为

$$j_0(x) = \frac{\sin x}{x}; \quad j_1(x) = \frac{\sin x - x\cos x}{x^2}. \tag{C.14}$$

Legendre 多项式与球 Bessel 函数满足积分关系

$$\frac{1}{2}\int_{-1}^{1}\mathrm{d}\mu\,\mathcal{P}_l(\mu)e^{iz\mu} = \frac{j_l(z)}{(-i)^l}. \tag{C.15}$$

利用 Legendre 多项式的完备性, 还可将平面波展开为

$$e^{i\boldsymbol{k}\cdot\boldsymbol{x}} = \sum_{l=0}^{\infty}i^l(2l+1)j_l(kx)\mathcal{P}_l(\hat{\boldsymbol{k}}\cdot\hat{\boldsymbol{x}}). \tag{C.16}$$

结合式 (C.12) 可得

$$e^{i\boldsymbol{k}\cdot\boldsymbol{x}} = 4\pi\sum_{l=0}^{\infty}i^l j_l(kx)\sum_{m=-l}^{l}Y_{lm}(\hat{\boldsymbol{k}})Y_{lm}^*(\hat{\boldsymbol{x}}). \tag{C.17}$$

用于计算 Sachs-Wolfe 效应的重要积分:

$$\int_0^{\infty}\mathrm{d}x\,x^{n-2}[j_l(x)]^2 = 2^{n-4}\pi\frac{\Gamma(l+n/2-1/2)\Gamma(3-n)}{\Gamma(l+5/2-n/2)\Gamma^2(2-n/2)}, \tag{C.18}$$

其中 Γ 函数的定义见附录 C.5.

另一个重要关系式可用于消去球 Bessel 函数的导数,

$$\frac{\mathrm{d}j_l}{\mathrm{d}x} = j_{l-1} - \frac{l+1}{x}j_l. \tag{C.19}$$

另外, 在数值计算中常用到以下递推关系:

$$j_{l+1}(x) = \frac{2l+1}{x}j_l(x) - j_{l-1}(x). \tag{C.20}$$

C.4　Fourier 变换

本书采用的 Fourier 变换定义为

$$f(\boldsymbol{x}) = \int \frac{\mathrm{d}^3 k}{(2\pi)^3} e^{i\boldsymbol{k}\cdot\boldsymbol{x}} \tilde{f}(\boldsymbol{k}),$$

$$\tilde{f}(\boldsymbol{k}) = \int \mathrm{d}^3 x\, e^{-i\boldsymbol{k}\cdot\boldsymbol{x}} f(\boldsymbol{x}). \tag{C.21}$$

功率谱是两点相关函数的 Fourier 变换, 其中

$$\left\langle \tilde{\delta}(\boldsymbol{k})\tilde{\delta}\left(\boldsymbol{k}'\right) \right\rangle = (2\pi)^3 \delta_{\mathrm{D}}^{(3)}(\boldsymbol{k} + \boldsymbol{k}') P(k). \tag{C.22}$$

因 $\tilde{\delta}$ 是实标量场 δ 的 Fourier 变换, $\tilde{\delta}(-\boldsymbol{k}) = \tilde{\delta}^*(\boldsymbol{k})$, 故

$$\left\langle \tilde{\delta}(\boldsymbol{k})\tilde{\delta}^*\left(\boldsymbol{k}'\right) \right\rangle = (2\pi)^3 \delta_{\mathrm{D}}^{(3)}(\boldsymbol{k} - \boldsymbol{k}') P(k). \tag{C.23}$$

在正文中, 我们略去了 Fourier 空间变量的 "~" 标记.

C.5　其　　他

Bessel 函数

$$J_n(x) = \frac{i^{-n}}{\pi} \int_0^\pi \mathrm{d}\theta\, e^{ix\cos\theta} \cos(n\theta) \tag{C.24}$$

满足

$$\frac{\mathrm{d}}{\mathrm{d}x}[x J_1(x)] = x J_0(x). \tag{C.25}$$

Γ 函数是阶乘的推广. 对于整数 n,

$$\Gamma(n+1) = n!. \tag{C.26}$$

更普适地, 对于任一实数或复数 x,

$$\Gamma(x+1) = x\Gamma(x). \tag{C.27}$$

对于尺度无关谱 ($n_s = 1$), Sachs-Wolfe 积分 [式 (C.18)] 含

$$\Gamma(3/2) = \frac{\sqrt{\pi}}{2}. \tag{C.28}$$

Riemann ζ 函数常用于统计力学中的积分. 定义为

$$\zeta(s) = \frac{1}{\Gamma(s)} \int_0^\infty \mathrm{d}x \frac{x^{s-1}}{e^x - 1} = \frac{1}{(1 - 2^{1-s})\Gamma(s)} \int_0^\infty \mathrm{d}x \frac{x^{s-1}}{e^x + 1}. \tag{C.29}$$

本书中用到了

$$\zeta(2) = \frac{\pi^2}{6}; \quad \zeta(3) = 1.202; \quad \zeta(4) = \frac{\pi^4}{90}. \tag{C.30}$$

在处理高斯随机场时, 常用到误差函数 erf 和余误差函数 erfc,

$$\mathrm{erfc}(x) = 1 - \mathrm{erf}(x) = \frac{2}{\sqrt{\pi}} \int_x^\infty \mathrm{d}u\, e^{-u^2}. \tag{C.31}$$

在计算暗晕的 NFW 密度轮廓的 Fourier 变换时, 用到了余弦积分和正弦积分函数

$$\mathrm{Ci}(x) = -\int_x^\infty \frac{\cos z}{z} \mathrm{d}z, \tag{C.32}$$

$$\mathrm{Si}(x) = \int_0^x \frac{\sin z}{z} \mathrm{d}z. \tag{C.33}$$

附录 D 符　　号

D.1　数学和几何学定义

符号	描述
$\dot{f}(\boldsymbol{x},t) \equiv \partial f(\boldsymbol{x},t)/\partial t$	时间偏导数
$f'(\boldsymbol{x},\eta) \equiv \partial f(\boldsymbol{x},\eta)/\partial \eta$	共形时间偏导数
$\phi_{,\alpha} \equiv \partial \phi(x)/\partial x^{\alpha}$	对坐标 x^{α} 的偏导数
$\delta_{\alpha}^{\nu}, \delta_{ij}$	Kronecker δ 符号
$\delta_{\mathrm{D}}^{(n)}(\boldsymbol{k}-\boldsymbol{k}')$	n 维 Dirac δ 分布
$\hat{\boldsymbol{e}}_{x,y,z}$	直角坐标的三个单位矢量
$\hat{\boldsymbol{n}}$	三维单位矢量 (用于全天坐标方位)
$\boldsymbol{\theta}$	二维矢量 (用于平直天空近似)
$\mathrm{d}\Omega$	积分中的单位立体角

本书中, 空间指标 $i,j,k,\cdots$ 可利用 δ_{ij} 进行指标的升降.

D.2　常用关系式

时间积分中, 常用

$$\mathrm{d}\eta = \frac{\mathrm{d}t}{a(t)} = \frac{\mathrm{d}a}{a^2 H(a)} = \frac{\mathrm{d}\ln a}{aH(a)}. \tag{D.1}$$

对于光线, 还满足

$$\mathrm{d}\chi = -\mathrm{d}\eta = \frac{\mathrm{d}z}{H(z)}. \tag{D.2}$$

扰动的 FLRW 度规定义为式 (3.49),

$$g_{00}(\boldsymbol{x},t) = -1 - 2\Psi(\boldsymbol{x},t),$$
$$g_{0i}(\boldsymbol{x},t) = 0,$$
$$g_{ij}(\boldsymbol{x},t) = a^2(t)\delta_{ij}[1 + 2\Phi(\boldsymbol{x},t)]. \tag{D.3}$$

D.3 变量定义

符号	描述	定义
$a(t)$	尺度因子	(1.1) 之前, (2.12)
z	红移	(1.1)
t_0	现在时刻的宇宙年龄	
T_0	现在时刻的 CMB 温度	
$H(t), H_0$	Hubble 膨胀率, Hubble 常数	(1.2), $H_0 \equiv H(t_0)$
$\rho(t)$	背景宇宙的总能量密度	(2.44)
ρ_{cr}	现在时刻的临界密度	(1.4)
I_ν	辐射比强度	(1.9)
$\bar{n}_{\mathrm{g}}$	平均星系数密度	(1.10) 之前
δ_{g}	星系数密度扰动	(1.10) 之前
$g_{\mu\nu}$	时空度规	(2.4)
$\eta_{\mu\nu}$	Minkowski 度规	(2.11)
$\Gamma^\mu_{\alpha\beta}$	克氏符	(2.21)
P^α	共动坐标下的能动四矢	(2.26)
p^i	物理动量	(2.32, 2.28)
$\hat{\boldsymbol{p}}$	单位动量矢量	(3.32)
η, η_0	共形时间, 现在时刻的共形时间	(2.35), $\eta_0 \equiv \eta(t_0)$
$\chi(z)$	距离红移 z 的共动距离	(2.34)
$d_A(z)$	角直径距离	(2.37), (2.39)
$d_L(z)$	光度距离	$d_L = d_A/a^2$
T^μ_ν	能动张量	(2.44)
$\mathcal{P}$	(零阶, 均匀) 压强	(2.44)
w	状态方程	(2.60)
$\rho_{\mathrm{m}}(t), \rho_{\mathrm{r}}(t)$	总物质、辐射 (含光子和中微子) 密度	章节 2.3
$E_s(p)$	组分 s 的能量动量关系	$E_s = \sqrt{p^2 + m_s^2}$
g_s	组分 s 的简并系数	(2.62) 之后
$f_{\mathrm{BE}}(E)$	Bose-Einstein 分布	(2.65)
$f_{\mathrm{FD}}(E)$	Fermi-Dirac 分布	(2.66)
s	熵密度 (仅第 2 章和第 4 章)	(2.70)
μ	第 2–4 章: 化学势	
	第 5–12 章: 波矢与光子动量夹角的余弦	(5.31)
	第 13 章: 放大率	(13.35)
Ω_s	组分 s 在 t_0 时刻的密度参量	(2.71)
a_{eq}	物质-辐射相等时期的尺度因子	(2.86)
$G_{\mu\nu}$	Einstein 张量	(3.2)
$R_{\mu\nu}$	Ricci 张量	(3.3)
R	第 3 章和第 6 章: Ricci 标量	$R \equiv g^{\mu\nu} R_{\mu\nu}$

符号	描述	定义
$R(\eta)$	第 $5,8,9$ 章: 重子光子能量比	(5.74)
Ψ	对度规分量 g_{00} 的微扰	(3.49)
Φ	对度规分量 g_{ij} 的微扰	(3.49)
$\mathrm{d}f(\boldsymbol{x},\boldsymbol{p},t)/\mathrm{d}t$	时间全导数 (相空间)	(3.17)
$C[f]$	碰撞项	(3.19, 3.48)
$\mathcal{M}$	散射幅度	(3.46)
$n_s^{(0)}$	组分 s 的平衡态数密度	(4.5)
$\langle\sigma v\rangle$	热平均散射截面	(4.7)
η_b	重子光子数密度比	(4.10)
Y_P	原初 ^{4}He 的质量分数	(4.30)
$\Theta(\boldsymbol{x},\hat{\boldsymbol{p}},t)$	光子分布函数的温度扰动	(5.2)
$\Theta_0(\boldsymbol{x},t)$	温度扰动的单极子	(5.20)
$\Theta_l(k,\eta)$	Fourier 空间温度扰动的多极子	(5.66)
$u_\mathrm{c},u_\mathrm{b}$	冷暗物质 (CDM) 和重子物质的体速度	(5.39, 5.54)
$\delta_\mathrm{c},\delta_\mathrm{b}$	冷暗物质和重子物质的相对密度扰动	(5.44, 5.53)
$\mathcal{N}(\boldsymbol{x},\boldsymbol{p},t)$	中微子分布函数的扰动	(5.62)
$\mathcal{N}_l(k,\eta)$	$\mathcal{N}$ 的多极子 (中微子质量为零时)	(5.66)
h_{ij}^{TT}	度规的张量扰动 (横向、无迹)	(6.6, 6.49)
Φ_A,Φ_H	Bardeen 规范不变量	(6.19)
$\delta_\mathrm{m},u_\mathrm{m}$	总物质密度扰动和体速度	(6.79)
$\Theta_{\mathrm{r},0},\Theta_{\mathrm{r},1}$	总辐射组分的单极子和偶极子	(6.79)
η_*	最后散射面处的共形时间 (共动视界)	
H_{inf}	暴胀时期的 Hubble 膨胀率	(7.4)
$\epsilon_{\mathrm{sr}},\delta_{\mathrm{sr}}$	慢滚参数	(7.17, 7.18)
$\mathcal{R}$	共动规范下的曲率扰动	(7.57)
$\mathcal{A}_s$	原初标量扰动的归一化振幅	(7.99)
n_s	标量扰动的谱指数	(7.99)
k_p	基准尺度	$k_\mathrm{p}=0.05\,\mathrm{Mpc}^{-1}$
r,n_T	张标比, 张量扰动的谱指数	(7.103, 7.102)
$T(k)$	转移函数	(8.2)
$D_+(a)$	线性增长因子	(8.3)
$P_\mathrm{L}(k,a)$	线性物质功率谱	(8.8)
$\Delta_\mathrm{L}^2(k,a)$	无量纲线性物质功率谱	(8.9)
$k_{\mathrm{NL}}(a)$	非线性尺度	$\Delta_\mathrm{L}^2(k_{\mathrm{NL}},a)=1$
$\Omega_\mathrm{m}(a)$	依赖于时间的物质密度参量 (仅在章节 8.5 和第 12 章中使用)	(8.78) 之后

续表

符号	描述	定义
y	第 8 章: 以 a_{eq} 为单位的尺度因子	(8.20)
	第 11 章: SZ 效应畸变参数	(11.59)
a_{lm}	球谐系数, CMB 温度场的多极子	(9.63)
$C(l)$	CMB 角功率谱	(9.66)
$\mathcal{D}(l)$	约化 CMB 功率谱	$\equiv l(l+1)C(l)T_0^2/2\pi$
$\tau(\eta)$	Compton 散射光深	(5.33)
τ_{rei}	再电离导致的光深	章节 9.7.2
$g(\eta)$	能见度函数	(9.56)
I, Q, U	Stokes 参量	(10.2)
$E(\boldsymbol{l}), B(\boldsymbol{l})$	角波矢 $\boldsymbol{l}$ 的 E 模式和 B 模式	(10.6, 10.9)
$C_{EE}(l), C_{BB}(l)$	第 10 章: CMB 偏振功率谱	章节 10.5
	第 13 章: 透镜剪切场功率谱	章节 13.5.1
$C_{TE}(l)$	温度偏振互功率谱	(10.46)
$P_{\text{g,obs}}(\boldsymbol{k}, z)$	观测所得三维星系分布功率谱	(11.37)
$C_g(l)$	星系分布的角功率谱	(11.43)
$P(k)$	非线性物质功率谱	(C.22)
θ_{m}	物质的速度散度	$\theta_{\text{m}} \equiv \partial_i u_{\text{m}}^i$
R_Δ, M_Δ	利用球密度定义的暗晕半径和质量	(12.61)
$R_L(M)$	暗晕的拉格朗日半径	(12.64)
$\mathrm{d}n/\mathrm{d}\ln M$	暗晕的质量函数	(12.73)
ϕ_{L}	透镜势	(13.16)
$\kappa, \gamma_1, \gamma_2$	透镜的会聚场和剪切场	(13.28)
$\gamma_t, \gamma_\times$	剪切场的两个分量	(13.57) 之前
$C_{gE}(l)$	星系分布和剪切场的互功率谱	(13.61)
$\mathcal{L}(\{d_i\}_{i=1}^m \mid w, \sigma_w)$	给定参数 w, σ_w 时数据 $\{d_i\}_{i=1}^m$ 的似然函数	(14.2)
$P(w, \sigma_w \mid \{d_i\}_{i=1}^m)$	给定数据 $\{d_i\}_{i=1}^m$ 时参数 w, σ_w 的后验分布	(14.5)
$F_{\alpha\beta}$	Fisher 信息矩阵	(14.69)

索　引

参 考 文 献

Abazajian, K.N., *et al.*, 2016. CMB-S4 Science Book, first edition.

Abbott, T.M.C., *et al.*, 2018. Dark energy survey year 1 results: cosmological constraints from galaxy clustering and weak lensing. Physical Review D 98 (4), 043526.

Ackermann, M., *et al.*, 2014. Dark matter constraints from observations of 25 Milky Way satellite galaxies with the Fermi large area telescope. Physical Review D 89, 042001.

Ade, P.A.R., *et al.*, 2018. BICEP2 / Keck array X: constraints on primordial gravitational waves using Planck, WMAP, and new BICEP2/Keck observations through the 2015 season. Physical Review Letters 121 , 221301.

Aghanim, N., *et al.*, 2014. Planck 2013 results. IV. Low frequency instrument beams and window functions. Astronomy & Astrophysics 571, A4.

Albrecht, A., Steinhardt, P.J., 1982. Cosmology for grand unified theories with radiatively induced symmetry breaking. Physical Review Letters 48, 1220-1223.

Alcock, C., Paczyński, B., 1979. An evolution free test for non-zero cosmological constant. Nature (London) 281, 358.

Anderson, L., *et al.*, 2012. The clustering of galaxies in the SDSS-III baryon oscillation spectroscopic survey: baryon acoustic oscillations in the data release 9 spectroscopic galaxy sample. Monthly Notices of the Royal Astronomical Society 427, 3435-3467.

Audi, G., Wapstra, A.H., Thibault, C., 2003. The Ame2003 atomic mass evaluation: (II). Tables, graphs and references. Nuclear Physics. A 729 (1), 337-676. The 2003 NUBASE and Atomic Mass Evaluations.

Bahcall, J.N., 1989. Neutrino Astrophysics.

Bardeen, J.M., 1980. Gauge-invariant cosmological perturbations. Physical Review D 22, 1882-1905.

Bartelmann, M., Schneider, P., 2001. Weak gravitational lensing. Physics Reports 340, 291-472.

Baumann, D., Nicolis, A., Senatore, L., Zaldarriaga, M., 2012. Cosmological non-linearities as an effective fluid. J. Cosmol. Astropart. Phys. 7, 051.

Bennett, C.L., *et al.*, 1996. Four-year COBE DMR cosmic microwave background observations: maps and basic results. The Astrophysical Journal Letters 464, L1.

Bernardeau, F., *et al.*, 2002. Large scale structure of the universe and cosmological perturbation theory. Physics Reports 367, 1-248.

Bernstein, J., 2004. Kinetic Theory in the Expanding Universe.

Bernstein, J., Brown, L.S., Feinberg, G., 1989. Cosmological helium production simplified. Reviews of Modern Physics 61, 25.

Bertschinger, E., Jain, B., 1994. Gravitational instability of cold matter. The Astrophysical Journal 431 , 486-494.

Beutler, F., et al., 2017. The clustering of galaxies in the completed SDSS-III baryon oscillation spectroscopic survey: baryon acoustic oscillations in the Fourier space. Monthly Notices of the Royal Astronomical Society 464, 3409-3430.

Birrell, N.D., Davies, P.C.W., 1984. Quantum Fields in Curved Space. Cambridge Monographs on Mathematical Physics. Cambridge Univ. Press, Cambridge, UK.

Blas, D., Lesgourgues, J., Tram, T., 2011. The cosmic linear anisotropy solving system (CLASS). Part II: Approximation schemes. Journal of Cosmology and Astroparticle Physics 7, 034.

Bleem, L.E., et al., 2015. Galaxy clusters discovered via the Sunyaev-Zel'dovich effect in the 2500-squaredegree SPT-SZ survey. The Astrophysical Journal. Supplement Series 216, 27.

Bond, J.R., Efstathiou, G., 1984. Cosmic background radiation anisotropies in universes dominated by nonbaryonic dark matter. The Astrophysical Journal Letters 285, L45-L48.

Bond, J.R., Efstathiou, G., 1987. The statistics of cosmic background radiation fluctuations. Monthly Notices of the Royal Astronomical Society 226, 655-687.

Bond, J.R., Efstathiou, G., Silk, J., 1980. Massive neutrinos and the large-scale structure of the universe. Physical Review Letters 45, 1980-1984.

Bond, J.R., et al., 1991. Excursion set mass functions for hierarchical Gaussian fluctuations. The Astrophysical Journal 379, 440-460.

Bouwens, R.J., et al., 2015. Reionization after Planck: the derived growth of the cosmic ionizing emissivity now matches the growth of the galaxy UV luminosity density. The Astrophysical Journal 811 (2), 140.

Broadhurst, T.J., Taylor, A.N., Peacock, J.A., 1995. Mapping cluster mass distributions via gravitational lensing of background galaxies. The Astrophysical Journal 438, 49-61.

Buchmueller, O., et al., 2012. Higgs and supersymmetry. European Physical Journal C 72. 2020.

Burles, S., Tytler, D., 1998. The Deuterium Abundance toward Q1937-1009. The Astrophysical Journal 499, 699-712.

Clifton, T., Ferreira, P.G., Padilla, A., Skordis, C., 2012. Modified gravity and cosmology. Physics Reports 513 (1-3), 1-189.

Cooke, R.J., Pettini, M., Steidel, C.C., 2018. One percent determination of the primordial deuterium abundance. The Astrophysical Journal 855 (2), 102.

Cooray, A., Sheth, R.K., 2002. Halo models of large scale structure. Physics Reports 372, 1-129.

Cowsik, R., McClelland, J., 1972. An upper limit on the neutrino rest mass. Physical Review Letters 29, 669-670.

Desjacques, V., Jeong, D., Schmidt, F., 2018. Large-scale galaxy bias. Physics Reports 733, 1-193.

Dodelson, S., 2003. Coherent phase argument for inflation. AIP Conference Proceedings 689 (1), 184-196.

Dyson, F.W., Eddington, A.S., Davidson, C., 1920. A determination of the deflection of light by the Sun's gravitational field, from observations made at the total eclipse of May 29, 1919. Philosophical Transactions of the Royal Society of London Series A 220, 291-333.

Elvin-Poole, J., et al., DES Collaboration, 2018. Dark energy survey year 1 results: galaxy clustering for combined probes. Physical Review D 98 (4), 042006.

Fixsen, D.J., 2009. The temperature of the cosmic microwave background. The Astrophysical Journal 707 (2), 916-920.

Fixsen, D.J., et al., 1996. The cosmic microwave background spectrum from the full COBE FIRAS data set. The Astrophysical Journal 473, 576.

Freedman, W.L., et al., 2001. Final results from the Hubble space telescope key project to measure the Hubble constant. The Astrophysical Journal 553, 47-72.

Frieman, J.A., Turner, M.S., Huterer, D., 2008. Dark energy and the accelerating universe. Annual Review of Astronomy and Astrophysics 46, 385-432.

Fukuda, Y., et al., 1998. Evidence for oscillation of atmospheric neutrinos. Physical Review Letters 81, 1562-1567.

Fukugita, M., Hogan, C.J., Peebles, P.J.E., 1998. The cosmic baryon budget. The Astrophysical Journal 503, 518-530.

Gershtein, S.S., Zel'dovich, Y.B., 1966. Rest mass of muonic neutrino and cosmology. JETP Letters 4, 120-122. 58 (1966).

Gil-Marín, H., et al., 2016. The clustering of galaxies in the SDSS-III baryon oscillation spectroscopic survey: RSD measurement from the LOS-dependent power spectrum of DR12 BOSS galaxies. Monthly Notices of the Royal Astronomical Society 460, 4188-4209.

Gunn, J.E., et al., 1978. Some astrophysical consequences of the existence of a heavy stable neutral lepton. The Astrophysical Journal 223, 1015-1031.

Guth, A.H., 1981. Inflationary universe: a possible solution to the horizon and flatness problems. Physical Review D 23, 347-356.

Heitmann, K., Lawrence, E., Kwan, J., 2014. The coyote universe extended: precision emulation of the matter power spectrum. The Astrophysical Journal 780, 111.

Hezaveh, Y.D., *et al.*, 2016. Detection of lensing substructure using ALMA observations of the dusty galaxy SDP.81. The Astrophysical Journal 823 (1), 37.

Hu, W., Okamoto, T., 2002. Mass reconstruction with cosmic microwave background polarization. The Astrophysical Journal 574, 566-574.

Hu, W., Sugiyama, N., 1995. Anisotropies in the cosmic microwave background: an analytic approach. The Astrophysical Journal 444, 489-506.

Hu, W., Sugiyama, N., 1996. Small-scale cosmological perturbations: an analytic approach. The Astrophysical Journal 471, 542.

Hu, W., 2001. Mapping the dark matter through the CMB damping tail. The Astrophysical Journal 557, L79-L83.

Hu, W., White, M., 1997. A CMB polarization primer. New Astronomy 2, 323-344.

Hubble, E., 1929. A relation between distance and radial velocity among extra-galactic nebulae. Proceedings of the National Academy of Science 15 (3), 168-173.

Joyce, A., Lombriser, L., Schmidt, E., 2016. Dark energy versus modified gravity. Annual Review of Nuclear and Particle Science 66, 95-122.

Kaiser, N., 1984. On the spatial correlations of Abell clusters. The Astrophysical Journal Letters 284, L9-L12.

Kaiser, N., 1987. Clustering in real space and in redshift space. Monthly Notices of the Royal Astronomical Society (ISSN 0035-8711) 227, 1-21.

Kochanek, C.S., 1996. Is there a cosmological constant? The Astrophysical Journal 466, 638.

Kodama, H., Sasaki, M., 1984. Cosmological perturbation theory. Progress of Theoretical Physics. Supplement 78, 1.

Landau, L.D., Lifshitz, E.M., 1965. Quantum mechanics.

Le Tiec, A., Novak, J., 2017. An overview of gravitational waves: theory, sources and detection. In: Plagnol, E., Auger, G. (Eds.), Theory of Gravitational Waves, pp. 1-41.

Lewis, A., Challinor, A., Lasenby, A., 2000. Efficient computation of cosmic microwave background anisotropies in closed Friedmann-Robertson-Walker models. The Astrophysical Journal 538, 473-476.

Liddle, A.R., Lyth, D.H., 2000. Cosmological Inflation and Large-Scale Structure.

Linde, A.D., 1982. A new inflationary universe scenario: a possible solution of the horizon, flatness, homogeneity, isotropy and primordial monopole problems. Physics Letters B 108, 389-393.

Louis, T., *et al.*, 2017. The Atacama Cosmology Telescope: two-season ACTPol spectra and parameters. Journal of Cosmology and Astroparticle Physics 1706 (06), 031.

Ma, C.-P., Bertschinger, E., 1995. Cosmological perturbation theory in the synchronous and conformal Newtonian gauges. The Astrophysical Journal 455, 7.

Makino, N., Sasaki, M., Suto, Y., 1992. Analytic approach to the perturbative expansion of nonlinear gravitational fluctuations in cosmological density and velocity fields. Physical Review D 46, 585-602.

Mantz, A.B., et al., 2014. Cosmology and astrophysics from relaxed galaxy clusters - II. Cosmological constraints. Monthly Notices of the Royal Astronomical Society 440 (3), 2077-2098.

Martin, J., 2012. Everything you always wanted to know about the cosmological constant problem (but were afraid to ask). Comptes Rendus. Physique 13, 566-665.

Martin, J., Ringeval, C., Vennin, V., 2014. Encyclopædia inflationaris. Physics of the Dark Universe 5-6, 75-235.

Meszaros, P., 1974. The behaviour of point masses in an expanding cosmological substratum. Astronomy & Astrophysics 37, 225-228.

Mo, H., van den Bosch, E.C., White, S., 2010. Galaxy Formation and Evolution.

Moessner, R., Jain, B., 1998. Angular cross-correlation of galaxies - a probe of gravitational lensing by largescale structure. Monthly Notices of the Royal Astronomical Society 294, L18-L24.

Mortonson, M.J., Weinberg, D.H., White, M., 2014. Dark energy: a short review. Review of Particle Physics.

Mukhanov, V., 2005. Physical Foundations of Cosmology.

Mukhanov, V.F., Feldman, H.A., Brandenberger, R.H., 1992. Theory of cosmological perturbations. Part 1. Classical perturbations. Part 2. Quantum theory of perturbations. Part 3. Extensions. Physics Reports 215, 203-333.

Navarro, J.F., Frenk, C.S., White, S.D.M., 1997. A universal density profile from hierarchical clustering. The Astrophysical Journal 490, 493-508.

Olive, K.A., 2000. Big Bang nucleosynthesis. Nuclear Physics. B, Proceedings Supplement 80, 79-93.

Partridge, R.B., 2007. 3K: The Cosmic Microwave Background Radiation.

Peebles, P.J.E., 1968. Recombination of the primeval plasma. The Astrophysical Journal 153,1.

Perlmutter, S., et al., 1999. Measurements of Omega and Lambda from 42 high redshift supernovae. The Astrophysical Journal 517, 565-586.

Planck Collaboration, 2018a. Planck 2018 results. I. Overview and the cosmological legacy of Planck. Astronomy & Astrophysics 641, A1, 56.

Planck Collaboration, 2018b. Planck 2018 results. VI. Cosmological parameters. Astronomy & Astrophysics 641 A6, 67.

Polnarev, A.G., 1985. Polarization and anisotropy induced in the microwave background by cosmological gravitational waves. Soviet Astronomy 29, 607-613.

Pospelov, M., Pradler, J., 2010. Big Bang nucleosynthesis as a probe of new physics. Annual Review of Nuclear and Particle Science 60, 539-568.

Prat, J., et al., DES Collaboration, 2018. Dark energy survey year 1 results: galaxy-galaxy lensing. Physical Review D 98, 042005.

Press, W.H., Schechter, P., 1974. Formation of galaxies and clusters of galaxies by self-similar gravitational condensation. The Astrophysical Journal 187, 425-438.

Renn, J., Sauer, T., Stachel, J., 1997. The origin of gravitational lensing: a postscript to Einstein's 1936 science paper. Science 275, 184-186.

Riess, A.G., et al., 1998. Observational evidence from supernovae for an accelerating universe and a cosmological constant. The Astronomical Journal 116, 1009-1038.

Sachs, R.K., Wolfe, A.M., 1967. Perturbations of a cosmological model and angular variations of the microwave background. The Astrophysical Journal 147, 73.

Sato, K., 1981. First-order phase transition of a vacuum and the expansion of the universe. Monthly Notices of the Royal Astronomical Society 195, 467-479.

Schmidt, F., 2016. Towards a self-consistent halo model for the nonlinear large-scale structure. Physical Review D 93 (6), 063512.

Schumann, M., 2012. Dark Matter Search with liquid Noble Gases.

Scolnic, D.M., et al., 2018. The complete light-curve sample of spectroscopically confirmed SNe Ia from Pan-STARRS1 and cosmological constraints from the combined Pantheon sample. The Astrophysical Journal 859, 101.

Seljak, U., 1994. A two-fluid approximation for calculating the cosmic microwave background anisotropies. The Astrophysical Journal Letters 435, L87-L90.

Shull, J.M., Smith, B.D., Danforth, C.W., 2012. The baryon census in a multiphase intergalactic medium: 30% of the baryons may still be missing. The Astrophysical Journal 759, 23.

Smoot, G.F., et al., 1992. Structure in the COBE differential microwave radiometer first-year maps. The Astrophysical Journal Letters 396, L1-L5.

Springel, V., et al., 2005. Simulations of the formation, evolution and clustering of galaxies and quasars. Nature (London) 435, 629-636.

Srednicki, M., 2007. Quantum Field Theory. Cambridge Univ. Press, Cambridge.

Starobinsky, A.A., 1982. Dynamics of phase transition in the new inflationary universe scenario and generation of perturbations. Physics Letters B 117, 175-178.

Steigman, G., 2007. Primordial nucleosynthesis in the precision cosmology era. Annual Review of Nuclear and Particle Science 57, 463-491.

Szalay, A.S., Marx, G., 1976. Neutrino rest mass from cosmology. Astronomy & Astrophysics 49 (3), 437-441.

Tanabashi, M., *et al.*, 2018. Review of particle physics. Physical Review D 98, 030001 .

Tinker, J., *et al.*, 2008. Toward a halo mass function for precision cosmology: the limits of universality. The Astrophysical Journal 688, 709-728.

Tisserand, P., *et al.*, 2007. Limits on the macho content of the galactic halo from the EROS-2 survey of the Magellanic Clouds. Astronomy & Astrophysics 469, 387-404.

Troxel, M.A., *et al.*, DES Collaboration, 2018. Dark energy survey year 1 results: cosmological constraints from cosmic shear. Physical Review D 98, 043528.

Tulin, S., Yu, H.-B., 2018. Dark matter self-interactions and small scale structure. Physics Reports 730, 1-57.

Tyson, J.A., Valdes, F., Wenk, R.A., 1990. Detection of systematic gravitational lens galaxy image alignments - mapping dark matter in galaxy clusters. The Astrophysical Journal Letters 349, Ll-L4.

Vegetti, S., *et al.*, 2012. Gravitational detection of a low-mass dark satellite galaxy at cosmological distance. Nature (London) 481 (7381), 341-343.

White, S.D.M., Frenk, C.S., Davis, M., 1983. Clustering in a neutrino-dominated universe. The Astrophysical Journal Letters 274, L1-L5.

Wong, Kenneth C., *et al.*, 2019. H0LiCOW XIII. A 2.4% measurement of H_0 from lensed quasars: 5.3σ tension between early and late-Universe probes.

Zaldarriaga, M., Harari, D.D., 1995. Analytic approach to the polarization of the cosmic microwave background in flat and open universes. Physical Review D 52, 3276-3287.

Zel'dovich, Y.B., Sunyaev, R.A., 1969. The interaction of matter and radiation in a hot-model universe. Astrophysics and Space Science 4, 301-316.

Zwicky, F., 1933. Die Rotverschiebung von extragalaktischen Nebeln. Helvetica Physica Acta 6, 110-127.